Fahrer- und
Werkstatt-Handbuch

BMW | S 1000 RR
S 1000 R
S 1000 XR

Thomas Jung & Uwe Altmann

moto pool

Impressum

Redaktion:
Thomas Jung, Uwe Altmann

Fotos:
Uwe Altmann, Thomas Jung,
BMW AG, München

Titel:
Uwe Altmann

Typo-Konzept:
Brigitte Ruoff

Text, Satz und Layout:
Thomas Jung

5. Auflage 2024

motopool
Bahnhofstraße 41
71691 Freiberg/N

www.moto-pool.de

ISBN: 978-3-948697-20-4

Der Inhalt dieser Buchreihe entsteht in fachlicher Zusammenarbeit mit Motorrad Magazin MO.
Die Seiten 8 – 61 stammen aus dem Archiv der MO Medien Verlag GmbH, Stuttgart.

Zündkerzengesichter und Bildtexte mit freundlicher Genehmigung der Robert Bosch GmbH, Stuttgart.

Vorwort

Lieber Leser,

angesichts der komplexen Steuerung von Motor und Bremssystem an aktuellen Motorrädern kommt oftmals die Frage auf, ob an einem modernen Motorrad überhaupt noch etwas in Eigenregie zu reparieren ist.
Das vorliegende Buch ist wohl die beste Antwort darauf. Hier wird Schritt für Schritt erklärt, wie der technisch interessierte Fahrer seinen Untersatz selbst in Schuss hält. Und es wird dankbar zur Kenntnis genommen, dass auf Grund der erwähnten komplexen Steuerung des Motors manche Arbeitsgänge, die noch vor Jahren ein fester Bestandteil des Standard-Repertoires des engagierten Hobby-Schraubers waren, heute unter den Tisch fallen. Als Beispiel seien hier die Einstellung des Zündzeitpunkts (womöglich noch mit Einstellung des Unterbrecher-Abstands) oder die Justierung der Leerlaufdrehzahl genannt. Eine weitere Segnung moderner Zeiten sind Wartungsintervalle, von denen die Altvorderen nur träumen konnten. Immerhin sind die ach so romantischen Schraubereien am Straßenrand von anno dunnemals (z. B. eben mal nach dem Elektroden-Abstand der Zündkerze schauen) die absolute Ausnahme. Voraussetzung ist natürlich die Einhaltung der Wartungsintervalle und deren korrekte Ausführung.

Diese Anleitung kann keine Motorradmechaniker-Ausbildung ersetzen, aber dem ambitionierten Fahrer und Hobby-Schrauber Zusammenhänge vermitteln. Und bietet so eine Entscheidungshilfe bei der Frage: Was kann in Eigenregie durchgeführt werden, was muss in der BMW-Werkstatt durchgeführt werden?
Bestimmte Arbeitsgänge, zu deren Durchführung Sonderwerkzeuge und ein umfangreicher Maschinenpark benötigt werden, die unsere Hobby-Mechaniker-Verhältnisse übersteigen, scheiden da von vornherein natürlich aus und werden zur Durchführung in der BMW-Werkstatt empfohlen.
Arbeiten an der Bremsanlage – insbesondere Bremssysteme mit ABS-Unterstützung – sind den versierten Fachkräften der BMW-Werkstatt vorbehalten!

Die Arbeitsschritte sind wie folgt gekennzeichnet:

- • Arbeitsschritt
- ! Wichtiger Hinweis oder Warnhinweis
- 👁 Wichtige Sichtkontrolle
- → Folgerung

Inhalt

Oft gesucht – schnell gefunden

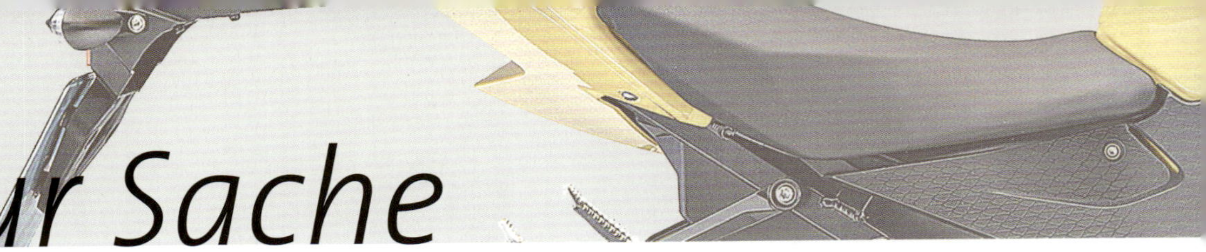

Zur Sache

Deutschlands einziger Großserienhersteller von Motorrädern ist längst nicht mehr ausschließlich auf den traditionellen Antrieb mit Boxermotoren fixiert, mit dem BMW im Jahr 1923 die Produktion von Zweirädern aufnahm. Damals präsentierte der Hersteller aus der bayerischen Hauptstadt den Typ R 32 mit einem Grundaufbau aus Boxermotor mit angeflanschter Kupplung, Getriebe und Wellenantrieb des Hinterrads, dem jetzt bald hundert Jahre die Treue gehalten wird. Mittlerweile beträgt die Boxer-Produktion in der Berliner Produktionsstätte immer noch etwa die Hälfte des Gesamtausstoßes. Langsam aber sicher gewöhnte man das kaufwillige Publikum an Antriebskonzepte, die für eingefleischte Boxertreiber und sogenannte vernunftbetonte Motorradler quasi Teufelswerk waren. So passt der erste Serien-Reihenvierer anno 1983 noch einigermaßen in die Reihe der vernünftigen BMWs: Die K 100 leistet mit ihren knapp tausend Kubik 90 PS, und die Kupplung und das Getriebe liegen in einer Flucht mit der Kurbelwelle, eben wie beim Boxer. Der Endantrieb per Rollenkette gehört ab 1993 zum Portfolio der Münchener. Mit der damals präsentierten F 650 wird die Angebotspalette mit einem Einzylindermotor nach unten erweitert, nachdem mit kleinvolumigen Boxermotoren (R 45 und R 65) dem Preisdruck, der in diesen Gefilden herrscht, nicht wirklich erfolgreich beizukommen war. Selbst Paralleltwins mit dem preisgünstigen Endantrieb per Rollenkette (F 800 GS/F 800 R) sind mittlerweile voll anerkannte Mitglieder der BMW-Familie. Allerdings sparten sich die Mannen aus München immer noch einen Bereich aus, in dem die japanischen Wettbewerber unter sich waren: Das konkurrenzfähige Sportmotorrad mit einem Liter Hubraum – die Königsdisziplin der Motorrad-Entwickler. Die Ingenieure in München fingen zwar auf einem weißen Blatt Papier an, doch die Eckdaten sind bei so einem Projekt schnell abgesteckt, und so werden die Fahrmaschinen der Wettbewerber bis zur letzten Unterlagscheibe analysiert. So ist es fast zwangsläufig, wenn man mit dieser Akribie wie die Weiß-Blauen zu Werke geht, dass in 2009 mit der S 1000 RR ein Bolide vorgestellt wird, der sich aus dem Stand an der Spitze der technologischen – und leistungsmäßigen – Entwicklung etabliert. Die Schwestermodelle S 1000 R und S 1000 XR erscheinen da fast nur noch als (sinnvolle und logische) Fingerübungen der Entwickler, was sie natürlich nicht sind, sondern charaktermäßig so eigenständig, dass die Wahl für die "richtige" S 1000 nicht schwerfällt.

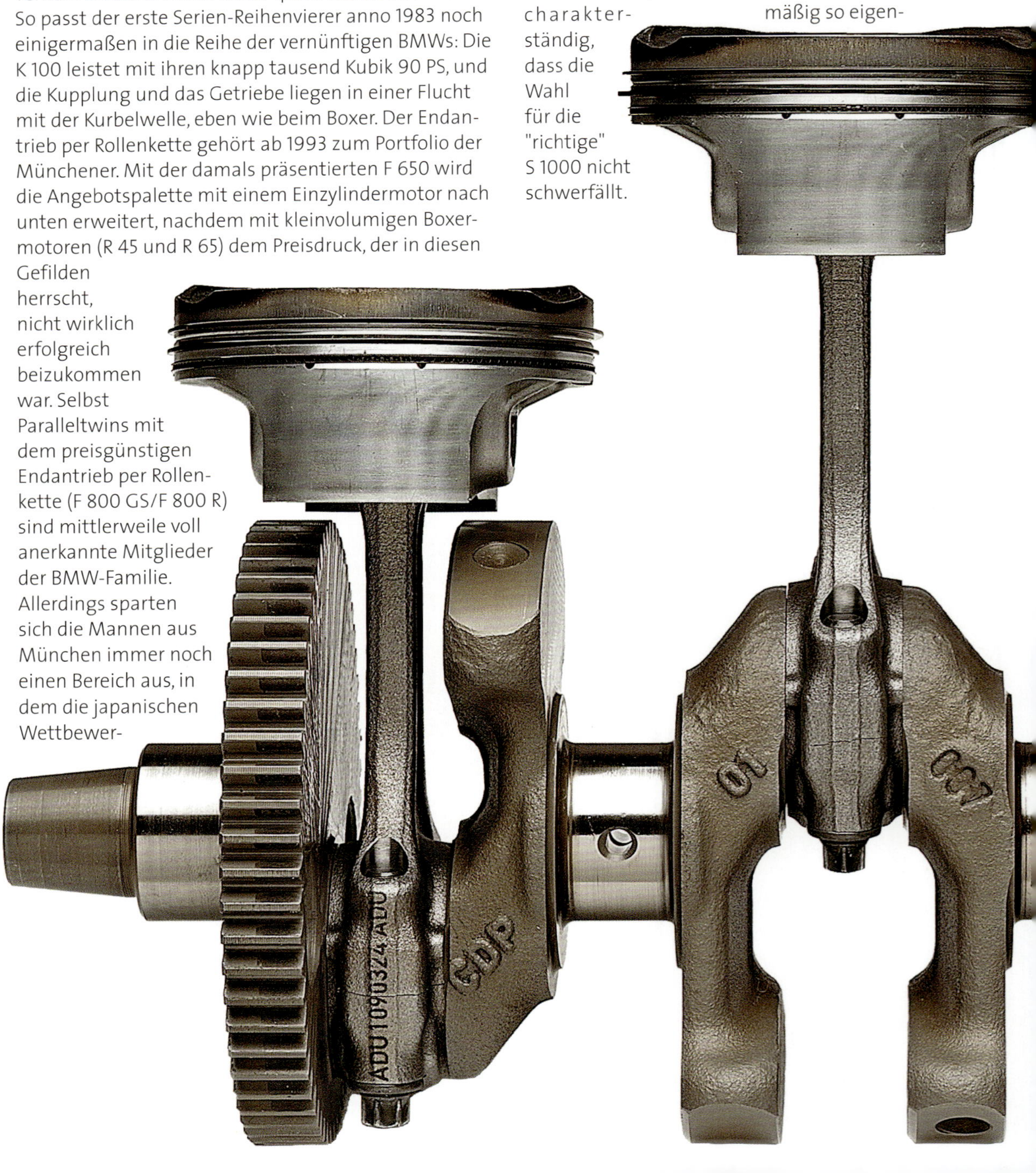

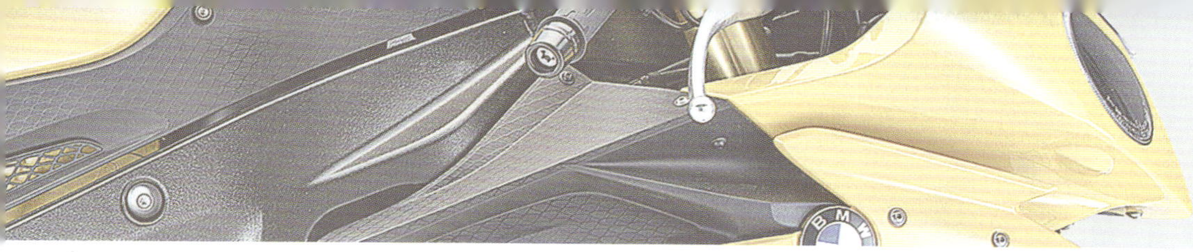

Adressen

Hier eine Zusammenstellung interessanter Kontakte, die das Leben mit den Boxern der GS-Serie angenehmer machen können. Wer sucht, findet hier:

www.bmw-motorrad.de, —.at oder —.ch
- Hier können leicht der nächstgelegene BMW Motorrad Partner gefunden und Reifenfreigaben heruntergeladen werden.

Gepäck
- Hepco & Becker
  www.hepco-becker.de
- Krauser
  www.krauser.de
- SW MOTECH
  www.sw-motech.com

Verschleißteile/Zubehör/Ergonomie/Kommunikation
- Hepco & Becker
  www.hepco-becker.de
- Lucas (TRW)
  www.trwmoto.com
- Touratech
  www.touratech.de
- Wunderlich
  http://www.wunderlich.de
- Hornig
  www.motorradzubehoer-hornig.de

Internetforum
- www.S1000-Forum.de

Pressespiegel

Auf den folgenden Seiten finden Sie Auszüge aus Testberichten und Hintergrundreportagen rund um die 1000er S-Modelle. Es sind Originalbeiträge aus dem vierteljährlich erscheinenden Magazin »BMW Motorräder«, einer Sonderausgabe des monatlichen Motorrad Magazin MO. Beide Fachzeitschriften sind in der Szene bekannt für die unabhängige und technisch kompetente Aufbereitung ihrer Inhalte.
Die Veröffentlichung dieser Beiträge erfolgt mit freundlicher Genehmigung der MO Medien Verlag GmbH, Stuttgart.
Die Originalzeitschriften, aus dem die Auszüge in diesem Buch stammen, können teilweise noch beim Verlag unter www.mo-web.de nachbestellt werden.

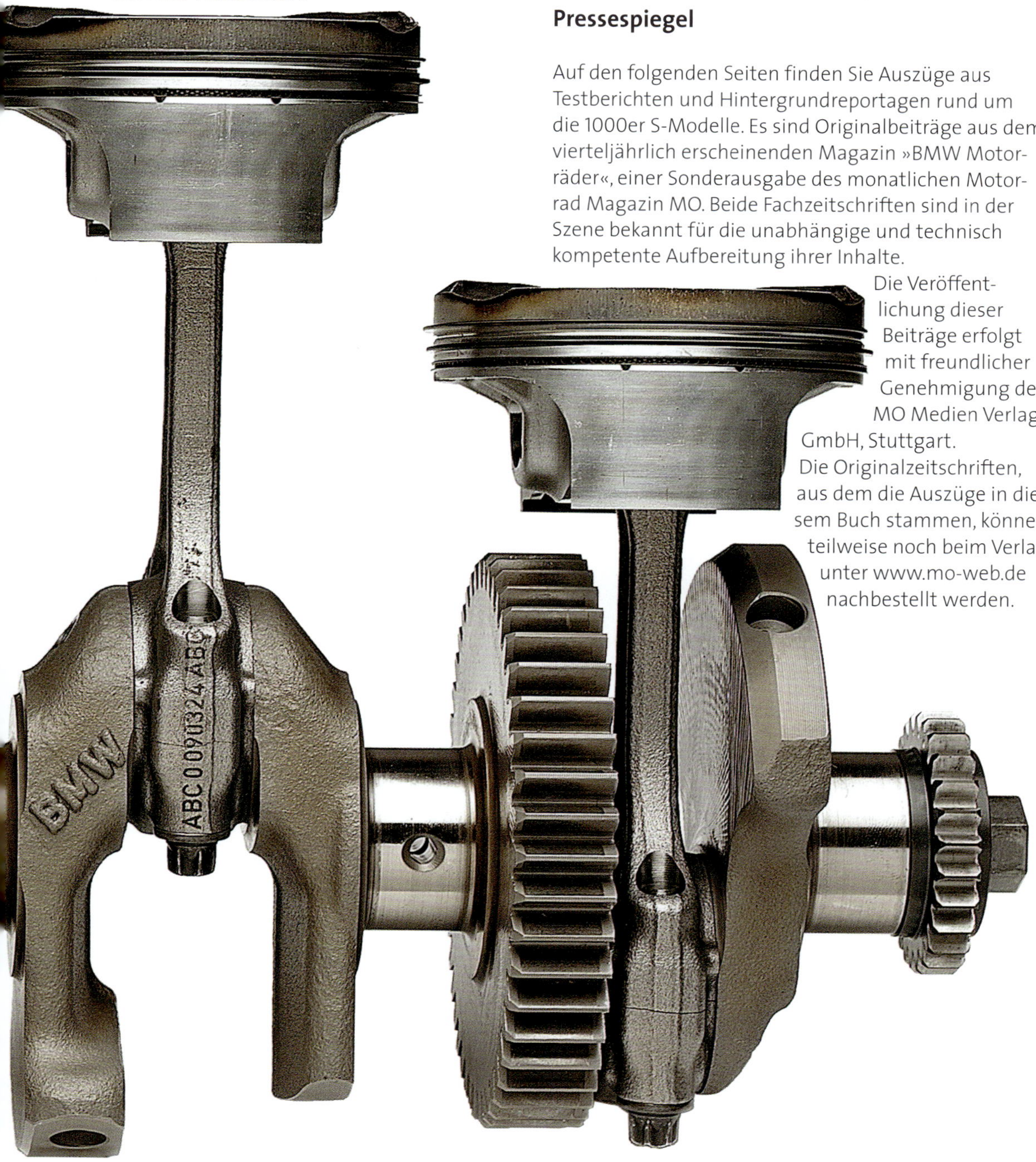

BMW S 1000 RR

Seit Monaten konnte man überall auf diesem Planeten so genannten Guerilla-Bikes im Vorserien-Testlauf begegnen, und auch in der Superbike-Weltmeisterschaft waren die Weiß-Blauen 2009 aktiv. Jetzt hat BMW endlich auch der Journaille den neuen BAYERN-BRENNER im Serientrimm vorgestellt. Ein fulminanter Einstieg

TEXT: GUIDO KUPPER
FOTOS: WERK

Aus
MOTORRAD MAGAZIN MO
Sonderausgabe
BMW Motorräder Nr. 32

Kein leichtes Terrain: Die Achterbahn Portimãos fordert Fahrer wie Fahrwerk gleichermaßen. Für die S 1000 RR sprach dort nicht nur, dass keine Stürze zu verzeichnen waren

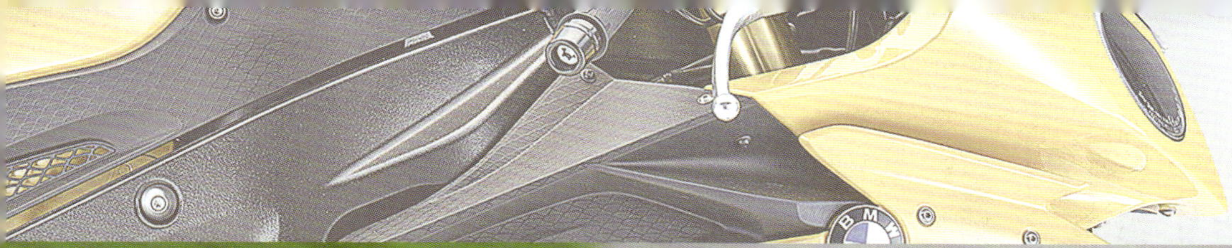

Für manch altgedienten BMW-Fan mag die neue S 1000 RR eine Antwort auf eine Frage sein, die nicht gestellt wurde. Aus der Sicht der BMW-Führung aber sieht das anders aus. Der weltweite Supersportler-Markt liegt bei mehr als 80 000 Einheiten pro Jahr. Solch ein Kuchen macht natürlich auch so manchem in München den Mund wässrig. Und dass bei der motorradwilden weiß-blauen Entwicklertruppe auch der Wettbewerbsgedanke eine überaus belebende Rolle gespielt hat – geschenkt. Das Resultat des vierjährigen Entwicklungsprozesses jedenfalls ist überzeugend ausgefallen. Es war klar, dass sich München keinen Wackelkandidaten würde leisten können. Deshalb auch die rund 60 Guerilla-Vorserienmaschinen in aller Welt, mit deren Hilfe Kinderkrankheiten im Vorfeld und nicht in Kundenhand gefunden und ausgemerzt werden sollten. Immerhin fing man bei der Entwicklung von Deutschlands heißestem Serien-Straßensportgerät nicht bei Null an. Erfahrungen aus dem Vierzylinder-Seriensport und der Formel 1 waren reichlich vorhanden, intensives Benchmarking legte die Entwicklungslatte auf wettbewerbsfähige Höhe. Die BMW-Mannen kennen heute die Konkurrenzmaschinen aus Japan in- und auswendig. Und so ist es kein Zufall, dass das grundlegende Konstruktionsprinzip der S 1000 RR mit quer eingebautem Vierzylinder in einem Alu-Brückenrahmen keine Überraschungen bietet. Trotzdem ist es den Münchnern in einigen Details gelungen, weiß-blaue Akzente zu setzen, die über zwanghafte Marketing-Profilierung eindeutig hinausgehen.
Zuallererst auf der Motorseite. Der kompakte und leichte Vierzylinder hat eine drehzahlfeste und somit auch leistungsstarke Konfiguration. Erst bei etwa 14 200/min greift der Begrenzer ein, im Renneinsatz sind höhere Drehzahlen möglich. Überragende 200 PS lieferte der Four auf dem MO-Prüfstand im Vorserientrimm ab, die Werksangabe liegt bei 193 PS. Zweifel daran sind gänzlich unbegründet: Das stärkste Seriensuperbike kommt künftig aus Deutschland. Draußen am Stammtisch und natürlich für die echten Rennfreaks ein nach wie vor sehr attraktives Argument. Die Feinheiten des neuen Vierzylinderantriebs analysiert Helmut Heusler detailliert ab Seite 14. ▷

Über den Mode-Schalter an der rechten Lenkerarmatur werden die einprogrammierten Fahrmodi angewählt. Mit zehn Dämpfungseinstellungen und gut ablesbarer Skala macht BMW die Fahrwerksanpassung leicht

BMW S 1000 RR

Auch am Zentralfederbein kann der aktuelle Dämpfungsbereich abgelesen werden. Praktisch: Der Zündschlüssel passt in den Einstellschlitz

Auf dem Track ist das Ergebnis einschüchternd und be-geisternd zugleich. Bis zirka 10 000/min leistet der Four in etwa Klassenübliches, darüber aber wird es richtig spannend. Dann reitet die Weiß-Blaue eine furiose Attacke auf den steil ansteigenden Leistungsgipfel, trotz fehlender Ausgleichswelle ohne übermäßige Vibrationen. Die Konkurrenz der Mitbewerber kommt ihr hier abhanden. Auch das stärkste von uns gemessene aktuelle japanische Serienbike, Kawasakis giftgrüne ZX-10R, bleibt mit 182 PS weit unterm Gipfel außer Puste liegen. Im Fast-forward-Modus mit Durchzug im Drosselklappengehäuse jagen kleinste Asphaltverwerfungen die S 1000 RR aufs Hinterrad. Der nicht einstellbare Lenkungsdämpfer verhindert zwar Schlimmeres, kann die

Dank großem, schwerpunktgünstig untergebrachtem Sammler am Kiel reicht ein Absorptionsdämpfer als Auspuffmündungaus. Eine integrierte Abgasklappe bringt das nötige Akustiktuning für die Geräuschbestimmungen

Front der BMW auf dem sturmgepeitschten Asphaltmeer der Teststrecke Portimao mit seinen Wellenbergen und -tälern aber nicht hundertprozentig befrieden. Solange das Vorderrad am Boden bleibt, arbeitet der Vorbau mit der stämmigen 46er-Upside down-Gabel von Sachs zwischen den Klemmfäusten wunderbar. Trotz des großen Standrohrdurchmessers spricht die Gabel hochsensibel an, liefert am Bremspunkt aber eine enorme Stabilität.

Ohnehin kombiniert das Fahrwerk seine erfreulich flüssige Beweglichkeit mit einer beruhigenden Beharrlichkeit auch bei rauer See und steifer Brise: lenkt auf der Bremse noch willig ein, stellt beim Belaganlegen in Kurvenneigung nicht auf. Das ist sicher auch ein Verdienst der toll harmonierenden Reifen aus heimischer Produktion: Der straßenzugelassene Racetec K3 Interact von Metzeler ist Serienausstattung. Mit seinem dem Superbike-Reglement entsprechenden Negativprofilanteil, etwas über vier Prozent, ist er aber sicher nicht die ideale Wahl im Kampf gegen Aquaplaning im Alltagseinsatz.

Beim Thema Fahrwerkseinstellung machen es uns die deutschen Ingenieure einfacher als die Japaner. Die Schräubchen von Zug- und Druckstufendämpfung sind vorn wie hinten mit dem Zündschlüssel einstellbar.

Sich an den Regelbereich der Traktionskontrolle heranzutasten, fordert nervliche Opferbereitschaft

Dank einer Beschränkung auf zehn Klicks und einer entsprechenden Skala erkennt man auf einen Blick, in welchem Bereich der Dämpfungsspanne man sich gerade befindet. Ausgeliefert wird die S 1000 RR mit Stellung fünf an allen Einstellschräubchen. In Portimão reichte es, die Zugstufendämpfung hinten auf sieben, die Druckstufendämpfung vorn wie hinten auf sechs nachzuregeln, um einen klaren Effekt zu spüren und von den Radaufhängungen wohlbehütet unterwegs zu sein.

Kastrationsknöpfe sind im Superbike-Segment mittlerweile Usus. Auch BMW bietet einen, den so genannten Rain-Modus, der die Leistung auf rund 150 PS beschränkt. Per Druckschalter an der Lenkerarmatur können drei weitere einprogrammierte Modi des Motormanagements abgerufen werden, die nicht nur Einfluss auf die Leistung und deren Entfaltung, sondern auch auf die Traktionskontrolle und das Race-Antiblockiersystem haben. Möglich wird das durch ein Ride by wire, bei dem der Fahrer mit der Gashand nicht einzelnen Drosselklappen, sondern ein Potenziometer ansteuert. So kann der Gasbefehl auf dem Weg zum Stellmotor der Drosselklappen noch durch allerhand elektronische Helfer manipuliert werden. Der Wechsel zwischen den Modi ist auch während der Fahrt möglich. Dann muss die Auswahl aber anders als im Stand mit dem Ziehen der Kupplung und kurzem Schließen der Drosselklappen quittiert werden.

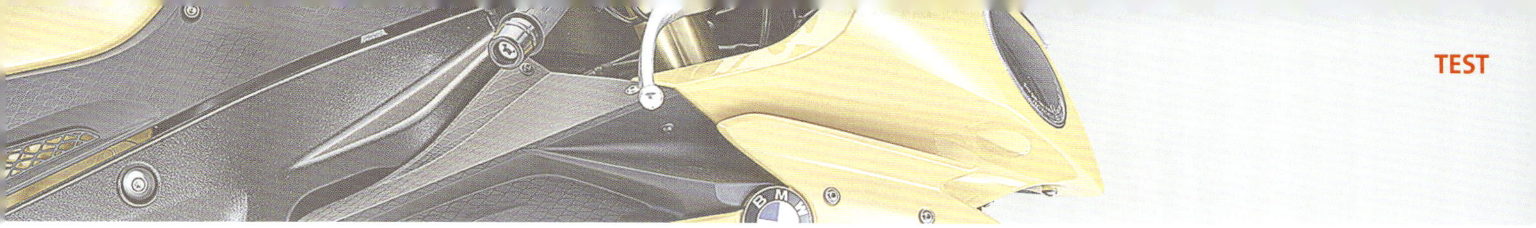

Für den ersten Turn in Portimão stand der Rain-Modus auf dem Programm. Die Dynamic Traction Control (DTC) greift hier schon bei Schräglagen ab rund 38 Grad ein, wenn man prüfend hart ans Gas geht. Über den Vergleich der Drehzahlen von Vorderrad und Hinterrad und über die Einflussnahme auf Zündzeitpunkt, Drosselklappenöffnung und Einspritzmenge wird dann der Vortrieb am Rad gedrosselt. Ein Effekt, der durch lauen Biss in Schräglage unmittelbar erfahrbar wird. Mit dem Durchklicken der Modi über „Sport" und „Race" bis hin zu „Slick" wird der Leistungseinsatz zunehmend bissiger, die Eingriffsschwelle des DTC steigt. Im Slick-Modus, der über einen zusätzlichen Kodierstecker im Steuergerät extra freigeschaltet werden muss, liegt sie bei stolzen 53 Grad Schräglage. In nur einem in diesem Modus gefahrenen Turn erreichte ich den Regelbereich nicht. Beim Erobern des Zielgeraden-Plateaus aber erinnerte mich ein strammes Wheelie samt dazugehörigem Adrenalineinschuss an eine Eigenheit des Slick-Modus: Das System lässt hier fünf Sekunden lange Wheelies zu, um den maximal möglichen Vorschub aus der Ecke mit herausnehmen zu können, solange die Schräglage 20 Grad nicht übersteigt. In den anderen drei Modi kappt die Wheelie-Erkennung das Abheben des Vorderrads schon im Ansatz mit rücksichtslosem Eingriff in die Motorsteuerung. Sich an den Regelbereich heranzutasten, fordert auch im Race-Modus anfangs eine gewisse nervliche Opferbereitschaft und viel Vertrauen in die Technik. War der motorische Zucker meiner Hand zunächst bei einsetzendem Slide nicht zu vermeiden, steigerte der bewusst erlebte Regelvorgang die Kaltblütigkeit zusehends. Bleibt man bei beginnendem Rutschen am Gas, greift die Kontrolle butterweich ein. Richtig ins Bewusstsein tritt die Regelung durch die Tatsache, dass die Unruhe beim Wiedereinspuren des Hinterrads bei „händischer" Traktionskontrolle – sprich Schließen der Drosselklappen – vollkommen ausbleibt. Auch der smarte, aufpreispflichtige Schaltautomat macht dem Renner Beine, schenkt gegenüber dem reibungslos zu schaltenden Sechsganggetriebe noch mal ein paar Sekundenbruchteile beim Hochschalten. Beim Runterschalten hält die Antihoppingkupplung das verzögerte Hinterrad sicher auf Kurs. ▷

Das asymmetrische Frontdesign der S 1000 RR setzt sich auch an der Verkleidung fort. Auf der rechten Seite klaffen Haifischkiemen im Kunststoff, links ein rund modelliertes Loch zur Wärmeabfuhr

BMW S 1000 RR

Mit 2,5 Kilogramm ist das Race-ABS der S 1000 RR ganze 7,5 Kilogramm leichter ausgefallen als das des bisher einzigen ABS-Konkurrenten bei den Superbikes, der Honda Fireblade. Vollgetankt wiegt die Bayerische damit angeblich 206,5 Kilogramm, was sie nicht zuletzt auch ihrem Aluminium-Tank und feinem Magnesium an Motordeckeln und Ölwanne verdankt. Während Honda die ABS-Systemkomponenten am Motorrad verteilt, ist die BMW-Reglereinheit mitsamt den Drucksensoren zentral unterm Fahrersitz untergebracht. In den ersten drei Fahrmodi arbeitet das System teilintegral, das heißt, bei Betätigung der Frontbremse wird hinten mitgebremst. Allerdings in einer Intensität, die gerade ausreicht, um das Heck einzufedern und eine zu starke Gewichtsverlagerung auf die Front zu verhindern. In den Modi Rain und Sport greift zusätzlich die Abhebeerkennung des Hinterrads ein, die den Bremsdruck bei Bedarf mindert, um den Pneu wieder auf den Boden zu bekom-

Im Cockpit wird der auch während der Fahrt anwählbare Fahrmodus angezeigt. Er nimmt Einfluss auf Einspritzung, Traktionskontrolle und ABS

men. Die Modi Race und Slick dagegen arbeiten ohne Abhebeerkennung, um die mögliche Verzögerung im Rennbetrieb auch auf Bodenwellen zu optimieren. Im Slick-Modus schließlich ist auch die teilintegrale Bremswirkung aufgehoben. Echte Könner dürfen hier also das Krad per Heckbremse in die Kurven hinein anstellen, ohne dass Ihnen das ABS in die Regie pfuscht.

Im Ansturm auf den Leistungsgipfel lässt die S 1000 RR ab 10 000 Touren die Konkurrenz hinter sich

Im Sport-Modus reicht das BMW-ABS nicht an die Feinheit der Regelintervalle heran, die Honda bei der Fireblade bietet. BMW argumentiert damit, dass man sich zugunsten einer deutlicheren Rückmeldung auf der Rennstrecke entschieden habe. Tatsächlich macht sich das Eingreifen des ABS im Hand- und besonders im Fußbremshebel der BMW durch starkes Pulsieren bemerkbar. Geschmacksache. Doch nicht nur die Rückmeldung ist stärker, auch die durch die Regelungsintervalle ins Fahrwerk eingeleitete Unruhe ist es. Feinere Manieren legt das ABS im Race-Modus an den Tag. Das soll daran liegen, dass es hier mehr Schlupf zulässt und deshalb weniger stark eingreift. An die Perfektion des von mir bei der Präsentation in Katar getesteten Fireblade-ABS reicht es aber auch damit nicht heran. Letzte Klarheit kann nur ein direkter Vergleich mit einer Blade von der Stange bringen.

Neben Silber, Grün und Grau wird auch eine Lackierung in den traditionellen Motorsportfarben der Bayern angeboten. Attraktiv, aber auch teurer: Aufpreis 475 Euro

Über all den Regelungsmöglichkeiten einen klaren Kopf zu behalten, ist nicht leicht. Schließlich können ABS und DTC separat auch komplett abgeschaltet werden. Um sich mit dem System und seinen Möglichkeiten vertraut zu machen, reichen vier Zwanzig-Minuten-Turns auf der Rennstrecke nicht aus. Der erste Eindruck aber ist überzeugend, und auch preislich ist BMW gut aufgestellt.

Das komplette S 1000 RR-Paket inklusive ABS, DTC und Schaltautomat schlägt mit einem Preis von 16 720 Euro zu Buche, der Grundpreis der S 1000 RR liegt bei 15 500 Euro. Weil die Japaner unter dem Druck des Yen-Wechselkurses die Preise ihrer Superbikes kräftig anheben mussten, ist Made in Germany im Vergleich erfreulich erschwinglich. Und auch die vermeintliche Hypothek der Finanzkrise für die Markteinführung der sportlichsten BMW ever könnte sich zum Vorteil wenden, denn die Verunsicherung und Mutlosigkeit der Japaner ist allenthalben spürbar. 2000 Kunden weltweit haben bisher fest bestellt, sagt BMW. 8000 Stück für 2010, also etwa zehn Prozent des Marktvolumens, peilt München an.

Ob die S 1000 RR alte BMW-Recken überzeugen kann, wird sich zeigen. Dass sie der Konkurrenz aber weh tun und neue Kunden ins weiß-blaue Lager ziehen wird, ist nach unserem ersten Test bereits sicher.

TECHNISCHE DATEN: BMW S 1000 RR

Preise: 15 500 Euro plus Nebenkosten, ABS und DTC im Paket 1220 Euro

Leistung: 193 PS (142 kW) bei 13 000/min, maximales Drehmoment 112 Nm bei 9750/min

Motor: Viertakt-Vierzylinder-Reihenmotor, wassergekühlt. Vier Ventile pro Zylinder, dohc. Bohrung x Hub 80,0 x 49,7 mm, Hubraum 999 ccm, Verdichtung 13,0. Elektronische Benzineinspritzung, Drosselklappen-Ø 48 mm, G-Kat. Elektrostarter. Sechsganggetriebe, Endantrieb über Dichtringkette

Fahrwerk: Leichtmetall-Brückenrahmen. Upsidedown-Telegabel, Ø 46 mm, voll einstellbar, Federweg 120 mm. Hinten Leichtmetallschwinge mit Monofederbein, voll einstellbar, Federweg 130 mm.

Bereifung vorn 120/70ZR17, hinten 190/55ZR17. Doppelscheibenbremse vorn, Ø 320 mm, Scheibenbremse hinten, Ø 220 mm, ABS optional. Lenkkopfwinkel 66,1 Grad, Nachlauf 95,9 mm, Radstand 1432 mm, Sitzhöhe 820 mm. Tankinhalt 17,5 Liter, Gewicht vollgetankt 204,0 kg (inklusive ABS 206,5 kg), zulässiges Gesamtgewicht 390 kg

Garantie und Service: Zwei Jahre Gewährleistung. Inspektionen alle 10 000 km

DER MOTOR

Mit dem neuen Superbike dringen die Bayern erstmals unverblümt in eine von japanischen Herstellern dominierte Marktnische ein. Und das mit aller Macht, denn BMW verspricht für das Serienmotorrad ATEMBERAUBENDE 193 PS Spitzenleistung. Eine Kampfansage und ein Statement in Sachen Motorentechnik. Wir begutachten den Vierzylinder im Detail

TEXT: HELMUT HEUSLER
FOTOS: WERK, HEUSLER

Aus
MOTORRAD MAGAZIN MO
Sonderausgabe
BMW Motorräder Nr. 32

BMW hat in den letzten Jahren die Schlagzahl im Motorradbereich dramatisch erhöht. 2004 wurde die R 1200 GS präsentiert, danach die komplett neu entwickelte K 1200 S und 2006 die ebenfalls von Grund auf neu konzipierte F 800 S. Schließlich gipfelt das Produktfeuerwerk dieses Jahr im Verkaufsstart des S 1000 RR Superbikes und der Vorstellung einer ebenfalls völlig neuen, spektakulären Sechszylinder-Generation. Keine Frage, BMW traut sich etwas. Und das in Zeiten, in denen die Motorradlandschaft eher von verzagtem denn optimistischem Handeln geprägt ist. Doch genau darin erkennen die Bayern auch ihre große Chance. Es geht um die Zukunft, und es geht um die Anteile am großen Marktkuchen.

BMW-VIERZYLINDER

Auch wenn BMW schon 1983 mit dem „Fliegenden Ziegel (flying brick)" einen Vierzylinder vorstellte, haben Hochleistungsaggregate mit dieser Zylinderzahl keine lange Tradition im Motorradbereich der Weiß-Blauen. Erst 2004 traute man sich, mit der K 1200 S – interne Projektbezeichnung „K40" – das japanisch geprägte Mainstream-Konzept ebenfalls mit einem quer eingebauten Reihenvierer als gültige Formel anzuerkennen. Nach einigen Anlaufschwierigkeiten mit anfänglichen Nockenwellenschäden und deutlichen Leistungsstreuungen wurde dieser Motor inzwischen auf 1300 ccm vergrößert und in vielen Details weiterentwickelt. Unter Kennern gilt dieses Aggregat nun als gelungener Kompromiss aus Sportlichkeit und Tourentauglichkeit.

Das aktuelle Projekt – intern „K46" genannt – ist für BMW noch einen Schritt gewagter. Mit der S 1000 RR will man unmissverständlich ins japanische Supersport-Segment einsteigen und gleichzeitig in der prestigeträchtigen Superbike-Klasse mitmischen. In beiden Fällen eine mehr als ehrgeizige Angelegenheit: Denn alle vier Konkurrenten aus Japan haben in diesem hochgerüsteten Marktsegment einen beträchtlichen Entwicklungsvorsprung, die Messlatte hängt also hoch.

MOTORARCHITEKTUR

Als Motorarchitektur werden bei Motorradmotoren Parameter wie Zylinderwinkel, Bohrungsabstand und Position der Getriebewellen bezeichnet. Sie haben einerseits Einfluss auf die Fertigungsstraßen, auf denen der Motor bearbeitet werden kann, andererseits bestimmen sie gerade beim Motorrad durch den Bauraumbedarf das mögliche Fahrzeugkonzept entscheidend mit. Da die S 1000 RR von vornherein mit möglichst wenig Kompromissen für die Rennstrecke ausgelegt werden sollte, kam die Übernahme der K 1300-Architektur nicht in Frage. Die stark geneigte Zylinderbank würde für eine Rennmaschine einen zu langen Radstand erzwingen und einer Grip-freundlich langen Hinterradschwinge im Weg stehen. Der Zylinderabstand für den neuen Motor wurde mit 86 Millimetern festgelegt und ist damit einen Millimeter größer als beim K 1300 S-Motor. Bei einer Bohrung von 80 Millimetern wird also ein Zwickelmaß von sechs Millimetern realisiert, somit bleibt genügend Fleisch zwischen den Zylindern, um ausreichend geringe Zylinderverzüge zu gewährleisten. Die große Bohrung wiederum erlaubt die strömungsfreundliche Unterbringung großer Ventile. ▷

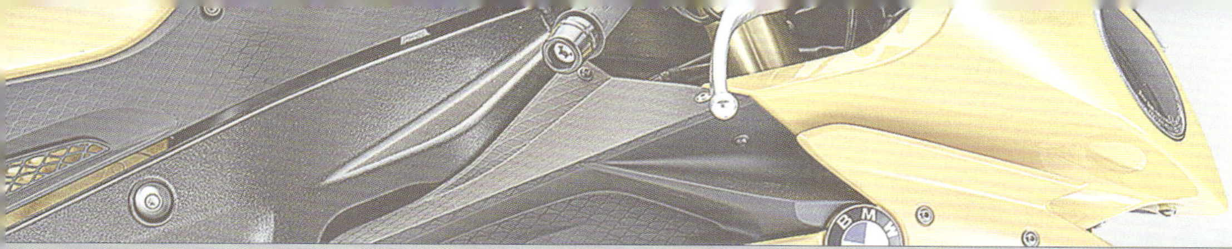

Kompakte Baumaße,
effiziente Fallstromkanäle,
spektakuläre Spitzenleistung

Tiefe Einblicke. Das Schnittmodell des neuen BMW-Superbike-Motors war bereits auf der Mailänder Messe ständig umlagerter Anziehungspunkt für die technisch interessierten Motorradleute

DER MOTOR

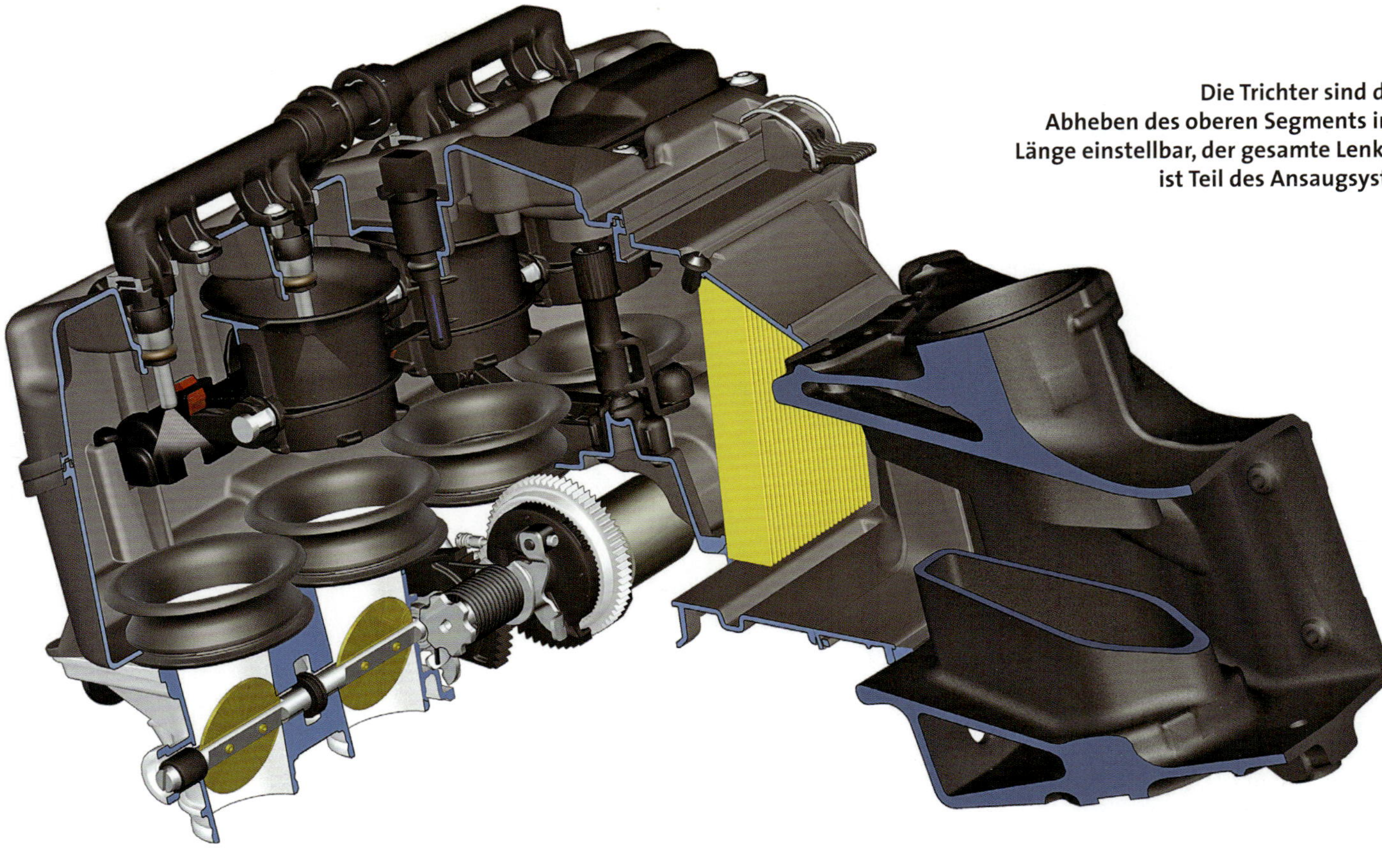

Die Trichter sind durch Abheben des oberen Segments in der Länge einstellbar, der gesamte Lenkkopf ist Teil des Ansaugsystems

Die Getriebewellen sitzen knapp hinter der Kurbelwelle übereinander, um ein sehr kurzes Motorgehäuse und damit eine lange Hinterradschwinge zu ermöglichen. Aus dem gleichen Grund wurde ein Kassettengetriebe wie bei der K 1300 S verworfen.

GRUNDMOTOR

Schon bei oberflächlicher Betrachtung wird klar, dass der neue Vierzylinder keinerlei Verwandtschaft zum K 1300 S-Motor hat. So ist der Zylinderwinkel von 55 auf 32 Grad reduziert, um die Baulänge drastisch zu verringern. Auch die Innereien mussten für den Einsatz in der schwer umkämpften Superbike-Weltmeisterschaft kompromisslos auf Hochleistung ausgelegt werden. Und das bedeutet, dass vor allem die Eignung für sehr hohe Drehzahlen im Fokus stand. Das beginnt mit einem Bohrung-Hub-Verhältnis von 80 mal 49,7 Millimetern, also einer der Formel 1 ähnlichen, extremen Kurzhubigkeit. Das Ziel dabei: Die maximalen Kolbengeschwindigkeiten sollen im Zaum gehalten werden. Hintergrund sind anvisierte Maximaldrehzahlen von derzeit 14 200/min, ein in der 1000-ccm-Klasse bislang nicht realisierter Wert. Ein derartiges Drehzahlniveau ist nur dann sinnvoll, wenn dabei auch wirkungsvolle Zylinderfüllungen zustande kommen.

Dafür braucht es eine ausreichend große Bohrung, um große Ventile mit genügendem Abstand zur Zylinderwand unterzubringen. Nur dann werden die notwendig hohen Durchflussbeiwerte an den Ventilen erreicht. Wie bei der K 1300 S bestehen Zylinderbank und Kurbelgehäuseunterteil aus einem Stück, was Gewicht spart und den Dichtungsverband zwischen beiden Teilen entfallen lässt. Die Zylinderlaufbahnen sind buchsenlos und Nikasil-beschichtet, eine reibungsarme und bewährte Lösung. Rennmotorentypisch aufwändig und ungewöhnlich für einen Serienmotor ist die so genannte Brillenhonung. Dabei wird vor dem Honen der Zylinder eine

Ungewöhnlich aufwändig für serienmäßige Motoren ist die Brillenhonung

Stahlplatte mit Öffnungen für die Zylinder („Brille") unter Zwischenschaltung der Kopfdichtung und mit exakt angezogenen Kopfschrauben montiert. Erst dann wird gehont. Mit den angezogenen Kopfschrauben wird der dadurch entstehende Zylinderverzug von einigen Mikrometern vorweg genommen und beim Honvorgang egalisiert. Damit erzielt man eine besonders gute Zylinder-

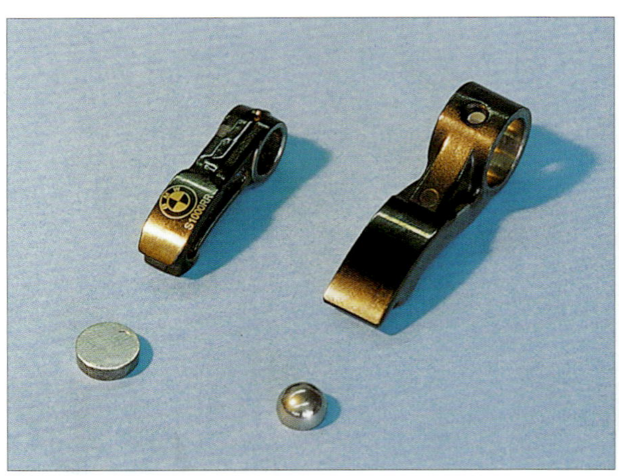

Links der superfiligrane Schlepphebel der S 1000 RR, rechts das Teil aus der K 1300 S

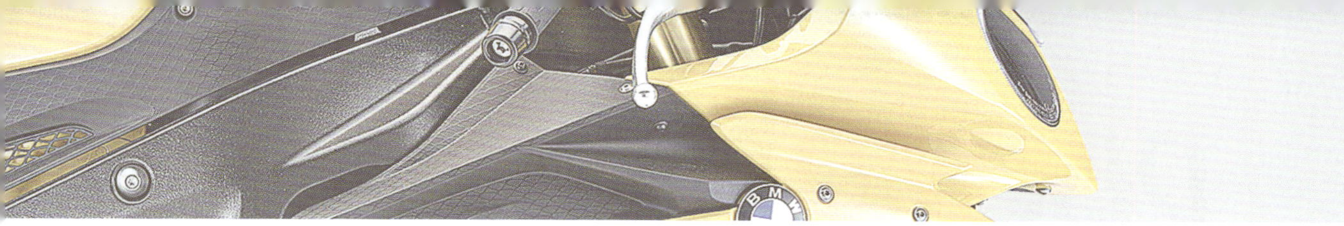

formtreue und kann die Vorspannung der Kolbenringe reduzieren. Hintergrund dieser aufwändigen Maßnahme ist wiederum Reibungsreduzierung. Denn innermotorische Reibung tut gleich zweimal weh: Sie reduziert die Leistung an der Kupplung und erhöht die Abwärme, die über Wasser- und Ölkühler abgeführt werden muss. Zwischen den Zylindern sind im Bereich der Hauptlager große Durchbrüche angeordnet, um die Pumpverluste durch hin- und hergeschobene Gase im Kurbelgehäuse zu reduzieren. Durch diese Maßnahme sind bei hohen Drehzahlen Leistungsgewinne im Kilowattbereich möglich. Der kurze Hub hat einen weiteren Hintergrund: Der S 1000 RR-Motor fährt dieses Drehzahlniveau ohne Ausgleichswellen, eine ungewöhnliche Lösung, die ihren Grund in der anvisierten Rennsportanwendung hat. Ausgleichswellen beim Vierzylinder eliminieren zwar die störenden Massenkräfte zweiter Ordnung fast vollständig, haben aber auch ihre Nachteile. Zum einen verursachen sie inklusive Antrieb ein Zusatzgewicht von ein bis zwei Kilogramm, zum anderen erhöhen sie die innermotorische Reibung. Denn die Wellen müssen mittels Übersetzungsgetriebe auf doppelte Kurbelwellendrehzahl gebracht werden. Das kostet bei den angestrebten hohen Drehzahlen schnell ein bis zwei Kilowatt nutzbarer Motorleistung. Hinzu kommt, dass die Ausgleichswellen durch ihre doppelte Kurbelwellendrehzahl – hier wären das bis zu 28 400/min – das Motoröl intensiv aufschäumen und damit die Ölversorgung des Motors gefährden können. Was also bei einem Tourensportmotor sicher richtig ist, wäre bei einem konsequent gemachten Rennsportmotor nicht optimal. Allerdings ist der Verzicht auf die Ausgleichswellen nur durch den extrem

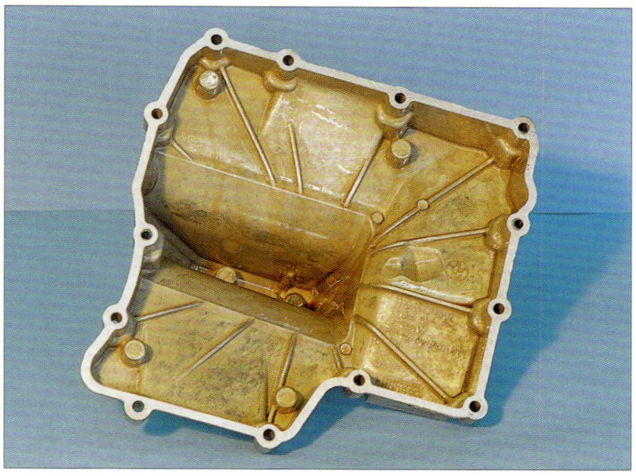

geringen Hub möglich. Eine weitere Voraussetzung dafür sind leichte Kolben und Pleuel. Deshalb kommen bei der S 1000 RR superleichte geschmiedete Slipperkolben zum Einsatz. Die Stahlpleuel sind geschmiedet, bruchgetrennt und sehr leicht. Mit 103 Millimetern Stichmaß sind sie mehr als doppelt so lang wie der Hub, ein Wert, der im Motorenbau empfohlen wird, um die Seitenkräfte und damit die Reibung am Kolben gering zu halten. Ein weiterer Grund für die relativ langen Pleuel ist die Tatsache, dass dadurch die Massenkräfte zweiter Ordnung gering gehalten werden können. Wie bei vielen Motorradmotoren laufen auch bei der S 1000 RR die Kolbenbolzen ohne Bronzebuchse direkt im feingebohrten Pleuelauge. Das spart Gewicht, Bauraum und Kosten. Außerdem funktioniert es problemlos, auch wenn das Verschleißbild der Lagerstellen nicht immer schulbuchmäßig schön aussieht. ▷

WAS DIE BMW-STAMMKUNDSCHAFT VOM 193 PS STARKEN MOTOR HABEN WIRD

Glaubt man aktuellen Pressemeldungen, steht der Verbrennungsmotor kurz vor der Ablösung zunächst durch Hybride, später durch Elektro- oder Brennstoffzellenantriebe. Verbrennungsmotoren dagegen, so die landläufigen Prognosen, werden demnächst auf dem Müllhaufen der Technikgeschichte landen.
Wer mit der Materie alternativer Antriebe intensiver befasst ist, sieht die Angelegenheit nüchterner. Während die vielfältigen Nachteile neuer Antriebe erst ansatzweise verstanden werden – etwa die Frage der Energiespeicherung, die Verfügbarkeit ausreichender Stromkapazitäten, die auch nicht einfach aus der Steckdose kommen, oder die Ressourcenfrage bei so exotischen Materialien wie Lithium für Lithium-Ionen Batterien – sind die Probleme und Entwicklungspotenziale des Verbrennungsmotors bestens bekannt.
Um diese Potenziale weiter zu entwickeln, ist Rennsport eines der besten Spielfelder, um neue Technologien zu erproben. Vorausgesetzt, es handelt sich um seriennahen Rennsport mit entsprechend gestaltetem Reglement und nicht um völlig praxisfremde Klassen wie Formel 1 oder Moto GP.
Da man sich bei BMW seit Neuestem das Thema „Nachhaltigkeit" auf die Fahnen geschrieben hat, kam für die S 1000 RR nur die Superbike-Klasse als Bewährungsfeld in Frage. Schon die Homologationsbasis von 1000 gebauten Motorrädern, die der Rennmaschine weitestgehend entsprechen müssen, garantiert größtmögliche Seriennähe. Deshalb stand laut Entwicklungs-Chef Dr. Christian Landerl auch nach dem überraschenden Ausstieg von BMW aus der Formel 1 der Superbike-Einsatz niemals ernsthaft zur Diskussion.
Bei genauer Betrachtung des S 1000 RR-Motors finden sich deshalb auch viele kleine, aber entscheidende Details, die bekannte Entwicklungspotenziale des Verbrennungsmotors weiter erschließen werden: nämlich im Bereich der Reibungsverminderung, der Gewichtsreduzierung und der Verbrennung.
Dass die S 1000 RR schon im Serientrimm 193 PS Spitzenleistung abgibt, ist ein erwünschtes Ergebnis dieser Entwicklungsschwerpunkte, aber kein Selbstzweck.
Selbstverständlich werden diesem Motor weitere Varianten in moderateren Leistungsstufen,aber deutlich verbessertem Drehmomentverlauf bei niedrigen und mittleren Drehzahlen folgen. Und wenn die Basis eines Motors gut ist – dafür spricht bei der S 1000 RR einiges – ist das ein hervorragender Ausgangspunkt für einen weniger extremen Tourensportler.

DER MOTOR

Die geschmiedete Kurbelwelle ist wie bei der K 1300 S für geringe Ventilationsverluste aerodynamisch vorteilhaft gestaltet und dreht sich in fünf Gleitlagern mit 34 Millimetern Zapfendurchmesser. Der fällt damit nochmals um vier Millimeter geringer aus als beim K 1300 S-Motor, was wegen des geringeren Hubs dennoch zu ausreichender Überdeckung von Haupt- und Pleuellagern führt. Vorteil dieser Auslegung ist geringeres Gewicht und reduzierte Reibung. Aus dem gleichen Grund fallen auch die Pleuellagerzapfen mit 34 Millimetern Durchmesser sehr schlank aus.

Auspuffanlage mit zwei Klappensystemen. Das vordere, unmittelbar an den Krümmerverbindungen, soll den Drehmoment - verlauf optimieren, das zweite dient dem Geräusch-Tuning

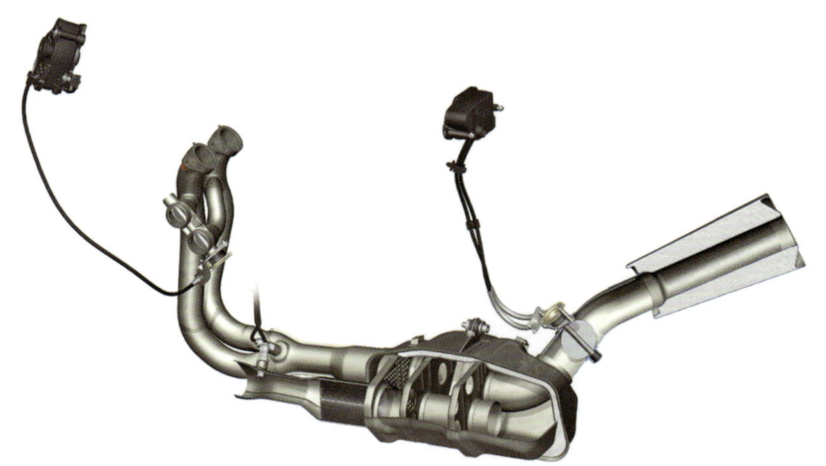

Die linke äußere Kurbelwange trägt die Verzahnung, in die der Starter eingreift. Die Lichtmaschine ist mit 30 Millimetern Baubreite ein besonders schmales Aggregat aus japanischer Fertigung und sitzt auf dem linken Kurbelwellenstumpf – im Gegensatz zum K 1300 S-Motor, wo der Generator zur Reduzierung der Baubreite hinter der Zylinderbank angeordnet ist. Für den Motor der Rennmaschine hat man diese Bauart aus Gewichtsgründen vorgezogen, erreicht aber mit 463 Millimetern nicht ganz die mit 432 Millimetern konkurrenzlos geringe Baubreite des großen Touring-Vierzylinders. Die innere Kurbelwange des rechten Zylinders trägt ebenfalls eine Geradverzahnung für den Primärantrieb. Auf dem rechten Kurbelwellenstumpf sitzt das Antriebsritzel für den Steuertrieb. Von dort geht es über eine eins zu zwei untersetzte Stirnradstufe und eine Zahnkette hinauf zu den beiden Nockenwellen. Vorteil dieser aufwändigen Bauart ist eine sehr kurze Steuerkette und extrem kleine Nockenwellenkettenräder, die einen engen Ventilwinkel ermöglichen. Und trotz günstiger konstruktiver Voraussetzungen war der resonanzfreie Lauf des Kettentriebs durch die Abstimmung des hydraulischen Steuerkettenspanners über den gesamten Drehzahlbereich eine echte Herausforderung, wie Johannes Hoehl, der technische Projektleiter für den Grundmotor, erläutert.

Auspuffklappen verbinden die Krümmer von Zylinder 1 und 4 sowie 2 und 3

ZYLINDERKOPF

Das entscheidende Bauteil für Leistung ist der Zylinderkopf. Entsprechend der ambitionierten Vorgaben der direkten Konkurrenz mussten mindestens 190 PS herauskommen. Ab diesem Wert spielt die Premium-Liga der Superbike-Klasse. Voraussetzung dafür sind 33,5 Millimeter große Einlassventile und 27,2 Millimeter große Auslassventile. Sie sind um 11,2 Grad (Einlass) und 13,3 Grad (Auslass) zur Zylinderachse geneigt. Vergleicht man die Werte mit der K 1300 S, sind die Einlassventile des 1000er-Motors bei gleicher Zylinderbohrung nochmals um 1,5 Millimeter im Durchmesser größer. Deshalb musste der Einlassventilwinkel gegenüber dem großen Touring-Motor leicht vergrößert werden. Nur so waren die größeren Ventilteller unterzubringen. Trotzdem konnte der Dachbrennraum sehr kompakt gestaltet werden. Das ist Voraussetzung, um bei einem Verdichtungsverhältnis von 13:1 einen klopffreien Betrieb sicherzustellen. Das verdichtete Gemisch wird über schlanke Zehn-Millimeter-Kerzen gezündet. Damit konnten ausreichende Materialquerschnitte an den hochbeanspruchten Stegen zu den Ein- und Auslasskanälen verwirklicht werden.

Schlechte Nachrichten gibt es für die Tuning-Fraktion: Die Brennräume sind komplett mechanisch bearbeitet. Nur so sind exakt gleiche Konturen und Volumina aller Brennkammern für ein identisches Verdichtungsverhältnis und gleichen Brennverlauf auf allen Zylindern zu gewährleisten. Auch die Einlasskanäle sind im Bereich der Ventilsitze mit einem sogenannten Birnenfräser bearbeitet, um auf allen Zylindern gleiche Einströmverhältnisse sicher zu stellen. Lohn dieses hohen Aufwandes ist ein sehr ausgewogener Verbrennungsverlauf, der trotz des extrem hohen Verdichtungsverhältnisses den Betrieb mit Superkraftstoff ROZ 95 erlaubt. Mit den beiden ähnlich wie bei der BMW K 1300 S auf der Einlassseite des Zylinderkopfes platzierten Klopfsensoren kann der Motor zudem sehr nahe an der Klopfgrenze betrieben werden, ohne Motorschäden durch klopfende Verbrennung zu riskieren.

Neben dem Kurbeltrieb stellte der Ventiltrieb die zweite technische Herausforderung für das angestrebte Drehzahlniveau dar. Dafür wurde das aus der Formel 1

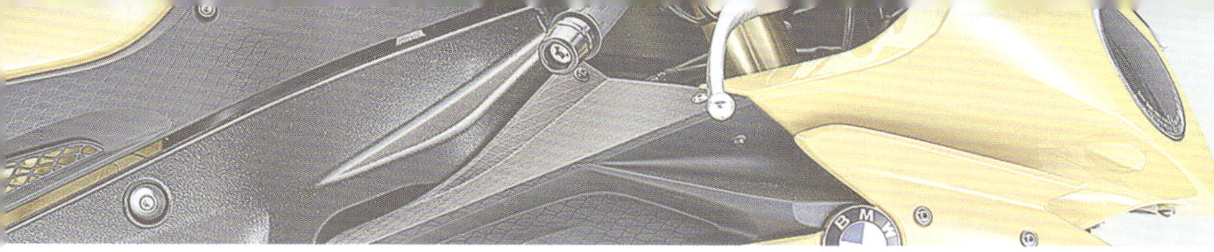

bekannte und in der K 1300 S ebenfalls eingesetzte Konzept mit filigranen Schlepphebeln eingesetzt. Die Nockenwellen sitzen dabei direkt über den Ventilschäften. Aus Gewichtsgründen wurden die schweren Schalenhartgusswellen der K 1300 S durch hohlgebohrte, geschmiedete Stahlnockenwellen ersetzt, die zum Verschleißschutz Plasma-nitriert sind. Wie bei der K 1300 S tragen die Schlepphebel eine Nanoschicht, allerdings optimiert für die Reibungs- und Verschleißeigenschaften im Kontakt mit den Stahlnockenwellen.

Für das deutlich höhere Drehzahlniveau sind die Schlepphebel erheblich filigraner gestaltet als bei der K 1300 S. Das Ventilspiel wird über kalibrierte Shims eingestellt, die im Ventilfederteller fixiert und kostengünstiger herzustellen sind als die Kugelabschnitte der K 1300 S. Da die Nockenwellen im Gegensatz zur K 1300 S gleiche Drehrichtung aufweisen, sind die beiden Schlepphebelachsen so angeordnet, dass die Schlepphebel an beiden Wellen reibungsoptimal auflaufend betätigt werden.

Ein- und Auslassventile bestehen aus Titan. Das höhere Gewicht des größeren Einlassventils wird durch einen Alu-Federteller kompensiert, während die Auslassventile Stahlfederteller tragen. Doppelte Ventilfedern ziehen die Ventile auf ihren Sitz zurück – wie beim Steuerkettenspanner steckt in der Federabstimmung unglaublich viel Feinarbeit, um Federresonanzen und damit nachhüpfende Ventile im gesamten Drehzahlbereich zu beherrschen.

LADUNGSWECHSEL

Neben dem Zylinderkopf sind Ein- und Auslasssystem weitere entscheidende Faktoren, um die angestrebte hohe Spitzenleistung und einen ausgewogenen Drehmomentverlauf darzustellen. Das Ansaugsystem ist mit 7,9 Litern Volumen sehr großzügig dimensioniert, um einerseits die Strömungsverluste gering zu halten und andererseits die Einhaltung der Außengeräuschgrenzwerte zu ermöglichen. Starre Ansaugsysteme und Abgasanlagen stehen dem gewünschten breiten Drehzahlband grundsätzlich entgegen. Deshalb wurden bei der S 1000 RR für jeden Zylinder Schaltsaugrohre entwickelt, deren Schwingrohrlängen bei Drehzahlen über 11 300/min um 60 Millimeter reduziert werden können. Analog dazu sind in der Abgasanlage zwei Schaltklappen angeordnet, die die Interferenzrohre abhängig von Gasgriffstellung und Drehzahl zwischen Zylinder 1 und 4 sowie 2 und 3 freigeben und oberhalb 11 200/min verschließen. Zusammen mit dem Schaltsaugrohr kann damit das Drehmoment im oberen Drehzahlbereich signifikant erhöht werden. Eine weitere Schaltklappe im Endschalldämpfer hilft, das strenge Fahrgeräuschlimit von 80 dB (A) einzuhalten.

ÖL- UND KÜHLKREISLAUF

Wasser- und Ölpumpe werden gemeinsam über eine kurze Rollenkette von der Kupplungsnabe angetrieben. Der Wasserpumpenausgang speist das Kühlwasser direkt und ohne hässliche Schläuche auf die Auslassseite ins Kurbelgehäuseunterteil. Damit würde der S 1000 RR-Motor auch in einem Naked Bike optisch eine gute Figur abgeben. Anschließend strömt das Kühlmittel entlang der Zylinderrohre nach oben und tritt dann in den Kopf ein. Nach dem Übertritt in den Zylinderkopf kühlt es dort zunächst die heißesten Stellen auf der Auslassseite und strömt dann in einer kombinierten Quer- und Längsströmung durch den Zylinderkopf, bevor es in Kopfmitte auf der Einlassseite zum Kühler zurückfließt.

Mit diesem Kühlkonzept lassen sich die kritischen Auslassventilstege ebenso wie die Kerzensitze im Rennbetrieb auf einem unkritischen Temperaturniveau halten. Auch der Ölkreislauf ist gegenüber dem K 1300 S-Motor völlig anders konzipiert. Da der Motor höher im Fahrwerk hängt, hatte die Reduzierung der Baubreite nicht die Bedeutung wie beim K40-Motor, wo dieses Maß aus Gründen der Schräglagenfreiheit um jeden Preis reduziert werden musste. So stand mit dem höherliegenden Motor genügend Platz zwischen den Katalysatoren zur Verfügung, um eine tief bauende Ölwanne unterzubringen. Damit konnte der Ölkreislauf als ganz konventionelle Druckumlaufschmierung mit Nasssumpf ausgeführt und auf die aufwändige Trockensumpfschmierung mit Saug- und Druckpumpe verzichtet werden. Das große Thema bei der Druckumlaufschmierung im Rennbetrieb ist die Sicherstellung der Ölzufuhr zur Pumpe. Bei extremen Beschleunigungen und Verzögerungen muss gewährleistet sein, dass keine Luft ins System gesaugt werden kann. Dafür ist die Ölwanne wie ein tiefes V gestaltet („Kiel“ genannt) und zwischen ▷

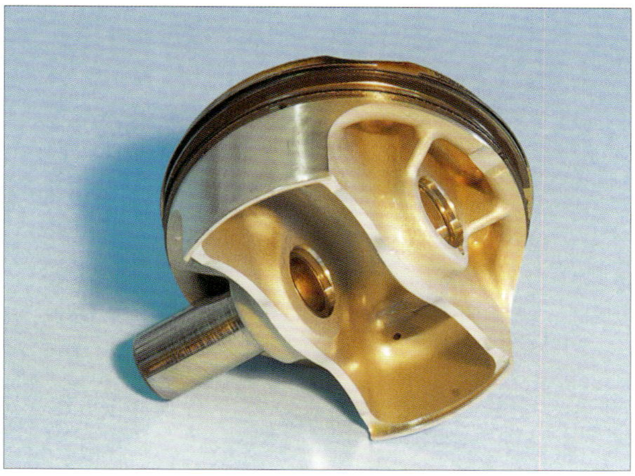

Der geschmiedete Kolben wiegt mit Bolzen und Ringen nur 253 Gramm

Mittels winziger Zehn-Millimeter-Kerze wird ausreichend Sicherheitsraum zwischen Kerzensitz und den vier Ventilsitzringen geschaffen

DER MOTOR

Formel 1-Technologie für die Serienkundschaft. Die Brennräume sind für optimalen Motorlauf komplett mechanisch dreidimensional bearbeitet

den beiden Katalysatoren angeordnet. Aus Gewichtsgründen besteht sie ebenso wie Ventil- und Kupplungsdeckel aus Magnesium. Wie beim K 1300 S-Motor werden auch bei der S 1000 RR die Kolben spritzölgekühlt, um trotz der extrem hohen Literleistung gesunde thermische Verhältnisse an diesem hoch beanspruchten Bauteil sicherzustellen.

KUPPLUNG UND GETRIEBE

Ein wesentlicher Faktor im Rennbetrieb ist die Beherrschbarkeit des Motorrads im Grenzbereich, etwa beim scharfen Herunterbremsen und gleichzeitigen Zurückschalten. Die Zehnscheiben-Nasskupplung besitzt dazu einen Anti-Hopping-Mechanismus, der im Schubbetrieb über eine Schräge die Anpresskraft der Kupplungsfedern reduziert und leichten Schlupf zulässt. Im Gegensatz zum aktuellen Trend wird die Kupplung durch Seilzug und nicht hydraulisch betätigt. Das spart Gewicht und Aufwand. Die Wellen des Sechsganggetriebes liegen direkt übereinander, um die Baulänge des Motors zu reduzieren. Die drei Schaltgabeln werden von einer wälzgelagerten Stahlschaltwalze betätigt und sind mit einer reibungsreduzierenden Schutzschicht versehen. Ein weiteres Beispiel, wie durch den gezielten Einsatz von Nanoschichten die innermotorische Reibung reduziert werden kann. Wie bei der K 1300 S ist als Sonderausstattung ein Schaltassistent erhältlich, der Zündung und Einspritzung beim Schalten kurzzeitig unterbricht und Gangwechsel ohne Kupplung ermöglicht.

MOTORSTEUERUNG

Man mag der Elektronik im Motorrad gegenüberstehen wie man will, aber Leistungen, wie sie der K46-Motor bereitstellt, erfordern vermehrt elektronische Eingriffe, um die Beherrschbarkeit der Maschine im Alltag und erst recht auf der Rennstrecke zu verbessern. Während Spitzenleistung bei diesem Motor überhaupt kein Thema ist, sieht Dr. Christian Landerl, Leiter Baureihen-Entwicklung bei BMW Motorrad, gerade auf diesem Gebiet das größte Potenzial für den Erfolg auf der Rennstrecke. Wegen der vielen und bislang im Motorradbereich neuen Funktionalitäten setzt BMW auf eine selbst entwickelte Motorsteuerung. Neben den bekannten Funktionen wie Zündung und Einspritzung, kommen bei der S 1000 RR Zusatzfunktionen wie Klopfregelung, Steuerung des variablen Ansaugsystems und der Auspuffklappen sowie der elektronisch gesteuerten Drosselklappen („Drive by wire") hinzu. Zwar gibt es von Suzuki und Yamaha bereits Ansätze zu dieser Technik, doch wird dieses System bei BMW noch konsequenter umgesetzt. So gibt es im Gegensatz zur japanischen Konkurrenz keine verlustbringenden Sekundärdrosselklappen. Die Drosselklappen der S 1000 RR werden komplett elektronisch betätigt, lediglich aus Sicherheitsgründen ist ein Hilfszug vorhanden, um in Notfällen jederzeit die Drosselklappe mechanisch schließen zu können. In jedem Fall erfordert sowohl die Hardware als auch die Software eine aufwändige Entwicklung, um Fehlfunktionen auszuschließen. Auf der Gewinnseite dieser Lösung stehen die viel größeren Freiheitsgrade bei der Ansteuerung der Drosselklappen, um Ansprechverhalten und Lastwechsel des Hochleistungs-Aggregats feinfühliger abzustimmen. Gerade die harschen Lastwechsel vieler aktueller Euro 3-Motoren könnten durch ein „Drive by Wire"-System deutlich entschärft werden. Auch der Regen-Modus, der über Tastendruck am Lenker aktiviert werden kann und das Drehmoment auf maximal 85 Newtonmeter begrenzt, wird über die elektronisch aktivierten

„Spitzenleistung ist bei diesem Motor überhaupt kein Thema. Auf der Rennstrecke wird die Elektronik zur zentralen Komponente."

Dr. Christian Landerl,
Leiter Entwicklung bei BMW Motorrad

Drosselklappen realisiert. Die Klopfregelung mit zwei Klopfsensoren ist vom K40-Motor übernommen. Eine aufwändige und ungewöhnliche Lösung, da die beiden Sensoren am Zylinderkopf und nicht wie üblich am Kurbelgehäuse angeordnet sind. Mit dieser Anordnung am Zylinderkopf kann Klopfen optimal und unverfälscht von Störgeräuschen vom Kolben erkannt werden. Dies ist erforderlich, um mit der extrem hohen Verdichtung von 13:1 klopfende Verbrennung sicher zu erkennen. Darüber hinaus ist die Klopfregelung so ausgelegt, dass beim Betrieb mit Super Plus-Kraftstoff die Zündkennlinien nach früh gezogen und eine leichte Drehmomenterhöhung erzielt wird.

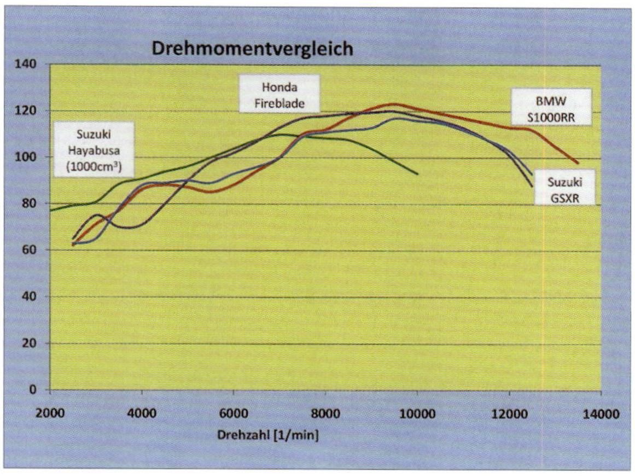

Rollenprüfstandsvergleich von BMW S 1000 RR, Honda Fireblade, Suzuki GSX-R und Suzuki Hayabusa (auf 1000 ccm umgerechnet)

WAS DABEI HERAUSKOMMT

Mit 59,8 Kilogramm ist der K46 einer der leichtesten Hochleistungsmotoren in der 1000-ccm-Klasse und liegt damit unter dem als Referenz herangezogenen Triebwerk der Suzuki GSX-R 1000. Die Leistungscharakteristik der BMW S 1000 RR ist die eines kompromisslos gemachten Rennmotors. Und das bedeutet vor allem Spitzenleistung. Nach DIN auf dem Motorprüfstand gemessen, kommen damit 193 PS bei 13 000/min und 112 Nm bei 9750/min heraus. Kehrseite der konkurrenzlosen Spitzenleistung ist ein Drehmomentverlauf, der unterhalb 6500/min keine Rekordwerte ergibt. Speziell zwischen 5000 und 6500/min ist ein leichter Einbruch festzustellen, den auch das aufwändige Schaltsaugrohr und die Auspuffklappensteuerung nicht völlig verhindern können. So sieht die Honda Fireblade, aktuell der Maßstab für einen ausgewogenen Kompromiss zwischen Spitzenleistung und harmonischem Drehmomentverlauf, gerade im Bereich zwischen 5000 und 9000/min deutlich kräftiger aus, erreicht dafür aber nicht die brachiale Nennleistung der S 1000 RR. Unter 5000/min, also bei Drehzahlen, die im Alltag für das Durchzugsvermögen wichtig sind, kann die BMW dagegen mit der Honda mithalten. Die Suzuki GSX-R liefert bis 8000/min ähnliche Drehmomentwerte wie die BMW, fällt aber darüber deutlich ab. Zum Vergleich zeigt der auf 1000 ccm umgerechnete Hayabusa-Vierzylinder, was ein echter Durchzugsmotor leisten kann. Bis 6500 Umdrehungen schlägt er alle Konkurrenten, fällt aber darüber hoffnungslos zurück. Dies ist der Status mit der Homologationsabstimmung. Für die Superbike-Weltmeisterschaft sind die möglichen Änderungen auf wenige Teile wie Auspuffanlage, Ansaugsystem und Nockenerhebung eingeschränkt. Damit kommt man laut Insiderangaben bereits auf etwa 230 PS. Weitere leistungsbestimmende Teile wie Zylinderkopf und Schlepphebel dagegen dürfen laut Reglement nicht verändert werden. Für die Zukunft darf man sicher davon ausgehen, dass für die Serie weitere speziell drehmomentoptimierte Varianten geschaffen werden. Bislang verlief der Start in der Superbike-Meisterschaft sehr erfreulich. Vor allem Zuverlässigkeit und Leistungsfähigkeit des Aggregats sind für eine Auftaktsaison absolut überzeugend.

Im Werk Berlin ist inzwischen die Serienfertigung angelaufen, die Stückzahl wird von derzeit 25 Maschinen am Tag kontinuierlich hochgefahren. Auch angesichts eines Einstiegspreises von 15 500 Euro werden sich die japanischen Platzhirsche auf eine scharfe BMW-Konkurrenz einstellen müssen.

Vorgelegewelle für den Nocken-antrieb. Das schafft eine günstig kurze und damit steife, schwingungsunanfällige Steuerkette. Denkbarer Evolutionsschritt: Verzicht auf Kette, nur noch Zahnräder

NERVENSYSTEM

TEXT: CLEMENS GLEICH
FOTOS: WERK

Aus
MOTORRAD MAGAZIN MO
Sonderausgabe
BMW Motorräder Nr. 33

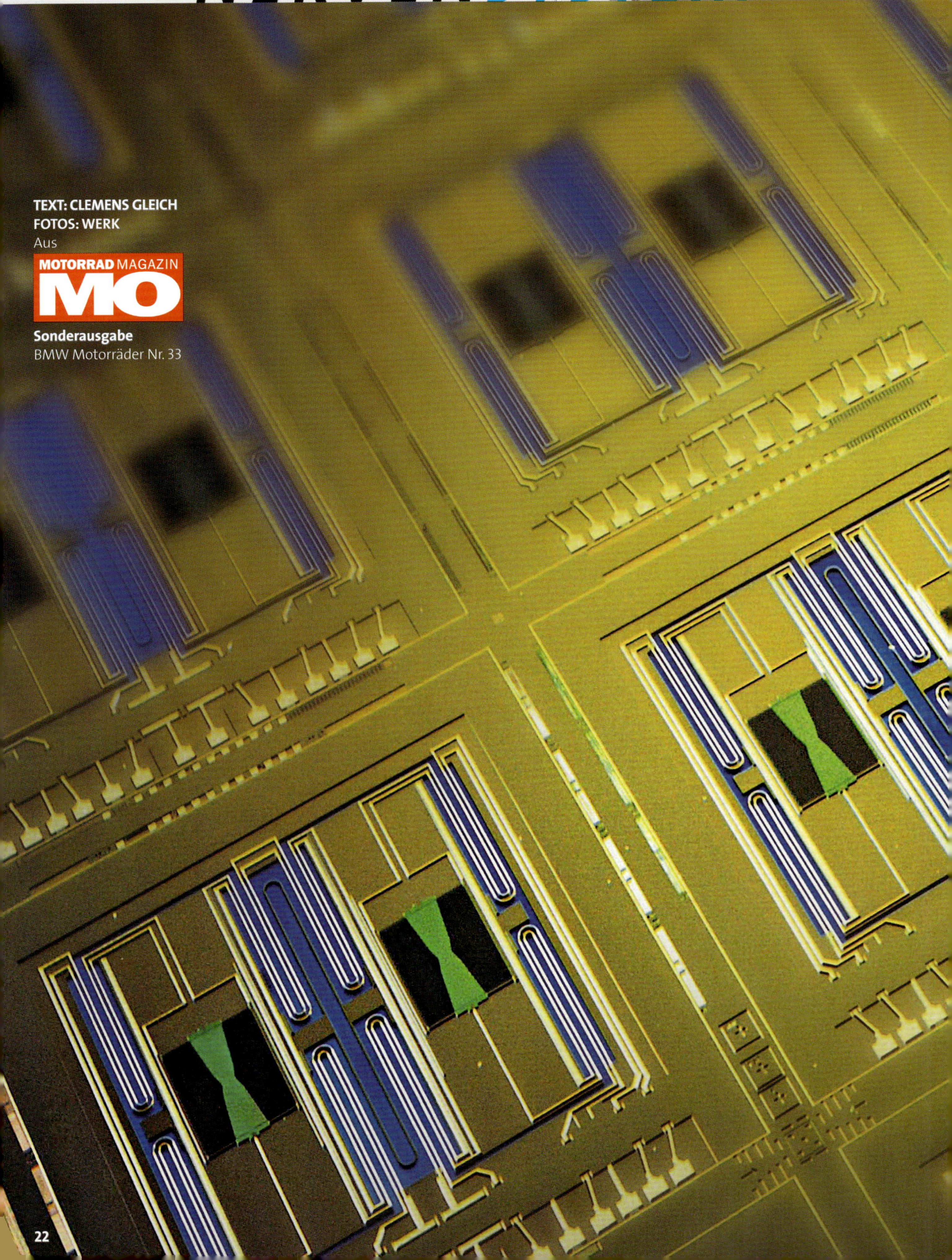

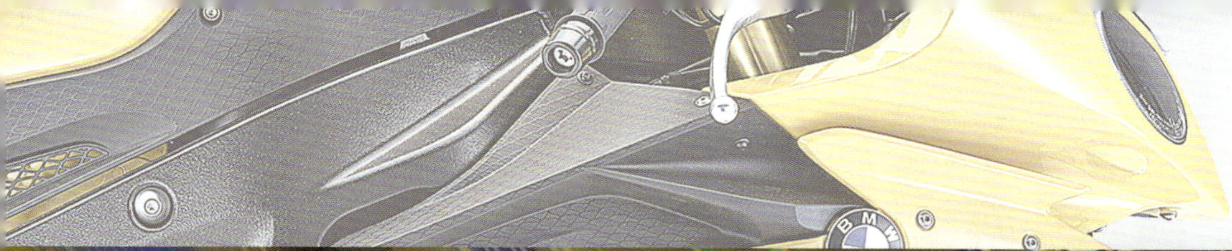

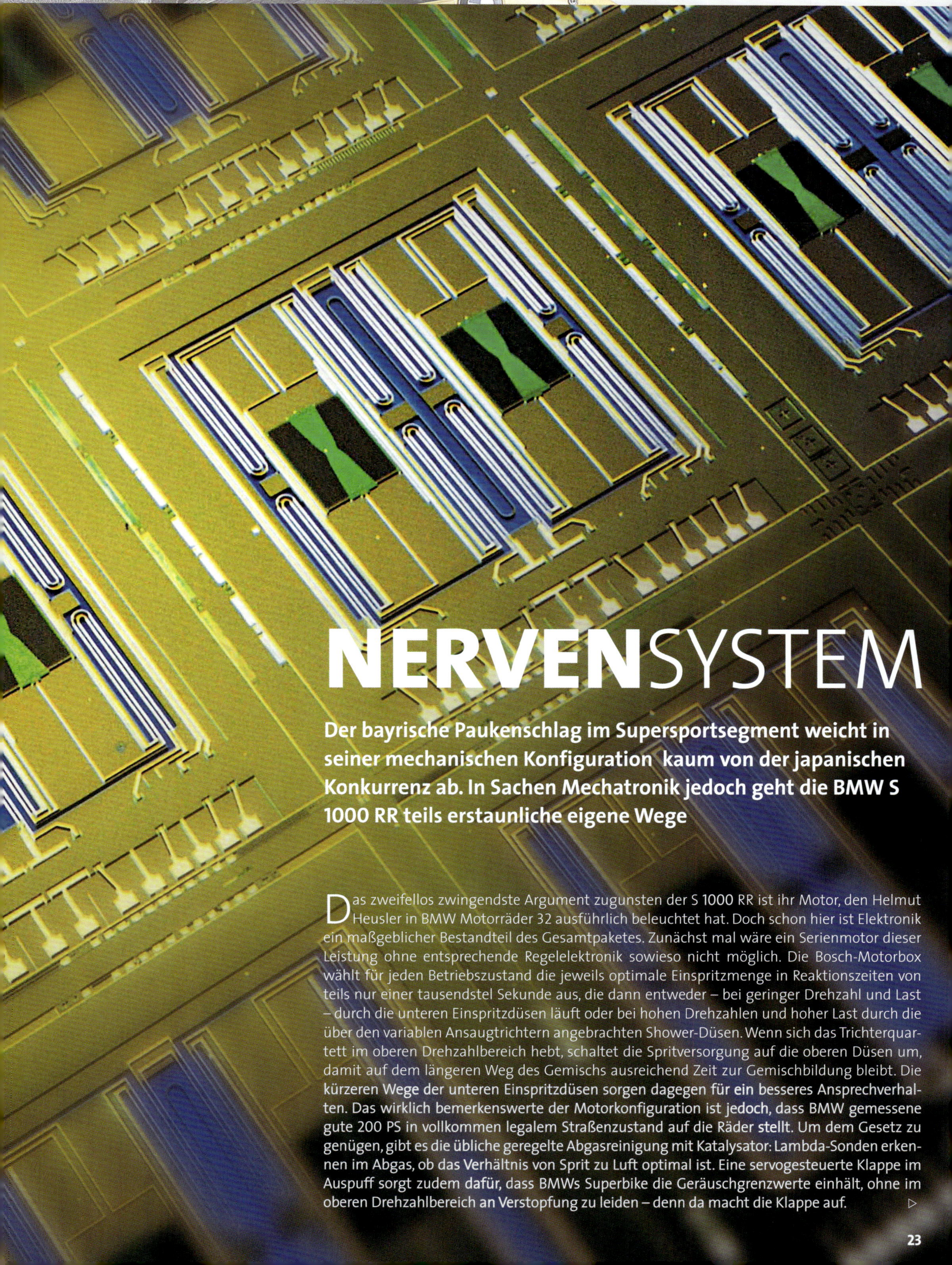

NERVENSYSTEM

Der bayrische Paukenschlag im Supersportsegment weicht in seiner mechanischen Konfiguration kaum von der japanischen Konkurrenz ab. In Sachen Mechatronik jedoch geht die BMW S 1000 RR teils erstaunliche eigene Wege

Das zweifellos zwingendste Argument zugunsten der S 1000 RR ist ihr Motor, den Helmut Heusler in BMW Motorräder 32 ausführlich beleuchtet hat. Doch schon hier ist Elektronik ein maßgeblicher Bestandteil des Gesamtpaketes. Zunächst mal wäre ein Serienmotor dieser Leistung ohne entsprechende Regelelektronik sowieso nicht möglich. Die Bosch-Motorbox wählt für jeden Betriebszustand die jeweils optimale Einspritzmenge in Reaktionszeiten von teils nur einer tausendstel Sekunde aus, die dann entweder – bei geringer Drehzahl und Last – durch die unteren Einspritzdüsen läuft oder bei hohen Drehzahlen und hoher Last durch die über den variablen Ansaugtrichtern angebrachten Shower-Düsen. Wenn sich das Trichterquartett im oberen Drehzahlbereich hebt, schaltet die Spritversorgung auf die oberen Düsen um, damit auf dem längeren Weg des Gemischs ausreichend Zeit zur Gemischbildung bleibt. Die kürzeren Wege der unteren Einspritzdüsen sorgen dagegen für ein besseres Ansprechverhalten. Das wirklich bemerkenswerte der Motorkonfiguration ist jedoch, dass BMW gemessene gute 200 PS in vollkommen legalem Straßenzustand auf die Räder stellt. Um dem Gesetz zu genügen, gibt es die übliche geregelte Abgasreinigung mit Katalysator: Lambda-Sonden erkennen im Abgas, ob das Verhältnis von Sprit zu Luft optimal ist. Eine servogesteuerte Klappe im Auspuff sorgt zudem dafür, dass BMWs Superbike die Geräuschgrenzwerte einhält, ohne im oberen Drehzahlbereich an Verstopfung zu leiden – denn da macht die Klappe auf. ▷

NERVENSYSTEM

FAHRBARKEIT

Viele der Systeme dienen schlicht dazu, das Fahrzeug „kompromisslos gut fahrbar“ zu machen, wie Karl-Heinz Gaubatz, der Leiter Elektrik und Elektronik bei BMW Motorrad, sagt. So sitzt zum Beispiel ein zweites Klappensystem vorne in den Krümmerinterferenzrohren. Diese Klappen bringen keine zusätzliche Leistung, wie eine Vergleichsmessung mit einer anderen Abgasanlage zeigt. Sie sind allein fürs „Drehmoment-Shaping“, wie BMW es ausdrückt, sie sollen also im unteren und mittleren Bereich die spitze Rennmotorcharakteristik des Aggregats um ein paar zusätzliche Newtonmeter aufbessern. Zwar hat die sehr ausgewogene Honda Fireblade im Bereich von etwa 5000 bis 9000/min deutlich mehr Drehmoment (und damit mehr Leistung), doch ausgerechnet ganz unten punktet hier wieder der BMW-Vierzylinder. Nach oben heraus kommt derzeit ohnehin keine Serienmaschine mit BMW mit. Mit Einspritzanlage und extrem kleiner Schwungmasse hängt der Motor sehr direkt am Gas. Das ist eine gute Eigenschaft für den Betrieb auf Rennstrecken, ist aber nicht immer einfach zu fahren. Die japanische Konkurrenz verwendet hier zum Beispiel gelegentlich eine zweite Drosselklappe, die allzu ungünstige Strömungsverhältnisse ausschließt. Andere, wie Aprilias RSV4 oder Yamahas Supersportler, verwenden eine einzelne, elektronisch gesteuerte Drosselklappe, um das Problem anzugehen.

BMW verwendet etwas, das sie „semiaktives E-Gas“ nennen. Im Prinzip ist das eine Drosselklappe, die herkömmlich desmodromisch über einen Öffner- und einen Schließerzug vom Fahrer bedient wird. Nur hat bei der BMW ein Servo im vom Fahrer eingestellten Bereich einen gewissen Nacheinstellspielraum, um den Motor besser fahrbar zu machen. Man spricht hierbei von einem „Offset-Winkel“, den das Gerät an der vom Fahrer eingestellten Position in beide Richtungen korrigieren kann. Das Schöne dabei ist, dass der Wunsch des Fahrers von der Elektronik nicht komplett ignoriert werden kann. Bei einem Defekt wird die Drosselklappe zum Beispiel einfach eine herkömmliche, da dann ein Überwachungsschaltkreis dem Servo den Strom kappt.

Optional bietet BMW einen Schaltassistenten an, der wie seine Pendants aus dem Zubehörmarkt oder Rennsport den Druck auf den Schalthebel registriert und durch einen Eingriff in die Motorsteuerung kurz das Getriebe lastfrei und somit schaltbar macht, ähnlich, wie man es von Hand am Gasgriff beim Schalten ohne Kupplung macht. Anders als einfache Zubehörlösungen unterbricht der Schaltassistent jedoch nicht nur einfach kurz die Zündung, weil das zu unverbranntem Sprit im Katalysator führen würde, sondern sie regelt das Motordrehmoment ähnlich der Traktionskontrolle Kat-verträglich herunter – hierzu später im Text mehr.

Die BMW S 1000 RR soll Kraft fahrbar machen. Elektronik hilft ihr dabei

ABS

Die meisten Schlagzeilen machte die S 1000 RR nach ihrem Motor wohl mit ihren Assistenzsystemen. Dass BMW seinem Superbike ein ABS spendieren würde, war für Branchenkenner sicher. Die Frage war nur: welches? Ein Kolbensystem hatte BMW schonmal im Programm, dessen Nachteil war eben, dass es recht viel wog, obwohl das Funktionsprinzip sich für optimale Regelvorgänge geradezu anbietet. Man sieht am Beispiel des Honda-ABS an der Fireblade schön beide Seiten der Medaille: Die Funktion ist über alle Zweifel erhaben, aber es bringt fast zehn Kilogramm Gewicht auf die doch eigentlich so sportlichen Hüften von Fireblade und 600 RR. Zudem war das BMW-Kolben-ABS durch schlechte Schlagzeilen stark in der Käufergunst gesunken. Spätere Modelle erhielten ein leichteres Ventilsystem von Continental/Teves, das allzu steile Druckrampen durch kegelförmige Ventilquerschnitte abschwächte, die Hinterradbremse elektrohydraulisch mit betätigte und überdies in allen Messungen beeindruckende Bremsleistungen im Regelbereich hinlegte. Die Bremse war jedoch alles andere als gefühlsecht: Mit langen Hebelleerwegen und schwammigem Druckpunkt kam sie für ein radikales Sportmotorrad nicht in Frage.

Glücklicherweise ging just zu dieser Zeit der Zulieferer Bosch mit der neunten Generation ihres Motorrad-ABS in die Produktion. Dieses hat eine „eCBS" genannte Option, die wie beim Conti die Hinterradbremse beim Bremsen vorne mit ansteuern kann, ein sehr geringes Gewicht, das Potenzial für einen klaren Druckpunkt und überdies die Möglichkeit, verschiedene vorprogrammierte Settings für das Bremsverhalten einzustellen. Passt für die BMW wie die Faust aufs Auge. Zusammen mit Bosch erarbeiteten die bayrischen Ingenieure optimale Settings für dieses System und gingen schließlich damit unter dem zackigen Namen „Race ABS" in die Serienproduktion des Motorrads. Das neue Bosch-ABS kommt derzeit in abgewandelter Form noch bei Yamahas neuer Super Ténéré sowie den Kawasakis 1400 GTR und VN 1700 zum Einsatz (dort heißt es „K-ACT"), was vielleicht zeigt, wie gut man es auf die jeweiligen, hier weit auseinandergehenden Fahrzeugbedürfnisse anpassen kann. Weil das Wort „Restbremskraft" die BMW-Ingenieure wohl noch bis ins nächste Jahrhundert verfolgen wird, dürften ihnen die Stromsparfunktionen des Geräts bei niedrigem Batteriestand und der breite Versorgungsspannungsbereich bei niedrigen Bordnetzspannungen ein gutes Gewissen verschafft haben. Ähnlich dem Honda-System bremst das Hinterrad vor allem anfangs leicht mit, um die Hinterachse etwas in die Federn zu ziehen, was wiederum die Stoppie-Neigung reduziert, die ja auf trockener Strecke die maximale Bremsleistung vorgibt. Wer sich trotz allem mit dem Gedanken „ABS an Supersportler" nicht anfreunden mag, dem sei gesagt, dass das ABS selbst routinierte Rennfahrer bei Tests um keinen Deut langsamer machte. ▷

Die K46 misst in ihrem Sensor hinter der Sitzbank die Schräglage, woraus die Motorbox die Parameter für die Traktionskontrolle errechnet

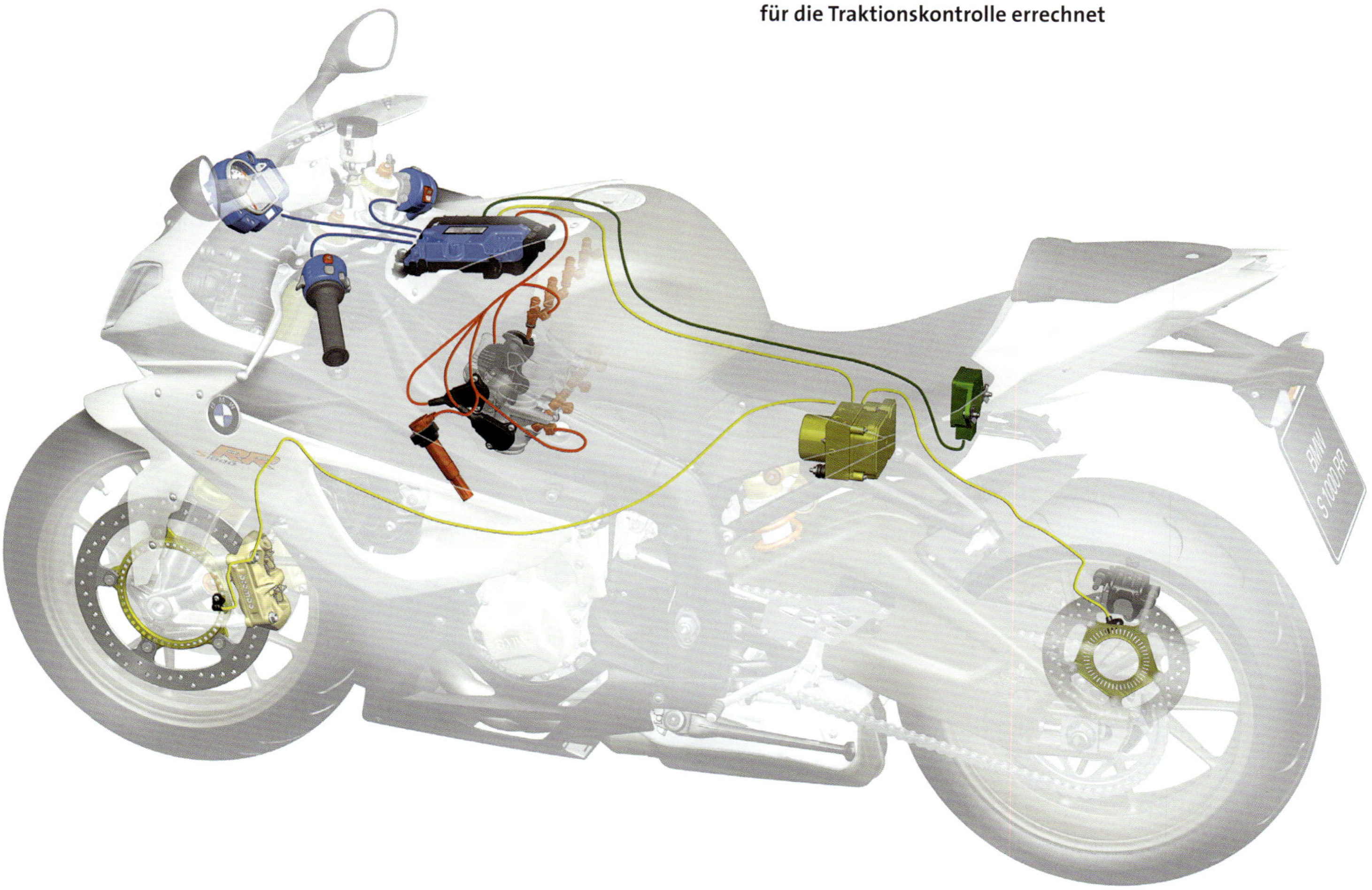

NERVENSYSTEM

Cockpit-Einheit, nimmt Eingaben der Armaturen entgegen und steuert die Fahrzeugbeleuchtung

Bei hohen Drehzahlen schaltet die K46 auf die Shower-Düsen um, damit das Gemisch genug Zeit zur Verwirbelung hat

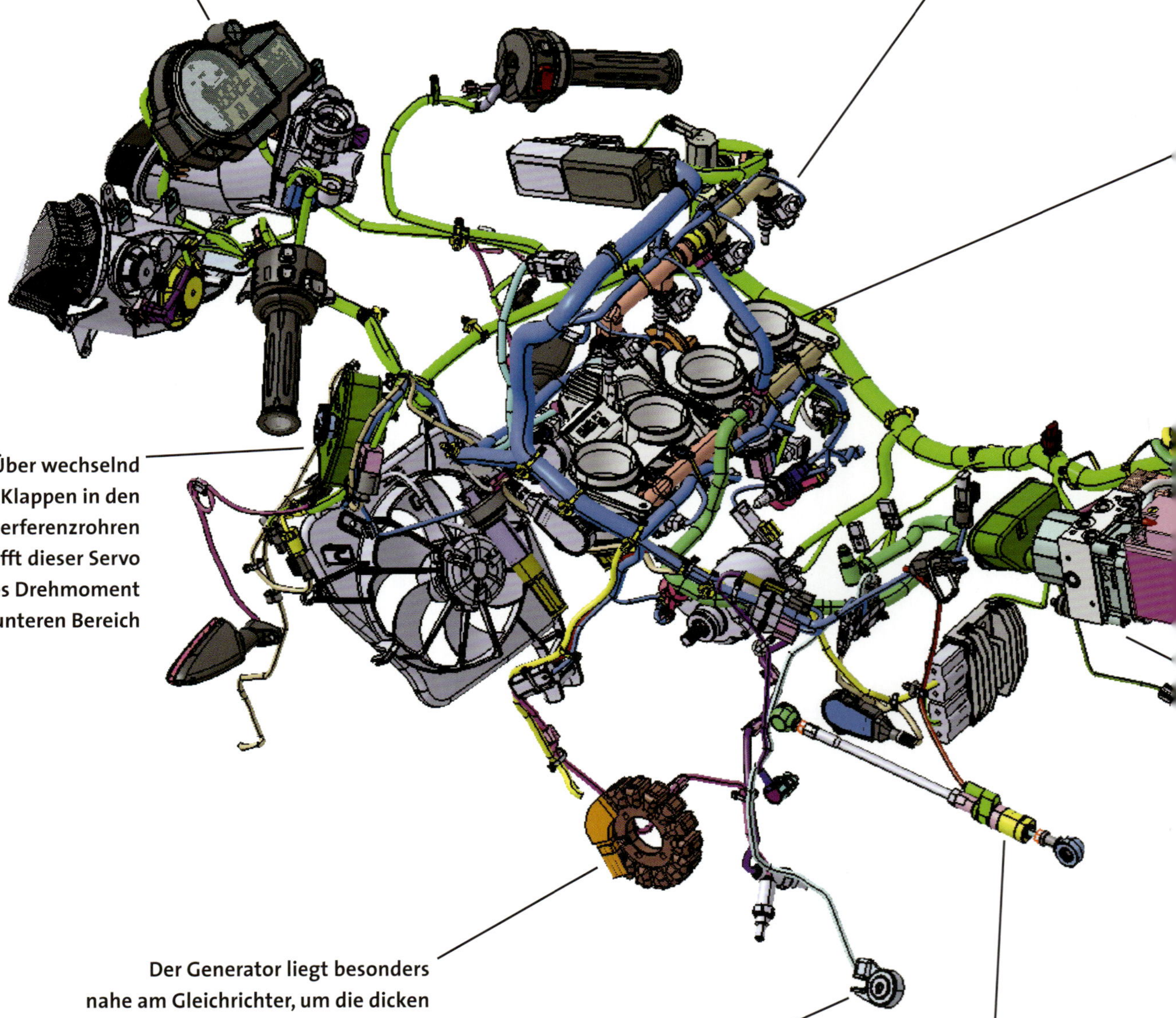

Über wechselnd offene Klappen in den Interferenzrohren schafft dieser Servo zusätzliches Drehmoment im unteren Bereich

Der Generator liegt besonders nahe am Gleichrichter, um die dicken Drehstromkabel kurz zu halten

Eine Auspuffklappe hilft, die Geräuschvorschriften einzuhalten, ohne dass die Abgasanlage obenrum unter Verstopfung leidet

Der Schaltassistent nimmt kurz Motordrehmoment weg, um das Getriebe schaltbar zu machen

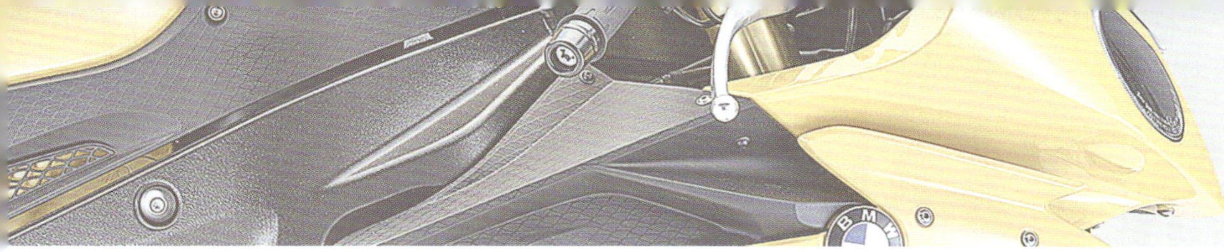

Unter der Schale: Viel Hirnschmalz wanderte in die Konfiguration und Verlegung des Nervensystems, des Kabelbaums

Das „semiaktive E-Gas“ hat einen Eigenspielraum, in dem es die Drosselklappen bewegen kann

Dieser Sensorcluster misst die Schräglage

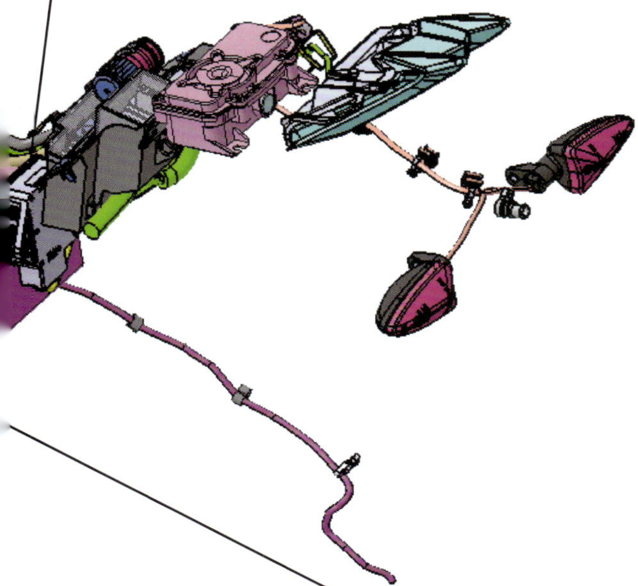

Das kompakte und leichte Integral-ABS unter der Sitzbank kennt verschiedene Settings

Der moderne, durchdachte Kabelbaum spart Platz, Fehlerpotenzial und Gewicht

NERVENSYSTEM

TRAKTIONSKONTROLLE

Die Schräglage eines Motorrads halbwegs zuverlässig und genau zu messen, ist ingenieurstechnisch keine triviale Aufgabe, zudem die Lösung ja noch in den Kostenrahmen passen muss. Umso erstaunter waren Fachleute, dass BMW es bei der S 1000 RR tatsächlich bezahlbar in Serie hingekriegt hat. Sie verwenden dazu einen sogenannten „Sensorcluster" von Bosch mit zwei Schwingungsgyrometern (Drehratensensoren für die Roll- und Gierrate) und zwei Beschleunigungssensoren. Ein Sensorcluster ist bei Bosch alles, was mehrere Sensoren in einem Gehäuse vereint. Die Drehratensensoren sind zum Beispiel die gleichen, die auch in Pkw-Assistenzsystemen wie ESP zum Einsatz kommen. Sie messen Winkeländerungen um die Bewegungsachsen des Fahrzeugs. Für eine zuverlässige Schräglagenmessung sind die Gyrometer aus dem Automobil-Teileregal zunächst wenig geeignet, da der Fehler, die sogenannte „Drift" zu groß ist. BMW verwendet daher zwei Winkelsensoren, deren Daten sie gegeneinander plausibilisieren. In der Praxis ist das genau genug, wobei man vielleicht im überhöhten Karussell der Nordschleife bedenken sollte, dass der Bosch-Cluster die Schräglage gegenüber dem Horizont misst, nicht gegenüber der Straße. Als zweiten Entscheidungswert neben der Schräglage wertet die Antriebsschlupfregelung DTC (Dynamic Traction Control) die Raddrehzahlen aus, die sie über die Hall-Geber erhält, die auch das ABS und der Tacho benutzt. Eine (je nach Setting) zu große Differenz der Drehzahlen (in Abhängigkeit der Schräglage) führt dazu, dass die K46 in der ersten Regelstufe in ihrem Möglichkeitsbereich die Drosselklappen etwas zu macht, was so sanft ist, dass es viele nicht 'mal bemerken werden. Reicht das nicht, verschiebt die Motorbox die Zündzeitpunkte in Richtung später, was zu einem Abfall an Drehmoment führt. Erst, wenn auch das nicht ausreicht, kappt sie die Spritzufuhr. Das ist dann etwas, das selbst Dickhäutige mitkriegen könnten. Wie das DTC von R 1200 GS und den K-Modellen unterdrückt auch jenes des Superbikes Wheelies, die es ebenfalls durch Drehzahldifferenzen der Räder erkennt. Erst im Modus „Slick" erlaubt es Wheelies bis etwa 20 Grad Schräglage, wobei es selbst hier nach etwa fünf Sekunden das Vorderrad recht unsanft wieder auf die Straße setzt. Knallt das ganze Motorrad unsanft auf die Straße, schaltet sich der Motor ab, um ihn und den Fahrer zu schützen. Da in der Vergangenheit Pendellösungen, wie etwa Quecksilberschalter, zu Problemen bei extremen Fahrsituationen geführt haben, setzt BMW hier einen zweiachsigen Beschleunigungssensor ein, der den Unterschied zwischen stabiler Kurvenfahrt (fast keine Querkräfte) zu stabiler Seitenlage (einfache Erdbeschleunigung 1 g auf der Seite) weit zuverlässiger erkennt. Der Sensor prüft sich außerdem kontinuierlich selbst und ist intern schlagfest bis 50 000 g. Zum Vergleich: Ein mit voller Wucht geschlagener Abschlag beim Golfen beläuft sich auf ungefähr 15 000 g.

COCKPIT

Das Cockpit wird in der Presse gern als „BMW-Standard" oder gar „langweilig" beschrieben. Technisch ist es keines von beidem. Ja, es zeigt nüchtern die Drehzahl, Schaltblitz nebst weiteren Fahrinformationen an, wie sich das gehört, doch wie beim Rest der S 1000 RR verbergen sich die echten Sahnestückchen unter der Haube. So übernimmt die Cockpit-Einheit zum Beispiel die komplette Steuerung der Fahrzeugbeleuchtung. Statt Relais kommt Leistungselektronik zum Einsatz,

Das Cockpit übernimmt auch die komplette Steuerung und Versorgung von Beleuchtung und Blinkern

Der Modiumschalter wählt vordefinierte Settings, die Motoransprechverhalten, ABS und DTC beeinflussen

die Scheinwerfer oder Blinker mit Strom versorgt. Das Cockpit misst jedoch auch, ob der Strom richtig fließt und erkennt so Kurzschlüsse oder defekte Leuchtmittel. Es erkennt außerdem, ob LED-Blinker oder normale zu versorgen sind und gibt beiden einfach die richtige Menge Strom. Das Gebastel mit Vorwiderständen entfällt also beim Blinkertausch. Die eigene Hintergrundbeleuchtung regelt das Cockpit je nach Umgebungslicht, das es mittels eines Photosensors misst. Es blendet also nachts nicht, ist aber auch nie zu dunkel beleuchtet. Die Rundenzeiten und Schaltblitzfunktionen ähneln denen des in Japan gesetzten Superbike-Standards, doch die BMW informiert zusätzlich, wie viel Prozent der Runde sie überhaupt Volllast fuhr – für die meisten wohl eher eine Lektion in Demut.

Weiterer Vorteil der hoch integrierten Elektronik: Sie ist sehr zuverlässig

Die Lenkerarmaturen der BMW laufen sämtlich ins Cockpit zur Befehlsverarbeitung. Das spart Kabelwege, denn Kabelwege wiegen. Der wichtigste Knopf dabei ist wohl der Mode-Umschalter. Es gibt mittlerweile einige Motorradhersteller, die unterschiedliche Ansprechmodi für den Motor anbieten, denn mittlerweile ist das sehr günstig machbar. BMW geht jedoch einen Schritt weiter und tut das, was auch ihre Autoabteilung tut: Mit einer Modusumschaltung mehrere Parameter in vorab aufeinander abgestimmten Settings ändern. In der M-Serie der BMW-Autos zum Beispiel gibt es eine ganze Kette von Settings, bei denen kein normaler Mensch durchblickt. Es gibt jedoch einen Knopf, auf dem einfach „M" steht, und der macht das Auto – zack – straff und schnell. Ähnlich geht es bei der K46. Es gibt zunächst drei wählbare Modi (Rain, Sport, Race), die sich in Einstellungen für das ABS, für das DTC und das Ansprechverhalten des Motors über die Kennlinie und die Drosselklappenservos unterscheiden. Im Stand schaltet der Fahrer direkt zwischen diesen Modi um, während der Fahrt muss er dazu kurz die Kupplung ziehen und den Gashahn schließen. Das soll verhindern, dass jemand bei unreflektiertem Rumfummeln am Mode-Schalter von einem plötzlich sehr anders reagierenden Motorrad überrascht wird. Für die Rennstrecke gibt es unter der Sitzbank einen Stecker, der noch den „Slick"-Modus freischaltet. Gedacht ist er, wie der Name schon sagt, für profillose Rennstreckenreifen. BMW empfiehlt ihn nicht für die Straße auf normalen Reifen.

INTEGRATION

Jeder Ingenieur muss beim Anblick der von Verkleidung befreiten S 1000 RR wohl anerkennend nicken. Denn um den in diesem Segment erfahrenen Japanern auf Augenhöhe gegenübertreten zu können, musste BMW dieselbe Konsequenz im Leichtbau beweisen. Das geht in der Grundkonstruktion los, der leichte Motor trägt dazu bei, doch die Elektrik und Elektronik sind hierbei keinesfalls außen vor. „Packaging" sagen Marketingler heute dazu. „Wenn man so ein Motorrad baut, dann darf es keine Kompromisse geben – an keiner Stelle", so Karl-Heinz Gaubatz dazu. Wie weit das geht, erkennt man zum Beispiel daran, dass die K46 keine Relais mehr hat – zu schwer, zu unzuverlässig. Sie hat außerdem genau auf Zugfestigkeit und Stromfluss berechnete Leitungsquerschnitte für unterschiedliche Zwecke und versucht, wo es geht, Kabel zu sparen. Um etwa die dicken Drehstromkabel vom Generator zum Gleichrichter kurz zu halten, liegen beide so nah wie möglich beieinander. Wie am Beispiel des Cockpits zu sehen, übernehmen außerdem integrierte Komponenten Funktionen, die ansonsten an mehreren Stellen des Motorrads verteilt sind. Und Software wiegt eben nichts: Der leistungsfähige Prozessor der zentralen Motorbox übernimmt zum Beispiel auch die Steuerung der Traktionskontrolle nebst der rechnerischen Auswertung der Daten aus dem Schräglagensensor. Wenn eine dieser Komponenten einmal ausfallen sollte, ist natürlich Feuer auf dem Dach. Doch wahrscheinlich ist so etwas nicht, denn die hochintegrierte, vollelektronische Bauart hat einen weiteren prinzipiellen Vorteil: Sie ist sehr zuverlässig.

„Wenn man so ein Motorrad baut, dann darf es keine Kompromisse geben – an keiner Stelle", sagt Karl-Heinz Gaubatz, Leiter Elektronik

DIE OBERBAYERISCHE

BMW hat es geschafft, im ellbogenlastigen Superbike-Markt nicht einfach einen Achtungserfolg zu platzieren, sondern eine Bombe, auf Anhieb überlegen. Eine Positionsbestimmung der S 1000 RR im Konkurrenzumfeld

TEXT: CLEMENS GLEICH
FOTOS: SWA

Aus
MOTORRAD MAGAZIN MO
Sonderausgabe
BMW Motorräder Nr. 34

Die Festung der japanischen Vierzylinder-Superbikes galt lange Zeit als uneinnehmbar. Nur MVs F4 1000 schaffte es, dieser Konkurrenz Erfolge auf der Rennstrecke abzutrotzen, galt aber auf der Landstraße als „Folterbank", während die Kilogixxer-Fahrer ohne großes Arschweh vom Track in den Alpenurlaub fuhren. Dass eine neue BMW den Alpenteil mit Bravour erledigt, wundert keinen. Dass sie die versammelte Konkurrenz auf den Geraden mit nie dagewesener Power in den Boden nagelt und stehen lässt wie warmes Weißbier schon. Auf der Autobahn kennt die S 1000 RR keine Gegner. Auf Landstraßen und Rennstrecken muss sie sich an der versammelten Vierzylinderkonkurrenz messen lassen, die nicht geschlafen hat: Die zeitgleich an die Verkaufsstartlinie gegangene Aprilia RSV4 mit ihrem V4 punktet nämlich selbst mit einem genialen Spagat zwischen Überlandspaß und Pokaltauglichkeit, die Honda Fireblade hat wie die BMW ein ABS, die Yamaha R1 eine in Serie einzigartige Zündfolge, Kawasakis ZX-10 R punktet mit brutaler Performance, MV Agustas F4 mit Emotion sowie einer kompletten Überarbeitung, und die Suzuki GSX-R 1000 ist ohnehin so was wie eine Maßbank der Supersport-Güte.

In den Medien fällt das BMW-Superbike, interne Modellbezeichnung „K46", durch seine Elektronik auf. Der Tenor geht in die Richtung, dass BMW es irgendwie geschafft hätte, ein wahnsinniges Gefährt gerade so mit ein paar algorithmischen Riemen im Zaum zu halten. Das ist falsch. Die K46 ist selbst ohne alle Mehrelektronik, die sie gegenüber der Konkurrenz hat, zunächst einmal schlicht und ergreifend ein sehr gutes Motorrad. Die Ergonomie setzt Maßstäbe, die Ingenieure haben es geschafft, von ihrer Vorlage „Honda Fireblade" noch ein gutes Stück weiterzugehen. Auch der Motor bringt seine Leistung auf den Boden, denn seine immense Leistung drückt er erst kurz vor den fünfstelligen Drehzahlen, wie bei einer 600er. ▷

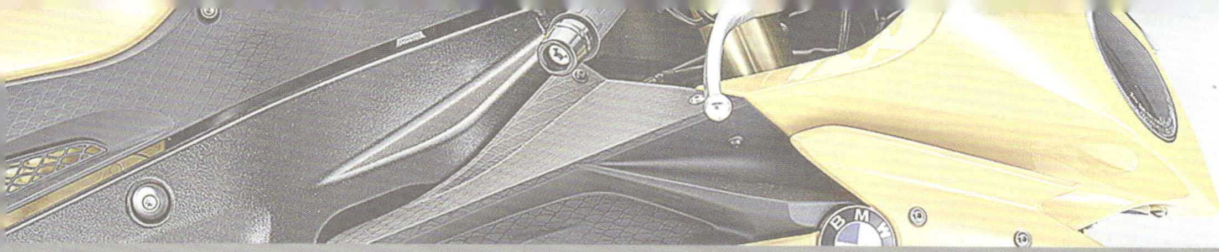

Auf der Rennstrecke fühlt sie sich wohl, die S 1000 RR ist jedoch genauso auf der Landstraße zuhause

DIE OBERBAYERISCHE

Das Erstaunlichste sind nicht die 200 PS der BMW, sondern, wie einfach sie es jedem macht, zügig mit ihr zu fahren

Die extrem kurzhubige Auslegung macht die Leistungscharakteristik untenrum geradezu zahm, wobei das Motorrad trotz deutlicher Leistungseinbußen in der Mitte gegenüber der Konkurrenz von Suzuki und Honda gute Durchzugswerte im großen Gang bietet. Sie dreht eben höher, also ist sie trotz ihrer Übersetzung auf knapp 320 km/h noch kurz übersetzt – für eine Tausender. Das Setting „Rain" kann man dabei gleich vergessen, es ist Käse und macht keinen Spaß. „Sport" wäre auf der Landstraße nett, weil es ein geradezu Gleichdruckvergasermäßig sanftes Ansprechverhalten bietet. Leider kappt es wie „Rain" (wenn auch weniger stark) das Drehmoment im unteren Teillastbereich und nervt daher beim Anfahren. „Race" ist das Setting, das ihr eigentlich am besten steht. Das leicht verschleierte Böse, das in Sport

Servo-mitgebremstes Hinterrad des Teilintegral-ABS und diverse Klappensysteme am Motor (hier: Auspuff): ein Hightech-Motorrad

gelegentlich auflugt, liegt dann immer griffbereit in der Gashand, mit der man aus den Ecken heraus den Teufel in sich und im Motorrad loslässt. Auf „Slick" (über Codierstecker freischaltbar) schaltet sich das semiaktive E-Gas komplett ab, die Lastwechsel liegen damit allein in Fahrerhand.

Das Motorrad macht es einem also erstaunlich einfach. Zehn Stunden am Tag drei Tage lang Landstraße fahren? Geht. Problemlos. Richtige Profis holen aus Raketen wie der MV klar dieselben oder bessere Rennstrecken-Rundenzeiten heraus, nur gib die MV und die Bayrische mal einem Gelegenheits-Racer. Es werden Welten zwischen den Zeiten liegen, Welten zwischen seinem jeweiligen Schweißaufkommen. Die K46 geht stabil ums Eck, braucht allerdings zum Einlenken einen deutlich gesetzten Lenkimpuls. Das weiche Grund-Setup funktioniert gut, in schnellen Kurven hart am Gas fängt es allerdings das Rühren damit an. Auf der Rennstrecke kann man die Dämpfung daher etwas straffen, vor allem für Highspeed-Kurven wie zum Beispiel die Parabolika in Hockenheim.

Die Bremsen. Tja. Profis sind mit angeschaltetem ABS nicht langsamer unterwegs als ohne, was diesen Teil der Diskussion erübrigt. Gelegenheitsfahrer wird es jedoch stärker irritieren, dass das Servo-mitgebremste und Ventil-blockiergeregelte Hinterrad in der Bremszone für Unruhe sorgt. Die BMW schlingert beim Anbremsen ohne echte Not (denn die Bremsleistung ist durch die Geometrie begrenzt, durch den Überschlag nach vorne). Das kann die Honda mit ihrem Kolben-ABS besser. Ich

persönlich würde es auf einer trockenen Rennstrecke abschalten, so dass der Handbremshebel nur vorne verzögert. Das verbessert zwar die Zeiten nicht, behebt aber das (mich) irritierende Schlingern.
Die Traktionskontrolle DTC. Mm. Profis sind damit messbar etwas langsamer als ohne, aber ich glaube, dass dasselbe auch für ambitionierte Gelegenheits-Racer gilt, denn das DTC kappt die Leistung nicht nur bei Schlupf, sondern auch, um das Vorderrad am Boden zu halten.

BMW liefert das Superbike mit einem sehr kommoden Landstraßensetting aus und macht es jedem einfach, es per Zündschlüssel einzustellen

Dazu muss es einen Sicherheitsabstand einkalkulieren, der Beschleunigung kostet. Im kleinen Gang saugt das DTC dem Motor Schub ab. Erst auf „Slick" erlaubt das DTC fünf Sekunden lang einen Wheelie, um dann das Vorderrad etwas grobmotorisch wieder auf den Asphalt zu knallen. Die Traktionskontrolle ist ein praktischer Begleiter für unberechenbare Reibwertverhältnisse auf der Landstraße, auf der Jagd nach Zeiten im Rundkurs würde ich es abschalten. Es bleibt zu sagen, dass BMW das mit Abstand beste Antischlupf-System in Serie hat, deutlich problemloser als zum Beispiel Ducatis DTC.
Die ganze Kritik betrifft allerdings Details. Das Motorrad als Ganzes, als Paket, ist eine Ansage, der aktuelle Benchmark, an dem sich die anderen messen müssen. Die S 1000 RR ist aktuell nicht nur das schnellste Motorrad von BMW, sie ist auch das beste.

PRÜFSTAND: S 1000 RR & DIE KONKURRENZ

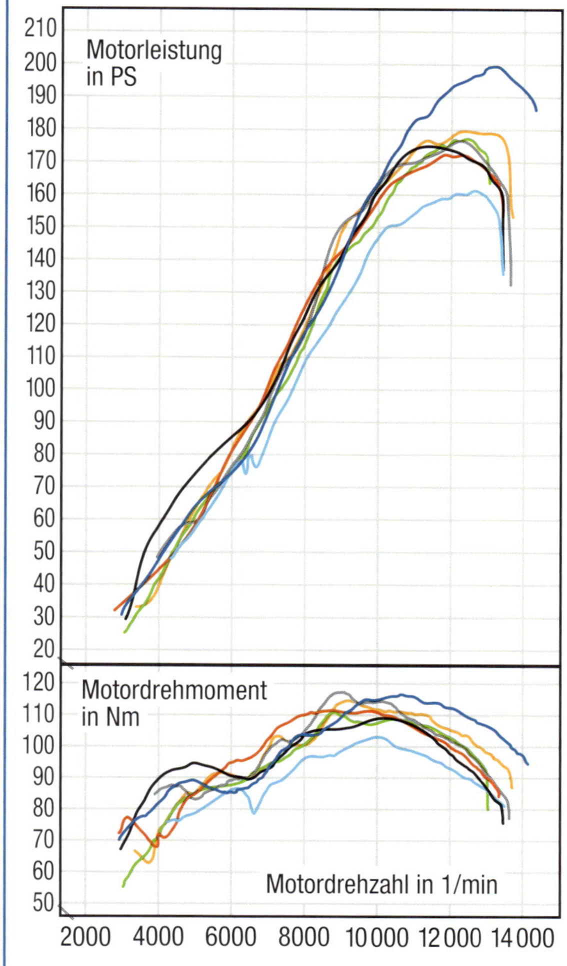

BMW S 1000 RR:
max. 199 PS (146 kW)
bei 13 000/min
max. 117 Nm bei 10 800/min
MV Agusta F4 1000:
max. 181 PS (133 kW)
bei 12 200/min
max. 117 Nm bei 9200/min
Kawasaki ZX-10 R:
max. 177 PS (130 kW)
bei 12 200/min
max. 111 Nm bei 9000/min
Yamaha YZF-R1:
max. 176 PS (129 kW)
bei 12 100/min
max. 118 Nm bei 9000/min
Suzuki GSX-R 1000:
max. 173 PS (127 kW)
bei 11000/min
max. 110 Nm bei 10100/min
Honda CBR 1000 RR:
max. 172 PS (126 kW)
bei 12 200/min
max. 112 Nm bei 9900/min
Aprilia RSV4 R:
max. 161 PS (118 kW)
bei 12 700/min
max. 104 Nm bei 10000/min

Wie bei der F 800 damals liegt die S 1000 RR im Regelfall auf dem Prüfstand weit über der Werksangabe. Sie liegt außerdem im fünfstelligen Drehzahlbereich weit über jedweder Konkurrenz, dreht noch freudig weiter, wo die anderen 1000er-Motoren längst aufgegeben haben. Das Verhältnis von Bohrung zu Hub liegt auf dem Niveau einer 600er, um diese Drehzahlen zu ermöglichen. Erfreulich dabei ist, dass die Durchzugswerte im großen Gang dennoch sehr gut sind, weil der Motor durch seine höhere Drehzahl kürzer übersetzt werden konnte, ohne an Topspeed zu verlieren. Die K46 läuft immer noch stramm über 300 km/h. Das Ansprechverhalten ist sehr direkt, das semiaktive E-Gas glättet allerdings Lastwechsel.

VERGLEICH: BMW S 1000 RR und die Konkurrenz-Modelle

	BMW S 1000 RR	APRILIA RSV4 R	HONDA CBR 1000 RR	KAWASAKI ZX-10 R	MV AGUSTA F4 1000	SUZUKI GSX-R 1000	YAMAHA YZF-R1
Nennleistung	193 PS bei 13 000/min	180 PS bei 12 500/min	178 PS bei 12 000/min	188 PS bei 12 500/min	186 PS bei 12 900/min	185 PS bei 12 000/min	182 PS bei 12 500/min
Nenndrehmoment	112 Nm bei 9750/min	115 Nm bei 10 000/min	112 Nm bei 8500/min	113 Nm bei 8700/min	114 Nm bei 9500/min	117 Nm bei 10 000/min	116 Nm bei 10 000/min
Gewicht vollgetankt	209 kg	212 kg	208 kg	207 kg	214 kg	206 kg	215 kg
ABS	Ventil-ABS, teilintegral	–	Kolben-ABS, teilintegral	–	–	–	–
Traktionskontrolle	DTC inkl. Neigungsensor	–	–	inoffiziell über Drehzahl	über Raddrehzahldiff.	–	–
Schaltassistent	straßenzugelassen	Rennstrecke	Rennstrecke	Rennstrecke	Rennstrecke	Rennstrecke	Rennstrecke
Preis	ab 15 500 Euro	15 500 Euro	14 990 Euro	14 595 Euro	18 500 Euro	13 990 Euro	15 495 Euro

ÜBER FLIEGER

Keine Ahnung, wer so schlaue Sätze wie „Stillstand ist Rückschritt" von sich gegeben hat, aber BMW hat sie befolgt und mit der überarbeiteten *S 1000 RR* wieder einen Sprung nach vorne gemacht

TEXT:
ANDREAS GÜLDENFUSS
FOTOS: WERK

MOTORRAD MAGAZIN MO
Sonderausgabe
BMW Motorräder Nr. 40

Das schlanke Heck mit Luftdurchlässen, die minimal veränderte Auspuffanlage und die „Winglets“ an der Front sind nur ein paar der Neuerungen

Die BMW S 1000 RR setzt durch konsequente Weiterentwicklung erneut Performance-Maßstäbe

ÜBER FLIEGER

Wie sagt man so schön: BMW reitet mit der S 1000 RR auf einer Welle des Erfolgs. Innerhalb von zwei Jahren hat das bayerische Superbike den kompletten Markt der Supersportler überrollt, und auch das 2012er-Modell wird mit Sicherheit daran festhalten. Auch wenn die Veränderungen auf den ersten Blick kaum zu erkennen sind, hat sich unter der Verkleidung einiges getan.

Gewicht und Leistung blieben zwar unangetastet, aber es wurde viel getan, um die neue S 1000 RR noch einfacher, noch schneller und sicherer fahren zu können. Fahrwerk und Motor sind eine Sache, die Hauptaufgabe, um dieses Ziel zu erreichen, übernimmt aber die Elektronik. Hier wurden so lange Bits und Bytes umhergeschoben, bis die Regelgüte der Systeme perfektioniert gewesen ist. Trotz der offensichtlichen Marktdominanz und der anhaltenden Schockstarre der Mitbewerber hält BMW an der hohen Fertigungsqualität fest und bietet weiterhin technische Schmankerln wie die Brillenhonung der Zylinder und der mechanischen Bearbeitung der Brennräume. Die wenigen Kritikpunkte sind verbessert, die teils forsche Gasannahme und die Regelung der Wheelie Control überarbeitet worden. Anstatt vier verschiedener Kennlinien für die Gasannahme, eine für „Rain", eine für „Sport", eine für „Race" und eine für „Slick", gibt es jetzt nur noch zwei. Eine weiche für den Rain-Modus, der anstatt 152 jetzt 163 PS liefert, und eine direkte für die drei restlichen Modi. Um dennoch feinfühlig mit dem Gas arbeiten zu können, haben die Drosselklappen nun neue Federn mit geringerer Federrate und einen Kurzhub-Gasgriff. Neben den Kennlinien für die Gasannahme ist auch das jeweilige Mapping angepasst worden. Anstatt zwei gibt es nun drei Leistungskurven. Zahm für Rain, gleichmäßig und linear im Sport-Modus und spürbar mehr Drehmoment über fast den gesamten Drehzahlbereich im Race- und im Slick-Modus. Zusätzlich zur Anti-Hopping-Kupplung gibt's im Slick-Modus ein Kennfeld für die Verbrennung in der Schubphase. Anstatt Schubunterbrechung gibt es jetzt ein optimiertes Verzögerungsmoment am Hinterrad und somit mehr Stabilität beim Bremsen und Einlenken. Nachdem BMW als einer der Vorreiter beim Thema ABS und Traktionskontrolle fungierte, haben die Münchener auf dem Gebiet auch weiterhin ordentlich Gas gegeben und die Systeme weiter optimiert. Die sturzverhindernden Eingriffe in die Regelelektronik gehen künftig noch diskreter zu Werke. Je nach gewähltem Modus regelt die RR früher oder später – im Slick-Modus werden sogar Wheelies und leichte Stoppies erlaubt, bevor Wheelie-Erkennung oder ABS regeln. Profis können damit sogar im Bremsdrift in die Kurve rutschen.

> Nie war Superbike fahren so einfach, ohne dabei nur die Spur von Langeweile aufkommen zu lassen

Durch geringe Veränderungen am Rahmen und somit der gesamten Geometrie sind Handling und Zielgenauigkeit der 1000er verbessert worden. Der Steuerkopfwinkel hat sich um gerade 0,1 Grad, der Radstand um 9,3 Millimeter geändert. Der Nachlauf ist nun 2,6 Millimeter größer, der Versatz der Gabelbrücke 2,5 Millimeter kleiner und der Gabelüberstand um fünf Millimeter verringert. Außerdem ist die filigrane Gabelbrücke jetzt geschmiedet und sauber überfräst. Ein neuer, zehnfach einstellbarer, mechanischer Lenkungsdämpfer sorgt

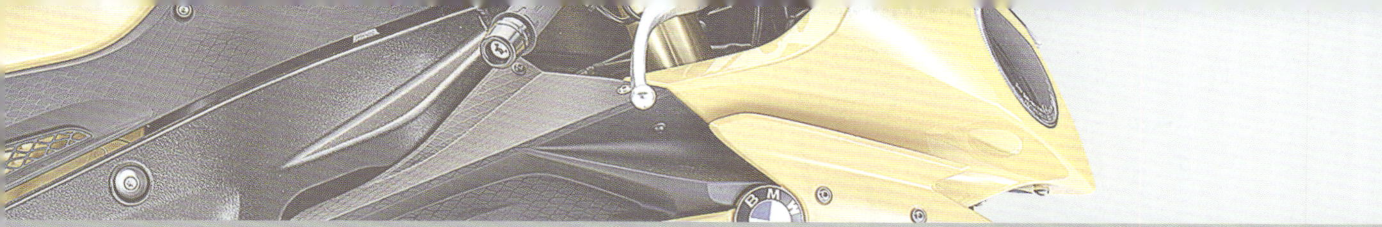

Der HP Race Datenlogger zeichnet via GPS die gefahrene Strecke und die Motorrad-Parameter auf und speichert sie auf einem USB-Stick. Preis 590 Euro

Mit dem Race Calibration Kit kann man sich in die Software der BMW einloggen, um Motorsteuerung und DTC individuell einzustellen. 990 Euro

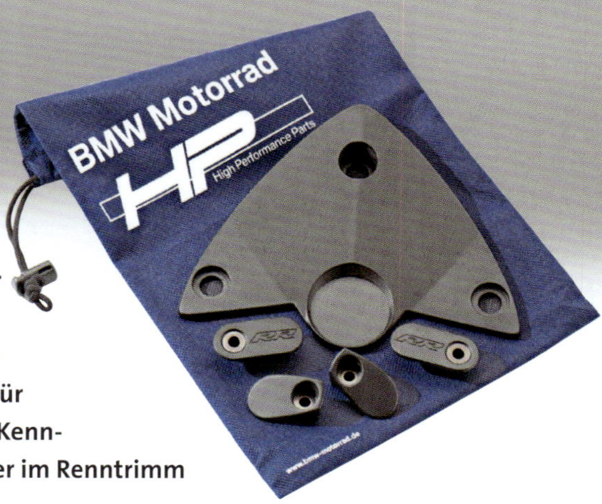

Der Race Cover Kit für 50 Euro verdeckt die Öffnungen für Blinker und Kennzeichenhalter im Renntrimm

für Ruhe an den Stummeln. Das bisher schon tadellose Fahrwerk ist noch besser auf den Einsatz auf der Straße oder eben der Rennstrecke abgestimmt worden. Bei der Gabel ist das Ansprechverhalten verbessert und auf ein Mid-Speed-Dämpfungsventil umgerüstet worden. Beim Federbein ist der Kolbenstangendurchmesser von 14 auf 18 Millimeter gewachsen, wodurch der Ölfluss im Low-Mid-Speed-Ventil gesteigert wird. Geänderte Nadeln in den Ventilen verhelfen der S zu einer lineareren Dämpfung im gesamten Einstellbereich und einer deutlichen verbesserten Wirkung der Einstellungen. Mehr Funktionen bietet auch das überarbeitete Cockpit, das nicht nur dimmbar ist, sondern auch mit dem im Zubehör erhältlichen Laptimer sofort über die aktuelle Sektionszeit informiert. Wer auf öffentlicher Straße nicht zu schnell unterwegs sein will, kann sich nun vom Schaltblitz zu einer selbst festgelegten Geschwindigkeit vor dem Überschreiten warnen lassen, und auf dem Display erscheint die Anzeige „Speed“. Für Fehlinterpretationen wird keine Haftung übernommen. Zu guter Letzt gibt es noch viele schöne Farben, wobei im Verkauf und somit auf offener Straße hauptsächlich die schwarze und die weiß/blau/rote Variante anzutreffen sein werden.

Unsere Testmotorräder bei der Präsentation in Spanien sind alle Racing red uni/Alpinweiß uni und sehen auch nicht schlecht aus. Während Deutschland friert, sind die Verhältnisse in Valencia optimal: rund 22 Grad und trocken. Dennoch heißt die klare Anweisung: Die ersten zwei Runden auf den nagelneuen Metzeler Racetec K3 bitte im Rain-Modus fahren. Auch ohne gleich die volle Leistung abzurufen, ist die Performance der S 1000 beeindruckend. Der Motor drückt kräftig, und die Traktionskontrolle hat jede Menge Arbeit. Als Fahrer bleibt man davon aber relativ unbehelligt – solange man die Gesetze der Physik achtet, darauf wurde bei der Fahrerbesprechung ausdrücklich Wert gelegt. Nach zwei Runden kommt das Kommando Feuer frei! Jetzt schnell den Mode-Knopf bedienen – bloß nicht die Griffheizung einschalten – und weiter geht es im Sport-Modus. Stark motiviert reißen alle am Gas, dank des montierten HP-Schaltassitenten hält die Beschleunigungsorgie auf der Start- und Ziel-Geraden unterbrechungsfrei an, bei rund 12 500/min genügt ein winziger Impuls am Schalthebel und die 1000er rennt im nächsten Gang davon. Die grüne „Best lap in progress“-Leuchte ist im Dauerbetrieb, und vor lauter Begeisterung vergesse ich fast das Bremsen, bevor es knapp 90 Grad um die Ecke geht. Beim beherzten Verbremsen wird doch glatt das Hinterrad so leicht, dass die Abhebeerkennung eingreift und mir einige Meter Bremsweg klaut. Da hilft nur strammes Umlegen und doch etwas schneller um die Ecke als gewollt. Im alltagstauglichen Sport-Modus muss man eigentlich nur den Scheitelpunkt überstehen, danach übernimmt die DTC die Arbeit. Das Handling der BMW ist spielerisch, die Ergonomie und Sitzposition so perfekt, dass auch leichte Rutscher am Hinterrad völlig gelassen hingenommen werden. Je nach Lust und Laune kann man sich gefahrlos bis in den Slick-Modus hocharbeiten und die volle Leistung mit grandiosem Durchzug und Sound genießen.

Die Dämpfung kommt bei schnellerer Gangart und Fahrern mit rund 90 Kilogramm im Standard-Setup an ihre Grenzen. Ein paar Klicks an der Druckstufe, und schon lässt es sich beherzt anbremsen und ohne Unruhe ▷

ÜBER FLIEGER

beschleunigen. Mit dem von HP Race Parts angebotenem Zubehör wird die S 1000 RR zu einem reinrassigen Sportgerät. Der Power Kit beinhaltet eine Akrapovic-Titan-Auspuffanlage und ein Steuergerät mit der entsprechenden Abstimmung. Zusätzlich gibt es noch das Race Calibration Kit, das die individuelle Einstellung der Parameter von Motorsteuerung, Einspritzung, Zündung und Traktionskontrolle erlaubt. Außerdem besteht auch die Möglichkeit, verschiedene Reifenparameter, die Geschwindigkeit des Schaltassistenten und das Speedlimit für die Boxengasse zu programmieren. Nicht nur für die Rennstrecke spannend ist sicherlich der Race GPS-Datenlogger, der neben der Route auch alle Parameter wie Geschwindigkeit, Drehzahl, Gasgriffstellung, Bremsstatus, Schräglage und Beschleunigung aufzeichnet. Die gefahrene Strecke kann man sich anschließend auch auf Google Earth anschauen und analysieren – nur Vorsicht, denn wenn sich der Bundesverkehrs-Trojaner einloggt, ist der Führerschein weg.

FAZIT: Wie anfangs schon vorausgesagt, wird auch 2012 nur wenig an der S 1000 RR vorbeikommen – und das in jedem Sinne. Sie bleibt die Referenz, egal, ob auf der Rennstrecke oder sportlich unterwegs auf der Landstraße.

TECHNISCHE DATEN: BMW S 1000 RR (2012)

Preise: 16 500 Euro plus Nebenkosten

Leistung: 193 PS (142 kW) bei 13 000/min, maximales Drehmoment 112 Nm bei 9750/min

Motor: Viertakt-Vierzylinder-Reihenmotor, wassergekühlt. Vier Ventile pro Zylinder, dohc. Bohrung x Hub 80,0 x 49,7 mm, Hubraum 999 ccm, Verdichtung 13,0. Elektronische Benzineinspritzung, Drosselklappen-Ø 48 mm, G-Kat. Elektrostarter. Sechsganggetriebe, Endantrieb über Dichtringkette

Fahrwerk: Leichtmetall-Brückenrahmen. Upsidedown-Telegabel, Ø46 mm, voll einstellbar, Federweg 120 mm. Hinten Leichtmetallschwinge mit Monofederbein, voll einstellbar, Federweg 130 mm.
Bereifung vorn 120/70ZR17, hinten 190/55ZR17. Doppelscheibenbremse vorn, Ø 320 mm, Scheibenbremse hinten, Ø 220 mm, ABS optional. Lenkkopfwinkel 66,1 Grad, Nachlauf 98,5 mm, Radstand 1423 mm, Sitzhöhe 820 mm. Tankinhalt 17,5 Liter, Gewicht vollgetankt 204,0 kg (mit ABS 206,5 kg), zulässiges Gesamtgewicht 405 kg

Garantie und Service: Zwei Jahre Gewährleistung. Inspektionen alle 10 000 km oder einmal jährlich.

AUF DEM MO-PRÜFSTAND

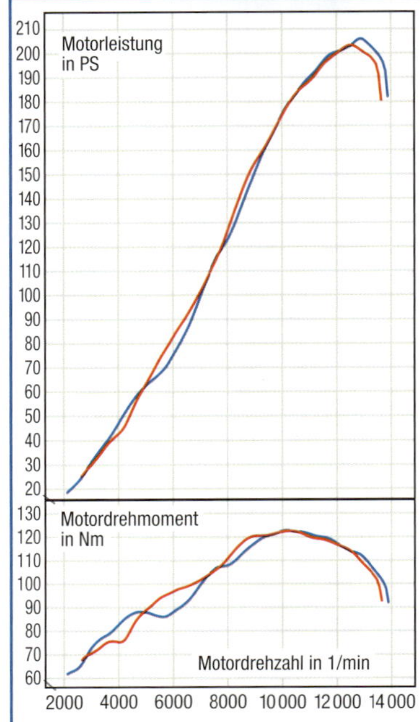

BMW S 1000 RR (2012):
max. 204 PS (150 kW) bei 12 600/min
max. 123 Nm bei 10 300/min

BMW S 1000 RR (2010):
max. 206 PS (151 kW) bei 12 900/min
max. 123 Nm bei 10 400/min

Der geänderte Steuerkopf erlaubt einen größeren Querschnitt beim Lufteinlass in die Airbox und glättet mit einem überarbeiteten Mapping die sanften Wellen der alten S 1000 RR. Gemeinsam mit der um einen Zahn kürzeren Sekundärübersetzung bietet die BMW jetzt spürbar mehr Durchzug, der dank ausgezeichneter Regelsysteme effektiv in Traktion und Vortriebumgewandelt wird. Die Höchstleistung ist nicht verändert worden.

Das neue Cockpit mit dimmbarer Anzeige, neuem RR-Logo und einstellbarer Geschwindigkeitswarnung steht der 1000er gut. Die filigrane, geschmiedete und überfräste Gabelbrücke mit geändertem Versatz ist ein weiteres Highlight der 2012er-Version. Neu auch die Farbvarianten: Racing red uni mit Alpinweiß uni, Bluefire uni, Saphirschwarz metallic und gegen 480 Euro Aufpreis: BMW-Motorsport-Look Weiß/Blau/Rot

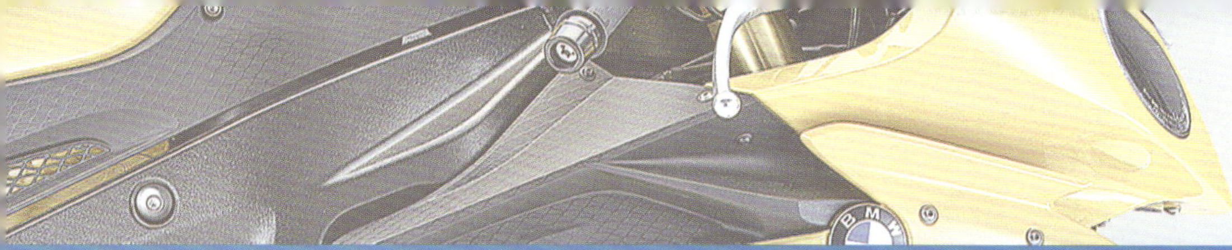

erster Gang
zweiter Gang
dritter Gang
vierter Gang
fünfter Gang
sechster Gang

Geschwindigkeit in km/h
Drehzahl in U/min
Schräglage (GPS Grad)

So wie hier auf der Rennstrecke in Valencia kann man sich seine gefahrene Strecke mit den entsprechenden Daten auch auf anderen Strecken – oder Straßen – anzeigen lassen

Auch 2012 ist die BMW S 1000 RR wieder die Referenz für die supersportliche Konkurrenz

BMW S 1000 R

TEXT:
MAIK SCHWARZ
FOTOS:
MIO-FOTOGRAFIE.DE

Aus
MOTORRAD MAGAZIN MO
Sonderausgabe
BMW Motorräder Nr. 49

Superbike-Feeling? Ja, gerne, aber bitte ohne Bücken. Diesen oft geäußerten Wunsch erfüllt die BMW S 1000 R. Wünsche nach mehr Leistung oder leichterem Handling kommen ganz sicher nicht auf

Sie fährt im medialen Windschatten einer anderen BMW, der R nineT, in ihre erste Saison. Doch auch die BMW S 1000 R – mit nur einem R – hat das Potenzial, ein Topseller zu werden. Sie funktioniert in jeder Hinsicht schwer beeindruckend. Obendrein ist sie ein SONDERANGEBOT

Ein R weniger, aber das volle Ausstattungsprogramm. Hier das elektronische Fahrwerk DDC mit Bewegungssensoren an der Schwinge und an der Upside down-Telegabel

Mit der S 1000 RR ist BMW auf Anhieb ein erfolgreicher Einstieg ins Superbike-Geschäft gelungen. Nach wie vor ist die rund 200 PS starke „Oberbayerische" begehrt, doch um sie herum ist das extremsportliche Marktsegment nicht mehr stark, sondern eher stark geschrumpft. Vor diesem Hintergrund erscheint die Erweiterung des S 1000-Spektrums nun umso sinnvoller. Die Einfach-R ist nun die erste Variante auf Basis der Doppel-R, eine logische und sehr wahrscheinlich nicht die letzte. Für 2015 wird ein „SUV" mit etwas längeren Federwegen erwartet, es könnte S 1000 XR heißen.

Einer der Gründe für die Verschiebungen in der Neuzulassungsstatistik sowie im Straßenbild – wenn nicht sogar der wesentliche Grund – ist die anstrengende Sitzposition hinter tiefen, kurzen Lenkstummeln. Schon seit ungefähr 20 Jahren wird das von manchen nachträglich entschärft, paradoxerweise mit so genannten „Superbike-Lenker-Kits". Bei der neuen BMW S 1000 R wird dem inzwischen offensichtlich gewordenen Kundenwunsch nun gleich im Berliner Motorradwerk entsprochen. Schön breit ist die Lenkstange, aber nicht zu breit. Und auch nicht zu hoch, eine für diese Leistungsklasse durchaus gesunde Vorderradorientierung bleibt. Dazu passt die Position der Fußrasten: sportlich, aber nicht zu weit hinten oder zu weit oben. Straff gepolstert, aber dennoch langstreckentauglich ist der Fahrersitz. Für Sozias bleibt indes nur Kurzstrecken-Komfort auf RR-Niveau.

Brückenrahmen und Hinterradschwinge, beides großzügige Konstruktionen aus Leichtmetall, entsprechen den Baumustern der RR. Allerdings wirken ein Lenkungsdämpfer und zwei weitere Tricks der tendenziell hecklastigeren Gewichtsverteilung entgegen, die sich mit aufrechter sitzendem Fahrer ergibt. Schwinge und Federbein sind hier so arrangiert, dass das Hinterteil etwas weniger steil nach oben ragt. So steht auch die Front etwas flacher, der Lenkkopfwinkel ändert sich. Vergleichsweise einfach ist der Radstand verlängert worden: Ein Gliederpaar mehr in der Endantriebskette bringt zirka zwei Zentimeter mehr Abstand zwischen der vorderen und der hinteren Radachse. All diese Maßnahmen zusammen entschärfen die Geometrie, stabilisieren den Geradeauslauf und helfen, unfreiwillige Wheelies zu vermeiden. Nachvollziehbar ist das spätestens dann, wenn man sich selbst am Lenker der S 1000 R festhält – weil man sich da bisweilen gut festhalten muss. ▷

BMW S 1000 R

Fast volles Programm: die Schalter an den Lenkergriffen. Ganz so viele wie bei der RT sind es nicht

Denn an einer anderen Stelle machen die Eckdaten ebenfalls einen entschärften Eindruck: am Motor. Doch da täuscht das gewaltig. Geänderte Nockenprofile, Ventile aus Stahl statt aus Titan, Drehzahllimit bei 12 000 statt bei 14 200 Umdrehungen, anders konturierte Einlasskanäle, Verzicht auf Schaltsaugrohre in der Airbox sowie auf Interferenzklappen in der Abgasanlage, das alles lässt auf eine zahme „low spec"-Konfiguration des RR-Triebwerks schließen, das für sein 200-PS-Potenzial direkt ab Werk überall berühmt-berüchtigt ist, besonders in Japan.

Allerdings ist zahm in diesem Fall relativ zu betrachten. 160 PS in den Papieren und 170 PS auf dem MO-Prüfstand sind absolut gesehen immer noch viel, sogar sehr viel. Außerdem ist die Leistungsentfaltung anders. Mehr Drehmoment und besserer Durchzug stehen hier nicht nur im Prospekt, die geänderte Motorabstimmung hat sich wirklich gelohnt. Schon unter 2000/min liegt geschmeidig nutzbarer Schub an, so kann man sogar ruckelfrei im sechsten Gang durch eine Tempo-30-Zone rollen. Wenn man dann am Ortsende den hier voll elektronischen Gasgriff aufzieht, beschleunigt die R ohne Verschlucken, ohne Gedenksekunde, ohne Kettenrasseln. Man vernimmt nur dieses gierige Ansaugschnorcheln, vermengt mit unverschämten Auspuffgeräuschen, die noch rotzfrecher tönen als bei allen anderen klappen-gesteuerten BMWs in letzter Zeit. Wer das nur hört, also die weiß-blauen Embleme nicht sieht, könnte es für einen sportlichen Reihenvierzylinder aus den 1990er Jahren halten. Und zwar nicht für irgendeinen beliebigen japanischen, sondern für einen besonders rau brabbelnden und aufheulenden von Kawasaki, obendrein mit illegalem „Racing"-Auspuff bestückt.

> Vernünftige BMW-Stammkunden werden sagen: „Viel zu laut!" Doch sie sind nicht die Zielgruppe

Vernünftige Stammkunden werden diesen Sound als proletenhaft oder schlicht viel zu laut anprangern. Doch sie sind nicht die Zielgruppe der S 1000 R, denn die hat sowieso zuviel Leistung, keinen Hauptständer, keinen Kardan und zu wenig Gesäßfläche für die Gattin. Neukunden hat BMW mit diesem Power-Roadster im Visier, das Marktumfeld besteht aus Speed Triple, Z 1000 oder Super Duke. Und in diesem Milieu wird eben auch nach Gehör entschieden.

Dass beim fulminanten Beschleunigungserlebnis indes nicht nur der altbekannte Mofa-Effekt wirkt (laut gleich „geht wie die Sau"), das belegen die akustisch unbestechlichen Messwerte. Bei gleichen Über-

Schönes Leichtbau-Detail: ausgeklappte Sozia-Fußraste. Hier jedoch nur für Kurzstrecken

Dominanter weißer Drehzahlmesser plus Schaltblitz, dazu ein LCD-Monitor

Ein Superbike ohne Verkleidung und mit höherem Lenker ab Werk – das Konzept „Power-Roadster" ist nicht neu. Neu ist jedoch die perfekte Umsetzung – und die Lackierung in mattem Dunkelblau

setzungsverhältnissen im Getriebe sowie am Ketten-Endantrieb schnalzt die R noch ungestümer vorwärts als die RR. Bis 9000/min hat sie ganz einfach noch mehr Druck, siehe Prüfstandsdiagramme auf Seite 44. In der Gartenschlauch-Skala wird hier also alles geboten, vom voll aufgedrehten breiten Strahl bis zur fiesen Unkraut-Fugenfräse.

Effektivst umsetzbar ist die Motorperformance mit dem als Sonderausstattung angebotenen Schaltassistenten, der beim Druck auf den Schalthebel für einen Sekundenbruchteil die Benzineinspritzung unterbricht, damit das Getriebe unbeschadet mit aufgerissenem Gasgriff und ohne Kupplung durchgesteppt werden kann. Das funktioniert prächtig, und man fühlt sich damit wie ein – entspannt sitzender – Profi-Rennfahrer.

Schalten wie die Rennfahrer: elektronischer Schaltassistent (optional)

Auch die Sonderausstattung DDC (Dynamic Damping Control) überzeugt in der Praxis. Dabei handelt es sich nicht um ein elektronisch einstellbares Fahrwerk mit vorprogrammierten Stufen, sondern um ein selbst nachregelndes. Sensoren an Gabel und Stoßdämpfer messen die Federbewegungen und deren Geschwindigkeit. Blitzschnell wird die Dämpfung dann härter oder weicher, etwa beim Wechsel des Fahrbahnbelags, beim starken Beschleunigen oder beim harten Bremsen. Auf den knappen Lenkeinschlag hat DDC jedoch keinen Einfluss, Wenden erfordert Vorausdenken und genügend Platz. Ein hoch entwickeltes Race-ABS gehört zur Grundausstattung, ebenso die Schlupfregelung ASC sowie zwei Grundeinstellungen „Rain" und „Road". Erweiterbar sind diese Funktionen optional mit DTC – dynamische Traktionskontrolle mit Schräglagensensor – und weiteren, ebenso dynamischen Grundeinstellungen. Markentypisch volles Extraprogamm also. Lediglich LED-Optionen für den Scheinwerfer werden anno 2014 vermisst. ▷

BMW S 1000 R

Hintere Hälfte RR: Wesentliche Unterschiede zum Superbike betreffen den vorderen Bereich dieser S 1000

AUF DEM MO-PRÜFSTAND

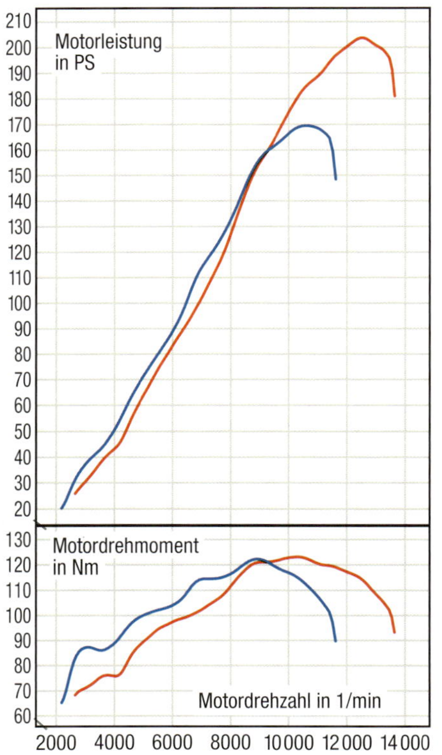

BMW S 1000 RR (2012):
max. 204 PS (150 kW) bei 12600/min
max. 123 Nm bei 10300/min
BMW S 1000 R:
max. 170 PS (125 kW) bei 10600/min
max. 122 Nm bei 8900/min

Mehr als versprochen, mehr als genug. Wichtigste Erkenntnis: Bis zirka 9000/min schiebt die R sogar noch brutaler voran als die extreme RR. Für die Allermeisten ist das besser.

Zumal die LED-Quote bei der R 1200 GS mittlerweile international bei zirka 80 Prozent liegt. Wenig zeitgemäß erscheint auch der Kraftstoffverbrauch. Sechseinhalb Liter pro 100 Kilometer im konzeptgerecht flotten Test-Durchschnitt sind jedenfalls nicht vorbildlich sparsam. Man kann das jedoch relativieren, also tun wir's: enormes, animierendes Leistungspotenzial, Vorfrühlingstemperaturen im einstelligen Bereich, bei denen die lambdageregelte Einspritzung fetter läuft, dazu noch eine aerodynamisch ungünstige Textiljacke. Wer sich zurückhält, hat eine Fünf vor dem Komma – aber das falsche Motorrad.

MO-MESSWERTE: BMW S 1000 R

Gewicht vollgetankt (Vollausstattung) .... 208 kg, davon 51,2 % vorn
Topspeed solo .... 262 km/h
Beschleunigung von 0 bis 100 km/h in .... 3,1 s
Durchzug im letzten (6.) Gang von 60 bis 140 km/h in .... 6,4 s
Testverbrauch (Superbenzin) .... 6,6 l/100 km

TECHNISCHE DATEN: BMW S 1000 R

Preise: 12800 Euro inklusive Race ABS und ASC (Sport-Paket 790 Euro, Dynamic-Paket 910 Euro)

Leistung: 160 PS (118 kW) bei 11000/min, maximales Drehmoment 112 Nm bei 9250/min

Motor: Viertakt-Vierzylinder-Reihenmotor, wassergekühlt. Vier Ventile pro Zylinder, dohc. Bohrung x Hub 80,0 x 49,7 mm, Hubraum 999 ccm. Elektronische Benzineinspritzung, Drosselklappen-Ø 48 mm, G-Kat. Elektrostarter. Sechsganggetriebe mit Antihopping-Kupplung, Endantrieb über Dichtringkette

Fahrwerk: Leichtmetall-Brückenrahmen. Upsidedown-Telegabel, Ø 46 mm, voll einstellbar, Federweg 120 mm. Hinten Leichtmetallschwinge mit Monofederbein, voll einstellbar, Federweg 120 mm, optional DDC. Bereifung vorn 120/70ZR17, hinten 190/55ZR17. Doppelscheibenbremse vorn, Ø 320 mm, Scheibenbremse hinten, Ø 220 mm, Race-ABS. Lenkkopfwinkel 65,4 Grad, Radstand 1439 mm, Sitzhöhe 810 mm. Tankinhalt 17,5 Liter, Gewicht vollgetankt 207 kg, zulässiges Gesamtgewicht 407 kg

Garantie und Service: Zwei Jahre Gewährleistung. Inspektionen alle 10 000 km oder einmal jährlich.

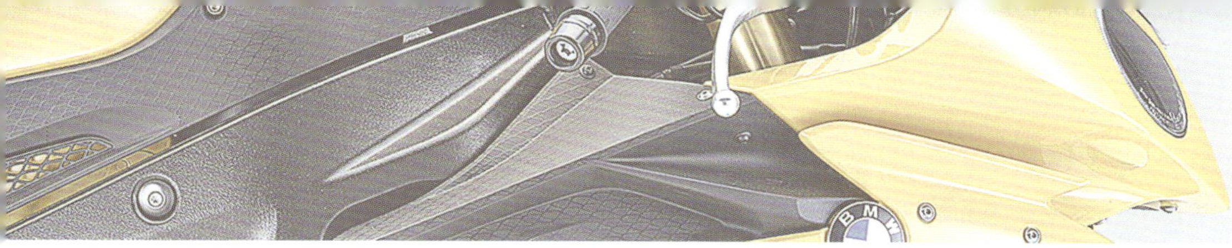

Unerhört – oder ganz im Gegenteil: auch hier eine elektronisch gesteuerte Abgasklappe, meist offen (links)

Solide und formschöne Lösungen im Sichtbereich des Fahrers: Lenkerklemmung mit kleinem Emblem

S und R – sportlicher Roadster: Performance auf höchstem Niveau, aber alltagsgerecht und tourentauglich, zumindest für den Fahrer

Form und Funktion: das spitze Heck von oben betrachtet. Staufach am Soziapolster abschließbar (links)

Motorsportlich: großer gebogener Wasserkühler plus Ölkühler – wichtig, wenn der Reaktor glüht

BMW S 1000 RR

Seit man das Superbike von BMW regulär kaufen kann, also seit 2010, machen andere, ehemals im extremsportlichen Segment etablierte Anbieter kaum noch einen Stich. 2015 wird die Doppel-R NOCH STÄRKER

TEXT: MAIK SCHWARZ
FOTOS: WERK
Aus
MOTORRAD MAGAZIN MO
Sonderausgabe
BMW Motorräder Nr. 51

Das BMW-Superbike, Jahrgang 2015: Neben der veränderten Frontpartie fällt vor allem der deutlich längere Schalldämpfer auf

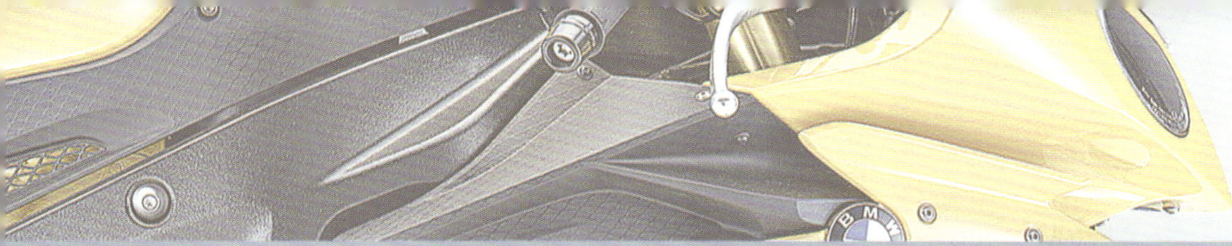

Immer noch asymmetrisch: das „Gesicht" der S 1000 RR nach dem „Facelift", ohne LED-Option

Die Beste noch besser machen – das ist im extremsportlichen Bereich eine genauso große Herausforderung wie bei der Boxer-GS. In technischer Hinsicht ist die S 1000 RR freilich eine ganz andere Baustelle: noch mehr komplexe Hightech und Spitzenleistung. Mit überlegenem Vorsprung startete das BMW-Superbike, und es hält ihn bis heute. Doch ewig wird die Konkurrenz vermutlich nicht schlafen. Damit die Doppel-R nicht nur auf der Isle of Man, sondern auch im Handel die Nummer eins bleibt, werden nun rechtzeitig diverse Briketts nachgelegt. Vor allem wird der Motor noch stärker. Die Maßnahmen im Einzelnen: Optimierungen an Zylinderkopf und Kanälen, geänderte Einlassnockenwelle, jeweils um zwei Gramm leichtere Titan-Einlassventile mit angepassten Federn, poliergleitgehonte Zylinderlaufflächen, ▷

BMW S 1000 RR

Umgestaltung des Ansaugtraktes mit mehr Volumen, kürzeren Saugrohren und nach wie vor variablen Trichtern. Außerdem ist der Gasgriff künftig komplett elektrisiert, ganz ohne Seilzüge. Somit wird er auch spürbar leichtgängiger sein. Auf der anderen Seite der Triebwerksperipherie ist die neu konstruierte Abgasanlage offensichtlich. Ohne Vorschalldämpfer unter dem Motor ist der Auspuff zwar deutlich länger, aber insgesamt auch zirka drei Kilogramm leichter geworden. Wie schon bisher sind zwischen den Krümmern und vor dem Endschalldämpfer elektronische Klappensteuerungen integriert – nicht nur fürs „Sound-Design“, auch für die Leistungsentfaltung. 199 PS bei 13 500/min statt 193 PS bei 13 000/min – so ändert sich die wohl nicht nur für Quartettspieler wichtigste Werksangabe. Und auch das gebotene Drehmoment soll im mittleren Drehzahlbereich noch fulminanter werden. Schon bisher erzielen die meisten S 1000 RR auf Prüfständen um 200 PS. Es ist also zu erwarten, dass dieses Niveau in der Praxis noch etwas weiter angehoben wird. Bei der Zahl 199 dürfte es sich erneut um eine aus falscher Bescheidenheit getroffene Festlegung handeln. Man wird sehen. Feintuning haben die Ingenieure auch am Fahrwerk der RR betrieben. Geringfügige, aber dennoch effektive Modifikationen an Rahmenstruktur, Geometrie und Federelementen sollen Traktion, Präzision und Rückmeldung weiter verbessern. Außerdem wird die neueste Version der Dynamic Damping Control (DDC) als Sonderausstattung angeboten werden. Ebenso die noch feiner justierbare Traktionskontrolle DTC und der Schaltassistent Pro. Neben der Stoppuhr kann künftig auch ein „Pit-Lane-Limiter“ eingestellt werden, für die vorgeschriebene

Am linken Lenkstummel: noch mehr Funktionen als bei einer RT oder GT. Einstellungen für Race ABS, Traktionskontrolle DTC und Rundenzeiten

Viele anspruchsvolle Funktionen auch im Cockpit der RR. Immer noch rund, mit Zeiger: der Drehzahlmesser. Roter Bereich ab 14 200/min, wie bisher

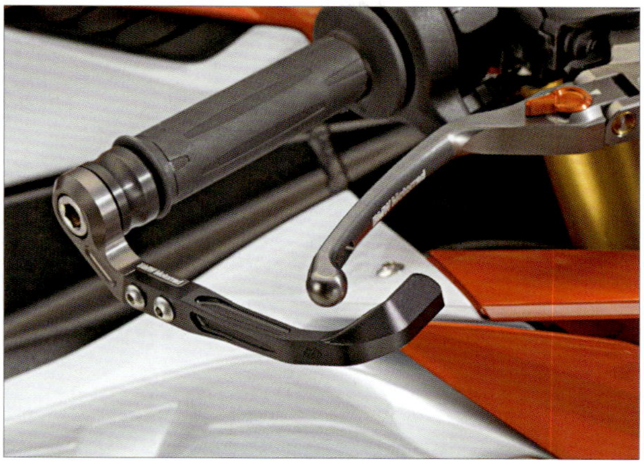

Feintuning an Motor, Fahrwerk und Elektronik – das wird die schnelle RR noch schneller machen

Original-Zubehör: High Performance-Teile von namhaften Zulieferern. Wie hier der Bremshebel samt Protektor von Gilles Tooling

TECHNISCHE DATEN: BMW S 1000 R (TYP K46, 2015)

Preise: 12 800 Euro plus Nebenkosten

Leistung: 199 PS (146 kW) bei 13 500/min, maximales Drehmoment 113 Nm bei 10 500/min

Motor: Viertakt-Vierzylinder-Reihenmotor, wassergekühlt. Vier Ventile pro Zylinder, dohc. Bohrung x Hub 80,0 x 49,7 mm, Hubraum 999 ccm. Elektronische Benzineinspritzung, Drosselklappen-Ø 48 mm, G-Kat. Elektrostarter. Sechsganggetriebe mit Antihopping-Kupplung, Endantrieb über Dichtringkette

Fahrwerk: Leichtmetall-Brückenrahmen. Upsidedown-Telegabel, Ø46mm, voll einstellbar, Federweg 120 mm. Hinten Leichtmetallschwinge mit Monofederbein, voll einstellbar, Federweg 120 mm, optional DDC. Bereifung vorn 120/70ZR17, hinten 190/55ZR17. Doppelscheibenbremse vorn, Ø 320 mm, Scheibenbremse hinten, Ø 220 mm, Race-ABS. Lenkkopfwinkel 66,5 Grad, Radstand 1425 mm, Sitzhöhe 815 mm. Tankinhalt 17,5 Liter, Gewicht vollgetankt 204 kg (mit Race-ABS), zulässiges Gesamtgewicht 407 kg

Garantie und Service: Zwei Jahre Gewährleistung. Inspektionen alle 10 000 km oder einmal jährlich.

Hier passt das am besten: der Schaltassistent Pro für schnelle Gangwechsel ohne Kupplung

Geschwindigkeit in Boxengassen. Damit sowie mit den Fahrmodi „Slick" und „User" – individuell programmierbar – ist die neue S 1000 RR besser denn je präpariert, auch für die ganz schnellen Jungs und Mädels im eingezäunten Kreisverkehr. „Im Freien" wird man jedoch zeitgemäße LED-Optionen vermissen – nicht einmal Tagfahrlicht ist vorgesehen. Und das Schräglagen-ABS bleibt bis auf Weiteres der HP4 vorbehalten.

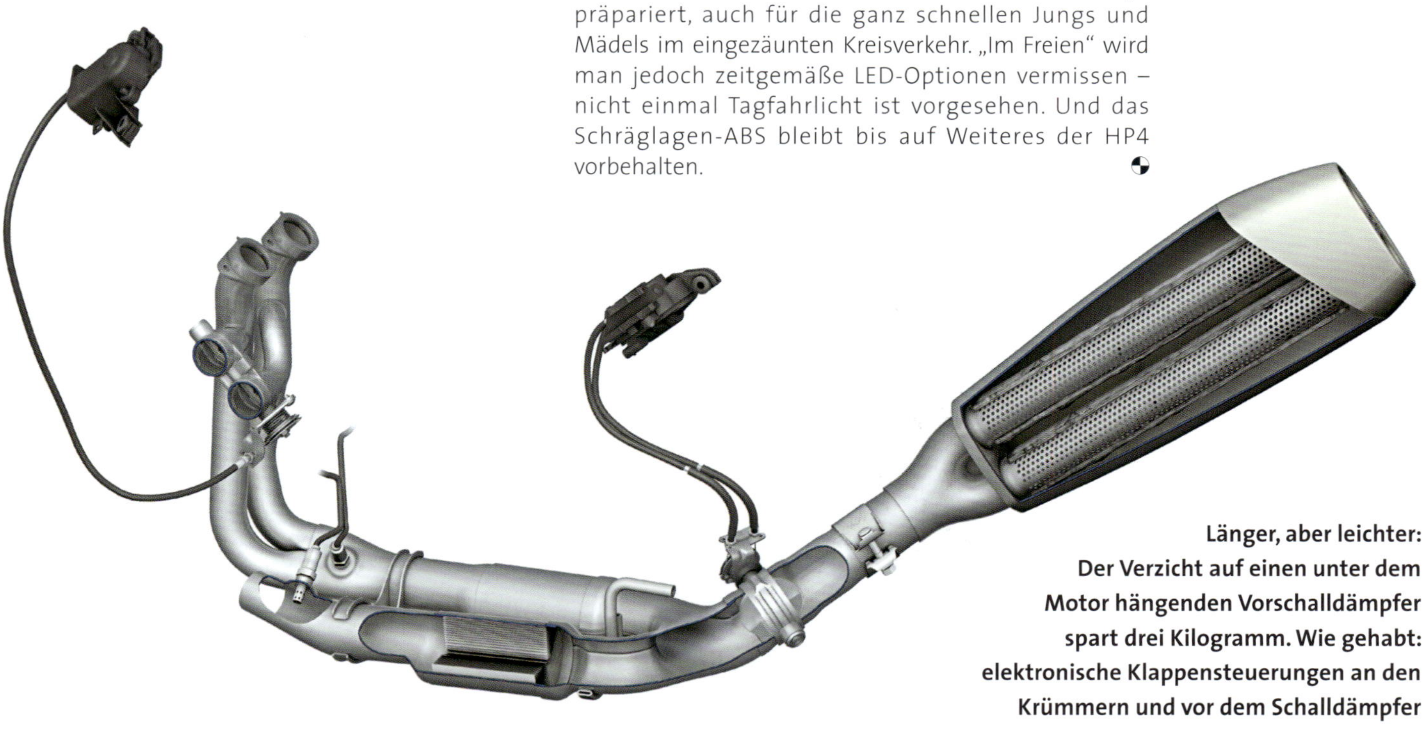

Länger, aber leichter: Der Verzicht auf einen unter dem Motor hängenden Vorschalldämpfer spart drei Kilogramm. Wie gehabt: elektronische Klappensteuerungen an den Krümmern und vor dem Schalldämpfer

BMW S 1000 XR

TEXT: MAIK SCHWARZ
FOTOS:
WERK, GORDILLO (1)

Aus
MOTORRAD MAGAZIN MO
Sonderausgabe
BMW Motorräder Nr. 52

Wie erwartet: BMW legt das Superbike höher. Nach dem Roadster R kommt nun die XR mit längeren Federwegen und mehr Komfort. Diese MISCHUNG AUS RR UND GS wird voll einschlagen – aber erst im Juni 2015

Die neue „Super-GS": 160 PS, 228 Kilogramm, ab 15 200 Euro – aber ohne Kardan

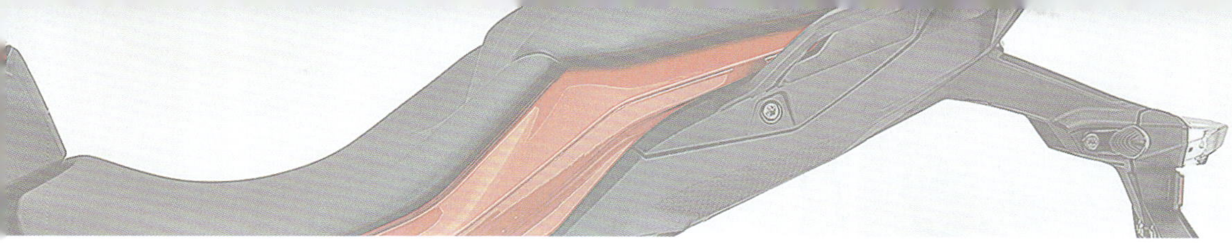

Form und Funktion: Kiemen in der Verkleidung leiten den Fahrtwind

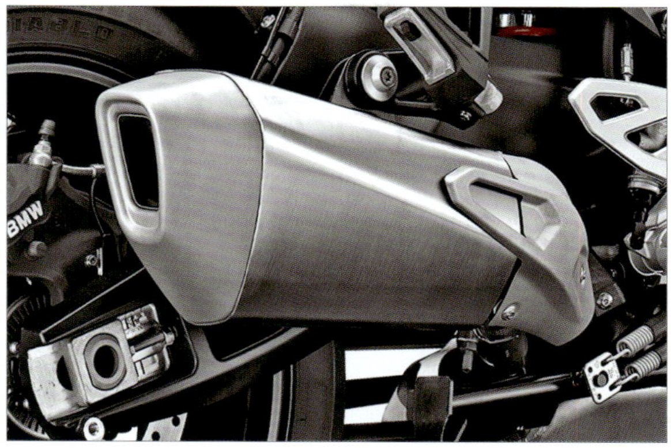

Sound und Design: Superbike-Töne aus flachem, kofferkompatiblem Rohr

Vor mehr als zwei Jahren hatten wir dieses Thema erstmals in den News, in „BMW Motorräder" Ausgabe 43. Schon seit damals nennen wir die neuartige BMW so, wie sie nun tatsächlich offiziell heißt: S 1000 XR. So naheliegend wie die Typbezeichnung ist auch das Konzept: ein so genanntes Sport Utility Vehicle, kurz SUV, auf Basis des ultrapotenten Superbikes von BMW. Solche Fahrzeuge sind sprichwörtlich schwer im Trend, bei Pkw wie bei Motorrädern. Geländewagen und Enduros gibt es schon länger, doch ernsthafte Offroad-Ambitionen haben nur die wenigsten Nutzer. Konsequent werden also nur jene Eigen-▷

BMW S 1000 XR

schaften beibehalten, die wirklich bei der Kundschaft ankommen. Im Wesentlichen sind das Komfort und Überblick, beziehungsweise mehr von beidem.
Genau in diesen Punkten hat die extrem starke BMW S 1000 RR ihre Schwächen. Beim Blick auf das Verkehrsgeschehen aus gezwungen geduckter Haltung bekommt man ein steifes Genick, und spätestens nach 100 Kilometern schmerzen auch die Handgelenke vom ständigen Abstützen. Zudem machen kurze Lenkstummel unhandlich und flache Sitzpolster unbequem. Schon viel besser fühlt sich die S 1000 R mit einem R weniger an, zumindest diesseits abgesperrter Kreisverkehre. Schlüsselkomponente des seit Frühjahr 2014 auf Anhieb stark gefragten Power-Roadsters ist der breite Lenker – und der macht, wie so oft, den Unterschied. Karosserie und Ausstattung der R kommen jedoch kaum über sportlich-knappes Superbike-Niveau hinaus.

Symmetrisch: das Lampengesicht der S 1000 XR. LED-Tagfahrlicht als Sonderausstattung, Scheinwerfer nur mit Glühlampen. RDC gibt's hier auch nicht

TECHNISCHE DATEN: BMW S 1000 XR (TYP K49)

Preise: ab 15 200 Euro (mit ABS und ASC), Sonderausstattungen: Fahrmodi Pro inklusive ABS Pro und DTC (385 Euro), Dynamic ESA (705 Euro), LED-Tagfahrlicht (290 Euro), Schaltassistent Pro (400 Euro), Hauptständer (110 Euro), heizbare Griffe (205 Euro), Temporegelung (325 Euro)
Leistung: 160 PS (118 kW) bei 11 000/min, maximales Dreh moment 112 Nm bei 9250/min
Motor: Viertakt-Vierzylinder-Reihenmotor, wassergekühlt. Vier Ventile pro Zylinder, dohc. Bohrung x Hub 80,0 x 49,7 mm, Hubraum 999 ccm, Verdichtung 12,0. Elektronische Motorsteuerung und Benzineinspritzung, Drosselklappen-Ø 48 mm, G-Kat. E-Starter. Sechsganggetriebe, Dichtringkette
Fahrwerk: Leichtmetall-Brückenrahmen. Vorn einstellbare Upside down-Telegabel, Ø 46 mm, Federweg 150 mm, hinten Leichtmetall-Zweiarmschwinge mit einstellbarem Federbein, Federweg 140 mm, Sonderausstattung Dynamic ESA. Leichtmetallguss-Räder, Bereifung vorn 120/70ZR17, hinten 190/55ZR17. Vorn Doppelscheiben bremse, Ø 320 mm, hinten Scheiben bremse, Ø 265 mm, ABS (ABS Pro). Radstand 1548 mm, Lenkkopfwinkel 64,5 Grad. Sitz höhe 840 mm. Tank inhalt 20 Liter. Gewicht vollgetankt (Grundausstattung) 228 kg, zulässiges Gesamtgewicht 434 kg
Garantie und Service: zwei Jahre Gewährleistung, Inspektion alle 10 000 km oder einmal jährlich

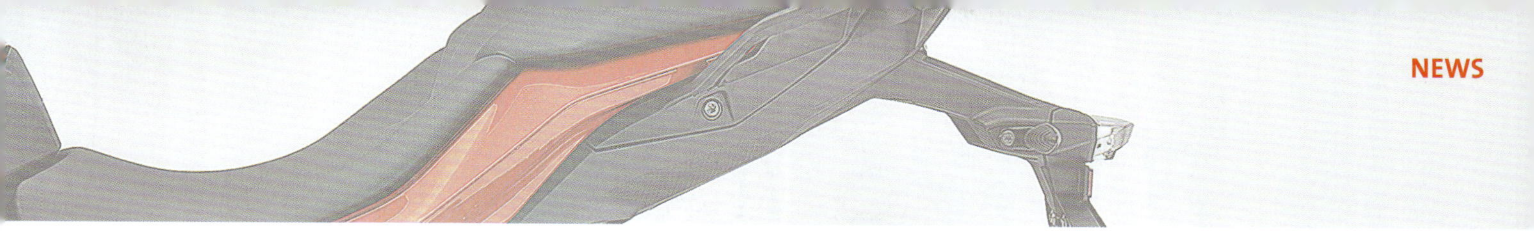

Für hunderttausende GS-Fahrer weltweit – und erst recht für ihre Sozias – kam ein Umstieg vom Boxer auf den Vierzylinder deshalb nicht in Frage. Bisher nicht. Denn die neue S 1000-Variante hat nun fast alle GS-typischen Eigenschaften zu bieten – abgesehen von echter Geländegängigkeit und Kardan. Zwar gibt es inzwischen auch eine GS mit Kettenantrieb – die F 800 GS – doch die heiligen Initialen bei breit bereiften 17-Zoll-Rädern, das wäre dann wohl doch zu weit gegangen. Also: XR.

200 spitz entfaltete PS braucht ein SUV genauso wenig wie ein Roadster. Deshalb ist für die XR die Motorkonfiguration der R übernommen worden: Ventile aus Stahl statt aus Titan, Verzicht auf extreme Drehzahlen und maximal 160 PS bei bulligerem Drehmomentverlauf. Bei Nässe wacht die Schlupfregelung ASC über das Hinterrad, oder optional DTC mit Schräglagenerkennung. Bei den Bremsen hat man ebenfalls die Wahl: teilintegrales Standard-ABS oder schräglagentaugliches ABS Pro. Gasannahme und Leistungsentfaltung können zwischen „Road" und „Rain" variiert werden, bei Bedarf gibt es „Dynamic" und „Dynamic Pro" dazu. Auch der Schaltassistent heißt Pro. Er regelt nicht nur das Hochschalten, sondern auch das Herunterschalten ohne Zug am Kupplungshebel. Selbstverständlich gibt es in dieser Kategorie auch ein elektronisch einstellbares Fahrwerk – allerdings nicht die Sport-Ausführung DDC, sondern Dynamic ESA mit mehr Komfort-Reserven.

Unterm Strich ist die XR nicht nur höher und komfortabler als die R, sondern auch 2000 Euro teurer. Andererseits: 2000 Euro günstiger als die RR – und auf Augenhöhe mit der GS.

Vorspiele: eine Skizze aus der BMW-Designabteilung (oben) und eine spekulative Zeichnung aus unserer Ausgabe 43. Schon vor zwei Jahren nannten wir sie S 1000 XR

SUV-Superbike: Unter der Verkleidung ist die enge Verwandtschaft zu erkennen – S 1000 RR und R

BMW S 1000 XR

TEXT: MAIK SCHWARZ
FOTOS:
SPORT-PICTURE.DE,
KÜNSTLE

Aus
MOTORRAD MAGAZIN MO
Sonderausgabe
BMW Motorräder Nr. 54

Das muss ja gut gehen: ein partiell GS-ähnliches, handliches Layout kombiniert mit brachialer S 1000-Power.
Ein Lenkungsdämpfer erscheint da durchaus angebracht

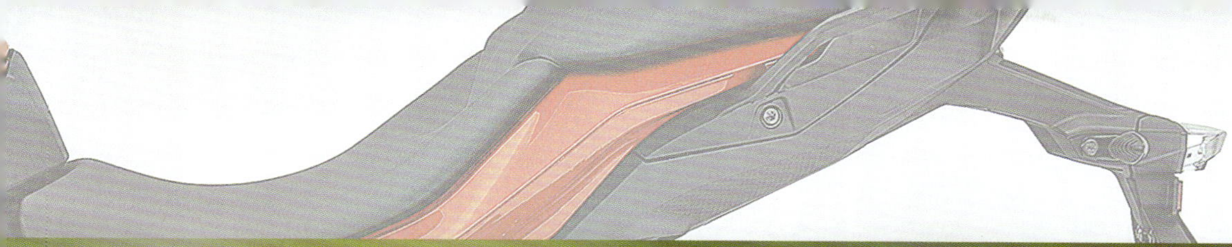

BMW S 1000 XR

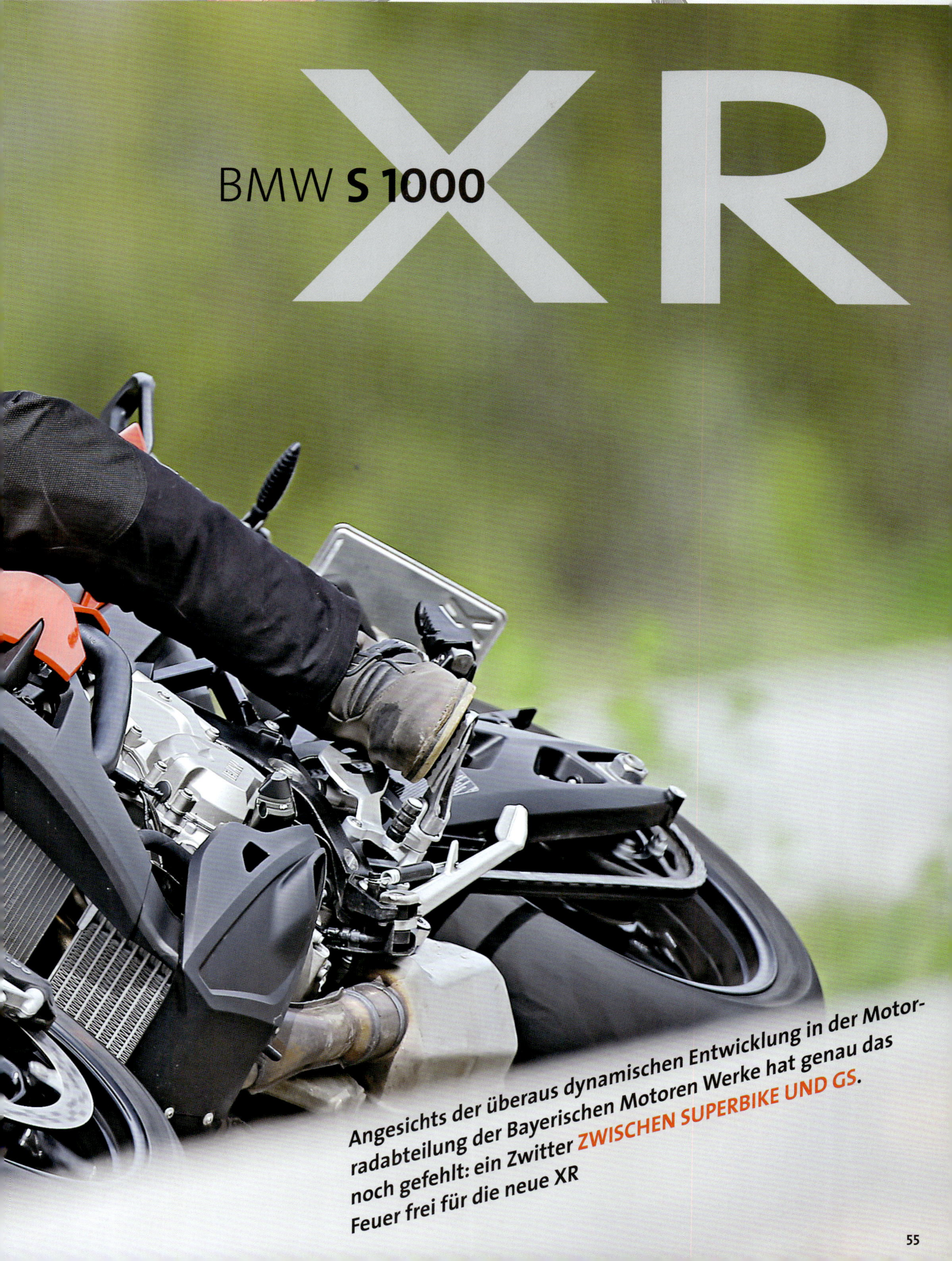

Angesichts der überaus dynamischen Entwicklung in der Motorradabteilung der Bayerischen Motoren Werke hat genau das noch gefehlt: ein Zwitter ZWISCHEN SUPERBIKE UND GS. Feuer frei für die neue XR

BMW S 1000 XR

Sehr empfehlenswert: Dynamic ESA, hier der Sensor vorn an der Telegabel

Praktisch, erst recht ohne RDC-Anzeige im Cockpit: seitlich zugängliche Radventile

Macht einen großen Unterschied: Gummi an der Lenkerklemmung – gegen Vibrationen

Auch sehr empfehlenswert: der Schaltassistent Pro für schnelle Gangwechsel ohne Kupplung – hoch und runter

Seit 1980 läuft die Erfolgsgeschichte mit den Initialen GS, und genauso lange die Evolution der „Reiseenduro". Mit 50 PS fing es an, aktuell sind es 125 PS mit dem „Wasserboxer". Wobei die Vermarktungsstrahlkraft des legendären Typkürzels inzwischen auch für andere Modellreihen genutzt wird, ohne Boxer, ohne Kardan: G 650 GS, F 700 GS, F 800 GS. Ebenso logisch wäre eine S 1000 GS gewesen. Doch der hemmungslose Ritt auf dem Imagerücken der Ikone wäre riskant. Eine GS ist eine Enduro, eine echte Enduro. Also ist sie wirklich geländegängig, auch wenn das nur geschätzt fünf Prozent der GS-Besitzer jemals brauchen. Merke: Gelegentlich am Badesee auf einer Wiese parken ist nicht „Offroad", das geht mit jedem Motorrad. Auch mit der XR, denn so heißt die neue S 1000-Variante nun. Mit dem extremsportlichen Superbike RR ist die XR zwar verwandt, aber nicht ersten Grades. Viel näher steht sie dem Power-Roadster S 1000 R.

In XR und R schlägt, beziehungsweise kurbelt das gleiche Herz, die gleiche Konfiguration des Reihenvierzylindermotors: Ventile aus Stahl statt aus Titan, weniger extreme Drehzahlen, weniger extreme Spitzenleistung. „Nur" 160 PS, dafür noch stärkerer Durchzug. Wer an dieser Stelle kopfschüttelnd die Sinnfrage stellt, darf sich völlig zu Recht nicht angesprochen fühlen. In der kurzen, aber schon überaus erfolgreichen Tradition der S 1000-Familie zielt auch die XR in erster Linie auf neue und tendenziell etwas jüngere Kunden. Auf Leute, die soviel Power zu schätzen und bestenfalls auch zu nutzen wissen, und die das Geschmiere an offen laufenden Endantriebsketten gewohnt sind. Dennoch werden sicherlich auch zahlreiche Probefahrt-Anfragen aus der riesigen, heterogenen Gruppe der GS-Fahrer kommen – aus Neugierde, und um zu vergleichen.

Wenn man die XR ein paar Meter hin und her schiebt oder draufsitzt, sind die Unterschiede zu einer Vierventilboxer-GS gering. Mit Vollausstattung kommen nämlich auch hier über 240 Kilogramm zusammen. Dafür ist der Lenkeinschlag bei der XR ebenso großzügig wie bei einer GS, nicht so eng wie bei RR oder R. Auch Lenker und Fußrasten entsprechen weitgehend dem Enduro-Arrangement. Lediglich das breite, flache Fahrersitzpolster wirkt wie ein Kompromiss zwischen Komfort und Sport. Bei diesem Format und 84 Zentimetern Standard-Sitzhöhe sollte man mindestens 1,75 Meter groß sein, um in allen Lagen souverän lächeln zu können. Wahlweise und kostenneutral steht ein noch flacheres, zwei Zentimeter niedrigeres Polster zur Verfügung. Auch eine Tieferlegung wird möglich sein. Doch das ist eigentlich pervers, denn Kern des XR-Konzepts ist ja eine Höherlegung gewesen.

Nachdem das nun geklärt ist, drücken wir auf den Startknopf. Sofort bellt der Vierzylinder los. Erste kurze Zupfer am perfekt abgestimmten elektronischen Gasgriff nimmt er als Gelegenheit, um laut knurrend zu verkünden: „Damit erst gar keine Missverständnisse aufkommen – ich bin ein heißblütiger Hochleistungssportler!" Immerhin geht die XR ein paar kleine Schritte auf das pragmatischvernünftige Touring-Publikum zu: Aus diesem Schalldämpfer röhrt, kreischt, brabbelt und spotzt es nicht ganz so hemmungslos wie aus dem

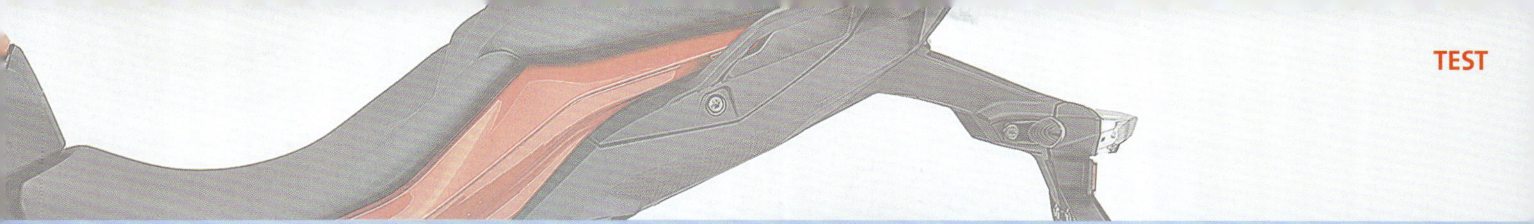

Nicht nur längere Federwege: Der um knapp ein Grad weniger steile Lenkkopfwinkel und der um gut zehn Zentimeter längere Radstand als beim Roadster geben der XR zur Kraft auch mehr Ruhe. Die Kofferhalter sind leider nicht so elegant integriert wie bei den R- und K-Modellen

kürzeren Stummelrohr an der R. Zudem verläuft die Abgasanlage hier bis nach hinten flach, was zwar eher unsportlich aussieht, aber dafür auf beiden Seiten gleich große Koffervolumen ermöglicht.

„Viel Lärm um nichts" kann man den S-Schwestern sowieso nicht vorwerfen. Kein anderes Motorradtriebwerk in dieser Hubraumklasse bietet eine so spektakuläre und obendrein so sauber abgestimmte Performance. Von unter 2000 bis über 11000/min hängt der Reihenvierer direkt, aber zugleich geschmeidig am E-Gas. In Sachen Drehmoment kann er es sogar mit dem 1200er „Wasserboxer" aufnehmen, allerdings dreht er für das Maximum an Newtonmetern zirka 2000/min höher. Mit diesem Potenzial können XR-Fahrer umweltschonend im vierten Gang durch Tempo-30-Zonen rollen und dann, am Ortsende, mit der rechten Hand quasi ein arg strammes Gummiband schnalzen lassen. Auch in der relativ „milden" 160-PS-Ausführung ist dieser Motor schwer beeindruckend. In den üblichen Dynamik-Disziplinen Beschleunigung, Durchzug und Topspeed gibt es zwar vergleichbare Konzepte, aber nicht viele. Und, zumindest in dieser Fahrzeugkategorie, keine noch stärkeren. Hinzu kommen Fleißpunkte für die schon erwähnte nutzerfreundliche Abstimmung, das sehr weit gespreizte Drehzahlband und die relativ gute Kraftstofföknomie. 5,5 Liter Superbenzin pro 100 Kilometer sind – bei zurückhaltender Fahrweise ▷

Ohne Handrad: in den Positionen oben oder unten arretierbares Windschild

BMW S 1000 XR

Stilmix aus RR und GS: Aus dieser Perspektive ist die Bezeichnung Zwitter am passendsten. Mittiges LED-Tagfahrlicht als Sonderausstattung

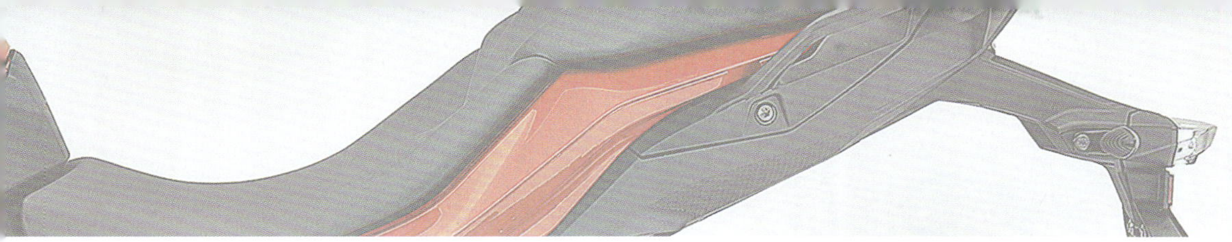

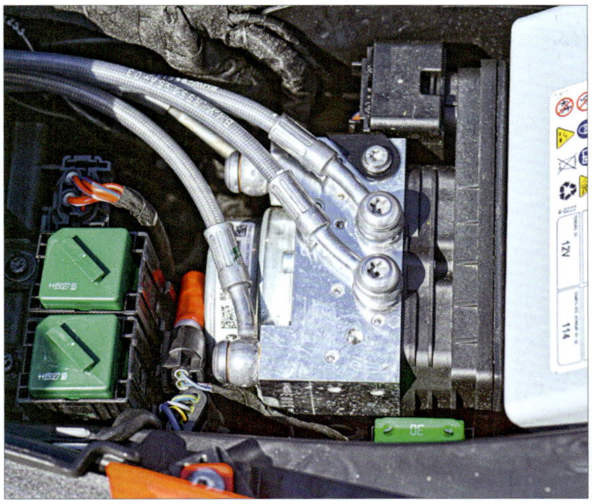

Ihm gehört die Zukunft, modellübergreifend: schräglagentaugliches ABS

Komfort für zwei: XR-Sitzbank, hier die HP-Ausführung (352 Euro)

Auf den ersten Blick komplett: Im S 1000-Cockpit fehlen einige Funktionen

und in Anbetracht aller Eckdaten – in Ordnung. Wenn man die Einspritzschleuse öffnet, um das Potenzial zu nutzen – denn dafür ist es ja da – dann muss man zirka einen Liter mehr kalkulieren. Für das dann gebotene Überflieger-Erlebnis erscheinen 6,5 Liter jedoch umso bescheidener. Erst bei zirka 250 echten km/h lässt der Schub nach. Bemerkenswert: Im Getriebe sowie bei Ritzel und Kettenrad sind die Übersetzungsverhältnisse identisch mit R und RR. Mit kleinem, geducktem Fahrer rennt der Roadster fünf bis zehn km/h schneller, das Superbike sogar auf die 300 zu – mit höherer Motordrehzahl, wohlgemerkt.

Nicht nur beim Angeben am Treffpunkt, sondern ständig von Bedeutung sind hingegen vermeintliche Kleinigkeiten wie die Gummi-Einlagen an Lenkerbefestigung und Fußrasten. Sie machen einen entscheidenden Unterschied. Denn ab zirka 6000/min, also ab ungefähr 130 km/h im sechsten Gang, verteilt der Antrieb zunehmend Kribbelvibrationen im Fahrzeug. Auf RR und R führt das bei konstanter Fahrt, beispielsweise auf Autobahnen und Schnellstraßen, zu tauben Gefühlen in Händen und Füßen. Auf der XR, dank den Gummis, nicht. Sowieso macht die neueste S 1000 lange Etappen am angenehmsten: mit der ▷

AUF DEM MO-PRÜFSTAND

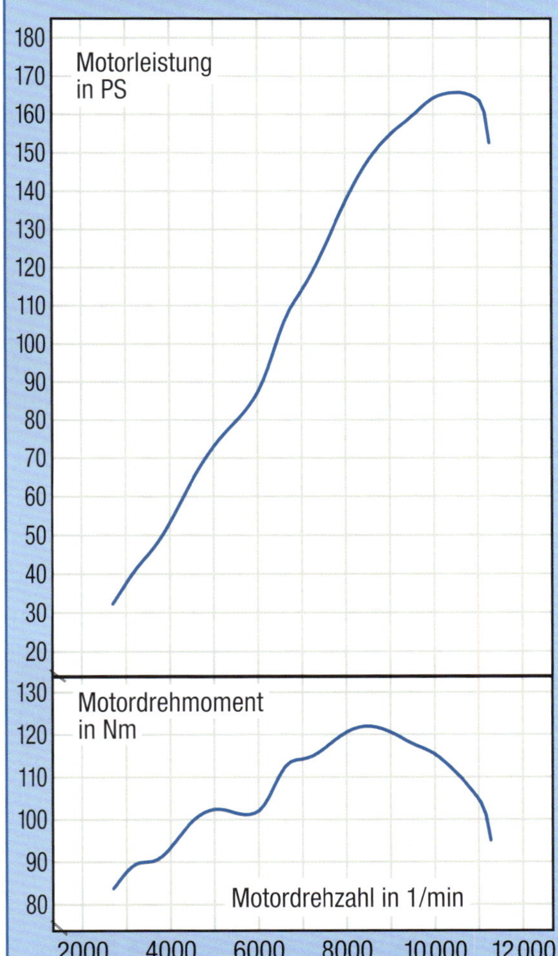

BMW S 1000 XR (Typ K49, 2015):
max. 166 PS (122 kW) bei 10 600/min
max. 122 Nm bei 8400/min

Genau wie beim Roadster S 1000 R. Kein Wunder, denn bei der XR kommt das gleiche Triebwerk mit der gleichen Abstimmung zum Einsatz. Sowohl beim Drehmoment wie auch bei der Leistung hat das Testexemplar die Werksangaben deutlich übertroffen – auch das kennen wir bereits von RR und R. In der Praxis nicht zu spüren ist das leichte relative Zögern zwischen 5000 und 6000/min – über 100 Nm

BMW S 1000 XR

Vollausstattung: Hauptständer 110 Euro, Handprotektoren 80 Euro, zwei Seitenkoffer mit Zubehör zirka 700 Euro. Plus volles Elektronikprogramm. So kommen über 18 000 Euro zusammen – und über 240 Kilogramm

Hinter der breiten Stange: Auch GS-Fahrer werden sich hier wohl fühlen

Reichlich Kühlerfläche: oben Wasser, unten Öl – leider ohne Schutzgitter

aufrechtesten Sitzposition hinter der größten Verkleidung und mit dem großzügigsten Polster – erst recht am Rücksitz.

Natürlich sind auch die längeren Federwege am Komfort beteiligt. Sie bieten mehr Reserven für Besatzung und Beladung sowie für schlechtere Fahrbahnzustände. Empfehlenswert ist auch bei dieser BMW das Dynamic ESA, das auf Knopfdruck eingestellt wird und dann automatisch nachregelt. Im Standardmodus „Road" passt die Abstimmung an der Front perfekt, während am Heck die Zugstufendämpfung etwas zu lasch voreingestellt ist, was bei Unebenheiten zum Nachwippen führt. Umso straffer wird im Modus „Dynamic" gedämpft, damit kommt selbst bei grenzwertigen Runden auf der Hausstrecke keinerlei Unruhe auf. Dazu sollte die Hausstrecke allerdings gut gepflegt sein, sonst ist „Dynamic" zu hart. Am besten schaltet man je nach Lust, Laune und Asphaltqualität zwischen „Road" und „Dynamic" hin und her – das geht ja einfach und schnell. Einen „Rain"-Modus für ganz Vorsichtige bei ganz schlechten Bedingungen gibt es noch, einen „Offroad"-Modus hingegen nicht. Deshalb XR statt GS.

Mit breit bereiften 17-Zoll-Gussrädern ist das Konzept eigentlich unmissverständlich positioniert. Und auf der Straße kann das XR-Fahrwerk mit dem GS-Fahrwerk mithalten. Kenner wissen, was das bedeutet: sehr gutes Handling kombiniert mit feiner Lenkpräzision und unerschütterlicher Stabilität. Dazu passt die hier erstmals ab Werk verfügbare Sonderausstattung ABS Pro, die dem Bremsen in Schräglage effektiv den Schrecken nimmt: Im „Dynamic"-Modus quietscht es manchmal ganz kurz, ansonsten gar nicht. Je mehr Schräglage die Bordelektronik registriert, desto weniger Druckspitzen der mechanisch äußerst kräftig angelegten Bremsen lässt sie in die Räder gelangen. Das

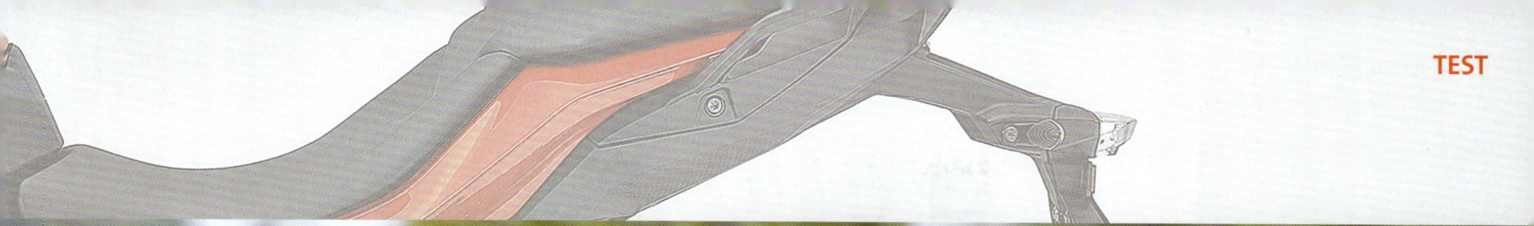

Kann auf Asphalt mit dem der GS mithalten: das Fahrwerk der XR

funktioniert verblüffend zuverlässig, erst recht bei Nässe. Auch linienstörendes Aufstellen wird so unterdrückt. Eine gute Sache also, zumal sich mit dem 190er Hinterreifen zwangsläufig viel mehr Schräglagen ergeben.

An anderen Stellen hat die prominente 2015er Neuheit unverständlicherweise Mut zu Lücken: Weder Außentemperatur noch Momentanverbrauch noch Reifenluftdruck können im S 1000-Cockpit angezeigt werden, das Windschild ist nur in zwei Positionen und der Kupplungshebel gar nicht einstellbar, die Halterung fürs Navigationsgerät ist nicht abschließbar, und die zunehmend begehrte LED-Technologie gibt es hier vorerst nur für Blinker, Rücklicht und einen schmalen Streifen „Tagfahrlicht" zwischen den beiden Glühlampen-Augen. Da ist also noch einiges nachzuholen in den nächsten Jahren, und mit Sicherheit wird in München bereits genau diese „Mängelliste" abgearbeitet.

FAZIT: Abgesehen vom Kultfaktor des Boxermotors bewahren eigentlich nur noch ein paar Ausstattungsmerkmale und der Kardan die GS davor, von der XR überfahren zu werden. Alle Achtung.

MO-MESSWERTE: BMW S 1000 XR (Typ K 49, 2015)

Gewicht vollgetankt (Vollausstattung, ohne Koffer) .... 243,5 kg, davon 49,9 % vorn
Topspeed solo .... 253 km/h
Beschleunigung von 0 bis 100 km/h in .... 3,3 s
Durchzug im letzten (6.) Gang von 60 bis 140 km/h in .... 6,8 s
Testverbrauch (Superbenzin) .... 6,4 l/100 km

TECHNISCHE DATEN: BMW S 1000 XR (TYP K49, 2015)

Preise: ab 15 200 Euro (mit ABS und ASC), Sonderausstattungen: Fahrmodi Pro inklusive ABS Pro und DTC (385 Euro), Dynamic ESA (705 Euro), LED-Tagfahrlicht (290 Euro), Schaltassistent Pro (400 Euro), Hauptständer (110 Euro), heizbare Griffe (205 Euro), Temporegelung (325 Euro)

Leistung: 160 PS (118 kW) bei 11 000/min, maximales Dreh moment 112 Nm bei 9250/min

Motor: Viertakt-Vierzylinder-Reihenmotor, wassergekühlt. Vier Ventile pro Zylinder, dohc. Bohrung x Hub 80,0 x 49,7 mm, Hubraum 999 ccm, Verdichtung 12,0. Elektronische Motorsteuerung und Benzineinspritzung, Drosselklappen-Ø 48 mm, G-Kat. E-Starter. Sechsganggetriebe, Dichtringkette

Fahrwerk: Leichtmetall-Brückenrahmen. Vorn einstellbare Upside down-Telegabel, Ø 46 mm, Federweg 150 mm, hinten Leichtmetall-Zweiarmschwinge mit einstellbarem Federbein, Federweg 140 mm, Sonderausstattung Dynamic ESA. Leichtmetallguss-Räder, Bereifung vorn 120/70ZR17, hinten 190/55ZR17. Vorn Doppelscheiben bremse, Ø 320 mm, hinten Scheiben bremse, Ø 265 mm, ABS (ABS Pro). Radstand 1548 mm, Lenkkopfwinkel 64,5 Grad. Sitz höhe 840 mm. Tank inhalt 20 Liter. Gewicht vollgetankt (Grundausstattung) 228 kg, zulässiges Gesamtgewicht 434 kg

Garantie und Service: zwei Jahre Gewährleistung, Inspektion alle 10 000 km oder einmal jährlich

1 Werkzeug & Materie

1.1 Allgemeine Werkzeuge

Bei umfangreicheren Wartungsarbeiten oder gar Motorüberholungen muss das passende Qualitätswerkzeug zur Verfügung stehen, mit dem der Freizeit-Mechaniker seiner Maschine mit Spaß bei der Arbeit auch mal eine Ventilspiel-Kontrolle in Eigenregie gönnt. Qualitätswerkzeug ist nicht für einen Apfel und Ei zu bekommen, dafür hält es entschieden länger als »Baumarkt-Werkzeug« – und macht eben wirklich mehr Laune.
Markennamen wie Gedore®, Hazet®, Snap-on® oder Stahlwille® bürgen für Qualität (die Aufzählung ist zwar alphabetisch, aber nicht vollständig).
Die Grundausstattung besteht aus **Ring-** und **Gabelschlüsseln** und einem **Rätschenkasten** (Steckschlüssel/Knarre) mit den entsprechenden Nusseinsätzen.
Wichtig ist auch ein **TORX-Schraubendrehersatz** (z. B. als Erweiterung zu vorhandenem Rätschenkasten), wie er auch im Bordwerkzeug enthalten ist.
Ganz wichtig sind auch ein oder zwei **Drehmomentschlüssel**, die den Bereich von 20 bis 250 Newtonmeter (Nm) abdecken. Bei der Pleuelmontage legt BMW Wert auf eine elektronische Ausführung, die höhere Genauigkeit gewährleistet.
Bei der Montage von Lagern ist ein **Heißluftfön** nützlich. Die Lager flutschen in angewärmte Lagersitze dann fast von selbst 'rein (Stichwort: Materialschonung).
Zur Ermittlung des Ventilspiels wird ein Satz **Fühlerlehren** benötigt (Abstufung 0,05 mm).
Ein **Messschieber** (Schiebelehre) und **Messschrauben** (Mikrometer, die den Bereich von 25 mm bis 125 mm abdecken; Kolbendurchmesser!) werden zur Ermittlung von Motor-Verschleißdaten benötigt.
Um einfache Elektrikprobleme zu lokalisieren, ist ein **Multiprüfgerät** erforderlich.
Wenn es Ihr Platz erlaubt, gönnen Sie sich eine **Motorradhebebühne** – eine nicht zu unterschätzende Arbeitserleichterung, die auch einfach improvisiert werden kann (Hauptsache stabil).

Bordwerkzeug

Das serienmäßige Bordwerkzeug genügt zum Aus- und Einbau der Batterie. Eine vom Werk erhältliche Erweiterung ermöglicht noch das Wechseln der Zündkerzen und den Ausbau der Räder.

Kabelbinder

Bei fast allen Arbeiten werden neue Kabelbinder (3,6 x 120 mm) benötigt. Unbedingt bevorraten!

Ob sich die hier gezeigten Werkzeuge in der Anschaffung lohnen, muss jeder für sich entscheiden. Aber wenn es ans Eingemachte geht, hat das Improvisieren seine Grenzen.

1

Drehwinkel-Anzeige

- Zum Anziehen von Befestigungen mit Drehwinkel-Angabe (entsprechend BMW Nr. 11 2 501)
- Z. B. zum Anziehen von Pleuel- und Zylinderkopfschrauben und -muttern.

2

Ventilspiel-Ermittlung: Fühlerlehren von 0,05 – 0,5 mm

- 0,05 mm-Abstufung ist ausreichend.

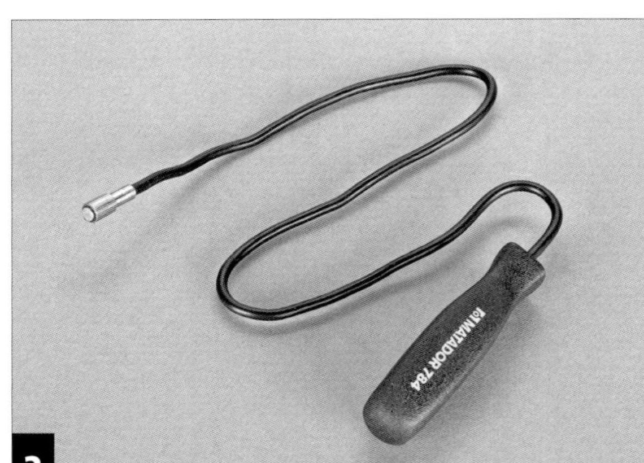

3

Magnetheber

- Zum Entnehmen der Ventilspiel-Einstellplättchen und ist nützlich bei verlorenen Schräubchen, die sich ins Verkleidungsinnere verabschieden.

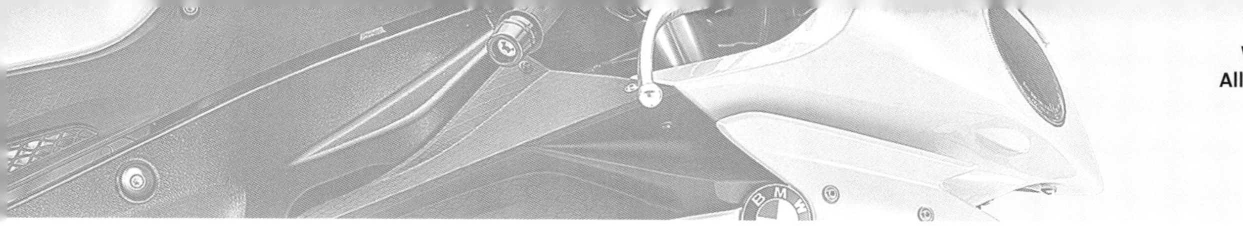

4

Flachschaber

- Zum Entfernen von Dichtungsresten und Ölstein (zum Schärfen des Schabers).
- Ölstein immer leicht geölt verwenden!

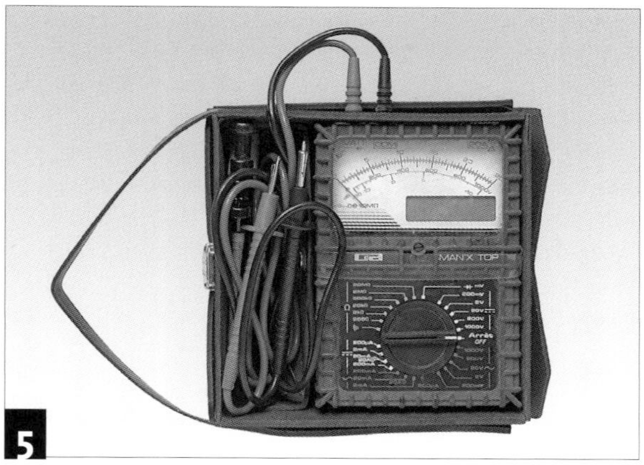

5

Multi-Prüfgerät

- Widerstandsmessung Ω (Ohm)
- Messung der Spannung V (Volt)
- Messung der Stromstärke A (Ampère)

- Zur Vervollständigung der Prüfgerät-Ausrüstung werden noch kleine feine Messspitzen benötigt.
- Zur Überprüfung der Exaktheit des Widerstand-messbereichs des Messgeräts werden Widerstände (je Messbereich) mit 2 %-iger Toleranz vergleichs-gemessen.

6

Fön

- Zum Erwärmen von Bauteilen (Generator-Rotor) und Gehäuseteilen beim Lagerwechsel.

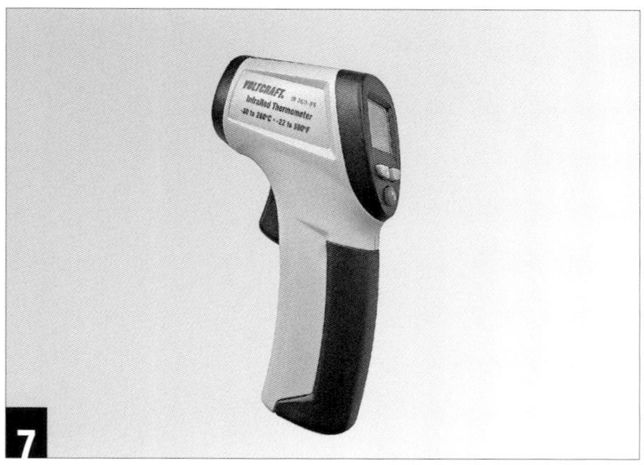

7

Temperatur-Messgerät

- Wer Teile erwärmt, muss auch wissen, welche Temperatur anliegt. Zur Messung genügt ein einfaches Infrarot-Messgerät (ca. 25 Euro im Fachhandel).

8

Ventilfeder-Spanner

- Lohnt sich nur fallweise: besser ausleihen. Zum Aus- und Einbau der Ventile.

9

GS911: Fehlerspeicher auslesen

- Mit dem Anschluss-Modul lässt sich z. B. der Fehlerspeicher per Laptop oder Bluetooth-Handy auslesen. Mehr ab Seite 68.

Vertrieb in Deutschland:
www.gs911.de
www.motorrad-zubehoer-hornig.de
www.touratech.de

1 Werkzeug & Materie

1.2 BMW-Spezialwerkzeug

Bestimmte Arbeiten erfordern BMW-Spezialwerkzeug, das teilweise nicht improvisiert werden kann.
Diese Werkzeuge sind preiswert beim freundlichen BMW-Motorrad-Partner erhältlich, d.h. sie sind für »Endverbraucher« käuflich zu erwerben! Preiswert heißt in dem Fall nicht, dass sie billig, sondern ihr Geld wert sind. Nicht zu vergleichen z.B. mit italienischen Herstellern, die für ihre Werkzeug-Goodies zum Teil Mondpreise aufrufen.

Hier eine kleine Auswahl der wichtigsten Werkzeuge aus dem reichhaltigen BMW-Fundus, die im weiteren Verlauf eine Rolle spielen.
Die wichtigsten Werkzeuge sind in den Bildern 2 bis 5 abgebildet. Sie werden zur Einstellung des Ventilspiels benötigt (nicht zu dessen Kontrolle).

1

Ein Motor-Ständerchen ist natürlich eine feine Sache, die allerdings improvisiert werden kann. Wichtig ist aber die hier gezeigte **Motoraufnahme 11 0 832**. Sie schlägt mit 121,80 Euro zu Buche.
Alle Preise zzgl. Mehrwertsteuer.
Stand Dezember 2015

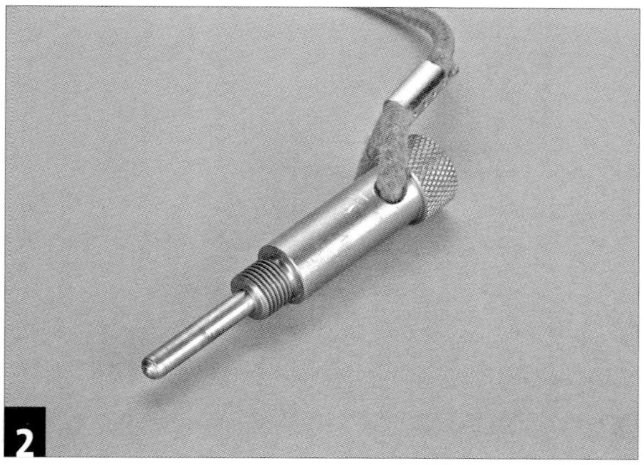

2

Fixierschraube 11 0 771

- Zum Festlegen der Kurbelwelle im oberen Totpunkt (mit einer roten Schnur gegen das Vergessen!).
  14,19 Euro

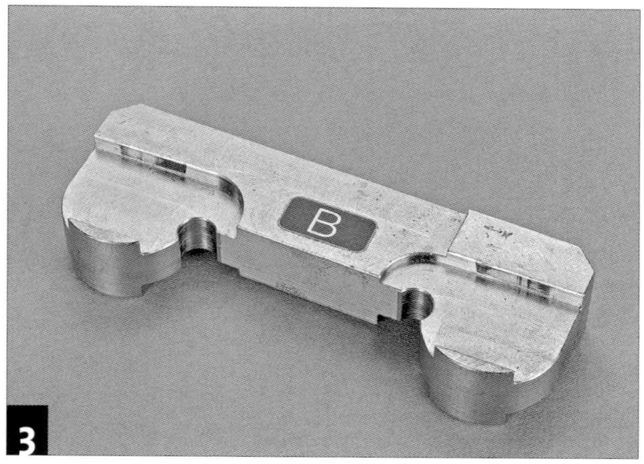

3

Absteckvorrichtung 11 0 772

- Zum Festlegen der Nockenwellen.
  60,25 Euro

4

Steuerketten-Spannvorrichtung 11 0 773

- Zum Simulieren der Steuerkettenspannung.
  17,43 Euro

5

Steckschlüssel 11 0 774

- Zum Drehen der Nockenwellen bei der Einstellung der Steuerzeiten.
  15,09 Euro

6

Polrad-Abdrücker 12 5 522

- Ausbau des Generator-Polrads
  22,71 Euro

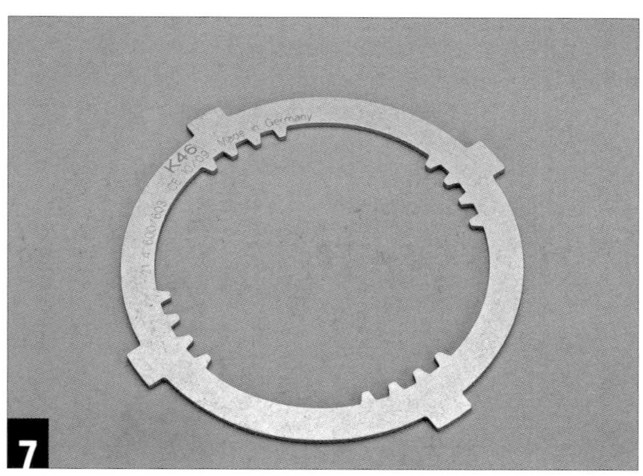

7

Mitnehmerarretierung 21 4 603

- Zum Aus-und Einbau des Kupplungskorbs (nicht zum Wechsel der Kupplungsscheiben).
  8,85 Euro

1 Werkzeug & Materie

8

Kerzenschachtzündspule-Auszieher 12 3 561
- Zum Abziehen der Kerzenschachtzündspulen. 27,73 Euro (nicht mehr lieferbar, nur gelegentliche Restbestände)

9

Kerzenschachtzündspule-Auszieher 12 3 621
- Neue Ausführung von Bild 8. 35,29 Euro

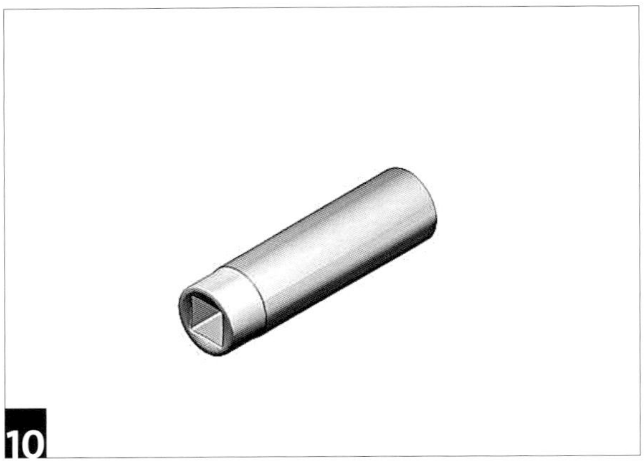
10

Zündkerzennuss 12 1 220
- Für 14-mm-Zündkerze. Außendurchmesser 18 mm. 27,73 Euro

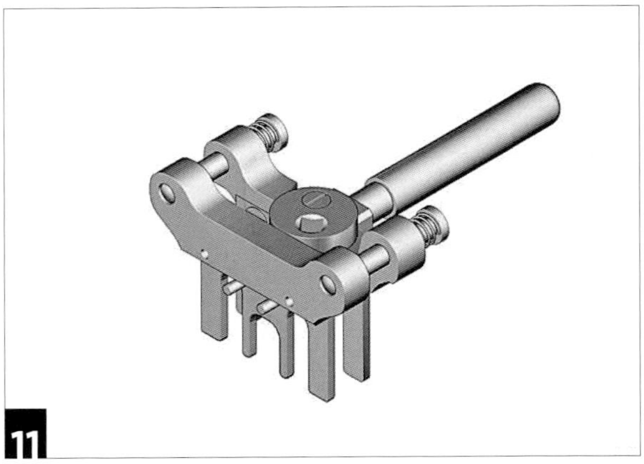
11

Kolbenrücksetzvorrichtung 34 1 631
- Zum Zurücksetzen der Bremssattelkolben beim Belagwechsel und Wechsel der Bremsflüssigkeit. Kein "Must-have", aber ein Genuss bei der Handhabung. 190,64 Euro

Grundständer
36 3 971 . . . .146,94 Euro
Aufnahme hinten
36 3 975. . . . .29,82 Euro
Aufnahmepins hinten
36 3 979 . . . . .9,02 Euro
Aufnahme vorn
36 3 974. . . . 150,73 Euro
Aufnahme vorn
36 3 975. . . . .29,82 Euro
Aufnahme vorn
36 3 976. . . . 20,00 Euro

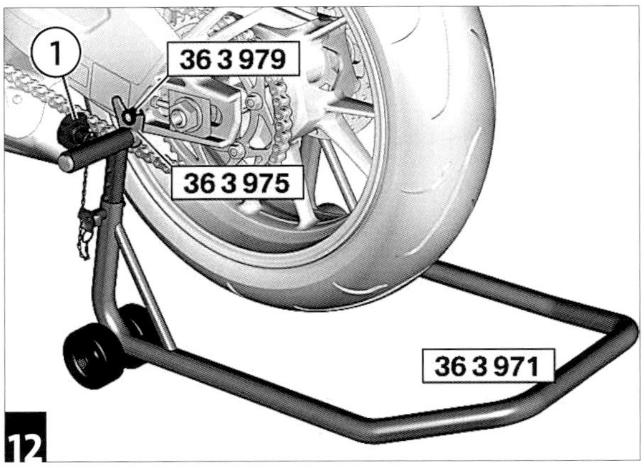

12

Sicheres Aufbocken hinten
- Ständer 36 3 971, Aufnahme 36 3 975 und Aufnahmepins 36 3 979

1 Rändelschraube zur Weitenverstellung

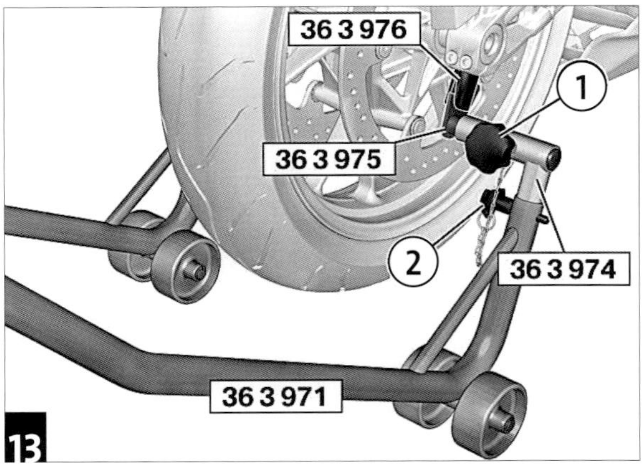

13

Sicheres Aufbocken vorn
- Ständer 36 3 971, Aufnahme 36 3 974, 36 3 975 und 36 3 976.

1 Rändelschraube zur Weitenverstellung
2 Knebel zur Höhenverstellung

14

Nutmuttern-Schlüssel 31 3 721

- Zum Einstellen des Lenkkopflagers.
  18,48 Euro

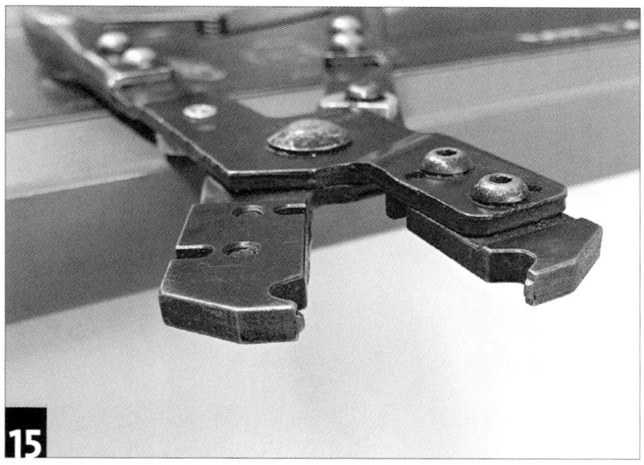

15

Schlauchschellen-Zange 13 1 512

- Zum Trennen und Schließen der Schlauchschellen.
  91,93 Euro
- Kann improvisiert werden, wie beim Ausbau der Drosselklappen-Batterie gezeigt (Seite 147).

16

Kolbenring-Spannband 57 bis 125 mm 11 5 731

- Zum Einbau der Kolben.
  27,22 Euro

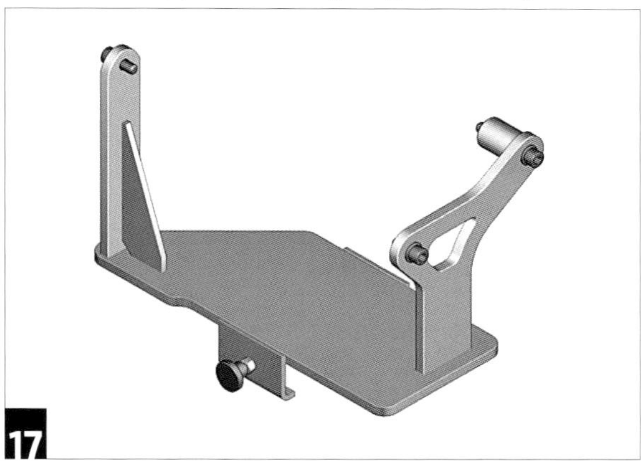

17

Motoraufnahme 00 1 579

- Zum Motorausbau.
  92,80 Euro

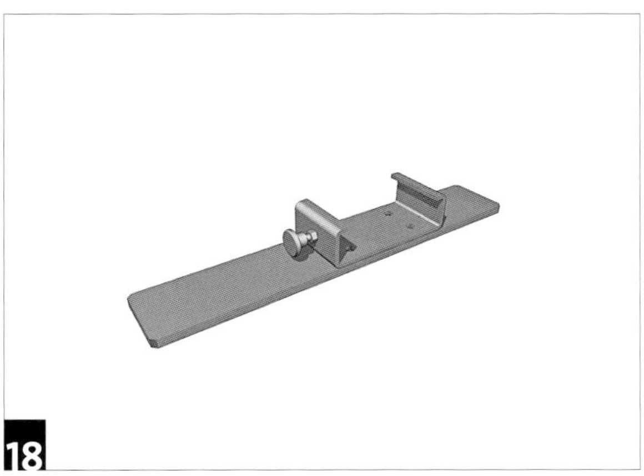

18

Verbreiterung 00 1 575 für Scherenheber

- Zum Motorausbau.
  94,35 Euro

19

Scherenheber 00 1 571

- Zum Motorausbau.
  267,02 Euro

1 Werkzeug & Materie

Der Computer hält Einzug in die heimische Bastelbude

Elektrische Sicherungen dienen der Absicherung elektrischer Schaltkreise, werden aber zunehmend von kleinen schwarzen oder silbernen Kästchen abgelöst, die selbsttätig den entsprechenden Schaltkreis bei Fehlfunktion lahmlegen.
Das funktioniert natürlich nur in entsprechend ausgelegten Schaltkreissystemen, den CAN-Bus-Systemen. Und der mit der Wartung betraute Mensch lässt sich per USB-Kabel oder Bluetooth-Verbindung zu seinem Computer die entsprechenden Fehlermeldungen anzeigen. Ohne weiteres werden so Steckverbindungen, Spulen, Stellmotoren und Potentiometer, die ihren Zweck nicht erfüllen, aufgezeigt. Denn bei der gebotenen Verbindungssicherheit der aktuell verbauten Stecker ist die Möglichkeit gammeliger elektrischer Übergänge nahezu ausgeschlossen. Womit eine Grundvoraussetzung für so ein System erfüllt ist. In der Regel verfügt aber eben nur der Mensch in der »Vertragswerkstatt« über entsprechendes Gerät und Software zum Auslesen der Daten. Mittlerweile vertreibt jedoch die MFT – Milewski Fahrzeugtechnik GmbH in Berlin einen Adapter des ursprünglich südafrikanischen, mittlerweile englischen Herstellers Hexacode (www.hex.co.za), der mittels USB-Kabel und/oder Bluetooth eine Verbindung zum heimischen Rechner herstellt, seit Oktober 2014 auch über Wi-Fi.

Die zugehörige Software wird von der Homepage des Herstellers heruntergeladen. Ein entsprechendes Handy vorausgesetzt (Bluetooth-Handy mit Android-, iOS oder WindowsMobile-Betriebssystem) können die Fehlermeldungen auch unterwegs ausgelesen werden. Die Software wird übrigens ständig weiterentwickelt, und kostenlose Updates werden für die Dauer von einem Jahr gewährt.
Das Adapterkästchen wird in Hobby- und Profiversion angeboten. Beide Versionen haben den gleichen Leistungsumfang, lediglich bestimmte Wartungsfunktionen, wie z. B. »Service Intervall zurückstellen« sind bei der Hobbyversion auf zehn Fahrzeug-Ident-Nummern (FIN) beschränkt, bei der Profiversion unbeschränkt. Alle anderen Funktionen sind gleich, bzw. nicht eingeschränkt. Tipps und Tricks hierzu werden auf einer entsprechenden Internetseite diskutiert, auf der auch der Hersteller selbst Stellung bezieht.
Das kleine gelbe Kästchen ist also nicht nur Spielzeug für Kontroll-Freaks, sondern auch ein ernsthaftes Werkzeug, um nach getaner Arbeit die Fehlermeldungen zu überprüfen.

GS911 Wi-FI Hobby/USB	349,- Euro
GS911 Wi-Fi Profi USB	649,- Euro

www.gs911.de
www.motorradzubehoer-hornig.de
www.touratech.de
www.hexcode.co.za/products/gs-911/support/faq

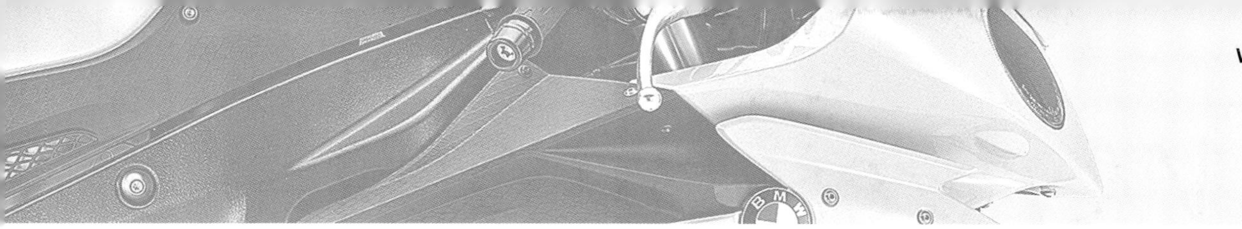

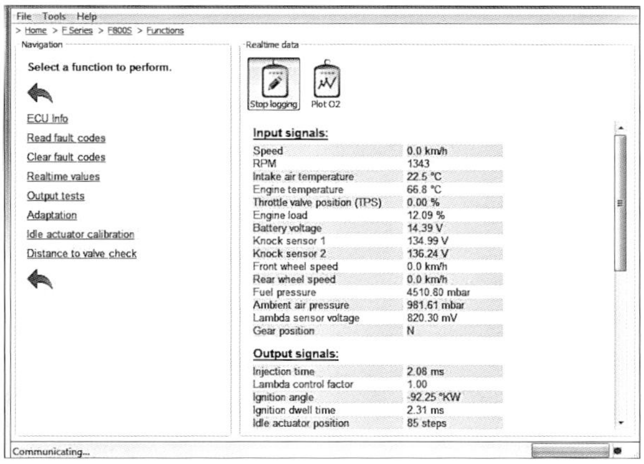

Ein- und Ausgangssignale

Sehr interessante Realtime-Daten: Es wird zum Beispiel eine Spannung des Klopfsensors angezeigt, während am Fahrzeug (F 800 S) kein explizit solcher zu finden ist!

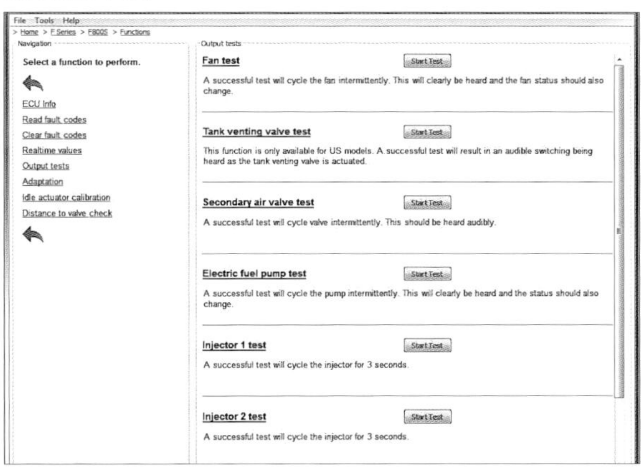

Funktionstest

Solche Tests sind schwerlich mit einem Prüflämpchen durchzuführen.

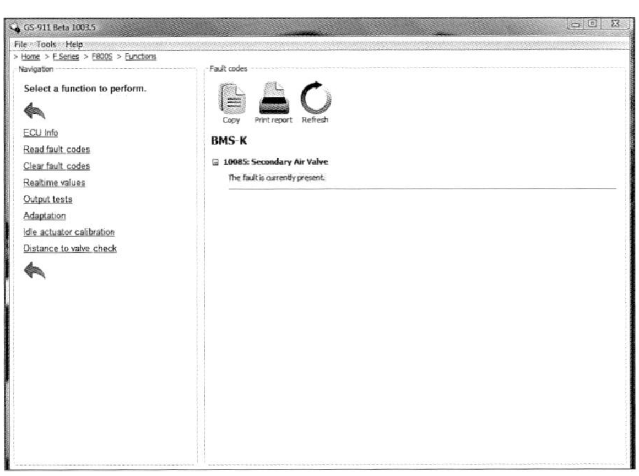

Fehlerspeicher auslesen

Brav wird der abgezogene Stecker des Sekundärluft-Ventils angezeigt

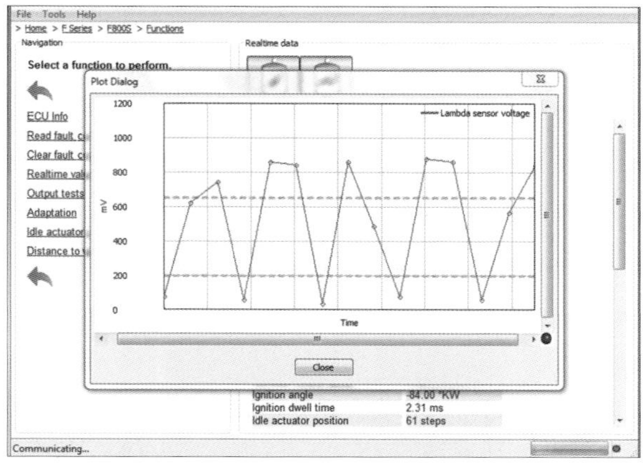

Test der Lambdasonde (GS 911)

- Bei betriebswarmem, laufenden Motor (Leerlauf) und einwandfreier Funktion wechselt die Spannung zwischen über 800 mV und unter 200 mV.

1 Werkzeug & Materie

1.4
Radial-Wellendichtringe und O-Ringe

Radial-Wellendichtring ist die fachlich korrekte Bezeichnung für die allseits bekannten »Simmerringe«. Für sie gibt es zwei Grundregeln: immer erneuern und richtig montieren. Immer erneuern, sofern es sich um Dichtringe am Motor handelt und sich die Gelegenheit zum Wechsel bietet (Motordemontage). Dichtringe am Radlager oder Kettenblattträger müssen natürlich nicht bei jeder Gelegenheit – sprich Radausbau – erneuert werden. Hier genügt die strenge Sichtprüfung auf Unversehrtheit der Dichtlippe.

- Eventuelle Grate und Aufwerfungen an der Bohrung des Dichtrings vorsichtig mit Dreikantschaber entfernen.
- Bohrung entfetten (Bremsenreiniger/Aceton).
- Verzahnungen, Sicherungsring-Nuten, Absätze und Gewinde am Wellenzapfen mit Klebeband »entschärfen«.
  Die empfindliche und mikroskopisch feine Dichtlippe des Dichtrings darf keinesfalls beschädigt werden!
  Entsprechend auch **Ventilschaftdichtungen** montieren: Ventil in Führung einsetzen, Keilnut »entschärfen«, Schaftdichtung aufsetzen und Keilnut wieder freilegen.
  Hier am Ventil eignet sich besonders ein Schrumpfschlauch zum Entschärfen der Keilnut, bevor Sie die Ventilschaftdichtungen aufschieben.
- 👁 Die Lauffläche der Dichtlippe auf der Welle muss perfekt glatt sein – darf keine Einlauf-Spuren aufweisen.
- Dichtring trocken (!) mit passender Nuss oder Rundmaterial (möglichst nah am Rand ansetzen) ohne zu Verkanten einschlagen. Dabei kann die Einhaltung einer bestimmten Einbautiefe (z. B. bündig zum Gehäuse) erforderlich sein, oder – eher die Regel – das Einschlagen bis zum Sitzgrund.
- 👁 Manche Dichtringe sind auf ein bestimmtes Schliffbild des Wellenzapfens angewiesen und müssen entsprechend der angegebenen Drehrichtung der Welle eingebaut werden.
- ! Vor Radmontage Dichtlippen der Dichtringe (ob alt oder neu) dünn mit MoS_2-Fett balsamieren.
- ! O-Ringe bei jeder Montage erneuern.
- ! O-Ringe vollständig geölt montieren!

TIPP

Falls Sie jetzt in Gedanken für den Wechsel des sabbernden Dichtrings am Antriebsritzel oder der Schalthebelwelle den Motor mehr oder weniger komplett zerlegen, bohren Sie zuerst zwei- oder dreimal den Dichtring in der Mitte mit kleinem Bohrer an (gleichmäßig am Umfang verteilt; der BMW Motorradpartner arbeitet mit Vorstecher **1** Bild 3), um dort passende Blechschrauben einzudrehen (oder Zugstange **2**).
Mit Zange oder Hebel Dichtring an den Blechschrauben herausziehen (oder mit Schlaggewicht **3** arbeiten).

Einbau

- Dichtringe so einbauen, dass das »abzudichtende Medium« (in der Regel Motoröl) innen liegt – die Beschriftung ist außen lesbar.

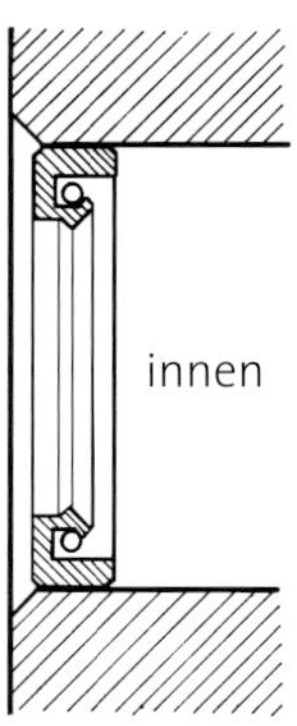

Ausbau

- Dichtring mit entsprechend abgestütztem Widerlager aushebeln.
- Am offenen Motorgehäuse mit Nuss herausschlagen.

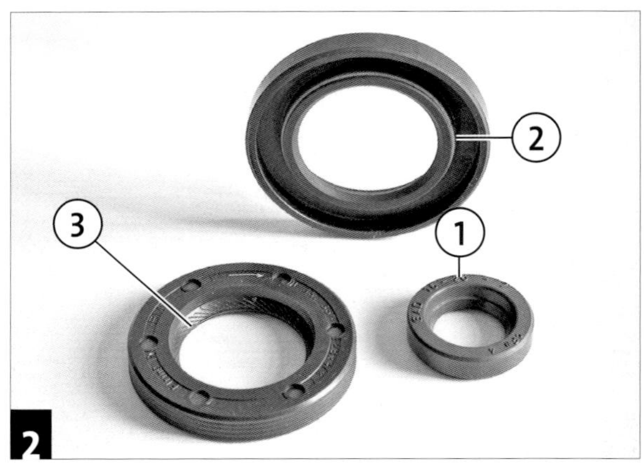

Radial-Wellendichtringe

1 Größenkennzeichnung
2 Feder
3 Dichtlippe

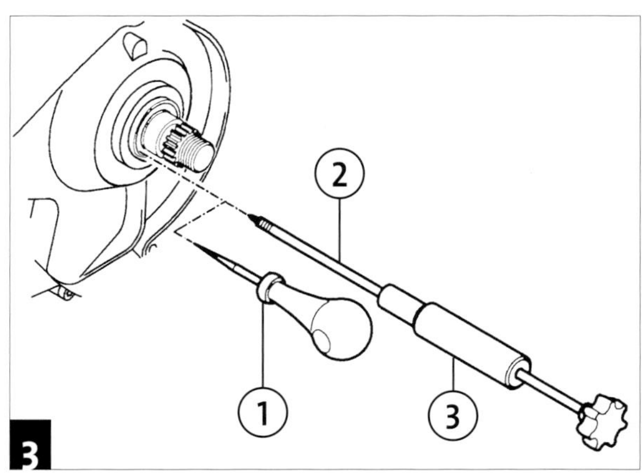

Wellendichtring-Ausbau

1 Vorstecher BMW-Nr. 00 8 583
2 Zugstange BMW-Nr. 00 8 581
3 Schlaggewicht BMW-Nr. 00 8 582

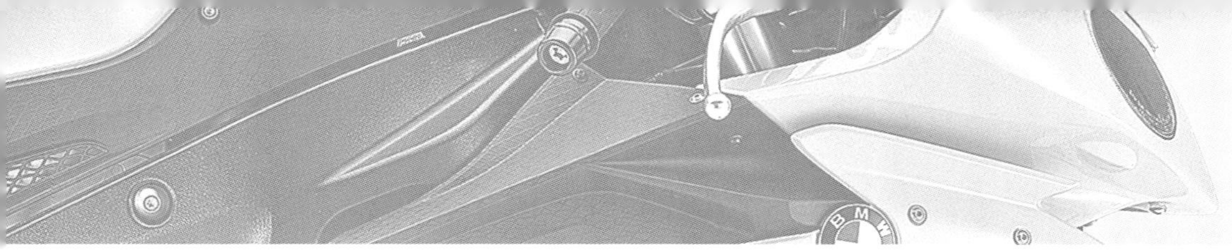

1.5 Ersatzteile

Fahrzeug Ident Nummer (FIN) am Lenkkopf
- Die Typnummer ist Bestandteil der am Lenkkopf eingelaserten FIN (früher Fahrgestellnummer).

Motornummer
- Die Motornummer befindet sich rechts unten neben der Wasserpumpe.

Kraftfahrzeuge sind ständiger Modellpflege unterworfen, wobei häufig nur Details geändert werden, die aber von einem zum anderen Baujahr oder ab einer bestimmten Motornummer manchmal nicht mehr kompatibel sind. Und selbst Fachleuten wie dem BMW Partner nicht augenfällig werden, auch wenn sie den unbedingten Vorteil der Werksschulung haben. Deshalb beim Kauf von Ersatzteilen immer Ihren Fahrzeugschein und die Kenndaten bereithalten, damit Ihr Händler die richtigen, für die jeweilige Ausführung korrekten Teile ausfindig machen kann. Das gilt zum Teil auch für den Teilekauf bei den einschlägigen Motorrad-zubehör-Handelsketten.

Mikroverkapselte Schrauben
Diese Schrauben haben eine in zwei Komponenten (Binder und Härter) dünne, mikroverkapselte Schraubensicherung auf dem Gewinde aufgetragen. Beim Anziehen der Schraube bricht die Verkapselung auf, die Komponenten vermischen sich und härten aus. Spart natürlich Zeit, und die ist bei der Erstmontage ein erheblicher Faktor. Die Schrauben verwenden wir – je nach Verwendungszweck – unter Beigabe der entsprechenden Schraubensicherung wieder. Stichwort Verwendungszweck: Davon ausgenommen sind z.B. die Befestigungsschrauben der Bremsscheiben. Da leisten wir uns zu den neuen Bremsscheiben auch neue Befestigungsschrauben!

1.6 Schmieren und Salben

Die heimische Werkzeugbox sollte auch noch bestimmte Verbrauchsstoffe enthalten, als da wären:
- Mehrzweck-Sprayöl (WD-40 z.B.)
- Teflon-Spray
- Bremsenreiniger oder Aceton zum Entfetten von Dichtflächen und Gewinden (und natürlich Bremsscheiben reinigen)
- Batteriepolfett (säurefrei)
- Flüssige Silikon-Motordichtmasse (Dow Corning)
- Montage- oder Kupferpaste
- Hochtemperatur-Schmierstoff: Optimoly TA (z.B. Auspuff-Montage)
- Silikonfett zum Balsamieren der Verkleidungsaugen und Zapfen.
- Für die Bremsbelagmontage hinten: Never Seeze Compound

Schraubensicherung
- Loctite 243 (mittelfest) zur Verwendung bei »normalen« Schraubverbindungen.
- Loctite 270/2701 (hochfest) zur Verwendung bei hoch beanspruchten Schraubverbindungen.
- Gewinde sorgfältig reinigen und entfetten (Aceton/Bremsenreiniger) und Schraubensicherung tropfenweise auf Gewinde auftragen.
- Siehe auch oben **Mikroverkapselte Schrauben**.

2 Verkleidung

- Wartungs- und Montagearbeiten, die den Abbau der Verkleidung voraussetzen, verweisen nach hier.
- **!** Richten Sie sich einen sicheren Lagerplatz für die Verkleidungsteile ein, damit die teuren Lackteile und das Windschild nicht verkratzen.
- **!** Auf sicheren Stand der Maschine achten!

Anzugsmomente

- Falls nicht anders angegeben, alle Schrauben mit 2 Nm anziehen.
- **!** Bei zu starkem Anziehen der Schrauben wird das Material unter dem Schraubenkopf weggedrückt, es fließt quasi weg, und die Schraube lockert sich dann.

! **Verkleidungsschrauben** sind meistens mit Kunststoff-Unterlagscheibe versehen.

Verkleidungspflege

- Verkleidungsaugen und Zapfen gelegentlich mit Silikonfett balsamieren.

Spreizniet mit Schraube

- Beim Ausbau Schraube fast ganz ausdrehen und mit Schraube abziehen, oder Spreizniet von innen ausdrücken. Umgekehrt montieren.

2.1 Verkleidungsreparatur

Das beste Mittel gegen Beschädigung der Verkleidungsteile ist der sorgsame Umgang mit den Teilen. Verkleidungsteile mit Zapfen, die in entsprechende Augen eingreifen, nicht seitlich herausziehen, sondern genau in Richtung der Zapfen.

- Kleine Vibrationsrisse am Ende des Risses mit 3- oder 4-mm-Bohrer »abschließen« (der Riss wandert dann nicht weiter).
- Auf der Rückseite des Verkleidungsteils links und rechts der Beschädigung (Risses) etwa 2 Zentimeter breit die Oberfläche mit Schleifpapier aufrauhen.
- 2K-Epoxy-Kleber auftragen und Glasfaservlies auflegen. Weiter Kleber auftragen, bis Vlies komplett getränkt ist. Aushärten lassen.
- Wer tiefer in die Materie einsteigen möchte, findet z. B. auf www.carservice-produkte.de weitere Verbrauchsmaterialien und Werkzeuge.

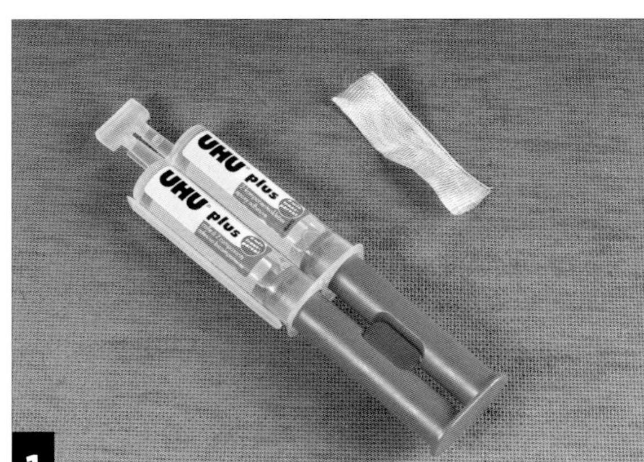

Verkleidungsreparatur

- Die Grund-Ausstattung des Verkleidungsflickens besteht aus Zwei-Komponenten-Kleber (2K-Epoxy-Kleber) und Glasfaservlies zur Verstärkung.

2

2.2 RR Seiten- und Frontverkleidung

Rückspiegel
- Zwei Muttern ausdrehen und Spiegel abnehmen. Ab 2012: Unterlaggummis nicht verlieren!
- Beim Einbau **neue** Muttern verwenden. **Anzugsmoment** M6 .... 8 Nm

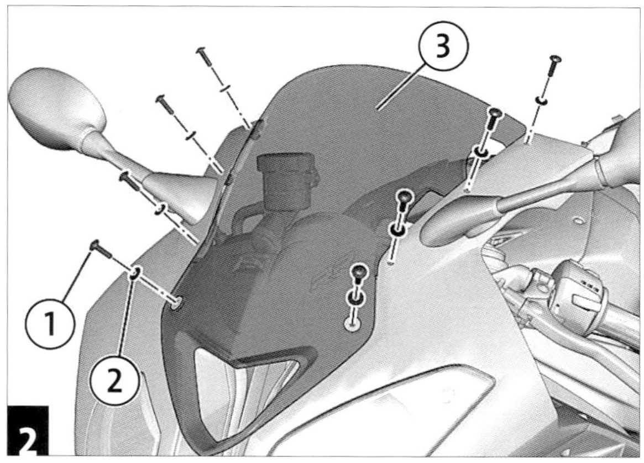

Windschild
- Acht Schrauben **1** mit Scheiben **2** ausdrehen. Windschild **3** abnehmen.

1 **Anzugsmoment** M5 x 16........................1 Nm

RR Typ 0507 (bis 2012)

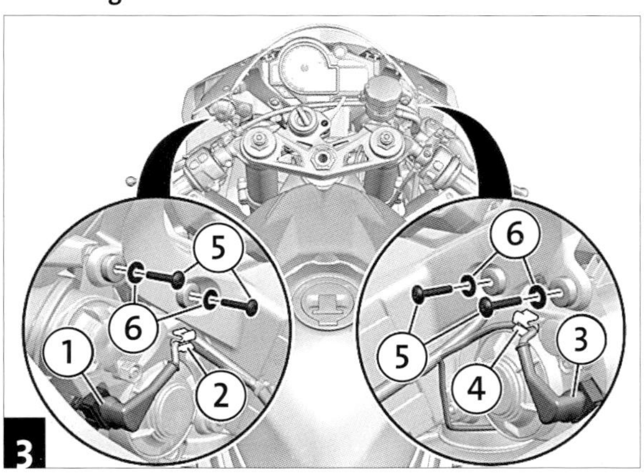

Verkleidungsoberteil komplett
- Fernlichtstecker **1** trennen und Kabel aus Halter **2** nehmen. Abblendlichtstecker **3** trennen und Kabel aus Halter **4** nehmen. Schrauben **5** mit Scheiben **6** ausdrehen.

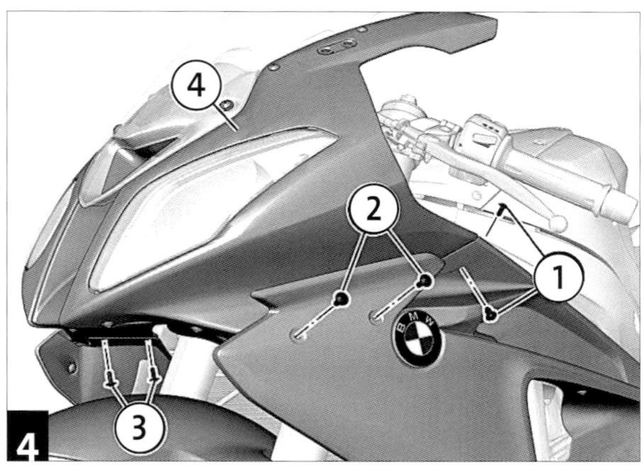

- Schrauben **1**, **2** und **3** links und rechts ausbauen.
- Verkleidungsoberteil **4** abnehmen.

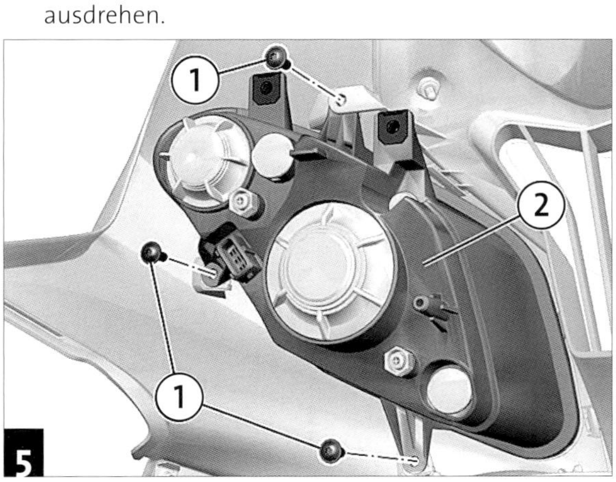

Abblendlicht-Scheinwerfer bis 2014
- Schrauben **1** ausdrehen und Scheinwerfer **2** abnehmen.

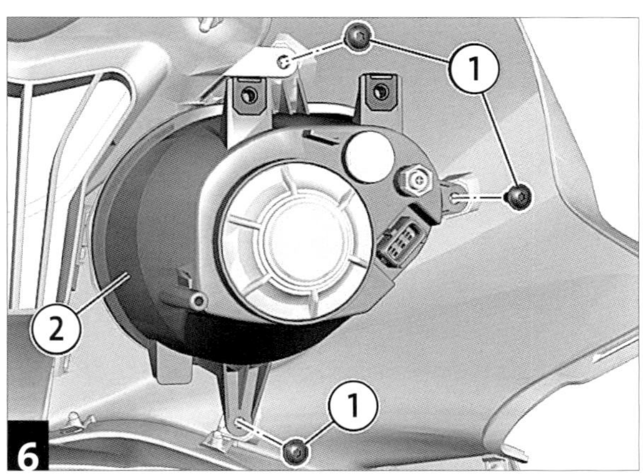

Fernlichtscheinwerfer bis 2014
- Schrauben **1** ausdrehen und Fernscheinwerfer **2** abnehmen.

→

2 Verkleidung

2.2 RR Seiten- und Frontverkleidung

Fortsetzung

Verkleidungsoberteil links
- Abblendlicht-Scheinwerfer ausbauen (Bilder 3 und 5) und linkes Verkleidungs-oberteil wie rechtes (Bild 7) abnehmen.

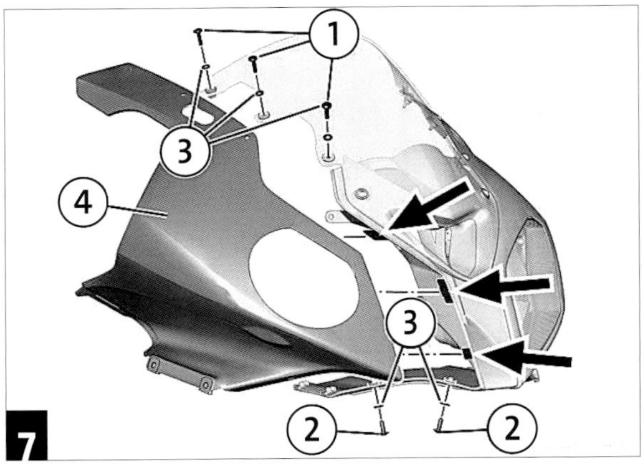

7

Verkleidungsoberteil rechts
- Schrauben **1** und **2** mit Scheiben **3** ausdrehen und Verkleidungsoberteil **4** rechts abnehmen. Auf Laschen (Pfeile) achten.

8

Verkleidungsoberteil Einbau
- Beim Aufsetzen der Scheinwerfer/Frontverkleidung Zapfen auf Gummitüllen (Pfeile) ausrichten.
- Gummitüllen leicht schmieren (Einbauhilfe).

Seitenteil rechts
- Rechtes Seitenteil wie linkes abnehmen (Bilder 9 und 10; Blinkerstecker siehe Bild 14).

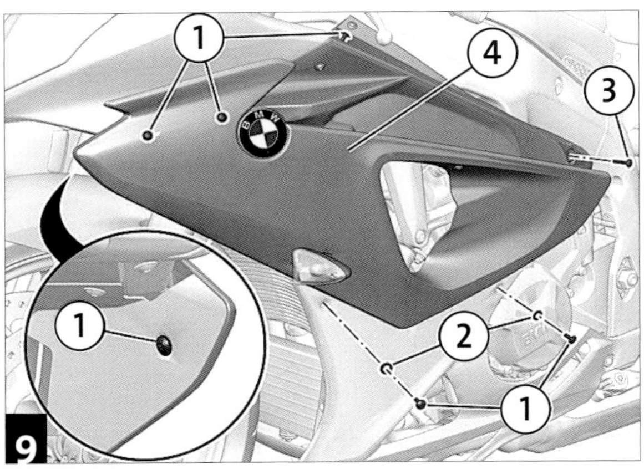

9

Seitenteil links
- Schrauben **1** und **3** mit Scheiben **2** ausdrehen und Seitenteil **4** lösen.

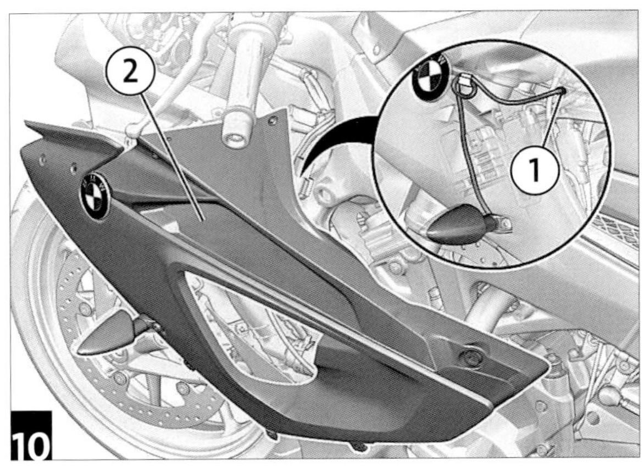

10

Seitenteil links
- Blinkerstecker **1** trennen und Seitenteil **2** abnehmen.

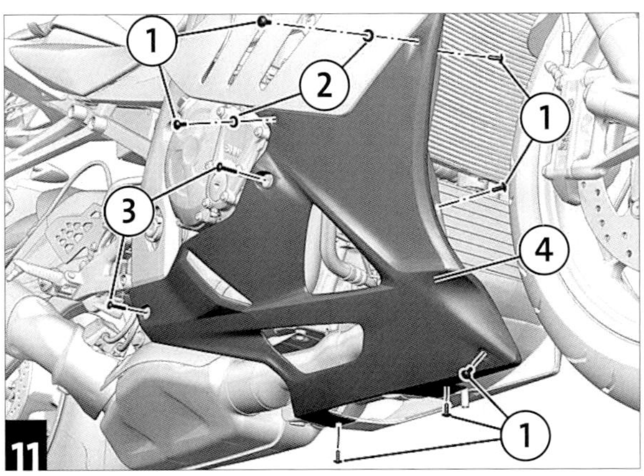

11

Motorspoiler rechts
- Schrauben **1** und **3** mit Scheiben **2** ausdrehen und Motorspoiler **4** abnehmen.
- **Motorspoiler links** wie rechts abnehmen.

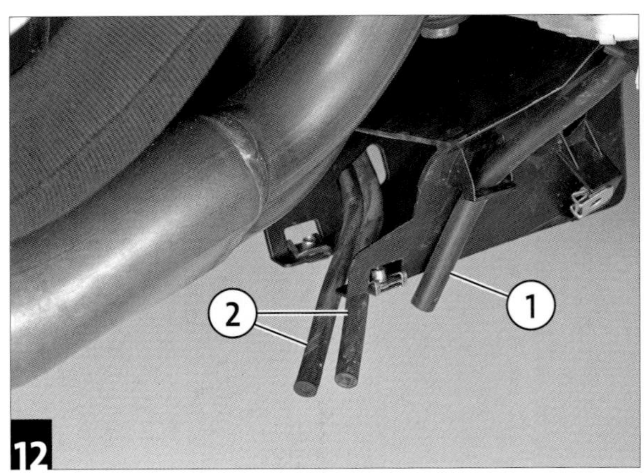

12

Schläuche im Motorspoiler
- Schläuche wie gezeigt im Motorspoiler verlegen.

1 vom Kühler
2 vom Tank

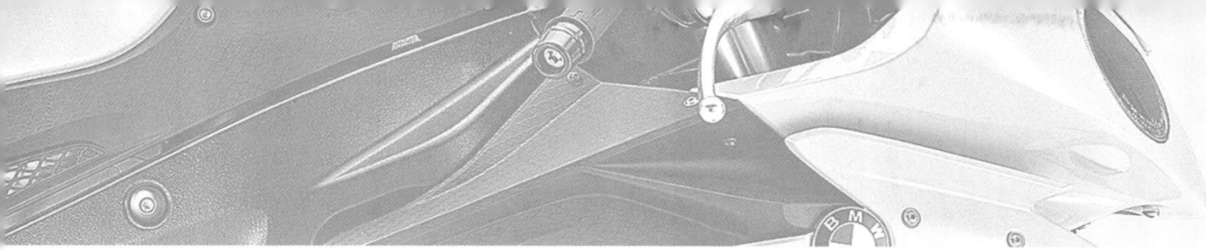

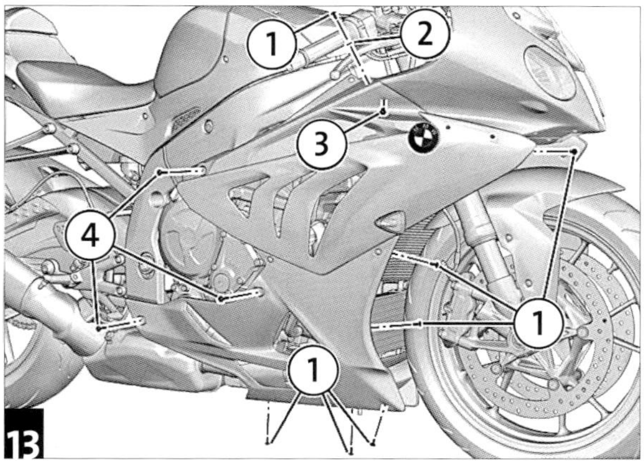

Seitenverkleidung komplett
- Schrauben **2** Bild 2 Seite 77 ausdrehen.
- Schrauben **1** mit Scheiben **2** ausdrehen. Schrauben **3** ausbauen. Schrauben **4** ausdrehen.

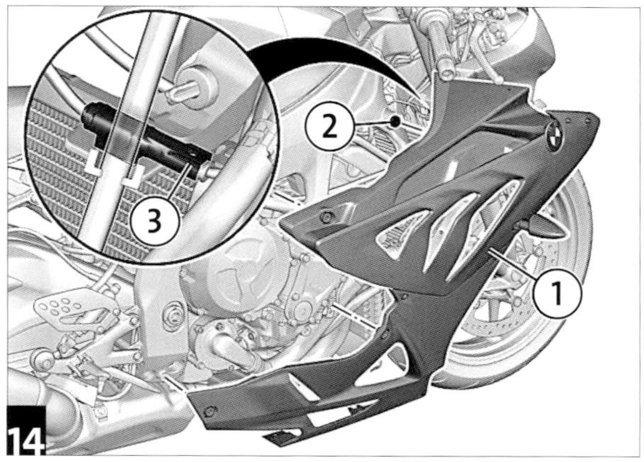

Seitenverkleidung komplett/Blinkerstecker rechts
- Verkleidung **1** aus Tülle **2** nehmen und Blinkerstecker **3** trennen.

RR Typ 0524 (ab 2012 bis 2014)

- Die Seiten- und Frontverkleidung ist von der Montage her mit der RR Typ 0507 identisch. Im Folgenden sind die Unterschiede aufgeführt.

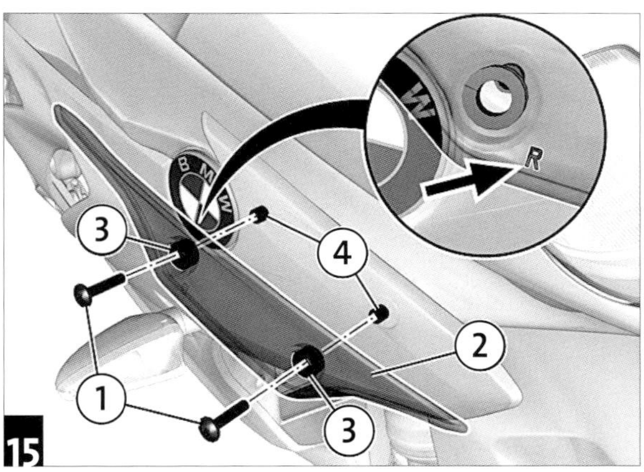

RR ab 2012 bis 2014: Windleitflügel
- Schrauben **1** mit Scheiben **3** ausdrehen und Windleitflügel **2** abnehmen. Beim Einbau auf Markierung **L/R** (Pfeil) achten für linke/rechte Seite. Auf Verbleib der Tüllen **3** und der Distanzstücke **4** achten.

Seitenverkleidung
- Schrauben (Pfeile) ausdrehen.
- Schraube innen (Kreis) ausdrehen.
- Verleidung ausknöpfen siehe Bild 17 (folgende Seite).
- Blinkerstecker trennen; rechts siehe Bild 14, links siehe Bild 10.

RR Typ 0D10 (ab 2015)
- Die Seiten- und Frontverkleidung ist von der Montage her mit den Vorgänger-Typen identisch. Im Folgenden sind die Unterschiede und Feinheiten aufgeführt.

2 Verkleidung

2.2 RR Seiten- und Frontverkleidung
Fortsetzung

17

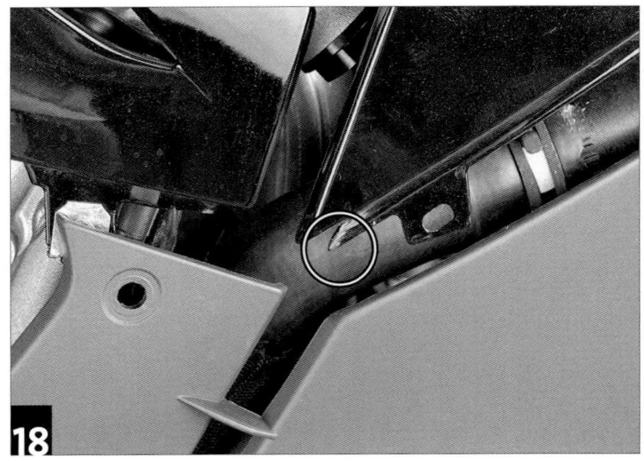
18

Seitenverkleidung
- Seitenverkleidung an Tülle und Zapfen aus-/einknöpfen.

Seitenverkleidung/Motorspoiler
- Seitenverkleidung mit Spitze in Motorspoiler einhaken.

Motorspoiler
- Schrauben (Kreise) und Spreizniete (Pfeile) ausdrehen. Kann aber auch am Stück (mit montierten Spreiznieten/Schrauben links und rechts ausdrehen) abgenommen werden.

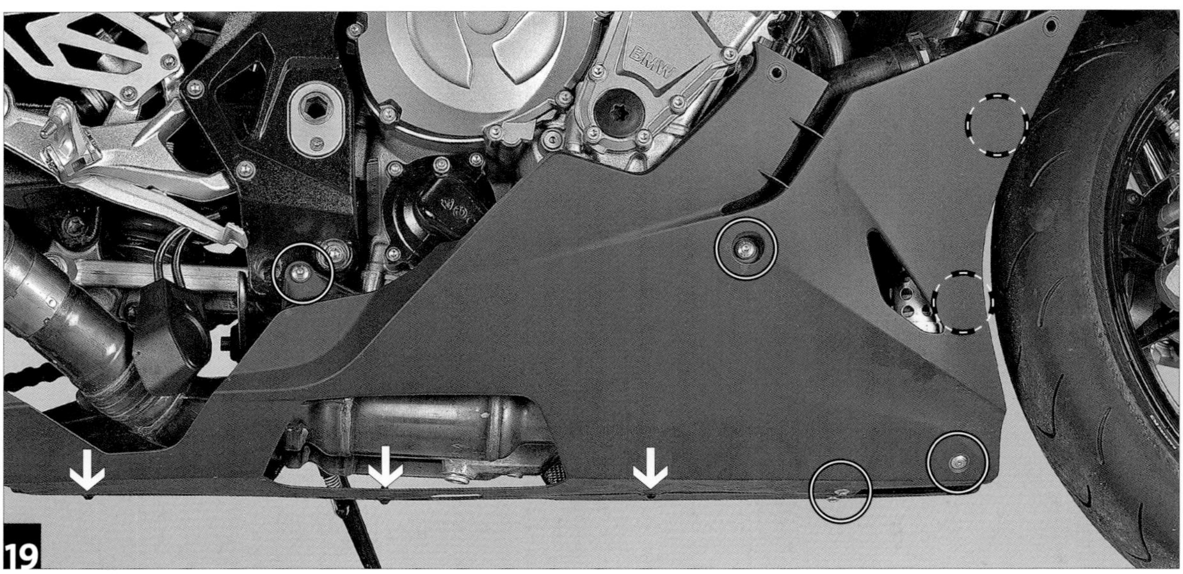
19

Verkleidungsoberteil komplett
- Stecker trennen und Kabel aus Halter nehmen siehe Bild 3 Seite 73.
- Spiegel abnehmen siehe Bild 1 Seite 73.
- Einbaulage der Befestigungsschrauben siehe Pfeile.

1 Zapfen, siehe Bild 8 Seite 74.

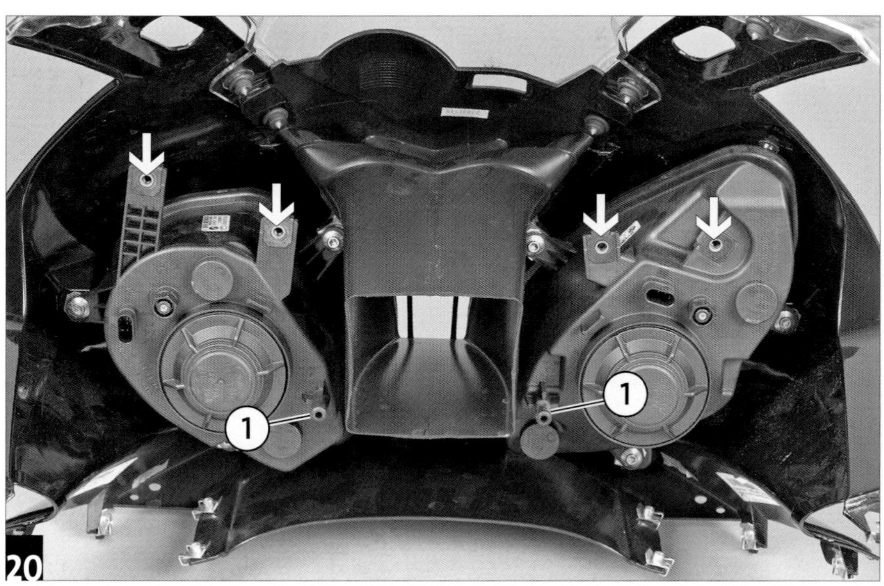

20

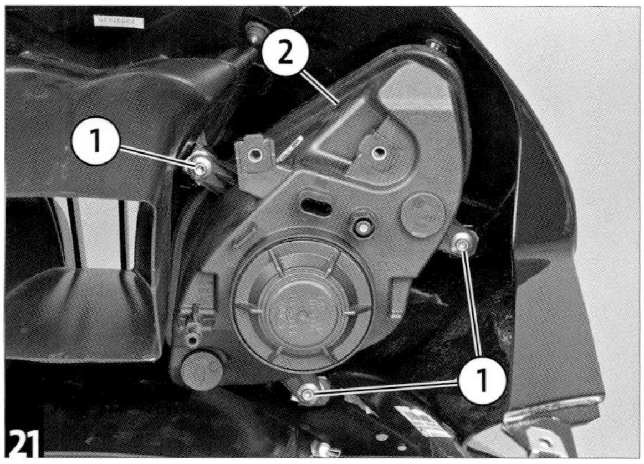

Fernlichtscheinwerfer
- Schrauben **1** ausdrehen und Fernscheinwerfer **2** abnehmen.

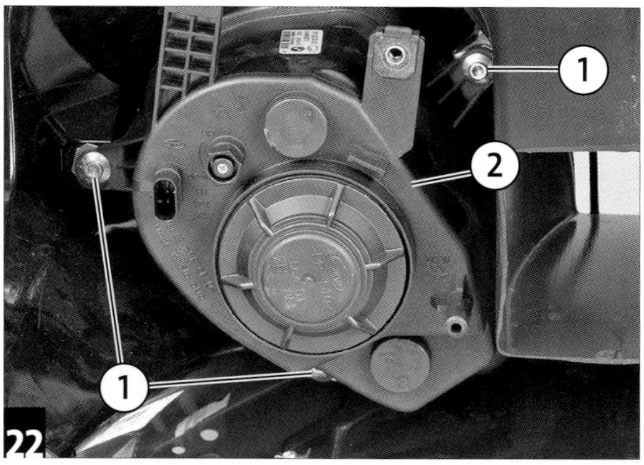

Abblendlichtscheinwerfer
- Schrauben **1** ausdrehen und Fernscheinwerfer **2** abnehmen.

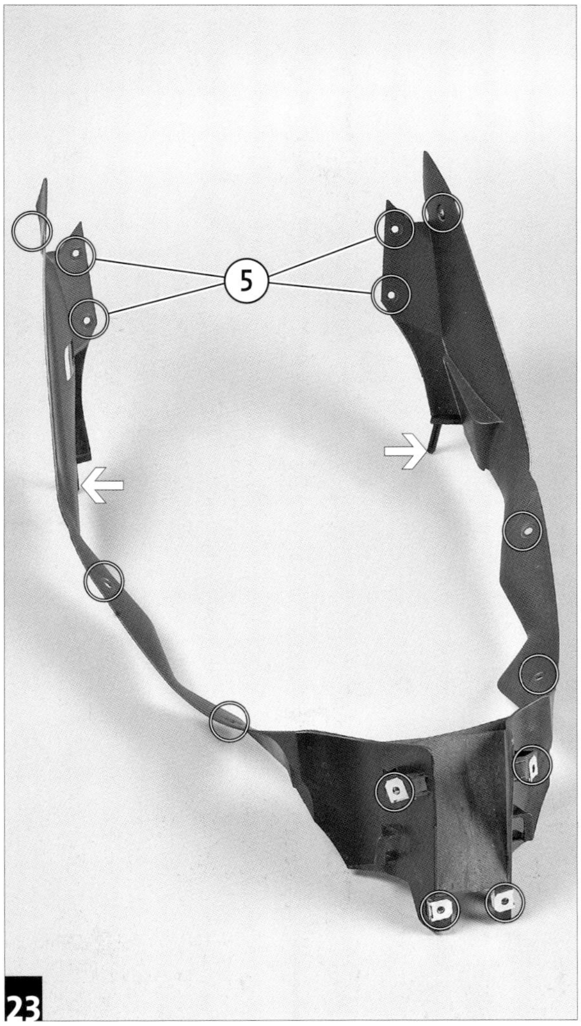

Luftführung
- Im Bild die Schraubverbindungen der Luftführung.
- Schrauben **5** und Pfeile (Führungszapfen) entsprechen Bild 24.

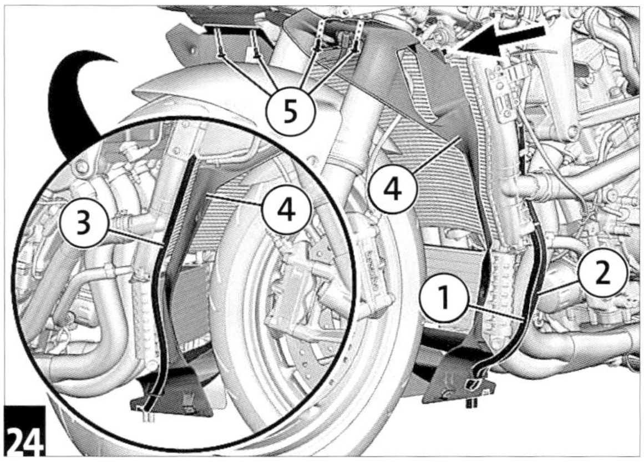

Luftführung
- Tankbelüftungsschlauch **1**, Überlaufschlauch **2** und Kühlerschlauch **3** lösen.
- Schrauben **5** (wie Bild 23) ausdrehen.
- Luftführung **4** aus den Führungszapfen links und rechts (Pfeil) abnehmen.

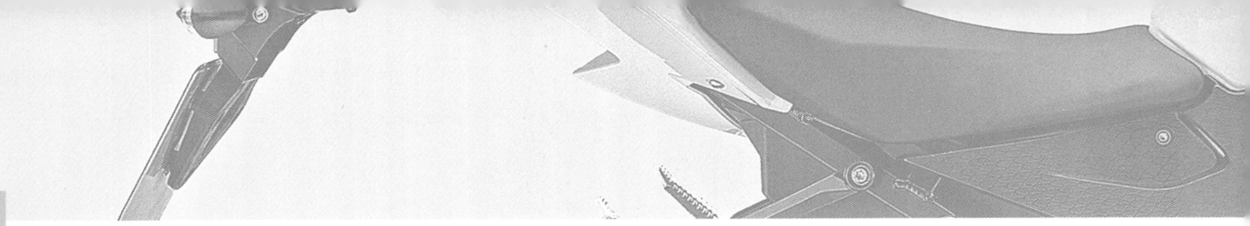

2.3
RR Tankverkleidung

! Darauf achten, dass beim Abnehmen der Schrauben/des Sitzes keine Lackschäden verursacht werden!

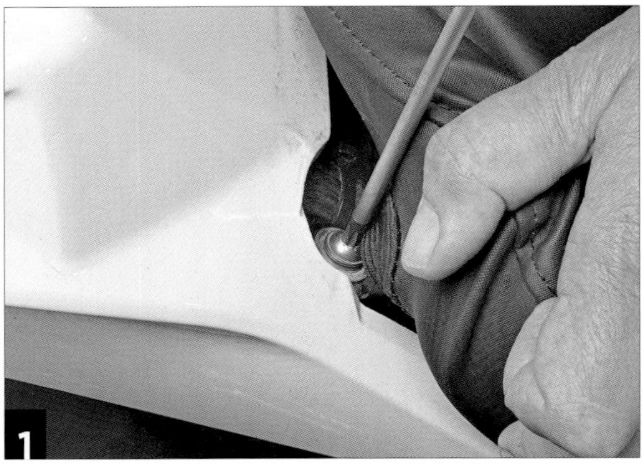

Fahrersitz
- Sitzpolster zur Seite drücken und Schrauben links und rechts ausdrehen.
- Sitz nach vorn drücken, hinten anheben und nach oben abnehmen.

Fahrersitzschrauben
- Schrauben haben an der Spitze einen Zapfen zum leichteren "einfädeln".

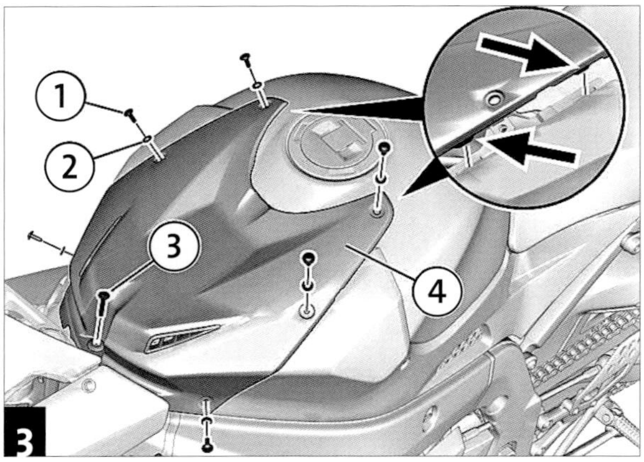

RR bis 2014: Tankabdeckung Mitte
- Schrauben **1** ausdrehen und mit Scheiben **2** abnehmen. Schrauben **3** ausdrehen und Tankabdeckung **4** abnehmen. Auf Laschen (Pfeile) achten.

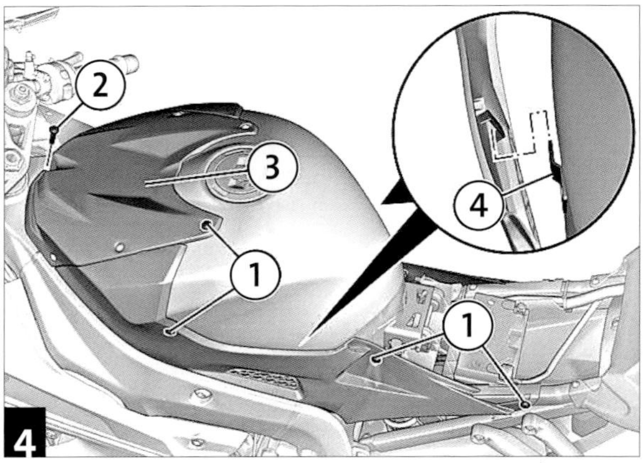

RR ab 2015: Tankabdeckung Mitte
- Schrauben **1** (links und rechts) und **2** ausdrehen und Tankabdeckung **3** aus den seitlichen Haltelaschen **4** abnehmen.

2.4 RR Heckverkleidung

- Die Heckverkleidung kann "am Stück" oder stückweise ausgebaut werden.
- Fahrersitz ausbauen (Bild 1 gegenüberliegende Seite).
- Bilder 1 bis 6 beziehen sich auf die RR bis Jahrgang 2012.
- RR ab Jahrgang 2013 siehe nächste Seite.
- RR ab Jahrgang 2015 siehe übernächste Seite.

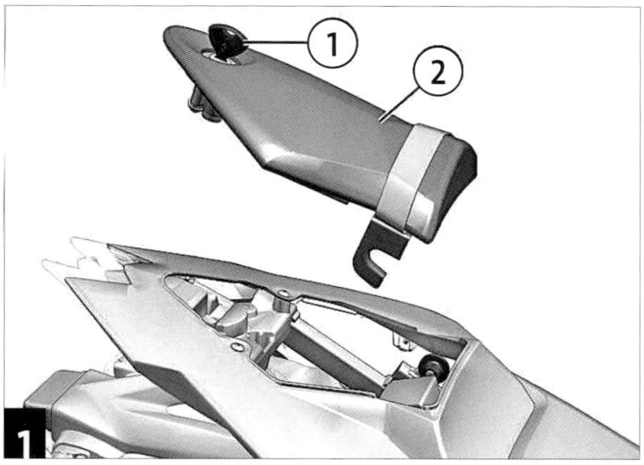

Soziussitz

- Mit Zündschlüssel **1** Soziussitz-Schloss entriegeln und Soziussitz **2** abnehmen.
- Dabei gegen Vorderseite drücken, um nicht am Heckteil **3** zu schleifen. Abdeckung abnehmen.

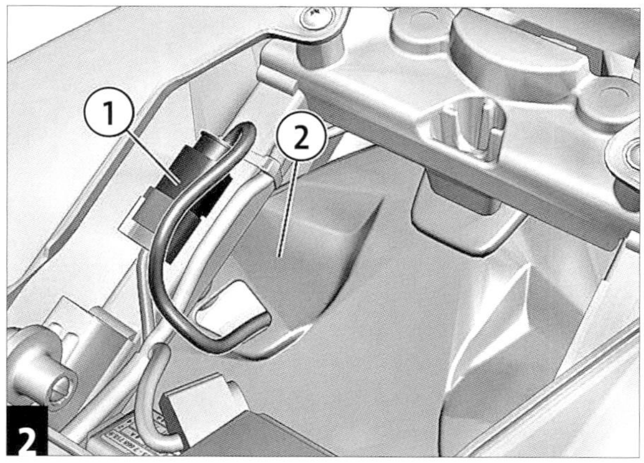

Kennzeichenhalter Stecker

- Kabelbinder (Pfeil) trennen. Stecker **1** trennen und durch Öffnung in Rahmenschale **2** im führen.

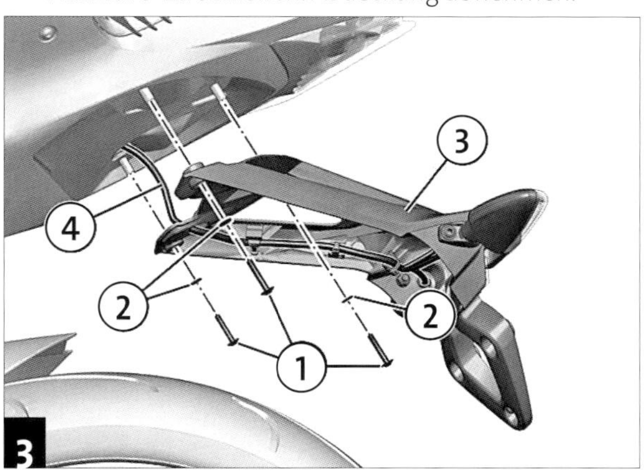

Kennzeichenhalter

- Stecker trennen und Schrauben **1** mit Scheiben **2** aus-/eindrehen.
- Halter **3** abnehmen und Kabel **4** freilegen.

1 **Anzugsmoment** M5 x 30 .... 5 Nm

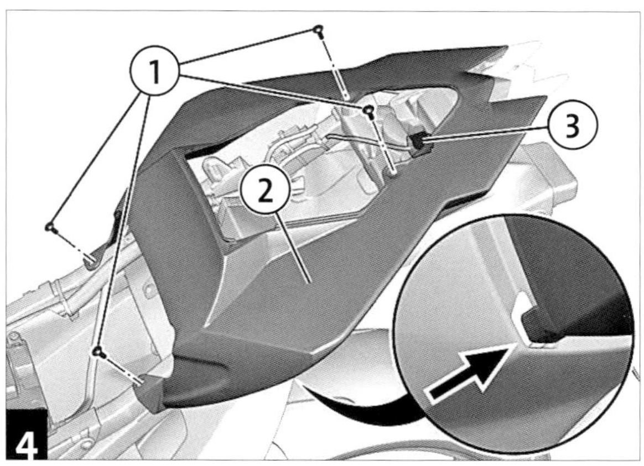

Heckverkleidung komplett

- Vier Schrauben **1** ausdrehen und Stecker **3** trennen.
- Heckverkleidung **2** abnehmen. Dabei Laschen vorsichtig aus Öffnungen lösen (Pfeil).

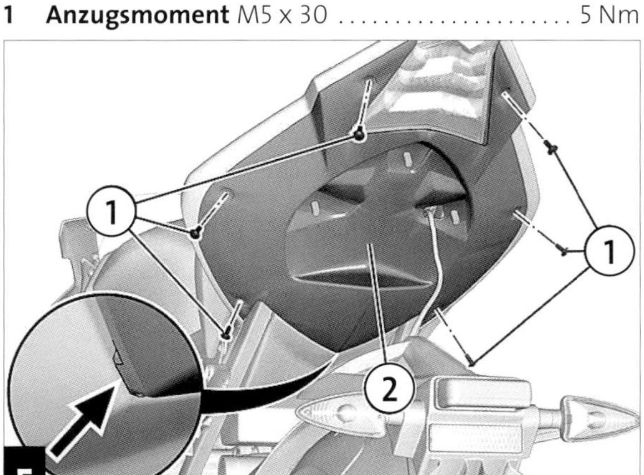

Unterteil

- Schrauben **1** ausdrehen und Unterteil **2** abnehmen. Dabei Lasche vorsichtig aus Öffnungen lösen (Pfeil).

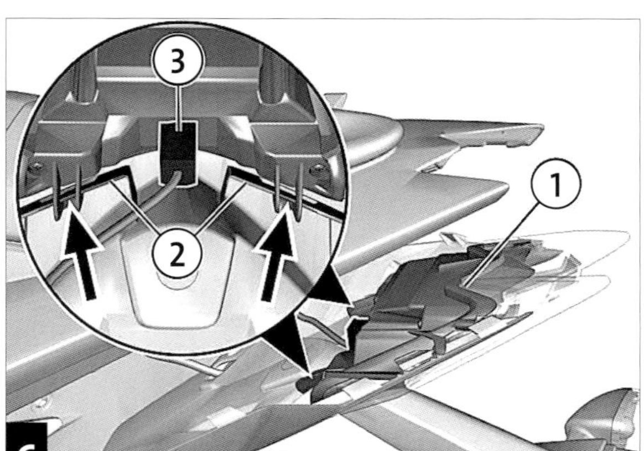

Heckleuchte

- Heckleuchte **1** anheben. Heckleuchte mittig an Halter **2** vorsichtig aushaken (Pfeile). Stecker **3** trennen.

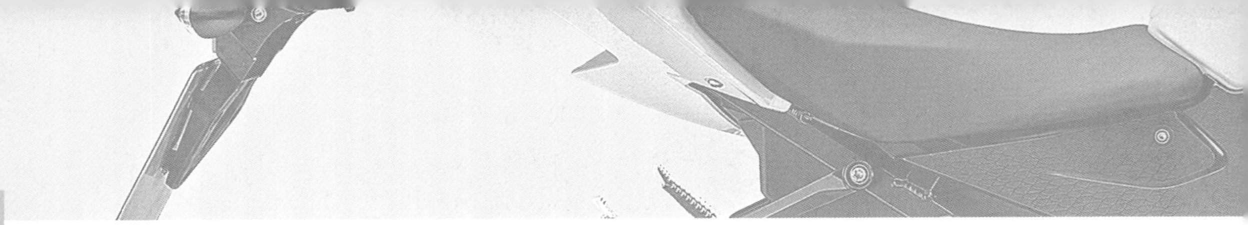

2

2.4 RR Heckverkleidung
Fortsetzung

- Bilder 7 bis 10 beziehen sich auf die RR Jahrgang 2013 bis 2016.
- Die Heckverkleidung kann "am Stück" oder stückweise ausgebaut werden.
- Fahrersitz ausbauen (Bild 1 Seite 78).
- Soziussitz ausbauen siehe Bild 1 vorige Seite.
- Kennzeichenträger ausbauen siehe vorige Seite.
- Heckleuchte ausbauen siehe vorige Seite.

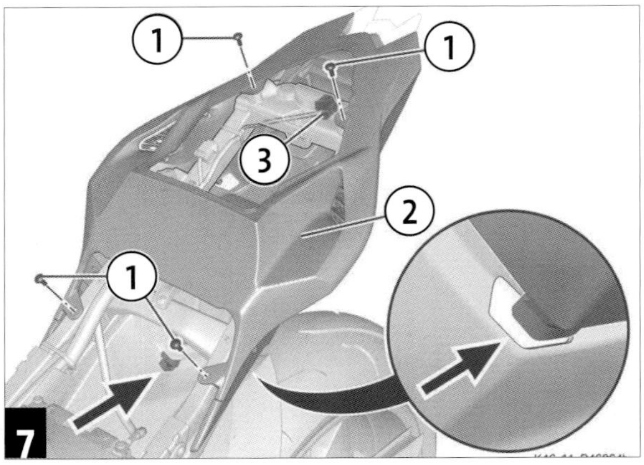

Heckverkleidung komplett
- Vier Schrauben **1** ausdrehen und Heckverkleidung **2** etwas nach hinten ziehen. Stecker **3** trennen.
- Heckverkleidung **2** abnehmen. Dabei Laschen vorsichtig aus Öffnungen lösen (Pfeil).

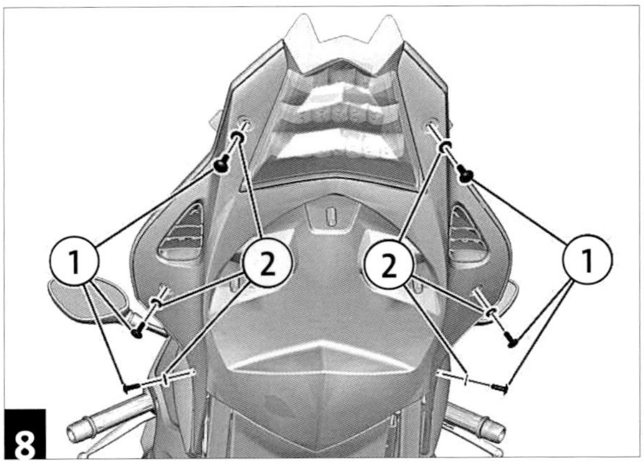

Unterteil
- Schrauben **1** ausdrehen mit Scheiben **2** ausdrehen.

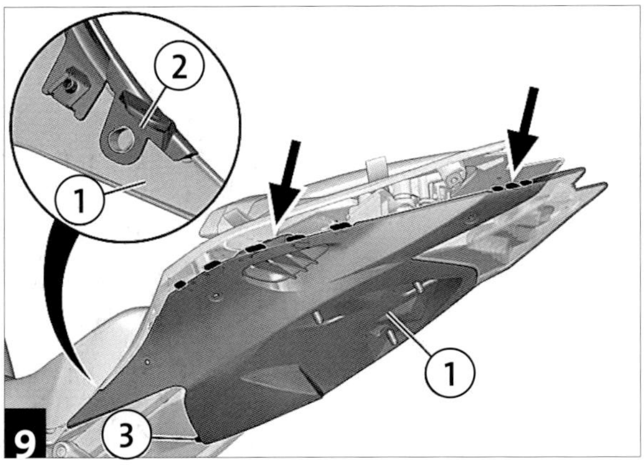

Unterteil
- Unterteil **1** links und rechts aus Haltelaschen **2** lösen (Pfeile).
- Unterteil **1** lösen, dabei auf Haltenasen (Pfeil) und Lasche **3** achten, damit diese nicht brechen.

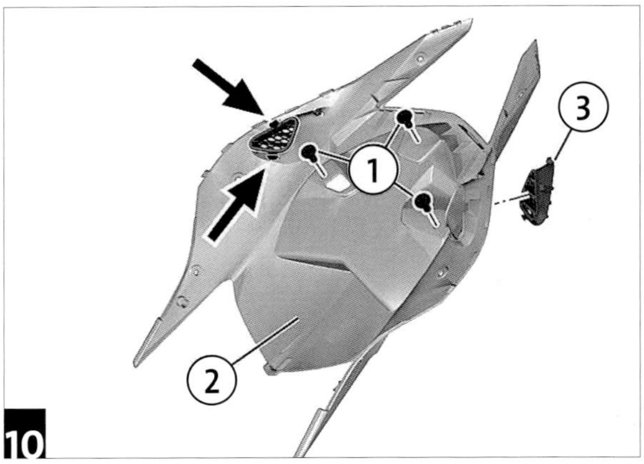

Heckverkleidung
- Auf Verbleib der Bundbuchsen **1** am Unterteil **2** achten.
- Ggf. neue Gitter **3** an Verkleidung so anbringen, dass sie korrekt einrasten (Pfeile).

- Bilder 11 bis 15 beziehen sich auf die RR ab Jahrgang 2017.
- Fahrersitz ausbauen (Bild 1 Seite 78).
- Soziussitz ausbauen siehe Bild 1 Seite 79.
- Kennzeichenträger ausbauen siehe vorige Seite.
- Heckleuchte ausbauen siehe vorige Seite.

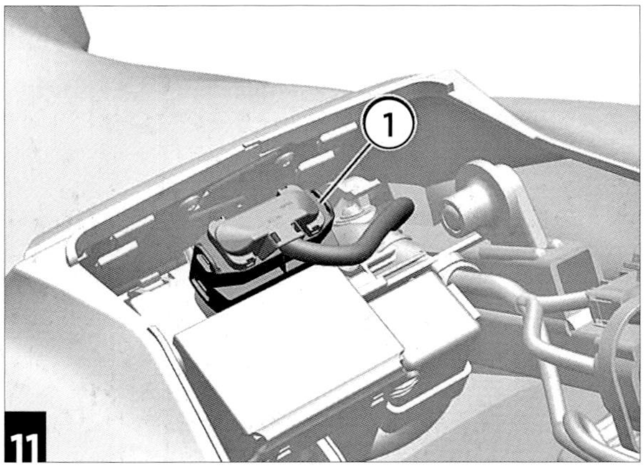

Diagnosestecker
- Diagnosestecker **1** aus Halter lösen.

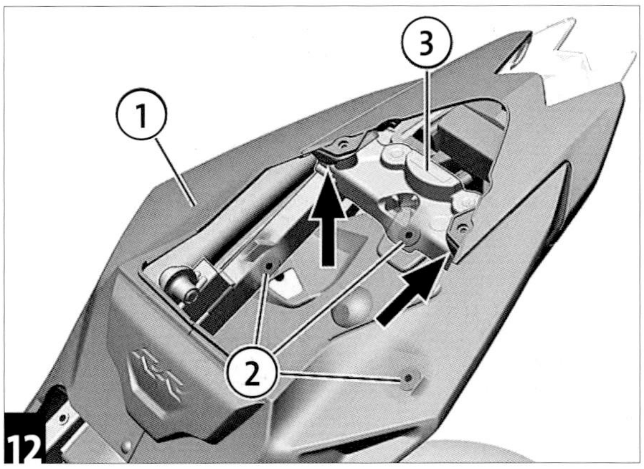

Heckverkleidung
- Beim Ausbau der Heckverkleidung **1** darauf achten, dass Buchsen **2** und Laschen (Pfeile) nicht am Heckrahmen **3** hängen bleiben und beschädigt werden.

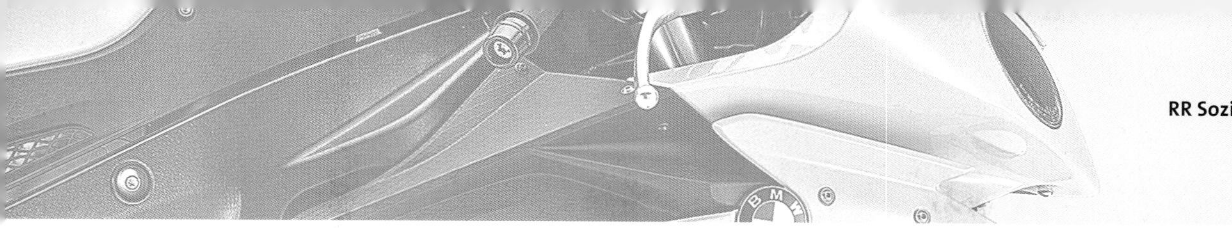

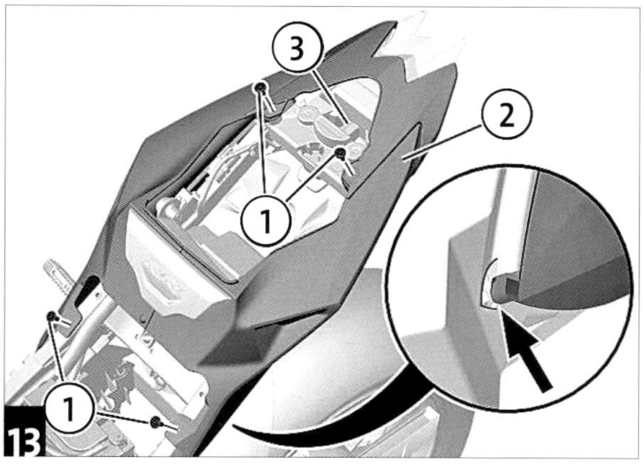

Heckteil komplett

- Schrauben **1** ausdrehen und Heckteil **2** etwas nach hinten ziehen. Dabei auf Haltelasche (Pfeil) achten.
- Stecker **3** trennen und Heckteil **2** abnehmen.

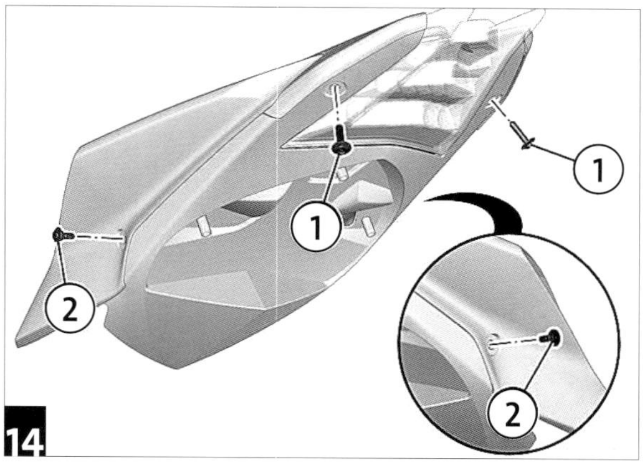

Heckteil zerlegen

- Schrauben **1** und **2** ausdrehen .

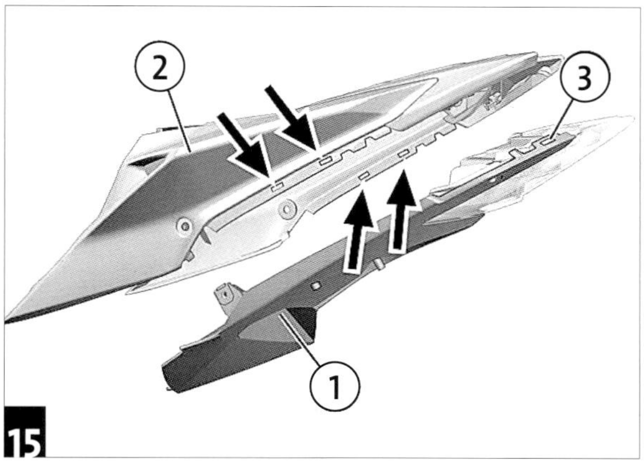

Heckteil zerlegen

- Unterteil **1** aus Befestigungspunkten (Pfeile) am Heckteil **2** lösen.
- Unterteil aus Laschen **3** lösen und komplett abnehmen.

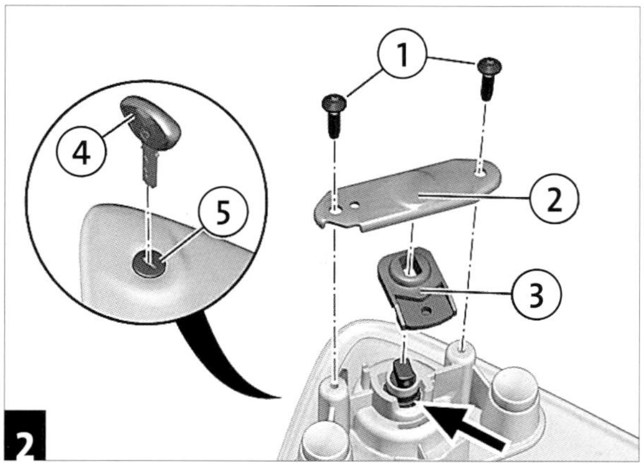

2.5
RR Sozius/ Höckerabdeckung

- Sozius/Höckerabdeckung abnehmen (Bild 1 Seite 79).

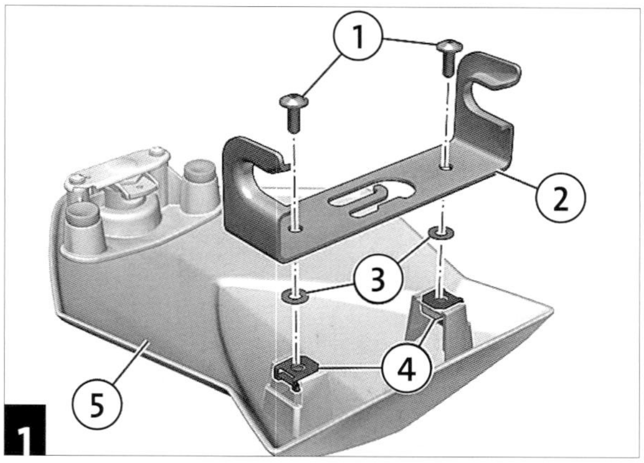

Sozius/Höckerabdeckung

- Schrauben **1** ausdrehen. Bügel **2** und eventuelle Scheiben **3** abnehmen.
- Steckmuttern **4** aus Abdeckung abnehmen.

1 **Anzugsmoment** M5 x 14 .... 5 Nm

Schließzylinder

- Schrauben **1** ausbauen, Blechkappe **2** und Schließriegel **3** abnehmen.
- Zündschlüssel **4** in Schloss **5** einstecken.
- Sperrklinke eindrücken (Pfeil) und Schloss mit Schlüssel abnehmen.
- In umgekehrter Ausbaureihenfolge montieren.
- Schloss mit geeignetem Schmiermittel (Unirex S2) schmieren.
- Darauf achten, dass Sperrklinke (Pfeil) verriegelt.
- Bei zu **geringen Abstand** oder zu **großem Kraftaufwand** beim Schließen gegebenenfalls zusätzliche Scheiben **3** Bild 2 verwenden.

2 Verkleidung

2.6 R Tankverkleidung

! Darauf achten, dass beim Abnehmen der Schrauben/des Sitzes keine Lackschäden verursacht werden!

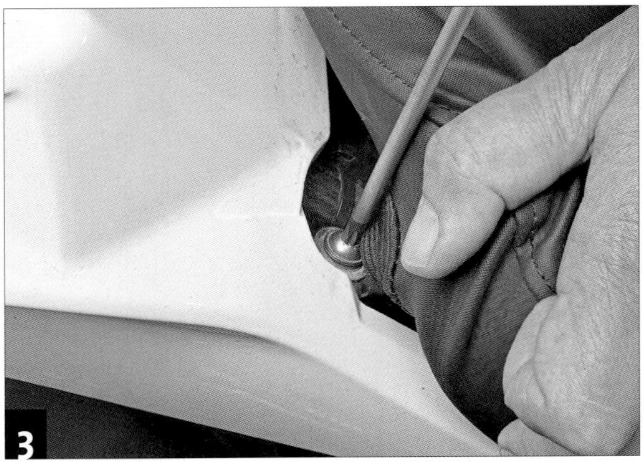

Fahrersitz
- Sitzpolster zur Seite drücken und Schrauben links und rechts ausdrehen.
- Sitz nach vorn drücken, hinten anheben und nach oben abnehmen.

Fahrersitzschrauben
- Schrauben haben an der Spitze einen Zapfen zum leichteren "einfädeln".

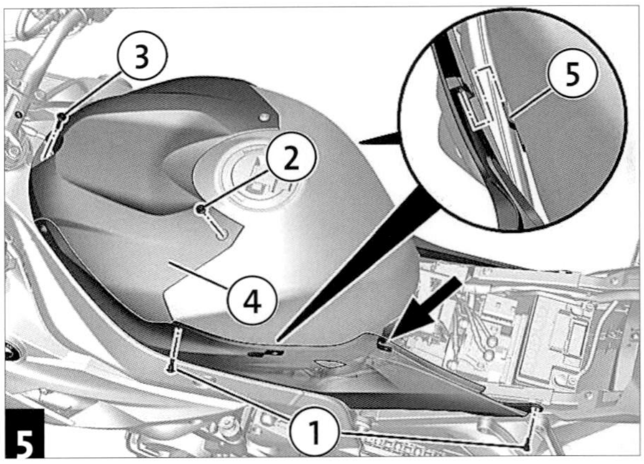

Tankabdeckung
- Schrauben **1**, **2** und **3** ausdrehen.
- Verkleidung von Zapfen (Pfeil) abziehen und Laschen **5** aus-/einhaken. Siehe auch Bild 6.
- Abdeckung **4** abnehmen.

Tankabdeckung Zapfen
- Verkleidung aus Zapfen (Kreis) abziehen.
- Tankabdeckung nach vorn aus Lasche (Pfeil) abnehmen. Linke Seite genauso abnehmen.

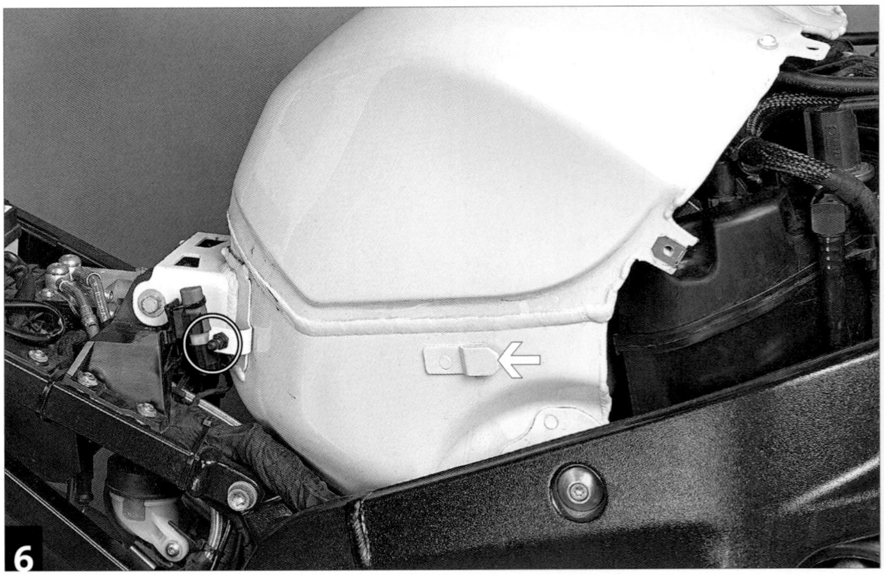

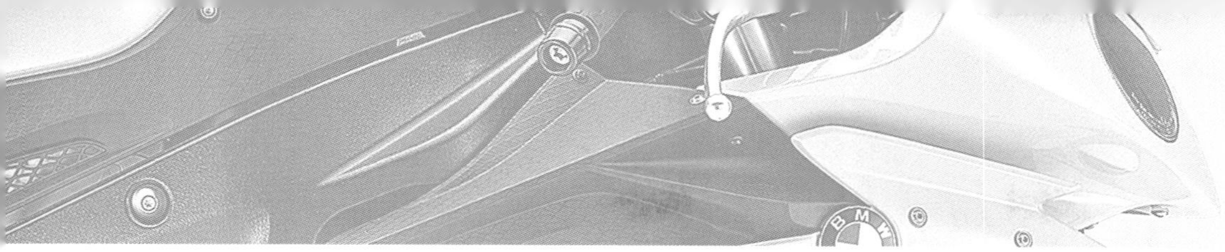

2.7
R Frontverkleidung

Windschild

- Drei Schrauben mit Scheiben ausdrehen und Windschild abnehmen.
  Anzugsmoment M5 x 16 . . . . .1 Nm

R Frontverkleidung/Lampenmaske

- Schrauben links und rechts (Kreis) ausdrehen.

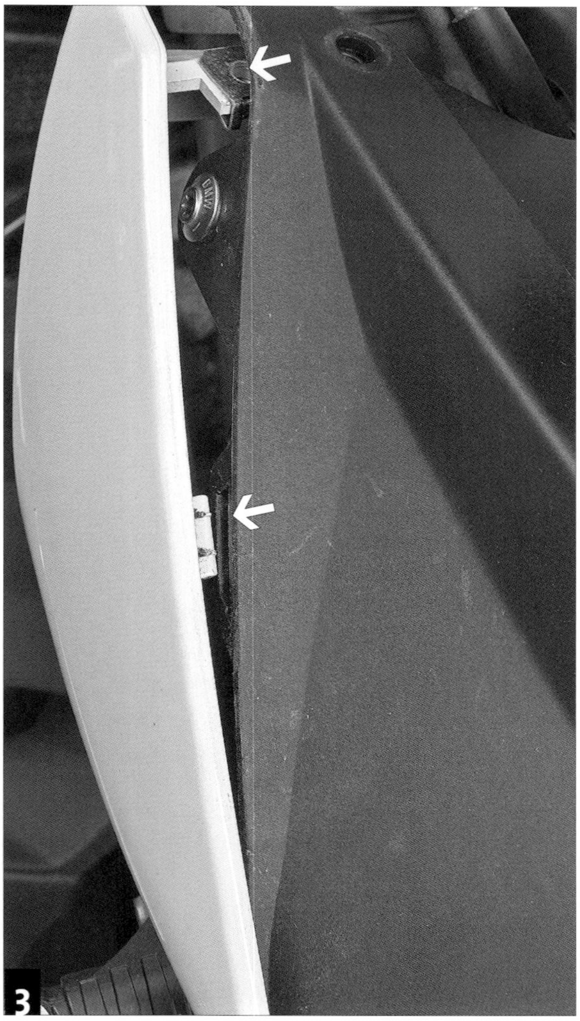

Seitenabdeckung/Lampenmaske

- Seitenabdeckung aus Halter und Nase ausrasten.

R Frontverkleidung/Lampenmaske

- Blinkerstecker (Pfeil) trennen und Seitendeckel abnehmen.

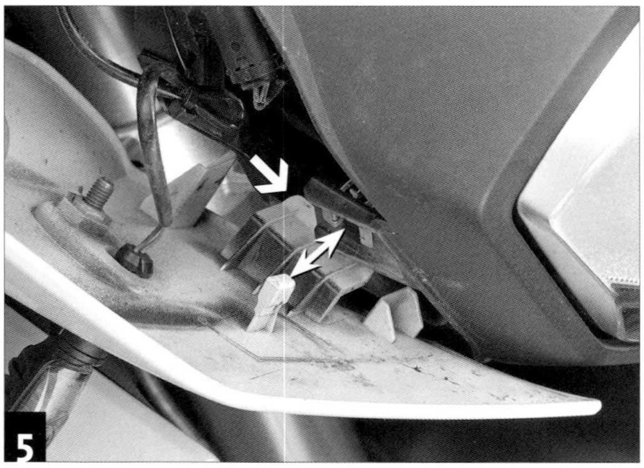

R Frontverkleidung/Lampenmaske

- Seitendeckel beim Einbau unten einhaken (Pfeil) und beim Doppelpfeil einrasten.

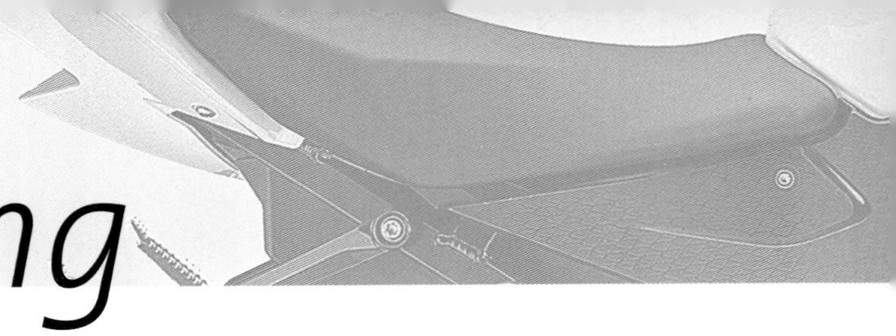

2 Verkleidung

2.7
R Frontverkleidung
Fortsetzung

6

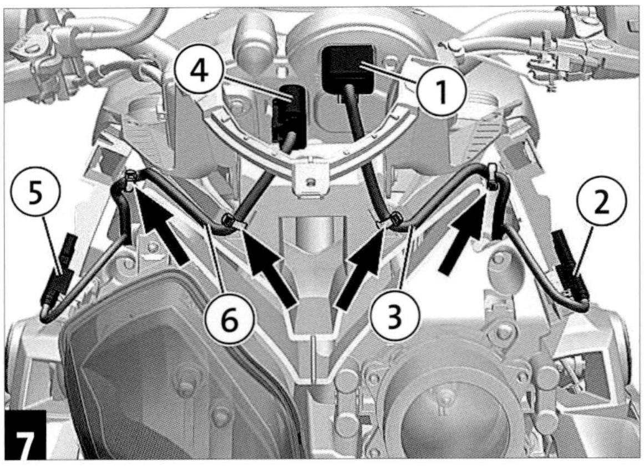

7

R Frontverkleidung/Lampenmaske
- Drei Schrauben ausdrehen (links/rechts/unten) und Maske abnehmen.

Kabelbaum am Scheinwerferträger
- Kabelbinder (Pfeile) trennen.
- Stecker **1** und **4** der Instrumentekombi trennen.
- Blinkerstecker **2** und **5** trennen.
- Kabelstränge **3** und **6** lösen und freilegen.

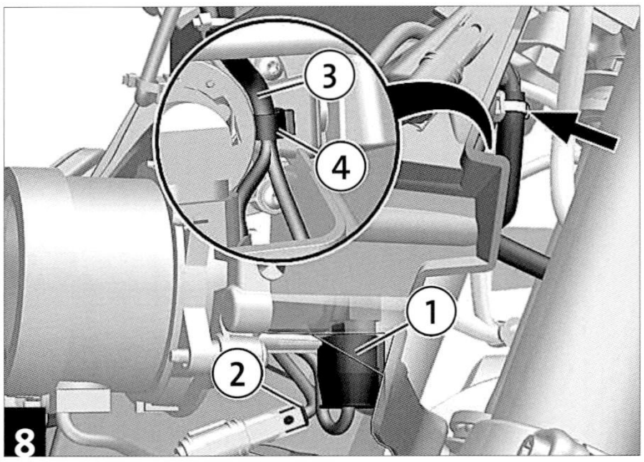

8

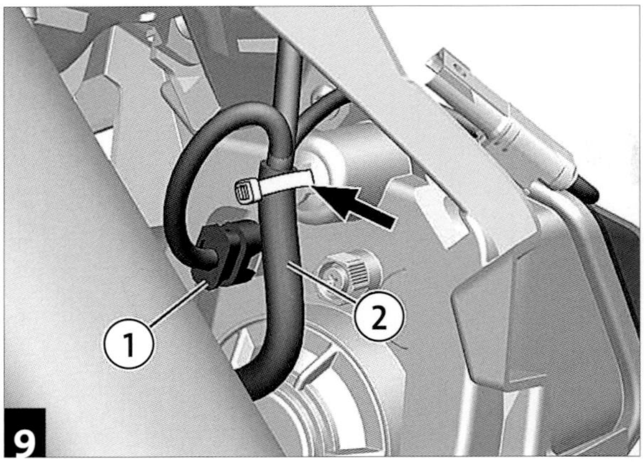

9

Kabelbaum am Scheinwerferträger
- Kabelbinder (Pfeil) trennen.
- Stecker **1** (Fernlicht) und **2** (Standlicht) trennen.
- Kabelstrang **3** aus Halter **4** lösen.

Abblendlichtstecker
- Stecker **1** abziehen, Kabelbinder (Pfeil) trennen und Kabel **2** freilegen.

10

11

Scheinwerferträger
- Schrauben **1** links und rechts ausdrehen.

Scheinwerferträger
- Clips **1** und Scheiben abnehmen. Scheinwerferträger von Bolzen abnehmen.

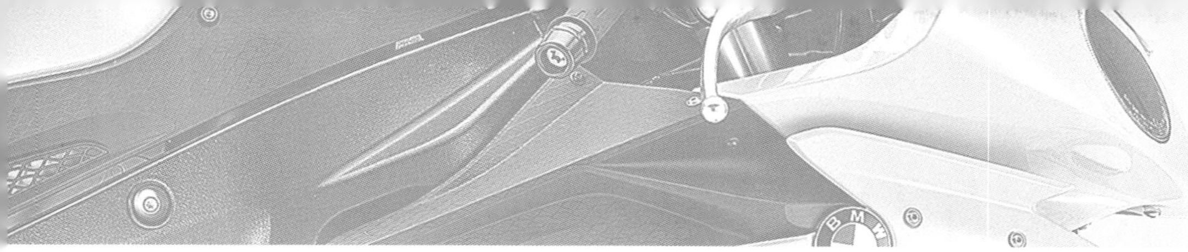

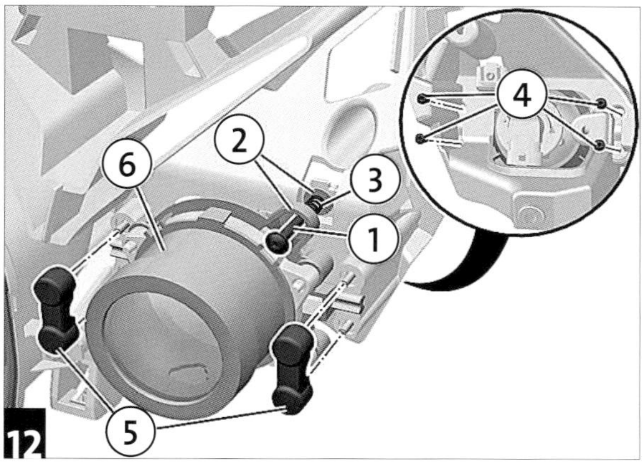

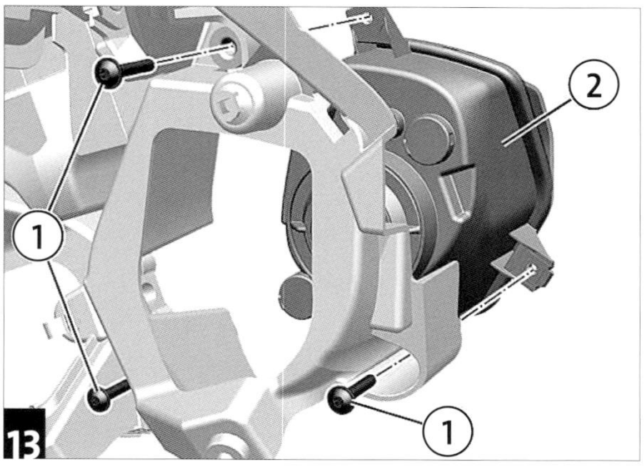

Fernlichtscheinwerfer

- Schraube **1** mit Scheiben **2** und Feder **3** ausbauen.
- Schrauben **4** ausdrehen.
- Lagerschalen **5** abnehmen und Scheinwerfer **6** ausbauen.

Abblendlicht-Scheinwerfer

- Schrauben **1** ausdrehen und Scheinwerfer **2** ausbauen.

2.8 R Seitenverkleidung

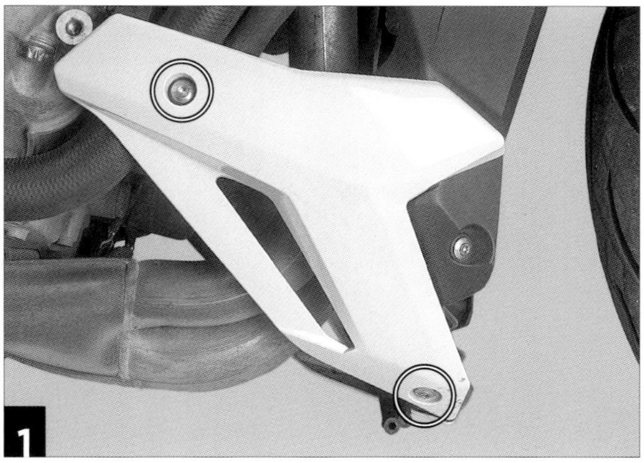

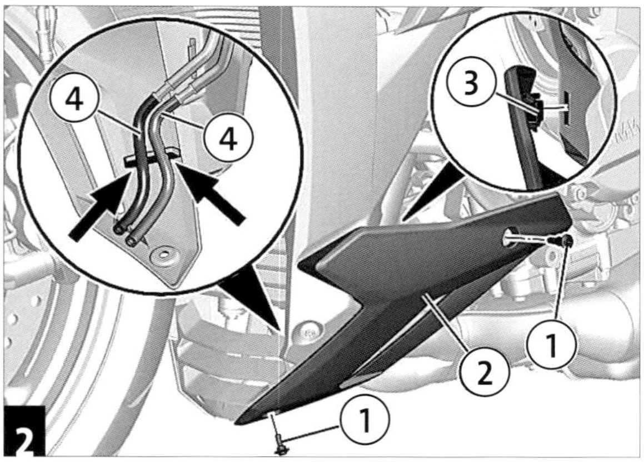

R Motorspoiler rechts

- Schrauben ausdrehen. Spoiler aus Rasthaken **3** Bild 2 lösen

R Motorspoiler links

- Schrauben **1** ausdrehen und Spoiler **2** aus Rasthaken **3** lösen ausklinken. Schläuche **4** aus Halter (Pfeile) lösen.

R Seitenverkleidung rechts

- Beim Einbau Seitenverkleidung von vorn ansetzen und dann andrücken (siehe Bilder 4 und 5 Seite 86).
- Schrauben (Pfeile) aus-/eindrehen.

2 Verkleidung

2.8 R Seitenverkleidung

Fortsetzung

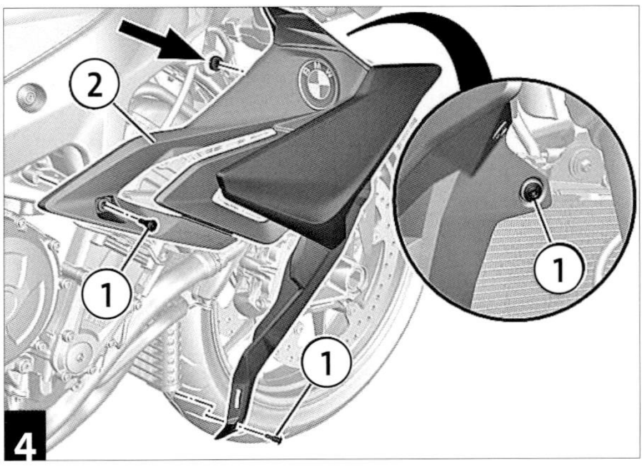

R Seitenverkleidung rechts ab 2017

- Beim Einbau Seitenverkleidung **2** von vorn ansetzen und dann in Rastgummi andrücken (Pfeil).
- Schrauben **1** mit langem Bund eindrehen.
  Linke Seite entsprechend...

2.9 R Heckverkleidung

- Beide Sitze ausbauen.
  Fahrersitz siehe Seite 82.
  Soziussitz siehe Seite 79.

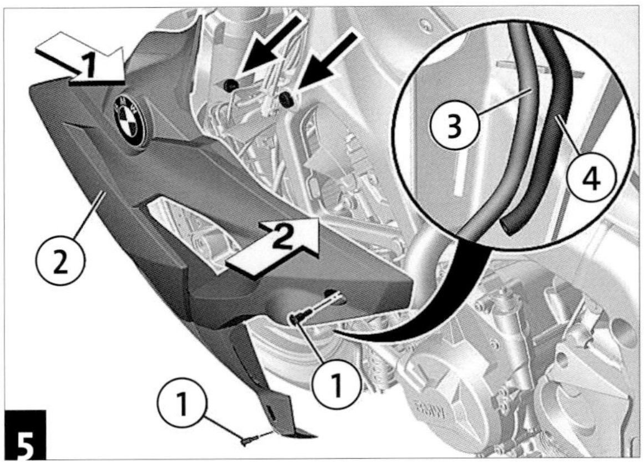

R Seitenverkleidung links

- Beim Einbau Seitenverkleidung **2** von vorn ansetzen (Pfeil 1) und dann andrücken (Pfeil 2).
- Schrauben **1** eindrehen.
- Schläuche **3** und **4** innen an Führung verlegen.

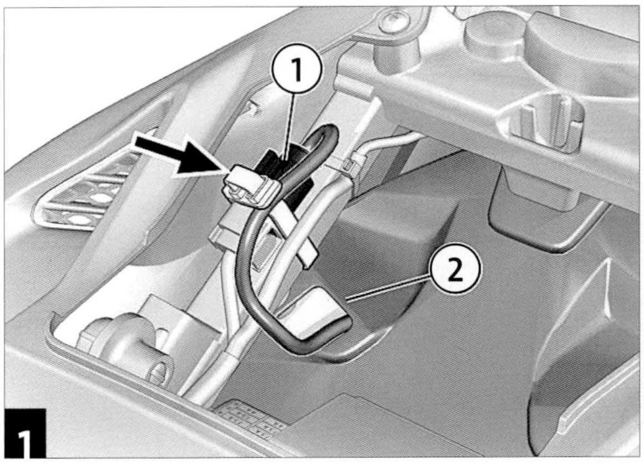

Kennzeichenhalter Stecker

- Kabelbinder (Pfeil) trennen. Stecker **1** trennen und durch Durchlass **2** im Unterteil führen.

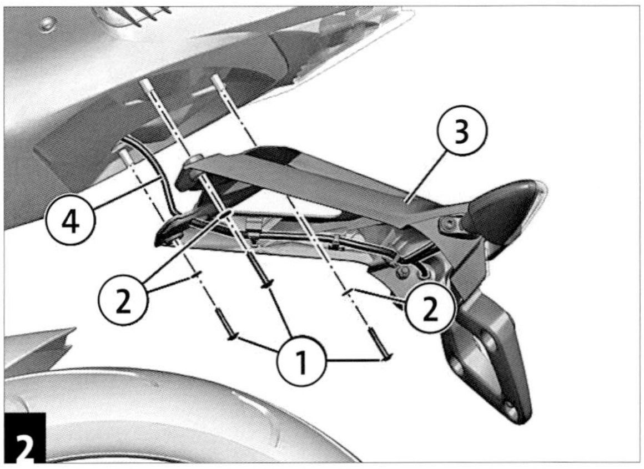

Kennzeichenhalter

- Stecker trennen und Schrauben **1** mit Scheiben **2** aus-/eindrehen.
- Halter **3** abnehmen und Kabel **4** freilegen.

1 **Anzugsmoment** M5 x 30 .... 5 Nm

2.9
R Heckverkleidung
Fortsetzung

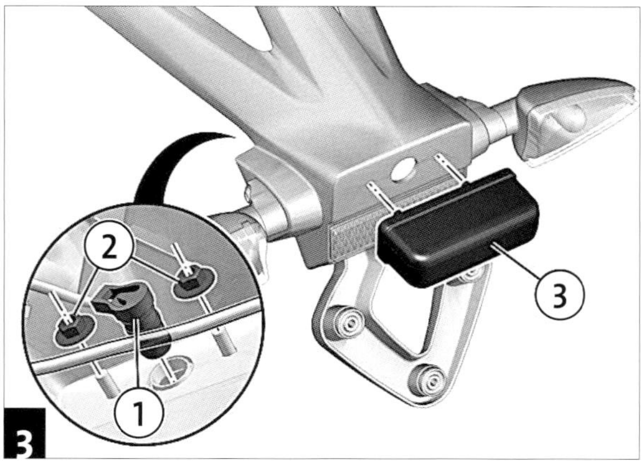

Kennzeichenleuchte
- Fassung **1** abziehen. Muttern **2** ausdrehen und Kennzeichenleuchte **3** abnehmen.

2 **Anzugsmoment** M5 .... 2 Nm

Rücklichtstecker
- Sicherungslasche mit kleinem Schraubendreher von unten eindrücken und Stecker abziehen.

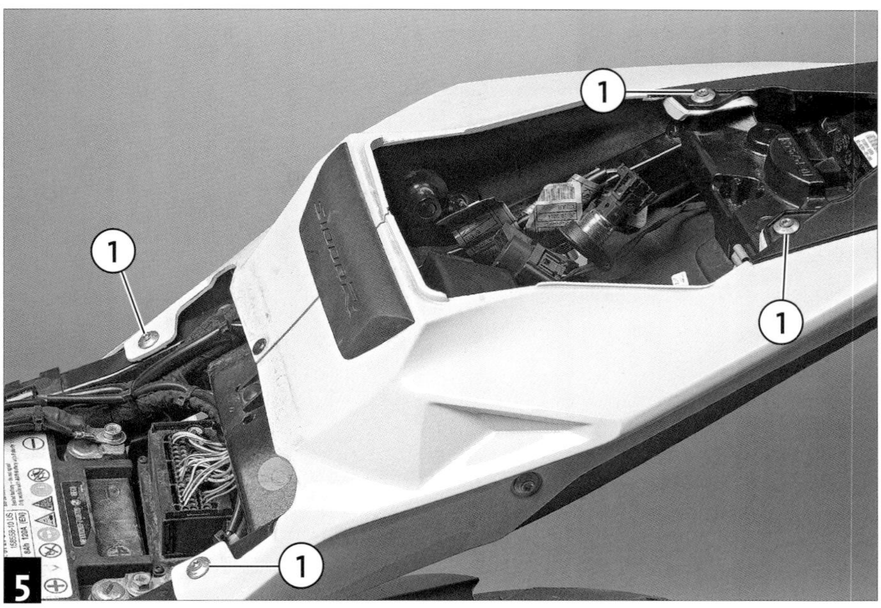

Heckverkleidung
- Schrauben **1** ausdrehen und Heckverkleidung abnehmen. Dabei gleichzeitig Bild 6 (nächste Seite) beachten.

2 Verkleidung

2.9 R Heckverkleidung

Fortsetzung

Unterteil

- Nase an Unterseite aus Öffnung in Rahmenschale lösen, bzw. beim Einbau einklippen.

Schraubhülsen

- Beim Aus- und Einbau auf Verbleib der drei Schraubhülsen (für Kennzeichenhalter) achten.

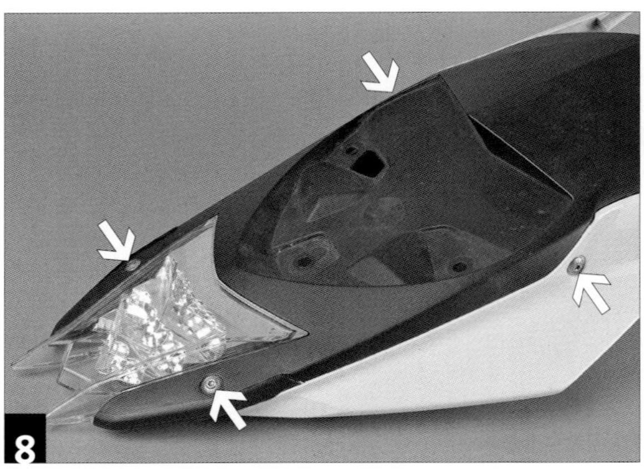

Unterteil/Rücklicht

- Vier Schrauben ausdrehen (Pfeile).

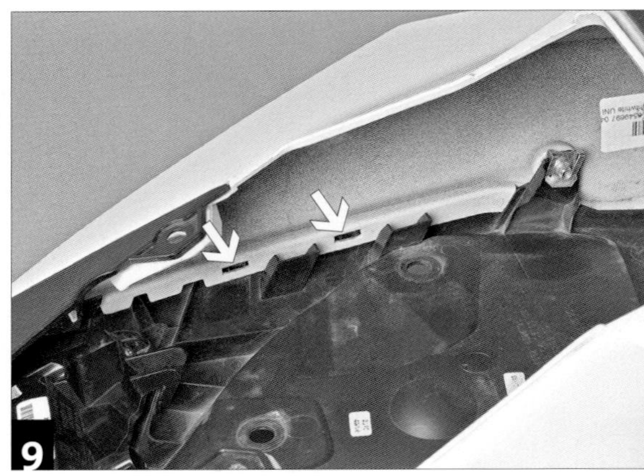

Unterteil/Rücklicht

- Nuten und Nasen (Pfeile) beidseitig vorsichtig voneinender trennen und Oberteil abnehmen.

Rücklicht

- Rücklicht vorsichtig aushaken (Pfeile).

2

2.10 XR Verkleidung

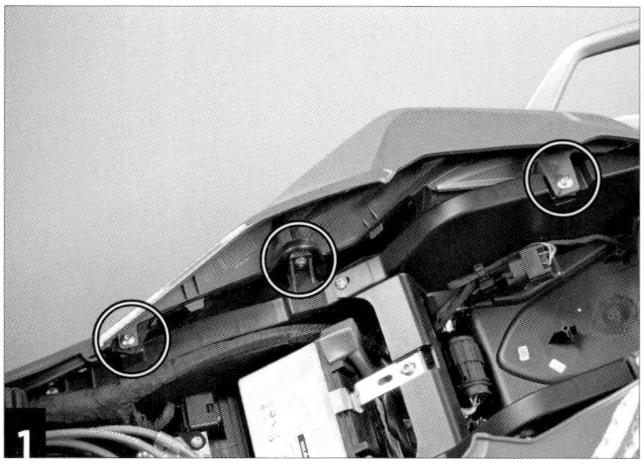

Heckverkleidung

- Drei Schrauben ausdrehen und Heckverkleidung abnehmen.

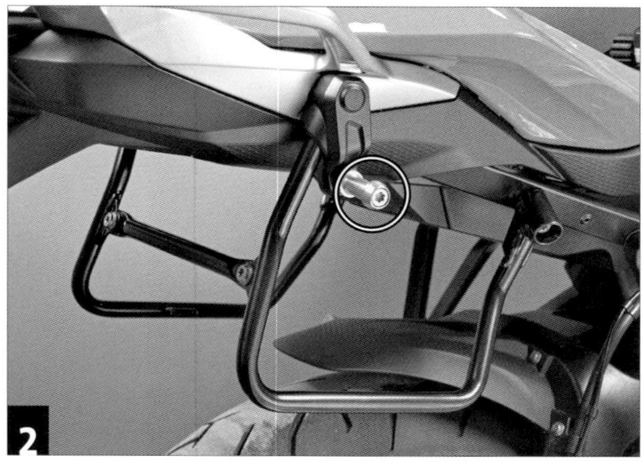

Kofferzapfen

- Kofferzapfen abnehmen.

Kofferträger abnehmen

- Schrauben ausdrehen und Trägergestell abnehmen.

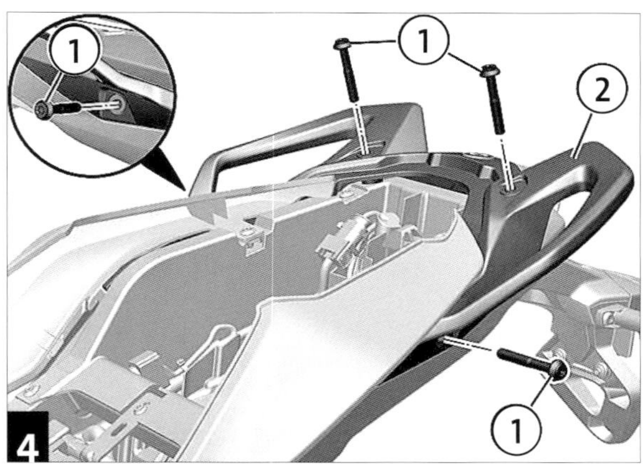

Sozius-Haltegriff

- Vier Schrauben **1** ausdrehen und Sozius-Haltegriff **2** abnehmen.

1 **Anzugsmoment** M8 x 50 (mikroverkapselt) . . 19 Nm

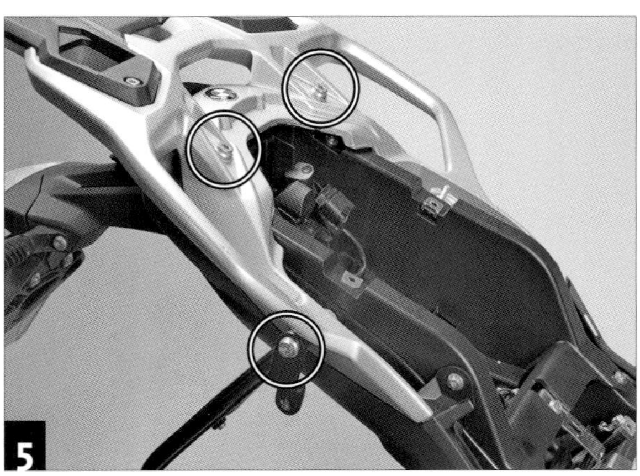

Gepäckbrücke (Sonderausstattung)

- Vier Schrauben (links/rechts/zwei oben) ausdrehen und Gepäckbrücke abnehmen.

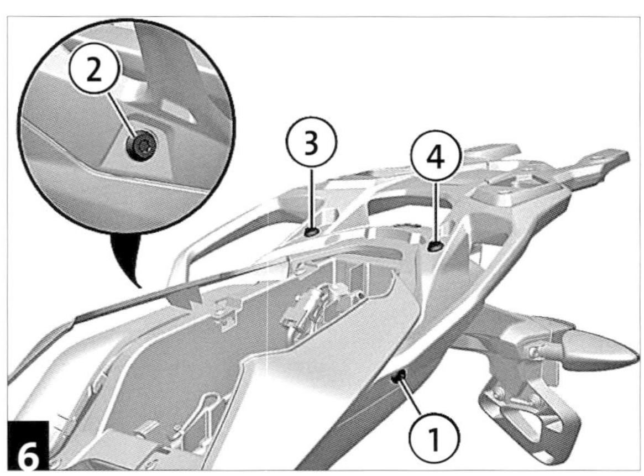

Gepäckbrücke Einbau

- Vier Schrauben in angegebener Reihenfolge anziehen.

1 **Anzugsmoment** M8 x 50 (Loctite 243) . . . . 19 Nm

→

2 Verkleidung

2.10 XR Verkleidung
Fortsetzung

Heckverkleidung
- Verbindungsschraube der Verkleidungshälften ausdrehen.

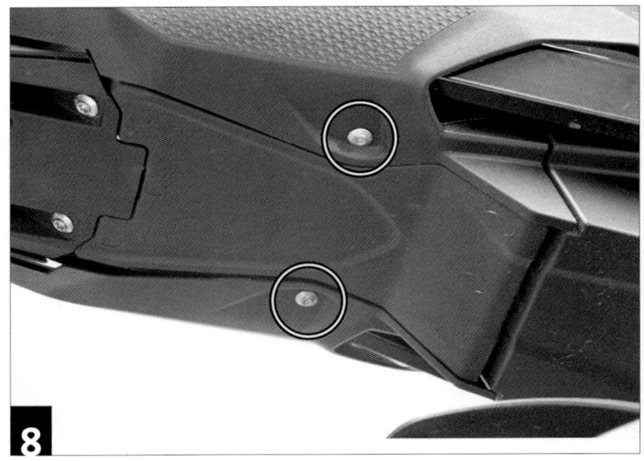

Heckverkleidung
- Zwei Schrauben ausdrehen.

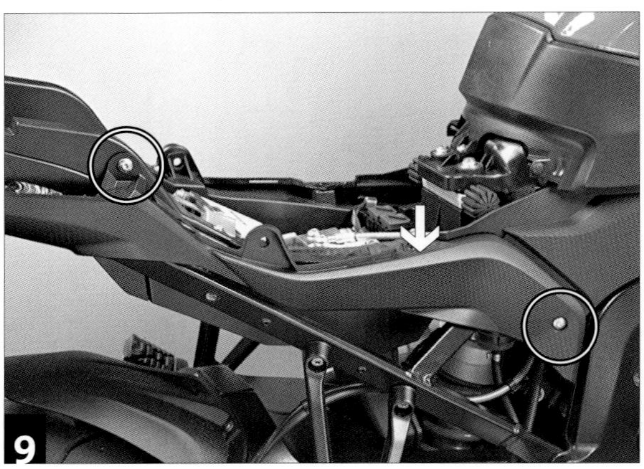

Heckverkleidung
- Zwei Schrauben ausdrehen und Seitenverkleidung (Pfeil) abnehmen.

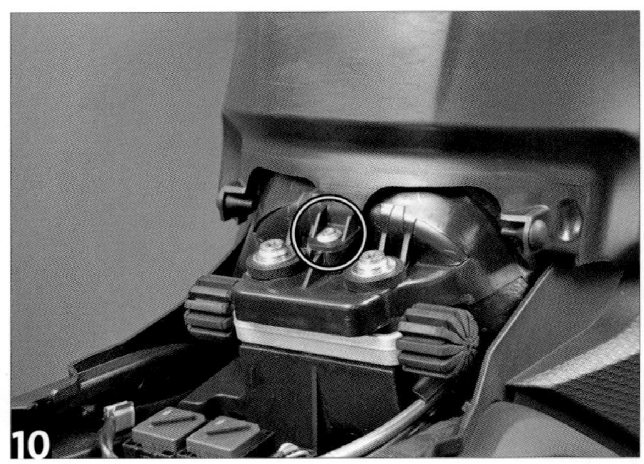

Hintere Tankabdeckung
- Schraube ausdrehen und hintere Tankabdeckung abnehmen.

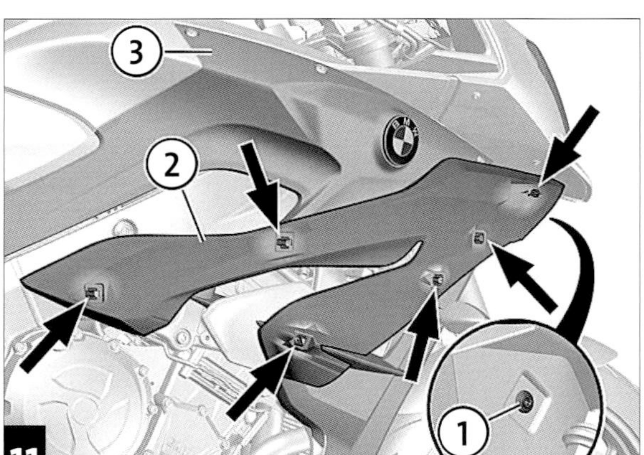

Mittelteil der Seitenverkleidung
- Schraube **1** ausdrehen (Pfeil) ausdrehen. Mittelteil **2** an den in Bild 10 gezeigten Zapfen vom Verkleidungsoberteil **3** vorsichtig abziehen.

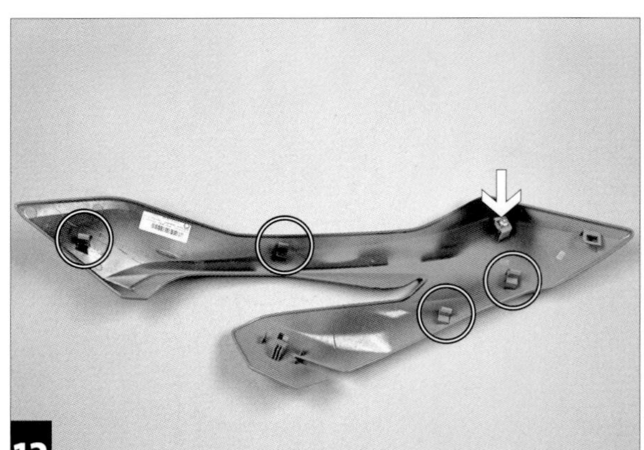

Mittelteil der Seitenverkleidung
- Schraube (Pfeil) von innen ausdrehen. Mittelteil an den gezeigten Zapfen vorsichtig abziehen.

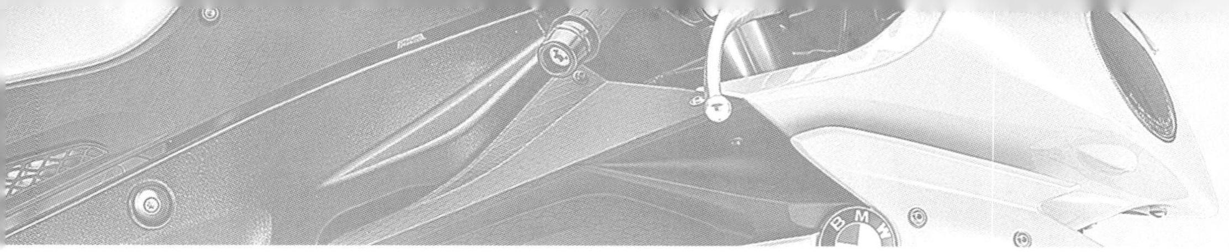

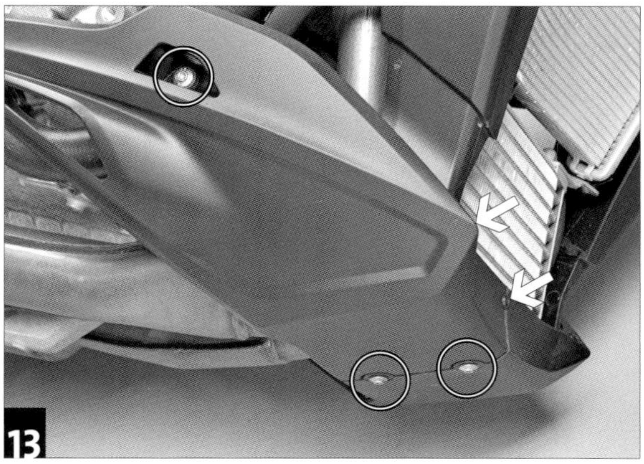

Motorspoiler

- Drei Schrauben (Kreise) ausdrehen und zwei Spreizniete (Pfeile) ausbauen. Rechte Seite des Spoilers abnehmen (links spiegelbildlich).

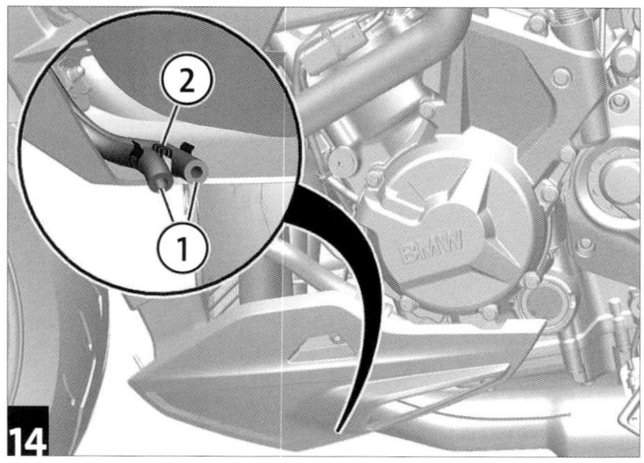

Motorspoiler

- Links Tankschläuche **1** aus Halter **2** abnehmen.

Seitenverkleidung

- Schrauben Bild 15 ausdrehen und Seitenverkleidung abnehmen.
  Im Bild bei abgenommener Heckverkleidung; in Bild 16 mit Heckverkleidung.

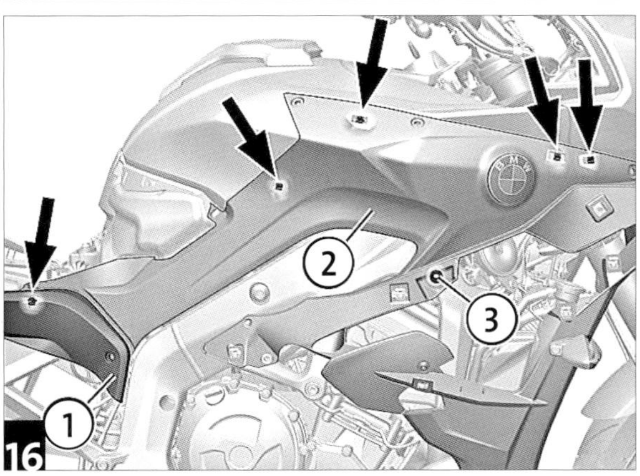

Seitenverkleidung

- Bei montierter Heckverkleidung **1** diese **vorsichtig** anheben und Seitenverkleidung **2** abnehmen. Dabei auf Rastbolzen **3** und Fixierungen (Pfeile) achten.

Seitenverkleidung

- Schraube (Pfeil) innen ausdrehen.

→

2 Verkleidung

2.10 XR Verkleidung

Fortsetzung

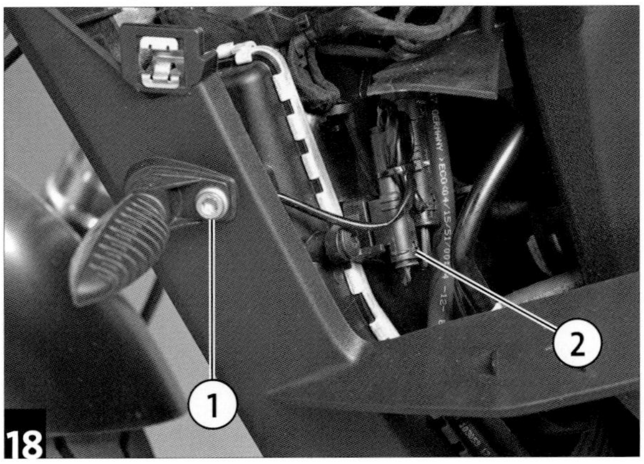

Seitenverkleidung links

- Stecker **2** trennen. Ggf. Schraube **1** ausdrehen (Mutter gegenhalten) und Blinker abnehmen.

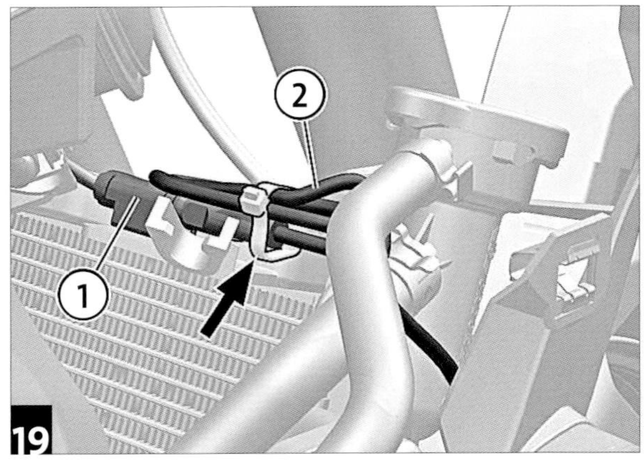

Seitenverkleidung rechts

- Kabelbinder (Pfeil) abnehmen.
- Stecker **1** (Blinker rechts) trennen und Kabel **2** freilegen.

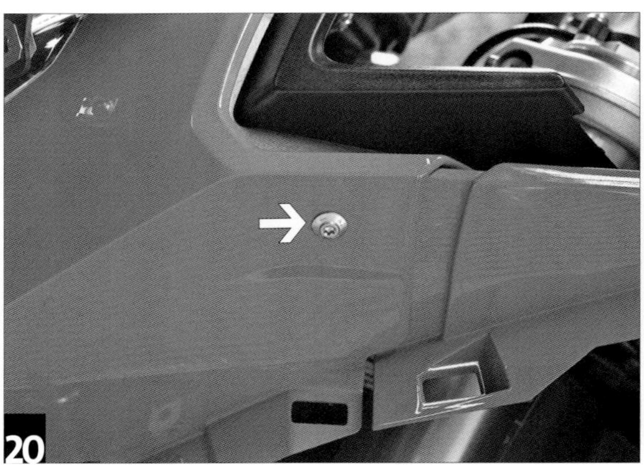

Tankverkleidung

- Schrauben links/rechts ausdrehen.

Tankverkleidung

- Schrauben links/rechts ausdrehen.

Zündschloss-/ Vordere Abdeckung

! Abdeckung von Zündschloss **1** und Tank **2** während des Aus- und Einbaus nicht zusammenschieben, da Führungen **3** abgeschert werden können. Beide nur gemeinsam parallel nach oben abnehmen bzw. nach unten einsetzen!

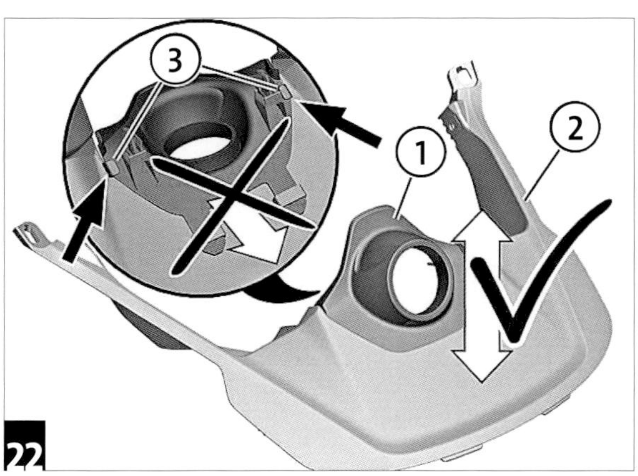

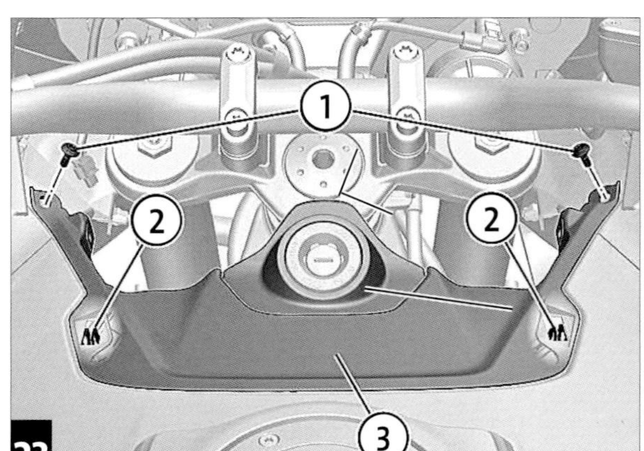

Vordere Abdeckung

- Schrauben **1** ausdrehen. Fixierungen **2** am Tank vorsichtig ausclipsen.
- **Abdeckung am Tank vorn 3 nur lösen**.

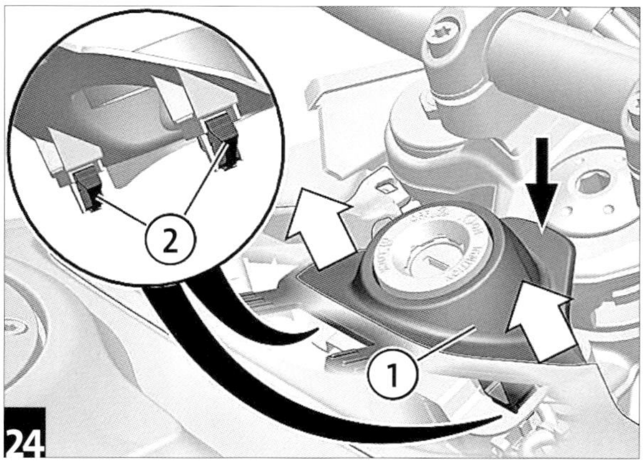

- Abdeckung für Zündschloss **1** im vorderen Bereich (Pfeil) abstützen, damit sich Bauteil beim Lösen nicht verkanten kann. Fixierungen **2** der Zündschloss-Abdeckung **1** gleichzeitig senkrecht nach oben ausclipsen. **Abdeckung 1 nur lösen.**

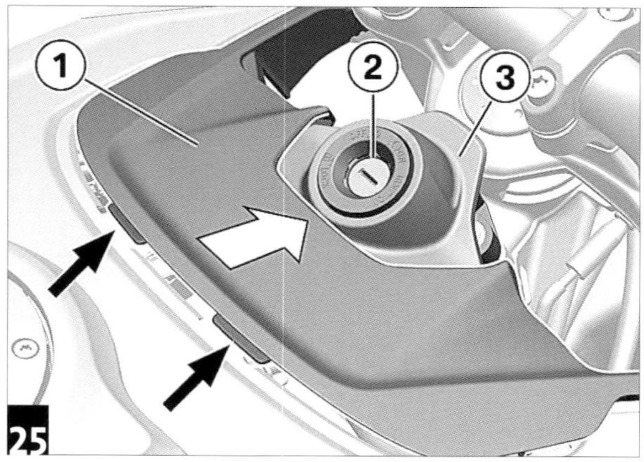

- Tankabdeckung **1** zum Schloss **2** schieben, bis Haken (Pfeile) frei sind.
- Tankabdeckung **1** mit Schloss-Abdeckung **3** **gemeinsam** nach oben abnehmen.

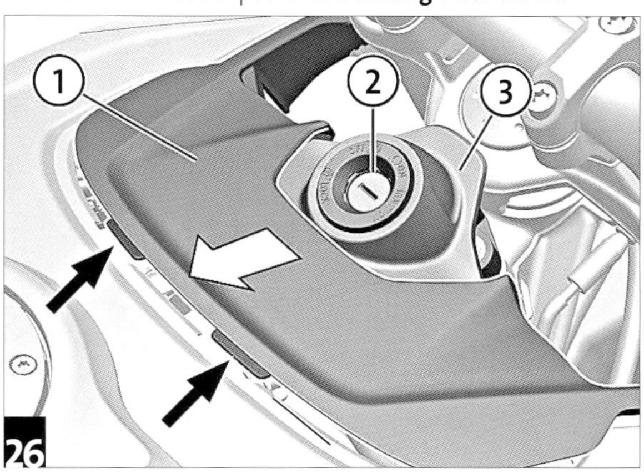

- Tankabdeckung **1** mit Schloss-Abdeckung **3** an Schloss **2** gemeinsam ansetzen.
- Abdeckung **1** nach hinten schieben bis Haken (Pfeile) am Tank eingreifen.

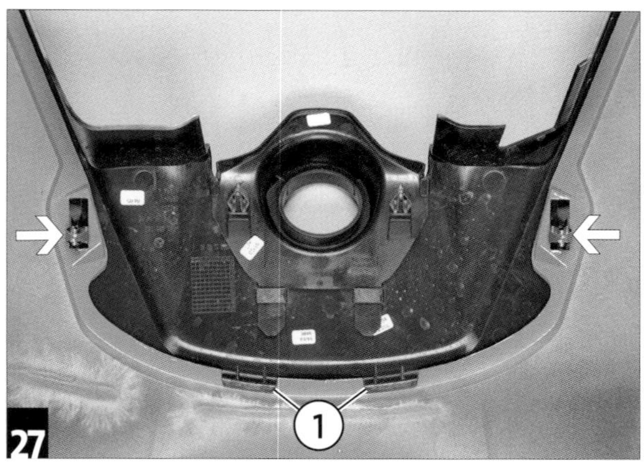

- Beim Einbau darauf achten, dass Nasen **1** einrasten.
- Vordere Abdeckung in Rasthaken (Pfeile) clipsen.
- Fixierungen **2** Bild 21 einclipsen.

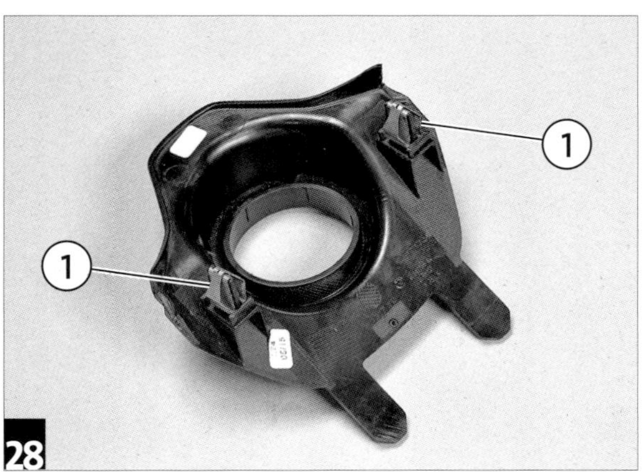

Zündschlossabdeckung

- Abdeckung mit Rasthaken **1** am Zündschloss anbringen.

2 Verkleidung

2.10
XR Verkleidung
Fortsetzung

29

Tankverkleidung
- Schraube ausdrehen und Tankstutzenverkleidung "ausknöpfen".

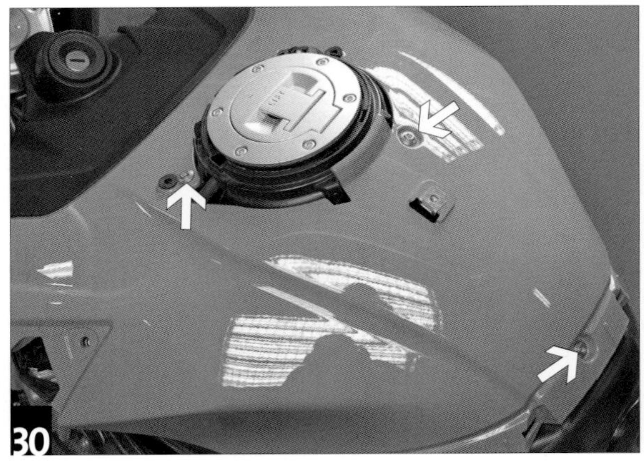
30

Tankverkleidung
- Drei Schrauben ausdrehen und Tankverkleidung abnehmen.

Scheinwerfer-Verkleidung
- Sechs Schrauben (Einbaulage im Kreis) ausdrehen, Stecker des Tagfahrlichts **1** trennen und Verkleidung abnehmen.

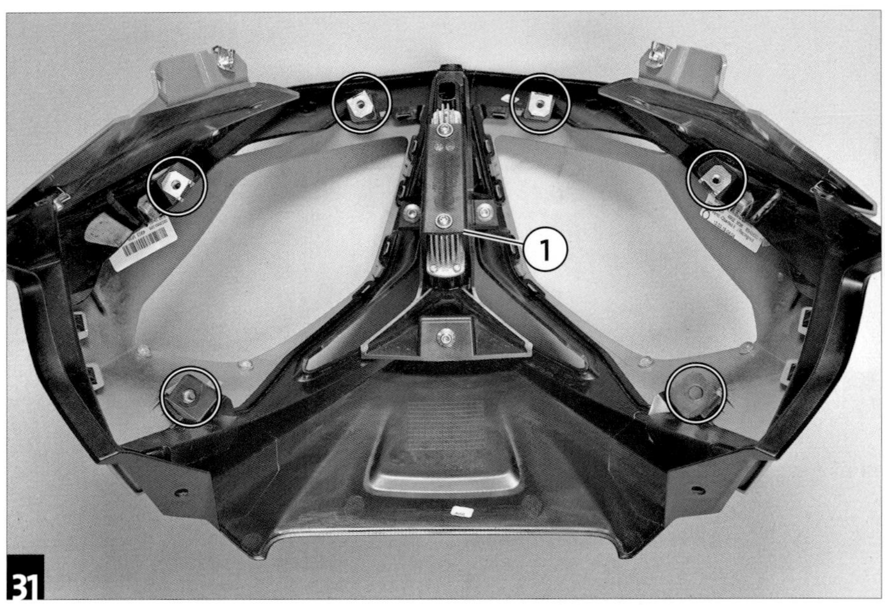

31

32

Scheinwerfer
- Stecker **1** trennen und zwei Schrauben links und rechts ausdrehen.

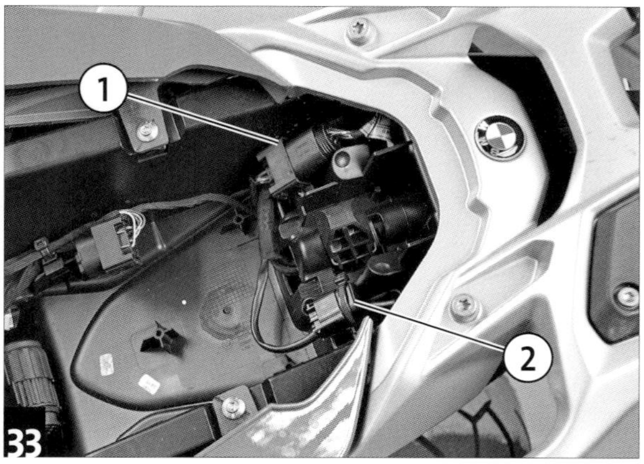

Stecker Rücklicht

- Beleuchtungsstecker **1** trennen und Kabelbinder von Blindstecker **2** trennen.

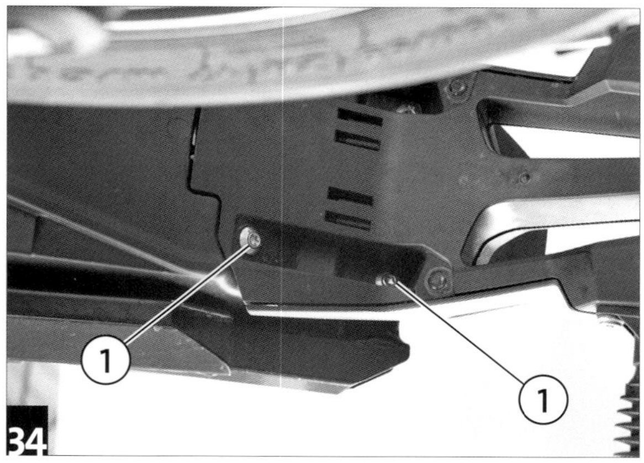

Heckteil

- Zwei Schrauben **1** je Seite an Unterseite ausdrehen und Heckteil komplett abnehmen.

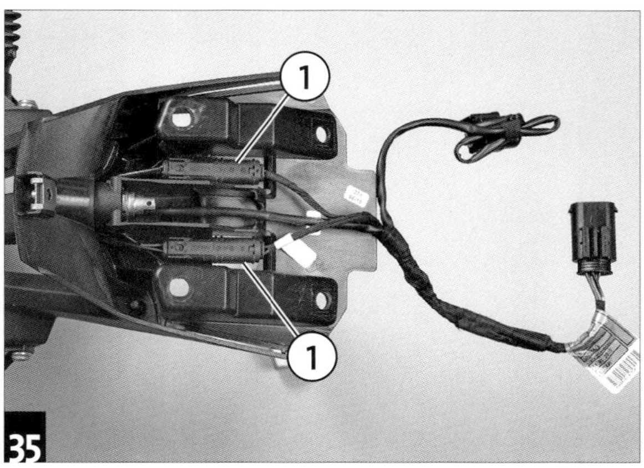

Blinkerstecker

- Blinkerstecker **1** trennen.

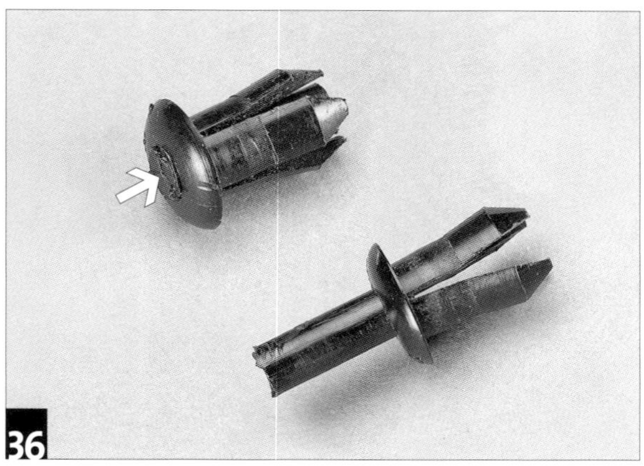

Spreizniet aus-/einbauen

- Bolzen (Pfeil) mit passenden Dorn nach innen durchdrücken. Auf Verbleib des Bolzen achten. Beim Einbau Spreizniet ansetzen und Bolzen eindrücken (Spreizniet im Vordergrund).

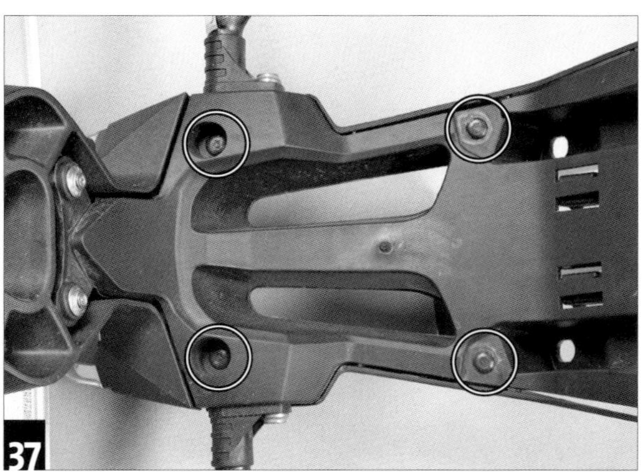

- Vier Spreizniete an Unterseite ausbauen und Deckel abnehmen.

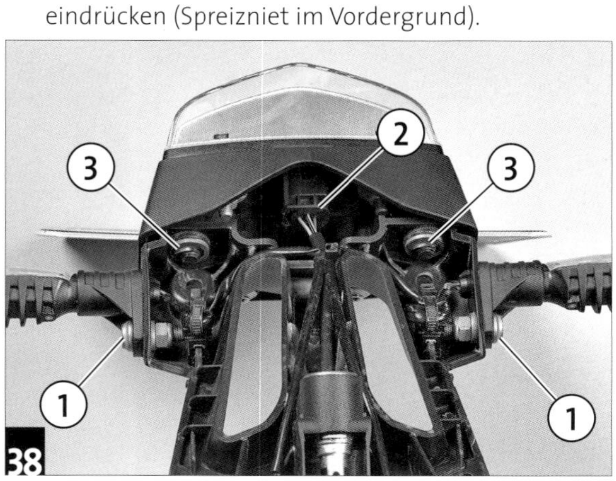

Heckleuchte und Blinker

- Kabelbinder trennen. Schrauben **1** ausdrehen (Muttern gegenhalten) und Blinker abnehmen.
- Stecker **2** abziehen, Clipse **3** abziehen und Heckleuchte abnehmen.

3 Wartung

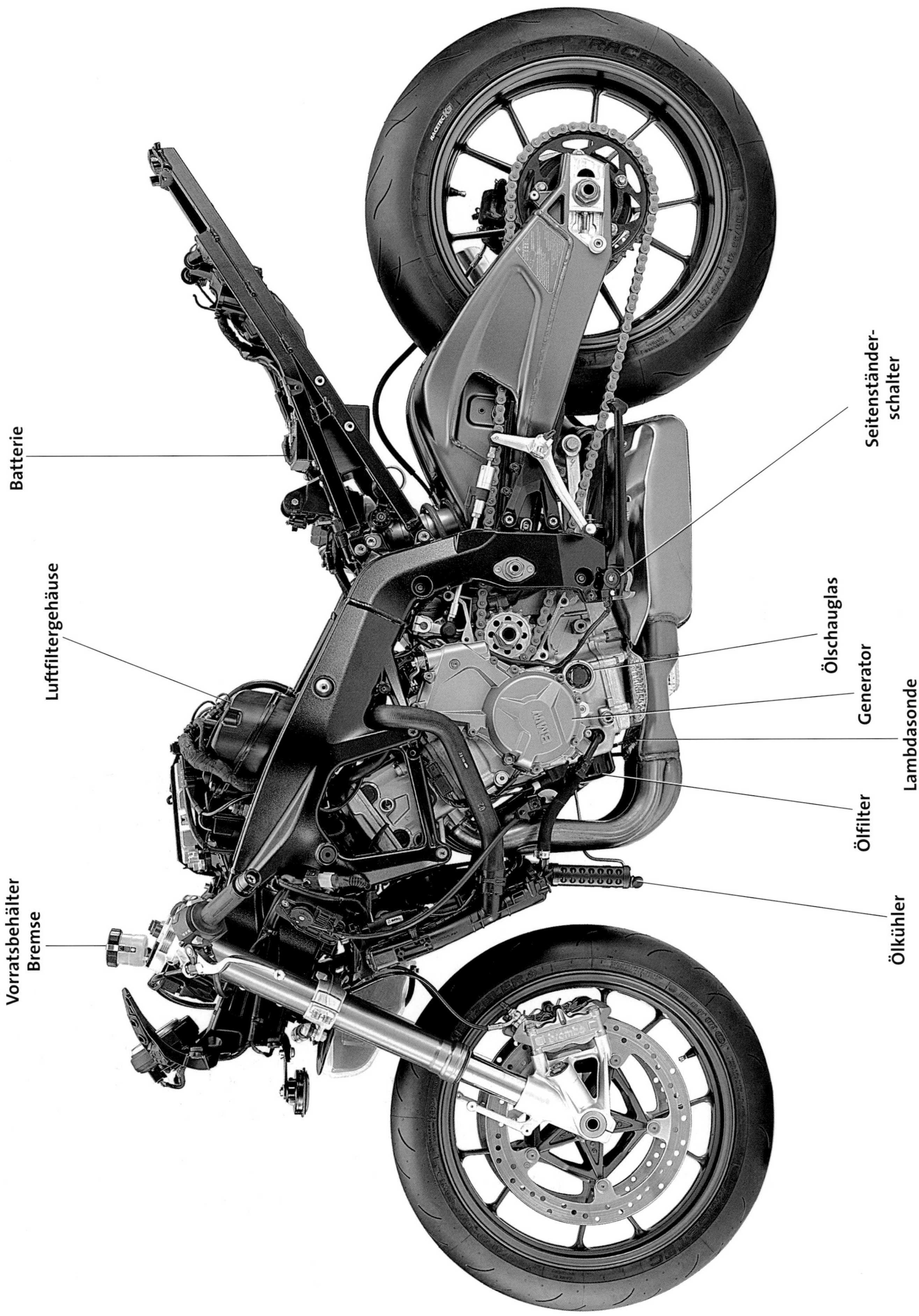
Batterie
Luftfiltergehäuse
Vorratsbehälter Bremse
Seitenständer-schalter
Ölschauglas
Generator
Lambdasonde
Ölfilter
Ölkühler

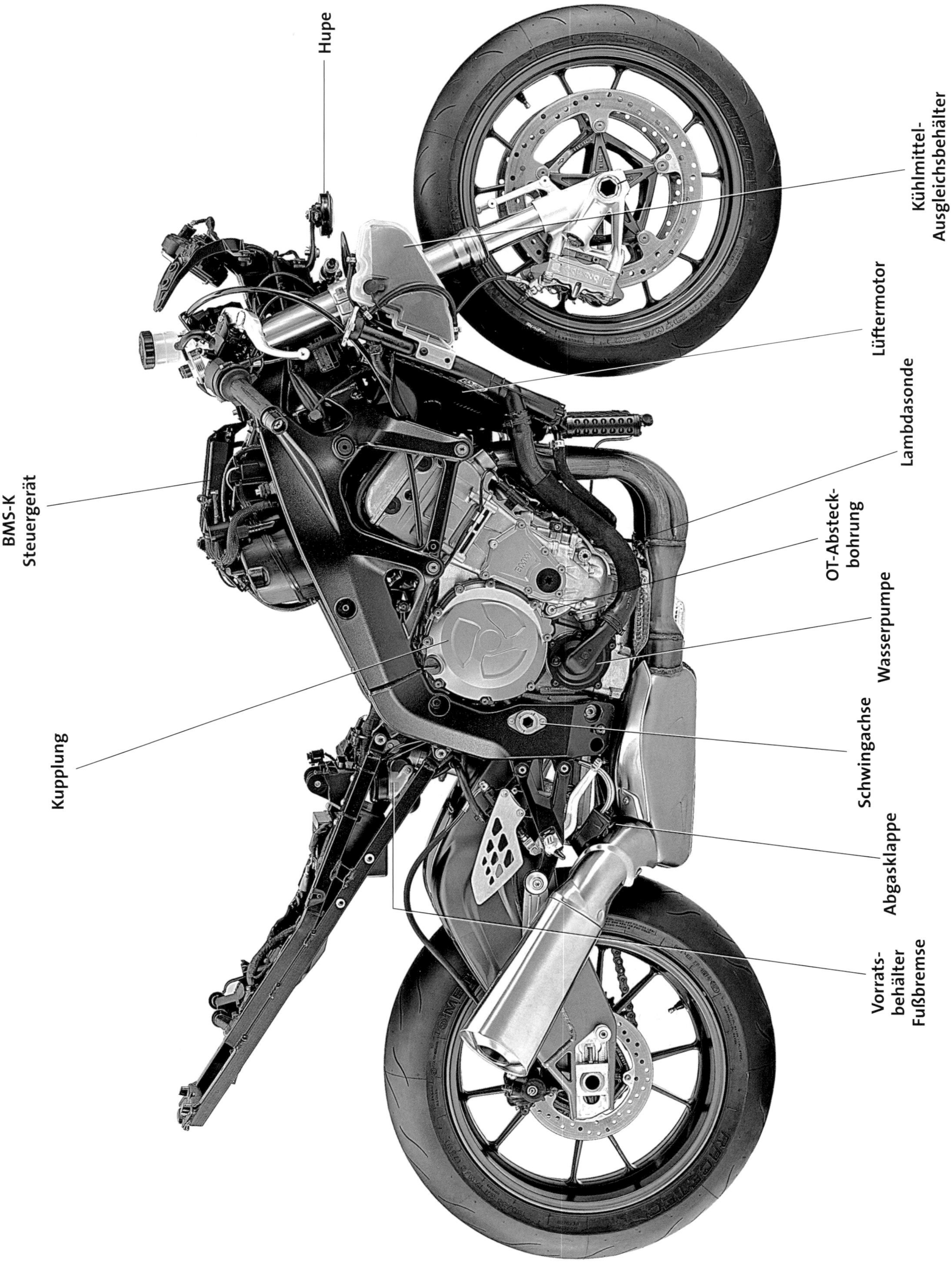
Hupe
Kühlmittel-Ausgleichsbehälter
Lüftermotor
Lambdasonde
BMS-K Steuergerät
OT-Absteck-bohrung
Wasserpumpe
Kupplung
Schwingachse
Abgasklappe
Vorrats-behälter Fußbremse

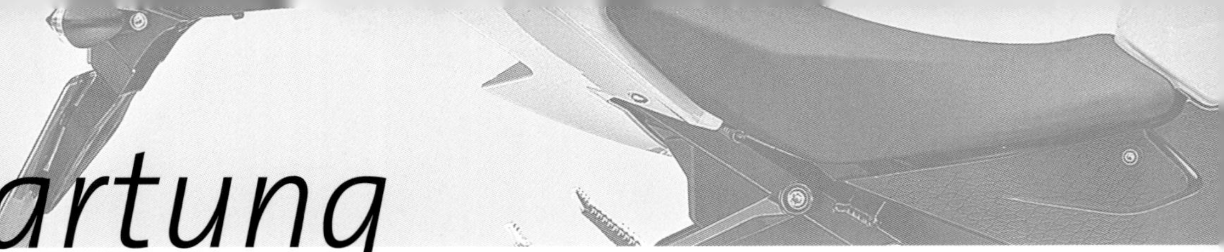

3 Wartung

3.2 Wartungsintervalle

Regelmäßige Wartung ist das beste Mittel für lange Freude am zuverlässigen Funktionieren der Maschine. BMWs S 1000-Baureihe ist pflegeleicht, und die Wartung erfordert keinen großen Werkzeug- und Zeitaufwand. Die zugegebenermaßen aufwendige Kontrolle und Einstellung des Ventilspiels fällt allerdings nur alle 30000 Kilometer an.
Die Wartungsintervalle müssen bei normaler Fahrweise nicht aufs Komma genau eingehalten werden. Auf Urlaubsfahrt kann die fällige große Inspektion auch einmal um 500 Kilometer hinausgeschoben werden.

Bei häufigen Kurzstreckenfahrten, Regenfahrten oder gar Rennstreckenbetrieb wird eine Fahrerin oder ein Fahrer mit Durchblick den erschwerten Bedingungen gemäß die höher beanspruchten Baugruppen (Luftfilter und Motoröl) vorzeitig wechseln.
Arbeiten an der hydraulischen Scheibenbremse dürfen aus Sicherheitsgründen nur bei entsprechenden Vorkenntnissen selbst durchgeführt werden, ansonsten ist das Motorrad in einer Fachwerkstatt besser aufgehoben.

Intervall/km → **↓ Bauteil**	**1000 Einfahrkontrolle**	**10 000 Service**	**30 000 Service**	**Jahres-service**
Motoröl	E	E	E	E
Motoröl-Filter	E	E	E	E
Kühlsystem	P	P	P	P
Luftfilter	–	E	E	–
Batterie	–	P	P	P
Zündkerzen	–	–	E	–
Ventilspiel	P	–	P	–
Bremsflüssigkeit	P	P	P	**alle 2 Jahre erneuern**
Bremsbeläge und Bremsscheiben	–	P	P	P
Scheinwerfer-Einstellung	–	P	P	–
Haupt- und Seitenständer (Leichtgängigkeit)	–	P	P	P
Motorstart-Unterdrückung	P	–	–	P
Muttern, Schrauben und Befestigungsteile	P	–	P	–
Radaufhängung	P	–	P	–
Räder, Reifen und Speichen	–	P	P	P
Lenkkopflager	P	P	P	–
Gabelöl	–	–	E	–
Fehlerspeicher auslesen mit MODiTeC (BMW-Werkstatt)	P	P	P	P

E **Erneuern**
P **Prüfen und gegebenenfalls einstellen, reinigen, schmieren, bzw. erneuern**

Bei höheren als den aufgeführten Kilometerständen Intervalle sinngemäß wiederholen.

3.3 Motoröl

3.3.1 Ölstandkontrolle

Das Öl ist der Lebenssaft für jedes Triebwerk. Klar, dass da der Pegelstand regelmäßig kontrolliert (bei jedem zweiten Tankstopp) und regelmäßig erneuert wird.

- Fahrzeug mit betriebswarmem Motor unbelastet auf ebenen Untergrund senkrecht stellen.
- ! Falls der Motor nicht wirklich betriebswarm ist, kann ein zu geringer Pegel angezeigt werden, da sich das Öl mit zunehmender Temperatur ausdehnt.
- Motor abstellen.
- Falls Ölpegel unter MIN-Markierung am Schauglas liegt, Motoröl nachfüllen.
- ! Zu viel eingefülltes Öl ablassen.

- Öldruckprüfung siehe Seite 209 (Motorgehäuse).

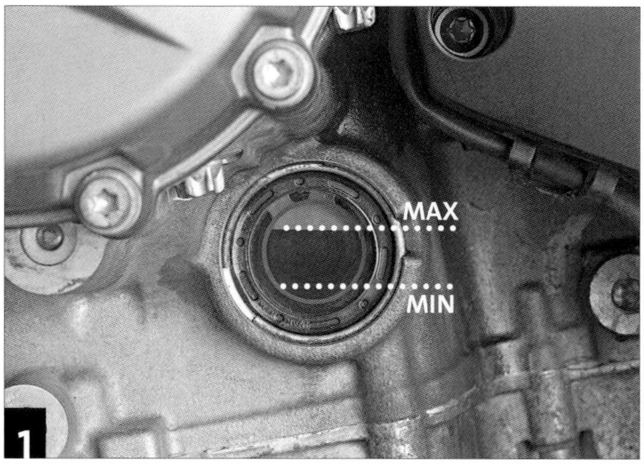

Ölstandkontrolle
- Ölpegel muss zwischen MIN und MAX liegen.
- Die Differenz zwischen MIN- und MAX-Markierung beträgt 0,8 Liter.

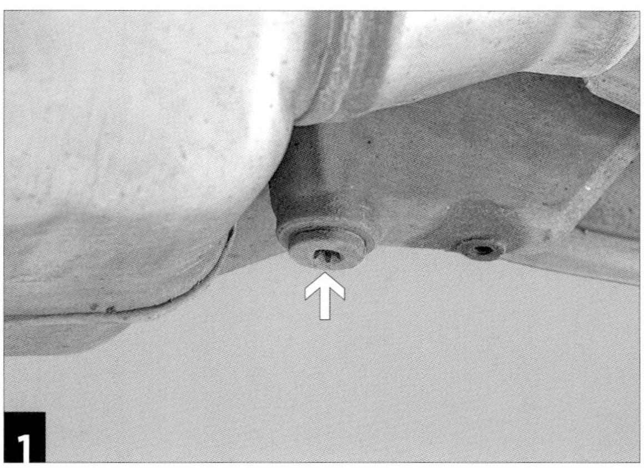

Ablassschraube
- Auffanggefäß unterstellen. Schraube ausdrehen (Finger nicht verbrühen) und austropfen lassen.
  Anzugsmoment
  (neue Dichtscheibe) M16 x 1,5 .... 28 Nm

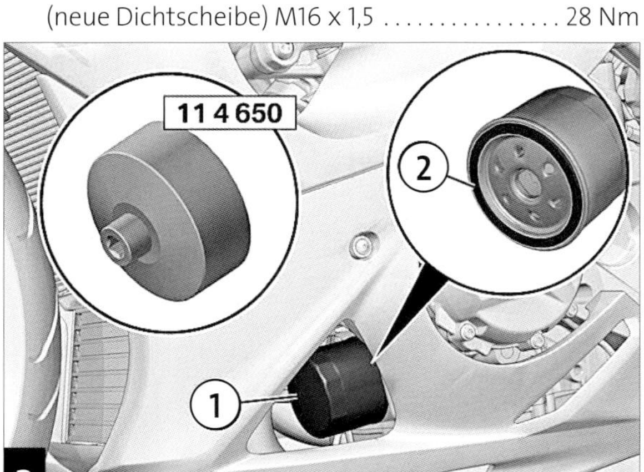

Ölfilter
- Filter **1** mit Ölfilterschlüssel (BMW-Nr. 11 4 650 oder handelsüblich) aus-/eindrehen.
  Anzugsmoment .... 11 Nm

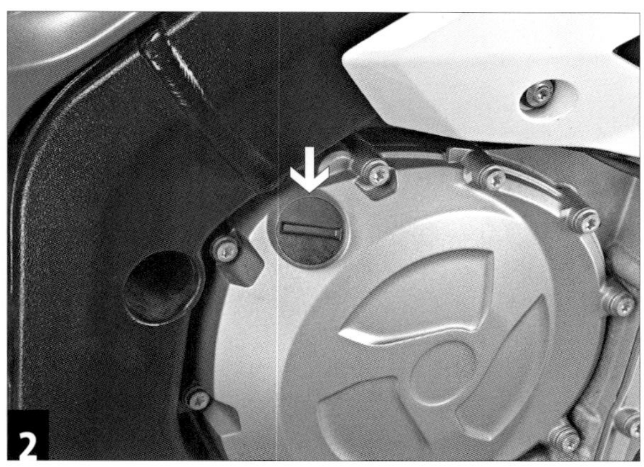

Einfüllstopfen
- Einfüllstopfen (Pfeil) aus- und eindrehen.
- 👁 Auf Verbleib des O-Rings achten.

Ölfilter
- Auffanggefäß unterstellen. Filter mit Ölfilterschlüssel oder passender Zange ausdrehen.
- **R:** Motorspoiler links ausbauen (Seite 85).
- O-Ring **2** Bild 3 des neuen Filters vollständig mit Öl benetzen und Filter von Hand festziehen oder mit Ölfilterschlüssel eindrehen.
- ! Altöl und Ölfilter vorschriftsmäßig entsorgen. Jeder Ölverkäufer ist zur Rücknahme der gekauften Ölmenge verpflichtet!
- Abschließend Lecköl von den Krümmern abwischen und Ölstand kontrollieren wie oben beschrieben.

Von BMW empfohlene Produkte und allgemein zulässige Viskositätsklassen

Bezeichnung	SAE 5W-40
Spezifikation	API SL/JASO MA2

3.3.2 Öl- und Filterwechsel

- ! Alle 10 000 km bedarf das Öl einer Erneuerung (erstmalig bei Tachostand 1000 anlässlich der Einfahrkontrolle, dann bei 10 000 km), mindestens aber einmal im Jahr.
- ! Im Rahmen des Ölwechsels auch Ölfilter wechseln.
- ! Motoröl bei betriebswarmer Maschine ablassen, damit sich Metallabriebsteilchen noch in der Schwebe befinden und sich noch nicht abgesetzt haben.

- **Ölfüllmenge (Ölwechsel mit Filterwechsel)** .... 3,5 l

3.4 Luftfilter

! Luftfilter alle 10 000 Kilometer erneuern.
- Sitz/Sitzbank anehmen.
- Tankverkleidung-Mittelteil abbauen (R/RR: Seite 81; XR: ab Seite 92).

1

RR/R: BMS-K-Steuergerät lösen
- Schraube (Pfeil) ausdrehen und mit Scheibe abnehmen.
- Steuergerät mit Halter abnehmen und vorsichtig zur Seite ablegen.

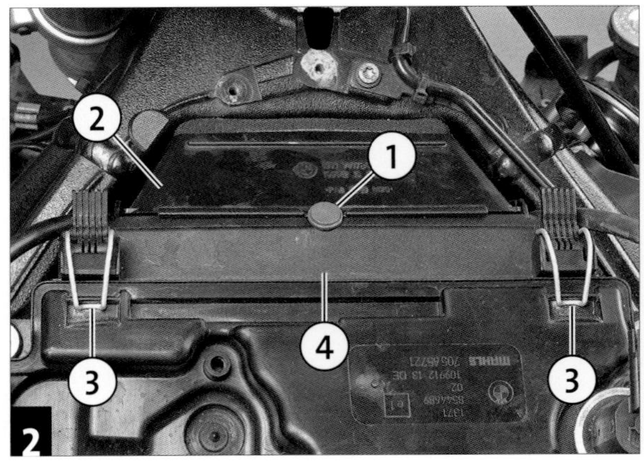

2

Luftfilter aus-/einbauen
- Spreizniet **1** und Ansaugrahmen **2** abnehmen.
- Klammern **3** lösen und Halterahmen **4** (mit Filterelement) abnehmen.

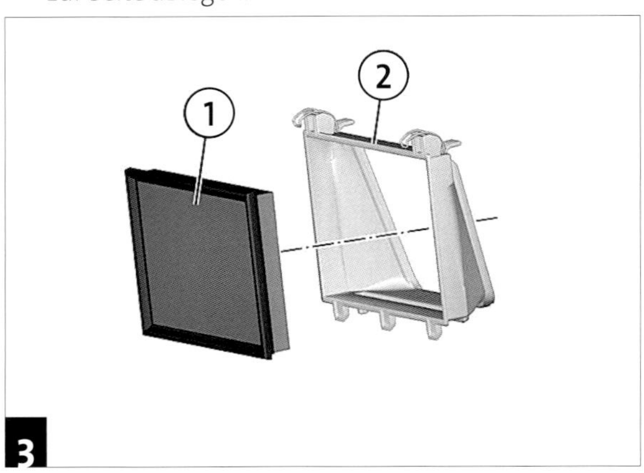

3

Luftfilter aus-/einbauen
- Filterelement **1** aus Halterahmen **2** nehmen.
- Neues Filterelement in Halterahmen einsetzen.

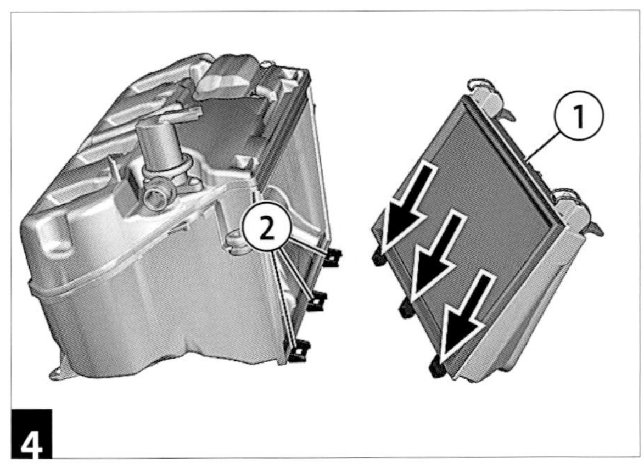

4

Luftfilter einbauen
- Halterahmen **1** (mit Filterelement) so einsetzen, dass Nasen (Pfeile) in Laschen **2** am Luftfiltergehäuse eingreifen.

- Bild 2: Halterahmen **4** mit Klammern **3** befestigen.
- Bild 2: Ansaugrahmen **2** einsetzen und mit Spreizniet **1** befestigen.

Bild 5: RR/R: BMS-K-Steuergerät einbauen
- Steuergerät **2** mit Halter einsetzen. Darauf achten, dass Entkopplungsgummis **3** im Gegenhalter vom Tank sitzen.

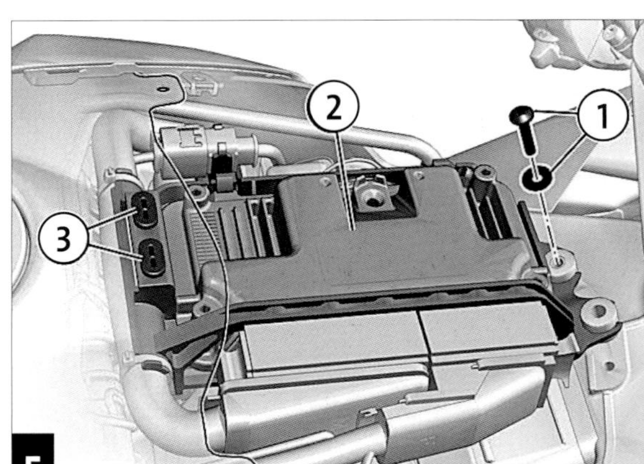

5

RR/R: BMS-K-Steuergerät einbauen
- Schraube **1** mit Scheibe eindrehen.

1 **Anzugsmoment** M5 x 25 .... 5 Nm

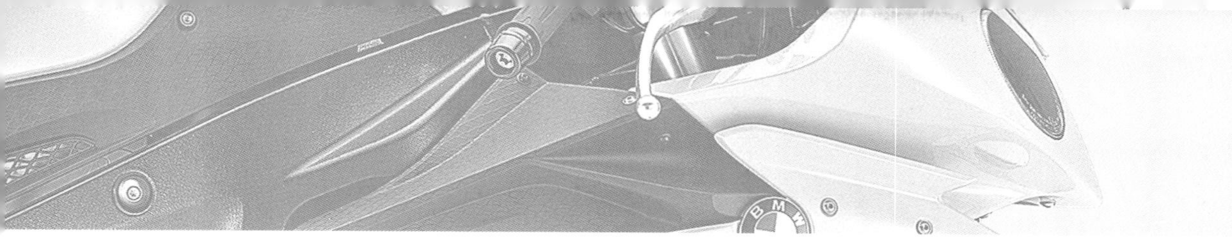

3.5 Batterie

3.5.1 Batterie ausbauen

Ausgestattet mit Elektrostarter und anspruchsvolle Elektronik empfiehlt sich eine topp geladene Batterie. Eine Batterie mit "Knacks" kann zu unschönen Auswirkungen selbst bis auf die ABS-Funktion führen...

! Der Wechsel der Batterie sollte nicht länger als 15 Minuten dauern. Andernfalls kann dem "System" das Datum verloren gehen – was dann die freundlichen Hinweise zum vermeintlichen Wartungsstau im Cockpit-Display verursacht.
Das Rücksetzen des Systems kann beim BMW-Motorradpartner an seinem Diagnosegerät erfolgen, oder man hat Zugang zu einem GS911, einem Auslesegerät für den Privatmann (Seite 68).
Diese Problematik ergibt sich auch beim Einwintern, wenn die Batterie ausgebaut werden soll, um sie frostsicher zu lagern. Eine Unterstellmöglichkeit mit elektrischen Anschluss für ein Ladegerät mit Ladungs-Erhaltungsfunktion ist da natürlich optimal.
Bei kürzeren Unterbrechungen kann sich so beholfen werden, dass nach Ausbau der Batterie mit gut isolierten Kabeln und Anschlüssen eine Verbindung improvisiert wird, um die Stromversorgung der Fahrzeug-Elektronik zu gewährleisten.

- Bei der Serien-Batterie handelt es sich um eine Blei-Vlies-Batterie (engl. Bezeichnung **A**bsorbent **G**lass **M**at – AGM). Hier ist das Elektrolyt (Schwefelsäure) in einem Glasfaser-Vlies vollständig gebunden, die Batterie kann in allen Lagen betrieben werden, und sie läuft selbst bei einem Gehäuseschaden nicht aus.
- Somit entfällt auch das Kontrollieren des Säurepegels und das allfällige Korrigieren desselben. Noch ein Vorteil: Dadurch, dass die Platten in Vlies gebettet sind, sind sie besser gegen Vibrationen und Erschütterungen geschützt.
- Die Selbstentladung liegt bei ein bis drei Prozent pro Monat. Zum Vergleich: Bei einer herkömmlichen Batterie muss mit zehn Prozent gerechnet werden.
- Dank ihres geringen Innenwiderstands können AGM-Batterien kurzzeitig höhere Entladeströme zur Verfügung stellen, etwa beim Starten des Motors, und sie erhitzen sich auch kaum bei diesen hohen Strömen. Also die ideale wirtschaftliche Motorrad-Batterie.
- Teure **Lithium-Ionen-Batterien** glänzen dagegen mit weniger Gewicht, bei den selben Merkmalen bezüglich Einbaulage und Wartungsaufwand, um es kurz zu halten.

- BMW definiert den Zustand der Batterie **bei Messung im abgeklemmten Zustand** wie folgt:
  AGM-Batterie
  Sollwert .... >12,3 V
  Batterie defekt .... <12,3 V
  Lithium-Ionen-Batterie
  Sollwert .... >11 V
  Batterie defekt .... <11 V

Batterie defekt
Die Werkstatterfahrung hat gezeigt, dass sich auch eine Batterie mit der von BMW oben benannten Richtwerten für Unterspannung/defekt noch wiederbeleben lässt. Es kommt auf den Einzelfall an. Falls eine einzelne Zelle den Geist aufgegeben hat ist alle Mühe umsonst. Wenn die Batterie aber stramm und zeitnah bei der Stromaufnahme zulegt und das Krad anschließend ausgiebig und regelmäßig bewegt wird kann von Glück gesprochen werden...

! **Beim Ausbau der Batterie zuerst Minus-, dann Pluspol abnehmen!** Andernfalls kann mit einem abrutschenden Werkzeug ein Kurzschluss verursacht werden, der einem langen Batterieleben abträglich ist und durch Funkenbildung Entzündungen verursachen kann.
Beim Einbau der Batterie zuerst Plus-, dann Minuspol montieren!

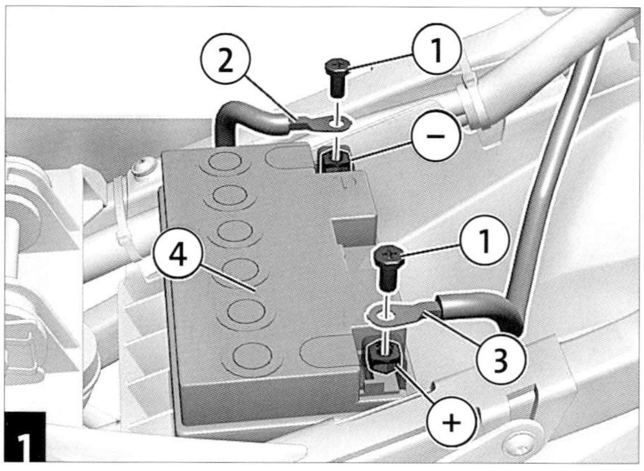

RR ohne ABS: Einbaulage Batterie unter Fahrersitz
- Minuspol (**–**) lösen und Kabel **2** abnehmen. Pluspol lösen und Kabel **3** abnehmen. Batterie **4** entnehmen.

! Batteriepole in umgekehrter Reihenfolge anschließen.
1 **Anzugsmoment** M6 x 10 .... 5 Nm

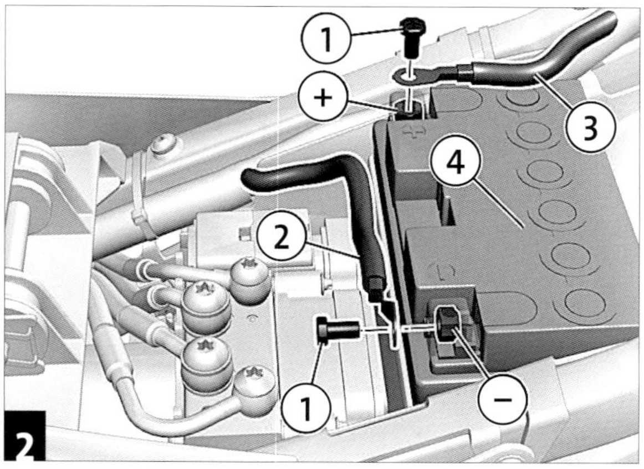

RR mit ABS: Einbaulage Batterie unter Fahrersitz
- Minuspol (**–**) lösen und Kabel **2** abnehmen. Pluspol lösen und Kabel **3** abnehmen. Batterie **4** entnehmen.

! Batteriepole in umgekehrter Reihenfolge anschließen.
1 **Anzugsmoment** M6 x 10 .... 5 Nm

! Die Batterie muss zum Laden (siehe Folgekapitel) nicht ausgebaut werden.
! **Zündung ausschalten!**
- Fahrersitz bzw. Sitzbank abnehmen.

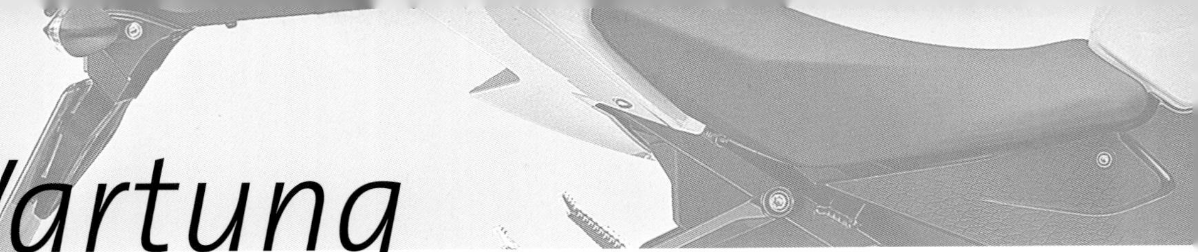

3.5.1
Batterie ausbauen
Fortsetzung

- Anschlusspole reinigen (Messingdraht-Bürstchen) und mit Polfett (säurefrei) einbalsamieren. Batterie einbauen.
- Ggfs. Datum im Bordcomputer korrigieren.

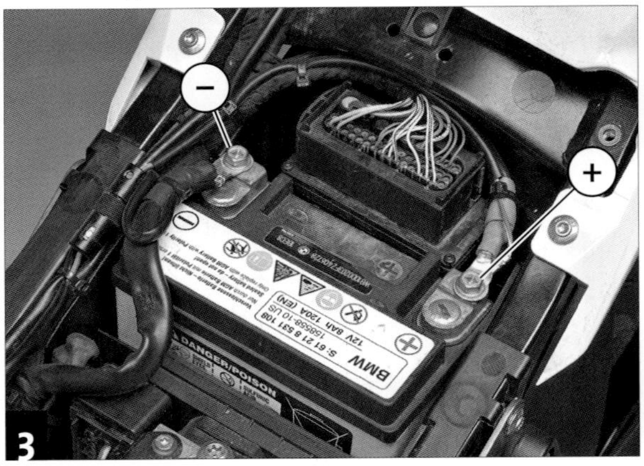

3

R: Einbaulage Batterie unter Fahrersitz
- Minuspol (–) lösen, dann Pluspol..

! Batteriepole in umgekehrter Reihenfolge anschließen.
Anzugsmoment M6 x 10 . . . . 5 Nm

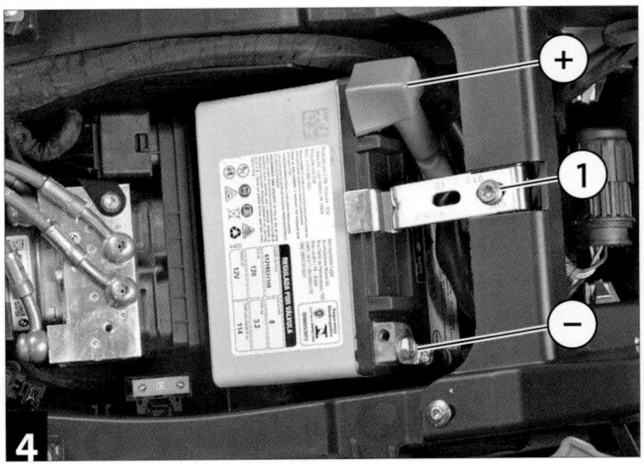

4

XR: Einbaulage Batterie unter Sitzbank
- Schraube **1** ausdrehen und Batterie aufstellen.
- Minuspol (–) lösen, Kabel abnehmen, dann Pluspol.

! Batteriepole in umgekehrter Reihenfolge anschließen.
Anzugsmoment M6 x 13,5 . . . . 5 Nm

3.5.2
Batterie laden

- Wenn sich das Motorrad schlechter starten lässt als gewohnt und/oder das Scheinwerferlicht bei nicht gestartetem Motorrad nicht so kraftvoll erscheint, Batterie am Minus- und Pluspol laden (Bild 1 vorherige Seite). Die Batteriespannung beträgt in so einem Fall dann wahrscheinlich weniger als 12, 4 Volt.

! Handelsübliches Ladegerät mit Strombegrenzung verwenden.

! Darauf achten, dass die Ladespannung nicht über 14,2 Volt ansteigt.

! An der Bordsteckdose ausschließlich das BMW-Ladegerät verwenden, siehe nächste Spalte.

- Maximalen Ladestrom (10 % der angegebenen Kapazität) nicht überschreiten.
  Beispiel 12 Ah-Batterie . . . . max. 1,2 Ampère
  Ladezeit . . . . 5 – 10 Stunden

! Die durchschnittliche Lebensdauer einer Batterie beträgt vier bis fünf Jahre.

- **Batterie einwintern** wie im Kapitel Einwintern Seite 255 beschrieben.

3.5.3
Regelspannung

! Zur Messung der Regelspannung muss die Batterie in gutem Zustand (Batteriespannung mindestens 12,8 V) und Motor auf Betriebstemperatur sein.

- Zündung ausschalten und Voltmeter an Batterie anschließen (positive Messspitze an Pluspol; negative an Minuspol).
- Motor starten und Drehzahl allmählich erhöhen.

! Spannung muss sich mit eingeschaltetem Fernlicht bei etwa 5000/min auf etwa 14 Volt einregeln.

1

BMW-Ladegerät
- Kostenpunkt: etwa 120 Euro (BMW-Motorradpartner)
- Batterie mit BMW-Ladegerät laden:
- Passende Ladekennlinie am Ladegerät wählen.
- Zündung einschalten.

➔ Die Zentrale Fahrgestell-Elektronik (ZFE) schaltet ein.
- Zündung ausschalten.

➔ Die ZFE schaltet nach 30 bis 60 Sekunden aus, wenn keine Verbraucher eingeschaltet sind (Abschaltverzögerung).
- Innerhalb der Abschaltverzögerung BMW-Batterieladegerät **zuerst** an der Bordsteckdose anschließen.

➔ Ladegerät zeigt Ladezustand der Batterie an.
- Falls die Batterie nicht voll geladen ist, BMW-Ladegerät an die örtliche Stromversorgung anschließen.

! Zeigt das BMW-Ladegerät Unterspannung an (weniger als 7 Volt), kann die Batterie nur direkt über die Batteriepole geladen weden, da die ZFE bei Unterspannung (< 7 V) die Bordsteckdose abschaltet. Mithin ist die Batterie damit praktisch tot. Viel Glück beim externen Laden.

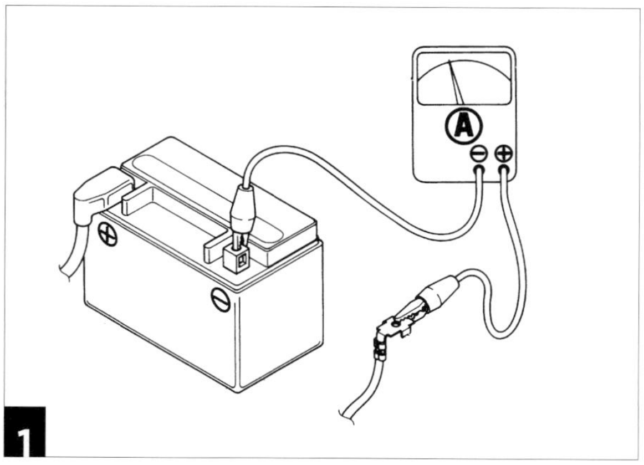

Kabelbaum mit Ampère-Meter auf Kriechstrom prüfen (Prinzipdarstellung)

! Zündung ausschalten.
- Zuerst großen Messbereich wählen, dann Messbereich schrittweise verkleinern (Geräteschutz).

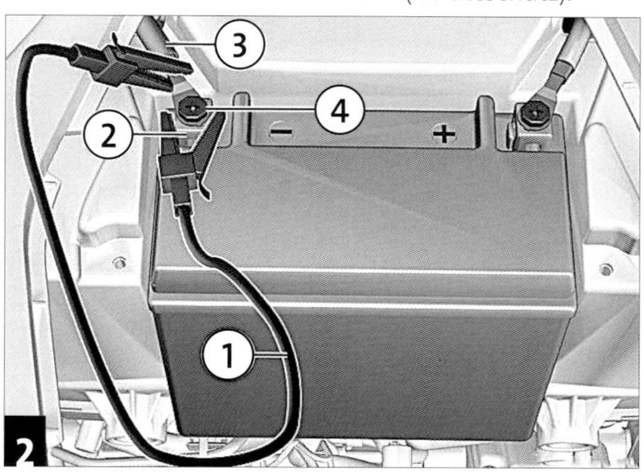

Ruhestrom messen*

- Ggf. das Abschalten der ZFE abwarten.
- Kabelbrücke **1** an Minuspol **2** und Massekabel **3** anschließen.
- Schraube **4** ausdrehen und Kabel **3** abnehmen.

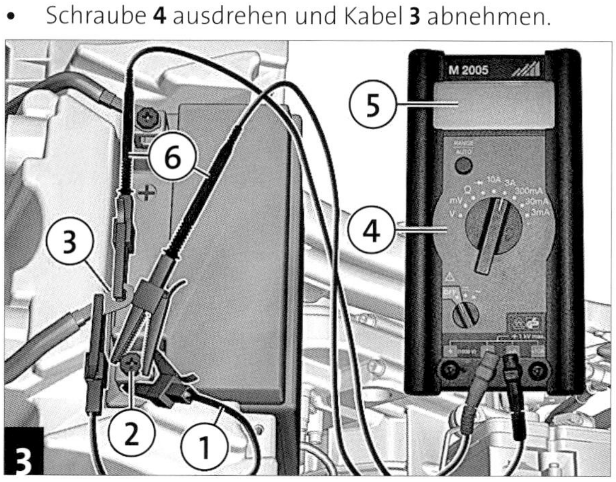

* Bilder 1 und 2 stammen von der K 1300 S, haben aber Gültigkeit für die S 1000-Modelle...

3.5.4
Ruhestrom

Bei wiederholt entladener Batterie nach kürzerer Standzeit, Kabelbaum auf erhöhten **Kriech**- oder **Ruhestrom** prüfen.

- Zündung ausschalten und Lenkschloss verriegeln.

! Messgerät zuerst auf hohen Messbereich einstellen, um Sicherung des Messgeräts nicht zu beschädigen, dann auf kleinere Messbereiche umschalten.

! Damit der Bordcomputer keinen Datenverlust erleidet, wie in Bild 2 und Bild 3 gezeigt vorgehen.

! Ampèremeter darf mit aktiver Diebstahlwarnanlage (DWA) maximal 1,2 mA anzeigen, ohne DWA maximal 0,06 mA.

- Falls höherer Strom gemessen wird, systematisch Kabelbaum-Stecker nacheinander trennen, bis »Leckbereich« im Kabelbaum lokalisiert ist und dieses Teilstück des Kabelbaums erneuern bzw. reparieren. Diese Arbeit die BMW-Fachwerkstatt erledigen lassen. Evtl. kann dort das Problem auch mit einem Software-Update behoben werden.

Messvorgang/Bild 3

- Messgerät **4** auf größten Messbereich **5** einstellen. Messspitzen **6** an Kabelschuh **3** und an Minuspol **2** anschließen.

! Auf sicheren Anschluss der Messspitzen **6** achten.

- Kabelbrücke **1** abnehmen und Messwert ablesen. Falls kein Messwert ablesbar ist:
- Messbereich anpassen (verkleinern) und Messung wie oben beschrieben wiederholen. Ggfs. Messbereich erneut verkleinern.

! Kabelbrücke **1** wieder anschließen und Messspitzen **6** abnehmen.

- Beim Anschluss der Batterie zuerst Massekabel wieder anschließen, dann Kabelbrücke **1** abnehmen.

3 Wartung

3.6 Zündkerze

- Die Funkenspender alle 30 000 Kilometer erneuern.
- Bei Unregelmäßigkeiten im Fahrbetrieb (z.B. unwilliges Starten, Ruckeln oder unsauberes Ausdrehen) kann eine Kontrolle des Kerzengesichts hilfreich sein, um die Ursache festzustellen.
  Das Kerzengesicht kann Aufschluss über defekte Luftwege (z.B. Luft ziehende Ansaugstutzen) und unregelmäßige Kraftstoffzufuhr (z.B. defekter Einspritzdruck-Sensor) geben.
- Um das Kerzengesicht aussagefähig beurteilen zu können, Motor 10 Minuten warm fahren und schon beim Ausrollen abschalten.

! Längeres Laufen des Motors mit Standgas vor dem Abstellen lässt die Kerzen wieder einrußen.

👁 Kerzengesicht soll grau- bis rehbraunen Farbton aufweisen, bei weißem bis aschgrauem Bild ist das Gemisch zu mager, der Motor läuft zu heiß.
Bei dunkel- bis schwarzbraunem Kerzenbild ist das Kraftstoffluftgemisch zu fett.
Schwarz verrußte, feucht glänzende Kerzen deuten auf mechanische Schäden wie verschlissene Ventilführungen oder abgenutzte Kolbenringe hin, durch die Öl in den Verbrennungsraum gelangt.

➔ Zu mageres Gemisch kann z.B. durch Undichtheit am Einlassflansch zwischen Drosselklappengehäuse und Zylinderkopf verursacht werden.

➔ Zu fettes Gemisch kann durch einen zugesetzten Luftfilter verursacht werden.

- Zündkerzen mit Messingdrahtbürste reinigen.

👁 Isolator auf Risse oder Absplitterungen untersuchen.

👁 Mittelelektrode muss rechteckige Kanten haben.

Elektrodenabstand messen

- Sollwert 0,7 – 0,9 mm

! Masse-Elektrode nicht nachbiegen – Bruchgefahr im Betrieb!

👁 Masse-Elektrode muss gleichbleibende Dicke haben.

👁 Dichtring muss einwandfreie Planflächen aufweisen, bei Beschädigungen Dichtring erneuern.

Zündkerzen-Hersteller und -Bezeichnung
NGK LMAR9D-J
Elektrodenabstand
neu .... 0,7 – 0,9 mm
Verschleißgrenze .... max. 1,0 mm
Anzugsmoment M10 x 1 .... 12 Nm

Zündkerzengesichter

Normal
Isolatorfuß von grauweißer-graugelber bis rehbrauner Farbe. Motor ist in Ordnung. Wärmewert richtig gewählt. Gemischeinstellung und Zündeinstellung sind einwandfrei, keine Zündaussetzer, Kaltstarteinrichtung funktioniert.
Keine Rückstände von bleihaltigen Kraftstoffzusätzen oder Legierungsbestandteilen vom Motoröl.
Keine thermische Überlastung.

Verrußt
Isolatorfuß, Elektroden und Zündkerzengehäuse mit samtartigem, stumpfschwarzem Ruß bedeckt.
Ursache: fehlerhafte Gemischeinstellung (Vergaser, Einspritzung): Gemisch zu fett, Luftfilter stark verschmutzt, Startautomatik nicht in Ordnung oder Starterzug (Choke) zu lange gezogen, überwiegend Kurzstreckenverkehr, Zündkerze zu kalt, Wärmewert-Kennzahl zu niedrig.
Auswirkung: Zündaussetzer, schlechtes Kaltstartverhalten.
Abhilfe: Gemisch und Starteinrichtung richtig einstellen, Luftfilter prüfen.

3.6.1
Zündkerzen-Wechsel

- Zündkerzen alle 30 000 Kilometer wechseln.
- ! Zündung ausschalten!
- Fahrzeug sicher aufbocken.
- Fahrersitz/Sitzbank abnehmen.
- Tankverkleidung abnehmen (RR: Seite 78; R: Seite 82; XR: ab Seite 90).
- Tank ausbauen (Seite 142).
- Ansaugrahmen und Halterahmen für Luftfilter ausbauen (Seite 100).
- RR ab 2012: Seitenverkleidung links abbauen (ab Seite 73).

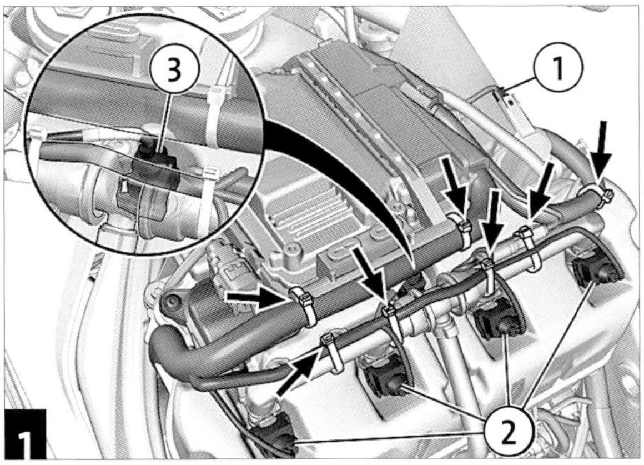

Stecker und Kabelbinder – siehe Bilder 2 bis 4
- Kabelbinder (Pfeile) trennen.
- Stecker **1** des Sekundärluft-Steuerventils trennen.
- Stecker **2** der Einspritzdüsen trennen.
- Stecker **3** des Ansaugluft-Temperatursensors trennen.

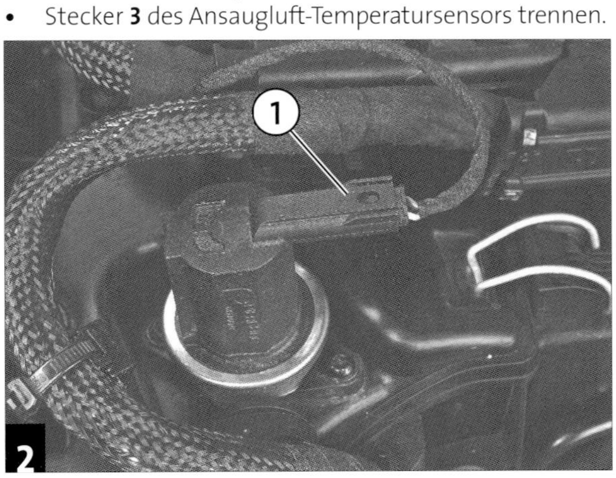

Stecker des Sekundärluft-Steuerventil
- Stecker nach unten wegdrücken und am Kabel abziehen.
- ! Nicht versuchen, die Verriegelungslasche **1** anzuheben. Sie bricht leicht ab.

Stecker der Einspritzdüsen
- Feder (Pfeil) eindrücken und Stecker abziehen.

Stecker des Ansaugluft-Temperatursensors
- Feder (Pfeil) eindrücken und Stecker abziehen (Kabel mit weißer Markierung).

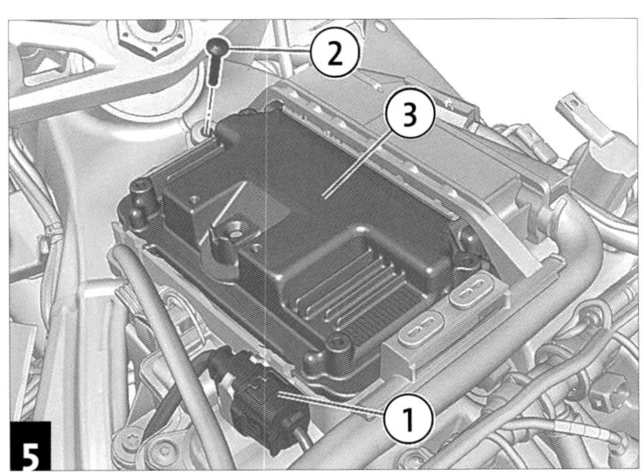

RR/R: BMS-K-Steuergerät
- Stecker **1** (RR/Stellmotor der Drosselklappen) aus Halter nehmen und trennen. Schraube **2** ausdrehen und Steuergerät **3** und vorsichtig zur Seite ablegen.

→

3 Wartung

3.6.1
Zündkerzen-Wechsel
Fortsetzung

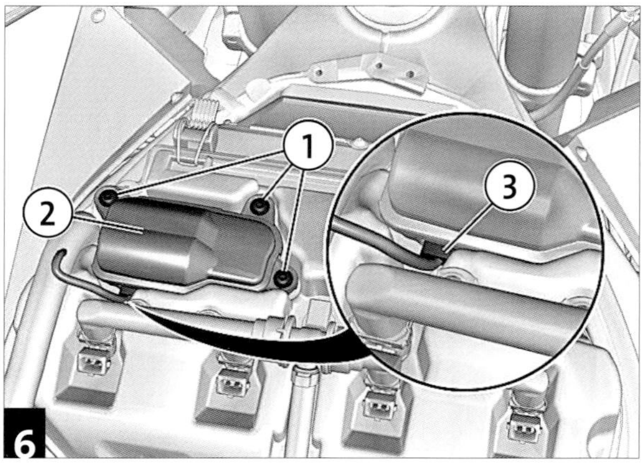

DISA-Stellmotor
- Schrauben **1** lockern und Stecker **2** des DISA-Stellmotors **3** trennen.

1 Anzugsmoment
Schraube für Kunststoff 6 x 22 . . . . 3 Nm

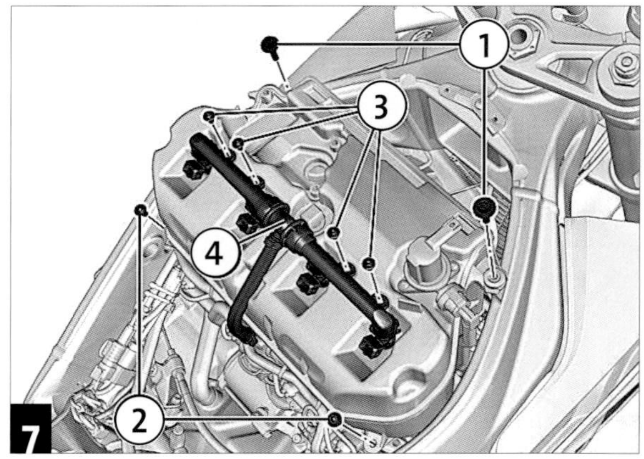

Einspritzleiste und Luftfiltergehäuse
- Schrauben **1** und **2** ausdrehen.
- Schrauben **3** ausdrehen und Einspritzleiste **4** mit Einspritzdüsen abnehmen. Beim Einbau **neue** Schrauben verwenden.

Sekundärluftschlauch
- Anschluss des Sekundärluftschlauchs seitlich eindrücken (Pfeile) und abziehen.

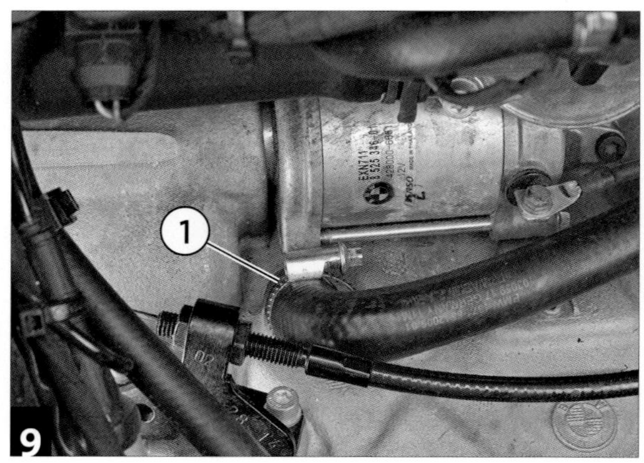

Motorgehäuse-Entlüftungsschlauch
- RR ab August 2012 siehe Bild 10.
- Schraubschelle **1** lockern und Schlauch abziehen.
- Luftfiltergehäuse nach oben abnehmen und dabei Schlauch herausfädeln.

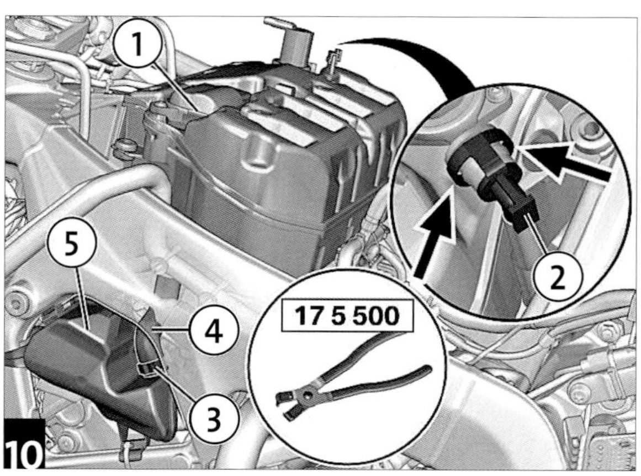

Auffangbehälter RR ab August 2012
- Zum Ausbau des Luftfiltergehäuses **1** Sekundärluftschlauch **2** lösen (wie Bild 8). Schlauchschelle **3** mit Zange 17 5 500 lösen und Schlauch **4** vom Auffangbehälter **5** abziehen.

Stabzündspulen-Stecker abziehen
- Stecker nach unten wegdrücken und Stecker abziehen.

! Nicht versuchen, die Verriegelungslasche **1** anzuheben. Sie bricht leicht ab.

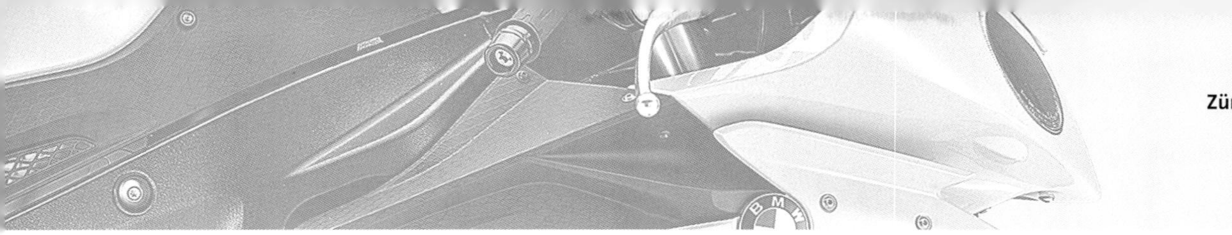

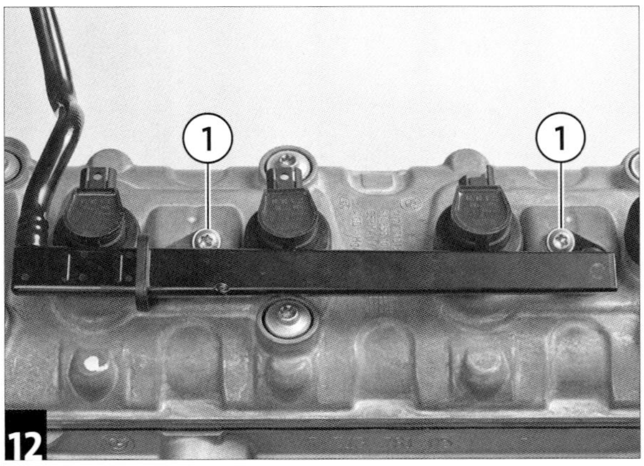

Sekundärluftleiste

- Kabelbinder trennen.
- Schrauben **1** ausdrehen und Sekundärluftleiste abnehmen. Auf Verbleib der O-Ringe achten.

Stabzündspulen

- Zylinderkopfdeckel mit Druckluft sauberblasen und Stabzündspulen mit Auszieher 12 3 621 (Bild 9 Seite 72) abziehen.
- Kerzenschacht mit Druckluft sauberblasen.

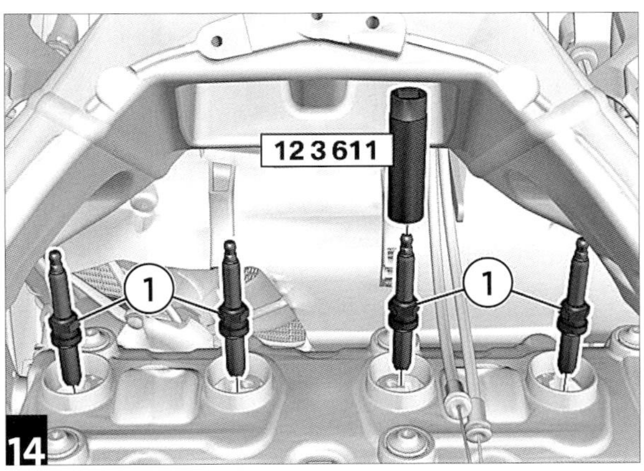

Zündkerzen

- Zündkerzen **1** mit Kerzenschlüssel (BMW-Nr. im Bild) ausdrehen und Zündkerzen abnehmen.

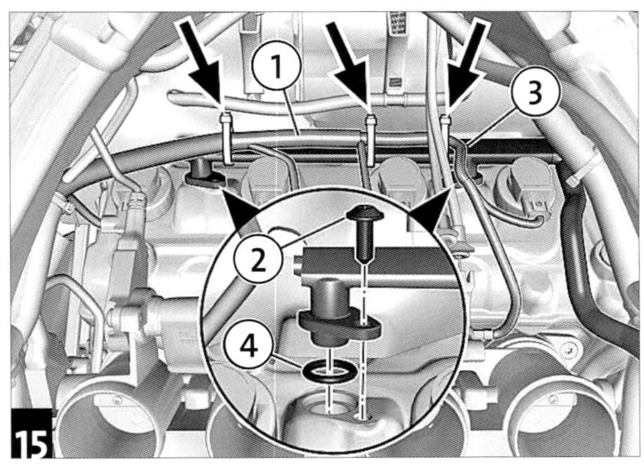

Sekundärluftleiste bis 2012

- Sekundärluftleiste **3** mit so gut wie neuen O-Ringen **4** (leicht geölt) gleichmäßig einsetzen und **neue** Schrauben **2** (M6 x 12 / 5 Nm) eindrehen.
- Zündkabel **1** mit Kabelbindern (Pfeile) befestigen.

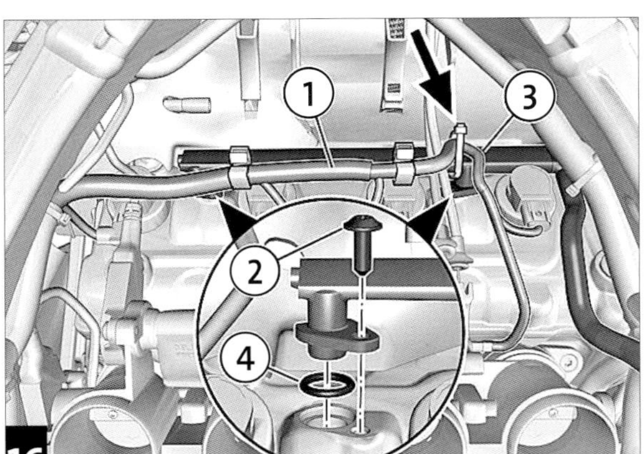

Sekundärluftleiste ab 2012

- Sekundärluftleiste **3** mit so gut wie neuen O-Ringen **4** (leicht geölt) gleichmäßig einsetzen und **neue** Schrauben **2** (M6 x 12 / 5 Nm) eindrehen.
- Zündkabel **1** mit Kabelbinder (Pfeil) befestigen.

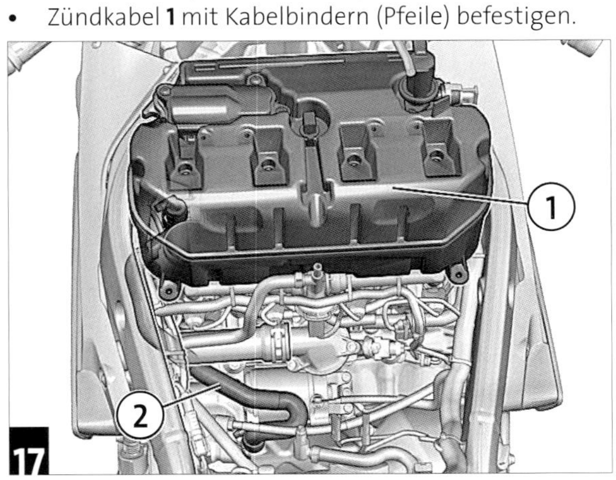

Luftfiltergehäuse einbauen

- Luftfiltergehäuse **1** aufsetzen und dabei Entlüftungsschlauch **2** einfädeln, auf Stutzen aufschieben und Schlauchschelle anziehen (Bild 9).

Einbau

- Zündkerze (Gewinde öl- und fettfrei) gefühlvoll von Hand einschrauben.

! Unbedingt darauf achten, dass schon der erste Gewindegang richtig greift.

! Eine schräg angesetzte Kerze ruiniert mit ihrem harten Stahlgewinde das weiche Gewinde im Aluminium-Zylinderkopf schon nach einer halben Umdrehung.

- Erst bei richtigem Sitz die Kerze mit Knebel anziehen und Stabzündspule wieder aufsetzen (rasten ein) und Stecker verbinden (Bild 11).

  Anzugsmoment
  Kerzenschlüssel SW14 . . . . 12 Nm

! Falls gebrauchte Zündkerze wieder verwendet wird, Kerze bis zum Aufsitzen eindrehen und um $^1/_4$ bis $^1/_3$ Umdrehung anziehen.

- **R/XR**: Beim Einbau des Luftfiltergehäuses Bild 6 Seite 147 beachten!

3 Wartung

3.6.1
Zündkerzen-Wechsel
Fortsetzung

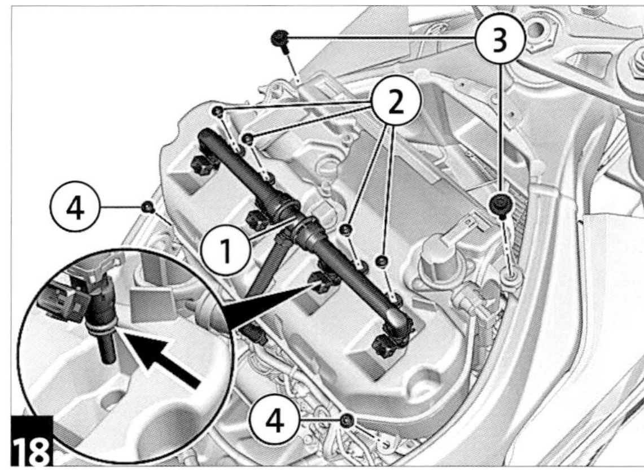

Einspritzleiste/Luftfiltergehäuse einbauen
- Einspritzleiste **1** mit Einspritzdüsen (mit so gut wie neuen O-Ringen/Pfeil; leicht geölt) gleichmäßig einsetzen und Schrauben **2** eindrehen.
- Schrauben **3** und **4** eindrehen.
  Anzugsmomente

2 Schraube für Kunststoff 5 x 10 .... 2 Nm
3 M6 x 25 .... 8 Nm
4 M6 x 14 .... 8 Nm

Kabelbinder und Stecker
- Kabelbinder (Pfeile), Stecker/Einspritzdüsen und Temperatursensor **1** (mit weißer Markierung am Kabel) anbringen.
- Übrige Arbeitsschritte in umgekehrter Reihenfolge durchführen (Bilder 1 bis 6).
- Benzintank (Seite 142), Tankverkleidung und ggf. Seitenverkleidung montieren.

RR/R: BMS-K-Steuergerät
- Vordere Befestigungsschraube mit breiter Scheibe.
  Anzugsmoment M5 x 25 .... 5 Nm

3.7
Ventilspiel

Das Ventilspiel gleicht die Wärme-Ausdehnung des Motorgehäuses, Zylinders und Zylinderkopfs aus, damit die Ventile den Brennraum bei allen Betriebstemperaturen dicht abschließen.

! Ventilspiel alle 30000 Kilometer kontrollieren und gegebenenfalls einstellen.
! Ventilspiel bei kaltem Motor (unter 35 °C/ handwarm) kontrollieren und einstellen!
! Zündung ausschalten.

- Stabzündspulen ausbauen (inklusive aller Vorarbeiten/voriges Kapitel).
- Zündkerzen ausdrehen (voriges Kapitel). Dies erleichtert das Durchdrehen des Motors, wenn der obere Totpunkt gesucht wird, ist aber kein "Muss".
- Drosselklappenanlage ausbauen (Seie 146).

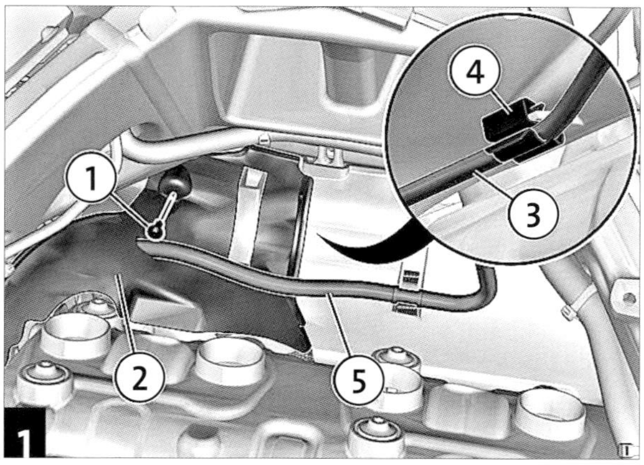

1

Kühlluftführung
- Schraube **1** ausdrehen und Kühlluftführung **2** anheben.
- Kabel **3** (Nockenwellensensor) aus Halter **4** lösen.
- Schlauch **5** lösen und Kühlluftführung **2** abnehmen.

2

R: Hupe aus-/einbauen
- Schraube (Pfeil) ausdrehen und Hupe abnehmen.
  Anzugsmoment M6 x 12 .... 10 Nm

3

R: Halter ABS-Leitung
- Schraube (Pfeil) ausdrehen.
  Anzugsmoment M6 x 12 .... 8 Nm

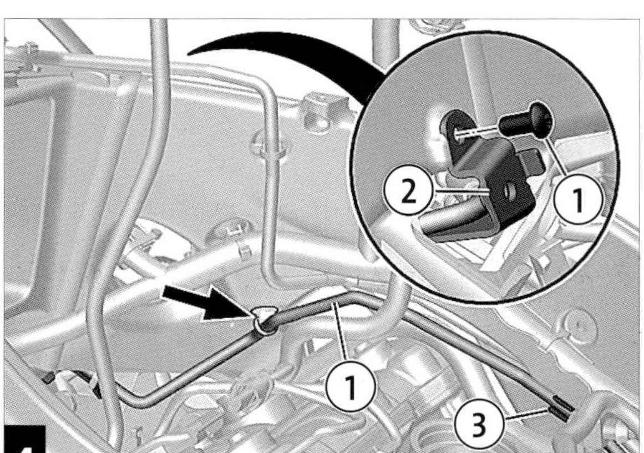

4

R: Halter ABS-Leitung
- Schraube **1** (Bild 3) ausdrehen und Bremsleitung **1** aus Halter **2** und **3** lösen. Kabelbinder (Pfeil) trennen.

5

Zylinderkopfdeckel
- Sechs Schrauben ausdrehen und Deckel mit Dichtung abnehmen.

→

3 Wartung

3.7 Ventilspiel
Fortsetzung

6

Kurbelwellenstopfen rechts
- Stopfen ausdrehen.
- 👁 Auf Verbleib des O-Rings achten.

7

Kurbelwelle drehen
- Kurbelwelle auf OT von Zylinder 1 und 4 drehen.

Ventilspiel messen
- Kurbelwelle auf OT von Zylinder 1 und 4 drehen.
- Die Ventile des betreffenden Zylinders sind im OT geschlossen (an den Schlepphebeln ist Spiel spürbar). Andernfalls steht der Zylinder im Überschneidungs-OT, es ist kein Spiel spürbar. In dem Fall Kurbelwelle um 360° weiterdrehen.

Ventilspiel-Sollwerte

(bei kaltem Motor, maximal 35 °C)
RR:
Einlass.................... 0,14 – 0,20 mm
Auslass .... 0,20 – 0,26 mm
R, XR:
Einlass..................... 0,11 – 0,20 mm
Auslass .... 0,26 – 0,35 mm

- Ggf. abweichende Werte notieren.
- Ventilspiel an Zylinder 1 (links) messen, wenn beide Nocken weg vom Schlepphebel/Ventil weisen (am Schlepphebel ist Spiel spürbar; Bild 9).
- Zur Messung der übrigen Zylinder Kurbelwelle jeweils um halbe Umdrehung im Uhrzeigersinn weiterdrehen und Messungen in folgender Reihenfolge vornehmen:
  Zylinder 3
  Zylinder 4
  Zylinder 2
- Falls Werte außerhalb der Toleranz liegen Ventilspiel einstellen wie im Folgekapitel 3.7.1 beschrieben.

8

OT-Markierung
- OT-Markierung bei abgenommenem Steuergehäusedeckel ist auch zu erkennen, wenn nur der Stopfen (Bild 6) abgenommen ist.

9

Ventilspiel messen
- Fühlerlehrenblatt muss zwischen Nocke und Schlepphebel satt passend ohne Widerstand beweglich sein.

Zylinderkopfdeckel-Einbau

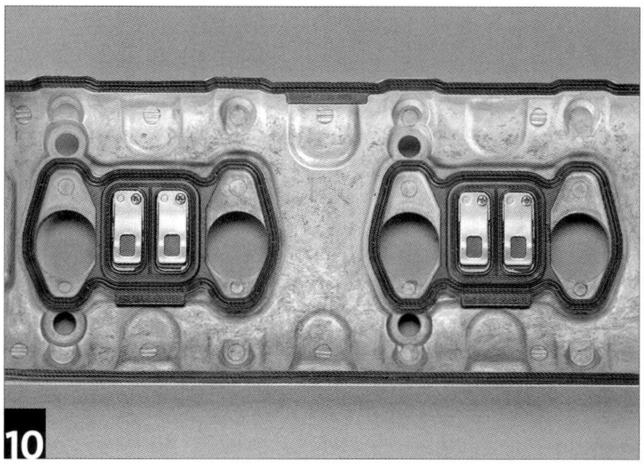

Sekundärluftsystem-Dichtungen

- Dichtungen in Nuten der Dichtungen eindrücken. Beim Aufsetzen darauf achten, dass sie nicht gequetscht werden.

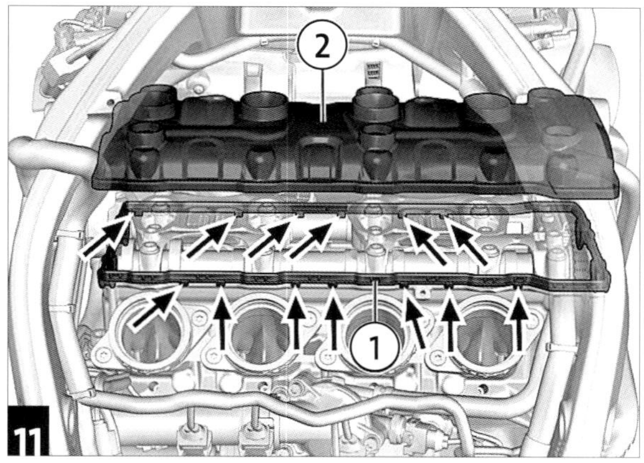

Zylinderkopfdeckel-Dichtung

- Deckeldichtung **1** am Zylinderkopf anbringen. Dabei auf Nasen (Pfeile) achten. Deckel **2** aufsetzen.

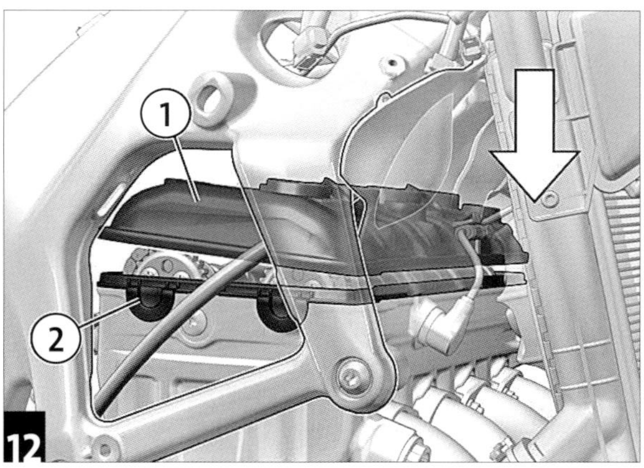

Zylinderkopfdeckel einbauen

- Deckel **1** aufsetzen und vorn in Dichtung drücken. Dabei darauf achten, dass Dichtung **2** in Nut eingreift und nicht verrutscht.

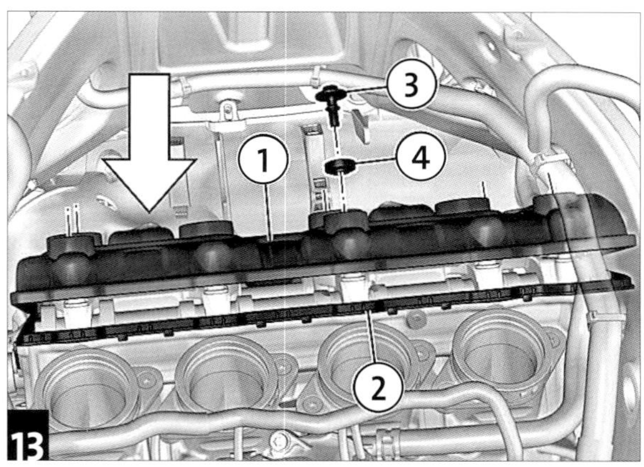

Zylinderkopfdeckel einbauen

- Deckel **1** hinten in Dichtung drücken. Dabei darauf achten, dass Dichtung **2** in Nut eingreift und nicht verrutscht. Schrauben **3** mit Dichtungen **4** ansetzen

Zylinderkopfdeckel-Schrauben

- Deckelschrauben mit leicht geölten Dichtgummis (Pfeil) eindrehen. Siehe auch Bild 2.
  Anzugsmoment M6 . . . . 10 Nm

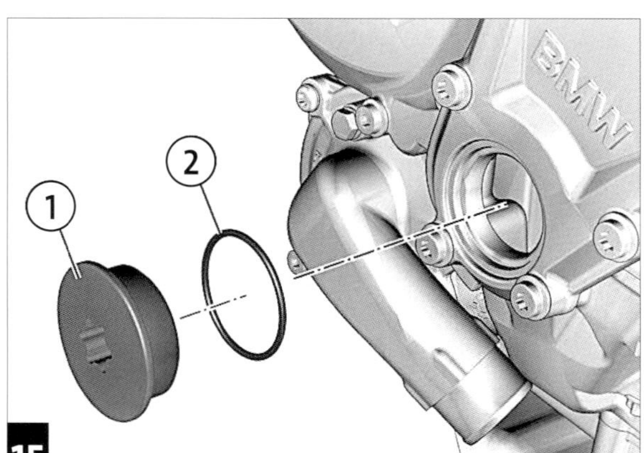

Kurbelwellenstopfen rechts

- Stopfen **1** mit O-Ring **2** (leicht geölt) eindrehen.
- Übrige Arbeitsschritte in umgekehrter Reihenfolge durchführen.

1 Anzugsmoment M32 x 2. 10 Nm

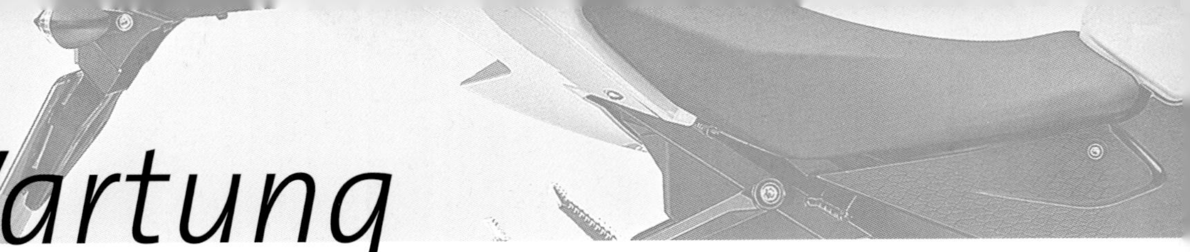

3 Wartung

3.7.1
Ventilspiel einstellen

- Das Ventilspiel wird mittels unterschiedlich dicker Distanzplättchen auf den Ventilschäften eingestellt.
- Ventilspiel ggf. mittels dünnerer oder dickerer Distanzplättchen in den Toleranzbereich bringen.
- Die Plättchen sind auf dem Ersatzteilweg über Ihren BMW-Händler zu beziehen.
- Nach Einbau der neuen Plättchen und vor Ausbau der Steuerketten-Spannvorrichtung die Steuerzeiten kontrollieren.

Kurbelwelle festlegen
- Verschluss-Schraube ausdrehen.
- Schraube mit neuer Dichtscheibe montieren, **Anzugsmoment** M10 x 1 .... 15 Nm

Kurbelwelle festlegen
- Kurbelwelle drehen bis Absteckbohrung sichtbar ist und die Markierungen auf Steuerkettenrad und Kurbelwellenrad fluchten. Absteckdorn 11 0 771 eindrehen.

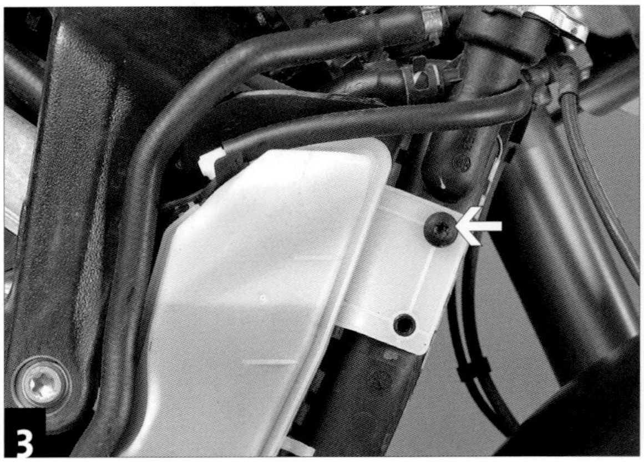

R: Ausgleichsbehälter lösen
- Schraube (Pfeil; 4 Nm) ausdrehen und Behälter mit Draht o.ä. sichern.
- Behälter wird mit einer Schraube befestigt, **keine zweite Schraube eindrehen**!

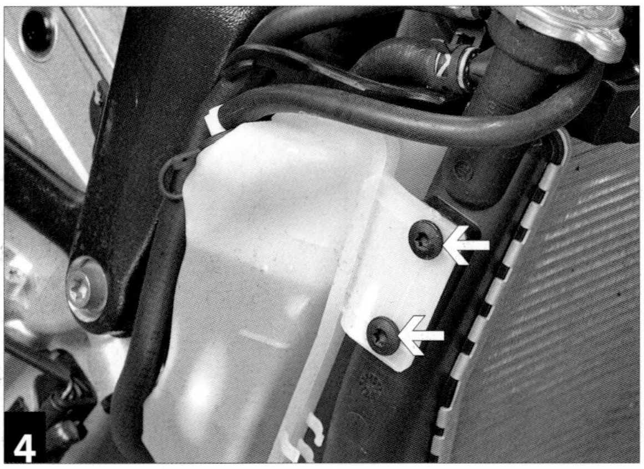

XR: Ausgleichsbehälter lösen
- Schrauben (Pfeile) ausdrehen und Behälter mit Draht o.ä. sichern.

Steuerkettenspanner
- Steuerkettenspanner ausdrehen.

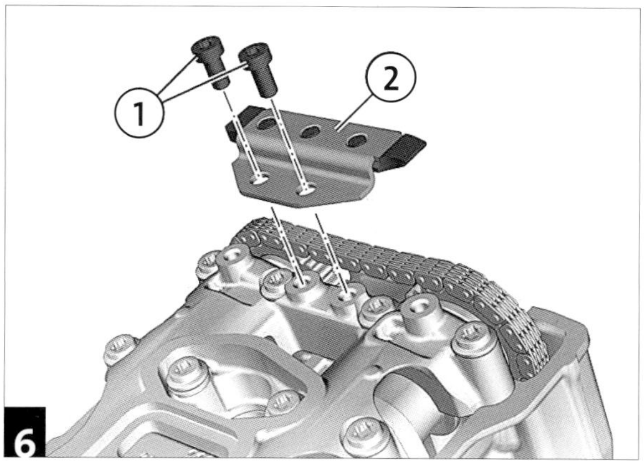

Obere Steuerketten-Gleitschiene

- Zwei Schrauben **1** ausdrehen und obere Steuerketten-Gleitschiene **2** abnehmen.

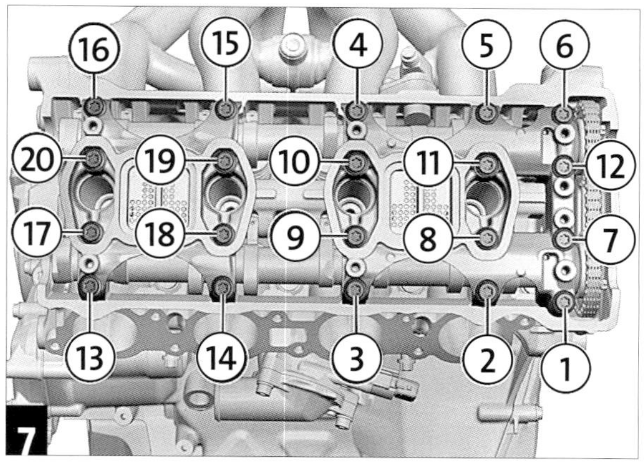

Nockenwellen-Lagerdeckel ausbauen

- Schrauben in der gezeigten Reihenfolge lösen und anschließend ganz ausdrehen.
- Auf Verbleib der Passhülsen, Stifte und vier O-Ringe achten.

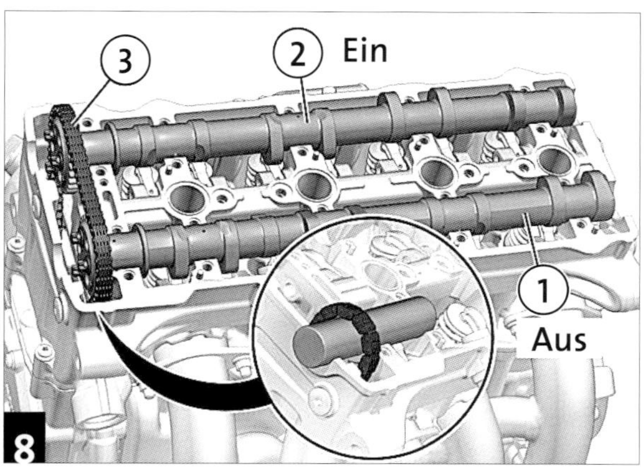

Nockenwellen

- Auslass- **1** und Einlassnockenwelle **2** anheben und aus Steuerkette **3** ausfädeln.
- Steuerkette **3** mit geeignetem Werkzeug gegen Abtauchen sichern (Lupe).

Einstellplättchen entnehmen

- Schlepphebel (Pfeil) hochklappen.
- Einstellplättchen mit Magnetheber abnehmen, Dicke mit Bügelmessschraube kontrollieren und durch passendes Plättchen (leicht geölt) ersetzen.

Auslassnockenwelle

- Die Auslassnockenwelle ist erkennbar am Gebernocken (Pfeil) für den Nockenwellensensor.

Nockenwellen einsetzen

- Nockenwellen mit leicht geölten Lagerstellen so einsetzen, dass Markierungen mit Dichtfläche fluchten.
- Stellung der Nocken **1** von Zylinder 1 beachten
- Zuerst Einlassnockenwelle einsetzen und Steuerkette straffziehen, dann Auslassnockenwelle einsetzen.

→

3 Wartung

3.7.1
Ventilspiel einstellen
Fortsetzung

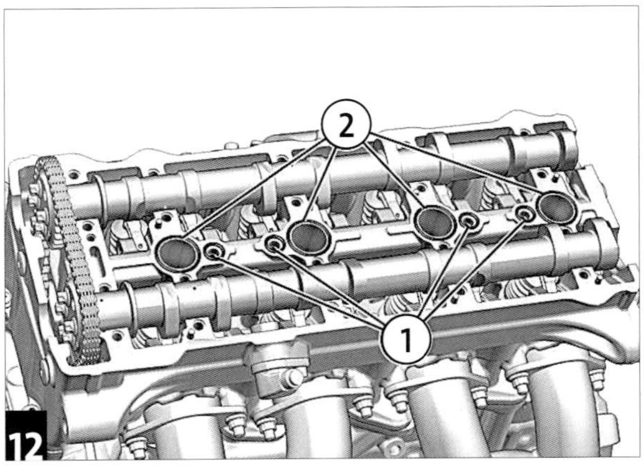

O-Ringe
- Vier kleine O-Ringe **1** und vier große O-Ringe **2** (wie immer so gut wie Neuzustand) leicht geölt einsetzen.

Nockenwellen-Lagerdeckel einbauen
- Passstift **1** und Passhülsen **2** einsetzen.
- Lagerstellen ölen und Lagerdeckel **3** aufsetzen.

Lagerdeckelschrauben
- Lagerdeckelschrauben locker eindrehen.
- Bei den gekennzeichneten Schrauben neue Dichtscheiben verwenden (siehe Bild 15).

Lagerdeckelschrauben
- Die inneren Lagerdeckelschrauben (siehe Bild 14) mit **neuen** Dichtscheiben (Pfeil) eindrehen.

Lagerdeckelschrauben
- Lagerdeckelschrauben in der gezeigten Reihenfolge anziehen.
  Anzugsmomente
  M7 x 38
  Voranzug. . . . . . .10 Nm
  Endanzug . . . . . . 15 Nm

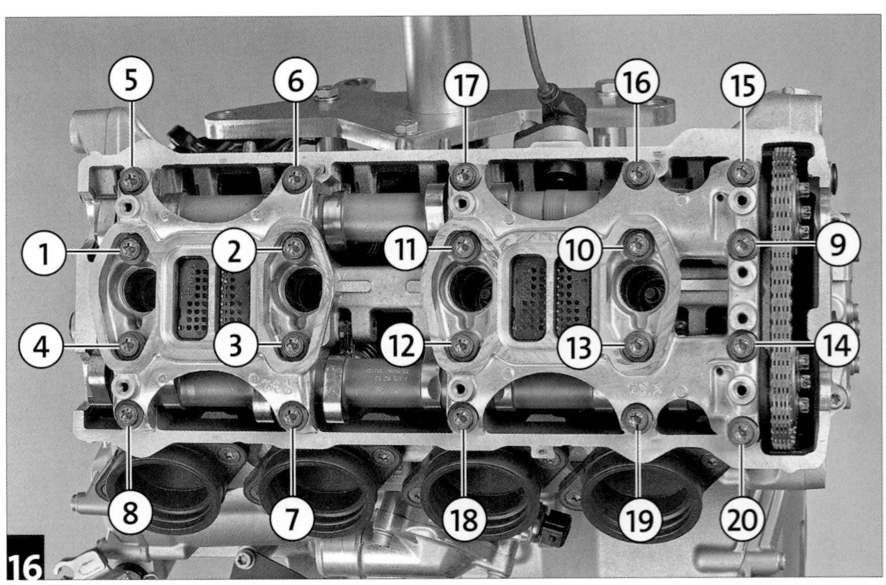

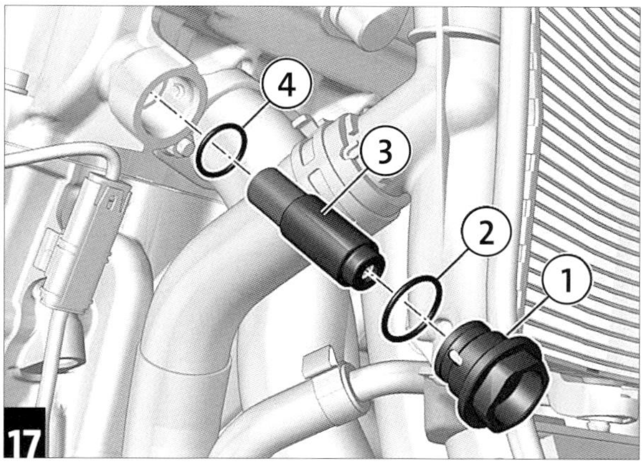

17

Steuerkettenspanner
- Steuerkettenspanner **3** mit O-Ring **4** einsetzen und Verschlussschraube **1** mit O-Ring **2** ein.

1 **Anzugsmoment** M24 x 1,5 .... 15 Nm

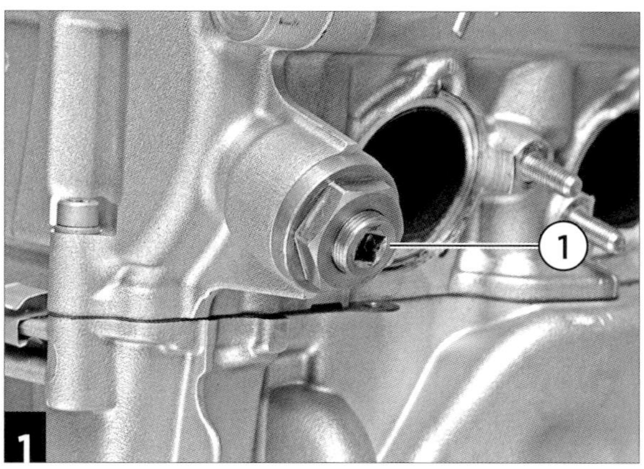

1

Steuerketten-Spannvorrichtung 11 0 773
- Spannvorrichtung handfest eindrehen. Dabei Spannschraube **1** soweit herausdrehen, dass sie die Kettenspannschiene nicht berührt. Anschließend Spannschraube **1** eindrehen (1,2 Nm).

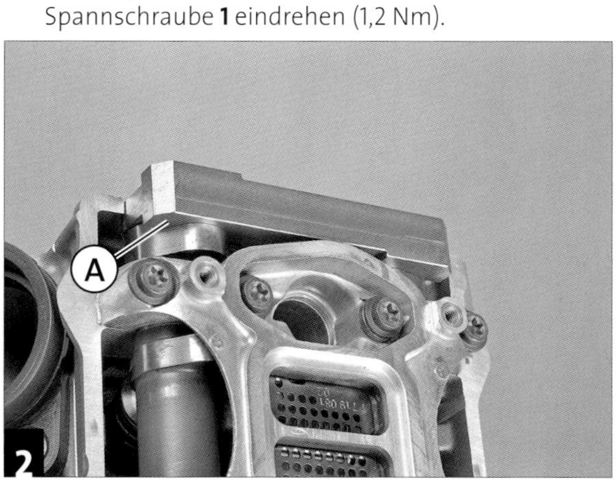

2

Kontrolle mit Absteckvorrichtung 11 0 772
- Absteckvorrichtung mit **A**-Seite auf das freie Ende der Nockenwellen aufsetzen. Falls Vorrichtung passt, Deckel drauf und gut. Falls nicht, Steuerzeiten einstellen (folgende Seite).

- Steuerkettenspanner montieren (Bild 17) und **Absteckdorn ausdrehen** (Bild 2 Seite 112).
- 👁 Motor vorsichtig durchdrehen (Bild 7 Seite 110) und die Freigängigkeit aller Teile kontrollieren.
- Im Anschluss Steuerzeiten kontrollieren (folgendes Kapitel). Aus diesem Grund die Verschluss-Bohrung des Absteckdorns noch nicht schließen.

3.7.2 Steuerzeiten kontrollieren/einstellen

- Die Steuerzeiten werden alle 30 000 Kilometer kontrolliert.
- Die **Spannvorrichtung** 11 0 773 simuliert den Druck, dem der Steuerkettenspanner bei laufendem Motor ausgesetzt ist, da er dabei auch noch vom umlaufenden Öldruck unterstützt wird.
- Steuerkettenspanner ausbauen (Bild 17 oben).

Kurbelwelle festlegen
- Kurbelwelle drehen bis Absteckbohrung sichtbar ist und die Markierungen auf Steuerkettenrad und Kurbelwellenrad fluchten. Absteckdorn 11 0 771 eindrehen (Bild 2 Seite 112).

Merke:
- Steuerzeiten **kontrollieren** mit der **A-Seite** der Absteckvorrichtung.
- Steuerzeiten **einstellen** mit der **B-Seite** der Absteckvorrichtung.

3.7.2
Steuerzeiten kontrollieren/einstellen
Fortsetzung

Steuerzeiten einstellen

3

Schrauben der Steuerkettenräder

- Schrauben **lockern**. Ggf. Kurbelwelle drehen, um alle Schrauben zu erreichen.
- Steuerkettenspanner ausdrehen (Bild 17; Seite 117).
  Anzugsmoment M7 x 12 10.9 .... 19 Nm

4

Steckschlüssel 11 0 774

- Steckschlüssel so ansetzen, dass Nut nach oben weist (Pfeil).

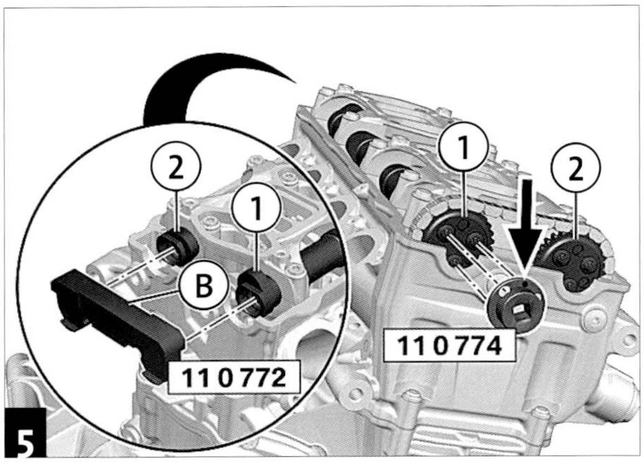

5

Schrauben der Steuerkettenräder

- Einlass-Nockenwelle **1** und Auslass-Nockenwelle **2** mit Schlüssel 11 0 774 drehen, bis sich die Absteckvorrichtung (**B**-Seite) aufschieben lässt.
- Steckschlüssel und Absteckvorrichtung abnehmen.
- Schrauben Bild 3 festziehen. Nockenwellen drehen, um alle Schrauben anzuziehen.
- Falls sich die Absteckvorrichtung nicht aufschieben lässt, Steuerkette, Kettenräder und Kettenschienen (Gleit- und Spannerschiene) auswechseln:
- Nockenwellen ausbauen (Kapitel 3.7.1).
- Kettengleitschienen ausbauen (werden ausgebaut ohne den Zylinderkopf auszubauen; Kapitel 10, Zylinderkopf Seite 176).

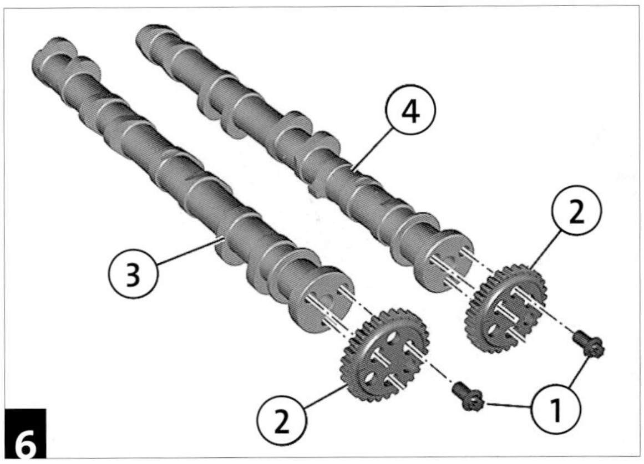

6

Kettenräder der Nockenwellen

- Schrauben **1** ausdrehen und Kettenräder **2** abnehmen.

3 Einlassnockenwelle
4 Auslassnockenwelle (siehe Bild 10 Seite 113).

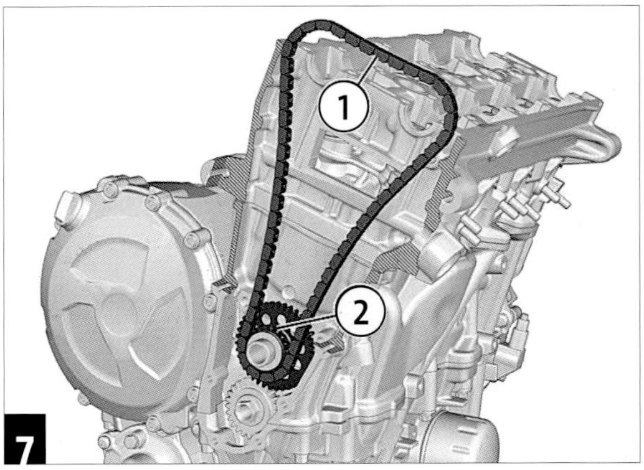

7

Steuerkette

- Steuerkette **1** vom Antriebsrad **2** abnehmen und herausfädeln.

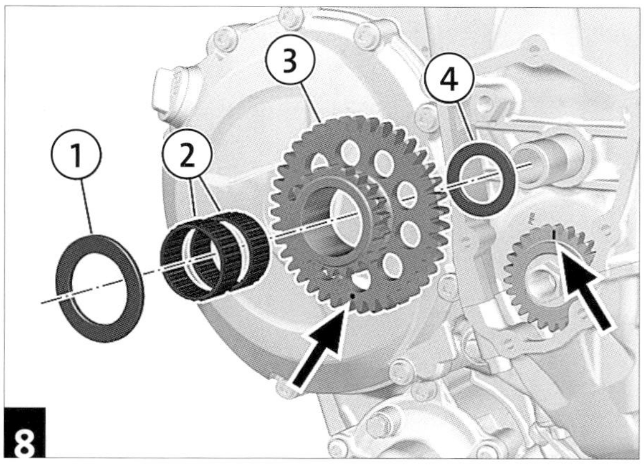

Antriebsrad und Lager
- Scheibe **1**, Nadellager **2**, Antriebsrad **3** und Anlaufscheibe **4** abnehmen.
- Umgekehrt montieren (leicht geölt). Dabei Markierungsflucht (Pfeile) beachten.

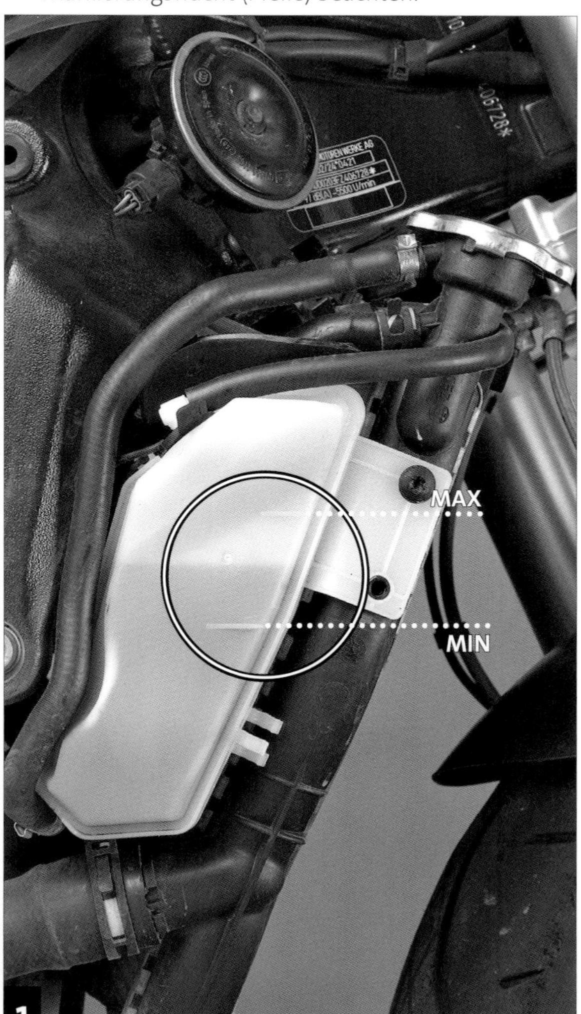

Kühlmittelstand
- Pegel am Ausgleichsbehälter prüfen. Dort ist der Bereich im Kreis einsehbar.
- Pegel muss zwischen MIN- und MAX-Markierung liegen.

- In umgekehrter Reihenfolge montieren. Dabei Schrauben Bilder 3 bzw. 6 Seite 116 noch nicht festziehen, sondern zuerst Steuerzeiten einstellen.
- Nockenwellen mit Absteckvorrichtung ausrichten, Kettenräder an Dichtfläche mit Markierung ausrichten (Bild 11 Seite 113).

3.8
Kühlmittelstand

Das Kühlsystem ist ein geschlossenes System. Der Ausgleichsbehälter dient zur Aufnahme des Kühlmittels, wenn es erwärmt wird und sich dann ausdehnt. Wenn das Kühlmittel wieder abkühlt und sich zusammenzieht, wird es vom Ausgleichsbehälter wieder »abgesaugt«.

! Spritzer auf der Haut und vor allem den Augen sofort mit Wasser abwaschen.

- Kühlmittelstand alle 10 000 Kilometer kontrollieren.
- Kühlmittelstand bei kaltem Motor kontrollieren.
- Maschine auf Hauptständer abstellen – sofern vorhanden. Andernfalls von Helfer Maschine senkrecht halten lassen.
- Pegel muss sich zwischen oberer (MAX) und unterer Markierung (MIN) befinden.
- Falls sich Kühlmittelstand unter der Minimum-Markierung befindet:
- Mittelteil und rechte Seitenverkleidung abnehmen.
- Ausgleichsbehälter mit einer Mischung aus weichem (entionisiertem/destilliertem) Wasser und handelsüblichem Frostschutzmittel für Leichtmetallmotoren und -kühler (Mischungsverhältnis 1:1) bis zur MIN-Markierung auffüllen.

! Nur nitritfreie Langzeit-Frost- und Korrosionsschutzmittel verwenden!

! Falls unterwegs »Notbefüllung« mit Leitungswasser (möglichst weiches Trinkwasser) vorgenommen werden muss, sobald wie möglich komplettes System mit entionisiertem/destilliertem Wasser durchspülen und neu befüllen. Die im Leitungswasser gelösten Mineralien verursachen Ablagerungen und Korrosion der Kühlkanäle.

- Komplettes System bei gelegentlicher Verkleidungsdemontage und betriebswarmer Maschine im Leerlauf auf Dichtheit sichtprüfen sowie Festsitz der Schlauchschellen kontrollieren.
- Schmutz, der sich in den Kühlerlamellen festgesetzt hat, mit weichem (!) Wasserstrahl oder Druckluft von der Rückseite nach vorn herausspülen.

3 Wartung

3.8 Kühlmittelstand

Fortsetzung

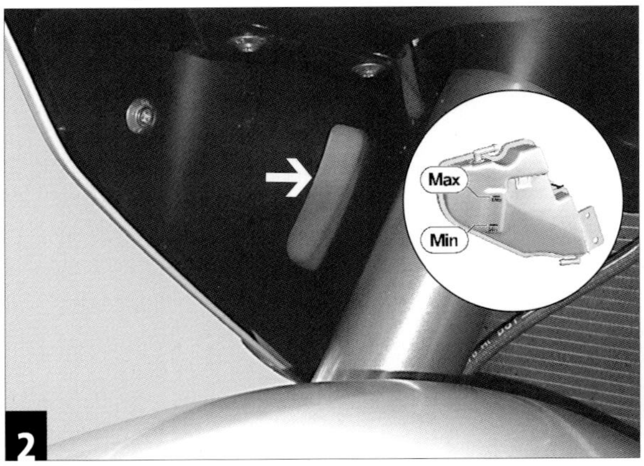

Kühlmittelstand RR

- Rechts innen an der Verkleidung Kühlmittelstand kontrollieren.

Kühlmittelstand R

- Rechts außen an der Verkleidung Kühlmittelstand kontrollieren.

- Falls der Kühlmittelstand übermäßig und/oder häufig sinkt, Farbe der Abgase im Auge behalten. "Weißes" Abgas ist ein Hinweis auf eine defekte Zylinderkopfdichtung. Ein ins Abgas gehaltener Stofflappen wird feucht.
- Undichtheit des Systems kann mit dem Druckprüfungstest festgestellt werden (3.8.2 Seite 120).
- Ein weiterer Grund kann eine defekte Wasserpumpe sein, siehe Ablaufbohrung/Bild 7.

Kühlmittelstand XR

- Rechts außen an der Verkleidung Kühlmittelstand kontrollieren.

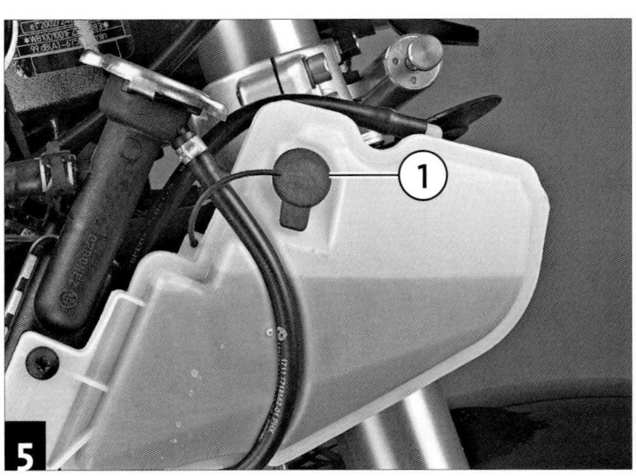

RR: Ausgleichsbehälter

- Deckel **1** abziehen und Kühlflüssigkeit bis zur Mitte zwischen MIN und MAX auffüllen.
  RR-Pegelmarkierungen siehe Bild 2.

R/XR: Ausgleichsbehälter

- Deckel **1** abziehen und Kühlflüssigkeit bis zur Mitte zwischen MIN und MAX auffüllen.

Ablaufbohrung der Wasserpumpe

- Einbaulage: rechts unter Kupplung.

Ablaufbohrung

- An der Unterseite der Wasserpumpe (Pfeil Bild 7) befindet sich eine Ablaufbohrung. Wenn sich hier Wasser massiv sammelt, bzw. austritt, sind die Dichtringe defekt, die das Kühlmittel vom Motoröl und umgekehrt trennen. Damit das Kühlmittel nicht das Motoröl verdünnt, tritt hier das Kühlmittel aus.
- Bei Leckage wird die Pumpe komplett getauscht. Siehe Seite 166.

3.8.1 Kühlmittelwechsel

Es gibt seitens des Werks keine Angaben über einen turnusmäßigen Wechsel des Kühlmittels, trotzdem ist der gelegentliche Wechsel empfehlenswert.

- Kühlmittel mindestens alle vier Jahre wechseln.
- Motorrad sicher aufbocken.
- RR: Rechte Seitenverkleidung abnehmen (Seite 73).
- Auffanggefäß unter die Wasserpumpe stellen.

! Nicht an der heißen Kühlflüssigkeit verbrühen, sondern Kühlflüssigkeit erst abkühlen lassen.

Kühlmittel ablassen

- Schlauchschelle mit passender Zange lösen und Schlauch abziehen. Verschlussdeckel **1** Bild 3 Seite 120 abnehmen und Kühlflüssigkeit auslaufen lassen.

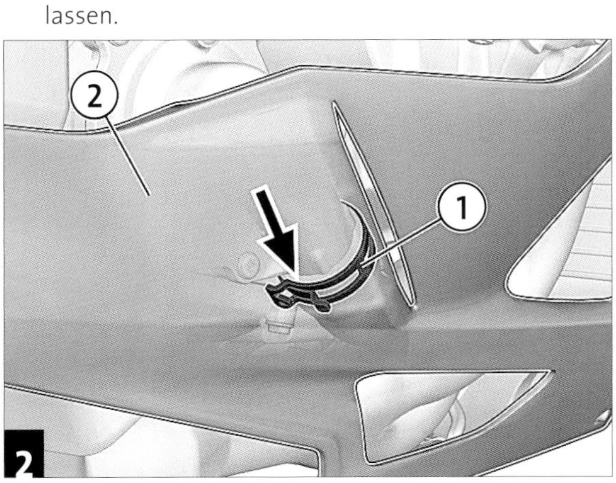

Schlauchschelle

- Schlauchschelle **1** so anbringen, dass Werkzeugangriff (Pfeil) nach unten weist und nicht mit der Verkleidung **2** in Berührung kommt.

Kühlmittel

Mischung aus weichem (entionisiertem/destilliertem) Wasser und handelsüblichem Frostschutzmittel für Leichtmetallmotoren und -kühler (Verhältnis 1:1).

Füllmenge

Kühlmittelkreislauf gesamt .... 2,9 l

Kühlmittel einfüllen

- Motorrad auf Seitenständer stellen, der Einfüllstutzen ist so der höchste Punkt des Systems.
- Kühlmittelschlauch wieder auf Stutzen aufschieben und mit Schlauchschelle sichern.

3 Wartung

3.8.1 Kühlmittelwechsel
Fortsetzung

- Ausgleichsbehälter bis zur Mitte zwischen MIN/ MAX-Markierung befüllen.
- Motor starten, kurz laufen lassen und entlüften (Bild 4).
- 👁 Pegel kontrollieren und ggf. nachfüllen (vorige Seiten).

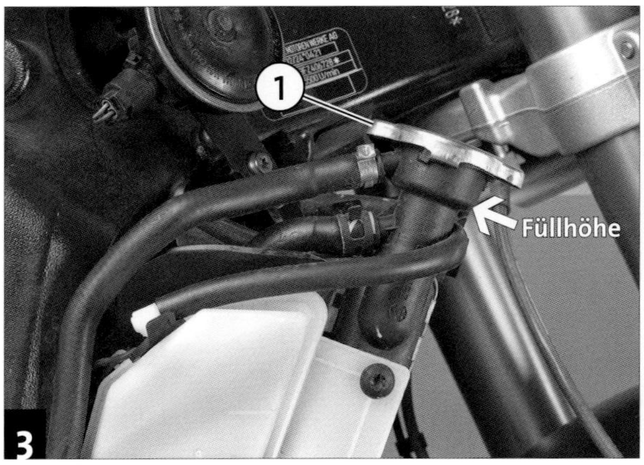

Kühlerdeckel rechts am Kühler
- Kühlerdeckel **1** abnehmen und Kühlmittel bis zur gezeigten Füllhöhe auffüllen. Dabei Wasserschläuche kneten.

Entlüfterschraube an Wasserpumpe
- Entlüfterschraube ausdrehen und Kühlmittel austreten lassen, bis keine Luft mehr Austritt. Schraube mit **neuer** Dichtscheibe **1** eindrehen.

1 **Anzugsmoment** M6 x 10 .... 6 Nm

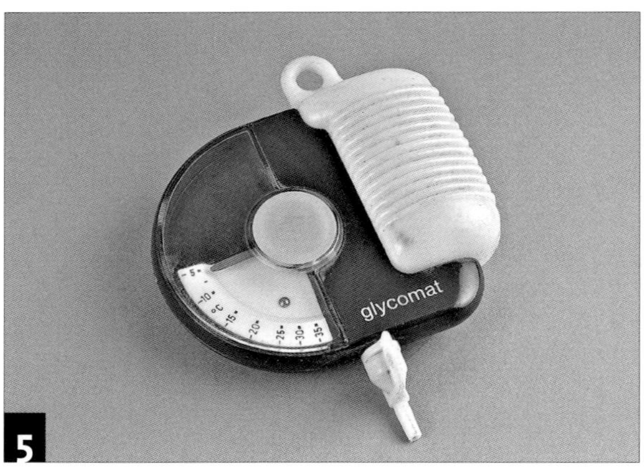

Kühlmitteltester
- Stellt die Qualität des Kühlmittels fest.
- Das Kühlmittel muss für Temperaturen bis - 30 °C geeignet sein.

Kühlmittel-Qualität
- Spätestens im Herbst die Zusammensetzung des Kühlmittels prüfen, um ausreichenden Frostschutz zu gewährleisten (im Bild F 650 GS-Einzylinder).

3.8.2 Dichtheitsprüfung

- Kühlerverschlussdeckel abnehmen.
- Adapter (BMW-Nr. 17 5 521) mit Pumpe (BMW-Nr. 17 0 002) am Einfüllstutzen anbringen.
- Mit der Pumpe Druck aufbauen.
- 👁 Der Druck muss 5 Minuten aufrecht erhalten bleiben.
  Prüfdruck .... 2 bar
- 👁 Ggf. komplettes System auf Leck(s) absuchen und beseitigen.

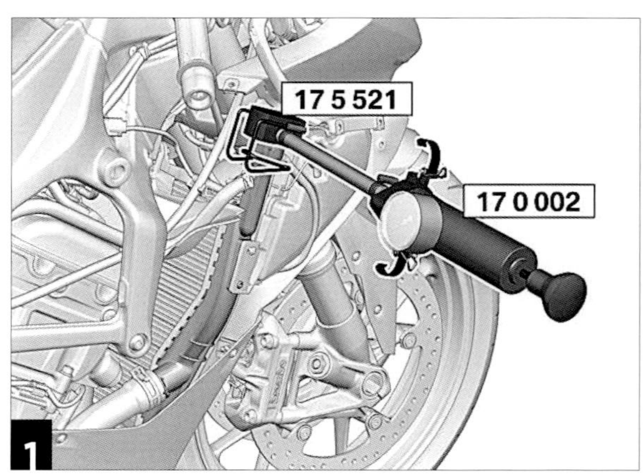

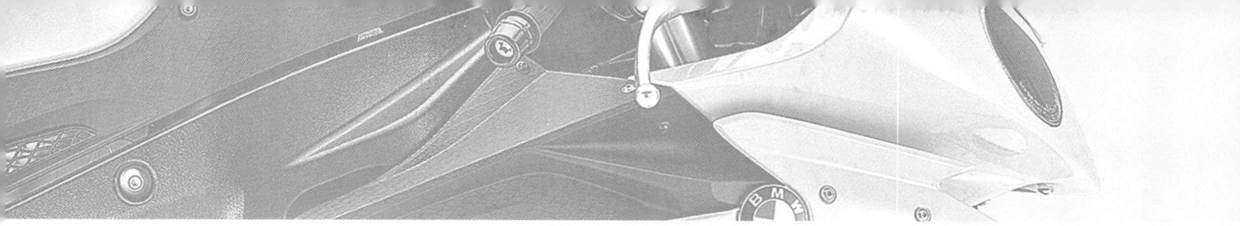

3.9 Bremsanlage

! Wartungsarbeiten an der Bremshydraulik nur bei fundierten Vorkenntnissen vornehmen.
! Beim geringsten Zweifel am eigenen Können ist die Fachwerkstatt die bessere Wahl.

3.9.1 Belagkontrolle

Auch die beste Bremse funktioniert nur mit ordentlichen Belägen. Deshalb regelmäßig kontrollieren!

- Bremspedal/-hebel betätigen, damit Beläge an Bremsscheibe anliegen.
- **Sichtprüfung vorn** von hinten/oben durchführen.
- **Sichtprüfung hinten** von hinten durchführen.
- **XR:** Zur Sichtprüfung hinten sind am Belagstift Rillen angebracht, wobei die letzte Rille **4** Bild 6 Seite 122 die Verschleißgrenze markiert.

! Im Zweifelsfall Beläge lieber zu früh als zu spät mit zerschrappter Bremsscheibe wechseln!
! Bremsbeläge nur im Satz auswechseln, auch wenn nur ein Belag (je Sattel) die Verschleißgrenze erreicht hat.

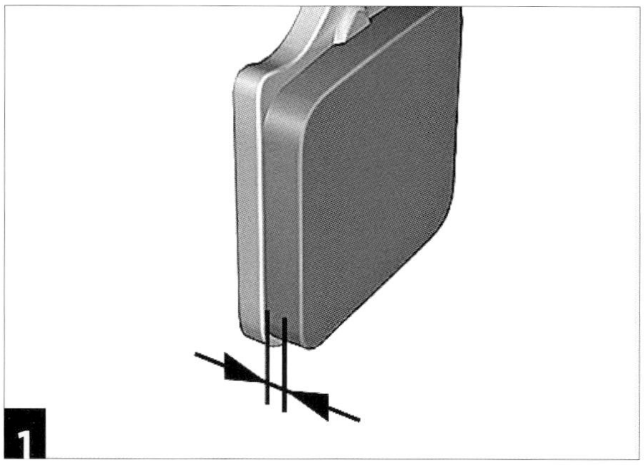

Belagkontrolle

👁 Dicke der Beläge sichtprüfen. Im Zweifelsfall Beläge ausbauen und messen.
Verschleißgrenze vorn .... 0,8 mm
Verschleißgrenze hinten/XR auch vorn ..... 1,0 mm

3.9.2 Belagwechsel

Belagwechsel vorn

! Bei ausgebautem Bremssattel Pedal oder Hebel nicht betätigen, damit Kolben nicht herausfahren.
! Immer nur Kolben eines Sattels zurückdrücken und gegenüberliegenden Bremssattel auf der Bremsscheibe belassen, damit die Kolben nicht herausfahren oder verkanten.

- Bremskolben mit **alten** Bremsbelägen mit geeigneten Werkzeug in den Sattel eindrücken, um Platz zu machen für neue, dicke Beläge.
  Im Zubehörhandel und beim BMW Motorradpartner sind dafür Kolbenrücksetz-Vorrichtungen erhältlich, die dann bei ausgebauten Belägen eingesetzt werden.

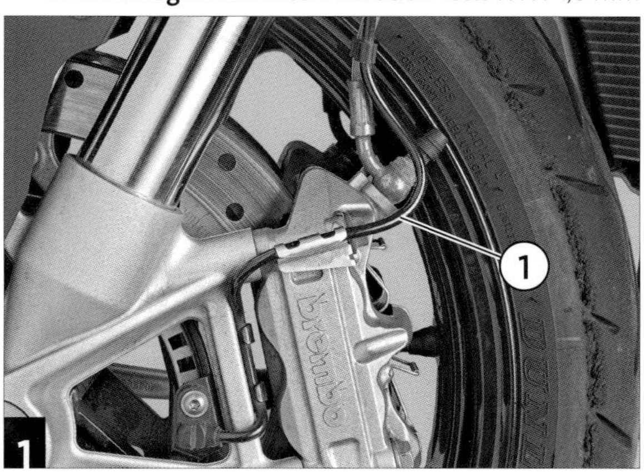

RR/R: Bremssattel vorn links

- Kabel **1** des ABS-Sensors (Raddrehzahlsensor) aus Halterungen freilegen.

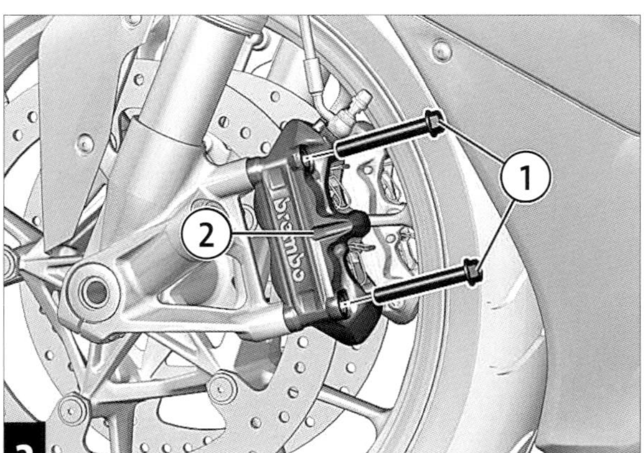

RR/R: Bremssattel

- Schrauben **1** ausdrehen und Bremssattel **2** abnehmen.

1 Anzugsmoment M10 x 65.................... 38 Nm

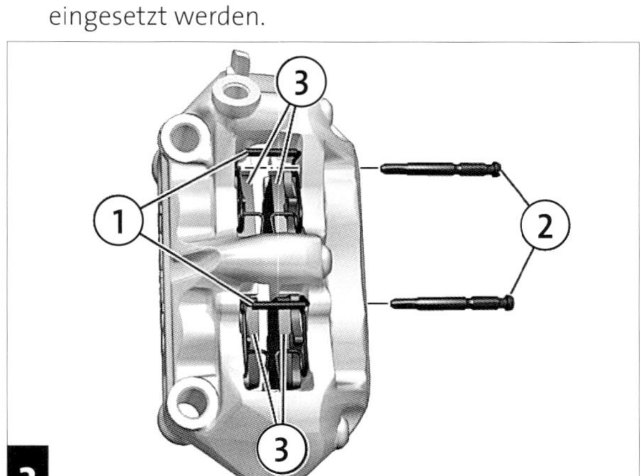

Bremssattel RR und R

- Bügel **1** nach vorn und unten drücken, Stifte **2** herausziehen und Beläge **3** nach unten herausnehmen.

→

3 Wartung

3.9.2 Belagwechsel

Fortsetzung

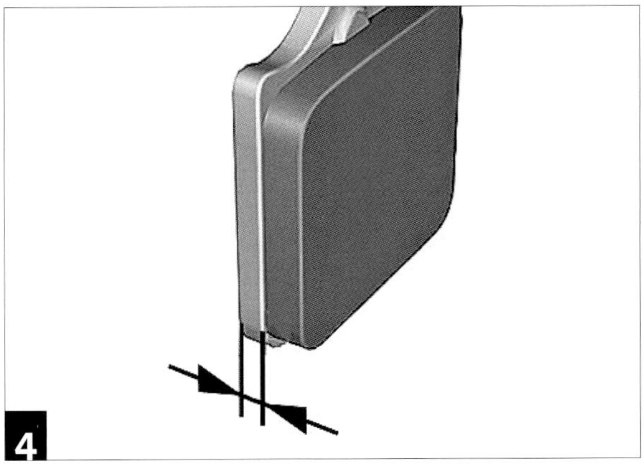

4

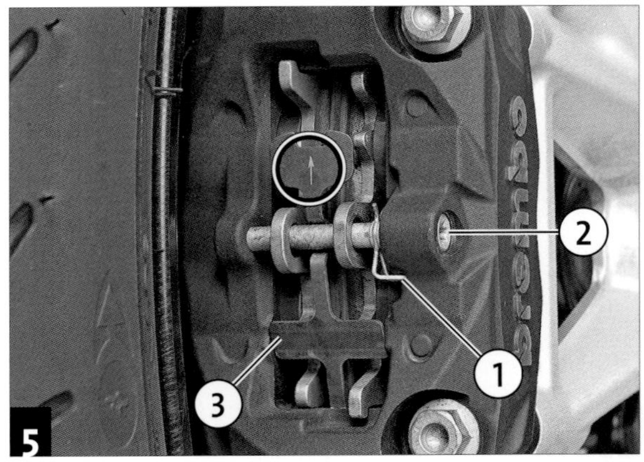

5

Bremsbelag RR und R

! Nur Bremsbeläge verwenden, deren Trägerplatte mindestens 4,5 mm dick ist.

- Neue Beläge einsetzen und umgekehrt montieren.

Belagwechsel hinten

! Bei ausgebautem Bremssattel/-belägen Pedal oder Hebel nicht betätigen, damit Kolben nicht herausfahren.

- **Bild 6**: Sicherungssplint **1** herausziehen und Belagstift **2** mit passendem Durchschlag nach innen austreiben. Beläge **3** nach hinten herausnehmen.
- **XR:** Letzte Rille **4** markiert die Verschleißgrenze.

> ! Nach Einbau der neuen Beläge am Hebel/Pedal pumpen, bis die Beläge an der Bremsscheibe anliegen und der Druckpunkt klar spürbar ist. Erst dann ist das System betriebsbereit!

Bremssattel XR vorn

- Sicherungssplint **1** herausziehen und Belagstift **2** ausdrehen. Federblech **3** (Pfeil weist in Drehrichtung) abnehmen.
- Beläge nach oben aus Bremssattel herausnehmen.

6

Belagwechsel hinten

- Bremssattel mit der Kolbenseite von Hand gegen Bremsscheibe drücken (Pfeil), um Platz zu machen für neue, dicke Beläge.

3.9.4 Dicke der Bremsscheibe

! Eine unterschiedlich dicke Bremsscheibe verursacht Bremsrubbeln (→ schlechte Dosierbarkeit).

! Eine zu dünne Bremsscheibe kann die Wärme nicht mehr ausreichend abführen und sich dadurch verziehen oder gar brechen.

Neuzustand vorn/hinten .... 5,0 mm
Verschleißgrenze vorn/hinten .... 4,5 mm

- Bremsscheiben wechseln siehe Seite 225.

1

Bremsscheibendicke prüfen

- Dicke der Bremsscheibe an mehreren Stellen kontrollieren (etwa alle 90°/innen – außen).

👁 Messschieber-Genauigkeit genügt, allerdings sind damit keine "punktuellen" Maße feststellbar.

Bremsflüssigkeitsbehälter vorn
👁 Pegel muss sich zwischen MIN und MAX befinden.

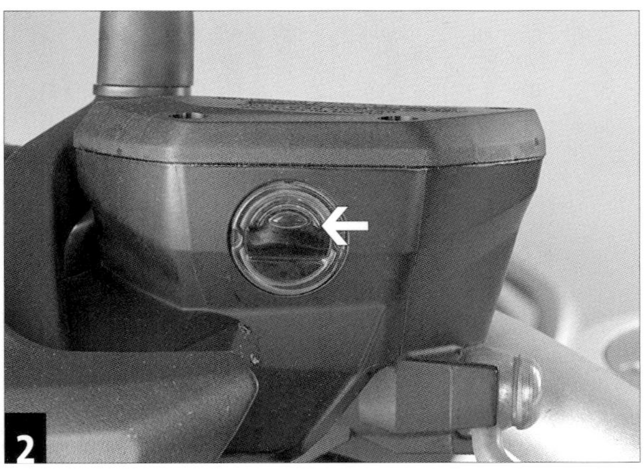

XR: Bremsflüssigkeitsbehälter vorn
- Pegel (Pfeil) muss immer sichtbar sein.

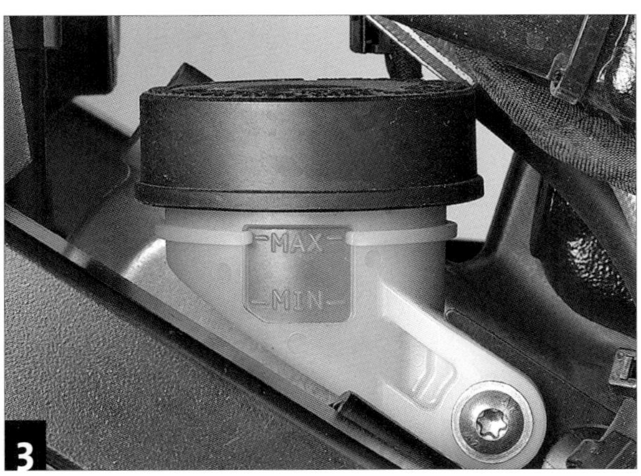

Bremsflüssigkeitsbehälter hinten
👁 Pegel muss sich zwischen MIN und MAX befinden.

3.9.4
Bremsflüssigkeit

! Das Volumen der Bremsflüssigkeit im Ausgleichsbehälter reicht aus, um die Beläge von »neu« bis zur Verschleißgrenze unter Druck zu setzen.
- Bremshebel betätigen, bis Druckpunkt deutlich spürbar ist (Druck aufbauen).

! Falls dazu mehr als der halbe Hebelweg oder gar »Nachpumpen« notwendig ist, ist Entlüften des Hydrauliksystems dringend angeraten.
- Lenker so einschlagen, bzw. Fahrzeug so aufbocken (Hinterradbremse), dass Bremsflüssigkeitsbehälter waagerecht steht.

👁 Pegelstand kontrollieren (Bilder 1 bis 3).

! Falls sich Pegel unterer MIN-Markierung nähert, zuerst Belagstärke der Bremsklötze kontrollieren (Bremsbelagverschleiß wird mit nachfließender Hydraulikflüssigkeit ausgeglichen).
- Falls Bremsbeläge nicht abgenutzt sind und wenn Flüssigkeitsstand rasch absinkt, komplettes System unter Druck setzen und nach Undichtigkeiten – hier vor allem die Schlauchanschlüsse – absuchen.

Bremsflüssigkeit wechseln und entlüften

! Bremsflüssigkeit der Qualität **DOT 4** verwenden!
- Lumpen für vertrielte Bremsflüssigkeit bereithalten.

! Beim Öffnen des Deckels muss Behälter waagerecht stehen, damit keine Bremsflüssigkeit überschwappt, die sich sehr aggressiv verhält und Lack angreift.

! Vertrielte Bremsflüssigkeit sofort abwischen!

! Es dürfen keine Fremdkörper in das System oder den Ausgleichsbehälter gelangen!
- Da sich Bremsflüssigkeit hygroskopisch verhält, (Wasser anzieht), muss Behälter immer gut verschlossen sein (der Siedepunkt sinkt sonst und führt so zu Dampfblasenbildung → Luft im System).
- Zum Nachfüllen Deckel abnehmen (Bilder 4 bis 6 folgende Seite).
- Deckel und Faltenbalg/Membran abnehmen.
- Rand des Vorratsbehälters säubern. Deckel mit einwandfreiem Faltenbalg/Membran montieren.

! Das Entlüften einer ABS-Bremsanlage ist beim geringsten Zweifel an den eigenen Fähigkeiten der BMW-Werkstatt vorbehalten! Andernfalls besteht die Gefahr, dass Restluft im Regelkreis des ABS-Systems verbleibt!

! Das Entlüften »von Hand« am Hebel oder Pedal dauert mit ABS wesentlich länger als bei einem normalen Bremssystem.

! Bremsflüssigkeit alle zwei Jahre erneuern und System entlüften.
- Fahrzeug sicher aufbocken.
- Deckel des Bremsflüssigkeitsbehälters samt Membran abnehmen.
- Kolbenseite des Bremssattels hinten von Hand gegen Bremsscheibe drücken, damit der Raum für die alte Bremsflüssigkeit möglichst klein wird. Dabei erhöht sich zwangsläufig der Pegel im Vorratsbehälter. Vor Überlaufen der Flüssigkeit wie folgt beschrieben absaugen!

→

3 Wartung

3.9.4
Bremsflüssigkeit
Fortsetzung

- Alte Bremsflüssigkeit mit Einwegspritze o. ä. absaugen, damit nicht die komplette alte Flüssigkeit durch die Leitung durchgepumpt werden muss. Dabei darauf achten, dass Nachlaufbohrung am Boden des Vorratsbehälters nicht »trocken läuft« und immer mit Bremsflüssigkeit bedeckt bleibt.
- 8-mm-Ringschlüssel und passenden, durchsichtigen Schlauch über das Entlüftungsventil am Bremssattel (hinten wie vorn) stülpen. Schlauch im Auffanggefäß enden lassen.
- Bei geöffnetem Entlüftungsventil kann es vorkommen, dass Bremsflüssigkeit am Gewinde des Entlüftungsventils austritt.
  Deshalb Putzlappen zum sofortigen Abwischen der Bremsflüssigkeit bereithalten, die keinesfalls auf Bremsbeläge oder -scheiben gelangen darf (ähnliche Wirkung wie Öl auf Bremsbelägen!).
- Behälter mit frischer Flüssigkeit auffüllen.
- Bremshebel anziehen (bei Luft in der Leitung gegebenenfalls mehrmals pumpen, bis Druck im System aufgebaut ist) und Entlüftungsventil mit $^1/_4$ bis $^1/_3$ Umdrehung gegen Uhrzeigersinn öffnen. Am Ende des Pumpvorgangs Hebel gezogen halten und Entlüftungsventil schließen.
  Anzugsmoment .... 7 Nm
- Pumpbewegungen am Bremshebel fördern so Flüssigkeit zum Auffanggefäß.
- Schön langsam pumpen. Hebel zwischendurch immer einige Sekunden in Ruhestellung belassen, um zu gewährleisten, dass sich System luftfrei füllt.
- Hebel wieder anziehen und sobald Druckpunkt spürbar, Ventil wieder öffnen und schließen wie beschrieben.
- Währenddessen in Behälter Bremsflüssigkeit nachgießen, damit keine Luftbläschen ins System gelangen können (sobald Nachlaufbohrung frei ist, gelangt Luft in Leitung). So wird mit neuer Bremsflüssigkeit die alte weggespült.
- Tritt am Entlüftungsventil keine Luft bzw. trübe alte Bremsflüssigkeit mehr aus, wie beschrieben Bremshebel/-pedal noch einmal langsam anziehen und gleichzeitig Entlüftungsventil schließen.
- Mit **neuen** Belägen Bremsflüssigkeit bis MAX auffüllen und Behälter mit Deckel schließen.

TIPP
Eine Erleichterung kann darin bestehen, den Lenker so einzuschlagen, dass die Nachlaufbohrung der Pumpe am höchsten Punkt steht und der Pumpenzylinder außen nach oben steht.
Dann kann mit leichtem Hebeldruck (Hebel nicht ganz anziehen) »nach oben« entlüftet werden (Luftbläschen treten durch Nachlaufbohrung im Ausgleichsbehälter nach oben aus; Bild 7).

👁 In hartnäckigen Fällen Verlauf der Schläuche kontrollieren und auf eventuelle Luftpolster achten.

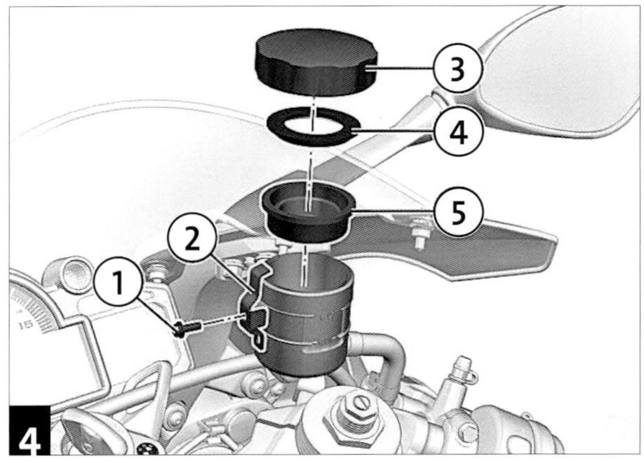

Bremsflüssigkeitsbehälter vorn
- Schraube **1** ausdrehen und Bügel **2** abnehmen.
- Deckel **3** ausdrehen, Stützscheibe **4** und Faltenbalg **5** abnehmen. Behälter entleeren (mit Spritze absaugen) und reinigen.

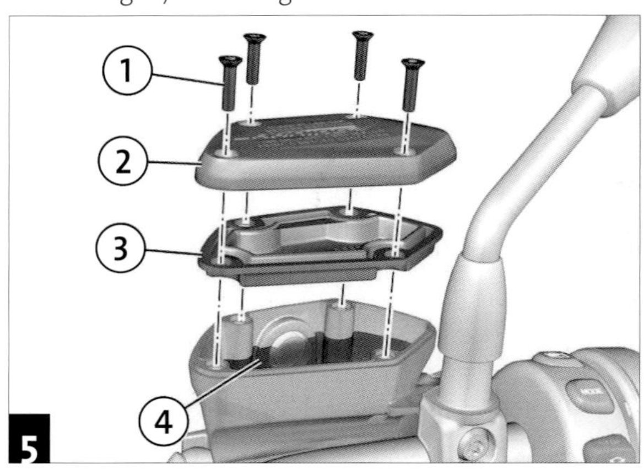

XR: Bremsflüssigkeitsbehälter vorn
1 Deckelschrauben
2 Deckel
3 Membran
4 Bremsflüssigkeit

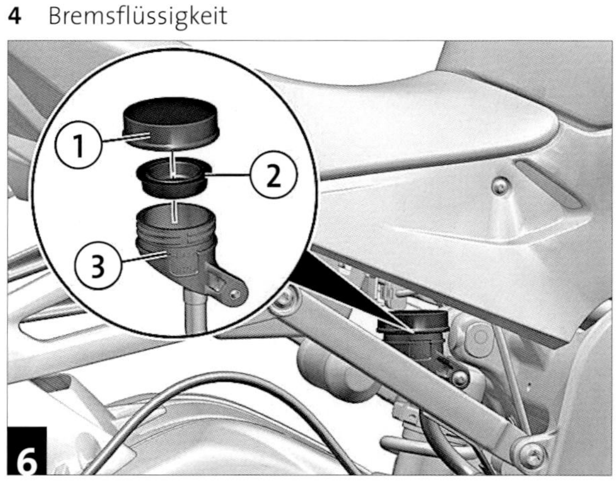

Bremsflüssigkeitsbehälter hinten
- Deckel **1** ausdrehen und Faltenbalg **3** abnehmen.
- Behälter **3** entleeren (mit Spritze absaugen) und reinigen.

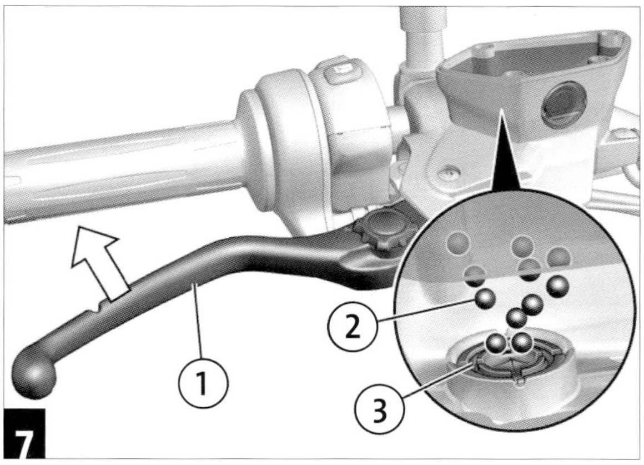

Nach oben entlüften

- Bei kurz ausgeführten kleinen Hüben am Hebel **1** treten an der Nachlaufbohrung **3** kleine Bläschen **2** aus.

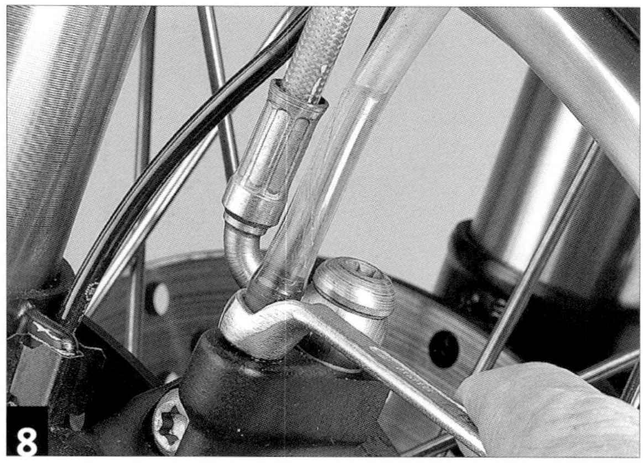

Bremse entlüften

- Entlüftungsventil mit $\frac{1}{4}$ bis $\frac{1}{3}$ Umdrehung gegen Uhrzeigersinn öffnen.
  Anzugsmoment .... 7 Nm

- **Bild 8** ist eine Beispieldarstellung von der 1200er GS.

Entlüfter vorn

- Entlüfter vorn mit Gummikappe (einer je Bremssattel...).

Entlüfter hinten

- Entlüfter hinten mit Gummikappe.

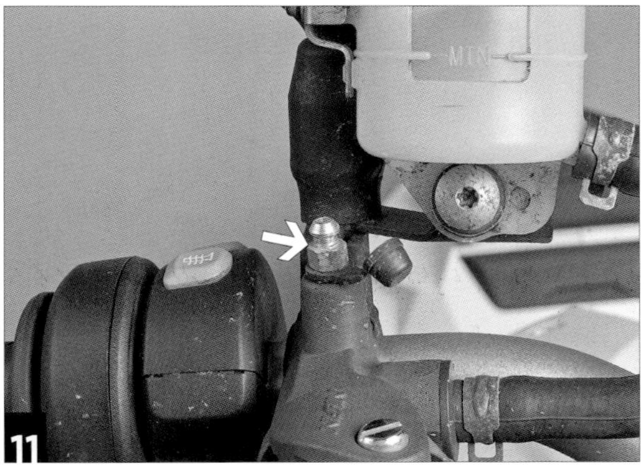

Entlüfter oben

- Lenker so einschlagen, dass Entlüfter an der Handpumpe der höchste Punkt des Systems ist. Abschließend hier entlüften.

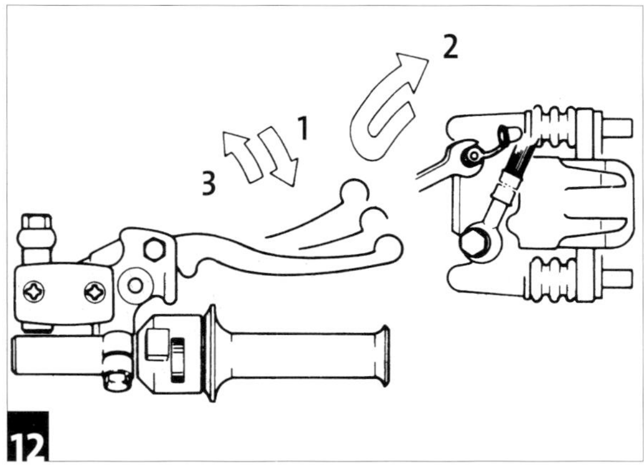

Hydrauliksystem entlüften

1 Hebel/Pedal anziehen.
2 Ventil öffnen ($\frac{1}{4}$ bis $\frac{1}{3}$ Umdrehung) und gleich wieder schließen.
3 Hebel/Pedal herauslassen.

3 Wartung

3.10 Rollenkette

- Kette putzen lohnt, bei der Leistung und beim Sprit. Und natürlich bei der Lebensdauer der Kette.
- ! Antriebskette niemals bei laufendem Motor prüfen oder einstellen.
- ! Kette nicht mit Hochdruckreiniger (Dampfstrahler) reinigen, da das Wasser an den O-Ringen vorbei zwischen die Bolzen und Rollen dringt.
- Motorrad in Neutral schalten und auf Hauptständer stellen (Hinterrad frei), so ein Hauptständer vorhanden. Andernfalls mit Werkstattständer (siehe Seite 66 Bild 12) aufbocken. Auf jeden Fall für sicheren Stand und frei drehendes Hinterrad sorgen!

Bild 1 ist Beispielbild anhand der famosen F 650 GS...

- Auffanggefäß für abspritzende Reinigungsflüssigkeit unter Kette unterstellen (Reifen mit Pappe o. ä. abdecken).
- Je nach Verschmutzungsgrad Kette mit Spray-Öl oder Diesel-Kraftstoff und hartem Pinsel reinigen. Anschließend Kette mit handelsüblichem O-Ringketten-Spray balsamieren und einziehen lassen.
- Überschüssige Spray-Rückstände abwischen.

Durchhang einstellen

- Fahrzeug unbelastet auf Seitenständer stellen.
- 👁 Durchhang in der Mitte zwischen Motorritzel und Kettenblatt an mehreren Stellen der Kette prüfen, um die Stelle mit straffster Kettenposition zu finden, da sich Kette meist ungleichmäßig längt.
- Kette darf sich an straffster Stelle um die angegebenen Werte von Hand nach oben und unten drücken lassen (Bild 1).
- ! Bei zu großem Kettendurchhang können Schwinge oder das Motorgehäuse beschädigt werden.
- ! Der Kettendurchhang darf keinesfalls weniger als der Mindestwert betragen: Gefahr durch stoßartige Drücke für Getriebe-Abtriebslager!
- Zum Einstellen des Durchhangs links Achsmutter **1** Bild 2 lockern.
- Einsteller **3** auf beiden Seiten im Uhrzeigersinn um gleiche Anzahl von Umdrehungen weiterdrehen, bis Kette korrekten Durchhang erreicht.
- Darauf achten, dass die Positionen der Führungsstücke links und rechts mit den Einstellmarken im Markierungsfenster (Skala **2** Bild 3) übereinstimmen.
- ! Bei schräg laufendendem Rad/Kettenblatt verschleißt die Kette extrem schnell.
- Hinterachsmutter **1** (100 Nm) anziehen.
- Gegenmutter **2** der Einsteller **3** anziehen (BIld 2; 19 Nm).
- Als letzte Kontrolle Motorrad vom Ständer nehmen, aufsitzen und Durchhang prüfen.
- ! Kette darf keinesfalls voll gespannt sein. Die Kette hat den geringsten Durchhang, wenn die Achsen von Ritzel, Schwinge und Hinterrad auf einer Linie liegen – also eingefedert –, und auch so muss noch ausreichendes Spiel vorhanden sein!

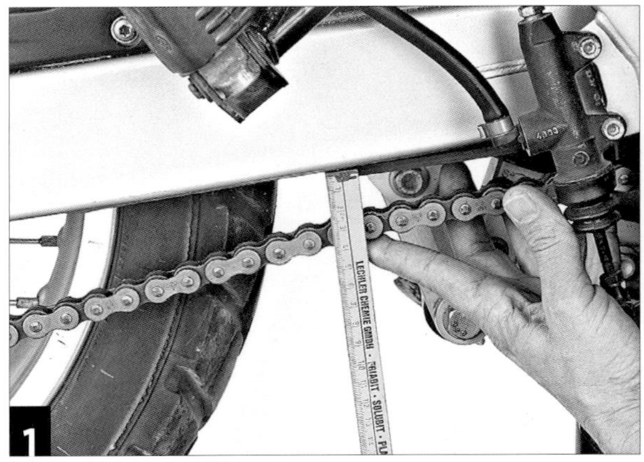

Kettendurchhang unbelastet auf Seitenständer prüfen

- In der Mitte zwischen Rad- und Ritzelachse messen.
  Sollwert RR .... 40 – 50 mm
  Sollwert R/XR mit Tieferlegung .... 35 – 45 mm
  Sollwert XR .... 45 – 50 mm

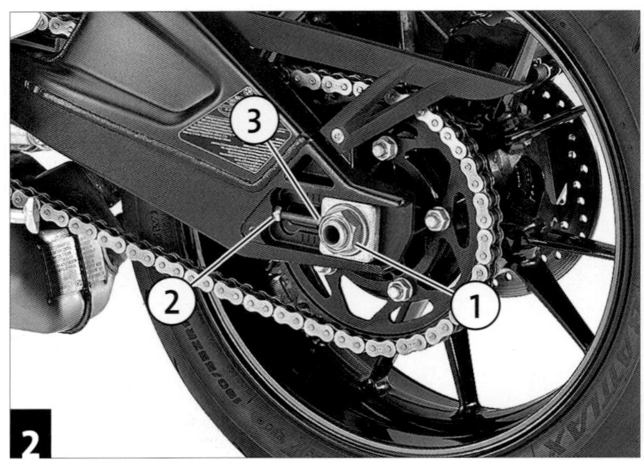

- Achsmutter **1** lockern. **Beidseitig** Gegenmuttern **2** lockern und Einsteller **3** gleichmäßig schrittweise ausdrehen, bis Durchhang korrekt ist.

1 M24 x 16 .... 100 Nm
2 M8 .... 19 Nm

- 👁 Führungsstücke **1** der Achse links und rechts mittels Skala **2** auf gleiche Stellung ausrichten.

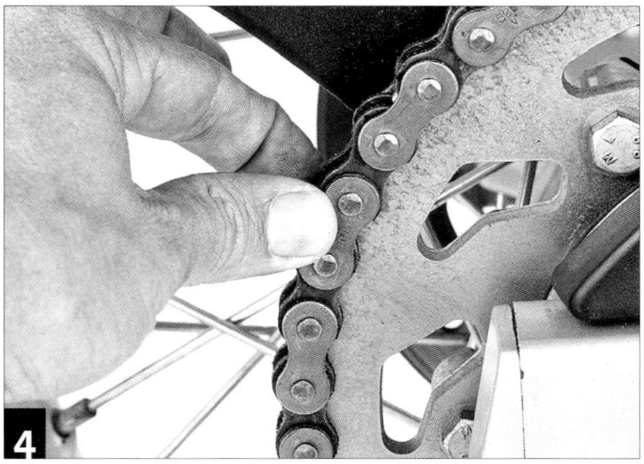

Kettensatz-Verschleiß

- Kette darf sich maximal 4 mm weit abziehen lassen.

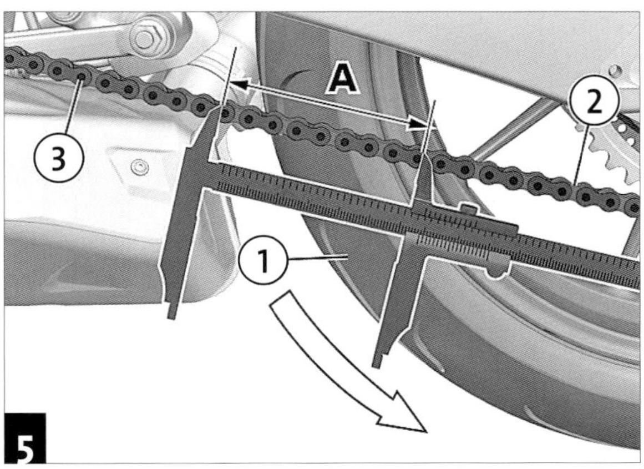

Kettenverschleiß messen

A Verschleißgrenze über 10 Nieten.........144,30 mm

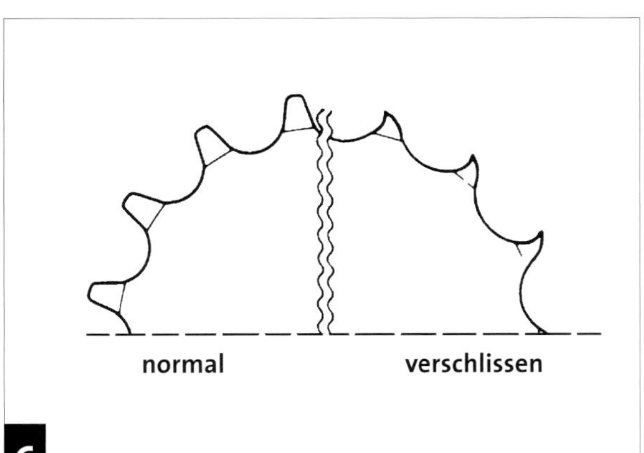

Ritzel- und Kettenblattverschleiß

- 👁 Zähne auf Abnutzung und Beschädigung untersuchen.
- Bei solchen Haifischzähnen wie rechts im Bild ist der Austausch schon lange überfällig.

! Bild 4: Bei korrektem Kettendurchhang darf sich die Kette in der Mitte vom Kettenblatt (auf Achshöhe) nicht mehr als 4 mm von Hand abziehen lassen.

! Eine übermäßig gelängte Kette muss erneuert werden.

- Kettenverschleiß messen (Bild 5): ersten Gang einlegen.
- Hinterrad **1** in Fahrtrichtung drehen (bzw. Fahrzeug nach vorn schieben), bis Kette **2** am unteren Kettendrum (unterhalb der Schwinge) gespannt ist und die Kettenlänge über 10 Nieten **3** messen. Dabei darf die maximale Länge von Nietmitte zu Nietmitte gemessen maximal 144,30 mm betragen.

Standardkette	O-Ringkette 525 5/8" x 5/16" 118/120 Glieder XR: 128 Glieder
Standardübersetzung	bis 2012: 17/44 bis 2014: 17/45 ab 2015: 19/47 R: 17/45 XR: 17/44 XR ab 2017: 17/45

- Der längere Radstand der RR- und R-Modelle ab 2015 wird mittels längerer Kette (120 statt 118 Glieder) bewerkstelligt.

- Ritzelzähne und -befestigung kontrollieren:
- Motorritzel-Abdeckung abnehmen (Bild 3 Seite 188).
- Korrekten Sitız und Anzug der Ritzelmutter kontrollieren (Bild 10 Seite 196).
- 👁 Zähne des Kettenrads und Ritzels auf Abnutzung und Beschädigung untersuchen (Bild 6).

Kettensatz-Wechsel

- Falls verschlissen, Kettenrad und Ritzel zusammen mit Kette im Satz wechseln.
- Antriebskette in Fachwerkstatt erneuern lassen, da hier exaktes Vernieten mit Spezialwerkzeug erforderlich ist.
- Ausbau Ritzel siehe Seite 196, Ausbau Kettenrad siehe ab Seite 246.

TIPP

- Zum Trennen der Kette die Nietköpfe eines Kettenglieds mit Trennschleifer "abflexen" und Kettenglied mit passendem Durchschlag austreiben. Alte Kette mit neuer Kette koppeln und aufziehen.
- Neue Kette mit Kettenschloss (im Zubehörhandel erhältlich) schließen und in Fachwerkstatt (BMW Motorradpartner) mit "richtigem" Kettenschloss vernieten lassen.

3.10.1 Kettengleitschiene

- 👁 Bei gelegentlicher Kettenpflege auch einen Blick auf den Zustand der Kettengleitschiene werfen.
- ! Kettengleitschiene wechseln, bevor Kette auf der Schwinge scheuert!
- Fahrzeug sicher aufbocken.

Kettengleitschiene
! Kettengleitschiene wechseln, bevor die Kette auf der Schwinge scheuert!

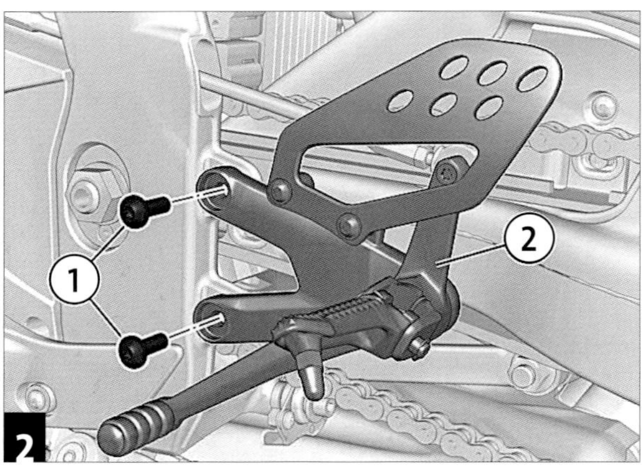

Fußrastenplatte links
- Zwei Schrauben **1** ausdrehen, Fußrastenplatte **2** abnehmen und mit Schnur o.ä. provisorisch sichern.

1 **Anzugsmoment** M8 x 25 10.9 .... 28 Nm

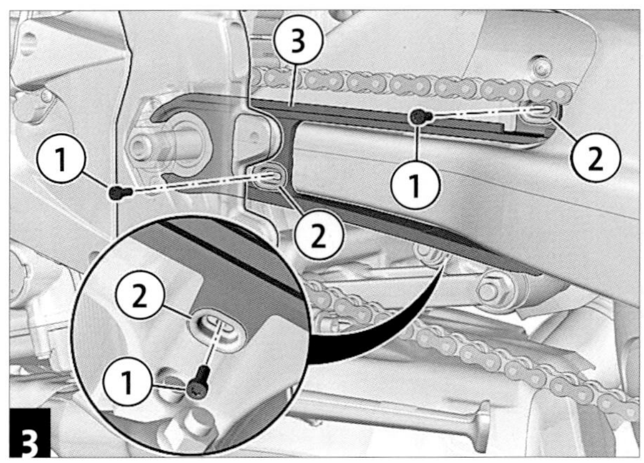

Kettengleitschiene erneuern
- Schrauben **1** ausdrehen und mit Unterlagen **2** abnehmen.
- Kettengleitschiene **3** herausfädeln.

1 **Anzugsmoment** M5 x 12 .... 5 Nm

3.11 Schaltpedallage

- Pedallage durch Drehen des oberen Auges **3** der Schaltstange einstellen.
- Falls Einstellweg nicht ausreicht, kann auch der Schalthebel um einen Zahn versetzt werden (Bild 7 Seite 195).

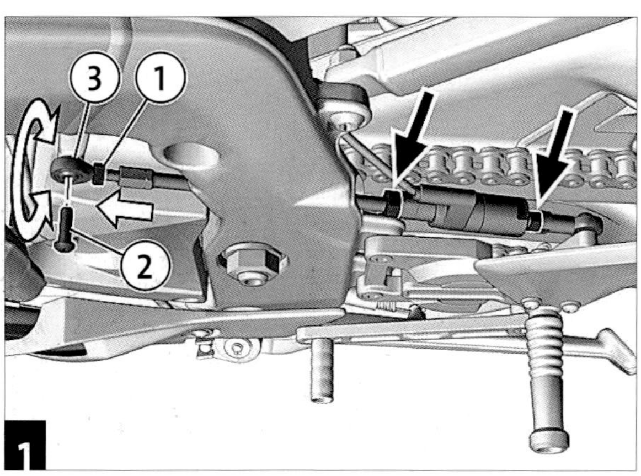

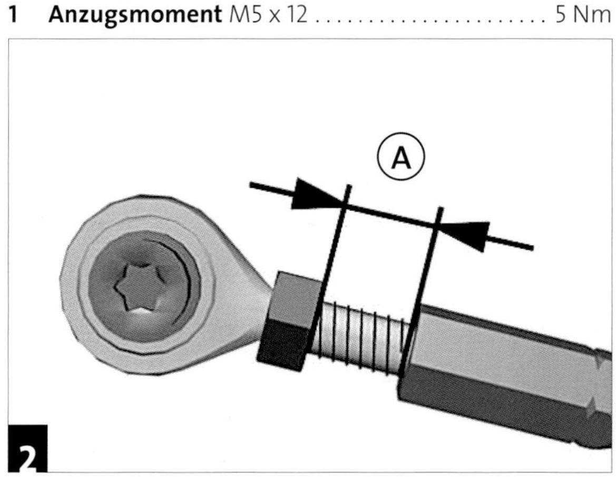

Schaltpedallage
- Gegenmutter **1** lösen und Schraube **2** ausdrehen. Auge **3** drehen, bis gewünschte Position erreicht ist.
- ! Gegenmuttern am Schaltassistent (Pfeile) nicht lösen!
- Auge **3** maximal 15 mm (**A**) weit ausdrehen.
- Schraube **2** erneuern (mikroverkapselt) oder Loctite 243 beim Eindrehen verwenden.
- Mutter **3** Bild 1 anlegen (8 Nm).

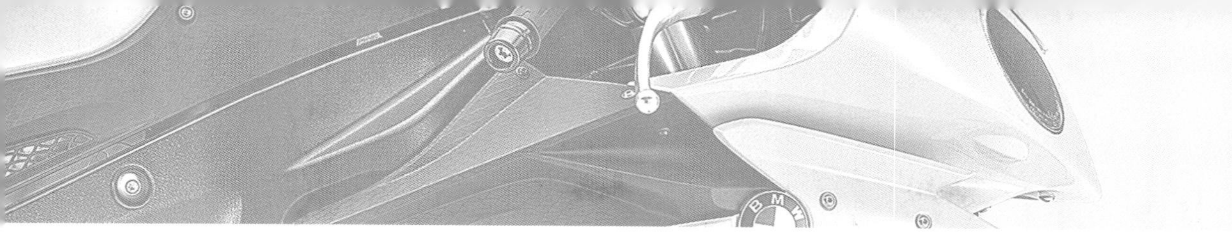

3.12
Seitenständer

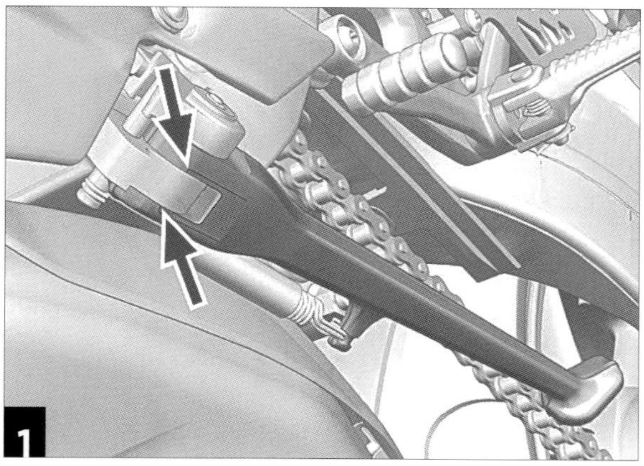

Seitenständer
- Seitenständer an den markierten Stellen schmieren (Spray-Öl).

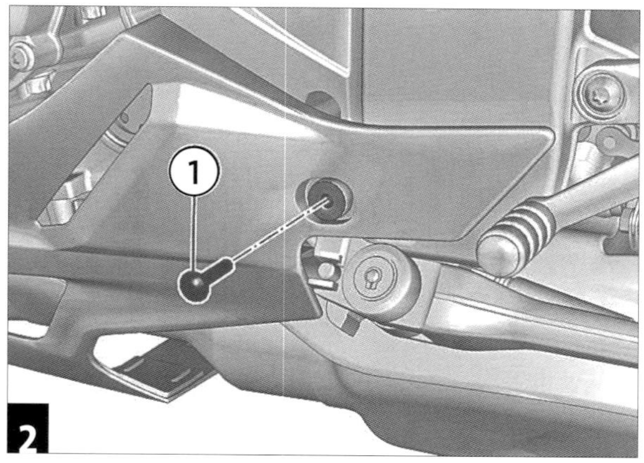

RR: Motorspoiler links
- Schraube **1** ausdrehen.

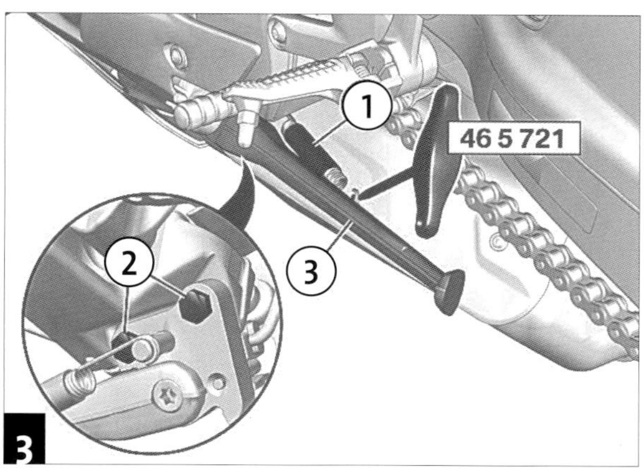

RR: Ständerfeder und Lagerbock
- Feder **1** mit Haken (handelsüblich) ausfedern und Schrauben **2** ausdrehen. Ständer abnehmen.

2 **Anzugsmoment** M8 x 30 Loctite 243 . . . . 30 Nm

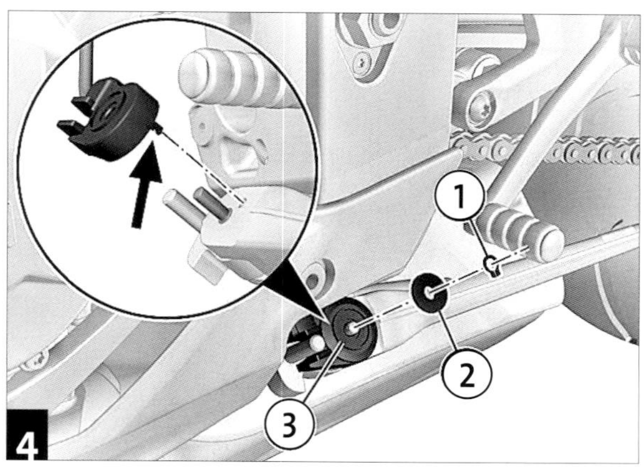

RR: Seitenständer-Schalter
- Sicherungsring **1** ausfedern, Scheibe **2** und Schalter **3** abnehmen.
- Beim Einbau Stift (Pfeil) auf Bohrung ausrichten und neuen Sicherungsring **1** verwenden.

RR ab 2015: Seitenständer-Schalter
- Schraube **1** ausdrehen und Schalter abnehmen (Einbau siehe Bild 3).
- Ggf. Lagerbockschrauben **2** ausdrehen (Einbau Bild 3).

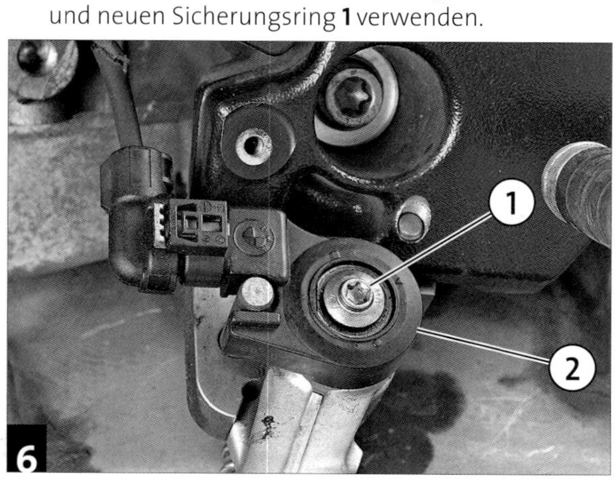

R: Seitenständer-Schalter
- Schraube **1** ausdrehen und Schalter **2** abnehmen.

- Bei der Montage des Seitenständers im Werk wird die Drehbuchse gefettet eingesetzt und mit mikroverkapselter Zapfenschraube montiert. D. h., es wird bei Erneuerung der Fettpackung eine neue Schraube verwendet oder die alte mit mittelfester Schrauben-sicherung befestigt.

👁 Seitenständer auf leichtes Zurückschwingen prüfen (Ständer muss zügig einklappen). Falls schwergängig und "äußerliches" Abschmieren nicht hilft, Ständer ausbauen.

- Ständer einklappen und Federn mit Federhaken ausbauen.

! Vorsicht beim Ausfedern der Ständerfeder. Verletzungsgefahr! Schutzbrille tragen!

→

3.12 Seitenständer

Fortsetzung

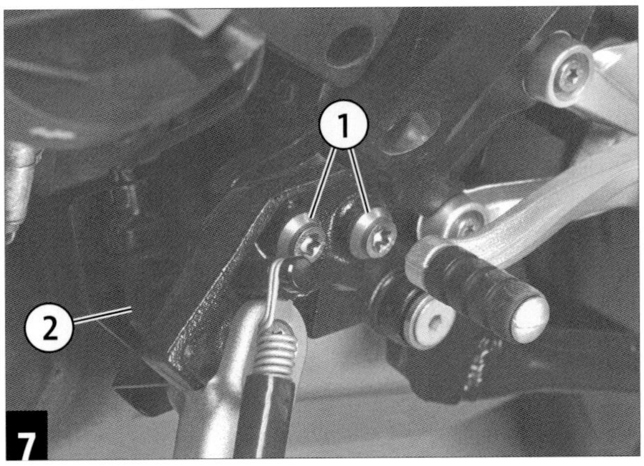

7

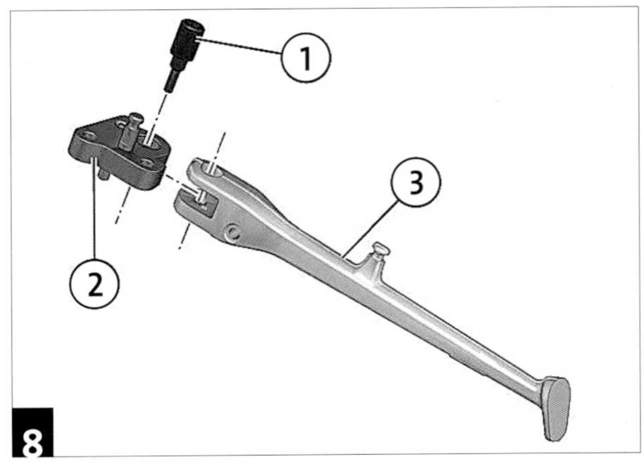

8

XR: Seitenständer-Lagerbock

- Feder aushängen und Lagerbock-Schrauben **1** ausdrehen, dann Schalter **2** ausbauen.

Seitenständer

- Schraube **1** vom Lagerbock **2** abschrauben und Seitenständer **3** abnehmen.

1 **Anzugsmoment** M10 x 1 Loctite 2701 . . . . 35 Nm

3.12.1 Seitenständer-Schalter

Ein versehentlich ausgeklappter Seitenständer kann im Fahrbetrieb die fatalsten Stürze verursachen.
Aber auch das schlichte Verweigern des Startvorgangs kann auf mangelnde Funktion des Schalters zurückzuführen sein.
Deshalb und wegen der exponierten Lage des Schalters ist seine regelmäßige Funktionsprüfung so wichtig.

- Funktionsprüfung gemäß der »Funktionsprüfung Motorstart-Unterdrückung« durchführen (s. unten).
- Bei entsprechender Anzeige des Diagnose-Programms (oder GS911) Schalter auswechseln.
- In diesem Zusammenhang auch den Kupplungs-Schalter nicht aus dem Blickfeld verlieren (siehe nächste Seite).

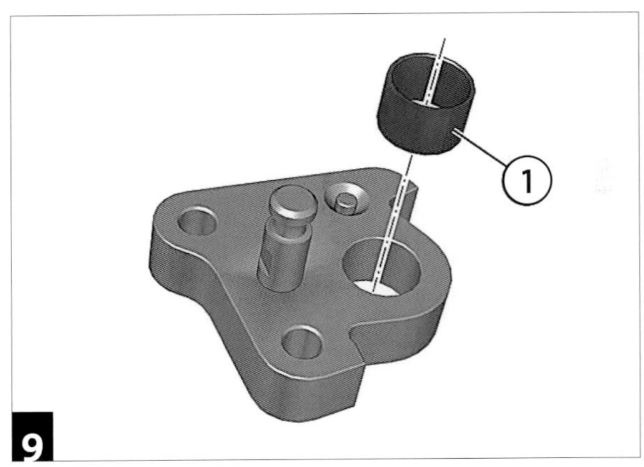

9

Seitenständer-Lagerbuchse

- 👁 Lagerbuchse **1** auf Beschädigung, Riefen und Verschleiß untersuchen. Ggf. ersetzen.
- Teile gefettet wieder montieren.

3.13 Funktionsprüfung der Motorstart-Unterdrückung

- Die Motorstart-Unterdrückung wird laut Wartungsplan bei der Jahresinspektion durchgeführt.
- Die Prüfung stellt die Funktion von Seitenständerschalter, Getriebe-Potentiometer (Ganganzeige) und Kupplungsschalter sowie deren Signalverarbeitung in der Motorsteuerung fest.

! Wenn bei eingelegtem Gang die Kupplung gezogen wird, bevor die Zündung eingeschalten wird, erfolgt keine Startfreigabe.

Prozedere

- Seitenstütze einklappen.
- Not-Ausschalter in Mittelstellung schalten.
- Getriebe in NEUTRAL schalten.
- Zündung einschalten.

→ NEUTRAL-Kontrollleuchte **N** leuchtet.

- Gang einlegen.

→ NEUTRAL-Kontrollleuchte **N** geht aus.

- Starterknopf betätigen.

→ Starter läuft nicht.

- Seitenstütze ausklappen.
- Kupplung ziehen.
- Starterknopf betätigen.

→ Starter läuft nicht.

- Seitenstütze einklappen.
- Starterknopf bei gezogener Kupplung betätigen.

→ Starter läuft.

- Falls das Motorrad in irgendeinem Punkt anders reagiert, muss die Not- und Sicherheits-Abstellung des Motors mit dem BMW Motorrad-Diagnosesystem geprüft werden (BMW-Werkstatt), oder mit dem GS911 analysiert werden.

3.14 Kupplungsschalter

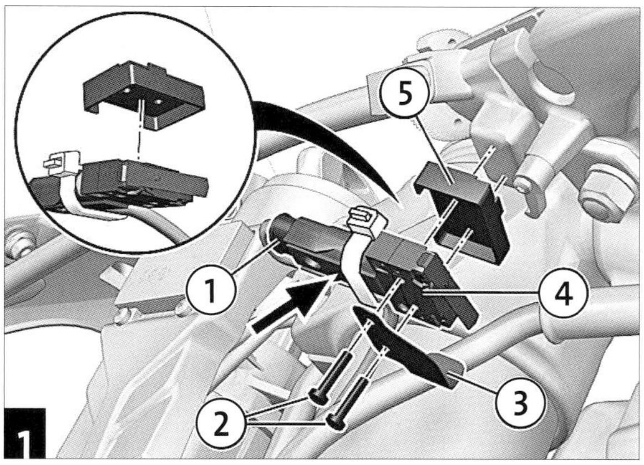

Kupplungsschalter
- Kabelbinder (Pfeil) trennen, Stecker **1** abziehen Schrauben **2** (M2 x 10/0,3 Nm) ausdrehen.
- Abdeckblech **3**, Schalter **4** und Aufnahme **5** abnehmen.

Um sicher zu gehen, dass nicht ein defekter Kupplungsschalter (am Handhebel) die »Funktionsprüfung Motorstart-Unterdrückung« (vorige Seite) verfälscht hat, Stecker des Schalters trennen und am Schalter Stromdurchgang prüfen:
- Kupplungshebel gezogen: Stromdurchgang.
- Kupplungshebel in Ruhestellung: kein Stromdurchgang.

! Defekten Schalter umgehend erneuern!

👁 Beim Ziehen des Hebels muss das Klicken des Schalters nach einem Hebelweg von 15 bis 40 mm hörbar sein!

👁 Funktionsprüfung der Motorstart-Unterdrückung durchführen (vorige Seite).

- Bild 1: Bei Fahrzeugen mit Fahrgeschwindigkeitsregelung (Sonderausstattung) sind die Schrauben **2** 16 bzw. 22 mm lang. Diese bei gleichem Anzugsmoment mit Schraubensicherung (Loctite 243) montieren.

3.15 Kupplungsseilzug

Um zu verhindern, dass die Kupplung bei Belastung ungewollt durchrutscht, wird am Einsteller ein Sicherheitsspiel (Leerweg) eingestellt.
- Handhebel und Nippel oben und unten am Drehpunkt regelmäßig mit Sprayöl behandeln, um die Leichtgängigkeit zu gewährleisten.

Seilzugspiel prüfen
- Einstellung bei kaltem Motor durchführen.
- Spiel zwischen Hebel und Armatur soll bei jeder Lenkerstellung 0,5 - 1,0 mm betragen.
- Einsteller **1** entsprechend ein- oder ausdrehen.

3.15.1 Kupplungsseilzug-Wechsel

- Fahrersitz/Sitzbank ausbauen.
- Seitenverkleidung/rechts und Tankverkleidung abbauen.
- Tank ausbauen.
- Einsteller auf größtmögliches Spiel eindrehen (Bild 1 oben).

- **R**: Lenker ausbauen (ab Seite 232).

! **R**: Beim Lösen des Lenkers darauf achten, dass er so abgelegt wird, dass der Ausgleichsbehälter der Bremsflüssigkeit aufrecht bleibt und keine Luft ins System gelangt!

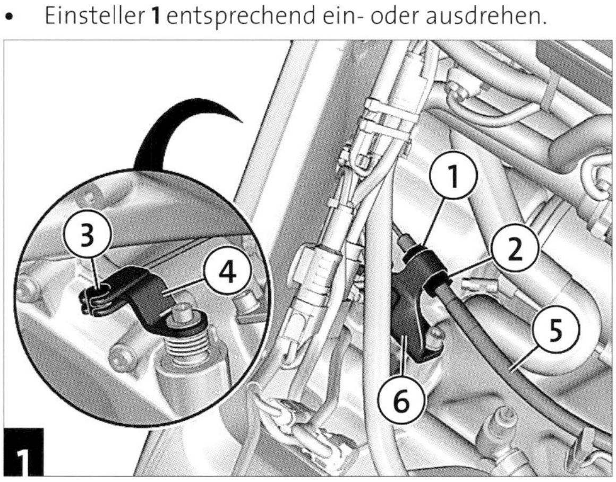

Seilzug lösen
- Muttern **1** und **2** lockern. Nippel **3** aus Hebel **4** lösen und Seilzug **5** aus Halter **6** nehmen.

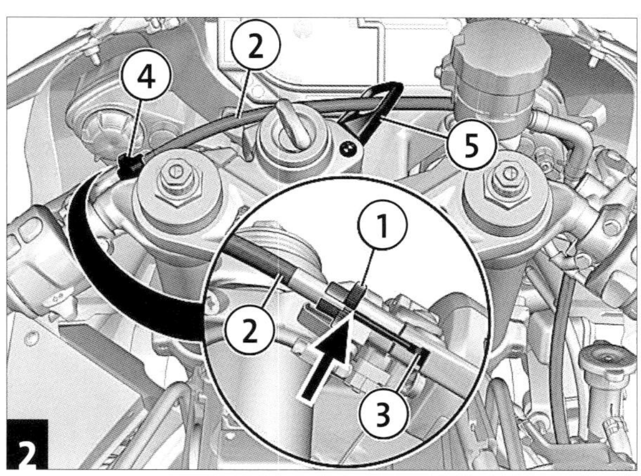

Seilzug lösen
- Einsteller **1** so drehen, dass Schlitz (Pfeil) nach vorn weist. Kupplungszug **2** herausziehen und Nippel **3** herausführen. Halter **4** lösen und Zug aus Auge **5**/RR herausführen.

→

3.15.1
Kupplungsseilzug-Wechsel
Fortsetzung

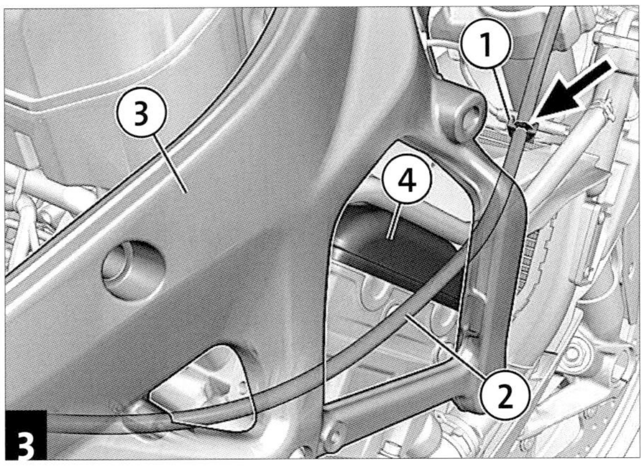

3

Seilzug lösen/RR
- Kabelbinder (Pfeil) am Halter **1** lösen und Seilzug **2** zwischen Rahmen **3** und Zylinderkopf **4** herausführen.

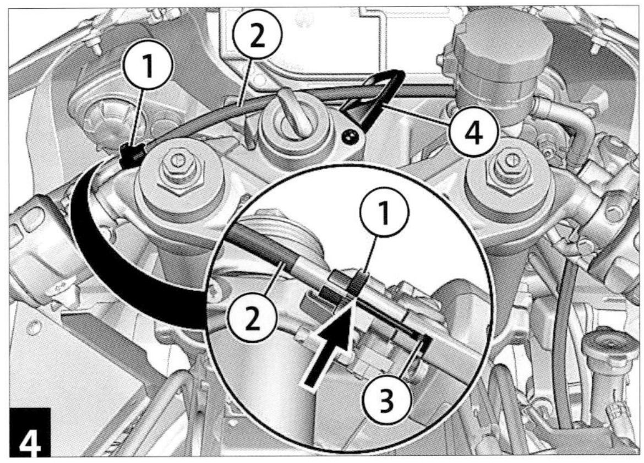

4

Seilzug lösen/RR
- Einsteller **1** so drehen, dass Schlitz (Pfeil) nach vorn weist. Kupplungszug **2** herausziehen und Nippel **3** herausführen. Zug aus Auge **4** herausführen.

5

Seilzug lösen/RR
- Zug aus Führung an der oberen Gabelbrücke herausführen.

6

Seilzug lösen/R
- Zwei Spreizniete (Pfeile) ausbauen und Zug aus Führung abnehmen.

7

Seilzug lösen/R
- Schraube (Pfeil) ausdrehen und Blechhalter abnehmen (deswegen Lenker ausbauen) und Zug aus Führung abnehmen.
  Anzugsmoment M5 x 12 .... 5 Nm

8

Seilzug lösen/XR
- Der Seilzug der XR wird fast "freifliegend" verlegt. Einzig das Freilegen des Zuges unter dem Grundsteuergerät und das Öffnen der Gummibandagen (Pfeil) liegt an.

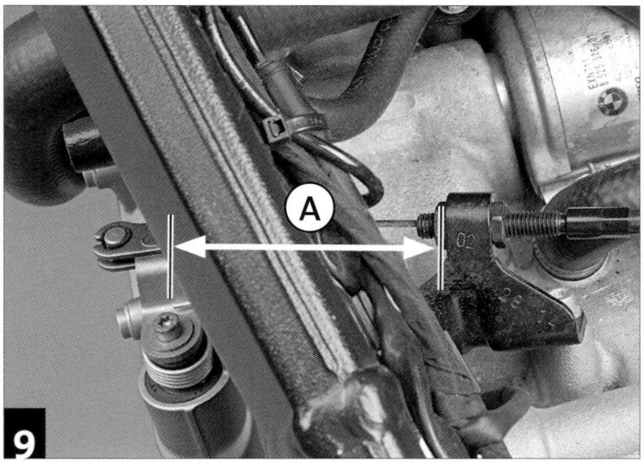

9

Seilzug-Einstellung
- Maß **A** an unterer Seilzugaufnahme einstellen.
  A RR ....79,9 mm
  A R/XR ....79,6 mm

10

Seilzug-Einstellung
- Lenker gerade stellen.
- Maß **A** am oberer Seilzugaufnahme einstellen.

A Grundeinstellung ....5 – 7 mm

- Seilzug in umgekehrter Reihenfolge montieren und Grundeinstellung vornehmen (Bilder 8 und 9). Anschließend fein einstellen (Vorkapitel).

3.16 Lenkkopflager prüfen

1

Lenkkopflager prüfen
- Vor- und Zurückdrücken der Tauchrohre.

Wenn es beim kurzen Antippen der Vorderradbremse verdächtig im Lenker knackt, dann hat das Lenkkopflager zu viel Spiel.

! Lager zu locker → Pendeln bei höheren Geschwindigkeiten.

! Lager zu stramm → Pendeln bei niedrigen Geschwindigkeiten.

- Lenkkopflager prüfen:
- Maschine so aufbocken, dass Vorderrad freikommt.
- Lenker von Anschlag zu Anschlag schwenken und auf ungleichmäßige Bewegung oder Rastung achten.
- Falls sich der Lenker ungleich bewegt, schleift oder Vertikalspiel aufweist, Lager nachstellen.
- Rastet Lenker in Mittelstellung ein, ist Lenkkopflager defekt, Lager ersetzen (ab Seite 241).
- Falls Lager beim Vor- und Zurückdrücken der Tauchrohre knackt (Vertikalspiel bei freiem Vorderrad prüfen), Lager nachstellen (siehe nächste Seite).

3 Wartung

3.16.1
Lenkkopflager einstellen

- Maschine so aufbocken, dass Vorderrad freikommt.
- **R/XR**: Lenker abbauen (ab Seite 232).
- Klemmschrauben **2** an oberer Gabelbrücke lösen (wie Bild 1).
- Einstellschraube lockern und mit 25 Nm anziehen.

Anzugsmomente

1 M6 x 12 (Loctite 243 beigeben) .... 8 Nm
2 M8 x 25 .... 19 Nm

- Abschließend Spiel und Leichtgängigkeit des Lenkkopflagers prüfen.

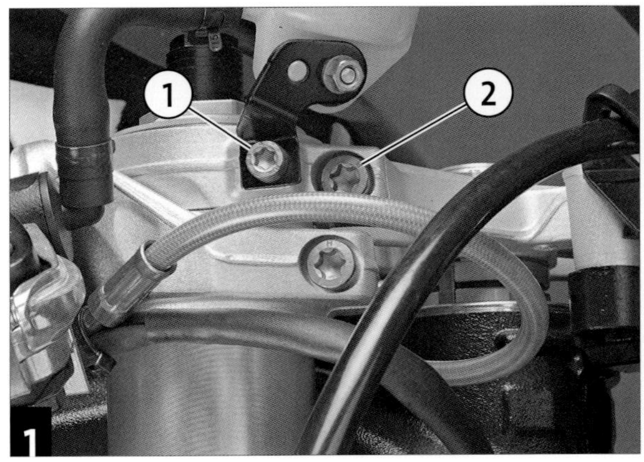

RR: Obere Gabelbrücke

- Schraube **1** ausdrehen und Ausgleichsbehälter der Bremshydraulik abnehmen. Behälter senkrecht mit Gummiband o.ä. an der Armatur befestigen.
- Klemmschrauben **2** links und rechts lösen.

Lenkkopflager-Verschlussschraube

- Verschlussschraube **1** mit Zwölfkantnuss (XR: Innensechskantschlüssel) ausdrehen und mit darunterliegender Scheibe **2** abnehmen.
- Gabelbrücke vorsichtig nach oben abnehmen und ablegen.

Anzugsmoment

1 M28 x 1 (Gewinde leicht gefettet) .... 100 Nm

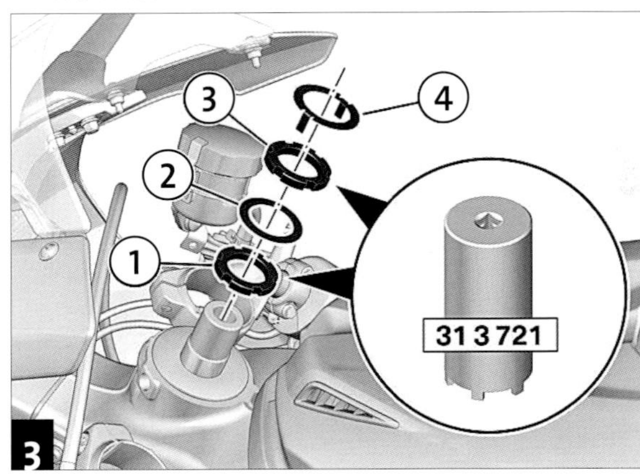

Lenkkopflager-Einstellung

- Sicherungsblech **4** abnehmen und Nutmutter **3** mit Nutmutterschlüssel (BMW-Nr. Im Bild) ausdrehen.
- Gummischeibe **2** abnehmen und Nutmutter **1** lösen.
- Nutmutter **1** eindrehen, Gummischeibe **2** auflegen.
- Nutmutter **3** eindrehen, bis sie aufliegt, dann weiterdrehen, bis die Nuten der Nutmuttern (Pfeile) fluchten.
- Sicherungsblech **4** aufsetzen (Arme des Blechs greifen in die Nuten ein).
- Gabelbrücke vorsichtig aufsetzen.
- Scheibe **2** Bild 2 auflegen.
- Lenker bis zum Anschlag nach rechts schwenken. Innengewinde der Verschlussschraube **1** Bild 2 leicht fetten (Optimoly TA) und mit Zwölfkantnuss anziehen.
- Obere Gabelbrücke befestigen (Bild 1).
- **RR**: Ausgleichsbehälter der Bremshydraulik befestigen (Bild 1).
- **R/XR**: Lenker einbauen (Seite 234).

Anzugsmomente

1 M30 x 1...................................... 15 Nm
3 M30 x 1....................................... 1 Nm

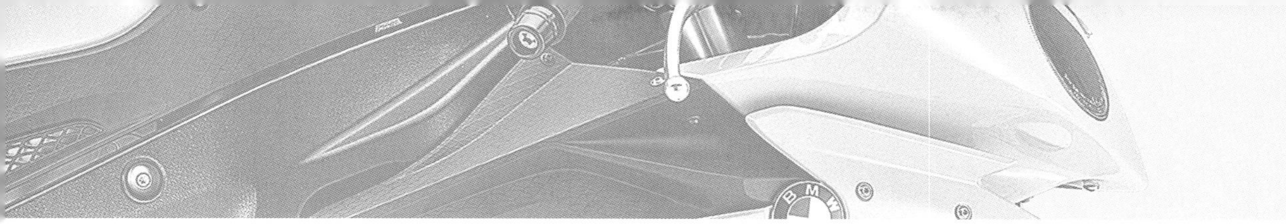

3.17 Gasseilzugspiel

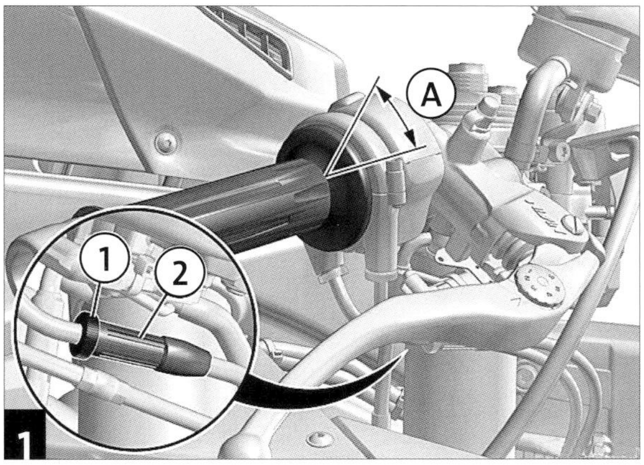

RR bis 2014: Gasseilzugspiel

- Spiel **A** gemessen am Drehgriff-Umfang muss 3 mm betragen. Ggf. Gegenmutter **1** lockern und Spiel duch Ein- oder Ausdrehen des Einstellers **2** korrigieren. Gegenmutter **1** wieder anlegen (fingerfest).

Höhenschlag prüfen

- Stift oder Schraubendreher so positionieren, dass er einen festen Abstand (etwa 2 bis 3 mm) zur Felge hat. (Am Hinterrad bietet sich die Schwinge als Auflage an, vorn muss improvisiert werden.)

Seitenschlag prüfen

- Gasseilzüge kommen bei den **RR**-Typen bis 2014 zum Einsatz.
- ! Der Drehgriff muss jederzeit leichtgängig in die Anschlagstellung zurückschnappen.
- ! Beim Tuckern im Leerlauf darf der Lenkeinschlag keinen Einfluss auf die Motordrehzahl nehmen (Lenker von Anschlag zu Anschlag schwenken).
- Spiel am Drehgriff-Umfang prüfen (Drehwinkel **A** Bild 1).
- Falls Seilzug zu viel Spiel aufweist, Gegenmutter lockern und Einsteller ausdrehen.
- Falls Seilzug zu wenig Spiel aufweist, Gegenmutter lockern und Einsteller eindrehen.
- Bei korrekter Einstellung Gegenmutter wieder anziehen (fingerfest).

Wechsel der Gasseilzüge

- Seilzüge am Drehgriff ausbauen siehe Seite 150.
- Seilzüge an den Drosselklappen ausbauen siehe Seite 146.

- ! Beim harten Aufprall auf einen Randstein können die Laufräder Schaden nehmen.
- Felgenhörner und Felgen auf Beschädigungen und Haarrisse untersuchen.
- Eine behelfsmäßige Ermittlung des Felgenschlags folgendermaßen durchführen:
- Maschine so aufbocken, dass Rad frei dreht.
- **Bilder 1 und 2**: Rad langsam drehen und gleichbleibenden Abstand zwischen Felge und Stift kontrollieren. Falls sich bei dieser Methode schon Auffälligkeiten zeigen, Rad ausbauen und »Werkstatt-mäßig« prüfen wie ab Seite 229 beschrieben.
- Reifen auf Risse, Beschädigung und eingearbeitete Fremdteile absuchen.

Luftdruckwerte

- Reifenluftdruck in »kaltem« Zustand messen (Reifentemperatur gleich Umgebungstemperatur).
  vorn .... 2,5 bar
  hinten .... 2,9 bar

Reifenmontage

- Farbmarkierung befindet sich auf Höhe des Ventils.

3.18 Räder und Reifen

Profiltiefe

- ! Reifen erneuern, wenn Profiltiefe in der Mitte gemessen vorn nur noch 2 mm und hinten 3 mm beträgt. (Der Gesetzgeber in Deutschland toleriert als Minimum 1,6 mm.)
- Darauf achten, dass die Felgenlinie auf dem Reifen parallel zur Felge verläuft.

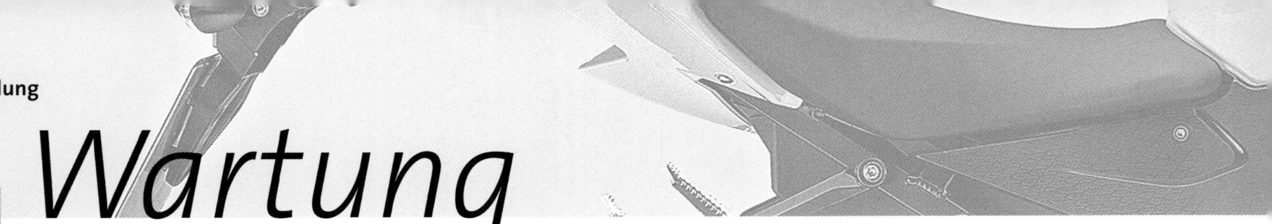

3 Wartung

3.19 Scheinwerfereinstellung

Die Kontrolle der Beleuchtungs- und Signalanlage gehört zu den unbedingt sicherheitsrelevanten Tätigkeiten am Motorrad.
Ein Beleuchtungs- und Blinkercheck ist schnell gemacht – Aufwand und Nutzen stehen für den Fahrer in äußerst günstiger Relation und bringt ein unverzichtbares Sicherheitspolster – freilich ohne Gewähr!

! Wesentlicher Sicherheitsfaktor bei Nachtfahrten ist ein korrekt eingestellter Scheinwerfer.

1 Motorrad mit korrektem Reifenluftdruck und Federbeineinstellung auf Solobetrieb auf Rädern stehend und mit Fahrer belastet im Abstand von 5 Metern (ab Vorderradmitte) vor heller Wand auf ebenen Boden aufstellen.

- Abstand Boden/Scheinwerfermitte auf Wand übertragen und mit Kreuz markieren.
- 7,5 Zentimeter unter diesem Kreuz ein zweites Kreuz zeichnen.
- Abblendlicht einschalten.

Höheneinstellung

- Die Hell-Dunkel-Grenze (Ausleuchtung) soll bis zur Mitte des unteren Kreuzes reichen, ab Fahrzeugmitte bis zur Höhe des oberen Kreuzes nach rechts ansteigen und dann wieder abfallen (Bild 1).

Seiteneinstellung

- Eine Seiteneinstellung des Abblendlichts wird nur an der RR bis Modelljahr 2014 vorgenommen (Bild 3).
- Abblendlicht so einstellen, dass der Lichtkegel rechts der Mitte (Bild 1) ansteigt.

→ Hinweise zum **Wechsel der Leuchtmittel** erhalten Sie ab Seite 138.

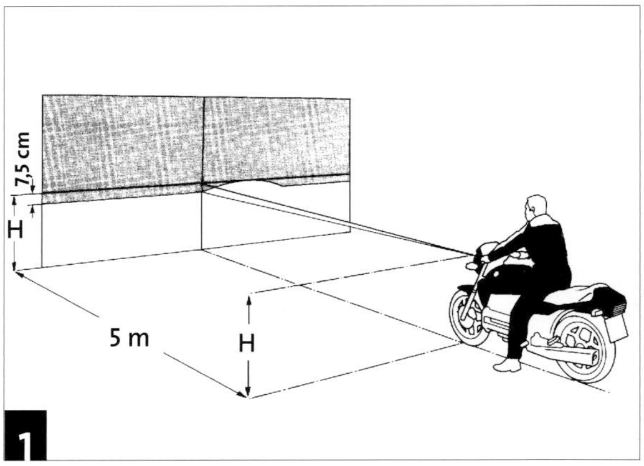

Scheinwerfer-Einstellung

! Auf korrekten Reifenluftdruck, Fahrzeugbelastung (85 kg) und Fahrwerkseinstellung (solo) achten (ESA-Modus "1 Person ohne Koffer – Comfort").

H Scheinwerfermitte

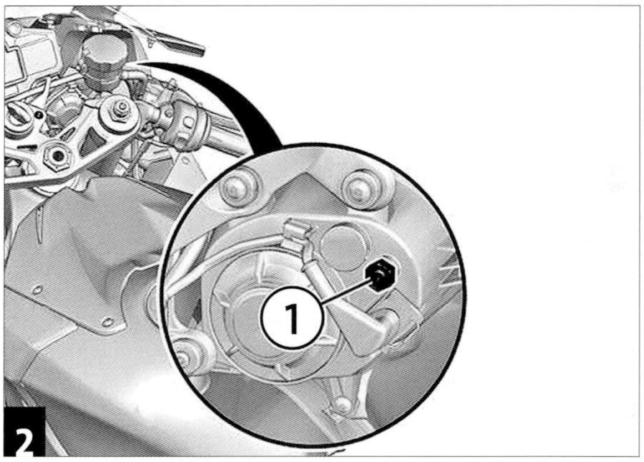

RR bis 2014: Höheneinsteller Abblendlicht

- Zur Einstellung der Höhe Einsteller **1** (Abblendlicht) drehen.

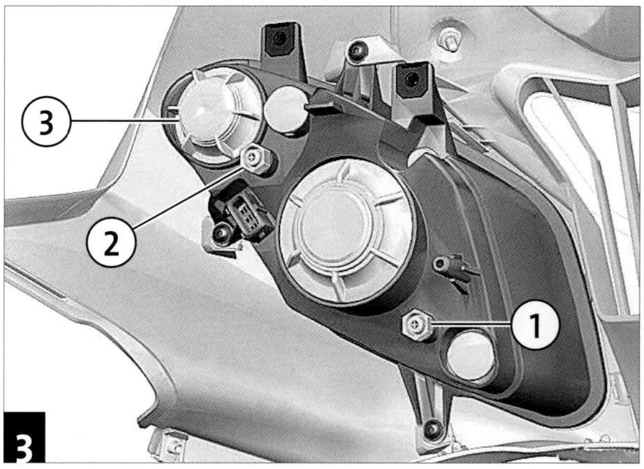

RR bis 2014: Höhen- und Seiteneinsteller Fernlicht

1 Höheneinsteller Fernlicht
2 Seiteneinsteller Fernlicht
3 Standlichtdeckel

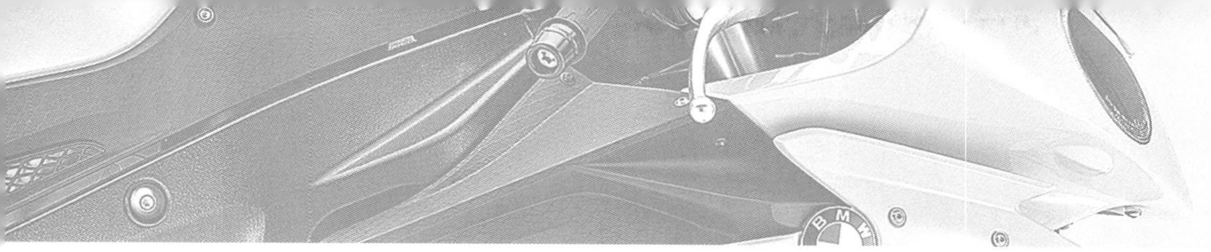

RR ab 2015: Höheneinsteller

- Zur Einstellung der Höhe Einsteller **1** (Abblendlicht) drehen. Einsteller **2** ist für das Fernlicht zuständig.

R: Höheneinsteller Fernlicht

- Zur Einstellung der Fernlicht-Höhe an der Frontöffnung (Pfeil) mit TORX-Schlüssel T20 drehen.

R: Höheneinsteller Abblendlicht

- Lampenmaske rechts abnehmen (Seite 83).
- Zur Einstellung Einsteller **1** drehen.

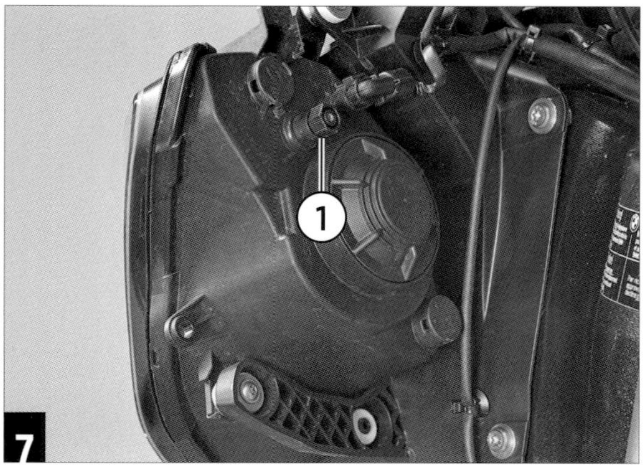

XR: Höheneinsteller

- Zur Einstellung der Höhe Einsteller **1** (Abblendlicht) drehen. Fernlicht-Einsteller siehe Bild 4/RR.

4 Licht & Kombiinstrument

4
Licht & Kombiinstrument

! Zündung ausschalten!
- LED-Blinker und Rücklicht komplett wechseln.
- Rücklicht Aus-/Einbau RR/R siehe Seite 86; XR siehe Seite 95.
- **R**: Zum Wechsel der Leuchtmittel Seitenteil der Lampenmaske rechts (für Abblendlicht) oder links (für Fernlicht) ausbauen (Bilder 2 und 3 Seite 83) und Lenker in die entgegengesetzte Richtung schwenken.

4.1
Leuchtmittel

Leuchtmittel

Fahrlicht	H7 12 V 55 W
Fernlicht	H7 12 V 55 W
R Fernlicht	HB3 12 V 60 W
Standlicht	W5W 12 V 5 W
Blinklicht	RY10W 12 V 10 W

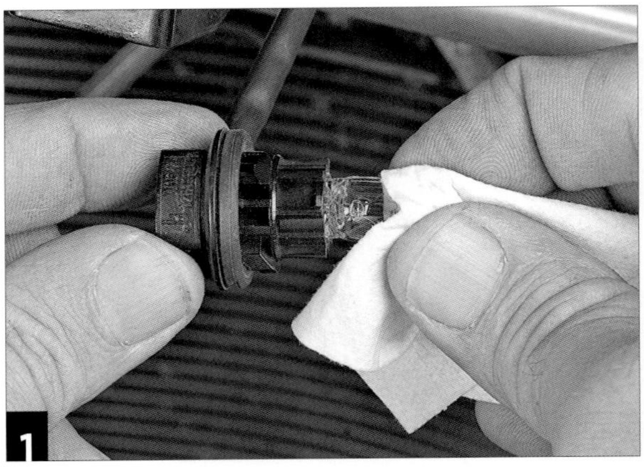
1

Leuchtmittelwechsel

! Beim Einsetzen neuer Leuchtmittel (besser bekannt als Birnchen) diese grundsätzlich nicht mit der bloßen Hand einsetzen. Ggf. Fettabdrücke mit Aceton oder Bremsenreiniger entfernen.

2

Gehäuse-Abdeckung
- Abdeckung gegen Uhrzeigersinn drehen und abnehmen, im Uhrzeigersinn verriegeln (siehe ZU — AUF).

3

- Stecker **1** abziehen.

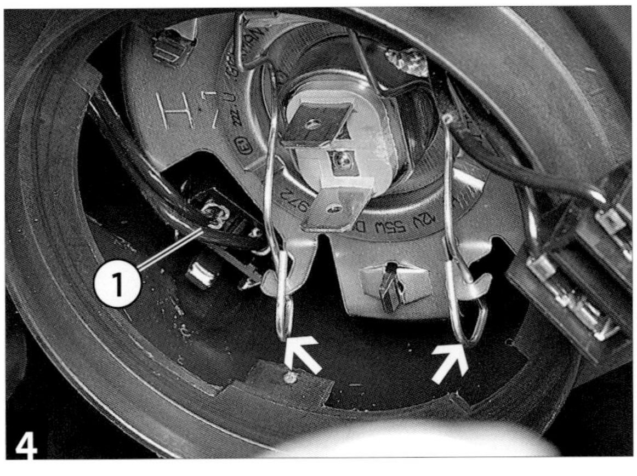

4

- Federbügel eindrücken und aus Arretierung lösen.
- Leuchtmittel entnehmen.
- Standlichtfassung **1** abziehen und Lämpchen aus Fassung nehmen (Bild 1 oben und Bild 7).

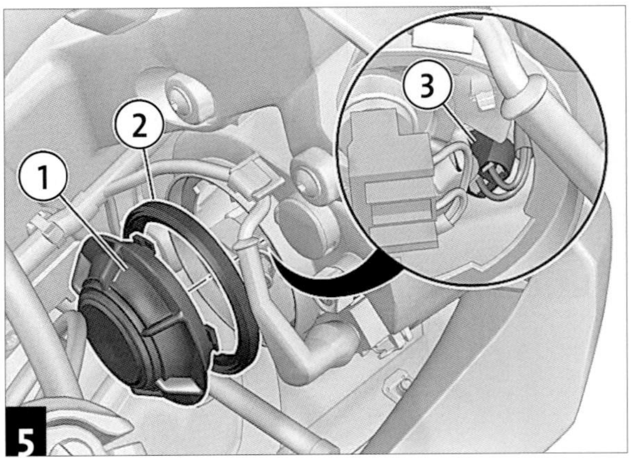

5

RR bis 2014 Gehäuse-Abdeckung und Standlicht rechts
- Abdeckung **1** gegen Uhrzeigersinn ausdrehen. Auf Verbleib des Dichtrings **2** achten.
- Standlichtfassung **3** abziehen.

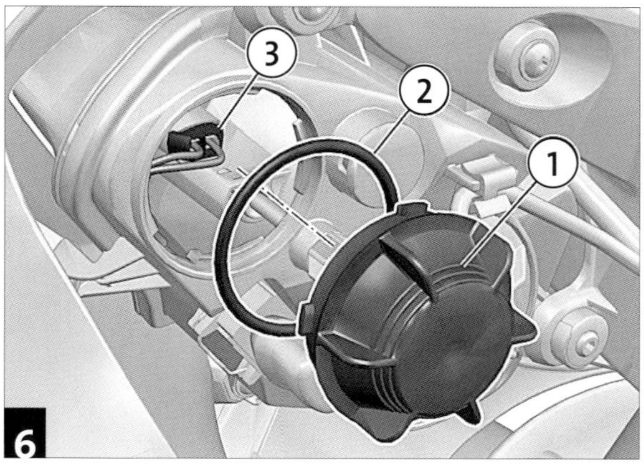

RR bis 2014 Standlicht links
- Abdeckung **1** gegen Uhrzeigersinn ausdrehen. Siehe auch Bild 2 Seite 136.
- Auf Verbleib des Dichtrings **2** achten.
- Standlichtfassung **3** abziehen.

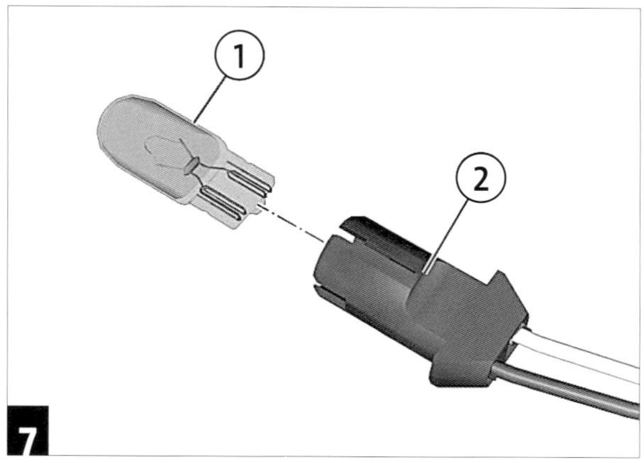

Standlicht
- Standlichtbirnchen **1** abziehen und aus Fassung **2** nehmen (siehe Bild 1).

R Standlicht links
- Stecker **1** trennen, Fassung **2** gegen Uhrzeigersinn entriegeln und abnehmen (entgegengesetzt einbauen). Standlichtbirnchen aus Fassung nehmen (siehe Bild 1).

R Fernlicht Stecker
- Verriegelung lösen und Stecker **1** abnehmen.

R Fernlichtlicht
- Sockel **1** gegen den Uhrzeigesinn drehen und aus dem Träger abnehmen. Neues Leuchtmittel ansetzen und im Uhrzeigersinn verriegeln.

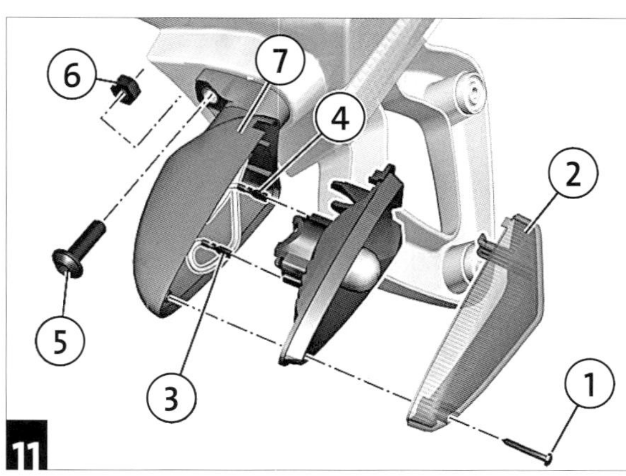

Blinkergehäuse mit Birnchen
- Schraube **1** (0,4 Nm) ausdrehen und Blinkerglas **2** abnehmen. Blinkerstecker **3** und **4** abziehen und ausfädeln. Schraube **5** (M6 x 20; 5 Nm) und Mutter **6** ausbauen. Blinkergehäuse **7** abnehmen.

- **Bild 11**: Blinkerbirnchen leicht eindrücken und mit Linksdrehung aus Bajonett lösen. Umgekehrt einsetzen.

4 Licht & Kombiinstrument

4.1 Leuchtmittel
Fortsetzung

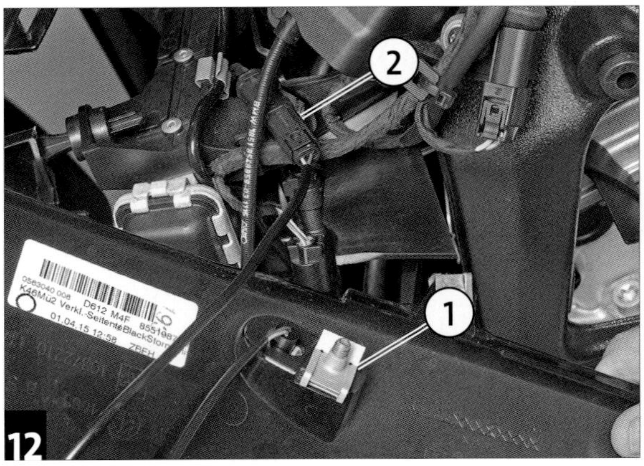

RR Blinkergehäuse vorn
- Bei der RR ist die Haltemutter **1** als Klemmmutter ausgebildet.

2 Stecker

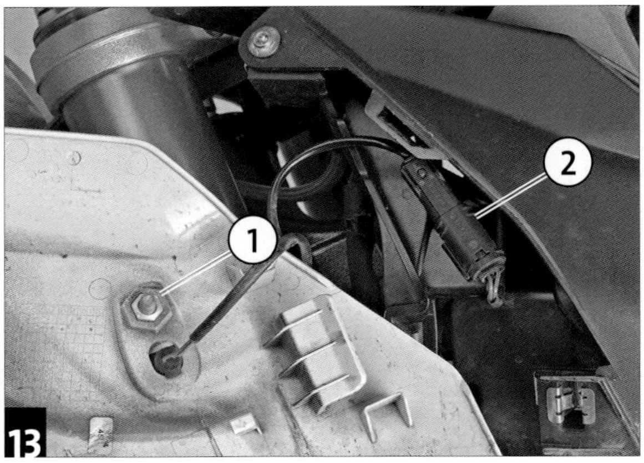

R Blinkergehäuse vorn
- Bei der R ist die Haltemutter **1** in Fassung eingebettet.

2 Stecker

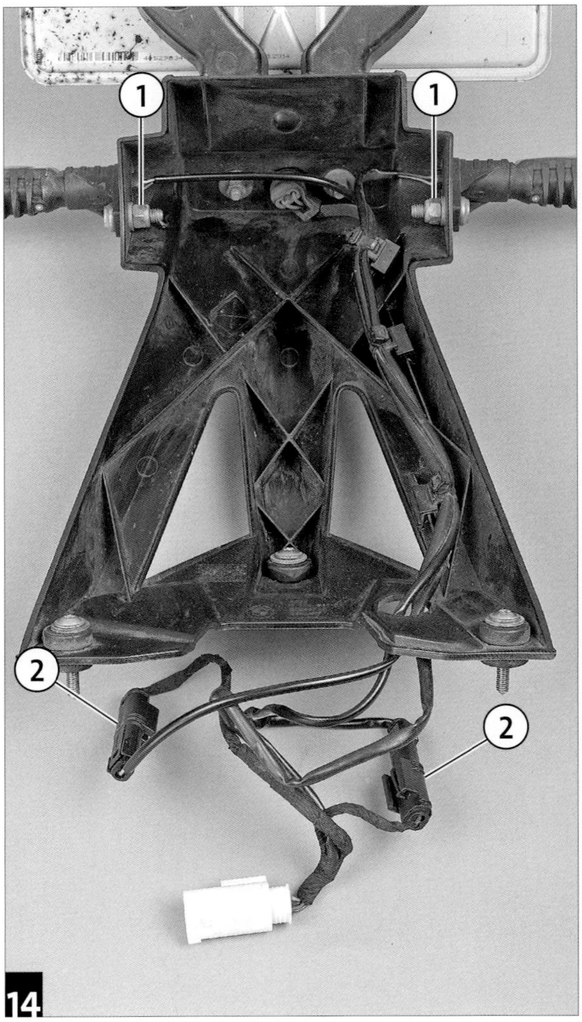

Blinkergehäuse hinten
- Haltemutter(n) **1** gegenhalten.

2 Stecker

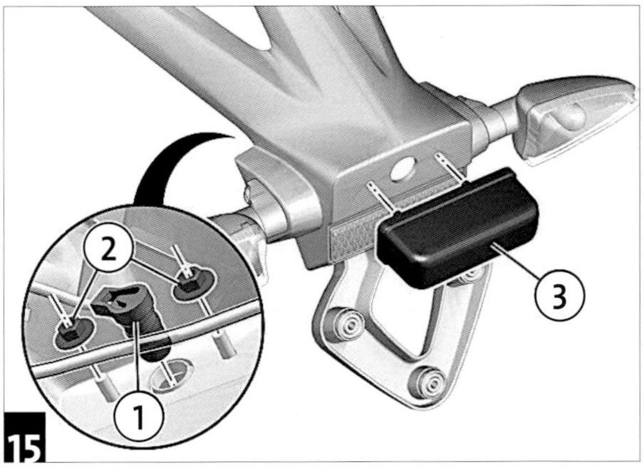

Kennzeichenleuchte
- Fassung **1** abziehen. Muttern **2** ausdrehen und Kennzeichenleuchte **3** abnehmen.

2 **Anzugsmoment** M5 .... 2 Nm

4.2 Kombiinstrument

Vorarbeiten

! Vor Ausbau empfiehlt sich die Prüfung und Datenspeicherung mit dem BMW Motorrad-Diagnosesystem.

- Windschild ausbauen.
- Halteclip **2** abziehen.
- Kombiinstrument aus Tüllen **3** abnehmen.
- Stecker **1** trennen.

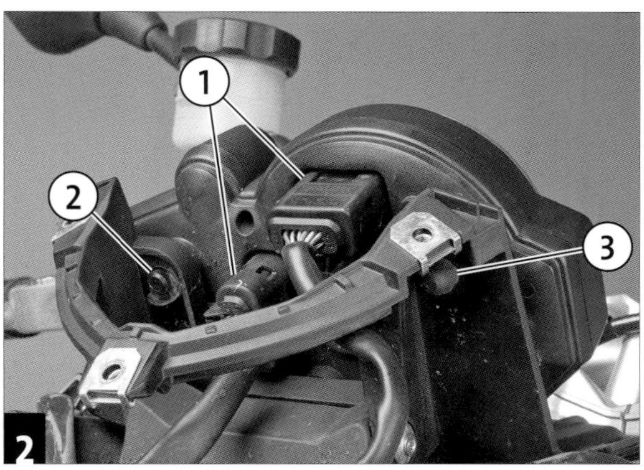

R Kombiinstrument

- Stecker **1** trennen.
- Halteclip **2** abziehen.
- Kombiinstrument aus Tüllen **3** (im Bild eine von drei) abnehmen.

XR Kombiinstrument-Abdeckung

- Schraube **1** ausdrehen und Abdeckung abnehmen.

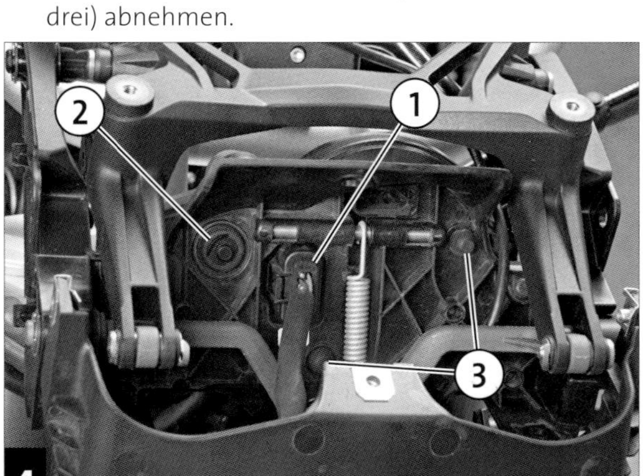

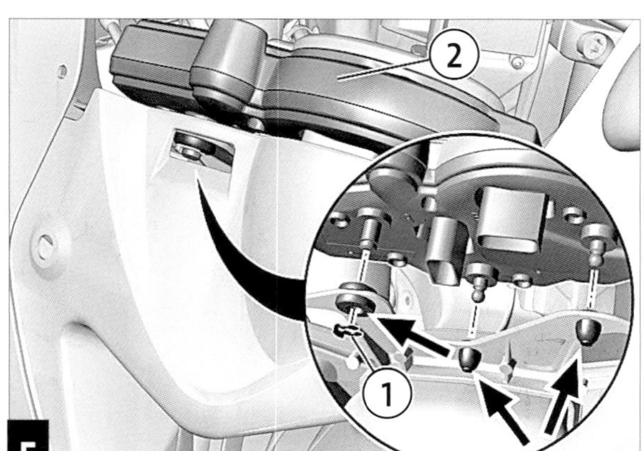

XR Kombiinstrument

- Stecker **1** trennen.
- Halteclip **2** abziehen.
- Kombiinstrument aus Tüllen **3** abziehen.

Kombiinstrument-Einbau

- Beim Einbau des Kombiinstruments **1** Tüllen (Pfeile) innen leicht schmieren (Einbauhilfe).
- Halteclip **2** anbringen.

5 Einspritzsystem & Tank

5.1 Tank

Vorarbeiten
- Fahrersitz/Sitzbank ausbauen.
- Tankabdeckung ausbauen.
- Seitenteil links/rechts ausbauen.

Das, was früher unter der Rubrik »Vergaser« abgehandelt wurde, ist heute ein komplexes System, das nicht nur die Gemischaufbereitung, sondern auch die Auslösung des Zündfunkens steuert.
Zeitgemäß wird dies durch die BMS (**B**MW-**M**otor-**S**teuerung) besorgt.
Im Folgenden wird der Aus- und Einbau seiner Komponenten behandelt.
Die **Prüfung** des Systems wird alle 10 000 Kilometer oder einmal im Jahr in der BMW-Werkstatt mit dem MODiTeC (Diagnosegerät) durchgeführt.

! Vorsicht beim Umgang mit Benzin (leicht entzündlich).

! Einschlägige Sicherheitsvorkehrungen beachten (Rauchen, offenes Feuer und Funkenflug vermeiden, geschlossene Räume ausgiebig belüften).

Tankschläuche
- Entlüftungsschlauch **1** und Überlaufschlauch **2** abziehen (im Bild XR).

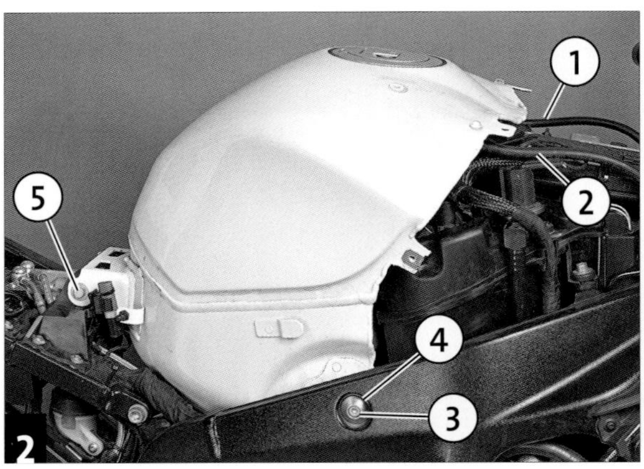

Anzugsmomente
3 M6 x 40 . . . . . . 5 Nm
5 M5 x 115 . . . . . . 5 Nm

Tankbefestigung
- Entlüftungsschlauch **1** und Überlaufschlauch **2** abziehen. Schraube **3** links und rechts ausdrehen und mit Unterlage **4** abnehmen.
- RR/R: Hinten Schraube **5** ausdrehen.

XR: Tankbefestigung hinten
- Zwei Schrauben (Pfeile) ausdrehen.

Tankanschlüsse
- Tank anheben.
- Riegel an der Schnellkupplung eindrücken (Pfeil) und Benzinschlauch abnehmen. Stecker Benzinpumpe **1** und Füllstandsensor **2** trennen.

! Tank so ablegen, dass er nicht auf den Tankanschlüssen zum liegen kommt.

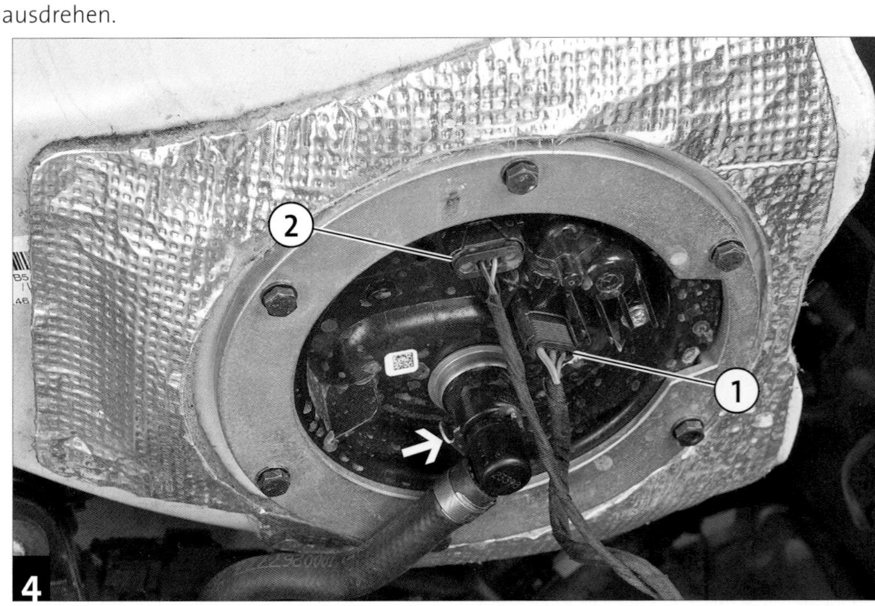

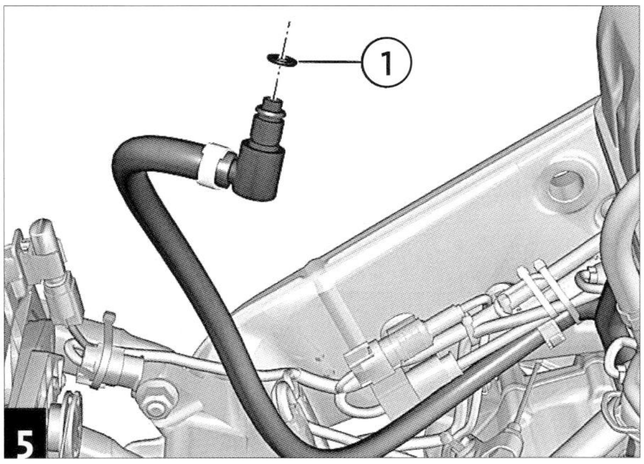

Benzinschlauch-Kupplung
- Kupplung nur mit einwandfreiem O-Ring **1** anbringen.

Schnellkupplung
- Die Kupplungsbuchse kann durch leichte Berührung verriegeln. Wenn die Schnellkupplung in diesem Zustand zusammen gedrückt wird, kann der O-Ring beschädigt und undicht werden.
- Schnellkupplung nur bei offener, d.h. gedrückter Verriegelung zusammenstecken.
- O-Ring der Schnellkupplung kontrollieren (Bild 5).
- Als Montage-Erleichterung O-Ringe dünn fetten (Molykote 111).
- Benzinschlauch-Kupplung muss hörbar einrasten.

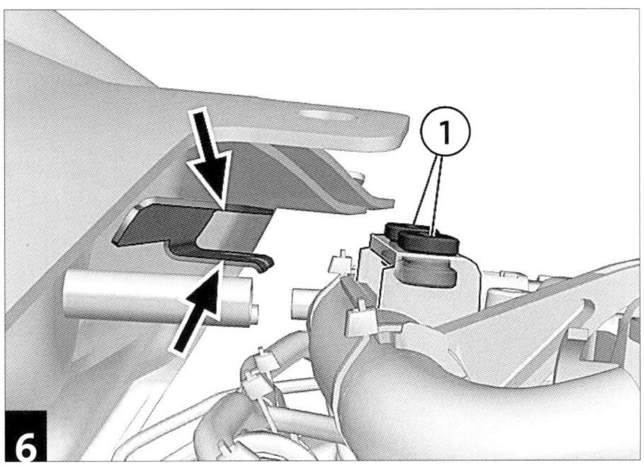

Tankeinbau
- Darauf achten, dass Haltegummis **1** richtig in Tankgummis (Pfeile) eingreifen.

5.2 Benzinpumpe und Füllstandgeber

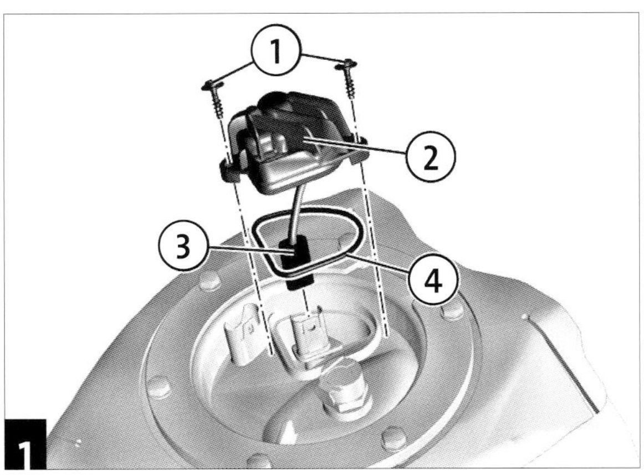

- Schrauben **1** ausdrehen und Elektronik-Baustein **2** abnehmen. Stecker **3** trennen.
- Falls Dichtgummi **4** aufgequollen ist, ersetzen.
- Bild 1: Dichtgummi **4** beim Einbau leicht mit Gummipflegemittel schmieren.
- ! Benzinpumpe senkrecht nach oben herausziehen und mit Dichtung entnehmen. Benzinpumpe nicht mit Schraubendreher o.ä. aushebeln! Andernfalls droht Undichtheit bei Wiederverwendung!
- Aufgequollene Dichtlippe ersetzen.
- Tank mit Handpumpe o.ä. entleeren.
- Bei korrodierten Anschlüssen am Stecker, Elektronik-Baustein oder der Pumpe jeweiliges Bauteil ersetzen.
  Eventuelle Feuchtigkeit in den Steckergehäusen trockenlegen.
- In umgekehrter Reihenfolge montieren.

5 Einspritzsystem & Tank

5.2 Benzinpumpe und Füllstandgeber

Fortsetzung

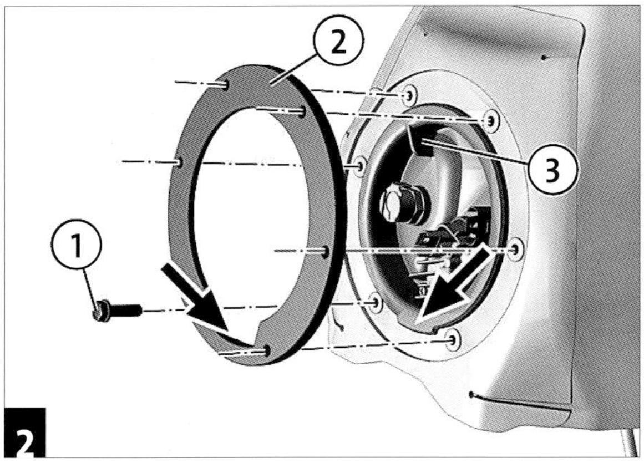

- Schrauben **1** ausdrehen und Druckplatte **2** abnehmen. Pumpe an Lasche **3** vorsichtig herausziehen.
- Beim Einbau Aussparungen und Nase (Pfeile) aufeinander ausrichten.

1 **Anzugsmoment** M5 x 20. . . . . 5 Nm

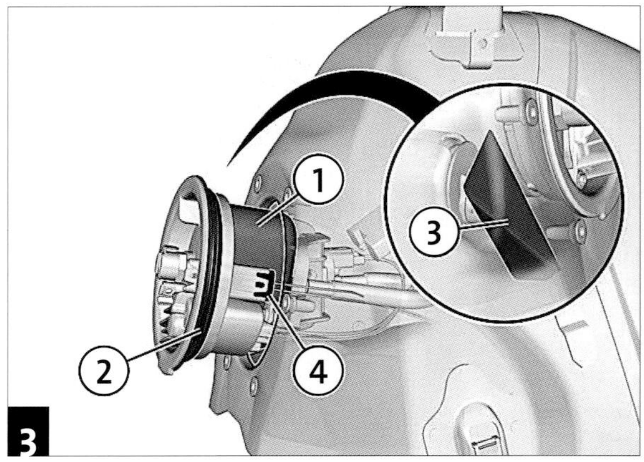

- Pumpe **1** mit Dichtgummi **2** herausziehen und Stecker **3** (Hebelgeber) trennen.
- 👁 Darauf auchten, dass Filtersieb **4** nicht im Tank hängen bleibt und beschädigt wird.

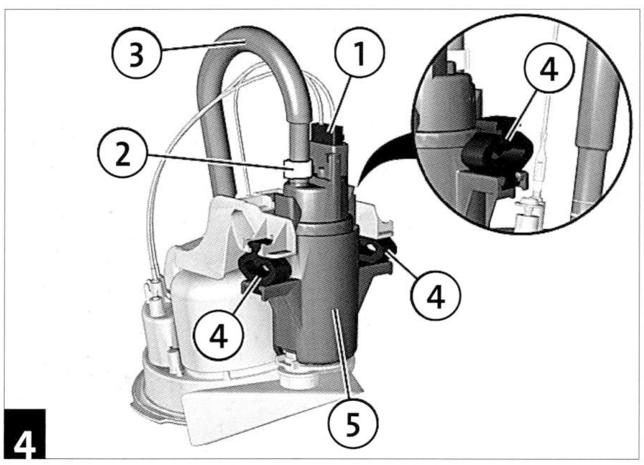

- Stecker **1** abnehmen, Schlauchschelle **2** trennen und Schlauch **3** abziehen.
- Pumpe **5** mit Gummilagern **4** abnehmen.
- Beim Einbau Schelle 2 mit entsprechender Zange(z.B. BMW-Nr. 13 1 500) quetschen.

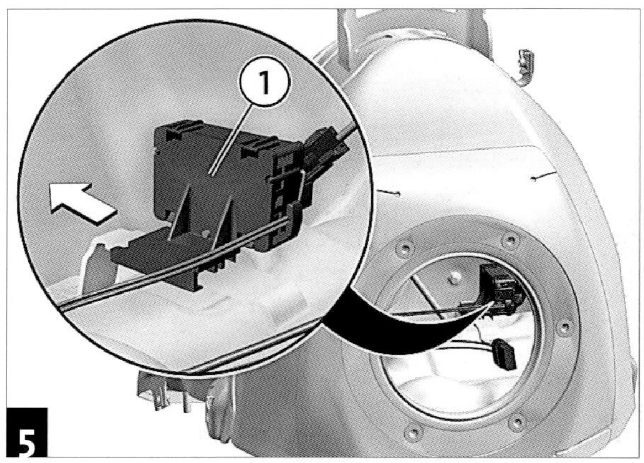

Füllstandgeber

- Füllstandgeber **1** bei ausgebauter Pumpe ausbauen.
- Geber abziehen und herausführen. Beim Einbau bis zum Einrasten aufschieben.

5.3
Benzindruckverteiler/-sensor

- Luftfiltergehäuse ausbauen (inklusive aller Vorarbeiten; ab Seite 105).

Einspritzleiste
- Kabelbinder (Pfeile) und Stecker **1** des Drucksensors trennen.
- Zuordnung der Stecker **2** markieren und Stecker trennen (siehe Bild 2).
- Kabelstrang **3** zur Seite legen.

Stecker Einspritzdüse (2 Bild 1)
- Feder (Pfeil) eindrücken und Stecker abziehen.

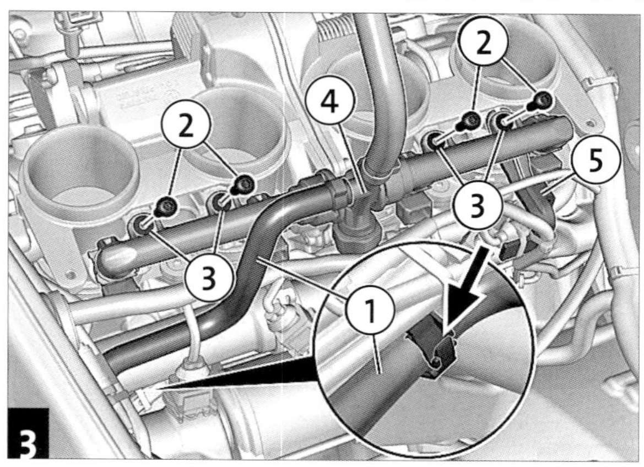

- Benzinschlauch **1** aus Halter (Pfeil) Lösen.
- Schrauben **2** mit Scheiben **3** ausbauen.
- Untere Einspritzleiste **4** komplett mit Halter **5** abnehmen.

2 Anzugsmoment M5 x 16 (neu, mikroverkapselt) . . 5 Nm

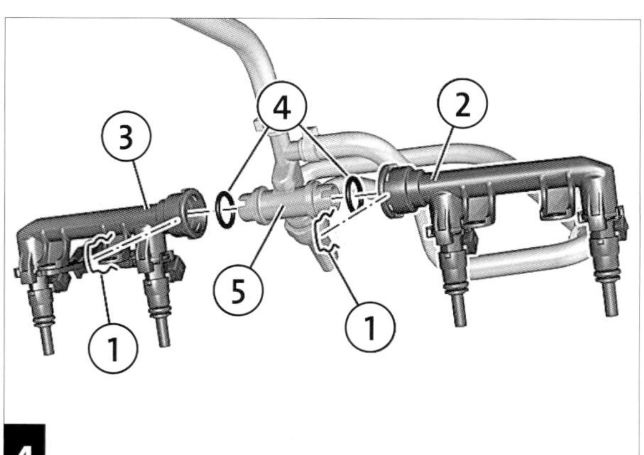

Untere Einspritzleiste
- Federklammern **1** abziehen und linke **2** und rechte Einspritzleiste **3** vom Druckregler/Verteiler **5** trennen.
- Auf Verbleib der O-Ringe **4** achten.

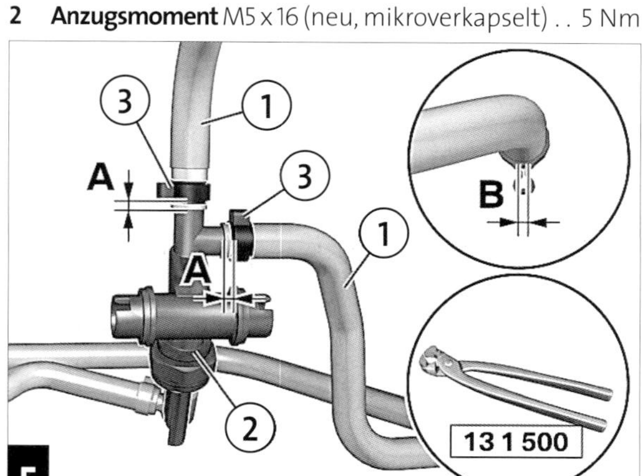

- Ggf. neue Schläuche **1**/neuen Drucksensor **2** so anbringen, dass Abstandmaß **A** (Überstand) 3 mm beträgt. **Neue** Schellen **3** mit geeigneter Zange (BMW-Nr. im Bild) so anbringen, dass Quetschmaß **B** von 4 mm eingehalten wird.

5 Einspritzsystem & Tank

5.3 Benzindruckverteiler/-sensor

Fortsetzung

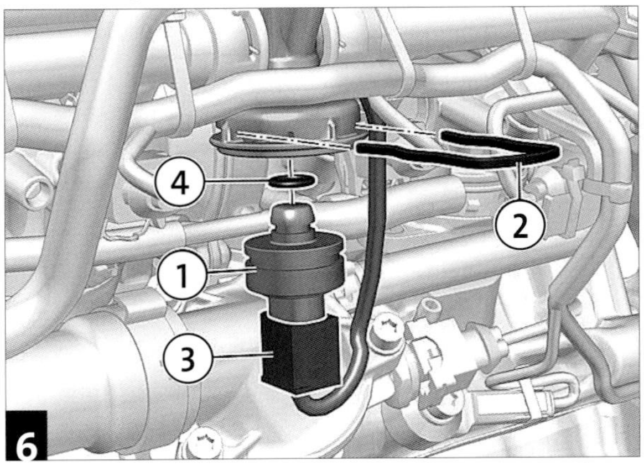

Benzindrucksensor

- Sensor **1** kann bei eingebauter Einspritzleiste nach Abziehen der Federklammer **2** abgenommen werden. Stecker **3** trennen.
- Mit so gut wie neuem O-Ring **4** einbauen.

Benzindrucksensor ab 2014

- Sensor **1** ab 2014 (hier R im Bild) kann nicht gesondert ausgebaut werden.

2 Stecker

5.4 Drosselklappen

- Luftfiltergehäuse ausbauen (inklusive aller Vorarbeiten; ab Seite 105).
- Einspritzleiste ausbauen (vorige Seite).

! Bei abgenommenen Drosselklappen Einlassstutzen abkleben.

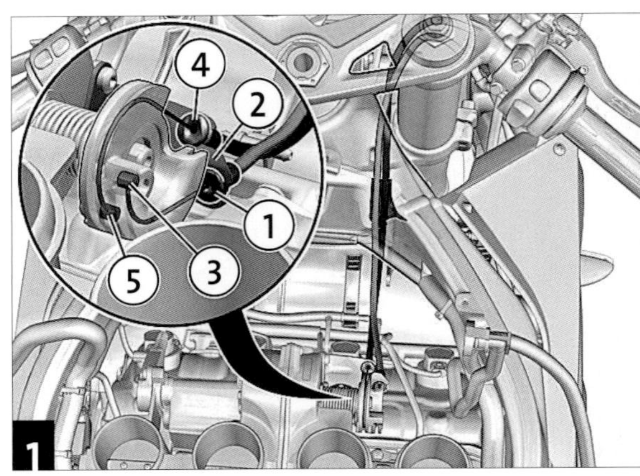

RR bis 2015: Seilzüge aushängen

- Schließerzug **1** aus Aufnahme **2** nehmen und Nippel **3** aushängen.
- Öffnerzug aus Aufnahme **4** nehmen und Nippel **5** aushängen.

Drosselklappengehäuse ohne Seilzüge

- Stecker **1** trennen.

Schlauchschellen öffnen

- Schlauchschelle mit Schlauchschellen-Zange 13 1 512 (Bild 15 Seite 67) öffnen.

Schlauchschellen öffnen
- Schlauchschelle mit selbst zurechtgeflexter Schlauchschellen-Zange öffnen.

Schlauchschellen schließen
- Schlauchschelle zusammenziehen bis Endstück in Nase (Pfeil) einrastet.

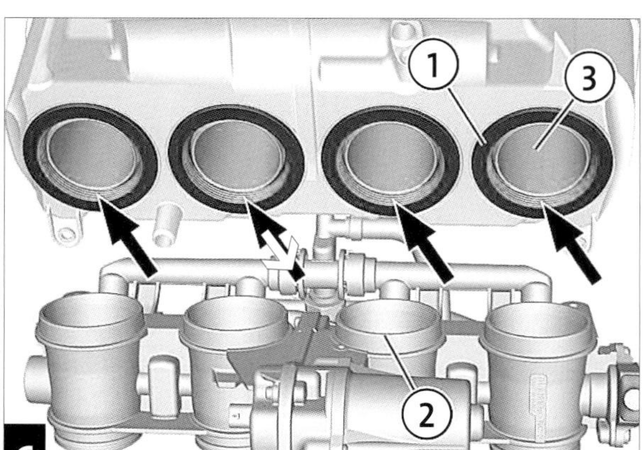

- Drosselklappen nach oben abnehmen.
- Beim Einbau zuerst Schellen positionieren.
- Es können auch Schraubschellen benutzt werden. Darauf achten, dass die Positionierung der Schelle keine Behinderung benachbarter Bauteile verursacht.
- Gummistutzen innen **leicht** ölen, damit die Drosselklappen-Batterie besser flutschen.
- Drosselklappen in Gummistutzen eindrücken.
- Übrige Arbeitsschritte in umgekehrter Ausbaureihenfolge.

R/XR: Luftfiltergehäuse an Drosselklappen einbauen
- Gummis **1** an der Innenseite (Pfeile) Mit Reifenmontage-Paste schmieren.
- Darauf achten, dass die Drosselklappenstutzen **2** zwischen Ansauggeräuschgummis **1** und den Ansaugtrichtern **3** sitzen.

5 Einspritzsystem & Tank

5.5
Drosselklappen reinigen und prüfen

- Die Drosselklappen in voll geöffneter Stellung reinigen. Dazu muss bei elektronischer Betätigung (Drive-by-wire) das Fahrzeug mit dem BMW-Diagnosesystem verbunden sein, welches die Drosselklappen zu diesem Zweck eine halbe Stunde lang öffnet.

! Drosselklappen keinesfalls mit Druckluft ausblasen. Beschädigungsgefahr der Dichtungen!
Zur Reinigung Benzin verwenden und die einschlägigen Vorsichtsmaßnahmen beachten!

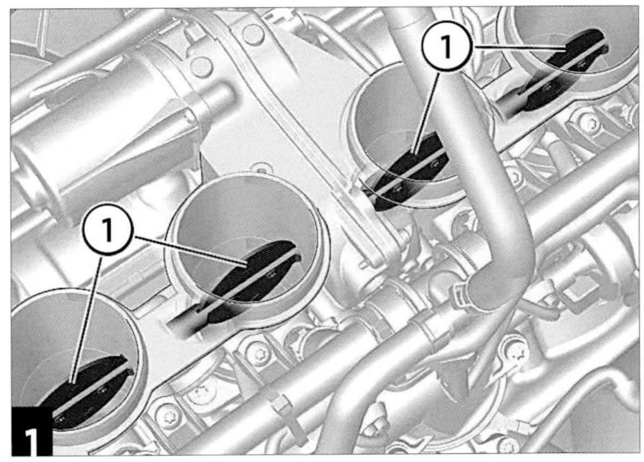

Drosselklappensensor reinigen
- Drosselklappen **1** in voll geöffneter Stellung reinigen.

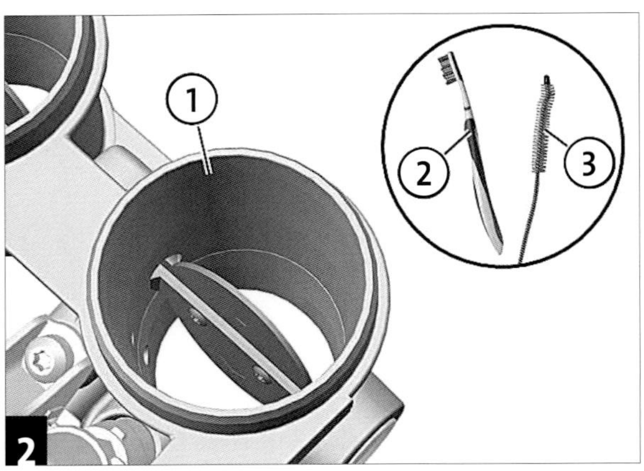

Drosselklappen reinigen
- Drosselklappen **1** mit Zahnbürste **2** und Flaschenbürste **3** reinigen.

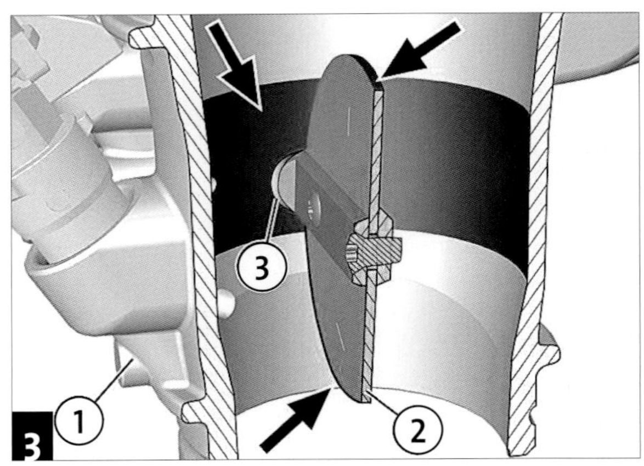

- Drosselklappenstutzen **1** und Drosselklappen **2** im markierten Bereich (Pfeile) ohne Druck reinigen.

👁 Darauf achten, dass die Borsten nicht in Bereich der Spalten **3** kommen.

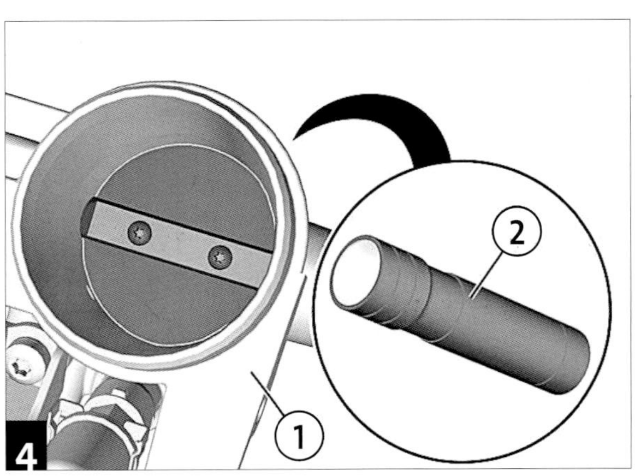

Drosselklappen prüfen
- Gereinigte Drosselklappenanlage **1** in geschlossenem Zustand z. B. mit Taschenlampe **2** von hinten beleuchten.

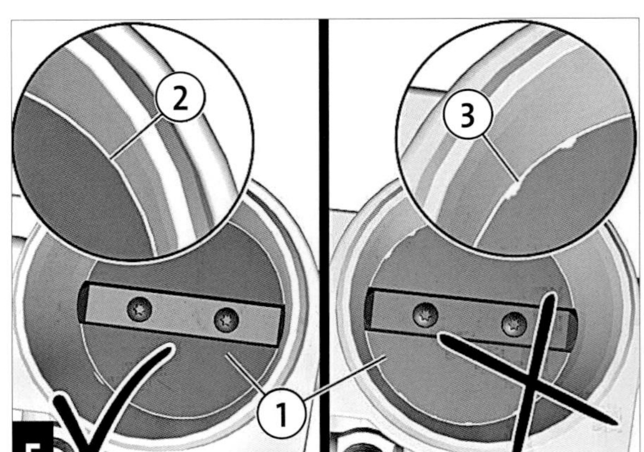

👁 Bei **jeder** Drosselklappe **1** muss ein gleichmäßiger Lichtspalt **2** erkennbar sein.
- Bei ungleichmäßigem Lichtspalt **3** Drosselklappenanlage ersetzen.

5.6
Drosselklappensensor

- Drosselklappen anheben und Einlassstutzen abkleben (siehe Vorkapitel).
- Rahmen innen nicht verkratzen!

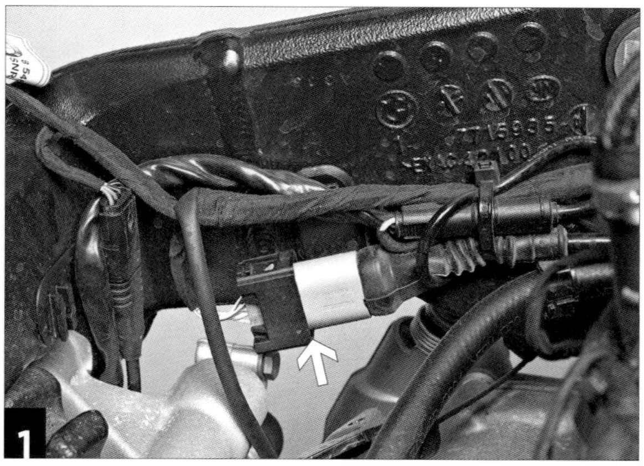

Drosselklappensensor Stecker
- Kabelbinder trennen und Stecker (Pfeil) trennen. Kabel freilegen. Einbaulage: links innen am Rahmen.

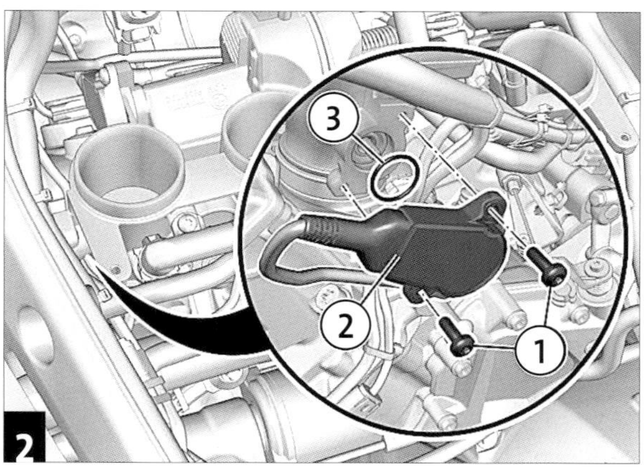

- Schrauben **1** ausdrehen und Sensor **2** mit O-Ring **3** abnehmen.

1 **Anzugsmoment** M5 x 14 (Loctite 243 beigeben)... 4 Nm

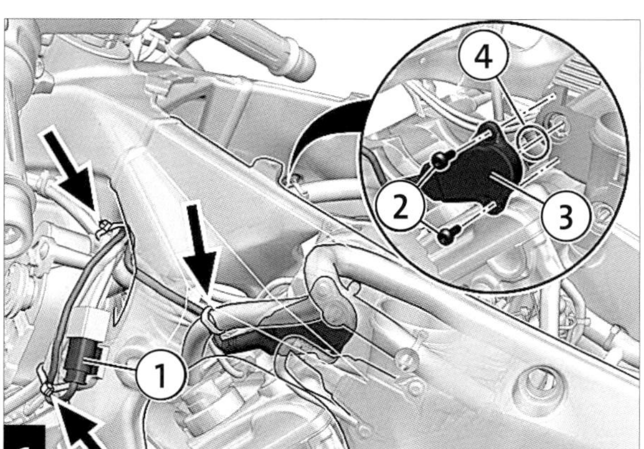

5.7
Gasgriffsensor

Betrifft nur **RR-Modelle mit Seilzügen** zu den Drosselklappen.
- Kabelbinder (Pfeile) trennen und Stecker **1** trennen. Kabel freilegen.
- Schrauben **2** ausdrehen und Sensor **3** mit O-Ring **4** abnehmen.
- In umgekehrter Reihenfolge mit einwandfreiem O-Ring montieren.

Anzugsmoment

1 M5 x 14 (Loctite 243 beigeben) .... 4 Nm

5 Einspritzsystem & Tank

5.8 DISA-Stellmotor

(Stellmotor für differenzierte Sauganlage)

- Schrauben **1** ausdrehen und Stellmotor **2** anheben und Verbindungsstück **3** aus Stellhebelbuchse **4** lösen.
- Stecker **5** trennen und Stellmotor **2** mit O-Ring **6** abnehmen.
- In umgekehrter Reihenfolge mit einwandfreiem O-Ring montieren.

Anzugsmoment

1 Schraube für Kunststoff 6 x 22 . . . . 3 Nm

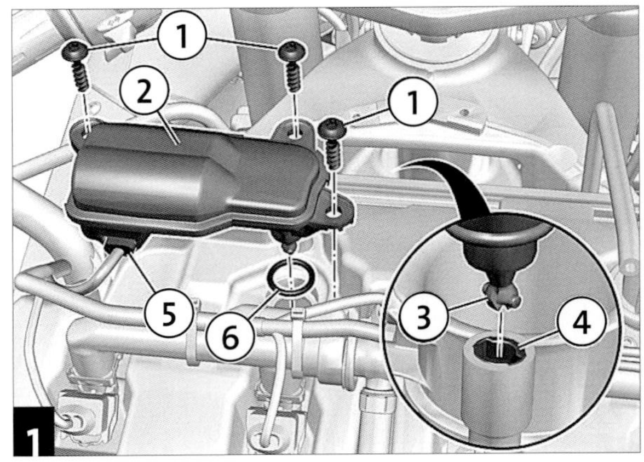

5.9 Gasgriff/Seilzug

- Lenkerschalter/rechts ausbauen (Seite 232).
- Zur Reinigung der Drosselklappen Seilzüge montiert belassen.

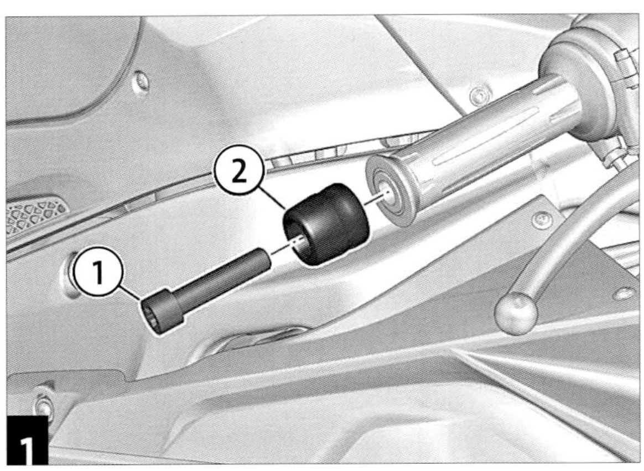

Lenkergewicht

- Schraube **1** ausdrehen und Lenkergewicht **2** abnehmen.

1 **Anzugsmoment** M12 x 50 .66 Nm

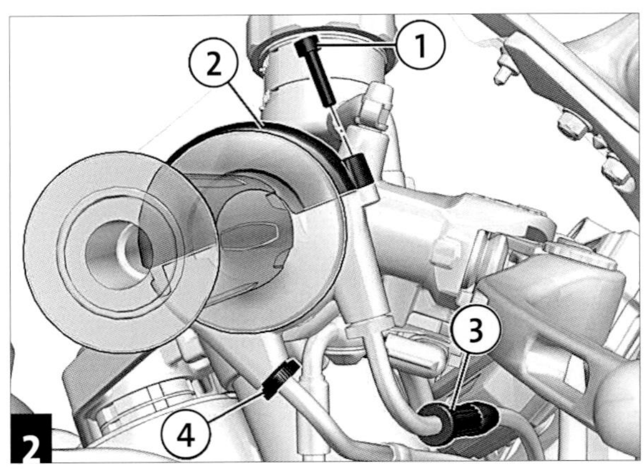

- Schraube **1** ausdrehen und Abdeckung **2** abnehmen.
- Einsteller **3** auf größtmögliches Spiel eindrehen.
- Haltemutter **4** lösen.

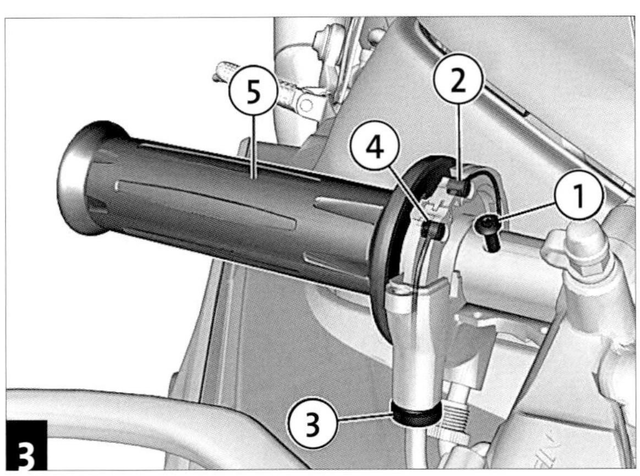

- Schraube **1** ausdrehen, Nippel **2** (Schließerzug) ausbauen und freilegen. Haltemutter **3** lösen.
- Nippel **4** (Öffnerzug) ausbauen und freilegen.
- Drehgriff **5** abnehmen.

1 **Anzugsmoment** M3,5 x 32 . . . . 2 Nm

- In umgekehrter Reihenfolge montieren.
- Nippel gefettet einsetzen.

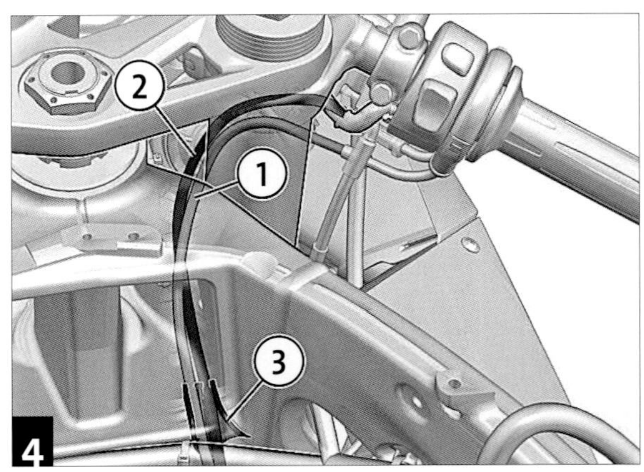

Seilzug verlegen

- Seilzug **1** (Öffner) und Seilzug **2** (Schließer) sind parallel verlegt und werden von Führung **3** gehalten.

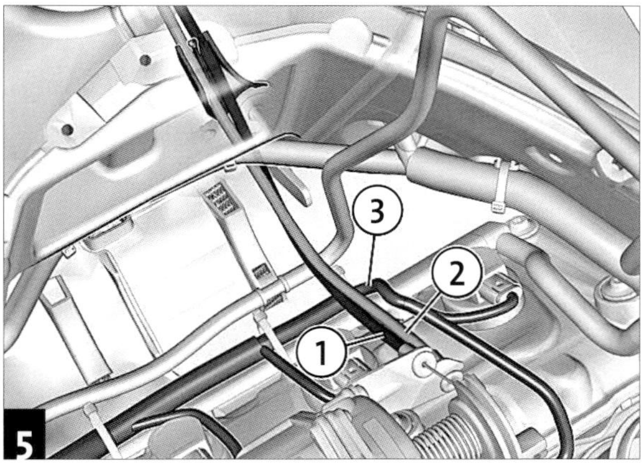

Seilzug verlegen
- Seilzug **1** (Öffner) kreuzt Seilzug **2** (Schließer).
- Seilzüge über Zündspulenkabel **3** verlegen.

- Seilzüge an den Drosselklappen ausbauen wie ab Seite 146 beschrieben.
- Seilzüge verlegen siehe Bilder 4 und 5.
- Seilzugspiel einstellen wie im Kapitel Wartung beschrieben.

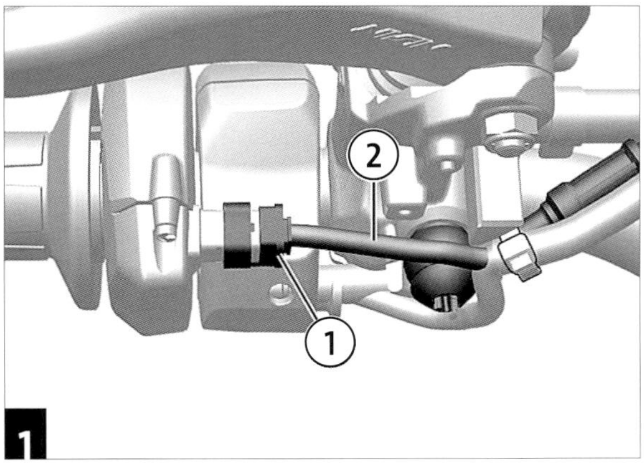

Gasgriffstecker
- Stecker **1** trennen und Kabel **2** freilegen.

5.10
Gasgriff/ohne Seilzug

- Lenkergewicht ausbauen (Bild 1 vorige Seite).
- Lenkerschalter/rechts ausbauen (Seite 232).

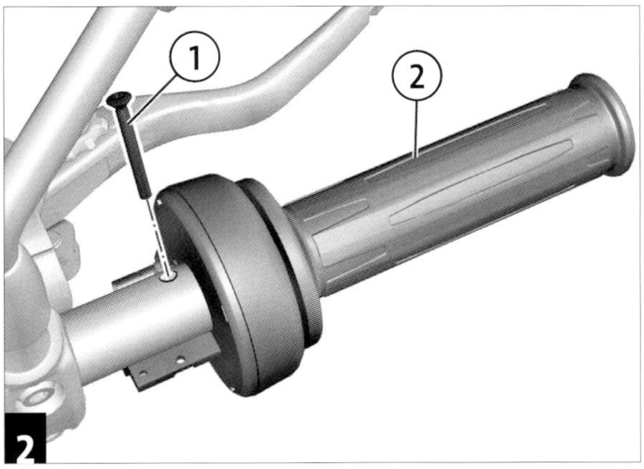

Gasgriff
- Schraube **1** ausdrehen und Gasgriff **2** abnehmen.
Anzugsmoment M3,5 x 30 .... 2 Nm

5 Einspritzsystem & Tank

5.11 Aktivkohlefilter

Die aktuellen Abgasnormen (EU4) erfordern einen Filter, der verhindert, dass durch die Tankbelüftung verdunstender Kraftstoff in die Umwelt gelangt. In Kalifornien übrigens Standard seit über 20 Jahren... Dies betrifft also nur Modelle ab Modelljahr 2017.

- Fahrersitz bzw. Sitzbank abnehmen.
- Tankverkleidung und Tank abbauen.
- **RR/R**: Motorsteuergerät mit Kabelbaum lösen (Seite 100).
- Halterahmen für Luftfilter und Ansauggeräuschdämpfer ausbauen.
- Motorspoiler ausbauen.
- Seitenverkleidung links und rechts ausbauen.
- **R/XR**: Kühlmittel-Ausgleichsbehälter vom Kühler lösen (Seite 112) und nach vorn fixieren.

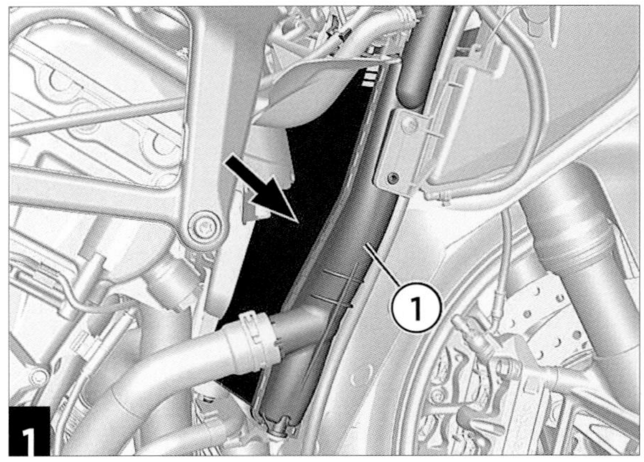

Kühler und Luftführung

- Rückseite des Kühlers **1** mit starker Pappe o.ä. (Pfeil) abdecken, damit die Lamellen nicht beschädigt werden.

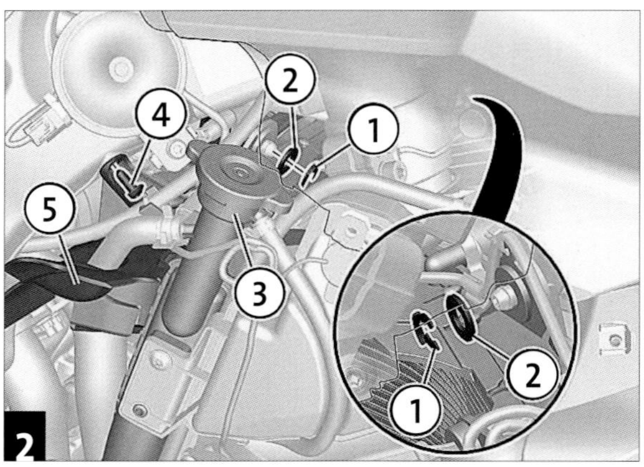

Kühler und Luftführung

- Clips **1** links und rechts ausfedern und Scheiben **2** abnehmen. Kühler **3** lösen und nach vorn ziehen.
- Schraube **4** ausdrehen.
- Luftführung **5** (Hitzeschutz) lösen.

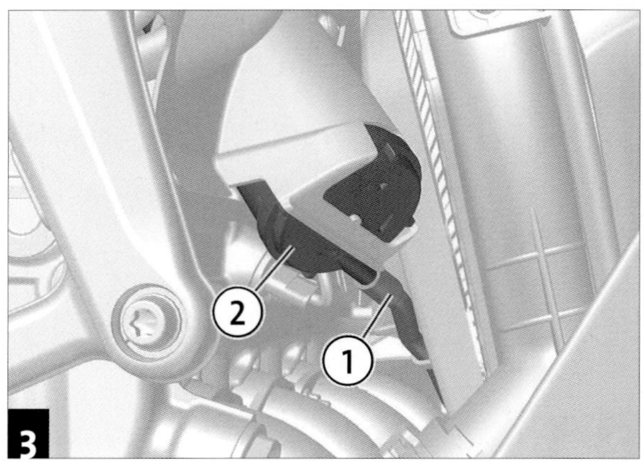

- Schlauch **1** vom Aktivkohlefilter **2** abziehen.

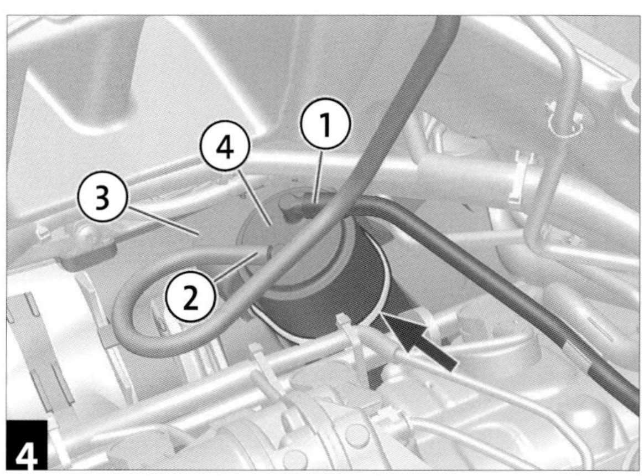

- Schläuche **1** und **2** abziehen.
- Kabelbinder (Pfeil) trennen.
- Kühlluftführung **3** nach vorn drücken und Aktivkohlefilter **4** ausbauen.

- In umgekehrter Ausbaureihenfolge montieren.

5.11.1
Aktivkohlefilter-Ventil

- Fahrer- und Soziussitz bzw. Sitzbank abnehmen.
- Tankverkleidung und Tank abbauen.

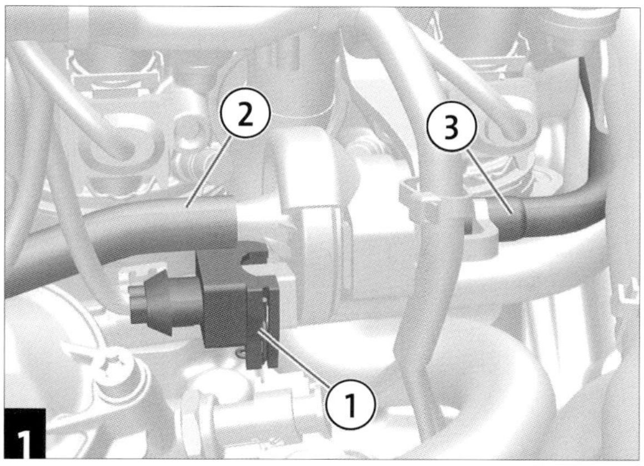

Aktivkohlefilter-Ventil

- Stecker **1** trennen und Schläuche **2** und **3** abziehen.

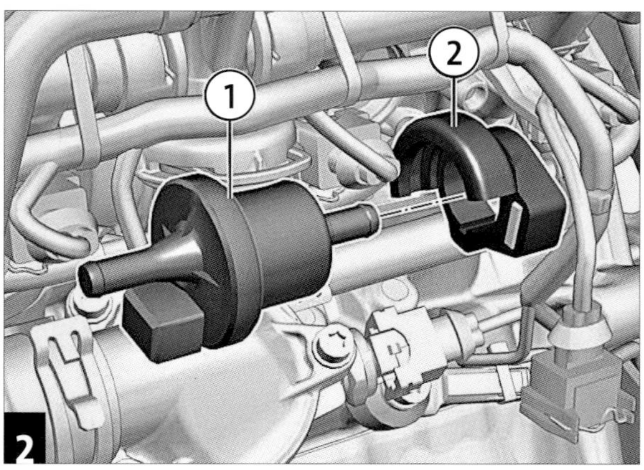

Aktivkohlefilter-Ventil

- Schläuche **1** und **2** abziehen.
- Aktivkohlefilter-Ventil **1** aus Halter **2** abnehmen.

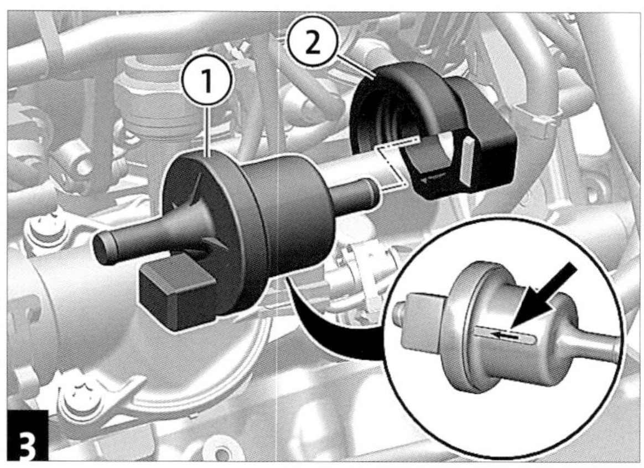

Aktivkohlefilter-Ventil

- Ventil **1** so in Halter **2** einsetzen, dass Pfeil nach links weist.

- In umgekehrter Ausbaureihenfolge montieren.
- Darauf achten, dass Schläuche nicht geknickt oder abgeklemmt werden.
- Entsprechend den BMW-Werkstattanweisungen zum Abschluss die Adaptionswerte zurück setzen (beim BMW-Motorrad-Partner).

6 Starter

6.1 Aus- und Einbau

! Bei ausgeschalteter Zündung zuerst Massekabel von der Batterie abnehmen (Seite 101).

- Sitze und Tank ausbauen.
- Der Ausbau des Starterfreilaufs und der Untersetzung wird im Generator-Kapitel beschrieben.

Starter ausbauen

- Schraube **1** ausdrehen und Starter-Pluskabel abnehmen.
- Schrauben **2** ausdrehen und Starter zur Seite herausnehmen .

Anzugsmomente

1	M5 x 7	3 Nm
2	M6 x 25	8 Nm

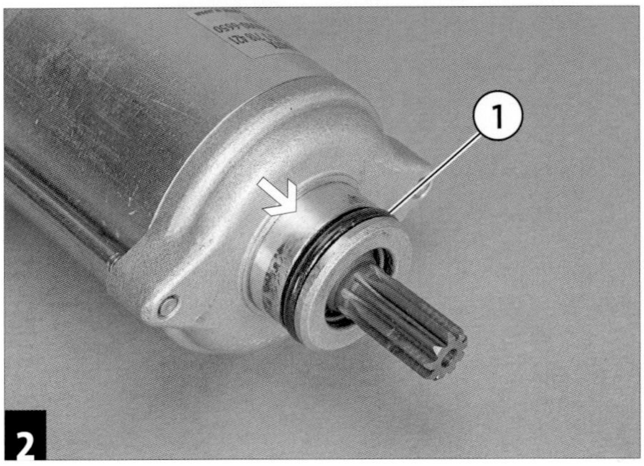

Starter einbauen

- Kontaktfläche (Pfeil) reinigen.
- So gut wie neuen O-Ring **1** leicht geölt anbringen.
- Starter in Motorgehäuse einschieben.

6.2 Starterrelais

! Bei ausgeschalteter Zündung zuerst Massekabel von der Batterie abnehmen.

- **RR/R**: Fahrer- (Seite 82) und Soziuzsitz (Seite 88) ausbauen.
- **XR**: Sitzbank abnehmen (am Heck mit Zündschlüssel entriegeln und abehmen).
- Heckverkleidung ausbauen (RR: Seite 79; R: Seite 86).
- Diebstahlwarnanlage ausbauen, so vorhanden.
- **RR** ab 2012 und **R**: Halter der Diebstahlwarnanlage ausbauen.
- **XR**: Einbaulage des Starterrelais siehe Bild 3 Seite 252.

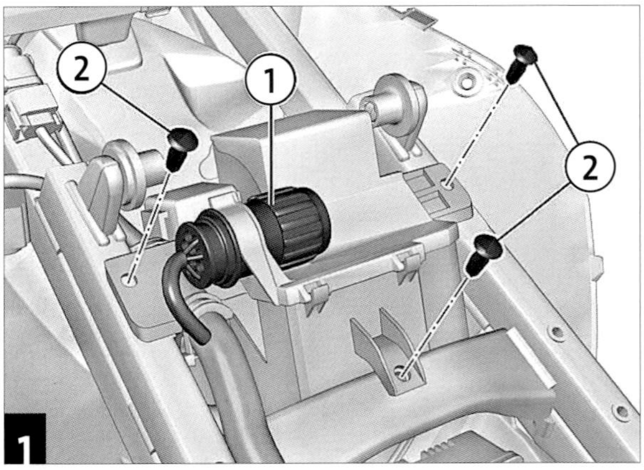

Starterrelais Aus- und Einbau

- Diagnosestecker **1** lösen und Kunststoffnieten **2** ausbauen.

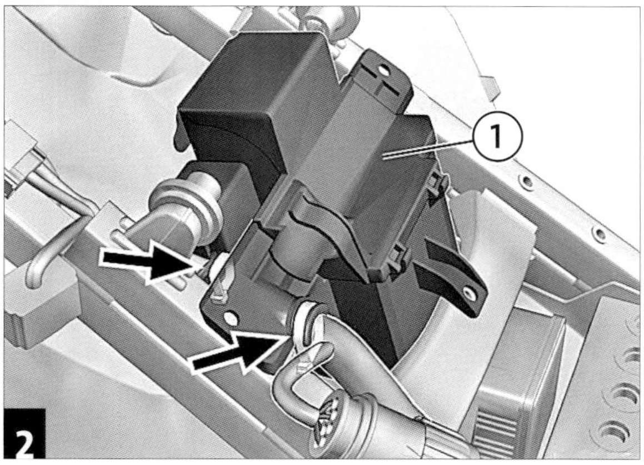

Relaishalter

- Kabelbinder (Pfeile) trennen und Relaishalter **1** abnehmen.

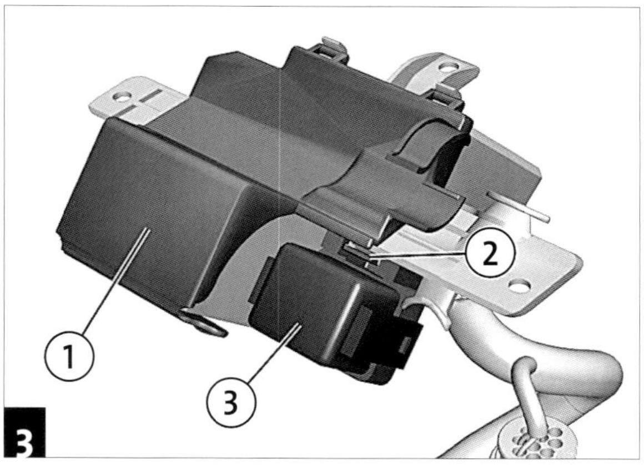

- Abdeckung **1** öffnen.

2 Verriegelung
3 Sicherungshalter

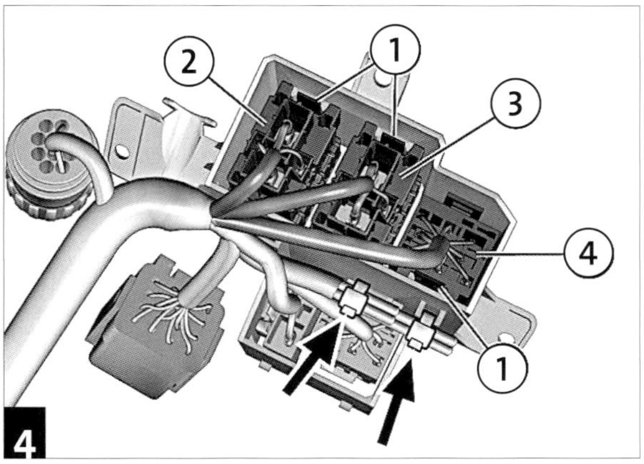

- Kabelbinder (Pfeile) trennen und Verriegelung **1** öffnen. Starterrelais **2** abnehmen.

3 Hauptrelais
4 Fernlicht- und Entlastungsrelais

7 Auspuffanlage

7.1 Lambdasonde

! Darauf achten, dass Auspuffanlage abgekühlt ist, bevor sie angefasst wird!

- Maschine sicher aufbocken.
- Seitenverkleidung und Motorspoiler ausbauen, so vorhanden (Seiten 78/84).

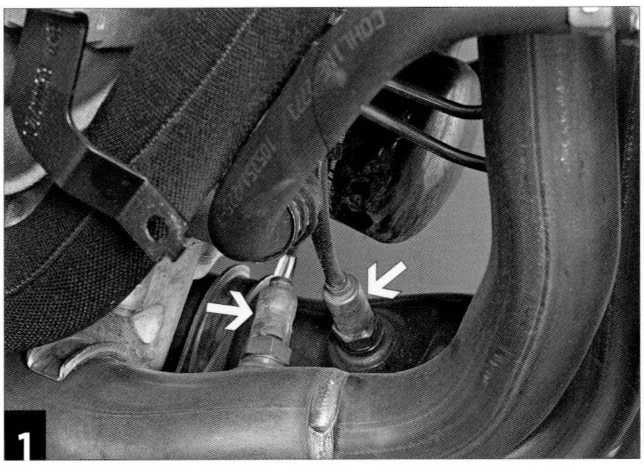

Lambdasonden links und rechts
- Die Lambdasonden (Pfeile) können auch bei ausgebauten Krümmern gewechselt werden. Dann nur Stecker trennen und Kabel freilegen.

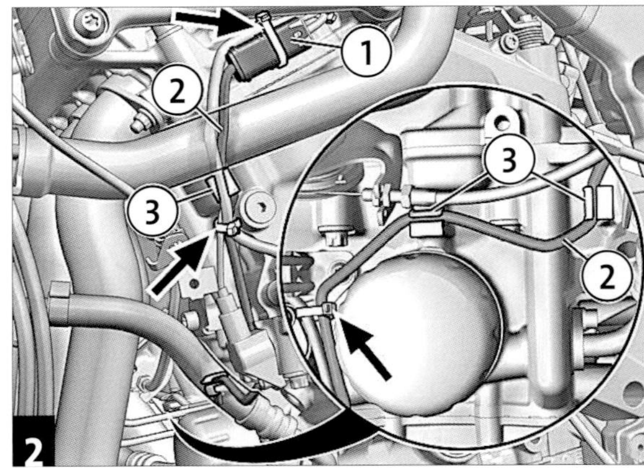

Kabel und Stecker links
- Kabelbinder trennen, Stecker **1** trennen und Kabel **2** aus Führung **3** nehmen und freilegen.
- Sonde ausschrauben.

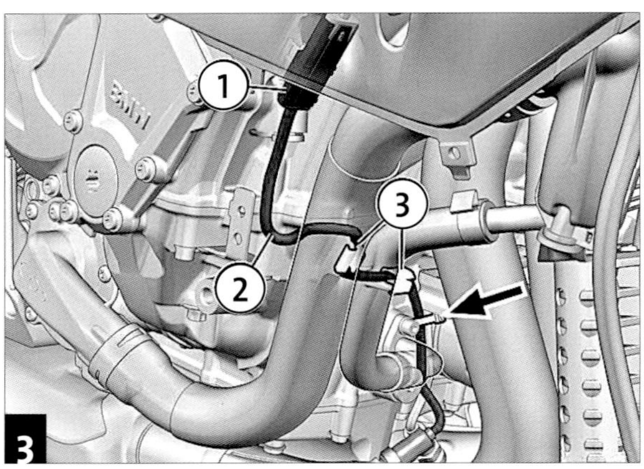

Kabel und Stecker rechts
- Kabelbinder trennen, Stecker **1** trennen und Kabel **2** aus Führung **3** nehmen und freilegen.
- Sonde ausschrauben.

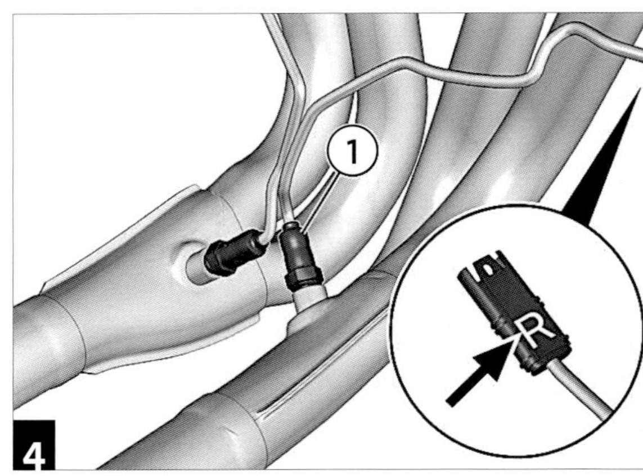

Lambdasonde anschließen
- Stecker der rechten Sonde **1** ist mit einem **R** gekennzeichnet.

Lambdasonde einbauen
- Gewinde der Lambdasonde **1** leicht schmieren (Optimoly TA) und Sonde eindrehen.
- Kabel verlegen und anschließen wie in Bildern 2 bis 6 gezeigt.

1 Anzugsmoment
M12 x 1,25 . . .25 Nm

Stecker rechts
- Kabel am Stecker rechts (wie auch links) mit Kabelbinder sichern.

Stecker links
- Kabel veräuft gemeinsam mit Generatorkabel.

7.2
Schalldämpfer

RR/R: Schalldämpfer ausbauen
- Schraube **1** lösen, Schraube **2** ausdrehen und mit Druckstück **3** abnehmen.
- Dämpfer abziehen.

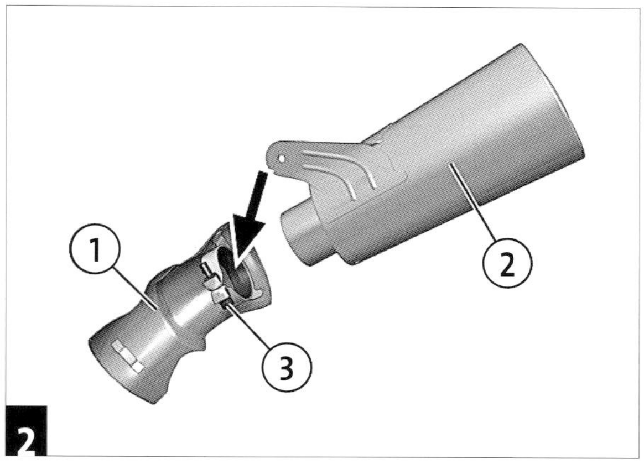

RR/R: Befestigungsschelle am Dämpfer
- Blende **1** vom alten Schalldämpfer **2** abziehen.
- Innenfläche der Schelle **3** leicht schmieren (Optimoly TA) und auf neuen Dämpfer aufschieben.

XR: Schalldämpfer am Krümmer
- Drei Schrauben ausdrehen und Blende abnehmen.

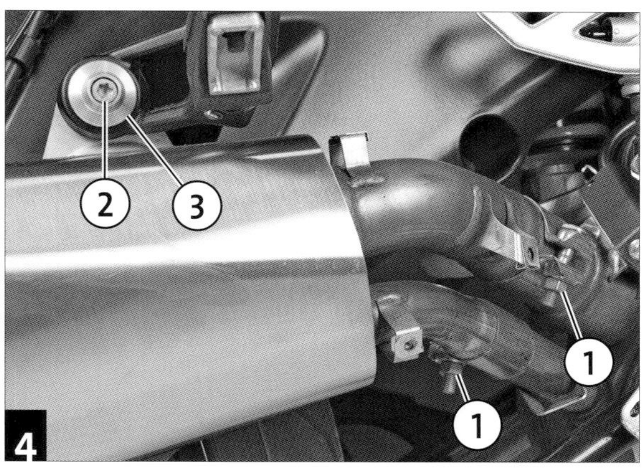

XR und R ab 2017: Schalldämpfer am Krümmer
- Muttern **1** lösen, Schraube **2** ausdrehen und mit Druckstück **3** abnehmen.
- Dämpfer abziehen.

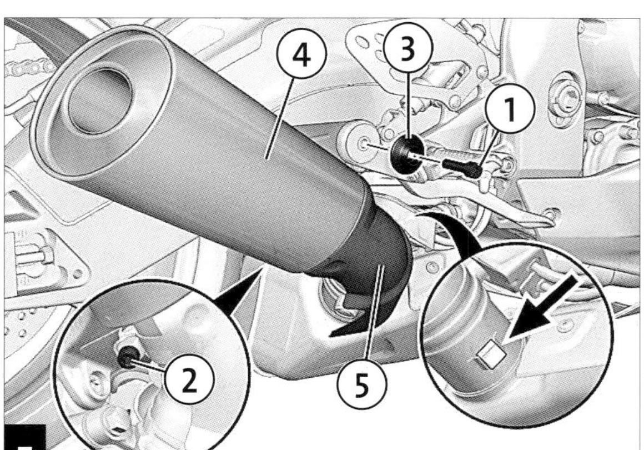

RR/R: Schalldämpfer einbauen
- Dämpfer **4** mit Abdeckung **5** so auf Krümmer aufschieben, dass Abdeckung in Federblech einrastet.

Schalldämpfer einbauen
- Schelle(n) innen dünn schmieren (Optimoly TA) und mit Dämpfer bis zum Anschlag aufschieben.
- Schraube **1** mit Druckstück **3** montieren.

1 **Anzugsmoment** M8 x 30 .... 19 Nm
2 **Anzugsmoment** M8 x 45/Mutter M8 (XR) .... 25 Nm

7 Auspuffanlage

7.3 Krümmer

1

RR/R: Abdeckung der Abgasklappe bis 2016
- Federbügel aushebeln und Abdeckung abnehmen.
- Abdeckung und Federbügel einbauen: siehe Bild 2 Seite 163.

2

XR und RR/R ab 2017: Abdeckung der Abgasklappe
- Schraube (Pfeil) ausdrehen und Abdeckung abnehmen.

3

Seilzüge ausbauen
- Einstellmuttern (Pfeile) lösen und Seilzüge abnehmen.
- 👁 Betätigerzug und Schließerzug können wegen ihrer Nippelgröße nicht verwechselt werden.

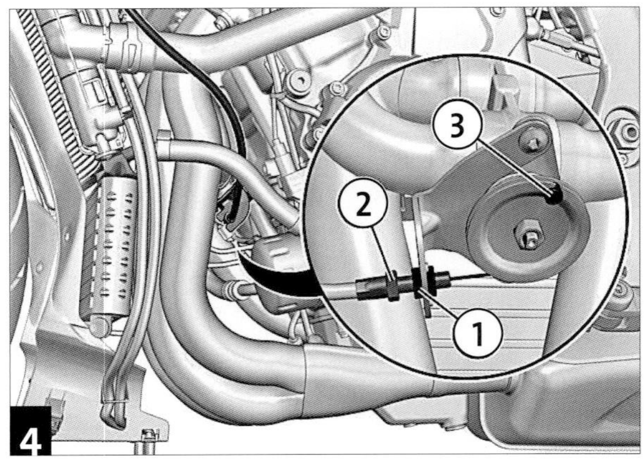

4

RR: Seilzug Interferenzklappe lösen
- Gegenmutter **1** lösen, Seilzug **2** aushängen und Nippel **3** abnehmen. In umgekehrter Reihenfolge montieren.

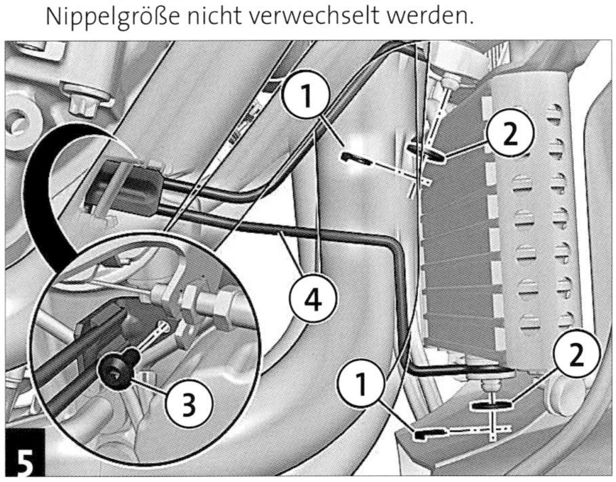

5

Kühler-Halter
- Zwei Clips **1** abziehen und Scheiben **2** abnehmen. Schraube **3** ausdrehen und Halter **4** abnehmen.

3 **Anzugsmoment** M6 x 14 (Loctite 243) . . . . 8 Nm

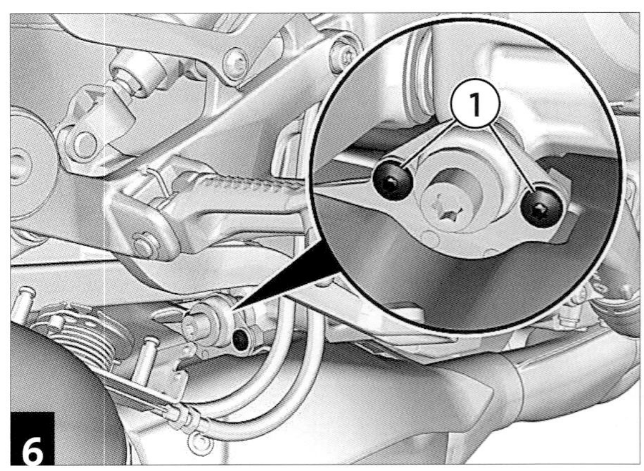

6

Krümmer-Halter (nicht RR ab 2015; siehe Bild 8)
- Schrauben **1** an den Haltern des Vorschalldämpfers links und rechts lockern.

Anzugsmoment M5 x 12 . . . . 6 Nm

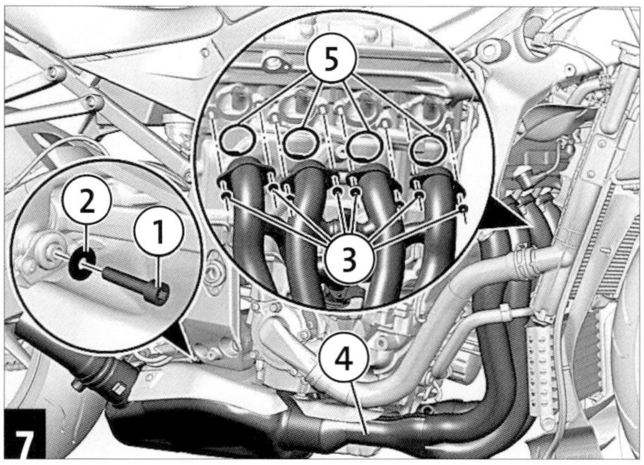

Krümmer

- Schraube **1** mit Scheibe **2** ausbauen (nicht RR ab 2015).
- Muttern **3** ausdrehen und Krümmer **4** abnehmen.
- Auf Verbleib der Dichtungen **5** achten und entsorgen.

RR ab 2015: Krümmer-Halter

- Vorschalldämpfer wird in Halter eingesteckt.

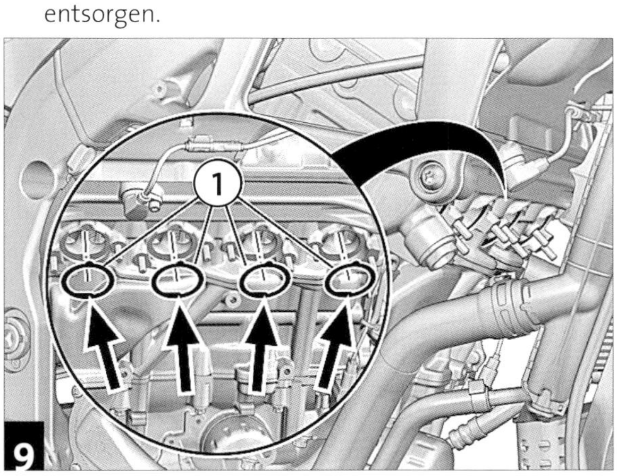

Krümmerdichtungen

- Neue Dichtungen **1** so einsetzen, dass abgeflachte Seite nach unten weist (Pfeile).

Einbau

- Krümmer in umgekehrter Ausbaureihenfolge montieren.

Anzugsmomente Bild 7

1	M8 x 35	20 Nm
3	M7	14 Nm

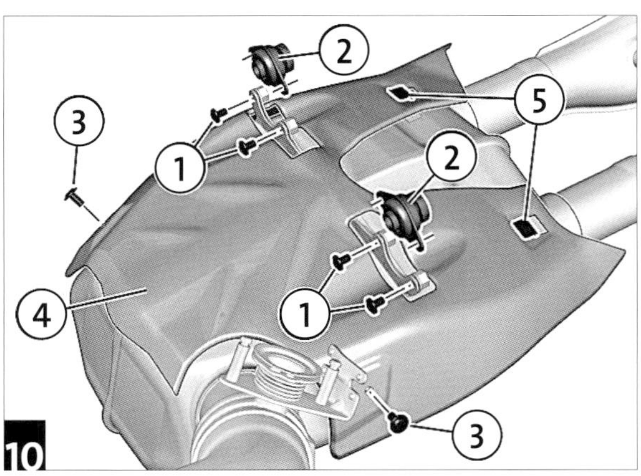

Vorschalldämpfer mit Hitzeschild

- Schrauben **1** ausdrehen und Halter **2** abnehmen.
- Schrauben **3** ausdrehen und Hitzeschild **4** mit Halteklammern **5** vom Vorschalldämpfer abnehmen.
- Hitzeschild mit neuen Schrauben **3** und Steckmuttern einbauen.

3 **Anzugsmoment** M5 x 10 .... 8 Nm

- Schrauben **1** nur locker eindrehen, erst nach Montage der Schrauben **1** Bild 7 festdrehen (Bild 6).

7 Auspuffanlage

7.4 RR: Stellmotor der Interferenzklappe

- Seitenverkleidung links mit Motorspoiler gemeinsam ausbauen (ab Seite 73).

- Beim Einbau neue Schrauben **5** verwenden.

Anzugsmoment

5 M5 x 45. . . . . . .3 Nm

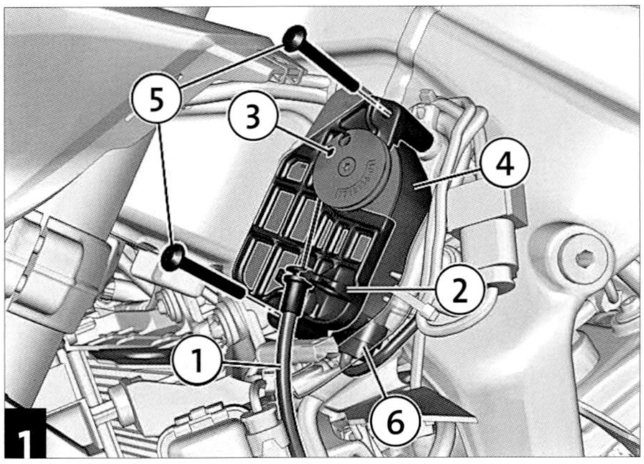

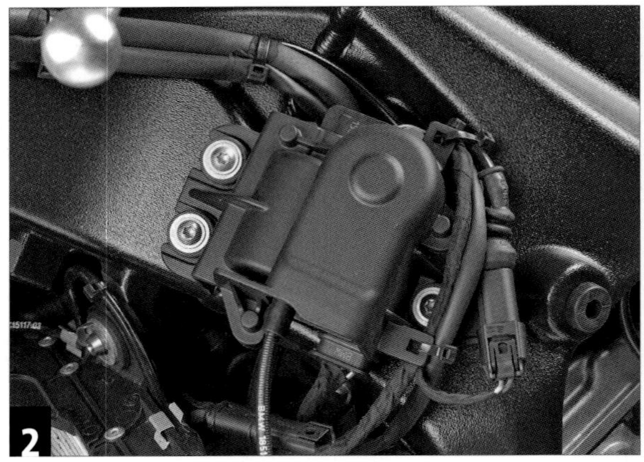

Stellmotor der Interferenzklappe aus-/einbauen

- Seilzug **1** aus Halter **2** abnehmen und Nippel **3** ausbauen.
- Schrauben **5** ausdrehen und Halter **2** abnehmen.
- Stellmotor **4** abnehmen und Stecker **6** trennen.

Stellmotor der Interferenzklappe ab 2015

- Schrauben ausdrehen und Abdeckung abnehmen.

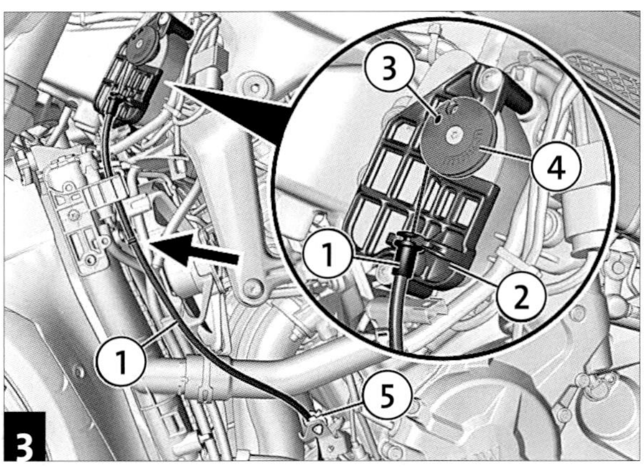

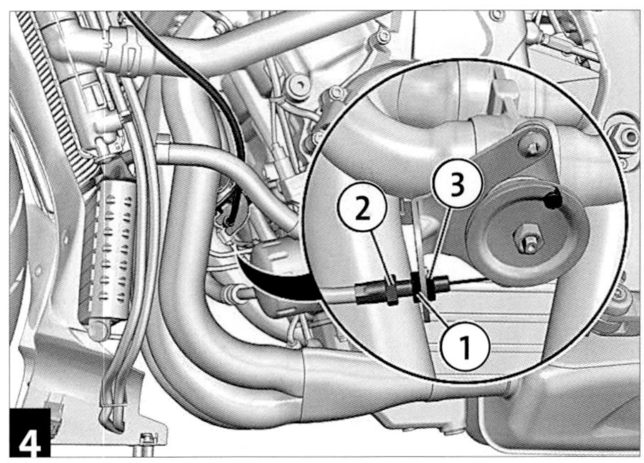

Seilzug der Abgasklappe wechseln

- Seilzug an der Klappe ausbauen siehe Bild 4 (auf größtmögliches Seilzugspiel einstellen und Nippel aus Aufnahme lösen) .
- Neuen Seilzug **1** im Halter **5** befestigen.
- Nippel **3** in Seilscheibe **4** einsetzen und Seilzug in Halter **2** befestigen.
- Nippel an der Klappe einbauen.
- Seilzug hinter der Haltenase (Pfeil) des Lüfters verlegen.

Seilzug einstellen

- Zündung einschalten.

➔ Stellmotor fährt in Stellung "Klappe offen".

- Zündung ausschalten.
- Gegenmutter **1** lösen.
- Einsteller **2** drehen, bis Zug spielfrei ist, dann **ein bis zwei Umdrehungen zurückdrehen**, um Seilzug zu entlasten.
- Einsteller **2** mit Gegenmutter **1** kontern, dabei Mutter **3** gegenhalten.
- Anschließend beim BMW Motorradpartner mit dem Diagnosesystem Stellmotor abgleichen und Status prüfen.

7.5 RR: Stellmotor der Abgasklappe

- Fahrersitz und Tank abbauen.

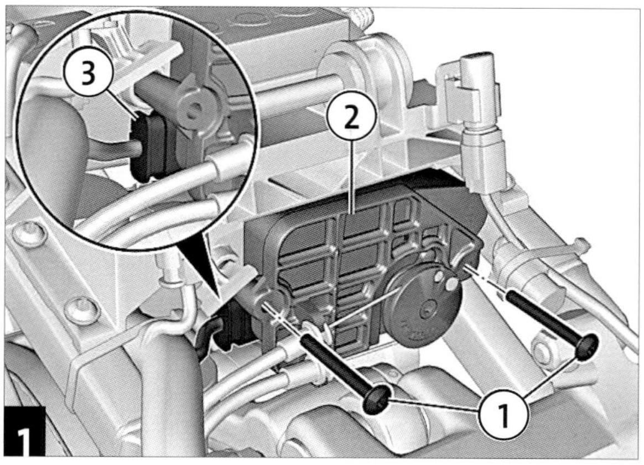

Stellmotor der Abgasklappe aus-/einbauen
- Schrauben **1** ausbauen, Stellmotor **2** abnehmen und Stecker **3** trennen.
- Beim Einbau neue Schrauben **1** verwenden.

1 **Anzugsmoment** M5 x 45 . . . . 3 Nm

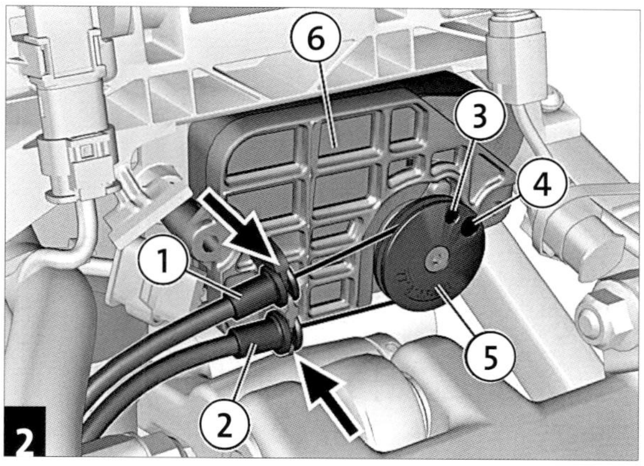

Stellmotor der Abgasklappe aus-/einbauen
- Seilzug **1** und **2** aus Halter (Pfeile) abnehmen und Nippel **3** und **4** aus Seilscheibe **5** ausbauen.
- Stellmotor **6** abnehmen.

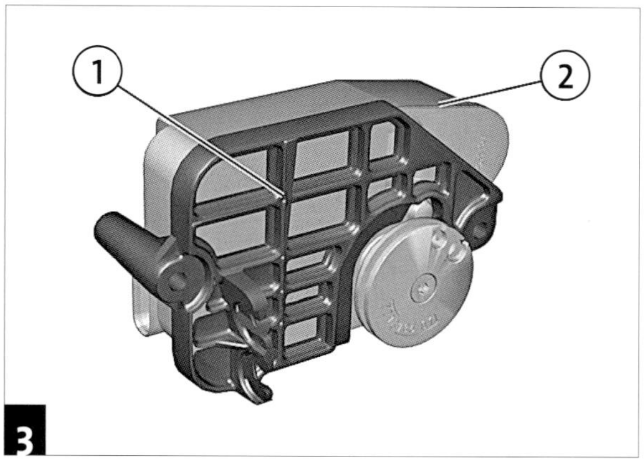

Stellmotor der Abgasklappe aus-/einbauen
- Stellmotor **2** vom Halter **1** abnehmen.
- In umgekehrter Reihenfolge montieren.

- Abschließend Seilzugspiel einstellen wie in Kapitel 7.7 beschrieben (übernächste Seite).

7 Auspuffanlage

7.6 R/XR: Stellmotor der Abgasklappe

- Bremsflüssigkeitsbehälter hinten mit Halter lösen.
- Bild 1: Rastenhalter zur Seite hängen lassen.
- Abdeckung der Abgasklappe abnehmen und beide Seilzüge lösen (Bilder 1 bis 3 Seite 158).

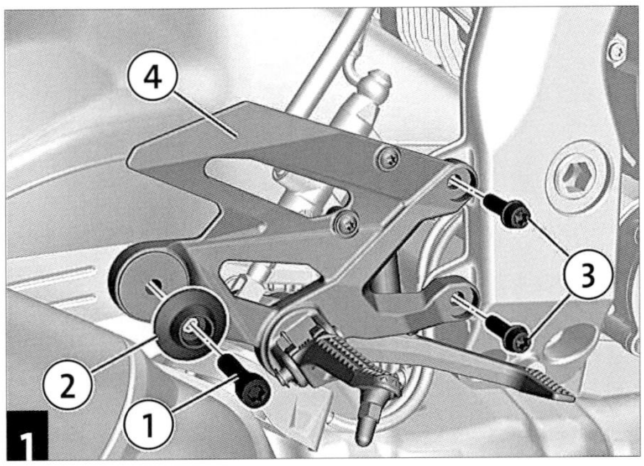

Rastenhalter aus-/einbauen

- Schraube **1** mit Druckstück **2** ausdrehen. Schrauben **3** ausdrehen und Rastenhalter **4** abnehmen.

1 Anzugsmoment M8 x 25 - 10.9 .... 28 Nm
3 Anzugsmoment M8 x 30 .... 19 Nm

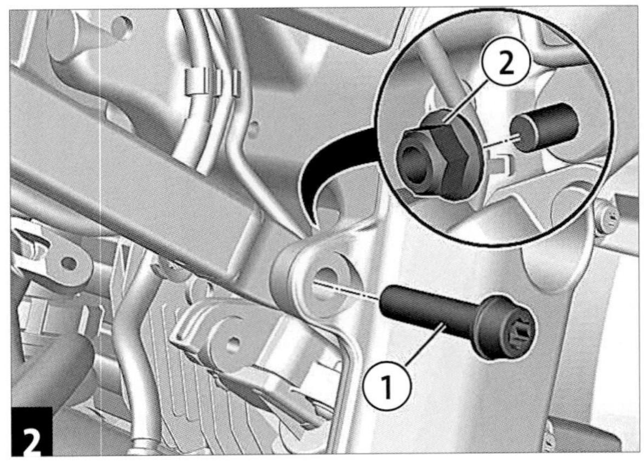

Heckrahmenschraube

- Schraube **1** mit Mutter **2** ausbauen.

1 Anzugsmoment M10 x 1,25 - 10.9............. 60 Nm

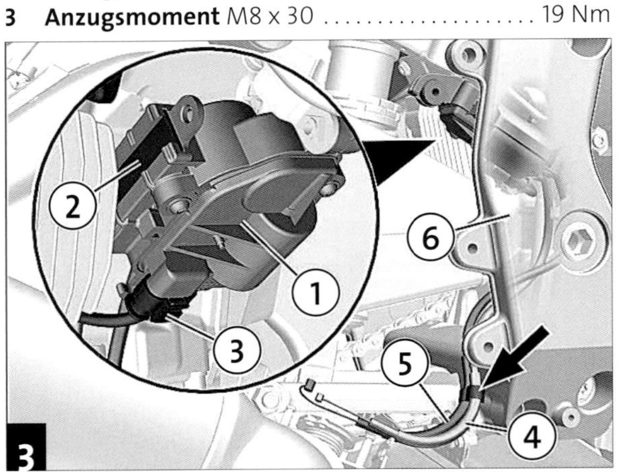

Stellmotor

- Halter (Pfeil) der Seilzüge abnehmen.
- Stellmotor **1** mit Abdeckung und Halter **2** nach oben hinten abziehen.
- Stecker **3** trennen. Stellmotor **1** mit Abdeckung vom Halter **2** abziehen.
- Stellmotor **1** mit Betätigungszug **4** und Rückstellzug **5** aus Rahmen **6** ausfädeln.

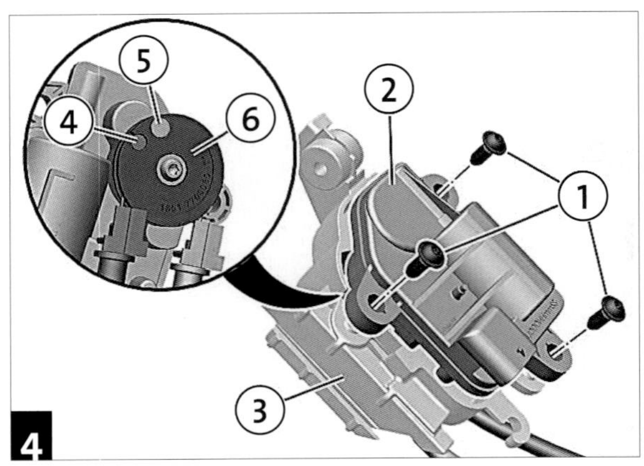

Stellmotor ersetzen

- Schraube **1** ausbauen und Stellmotor **2** vom Halter **3** abnehmen.
- Nippel von Betätigungszug **4** und Rückstellzug **5** aus Seilscheibe **6** ausbauen.
- In umgekehrter Reihenfolge einbauen.

1 Anzugsmoment Schraube für Kunststoff 5 x 12 . 2 Nm

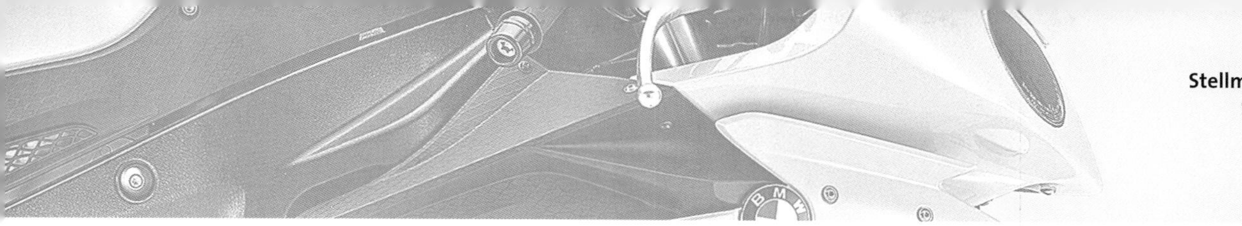

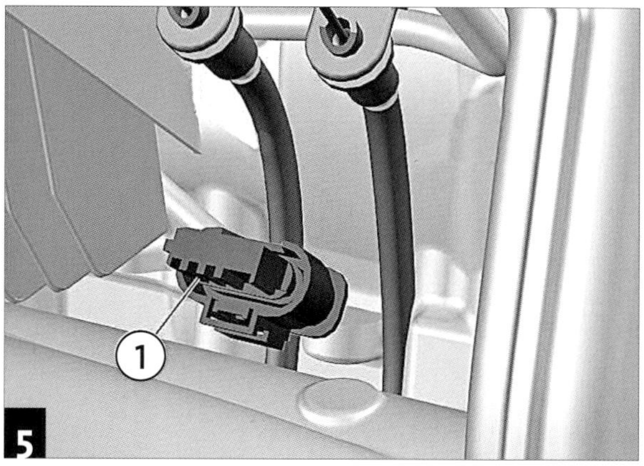

Stellmotor einbauen

- Darauf achten, dass beim Einbau der Stecker **1** des Stellmotors **vor** den Seilzügen positioniert ist. Übrige Arbeitschritte in umgekehrter Reihenfolge durchführen.

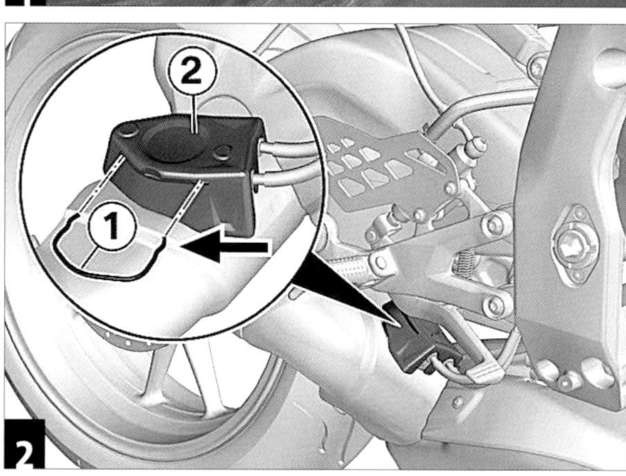

Abdeckung einbauen

- Abdeckung **1** aufsetzen. Sicherungsbügel **2** so bis zum Einrasten einschieben, dass die längere Seite (Pfeil) zu den Seilzügen weist.

- Abschließend Seilzugspiel einstellen wie in Kapitel 7.7 beschrieben (siehe unten).

7.7 Seilzugspiel einstellen

- Zündung einschalten.
- → Stellmotor fährt in Stellung "Klappe offen".
- Zündung ausschalten.
- Einstellmuttern **1** und **2** lösen.
- Muttern **3** und **4** drehen, bis Zug spielfrei ist, dann **ein bis zwei Umdrehungen zurückdrehen**, um Seilzug zu entlasten.
- Einstellmuttern mit Gegenmuttern kontern.
- Abschließend beim BMW Motorradpartner mit dem Diagnosesystem Stellmotor abgleichen und Status prüfen.

8 Kühlsystem

8.1 Lüftermotor

Vorarbeiten

! Für sicheren Stand der Maschine sorgen.

- Seitenverkleidung links und rechts gemeinsam mit Motor-/Bugspoiler (so vorhanden) abbauen.

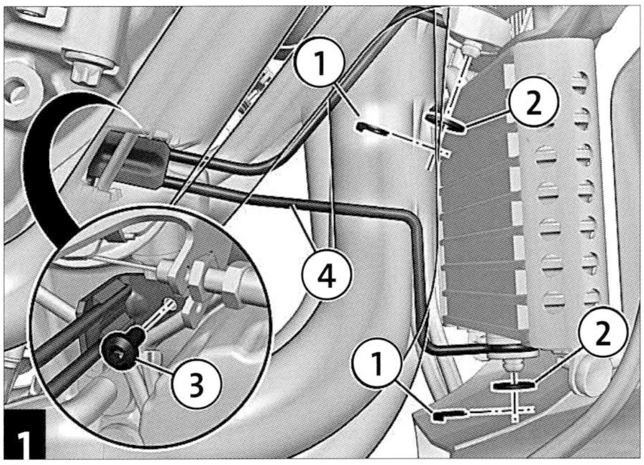

Kühler-Halter

- Zwei Clips **1** abziehen und Scheiben **2** abnehmen. Schraube **3** ausdrehen und Halter **4** abnehmen.

4 **Anzugsmoment** M6 x 14 (Loctite 243) . . . . 8 Nm

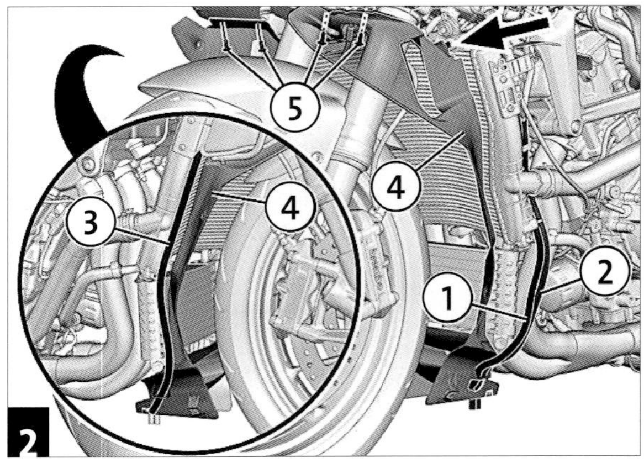

Kühlluftführung

- Schläuche **1**,**2** (vom Tank) und **3** (vom Kühler) lösen.
- Schrauben **5** ausdrehen (ab Typ 0524/2012).
- Kühlluftführung **4** aus Haltegummis lösen und abnehmen.

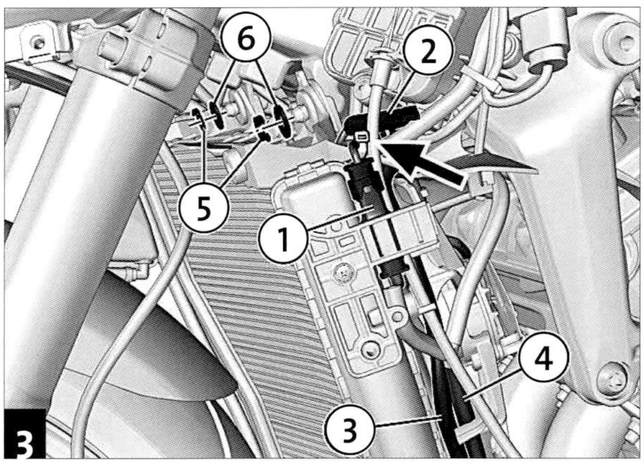

Kühler lösen links

- Kabelbinder (Pfeil) trennen. Stecker **1** (Lüftermotor) trennen. Blinkerstecker **2** abnehmen. Schläuche **3** und **4** vom Tank freilegen. Clips **5** und Scheiben **6** abnehmen.

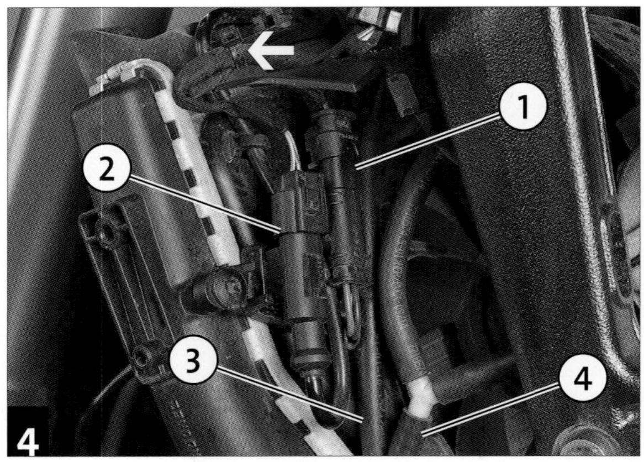

R: Kühler lösen links

- Kabelbinder (Pfeil) trennen. Stecker **1** (Lüftermotor) und **2** (ABS-Sensor) trennen. Schläuche **3** und **4** vom Kühler und Tank am Lüfter freilegen.

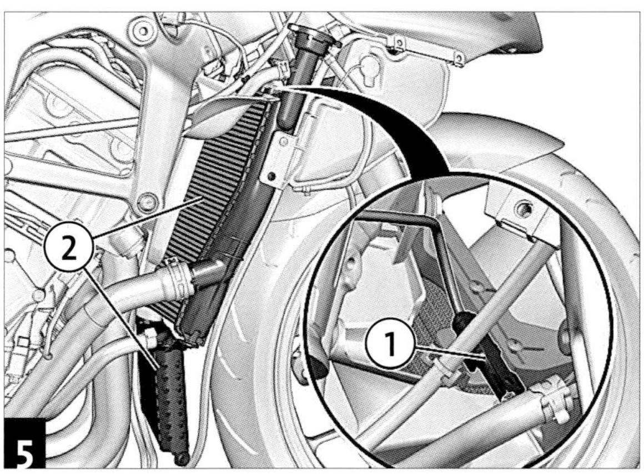

Kühler lösen rechts

- Blinkerstecker **1** abnehmen.
- Kühler **2** vorsichtig absenken und auf geeigneter Unterlage abstützen.

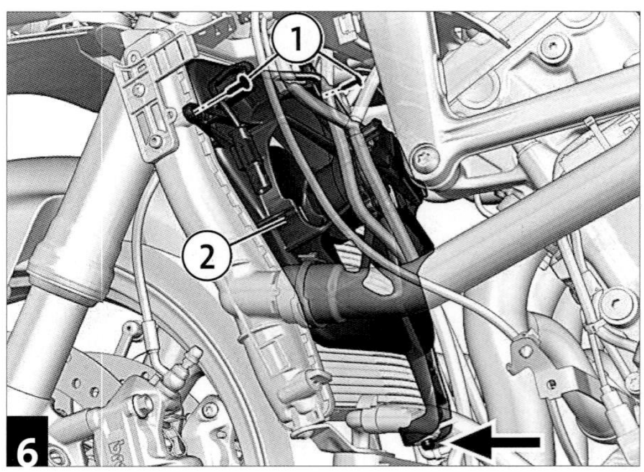

Lüftermotor aus-/einbauen

- Schrauben **1** ausdrehen, Lüftermotor **2** von Halter (Pfeil) lösen und nach rechts herausnehmen.

1 **Anzugsmoment** 5,5 x 18 Schraube für Kunststoff . 4 Nm

- Lüftermotor in umgekehrter Reihenfolge montieren.

8.2
Ölkühler und Wasserkühler

Vorarbeiten

! Für sicheren Stand der Maschine sorgen.
- Seitenverkleidung links und rechts gemeinsam mit Motor-/Bugspoiler (so vorhanden) abbauen.
- Motoröl und/oder Kühlmittel ablassen.

👁 Motoröl- und/oder Kühlmittelstand abschließend kontrollieren.

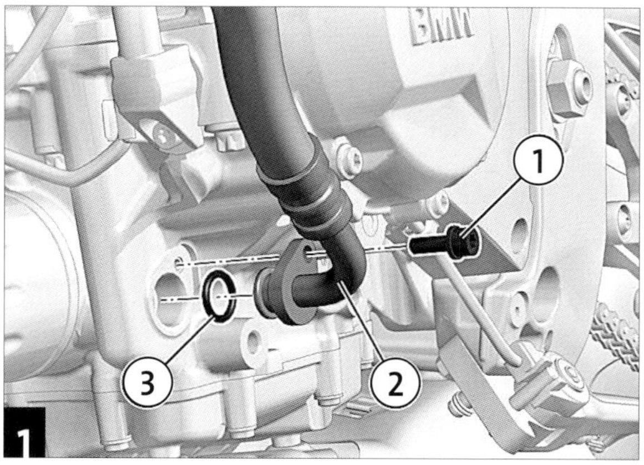

Vorlaufleitung Ölkühler
- Schraube **1** ausdrehen und Flansch der Vorlaufleitung **2** abziehen. O-Ring **3** (so gut wie neu) leicht geölt montieren.

1 **Anzugsmoment** M6 x 18 .... 8 Nm

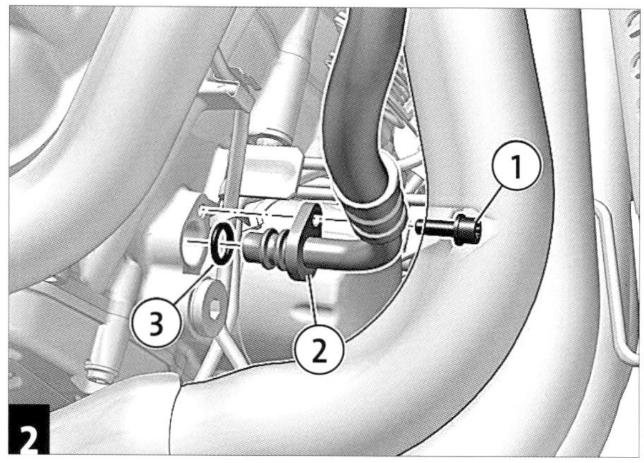

Rücklaufleitung Ölkühler
- Schraube **1** ausdrehen und Flansch der Vorlaufleitung **2** abziehen. O-Ring **3** (so gut wie neu) leicht geölt montieren.

1 **Anzugsmoment** M6 x 18 .... 8 Nm

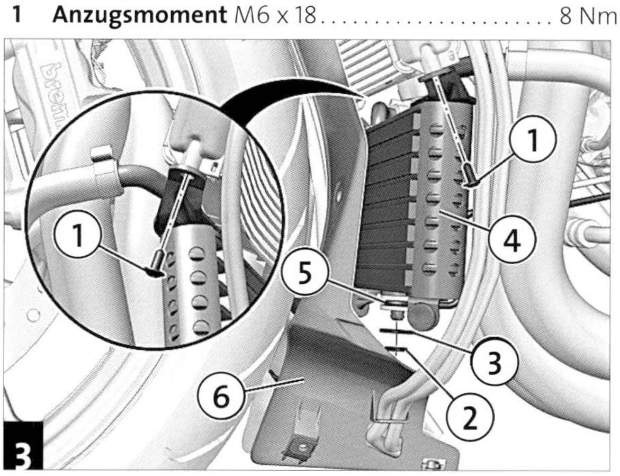

Ölkühler
- Schrauben **1** ausdrehen und Gewinde reinigen.
- Clip **2** abziehen und Scheibe **3** abnehmen.
- Kühler **4** abnehmen.
- Beim Einsetzen in Halter **5** ggf. Spoiler **6** leicht wegdrücken.
- Schrauben **1** sichern (Loctite 243).

1 **Anzugsmoment** M5 x 16 (mikroverkapselt) .... 5 Nm

Wasserkühler
- Kühler freilegen wie im Vorkapitel beschrieben.
- Ölkühler lösen (Bild 3).

- Schellen (Pfeile/Bild 4) links und rechts mit geeigneter Zange lösen und Schlauch vom Stutzen abziehen. Dabei Schlauch kneten.
- Beim Einbau Schläuche innen leicht anfeuchten, damit sie leichter auf Stutzen schlupfen.
- Schellen so anbringen, dass Werkzeugangriff nicht mit Verkleidung in Berührung kommt.

8 Kühlsystem

8.3 Kühlmittelpumpe

Vorarbeiten

! Für sicheren Stand der Maschine sorgen.
- RR: Seitenverkleidung links und rechts gemeinsam mit Motorspoiler (so vorhanden) abbauen (ab Seite 73).
- Kühlmittel ablassen (Seite 119).

Kühlmittelpumpe/Deckeldichtung
- Zur Erneuerung der Deckeldichtung fünf Schrauben ausdrehen (Pumpe komplett siehe Bild 5).
- Deckel abnehmen und Dichtflächen reinigen (Bild 2) bzw. O-Ring erneuern (Bild 3).

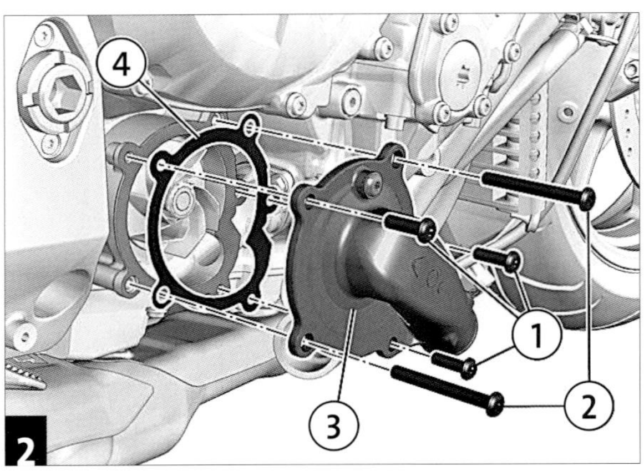

Deckel mit Flächendichtung einbauen
- Deckel **3** mit neuer Dichtung **4** aufsetzen und Schrauben **1** und **2** anziehen.

1 Anzugsmoment M6 x 20 .... 9 Nm
2 Anzugsmoment M6 x 53 .... 9 Nm

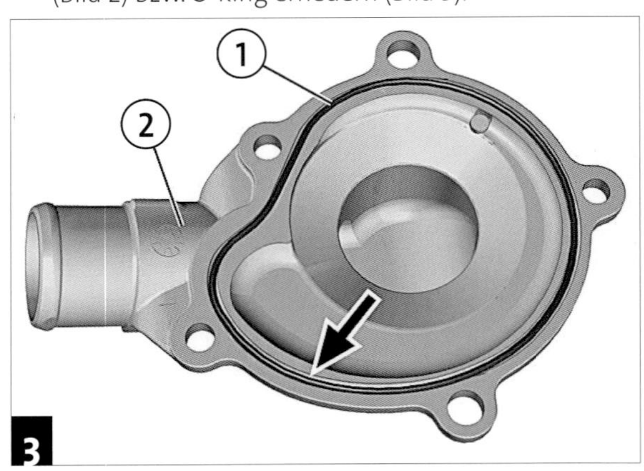

Deckel mit O-Ringdichtung
- Neuen O-Ring **1 leicht** geölt in Nut (Pfeil) des Deckels **2** einsetzen.

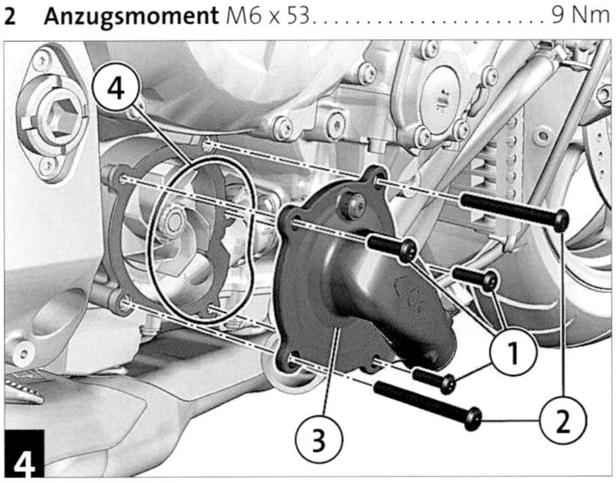

Deckel mit O-Ringdichtung einbauen
- Deckel **3** mit neuem O-Ring **4** aufsetzen und Schrauben **1** und **2** anziehen.

1 Anzugsmoment M6 x 20 .... 9 Nm
2 Anzugsmoment M6 x 53 .... 9 Nm

Pumpe komplett ausbauen
- Vier Schrauben ausdrehen und Pumpe komplett abnehmen.

Anzugsmoment M6 x 53/M6 x 20 .... 9 Nm

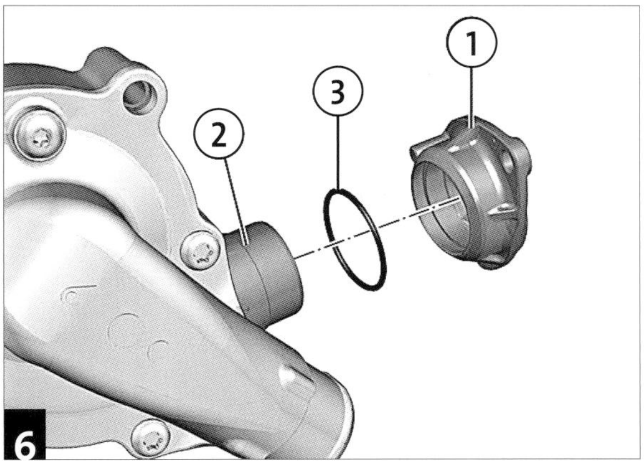

Schiebestück

- Schiebestück **1** vom Stutzen **2** abziehen und O-Ring **3** erneuern.
- Neuen O-Ring **leicht** geölt montieren.

Kühlmittelpumpe/Gehäuse

- Neue O-Ringe (Pfeile) **leicht** geölt in ihre Nuten einsetzen.

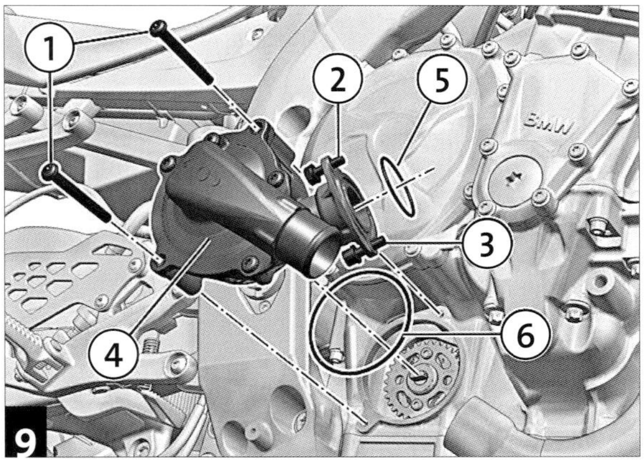

Kühlmittelpumpe einbauen

- Kühlmittelpumpe so aufsetzen, dass die Wellen ineinander greifen.

Kühlmittelpumpe einbauen

- O-Ringe **5** und **6** anbringen (siehe Bild 7) und Pumpe aufsetzen.
- Schrauben **1**, **2** und **3** anziehen.
- Kühlsystem befüllen wie ab Seite 119 beschrieben.

1 **Anzugsmoment** M6 x 53 .... 9 Nm
2 **Anzugsmoment** M6 x 20 .... 9 Nm

8 Kühlsystem

8.4 Thermostat

Vorarbeiten

! Für sicheren Stand der Maschine sorgen.
! System abkühlen lassen, Verbrühungsgefahr!

- Fahrersitz/Sitzbank abbauen (Seite 82).
- Tankabdeckung komplett abbauen (ab Seite 81).
- Tank abbauen (ab Seite 142).
- Der Geber für die Kühlmitteltemperatur **1** Bild 1 kann bei befülltem **abgekühltem** System gewechselt werden. In diesem Fall Stecker trennen, Geber ausdrehen und Öffnung zuhalten oder mit geeignetem Verschlussmittel/Stopfen zuhalten. Einbau siehe Bilder 6 und 7.
- Kühlmittel ablassen (Seite 117).
- Der Wechsel des **Thermostat-Gehäuse**s ist im Zylinderkopf-Kapitel beschrieben (Ausbau Seite 176; Einbau Seite 184).

Thermostat

- Schlauch vom Kühler links bis zum Anschlag aufschieben und Schelle an Markierung (Pfeile) anbringen.
- Schlauch **2** führt zum Kühler links oben (Einfüllstutzen). Muss zum Ausbau des Thermostats nicht ausgebaut werden.

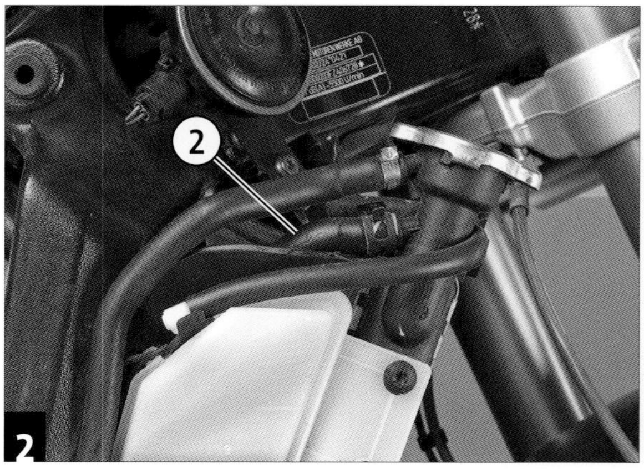

Kühlkreislauf

- Schlauch **2** (vom Thermostat/Bild 1) stellt den Rückfluss des Kühlmittels sicher, wenn der Thermostat geschlossen ist.

Thermostat-Gehäusedeckel

- Drei Schrauben (Pfeile) ausdrehen und Deckel abnehmen.
  Anzugsmoment M6 x 20 .... 9 Nm

Thermostat

- Thermostat entnehmen/einsetzen.

Gehäusedeckel

- Deckel mit so gut wie neuem O-Ring (Pfeil) aufsetzen.

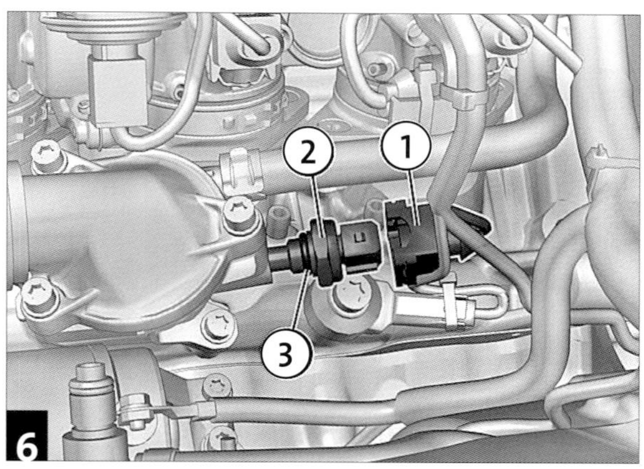

Geber für die Kühlmitteltemperatur

- Verriegelung des Steckers **1** eindrücken und Stecker abziehen. Geber **2** ausdrehen und mit neuem O-Ring **3** (leicht geölt) eindrehen.

2 **Anzugsmoment** M12 x 1,5.................... 16 Nm

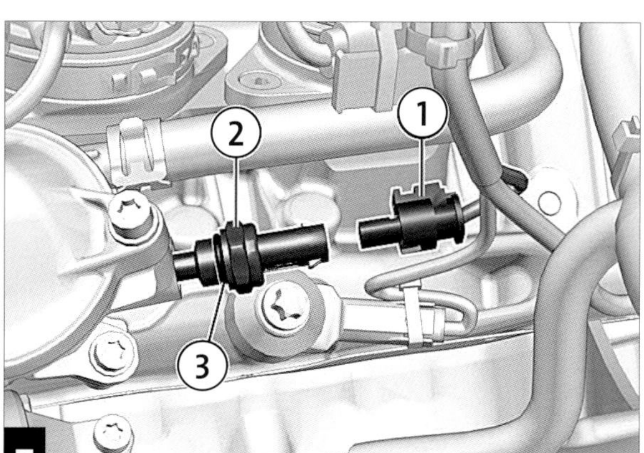

Geber für die Kühlmitteltemperatur

- Verriegelung des Steckers **1** eindrücken und Stecker abziehen. Geber **2** ausdrehen und mit neuem O-Ring **3** (wie immer leicht geölt) eindrehen.

2 **Anzugsmoment** M12 x 1,5.................... 16 Nm

- Die Geber in Bild 6 (Typ 0507) und 7 (Typ 0524; ab 2012) unterscheiden sich in der Bauweise des Steckers.

9 Kupplung

9.1 Ausbau

Die Kupplung kann bei eingebautem Motor aus- und eingebaut werden.

- Fahrzeug kippsicher aufbocken.
- **RR**: rechte Seitenverkleidung ausbauen (ab Seite 85).
- Kurbelwelle im OT blockieren (Seite 110).
- Beim Einbau neue Deckelschrauben und Kupplungskorb-Mutter verwenden.
- Deckelschrauben schrittweise über Kreuz ausdrehen (Bild 1).
- Dichtung abnehmen.
- Auf Verbleib der zwei Passhülsen achten.

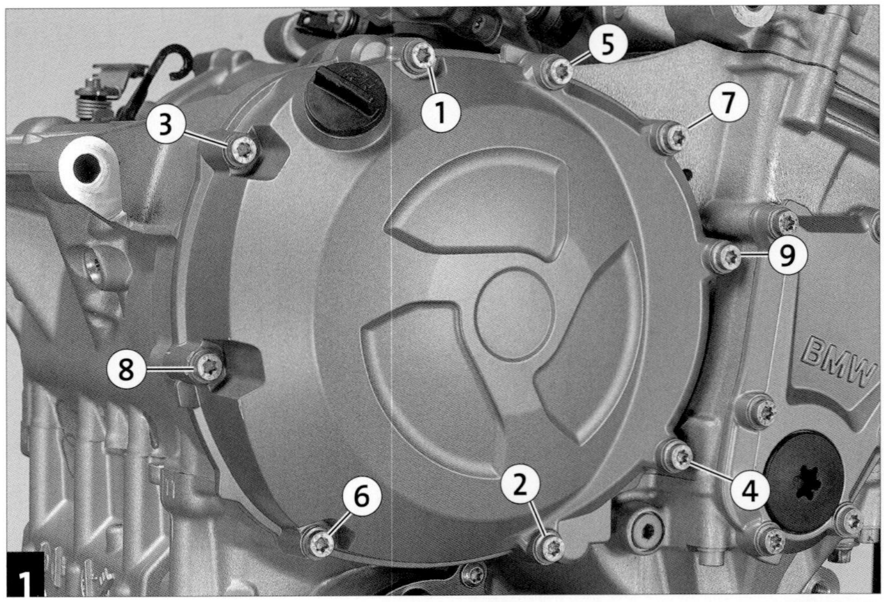

1

Gehäusedeckel einbauen

- **Neue** Schrauben **1** bis **9** handfest einbauen.
  Anzugsmoment M6 x 35 (Bild 1 mit Anzugsreihenfolge)
  Voranzug.................................... 3 Nm
  Endanzug .... 90°

2

Druckplatte (Bild 2)

- Sechs Schrauben schrittweise über Kreuz ausdrehen.
- Befestigungsplatte mit Federn und Druckstück **1** abnehmen.

! In Ausbaureihenfolge aufbewahren:

- Lamellenpaket mit Reibscheiben, Stahllamellen und Ausrückfeder mit Scheibe abnehmen.

3

4

Kupplungsnabe aus-/einbauen

- Arretierungsscheibe **1** (BMW-Nr. 21 4 603) einsetzen.
- Verstemmung der Mutter lösen (Pfeile).
- Mutter ausdrehen.

Ausrückfedern des Rampenmechanismus

- Ausrückfedern entnehmen.
- Arretierungsscheibe **1** Bild 3 und Nabe abnehmen

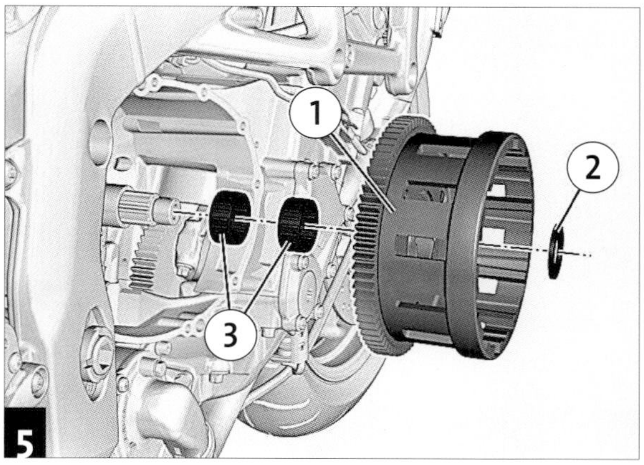

Kupplungskorb
- Kupplungskorb **1** mit Scheibe **2** und Nadellagern **3** abnehmen.

Druckstange
- Druckstange mit Magnetheber aus Getriebewelle entnehmen. Druckstange muss nur zur Verschleißkontrolle ausgebaut werden!

9.2 Prüfen und Vermessen

Rampenmechanismus der Anti-Hopping-Einrichtung:
- Falls die angegebenen Werte nicht mit einer dickeren letzten Stahlscheibe **1** Bild 4 erzielt werden, muss das Lamellenpaket komplett ersetzt werden.

Lager in der Druckplatte (Bild 13 Seite 175)
- Festsitz des Lagers prüfen.
- Lager auf Spiel und ruhigen Lauf prüfen (Fingerprobe).

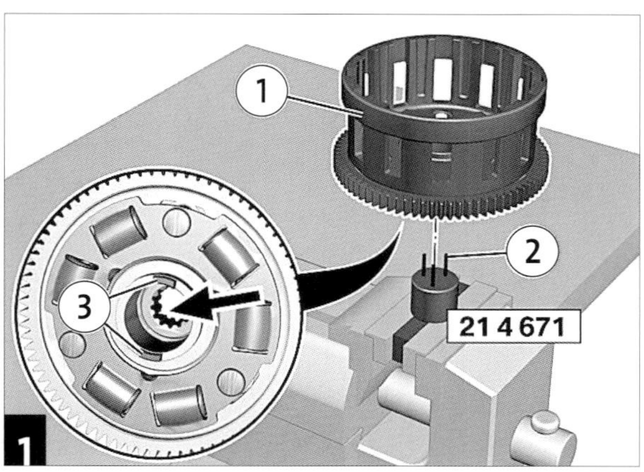

Anti-Hopping-Einrichtung prüfen
- Kupplungskorb **1** so auf Haltevorrichtung **2** (BMW-Nr. im Bild) aufsetzen, dass Haltestifte in Verzahnung (Pfeil) eingeifen und Mitnehmer **3** nicht auf Haltevorrichtung **2** aufstehen.

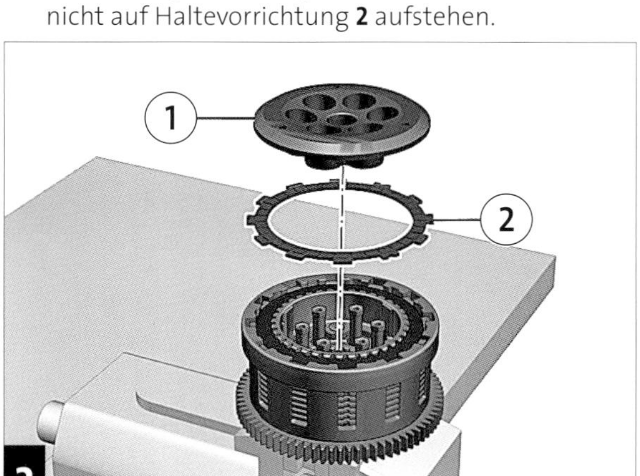

- Kupplungsnabe mit Scheibe und Lamellen nach Vorschrift (siehe Kapitel Einbau) mit letzter Reibscheibe **2** und Druckplatte **1** montieren.

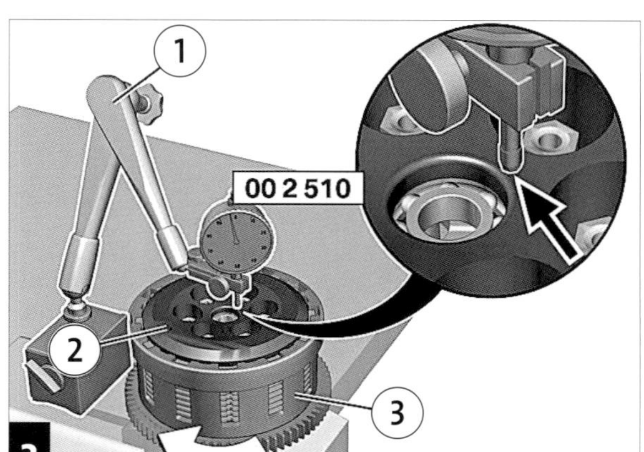

- Messuhr mit Magnethalter **1** am inneren Rand (Pfeil) der Druckplatte **2** vorgespannt ansetzen.
- Kupplungskorb **3** drehen und Hub messen.
Sollwert .... 0,05 – 0,70 mm

9.2 **Prüfen und Vermessen**

9 Kupplung

9.2
Prüfen und Vermessen
Fortsetzung

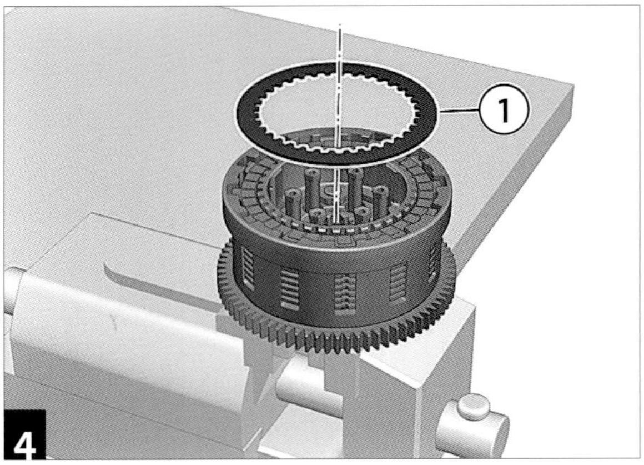

4

- Falls Messwert außer Toleranz liegt Druckplatte **1** und Reibscheibe **2** Bild 2 ausbauen und Dicke der Stahlscheibe **1** messen. Stahlscheibe **1** gegen entsprechend dickere oder dünnere Scheibe tauschen und die Messung wiederholen.

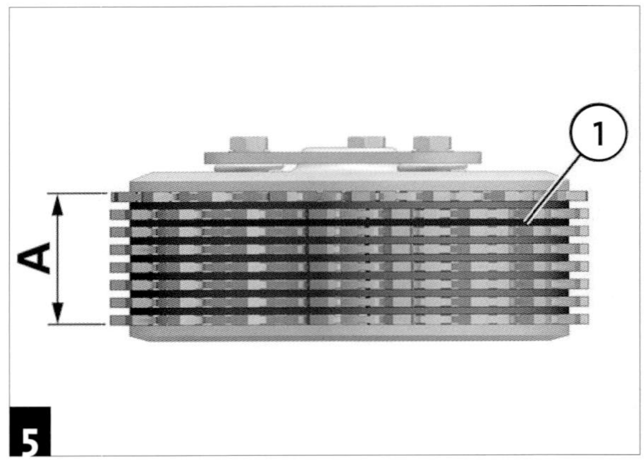

5

Lamellenpaket
- Neues Lamellenpaket misst vormontiert **A** 37,5 – 38,3 mm.
- Ggf. erste Stahllamelle **1** (mit kleinerem Durchmesser) gegen passende austauschen.

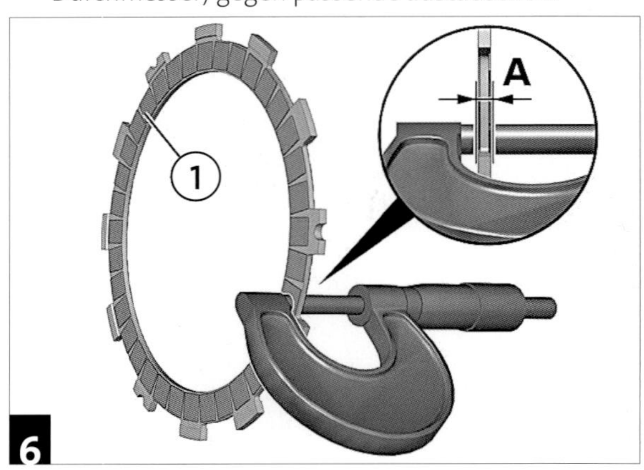

6

Reibscheibe
- Gesamtdicke **A** der Reibscheiben **1** messen. Falls eine Reibscheibe zu dünn ist, gesamtes Lamellenpaket erneuern.
  Verschleißgrenze. . . . . 2,65 mm

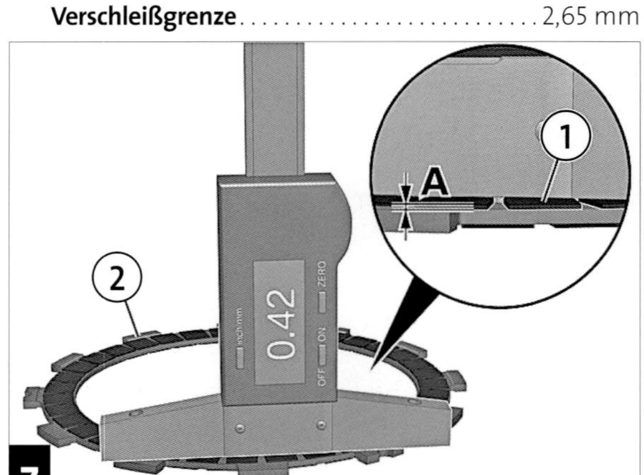

7

Reibscheibe
- Belagdicke **1** der Reibscheiben mit Tiefenmaß messen. Falls eine Reibscheibe **2** zu dünn ist, gesamtes Lamellenpaket erneuern.

A **Verschleißgrenze pro Belagseite**. . . . . 0,35 mm

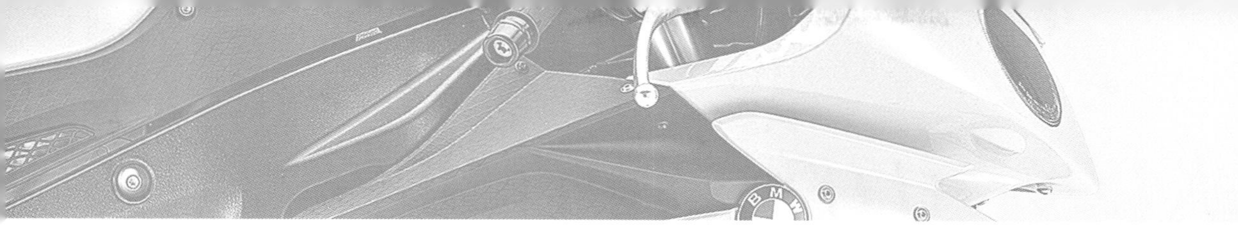

9.3
Einbau

Antriebswelle
- Hülse der Antriebswelle ölen.
- 👁 Auf korrekten Eingriff der Antriebskette der Öl-/Wasserpumpe achten.

Antriebswelle
- Nadellager geölt auf Hülse aufsetzen.
- Nuten (Pfeile) beachten. Hier greift der Kupplungskorb ein, um die Öl-/Wasserpumpe anzutreiben.

Kupplungskorb/Rückseite
- Diese Nasen (Pfeile) müssen beim Aufsetzen des Korbs in die Nuten in Bild 2 eingreifen.

Kupplungskorb/Antriebswelle
- Falls Nasen nicht in Nuten eingreifen, steht der innere Rand des Kupplungskorbs wie gezeigt über der Hülse. So also nicht!

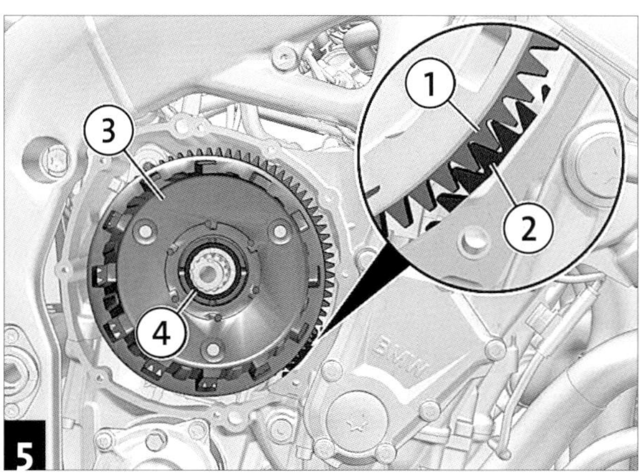

Kupplungskorb/Primärritzel
- Die Zähne **1** des Kupplungskorbs **3** liegen **tiefer** als die Zähne des Primärritzels **2** auf der Kurbelwelle.
- Korb **3** ist bündig mit Hülse **4**.

- Es folgt Scheibe.

9 Kupplung

9.3 Einbau

Fortsetzung

Innenmitnehmer und Außenteil

- Innenmitnehmer **1** in Kupplungskorb einsetzen.
- Außenteil **2** so in Innenmitnehmer einsetzen, dass die Rampennasen des Außenteils in die Vertiefungen des Innenmitnehmers **1** eingreifen.

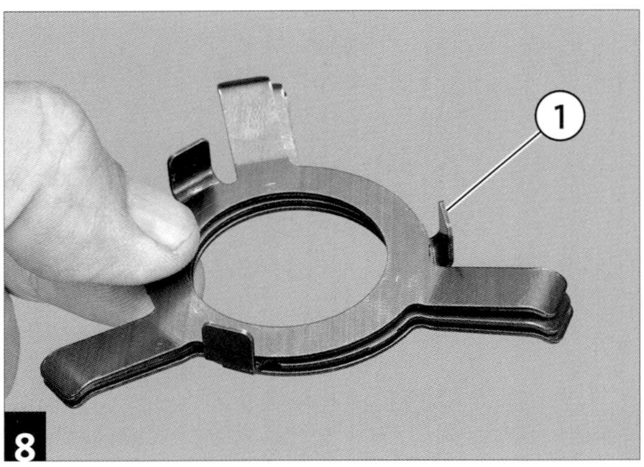

Ausrückfedern

- Ausrückfedern des Rampenmechanismus um 120° versetzt auf Welle anbringen. Laschen **1** weisen nach innen (siehe Bild 4 Seite 170).

Kupplungsmutter

- Arretierungsscheibe einsetzen (Bild 3 Seite 170132).
- **Neue** Mutter anziehen und mit geeigneter Zange verstemmen (Pfeile).
  Anzugsmoment M20 x 1,5.................... 150 Nm

- Arretierungsscheibe abnehmen.

! Neue Scheiben großzügig in Öl baden, damit diese nicht beim ersten korrekten Ampelstart abrauchen!

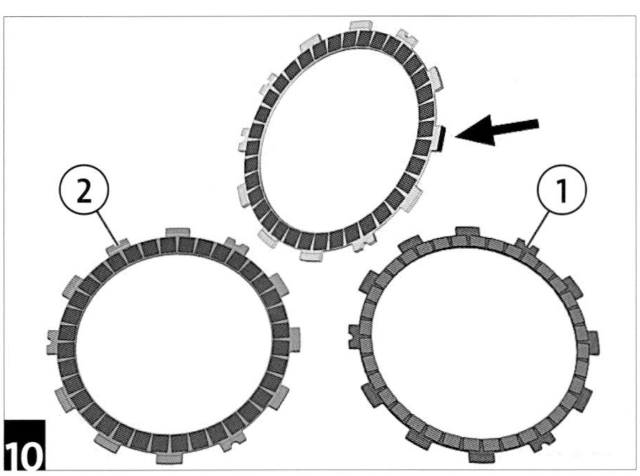

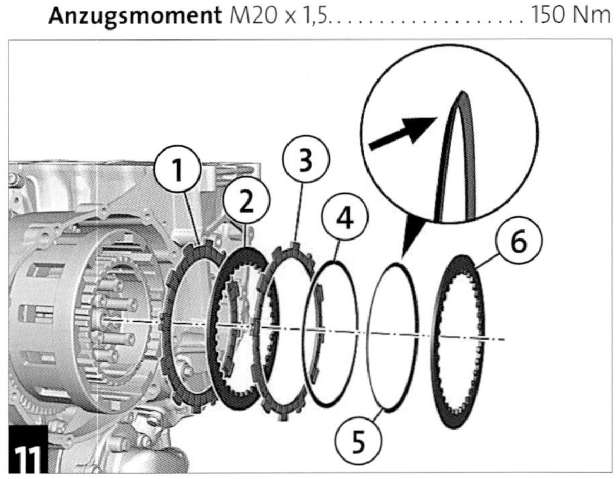

Lamellenpaket

- Es kommen drei verschiedene Reibscheiben zum Einsatz: Erste und letzte Scheibe sind am Rand schwarz markiert (Pfeil). Scheibe **1** hat größeren Innendurchmesser und Scheibe **2** ist "normal".

Einbau-Reihenfolge

- Reibscheibe **1** (Rand schwarz); Stahllamelle mit Punktplanierung **2**; Reibscheibe großer Innendurchmesser **3**; Scheibe für Ausrückfeder **4**; Ausrückfeder mit Wölbung (Pfeil) nach innen **5**; Stahllamelle **6**

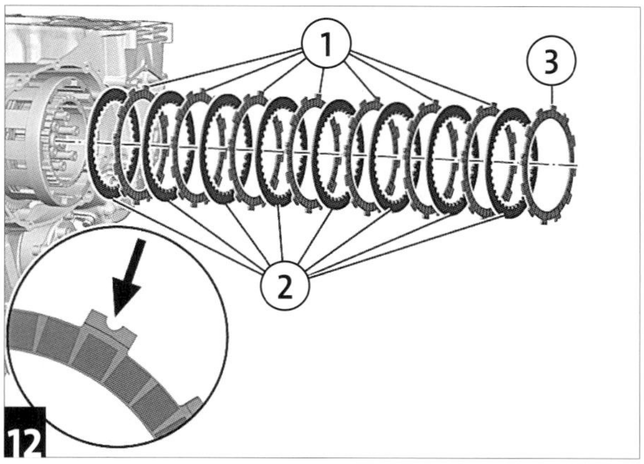

- Darauf achten, dass die Nuten der Lamellen fluchten (Pfeil).
- Abwechselnd Reibscheiben **1** und Stahllamellen mit Punktplanierung **2** einsetzen. Letzte Scheibe **3** hat schwarz markierten Rand.

Druckstück

- Ggf. Druckstange (Bild 6 Seite 171) einschieben und Druckstück **1** einsetzen.

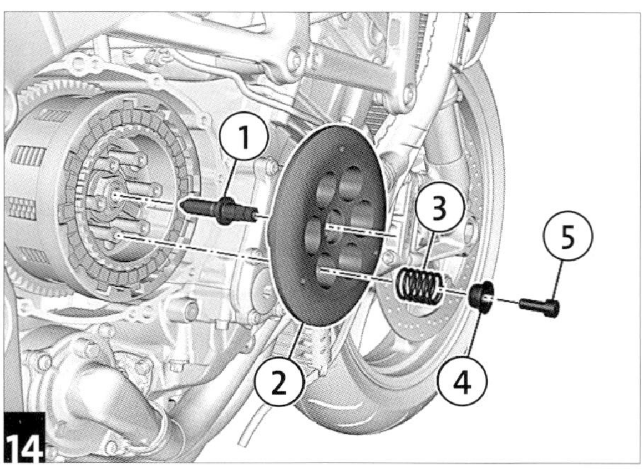

Druckplatte

- Druckstück **1** und Druckplatte **2** einsetzen. Es folgen Federn **3** und Federteller **4**. Schrauben **5** leicht geölt schrittweise über Kreuz handfest eindrehen.

5 **Anzugsmoment** M6 x 16 10.9................ 10 Nm

Druckstück einstellen

- Gegenmutter **1** lösen und Einsteller **2** bis zum leichten Aufsitzen eindrehen. Gegenmutter wieder anlegen. Druckstück muss von Hand leicht drehbar sein.

1 **Anzugsmoment** M6.......................... 8 Nm

- Neue Dichtung auf saubere Dichtfläche auflegen.
- Auf Festsitz der beiden Passstifte **1** achten.
- Deckelschrauben anziehen, siehe Bild 1 Seite 170.
- OT-Fixierschraube ausbauen und Bohrung verschließen.
- Ggf. Verkleidung montieren.
- Kupplungshebelspiel kontrollieren (Seite 131).

10 Zylinderkopf

10.1 Ausbau

Dem Ausbau des Zylinderkopfs sollten natürlich eingehende Prüfungen des Kompressionsdrucks und eine Druckverlust-Prüfung vorausgehen. Diese Prüfungen müssen in der BMW-Fachwerkstatt durchgeführt werden, die über das entsprechende Messwerkzeug verfügt.
Der Zylinderkopf kann bei eingebautem Motor demontiert werden. Der Ausbau der Ventile ist nur bei entsprechendem Schadensbild notwendig, d.h. bei »rauchendem« Motor, und zwar im Schiebebetrieb. Dabei »saugt« der Motor durch ausgeschlagene Ventilführungen bzw. verschlissene Ventilschäfte Öl in den Verbrennungsraum. Damit einher geht oft auch der undichte Ventilsitz: Der Ventilteller wandert und verbreitert immer mehr seine Dichtfläche und dichtet nicht mehr richtig gegen seinen Sitz ab, da sich der Anpressdruck der Ventilfedern auf eine zu große Fläche verteilt und der Druck entweicht. Was sich in nachlassender Leistung bemerkbar macht.

- 👁 Vor Reparaturbeginn Dicke der verbauten Dichtung feststellen, siehe Bilder 8 und 9 Seite 182.
- Falls "nur" Dichtung oder Zylinderkopf erneuert werden, Dichtung mit gleicher Dicke verwenden.
- Die **Steuerkette** kann ohne Ausbau des Zylinderkopfs gewechselt werden.

Im großen Überschlag sämtliche Arbeitsschritte zur Ventilspiel-Einstellung durchführen (plus einige Zusatzarbeiten):

- Fahrersitz ausbauen und Batterie abklemmen.
- Verkleidung (so vorhanden), Luftführung der Kühler, Luftfiltergehäuse und Kraftstofftank ausbauen.
- Zündkerzen ausbauen (Seite 105).
- Bremsleitung vorn vom Druckmodulator innen am Rahmen lösen.
- Schellen der Drosselklappen-Stutzen lösen (Seite 147) und Drosselklappen abnehmen.
- Kühlluftführung ausbauen.
- Zylinderkopf-Deckel abnehmen und Ventilspiel messen und notieren.
- Masse-Anschluss, Steuerkettenspanner, Nockenwellen und Ventileinstellplättchen ausbauen (ab Seite 110 – Ventilspiel einstellen).
- Kurbelwelle mit Absteckdorn im OT von Zylinder 1 und 4 blockiert belassen (Bild 4 Seite 112).
- Schalldämpfer und Krümmer ausbauen (Seite 157).
- Motoröl ablassen und Ölfilter ausbauen.
- Kühlmittel ablassen (Seite 119), Wasser- und Ölkühler gemeinsam abbauen.
- Thermostat aus Gehäuse an Zylinderkopf-Rückseite ausbauen (Seite 169).
- Kupplungszug aushängen (Seite 131).

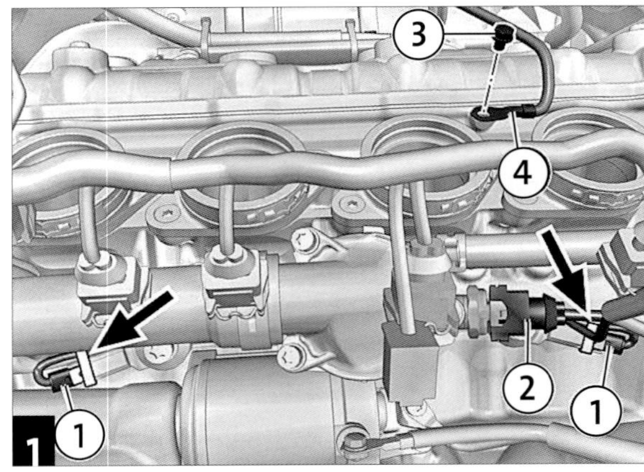

Stecker und Kabel aus-/einbauen

- Kabelbinder (Pfeile) trennen. Stecker trennen: Klopfsensoren **1** und Kühlmitteltemperatursensor **2**.
- Schraube **3** ausdrehen und Massekabel **4** abnehmen.

Steuertriebdeckel

- Sieben Schrauben **1** über Kreuz ausdrehen. Deckel abnehmen.
- Beim Einbau neue Schrauben verwenden.

Kurbelwelle festlegen

- Kurbelwelle ist im OT mit Absteckdorn arretiert, wie bei Ventilspiel-Einstellung ab Seite 110 beschrieben.

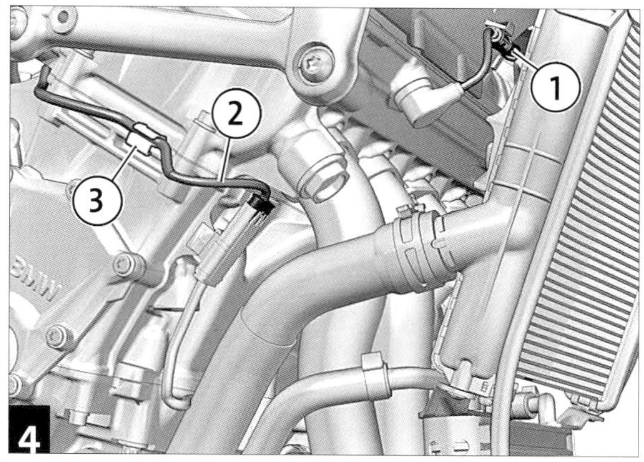

Stecker und Kabel aus-/einbauen

- Stecker **1** (Nockenwellensensor) trennen und abnehmen.
- Kabel **2** (Lambdasonde) rechts aus Halter **3** lösen.

Steuerkettenschienen

- Stifte **1** herauziehen.
- Gleitschiene **2** und Spannschiene **3** nach oben abnehmen.

Zylinderkopfschrauben rechts

- Zwei Schrauben **1** rechts am Steuerkettenschacht lösen/ausdrehen.

Zylinderkopfschrauben

- Schrauben **1** bis **10** in der angegebenen Reihenfolge lösen, dann ganz ausdrehen und mit Unterlagscheiben abnehmen.

→

10 Zylinderkopf

10.1 Ausbau
Fortsetzung

- Dicke der Zylinderkopfdichtung beachten! Siehe Seite 182 Bilder 8 und 9.

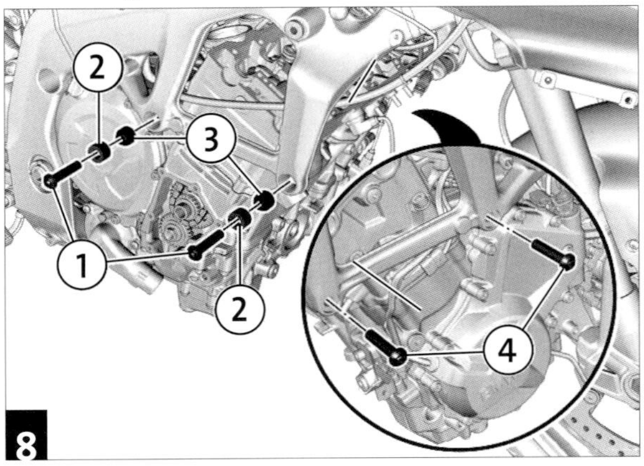

Zylinderkopf/Rahmen-Befestigung
- Schrauben **1** mit Spreizelementen **2** und Kegelelementen **3** ausbauen.
- Schrauben **4** ausdrehen.

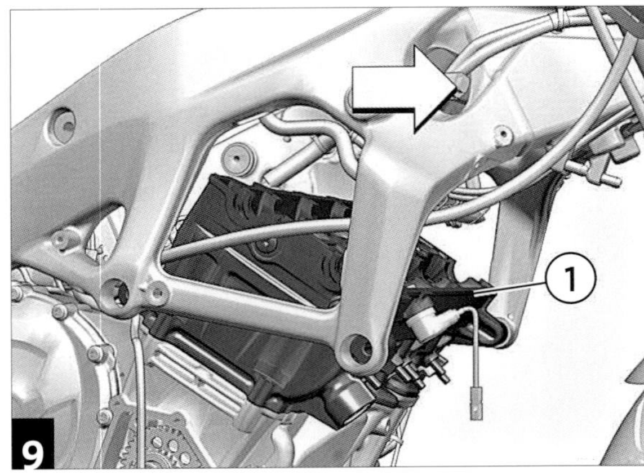

Zylinderkopf-Ausbau
- Zylinderkopf **1** anheben und vorsichtig nach vorn herausnehmen.
- Dichtung abnehmen und entsorgen.

Ventile
- Dichtheit der Ventilsitze im eingebauten Zustand prüfen.
- Die Beispielfotos stammen von der F 650 GS (Einzylinder).

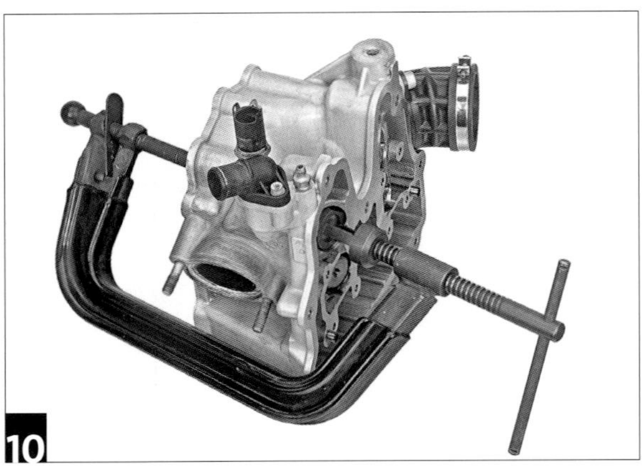

- Ventile mit Ventilfederspanner ausbauen.
- **!** Ventile so aufbewahren, dass sie wieder an ihrem ursprünglichen Platz eingebaut werden können.

- Ventilfedern nur so weit zusammendrücken, bis die Ventilkeile aus ihren Nuten entnommen werden können. Magnetheber oder Pinzette benutzen.
- **!** Federn nicht weiter als nötig zusammendrücken.

- Ventilschaftdichtungen mit Zängchen abziehen.
- **!** Unbedingt Neuteile montieren!

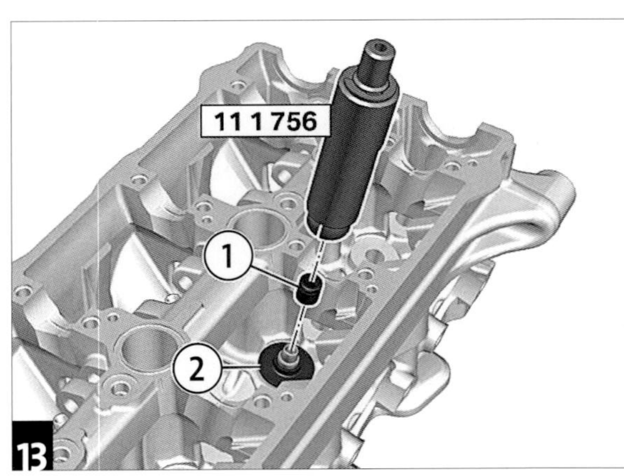

- Und so werden die Ventilschaftdichtungen **1** in der BMW-Werkstatt ausgebaut – natürlich mit Spezialwerkzeug (Nr. im Bild).
- Unteren Federteller **2** abnehmen.

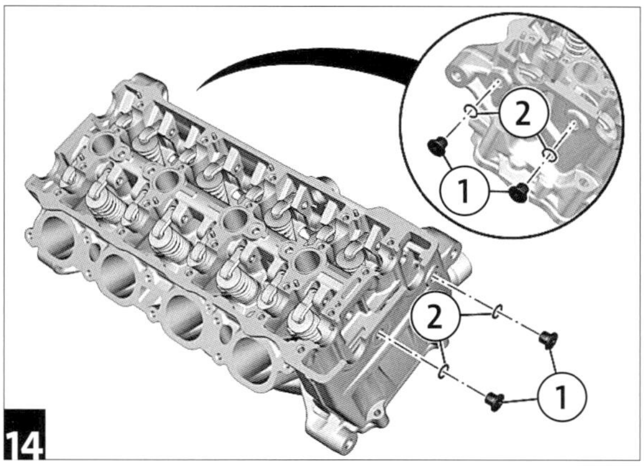

- Verschlussschrauben **1** links und rechts ausdrehen.
- Auf Verbleib der Dichtringe **2** achten.

1 **Anzugsmoment** M10 x 1 .... 6 Nm

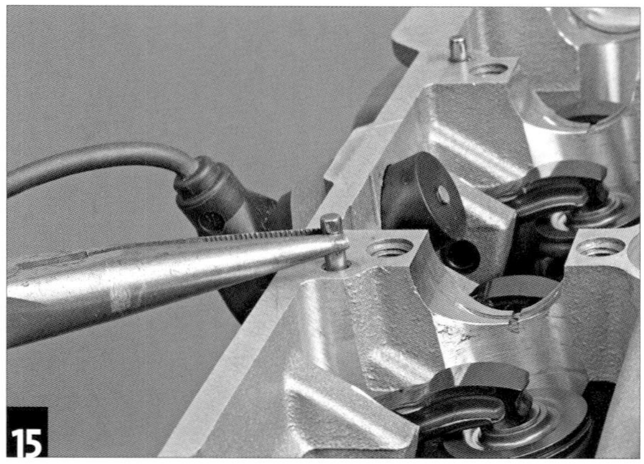

- Nadelstifte herausziehen. Sie dienen zur Arretierung der Schlepphebel-Wellen.

Schlepphebel

- Die einlassseitigen Schlepphebel können auch bei eingebautem Zylinderkopf ausgebaut werden.

- Schlepphebel-Wellen nach außen herausdrücken und Schlepphebel entnehmen.

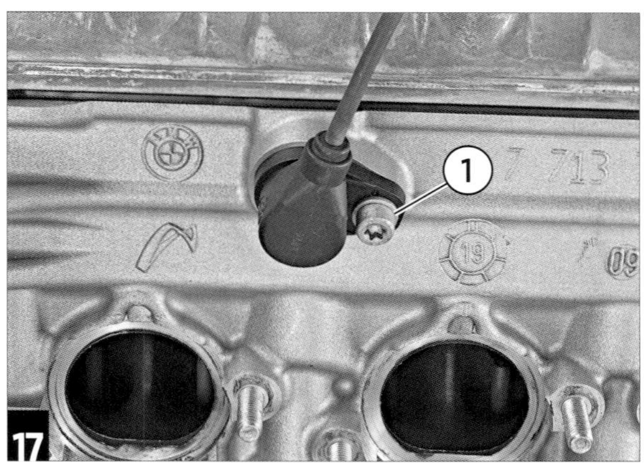

Nockenwellensensor

- Befestigungsschraube **1** ausdrehen und Sensor abnehmen.

Einlassstutzen

- Zwei Schrauben **1** ausdrehen und Stutzen abnehmen.
- 👁 Auf Verbleib des Dichtgummis achten. Beim Einbau neue Schrauben (mikroverkapselt) verwenden.

1 **Anzugsmoment** M6 x 16 .... 8 Nm

Thermostat-Gehäuse und Klopfsensoren

- Schrauben **1** ausdrehen und Gehäuse abnehmen.
- Schrauben **2** ausdrehen und Sensoren abnehmen.

10 Zylinderkopf

10.2 Prüfen und Vermessen

Dichtheit der Ventilsitze

Dichte Ventilsitze sind grundsätzliche Voraussetzung für die souveräne Leistungsabgabe. Die folgende Prüfung ist meist nur für Motoren mit extrem hoher Laufleistung angezeigt. Und extrem hohe Laufleistung heißt, dass diese die Laufleistung der Kolben/Zylinder-Garnitur leicht übertrifft.

- Zylinderkopf mit eingebauten Ventilen so halten, dass der Ventilsitz des zu prüfenden Ventils unter dem Pegel der Prüfflüssigkeit steht und Prüfflüssigkeit in den betreffenden Kanal gießen (Bild 1).

👁 Am Ventilteller darf nichts auslaufen. Dabei darf sich bei Alltagsmotoren – nicht bei Wettbewerbsmotoren! – mit der Zeit schon mal leichte Feuchtigkeit am Ventilsitz zeigen.

! Für präzise eingepasste neue Ventile und Führungen empfiehlt sich Ihre BMW-Fachwerkstatt, in der die neuen Ventile so präzise eingepasst werden, dass sich das Einläppen erübrigt.

Kompression und Druckverlust

- Die Kompressionsprüfung – wie die Druckverlust-Prüfung – ist der BMW-Werkstatt vorbehalten, da dazu die Motorsteuereinheit an den Werkstatt-Rechner angeschlossen werden muss – ein Nachteil der Drive-by-wire-Technik.
- Messung bei betriebswarmem Motor durchführen.

Kompressionsdruck

gut	> 13 bar
normal	11...13 bar
schlecht	< 10 bar

Druckverlust

maximal	25 %

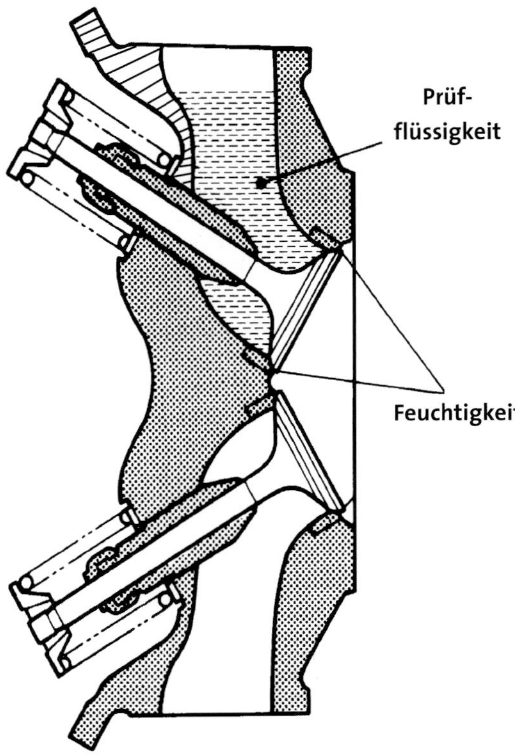

1

! Als »Prüfflüssigkeit« bietet sich Kraftstoff an. Dann aber die einschlägigen Sicherheitsmaßnahmen im Umgang mit Kraftstoff beachten!

Nockenwellen-Verschleiß

👁 Lagerflächen der Nockenwellen und -Lagerdeckel auf Riefen, Kratzer oder Anzeichen unzureichender Schmierung untersuchen.

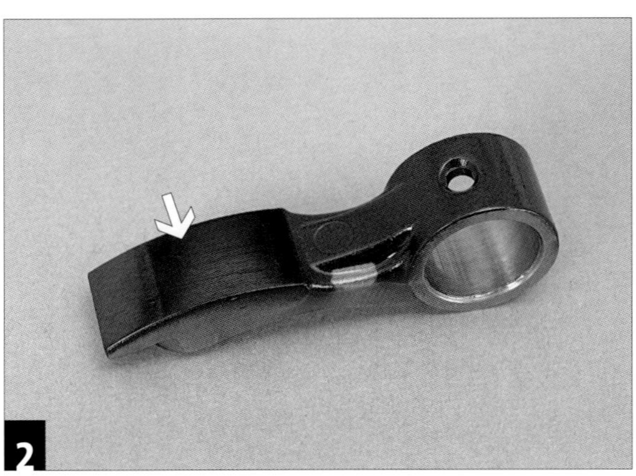

2

Schlepphebel

- Schlepphebel auf Ausbrüche in der Härteschicht (Pitting → unzureichende Schmierung) untersuchen. Bei Beschädigung der Lauffläche erneuern. (Im Bild der "fette" Hebel der 1200er GS).

3

Nockenwellen-Verschleiß

- Nockenlauffläche auf Ausbrüche in der Härteschicht (Pitting → unzureichende Schmierung) untersuchen. Bei Beschädigung der Lauffläche ebenfalls Schlepphebel erneuern.

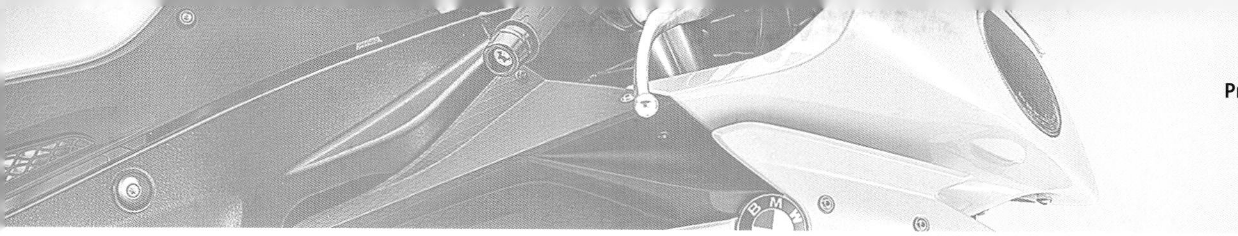

Nockenwellen-Lagerspiel

- Der angegebene Wert für die Verschleißgrenze ist kein Wert, der von BMW angegeben ist, sondern beruht auf Werkstatt-Erfahrung.
- Die Bilder sind sozusagen Prinzipdarstellungen, die von der seligen F 650 (Einzylinder) stammen.
- Nockenwellen-Lagerspiel mit »Plastigage« (Typ PG-1, grün; im gut sortierten Werkzeughandel erhältlich) messen:
- Öl und Fett von Lagerzapfen der Nockenwellen, Lagerlaufflächen und Passflächen des Lagerdeckels abwischen.
- Nockenwellen einlegen.

4

Lagerspiel der Nockenwellen messen
- Plastigage-Messstreifen über Lagerzapfen einlegen.

! Messstreifen nicht über Ölbohrung legen!
! Nockenwellen nicht mehr drehen!

- Lagerdeckel ölfrei mit korrektem Anzugsmoment montieren (10 Nm).
- Lagerdeckel-Schrauben wieder ausdrehen und Lagerdeckel wieder abnehmen.

Verschleißgrenze .... 0,08 mm
- Eventuell genügt eine neue Nockenwelle, um wieder Spiel in die Toleranz zu bringen.

5

Lagerspiel der Nockenwellen messen
- Messstreifen mit Skala vergleichen (je breiter der Messstreifen gequetscht ist, desto weniger Spiel besteht).

Zylinderkopf

- Mit passendem Hartholzstückchen Ölkohle-Ablagerungen aus Brennraum entfernen (keine Kratzer hinterlassen!).

👁 Besonders den Bereich zwischen den Ventilsitzen und Zündkerzen-Gewinde auf feine Haarrisse kontrollieren. Gegebenenfalls in Fachbetrieb um Reparaturmöglichkeit nachfragen.

6

Ventilschaftspiel
- Beim Hin- und Herdrücken darf kein »Knacken« spürbar sein (natürlich bei ausgebauter Ventilfeder...).

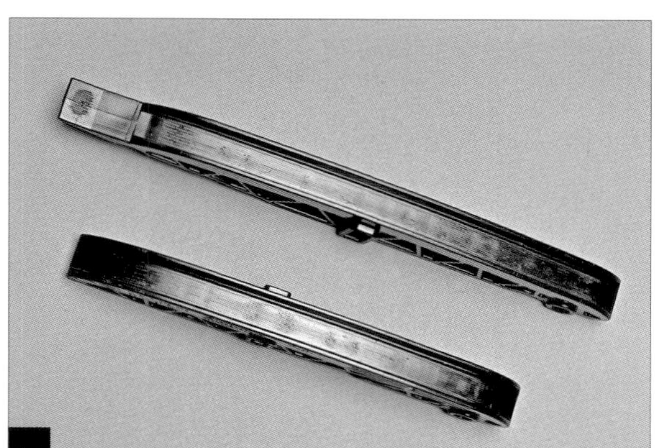

7

Steuerketten-Spanner- und Gleitschienen

👁 Die Steuerkette darf sich maximal 0,8 mm tief in die Spannerschiene »eingraben«.

10 Zylinderkopf

10.2
Prüfen und Vermessen

Fortsetzung

Ventile und Ventilführungen

- Ventildichtflächen am Ventil und Zylinderkopf auf Verschleiß (Grübchenbildung oder Ausbrüche) untersuchen.

! Ventilsitz muss glattes und riefenfreies Tragbild zeigen.
Falls Sitzfläche am Ventilteller verbrannt ist oder ungleichmäßigen Kontakt mit Ventilsitz hat, Ventil erneuern.

- Gegebenenfalls das Ventil erneuern und den Sitz im Kopf neu fräsen lassen.
- Das Ventilschaftende darf keinen anormalen Verschleiß (Ausbrüche oder Aufwerfungen) aufweisen. Eventuell kann das Schaftende im Fachbetrieb nachgeschliffen werden (Härteschicht nicht komplett abschleifen – Ventilspiel!).

👁 Das Spiel zwischen dem Ventilschaft und der Ventilführung im Zweifel im Fachbetrieb begutachten lassen, der über entsprechend feines (d. h. teures) Messwerkzeug verfügt.
Mit etwas Gefühl kann aber auch anhand des »Knackens« des Ventilschafts beim Hin- und Herdrücken in der Führung schon eine Diagnose gemacht werden (Bild 6 Seite 181).

- Gegebenenfalls Führungen in BMW- oder Fachwerkstatt erneuern lassen, was auf jeden Fall das Nachfräsen der Ventilsitze nach sich zieht!
- Ventile auf Kratzer, Verbiegung und übermäßigen Verschleiß am Schaft untersuchen.

👁 Jedes Ventil muss sauber und spielfrei in seiner Führung gleiten.

Dicke der Zylinderkopfdichtung

! Falls neue Kurbelwelle, Pleuel, Kolben oder Kurbelgehäuse verbaut wurden, muss die Dicke der Zylinderkopfdichtung bestimmt werden.

- Falls "nur" Dichtung oder Zylinderkopf erneuert werden, Dichtung mit gleicher Dicke verwenden.

! Kolbenboden und Dichtfläche peinlichst reinigen!

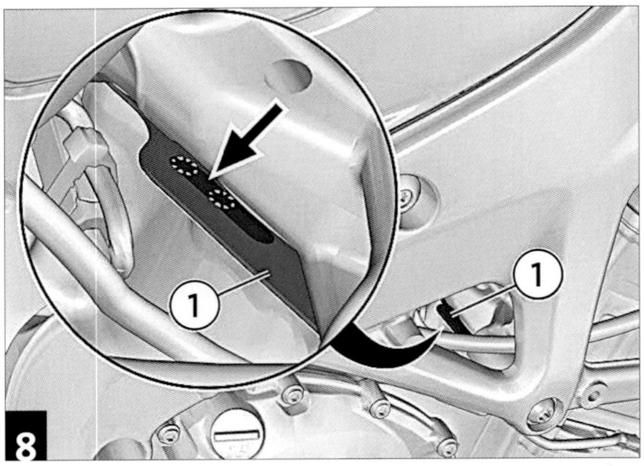

Dicke der Zylinderkopfdichtung

- Markierung (Pfeil) der verbauten Dichtung **1** feststellen.

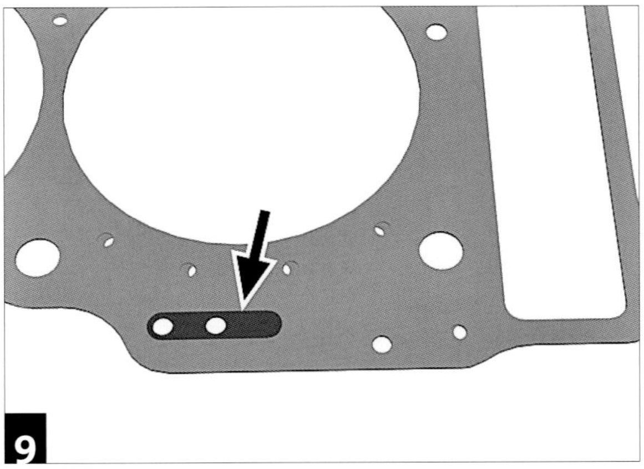

- Die Anzahl der Löcher (Pfeil) markiert die Dicke der Dichtung.

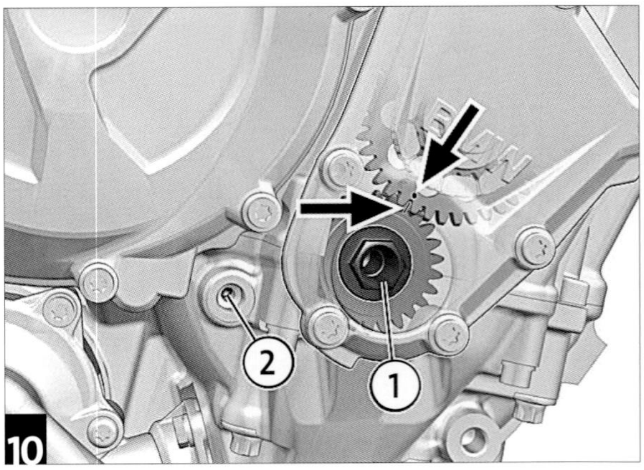

- Kurbelwelle **1** drehen, bis Markierungen (Pfeile) fluchten und Absteckbohrung **2** sichtbar ist
→ Kolben der Zylinder 1 und 4 stehen im OT.

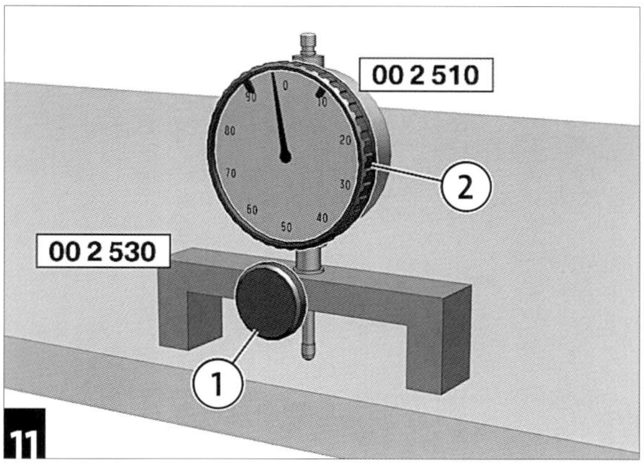

Messuhr "nullen"

- Messuhr auf planem Untergrund leicht vorgespannt in Brücke (BMW-Nr. im Bild) einsetzen und mit Rändelschraube **1** befestigen.
- Skala **2** auf "**0**" stellen .

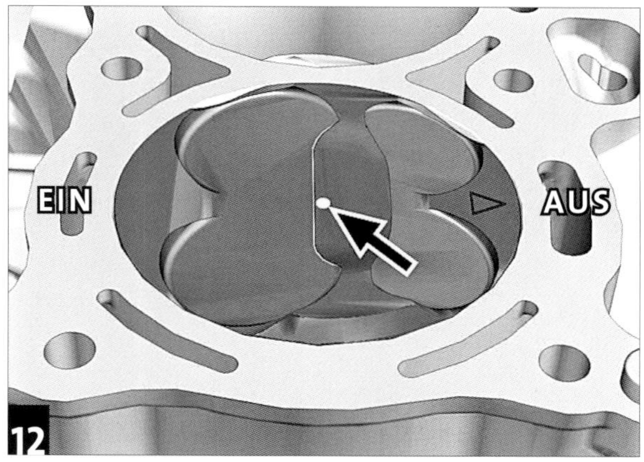

Messpunkt

- Der Messpunkt (Pfeil) liegt mittig am äußeren Rand der Kolbenfläche zur Einlassseite hin.

! Der Messpunkt zur Ermittlung des Kolbenüberstands muss genau eingehalten werden.

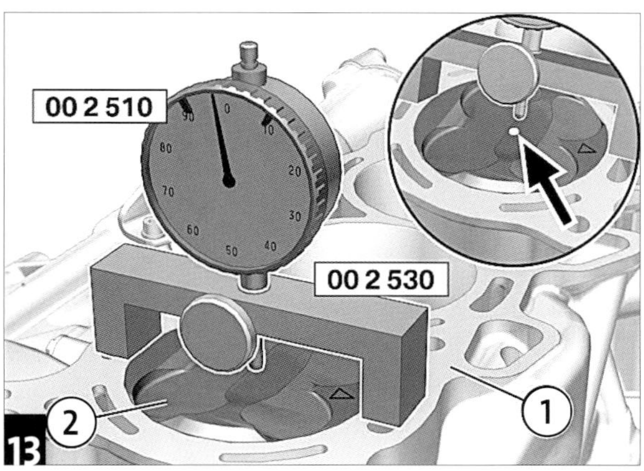

Messuhr mit Brücke aufsetzen

- Messbrücke auf Dichtfläche **1** aufsetzen und Messspitze auf Messpunkt (Pfeil) am Kolben **2** ausrichten.

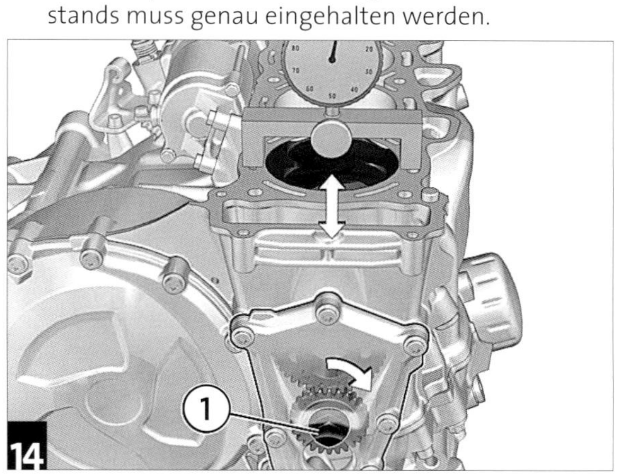

- Kurbelwelle **1** im Uhrzeigersinn einmal komplett durchdrehen, bis Kolben wieder seinen OT erreicht.
- Maximalen Messwert ablesen und notieren.
- Messvorgang an den drei übrigen Zylindern wiederholen.

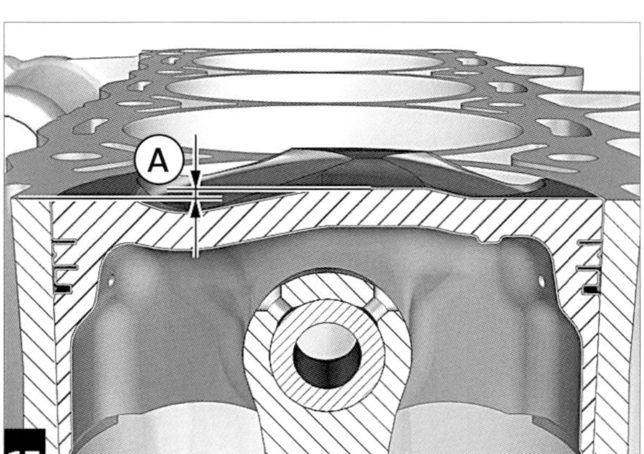

- Kolbenüberstand **A** aller vier Kolben vergleichen.
- Maßgebend ist der maximale Wert.

Zuordnung der Zylinderkopfdichtung

Messwert < 1,68 mm → 1-Loch Dichtung (1,025 mm dick)
Messwert > 1,68 mm → 2-Loch Dichtung (1,125 mm dick)

- Lochmarkierung siehe Bilder 8 und 9.

10 Zylinderkopf

10.3 Einbau

- Zylinderkopf aufs Peinlichste säubern.
- Zylinderkopf komplett mit Druckluft freiblasen.
- Ventile, Schlepphebel und -achsen wieder an ihrem angestammten Platz einbauen.
- Schlepphebel mit geölter Lagerung aufschieben.

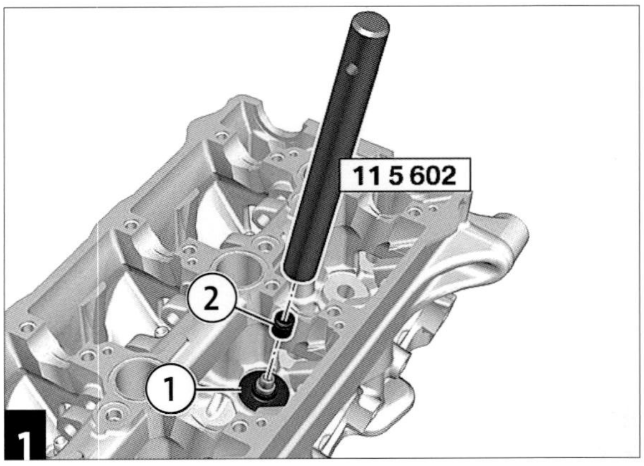

- Federteller **1** auflegen und Ventilschaftdichtung **2** mit passendem Rundrohrmaterial oder Schlagdorn (BMW-Nr. im Bild) bis zum Aufsitzen aufdrücken.

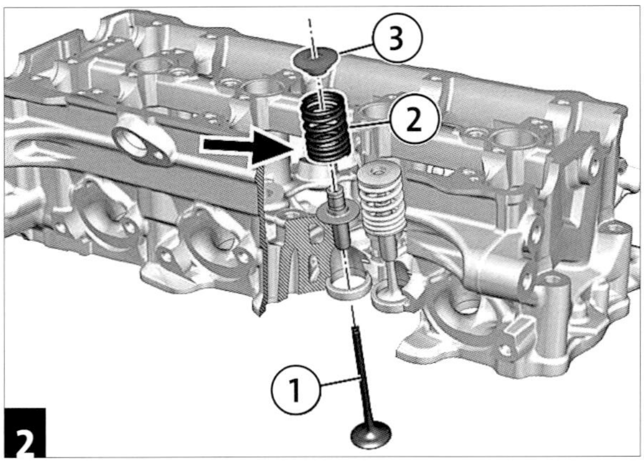

Auslassventile

- Ventil **1** vollständig geölt einschieben.
- Feder **2** so aufsetzen, dass die engeren Windungen nach unten weisen (Pfeil). Teller **3** aufsetzen.

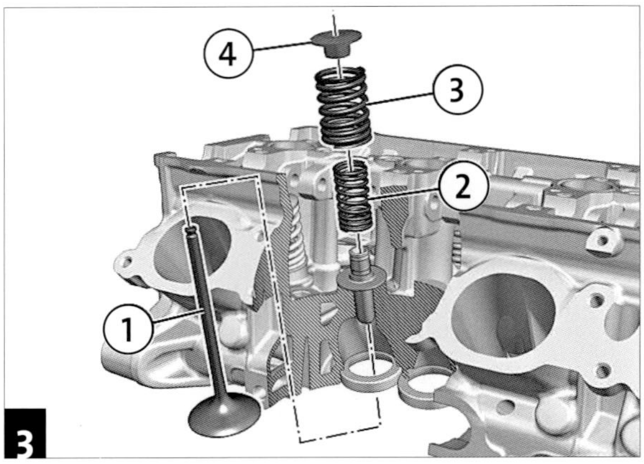

Einlassventile

- Ventil **1** vollständig geölt einschieben.
- Federn **2** und **3** so aufsetzen, dass die engeren Windungen nach unten weisen.
- Teller **4** aufsetzen.

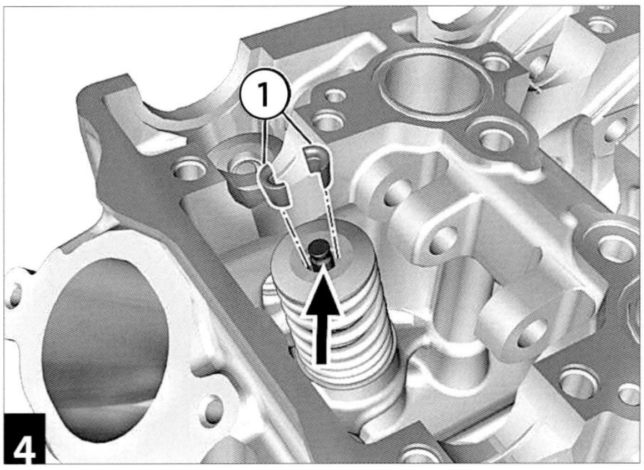

Ventilkeile einbauen

- Ventilkeile leicht fetten und an Ventilschaft-Nut (Pfeil) ansetzen. Keile mit Spanner montieren (Bild 10 Seite 178).
- Federspanner vorsichtig entlasten und abnehmen.

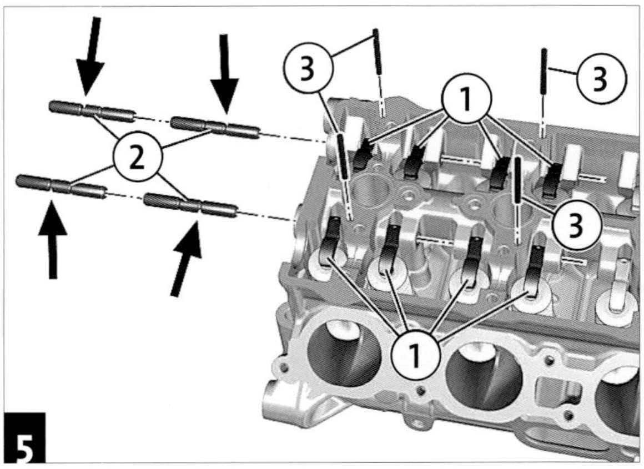

Schlepphebel

- Hebel **1** und Wellen **2** vollständig geölt einsetzen und einschieben. Stifte **3** so einschieben, dass in die Nuten der Wellen (Pfeile) einspuren.
- Verschlussschrauben anbringen (Bild 14 Seite 179).

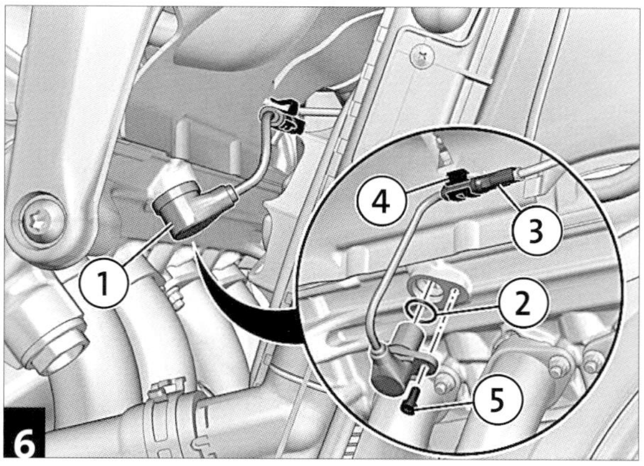

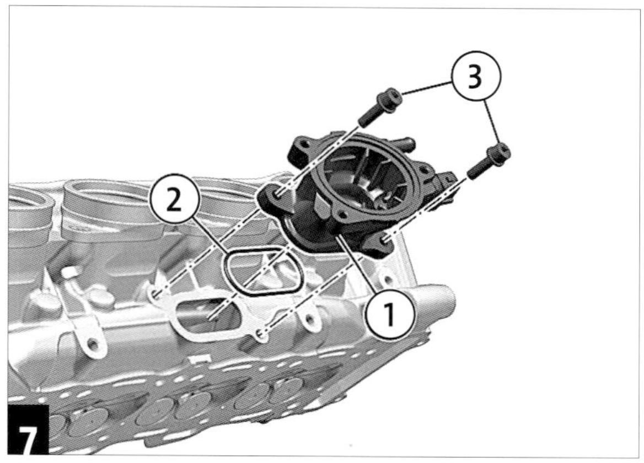

Nockenwellensensor

- Sensor **1** mit so gut wie neuem O-Ring **2** (leicht geölt) einbauen. Nach Zylinderkopfeinbau Stecker **3** in Halter **4** anbringen

5 **Anzugsmoment** M6 x 12 . . . . 8 Nm

Thermostat-Gehäuse

- Gehäuse **1** mit so gut wie neuem Dichtring **2** (leicht geölt) anbringen und Schrauben **3** eindrehen.

3 **Anzugsmoment** M6 x 20 . . . . 9 Nm

Klopfsensoren

- Sensoren **1** anbringen und Schrauben **2** eindrehen.

2 **Anzugsmoment** M8 x 30 . . . . 20 Nm

Zylinderkopf-Dichtung

! Die neue Zylinderkopfdichtung muss die selbe Dicke wie die zu ersetzende Dichtung haben (Bild 8 Seite 182).

! Falls neue Kurbelwelle, Pleuel, Kolben oder Kurbelgehäuse verbaut wurden, muss die Dicke der Zylinderkopfdichtung bestimmt werden.

- Saubere Dichtflächen entfetten (Bremsenreiniger) und neue Dichtung auflegen.
- Auf Festsitz der zwei Passstifte **1** achten.

10 Zylinderkopf

10.3 Einbau
Fortsetzung

Zylinderkopf
- Falls Motor eingebaut, Zylinderkopf von vorn auf Zylinder aufsetzen (Bild 9 Seite 178).

! Dabei darauf achten, dass Dichtung nicht verrutscht und gequetscht wird.

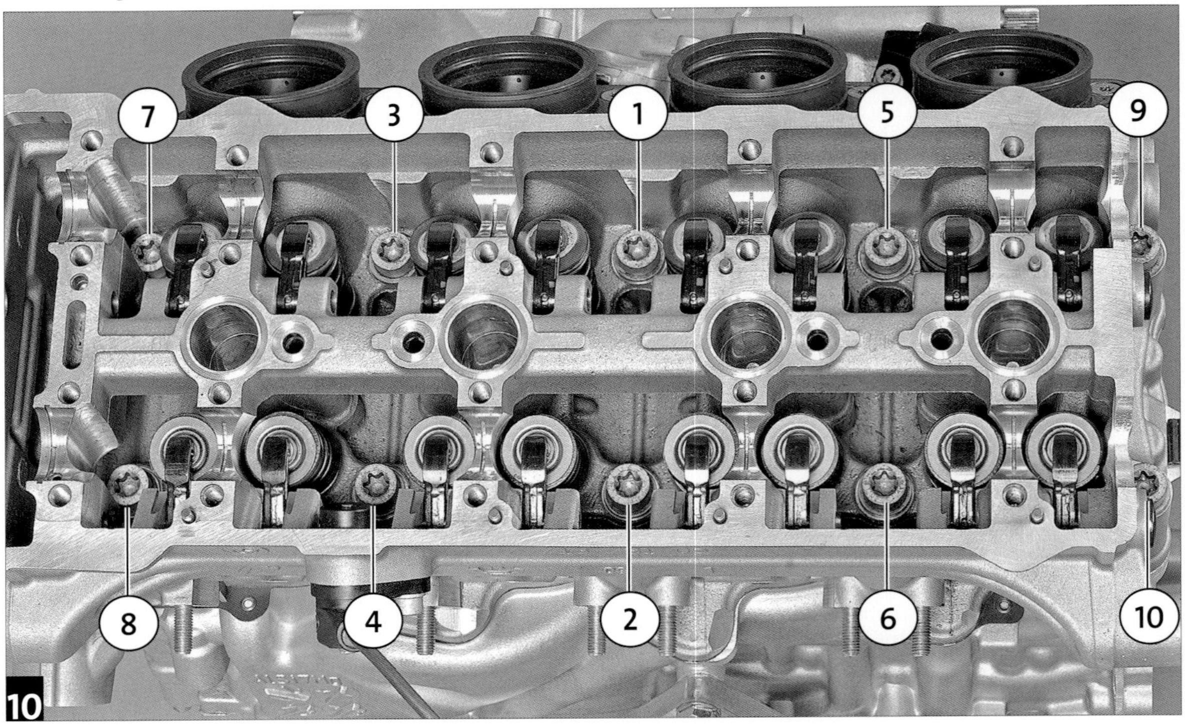

10

Zylinderkopf-Schrauben
- Schrauben **1** bis **10** trocken mit Scheiben locker von Hand bis zum Aufsitzen eindrehen.
- In der angegebenen Reihenfolge schrittweise anziehen.

Anzugsmomente Zylinderkopf

M8 x 102,5; Schrauben trocken; über Kreuz anziehen
1. Fügemoment .... 20 Nm
2. Voranzug .... Weiterdrehwinkel 90°
3. Endanzug .... Weiterdrehwinkel 90°

11

Zylinderkopfschrauben rechts
- Zwei Schrauben **1** mit Scheiben am Steuerkettenschacht anziehen.

1 **Anzugsmoment** M6 x 35 .... 9 Nm

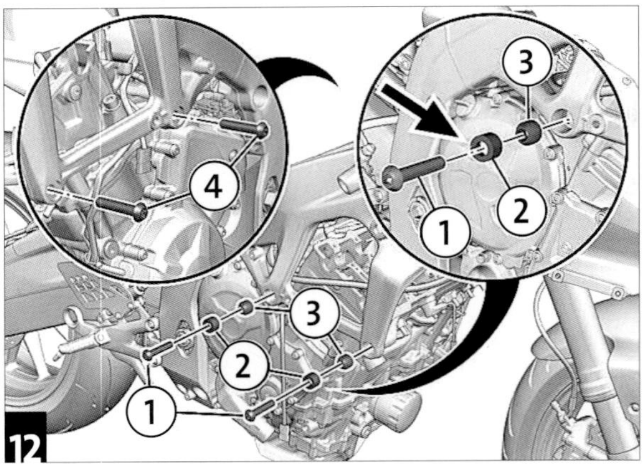

12

Zylinderkopf an Rahmen
- Schrauben **4** (links) locker eindrehen.
- Kegelelemente **3** mit Kegel nach außen weisend einsetzen.
- Spreizelemente **2** mit der aufgebohrten Seite nach innen weisend und Schlitz nach hinten weisend einsetzen.
- Schrauben **1** locker eindrehen.
- Schrauben schrittweise in der angegebenen Reihenfolge anziehen.

4 **Anzugsmoment** M10 x 50
1. Voranzug .... 10 Nm
2. Endanzug .... 56 Nm

1 **Anzugsmoment** M10 x 50 .... 56 Nm

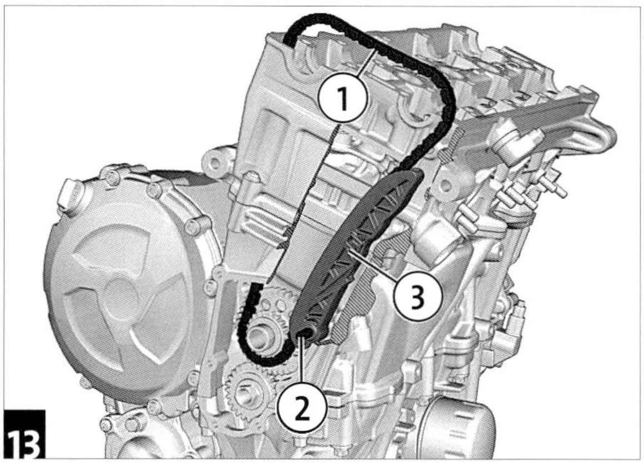

Steuerketten-Spannschiene
- Steuerkette **1** nach hinten legen, Spannschiene **3** einführen und Stift **2** einschieben.

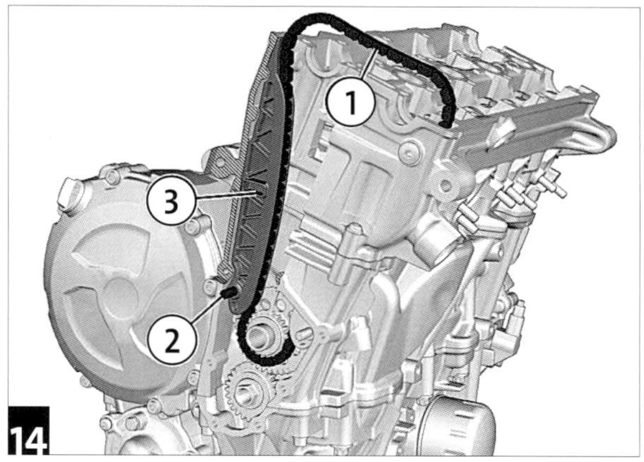

Steuerketten-Gleitschiene
- Steuerkette **1** nach vorn legen, Gleitschiene **3** einführen und Stift **2** einschieben.

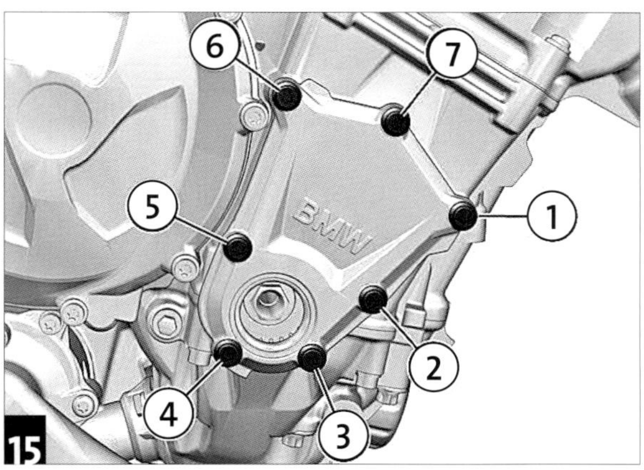

Steuertriebdeckel
- Deckel- und Gehäuse-Dichtflächen reinigen und Silikondichtmasse dünn auftragen.
- Sieben **neue** Schrauben handfest eindrehen und dann in der angegebenen Reihenfolge anziehen.
  Anzugsmoment M6 x 25
  1. Fügemoment .... 6 Nm
  2. Endanzug ....Weiterdrehwinkel 90°

- Steuerzeiten und Ventilspiel einstellen (ab Seite 109).
- Übrige Arbeitsschritte in umgekehrter Ausbaureihenfolge.

11 Generator

11.1 Ausbau

- Zum Prüfen und Vermessen der Ladespulen muss der Generator nicht ausgebaut werden. Die Messung erfolgt am Stecker bzw. an der Batterie.
- Aus- und Einbau des **Spannungsregler**s siehe Seite 254 (Elektrik).
- Motorrad sicher aufbocken, ggf. mit Hilfsständer.
- Steuertriebdeckel ausbauen (Bild 15 Seite 187).
- Schraube der Absteckbohrung ausdrehen und Kurbelwelle mit Fixierschraube im OT festlegen (Bilder 1 und 2 Seite 112).
- Fahrersitz/Sitzbank abnehmen, Tankverkleidung (RR: Seite 78; R: Seite 82; XR: ab Seite 90) und Tank (Seite 142) abbauen.
- Seitenverkleidung links mit Motorspoiler ausbauen (Seite 74).
- Kupplungsseilzug an unterer Aufnahme aushängen (Seite 131).
- Zum Ausbau des **Starterfreilauf**s Starter ausbauen (Seite 154).

- Aus-/Einbau des Schaltassistent bis 2014 siehe Seite 194/ Motorausbau.

Schaltstange/Schaltassistent lösen/einbauen
- RR-/R-Schaltstange wie in Bild 1 beschrieben aus-/ einbauen.

! Einbaulänge nicht verändern.

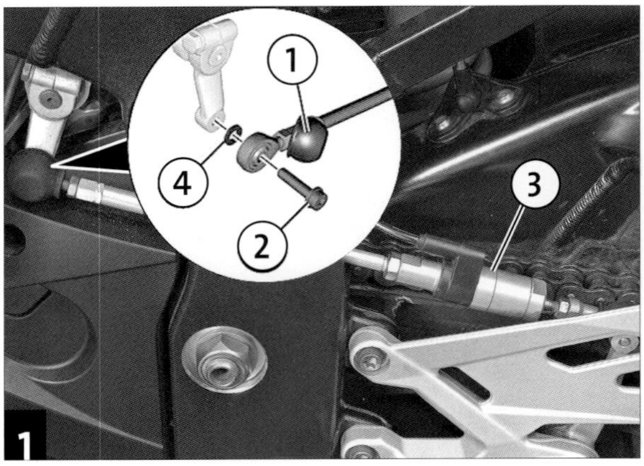

Schaltstange lösen/einbauen
- Gummikappe **1** abziehen und Schraube **2** ausdrehen. Schaltstange **3** nach hinten schieben und auf Verbleib der Scheibe **4** achten.

2 **Anzugsmoment** M6 x 20 (mikroverkapselt) . . . 8 Nm

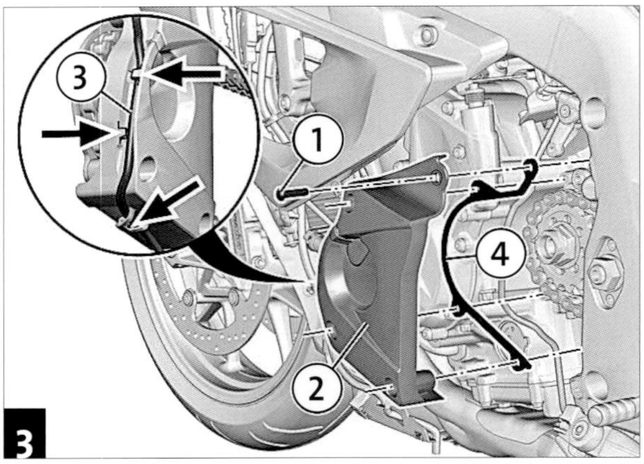

Ritzeldeckel aus-/einbauen
- Schrauben **1** ausdrehen und Deckel **2** abnehmen. Kabel **3** (ABS/DTC) ausfädeln und Kettenschutz **4** abnehmen.

1 **Anzugsmoment** M6 x 25 (mikroverkapselt) . . . 8 Nm

Generatorleitung
- Kabelbinder (Pfeile) trennen und Generatorleitung neben Zylinder freilegen (ist zusammen verlegt mit Stecker der Lambdasonde/links).

Generatorleitung
- Kabelbinder (Pfeil) trennen und Generatorleitung innen am Rahmen freilegen.

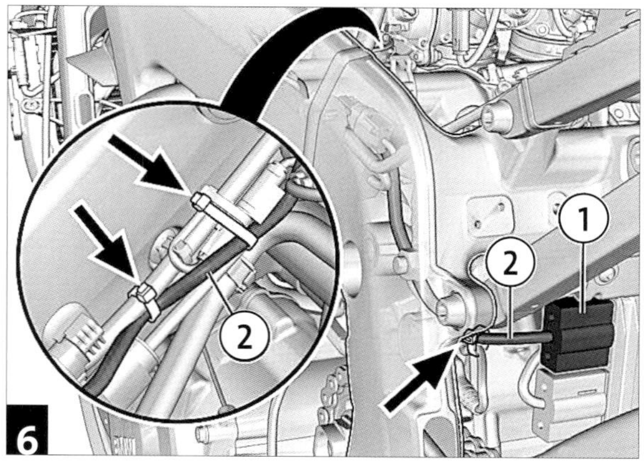

Generatorleitung
- Kabelbinder (Pfeile) trennen (vgl. Bild 4).
- Stecker **1** von Spannungsregler abziehen und Generatorleitung **2** freilegen.

Generatordeckel-Schrauben
- 12 Schrauben schrittweise über Kreuz ausdrehen. Beim Einbau **neue** Schrauben verwenden!
- Deckel abnehmen (klebt etwas wegen der Magnetwirkung).
- Dichtflächen säubern.

Generatordeckel/Ladespulen
- Schrauben **1** und **2** ausdrehen. Spulen und Kabeltülle mit Halter aus Deckel lösen und abnehmen.

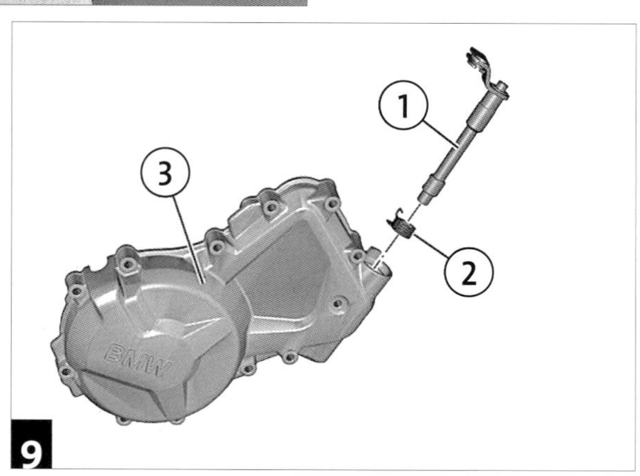

Generatordeckel/Ausrückhebel
- Ausrückhebel **1** mit Feder **2** aus Generatordeckel **3** abziehen.

11 Generator

11.1 Ausbau

Fortsetzung

Kupplungsdruckstange

- Ggf. Kupplungsdruckstange (Pfeil) entnehmen.

Generator-Rotor

- Rotorschraube ausdrehen.
- Rotor am Konus mit Fön erwärmen (Lösetemperatur 200° C).
  Anzugsmoment M12 x 1,5 x 40 10.9 . . . . 120 Nm

Generator-Rotor

- Abzieher BMW-Nr. 12 5 522 eindrehen und Rotor abdrücken.

! Vorsicht beim eventuellen "Absprengen" des Rotors!

Starterfreilauf

- Distanzstück in der gezeigten Stellung von der Welle abziehen.

👁 Aussparung (Pfeil) beachten.

Starterfreilauf

- Starterfreilauf mit Scheibe (Pfeil) entnehmen.

Starterfreilauf-Zwischenrad
- Zwischenrad entnehmen.

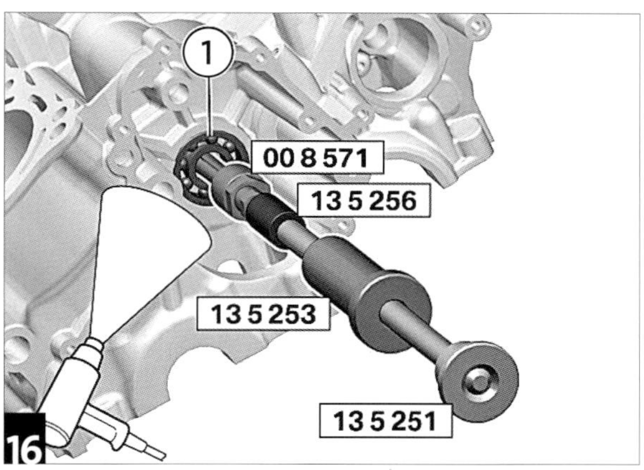

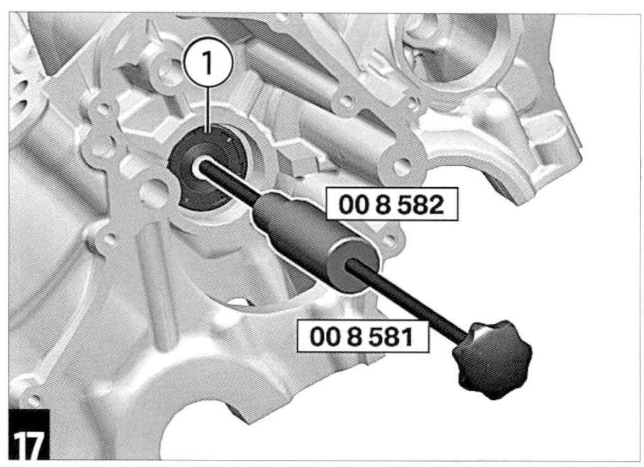

Lager Starterfreilauf
- Gehäuse-Umgebung mit Fön auf 80° C erwärmen.
- Lager **1** mit Innenauszieher und Schlaggewicht (BMW-Nr. im Bild) ausbauen. Lager mit passendem Dorn/Nuss in warmes Gehäuse (80° C) einschlagen.

Wellendichtring Starterfreilauf
- Wellendichtring **1** mit Innenauszieher und Schlaggewicht (BMW-Nr. im Bild) ausbauen.
- Wellendichtring mit passender Nuss eintreiben.

11.2 Prüfen und Vermessen

- **Ladespulen**: Widerstand der Ladespulen am Stecker messen. Der Widerstand zwischen den einzelnen Spulen/Steckerpins muss unter 1 Ω liegen. Es darf kein Durchgang zu Masse bestehen.

Starterfreilauf
- Segmente von Hand gegeneinander verdrehen. In einer Richtung müssen Segmente/Zahnräder sperren, entgegengesetzt frei drehen.

11 Generator

11.3 Einbau

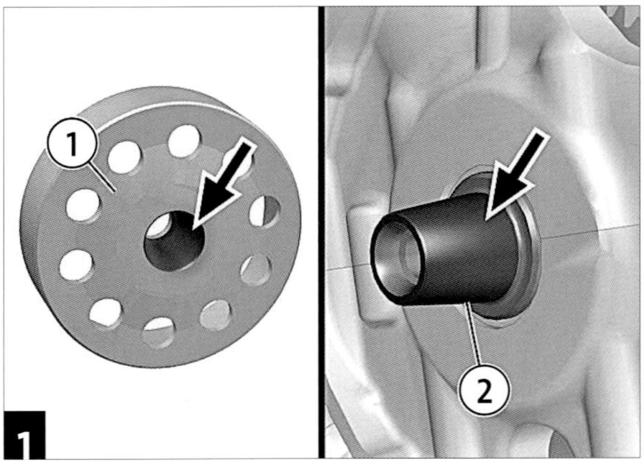

Rotor
- Konus (Pfeil) des Rotors **1** und Konus (Pfeil) am Kurbelstumpf **2** mit Bremsenreiniger oder Aceton entfetten.

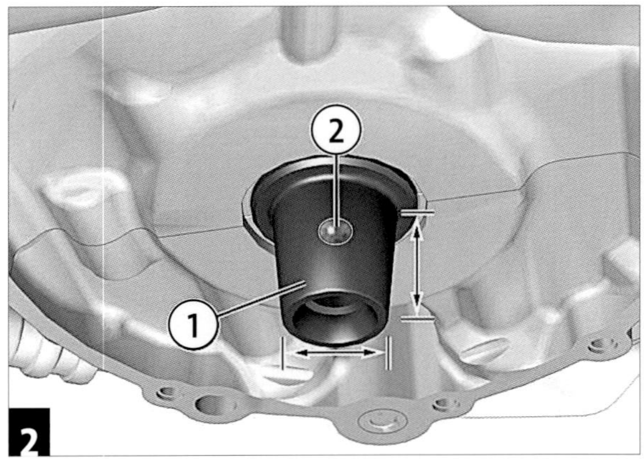

Klebemittel auftragen
- Genau in der Mitte des Kurbelstumpfs **1** einen Tropfen **2** Loctite 648 (Kleber) auftragen.

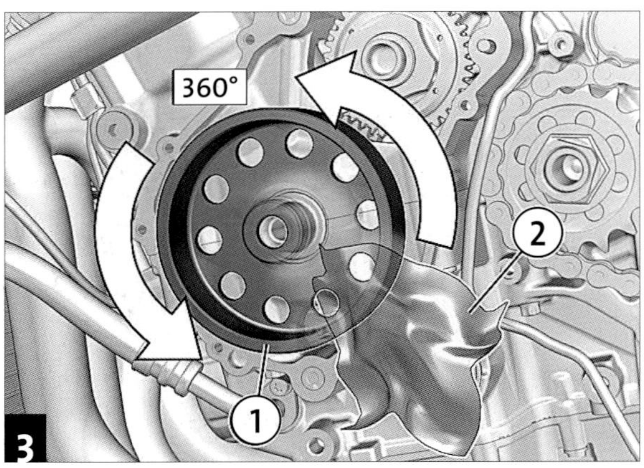

- Rotor **1** aufsetzen und um 360° drehen. Dabei eventuell austretenden Kleber mit Lappen **2** gründlich entfernen.
- Rotorschraube eindrehen (Bild 11 Seite 190).
- Arretierungsschraube wieder ausdrehen.

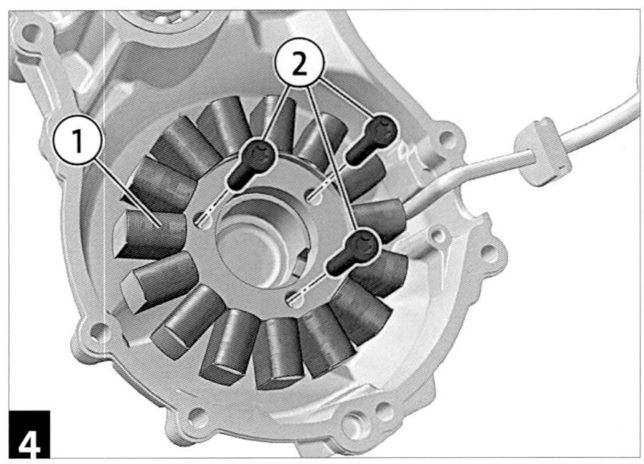

Ladespulen
- Ladespulen **1** einsetzen, auf Gewindebohrungen ausrichten und Schrauben **2** eindrehen.

2 **Anzugsmoment** M6 x 25 .... 9 Nm

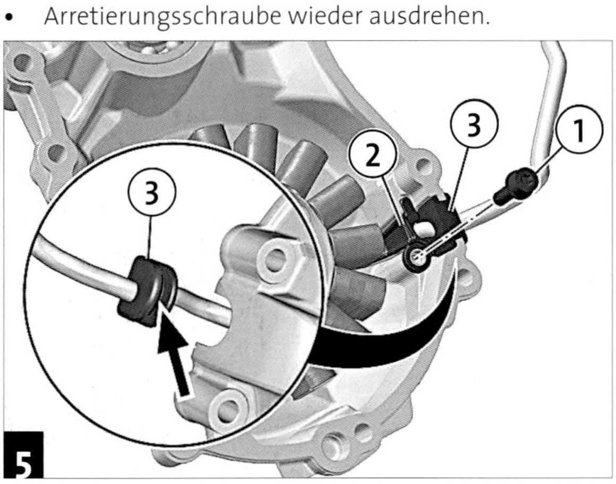

- Gehäuse-Aussparung und Gummitülle **3** entfetten und flüssige Silikondichtmasse auftragen. Tülle in Aussparung einsetzen und Halter **2** mit Schraube **1** befestigen.

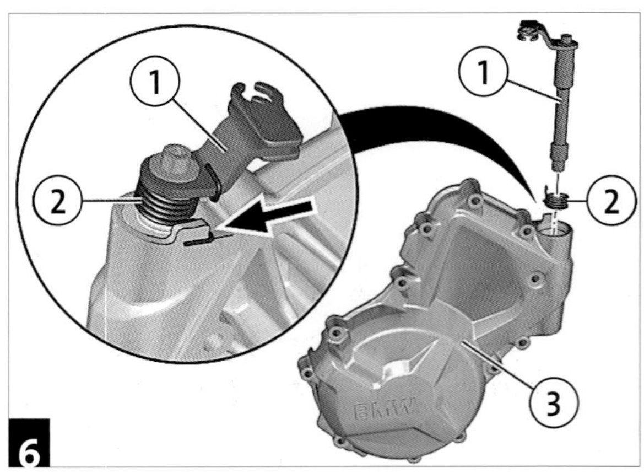

Generatordeckel/Ausrückhebel
- Ausrückhebel **1** mit Feder **2** in Generatordeckel **3** leicht gefettet einsetzen.

👁 Darauf achten, dass Feder **2** in Nase eingreift (Pfeil).

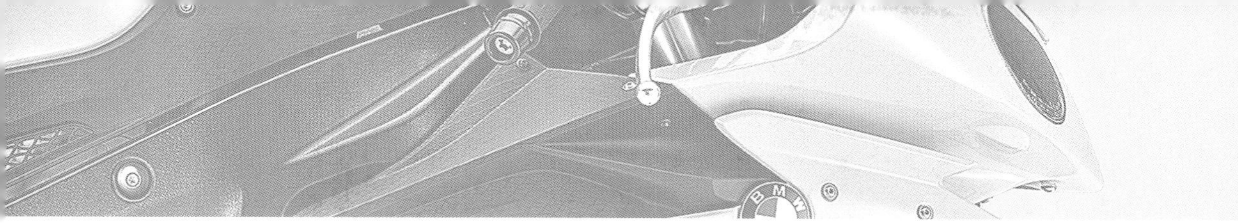

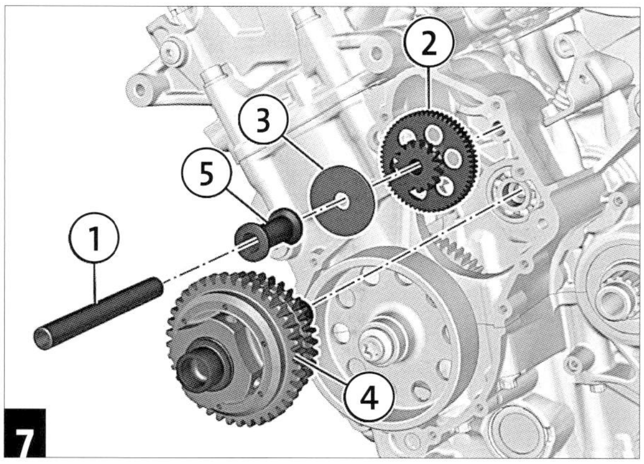

7

8

Starterfreilauf

- Sämtliche Teile an den Lager- und Anlaufstellen leicht ölen.
- Die Kugellager des Starterfreilaufs (im Gehäuse und im Deckel) mit einem kräftigen Ölspritzer für die Anfangsschmierung versorgen.

Starterfreilauf

- Welle **1** mit Zwischenrad **2** einsetzen.
- Scheibe **3** mit Starterfreilauf **4** einsetzen.
- Distanzstück **5** wie gezeigt (Bild 13 Seite 190; Ausschnitt beachten) aufschieben.

Generatordeckel/Ausrückhebel

- Beim Aufsetzen des Deckels darauf achten, dass die Welle des Ausrückhebels die gezeigte Position hat, um an der Kupplungsdruckstange (Bild 10 Seite 190) richtig anzugreifen.

9

Generatordeckel

- Dichtflächen säubern.
- Silikondichtmasse dünn auf Gehäusedichtfläche auftragen.
- Sitz der Passstifte **A** Bild 9 kontrollieren.
- 12 **neue** Schrauben in **zwei Schritten** (1. Fügemoment/2. Weiterdrehwinkel) im Uhrzeigersinn (Bild 9) eindrehen, beginnend bei Schraube **1**.
- Schraubenlängen beachten: Schrauben **1** bis **4** sind 35 mm lang, die übrigen 45 mm.

  Anzugsmoment
  M6 x 35/45
  1. . . . . 3 Nm
  2. . . . . 90°
- Ritzeldeckel montieren (Bild 3 Seite 188).
- Schaltstange montieren (Bilder 1 und 2 Seite 188).
- Generatorkabel verlegen und anschließen (ab Seite 188).
- Kupplungsseilzug an unterer Aufnahme einhängen und Seilzugspiel einstellen (Seite 131).

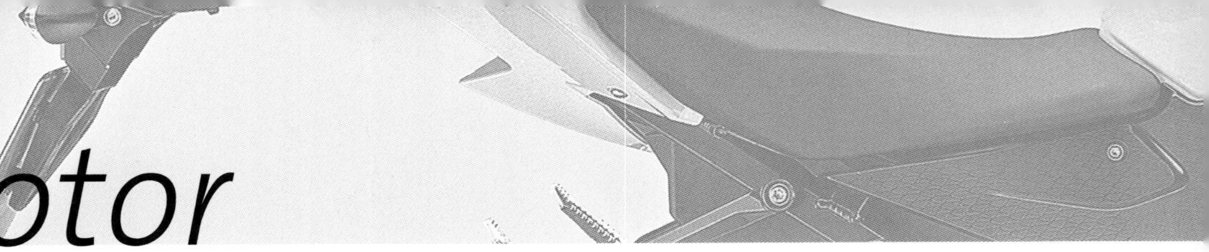

12 Motor

12.1 Aus- und Einbau

- Zum Ausbau des **Getriebepotentiometer**s (Bilder 4 und 5) müssen lediglich evtl. die Verkleidung, die Schaltstange (Schaltassistent) und die Ritzelabdeckung ausgebaut werden. Es kann auch bei ausgebautem Motor ausgebaut werden.
- Zum Ausbau der **Schaltwelle** und des **Schaltsterns** muss der Motor nicht ausgebaut werden, lediglich die Kupplung.

Vorarbeiten

- Motoröl ablassen (Seite 99).
- Soziussitz und Fahrersitz/Sitzbank ausbauen.
- Fahrersitz/Sitzbank abnehmen, Tankverkleidung (RR: Seite 78; R: Seite 82; XR: ab Seite 90) und Tank (Seite 142) abbauen.
- Seitenblende/Verkleidung links/rechts komplett mit Motorspoiler ausbauen (RR: Seite 73; R: Seite 85; XR: Seite 91).
- Stecker trennen (Bild 1 Seite 176; Bild 4 Seite 177/ Zylinderkopfausbau).
- Luftfiltergehäuse ausbauen (Seite 106).
- Stecker der Kerzenschacht-Zündspulen trennen (Bild 11 Seite 106).
- Drosselklappen ausbauen (Seite 146).
- Auspuffanlage komplett ausbauen (ab Seite 156).
- Generatorkabel trennen und freilegen (Kapitel 11 ab Seite 188).
- Kühlmittel ablassen (Seite 119).
- Kühlluftführung und Kühler ausbauen (Seite 164).
- Batterie abklemmen.
- Ritzelabdeckung abbauen (Seite 188).
- Kettendurchhang lockern (Seite 126).

Schaltassistent einbauen

- Schaltassistent muss gerade fluchtend durch Rahmen führen.
- Augen des Schaltassistenten müssen genau parallel stehen.

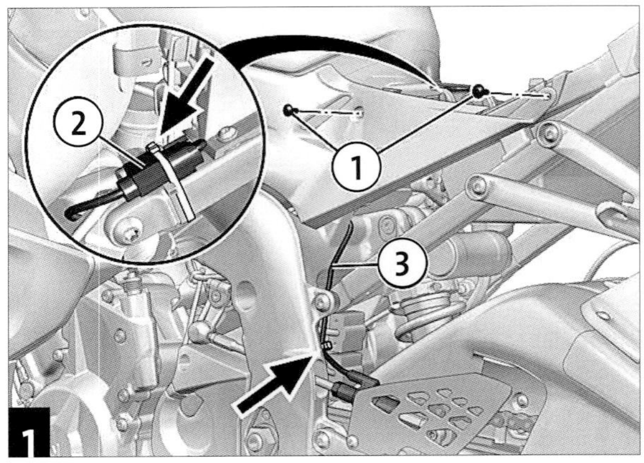

Schaltassistent

- Schrauben **1** ausdrehen. Kabelbinder (Pfeile) trennen.
- Stecker **2** trennen und Kabel **3** freilegen.
- Schaltstange/Schaltassistent RR ab 2015 siehe Seite 182.
- Umgekehrt montieren.

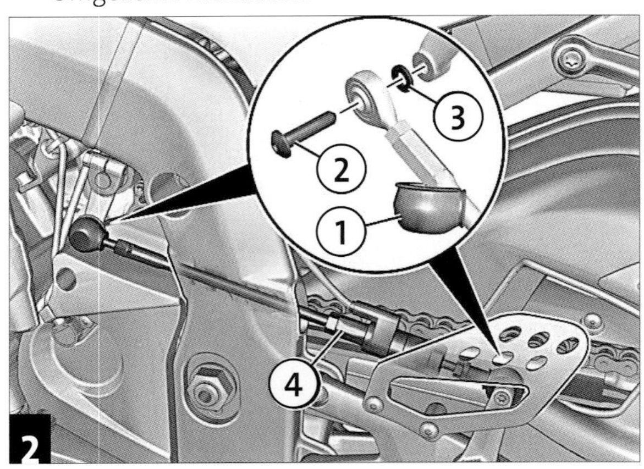

Schaltassistent lösen/einbauen

- Gummikappe **1** abziehen und Schraube **2** ausdrehen. Schaltstange **4** nach hinten schieben und auf Verbleib der Scheibe **3** achten.

2 **Anzugsmoment** M6 x 20 (mikroverkapselt) . . . 8 Nm

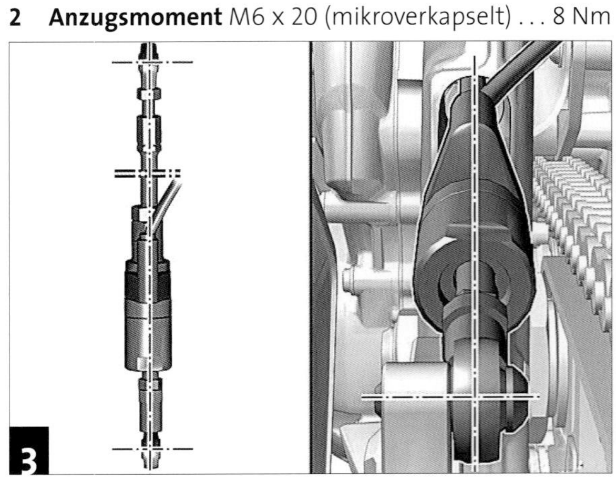

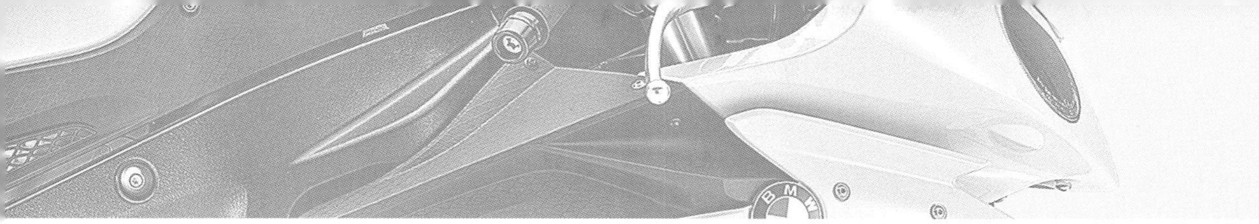

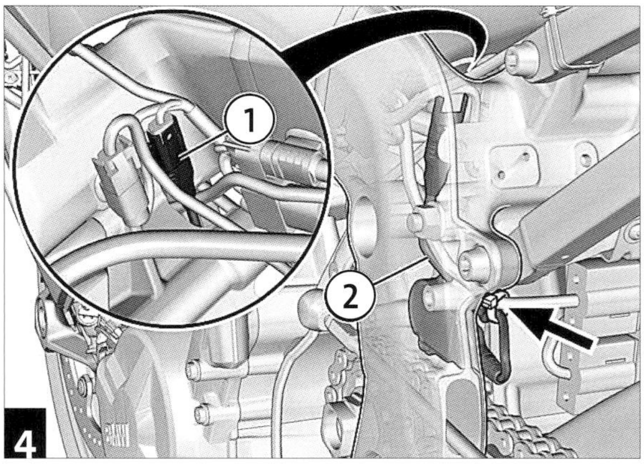

Getriebepotentiometer (Ganganzeige)
- Kabelbinder (Pfeil) trennen, Stecker **1** trennen und Kabel **2** freilegen.

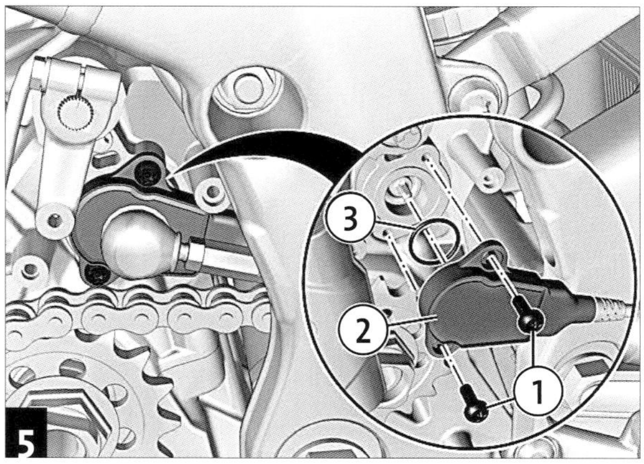

- Schrauben **1** ausdrehen und Getriebepotentiometer **2** mit O-Ring **3** abnehmen.

1 **Anzugsmoment** M5 x 14 - 10.9 .... 5 Nm

Getriebepotentiometer (Ganganzeige) – Einbau
- Potentiometer mit so gut wie neuem O-Ring **1** so aufsetzen, dass die Teile fluchtend ineinander greifen.

Schalthebel
- Klemmspalt des Schalthebels auf Strichmarkierung der Welle ausrichten. Zur individuellen Anpassung der Lage des Schaltpedals kann diese Stellung um einen Zahn versetzt eingebaut werden.

Starter- und Massekabel trennen
- Starterkabel **1** und Massekabel **2** trennen.

Kabel freilegen
- Kabelbinder trennen und Stecker **1** der zwei Klopfsensoren und Kühlmittel-Temperatursensors **2** trennen.

→

12 Motor

12.1 Aus- und Einbau

Fortsetzung

- Bild 10: Kettenritzel aus-/einbauen: Ersten Gang einlegen und Hinterradbremse betätigen.

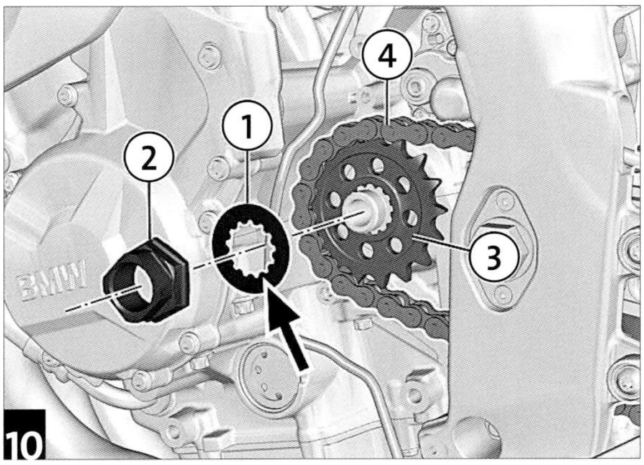

Kettenritzel

- Lasche (Pfeil) an Sicherungsblech **1** flachbiegen und Mutter **2** ausdrehen. Ritzel **3** mit Kette **4** abnehmen. Beim Einbau Lasche an Mutter anlegen.

2 **Anzugsmoment** M24 x 1,5 .... 125 Nm

Scherenheber, Verbreiterung und die Motoraufnahme sind nicht gerade billig (ganz abgesehen vom Fahrzeugkran), und es muss jeder für sich entscheiden, ob sich die Anschaffung eines Werkzeugs lohnt, das womöglich nur einmal im Leben benötigt wird. Aber dem Improvisationstalent sind bekanntlich kaum Grenzen gesetzt. So kann der Fahrzeugkran auch mit einem geliehenen Motorheber aus dem Vierradbereich improvisiert werden. Wenn es die Räumlichkeiten zulassen, kann z. B. ein Flaschenzug an der Deckenkonstruktion befestigt werden – oder die schiere Muskelkraft dreier guter Freunde kommt zum Einsatz...

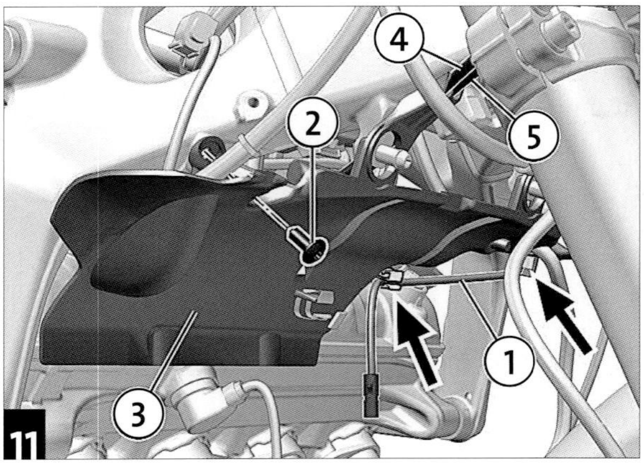

Kühlluftführung

- Nockenwellensensor-Kabel **1** aus Führungen (Pfeile) lösen. Schrauben **2** links und rechts ausdrehen. Kühlluftführung **3** abnehmen. Dabei Schließerseilzug **4** und Öffnerseilzug **5** freilegen.

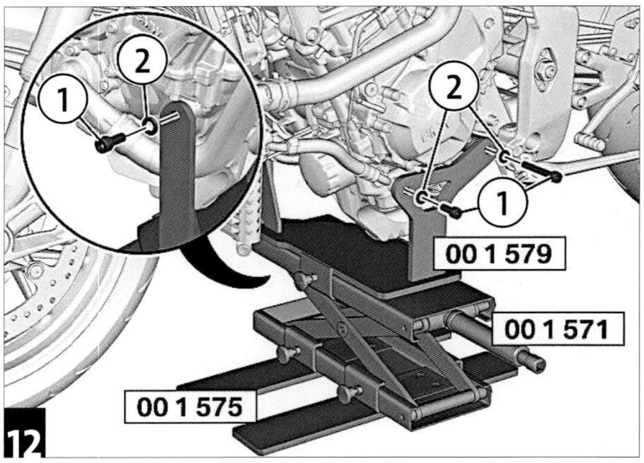

Motoraufnahme

- Scherenheber, Verbreiterung und die Motoraufnahme an freistehende Maschine anbringen. Zuerst hintere der beiliegenden Schrauben und Scheiben anbringen. Gegen Umkippen sichern!

- Fahrzeug mit Scherenheber anheben, bis es sicher steht.
- Im Bild 13 sind die Motorverschraubungen abgebildet. Die Verschraubungen **1** sind am Zylinderkopf befestigt (Seite 176), Verschraubungen **2** am Motorblock.

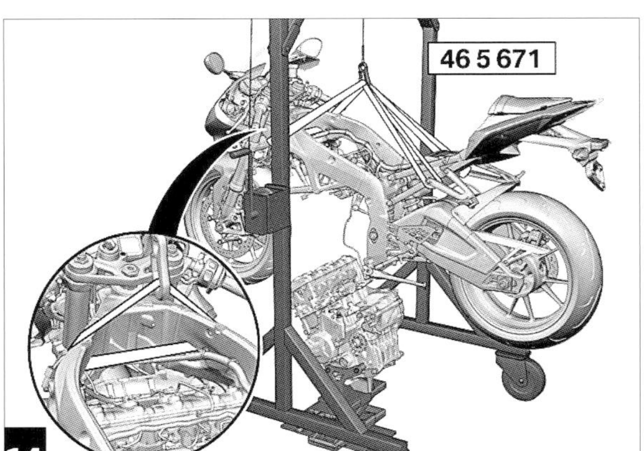

- Gurte nicht am Lenker befestigen, sondern am Rahmen. Oder: vier Mann – vier Ecken...

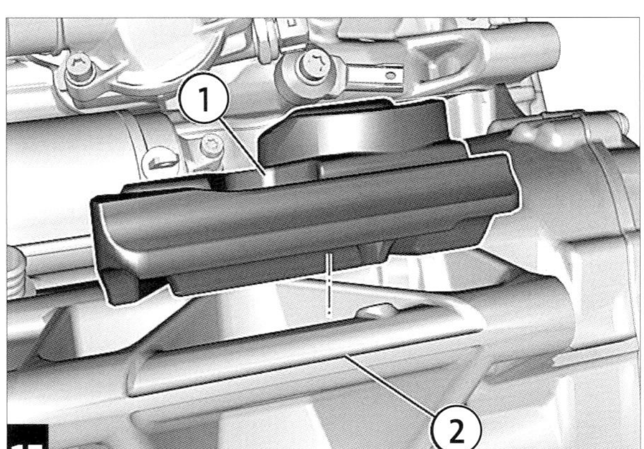

Benzinschlauch-Abstützung

- Beim Einbau Abstützung **1** hinten am Motor **2** anbringen und beim Aufsetzen darauf achten, dass sie nicht verrutscht.

12 Motor

Es kommen folgende Arten der Motor-/Rahmen-Verschraubungen zum Einsatz:

Bei allen Arten:

- Schrauben links **1** zuerst handfest eindrehen.
- Kegelelemente **3** mit **Kegel nach außen weisend** einsetzen.
- Spreizelemente **2** mit der **aufgebohrten Seite nach innen weisend** einsetzen.
- Alle Schrauben, Buchsen und Muttern zuerst handfest eindrehen, dann in der angegebenen Reihenfolge anziehen.

! Anzugsreihenfolge einhalten.

Motor ohne Gewinde, Rahmen mit Gewinde

1 Motor vorn links M10 x 50
1. Schritt .... 10 Nm
2. Schritt .... 56 Nm

6 Gewindebuchse M24 x 1,25 .... 20 Nm

4/5 oben: Schraube gegenhalten, damit sich Buchse **6** nicht verdreht.
M10 x 247 .... 56 Nm

4/5 unten: Schraube gegenhalten, damit sich Buchse nicht verdreht.
M10 x 247 .... 56 Nm

2/3 rechts oben
M10 x 50 .... 56 Nm

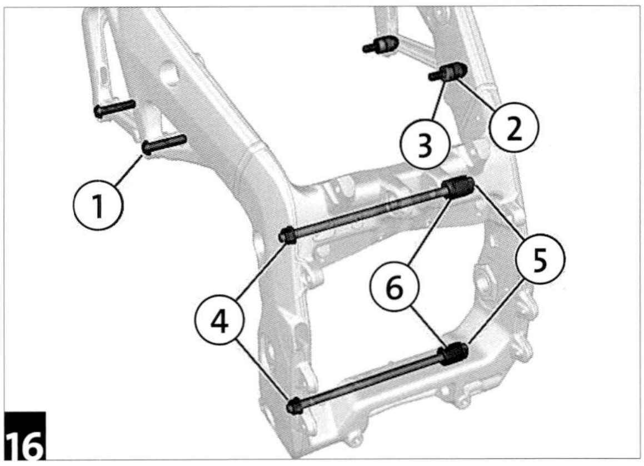

16

Motor mit Gewinde, Rahmen ohne Gewinde

1 Motor links M10 x 50
1. Schritt .... 10 Nm
2. Schritt .... 56 Nm

2/3 rechts mit Kegelelement
M10 x 50 .... 56 Nm

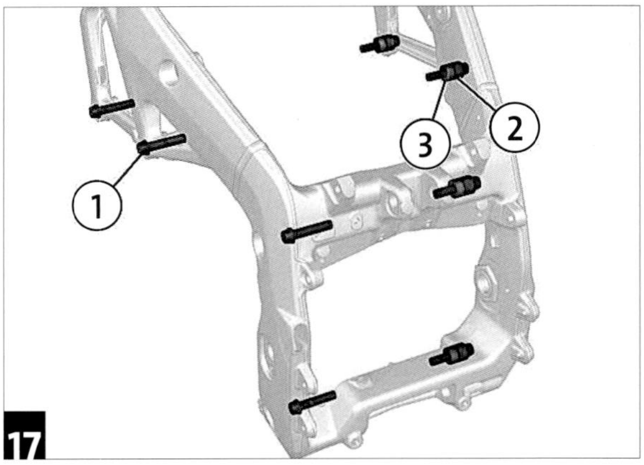

17

Motor und Rahmen mit Gewinde

1 Motor links M10 x 50
1. Schritt .... 10 Nm
2. Schritt .... 60 Nm

4 Gewindebuchse M24 x 1,25 .... 20 Nm
hinten oben rechts
M10 x 50 .... 60 Nm
hinten unten rechts
M10 x 50 .... 56 Nm

2/3 rechts mit Kegelelement
M10 x 50 .... 56 Nm

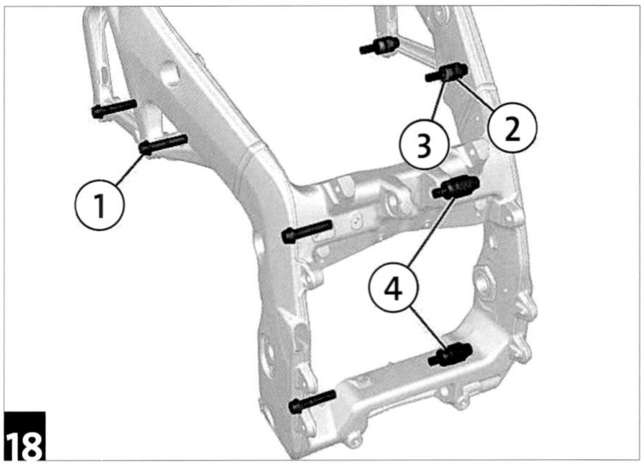

18

Motor und Rahmen ohne Gewinde

1 Motor links M10 x 50
1. Schritt .... 10 Nm
2. Schritt .... 56 Nm

4/5 hinten **oben** rechts mit Kegelelement
M10 x 50 .... 56 Nm
hinten **unten** rechts mit Kegelelement
M10 x 50 .... 56 Nm

2/3 rechts mit Kegelelement
M10 x 50 .... 56 Nm

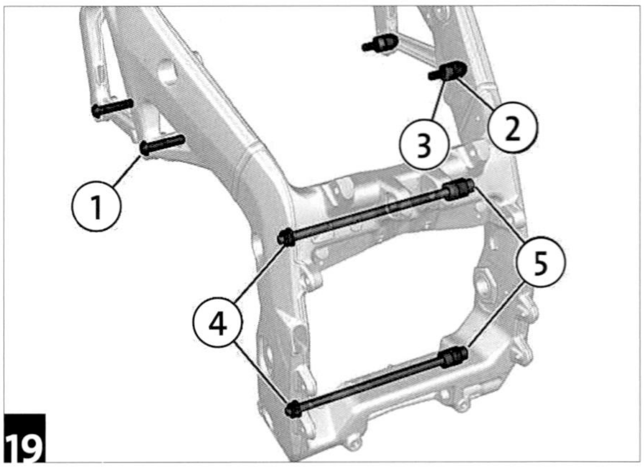

19

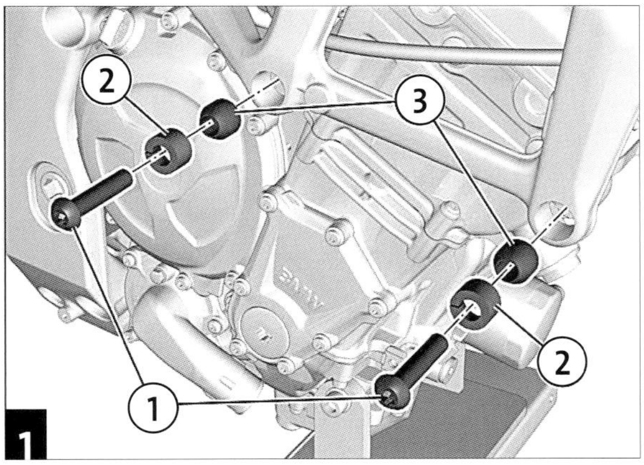

Rechts vorn

- Schrauben **1** mit Spreizelementen **2** und Kegelelementen **3** ausbauen.

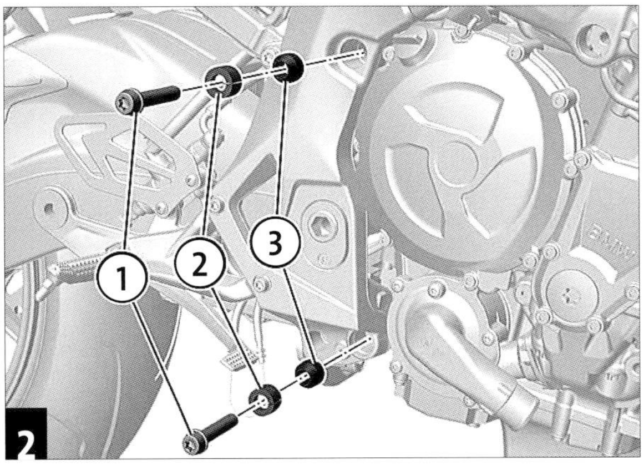

Rechts hinten

- Schrauben **1** mit Spreizelementen **2** und Kegelelementen **3** ausbauen.

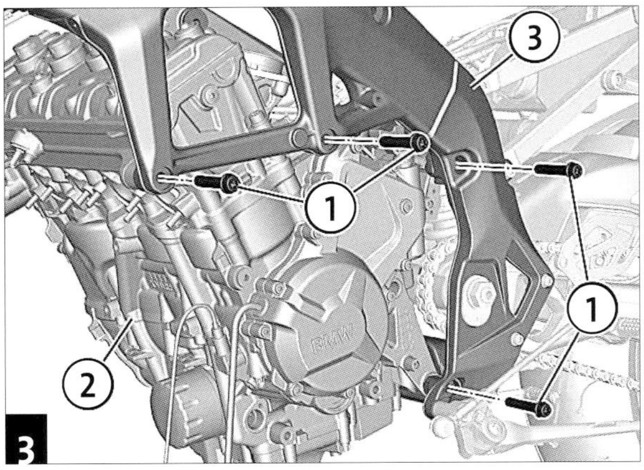

Rechts hinten

- Schrauben **1** ausbauen.
- Zum Einbau Motor **2** nach links im Rahmen **3** ziehen und Schrauben handfest anziehen.

12.2 Aus- und Einbau ab 2017

Grundsätzlich unterscheidet sich der Aus- und Einbau des Motors ab dem Modelljahr 2017 nicht von den vorigen Jahrgängen. Es bleibt natürlich bei den vorgenannten Vorbereitungen.
Allerdings ist die Motorbefestigung für alle drei Modell-Varianten jetzt einheitlich.

Ausbau-Ablauf:

- Bild 1
- Bild 2
- Bild 3

Einbau-Ablauf:

- Bild 3
- Bild 2
- Bild 1

- Kegelelemente **3** mit **Kegel nach außen weisend** einsetzen.
- Spreizelemente **2** mit der **aufgebohrten Seite nach innen weisend** einsetzen.

Anzugsreihenfolge und Anzugsmomente:

- Alle Schrauben **1** mit Spreizelementen **2** und Kegelelementen **3** handfest eindrehen (beginnend mit Bild 3).

Motor links an Rahmen
M10 x 50 ....60 Nm

Motor rechts an Rahmen
M10 x 50 ....60 Nm

13 Motorgehäuse

13.1 Zerlegen

- Die **Messung des Öldrucks** wird natürlich bei eingebautem und funktionierendem Motor vorgenommen. Die Messung gibt einen Hinweis auf den Zustand der Kurbelwellenlager, weswegen sie im Kapitel Motorgehäuse abgehandelt wird. Falls die Kurbelwellenlager zuviel Spiel haben, baut sich der gewünschte Öldruck nicht mehr auf.

- Aufgrund der kompakten Konstruktion beinhaltet das Zerlegen des Motorgehäuses die "klassischen" Kapitel Kolben und Zylinder, Kurbelwelle und Pleuel. Dem Getriebe ist ein eigenes Kapitel gewidmet, auch wenn Aus- und Einbau der Getriebewellen hier im Zuge des Ausbeinens des Motorgehäuses beschrieben ist.
- Die Baugruppen Generator, Kupplung, Zylinderkopf, und Kühlmittelpumpe ausbauen wie in den Vorkapiteln beschrieben.

Antriebskette der Ölpumpe ausbauen (Bild 1) ▶

- Schrauben **1** und **2** ausdrehen und Kettenführung **3** abnehmen.
- Schrauben **4** ausdrehen und Zahnrad der Ölpumpe abnehmen und aus Kette ausfädeln.

Anzugsmomente

1 M6 x 25 .... 9 Nm
2 M6 x 20 .... 9 Nm
4 M5 x 10 (mikroverkapselt) .... 6 Nm

O-Ring

- O-Ring hinter der Kettenführung abnehmen (erneuern).

Antriebskette der Ölpumpe

- Antriebskette, Zahnrad und Hülse abnehmen.

Ölpumpe

- Drei Schrauben ausdrehen und Ölpumpe mit Dichtring abnehmen.

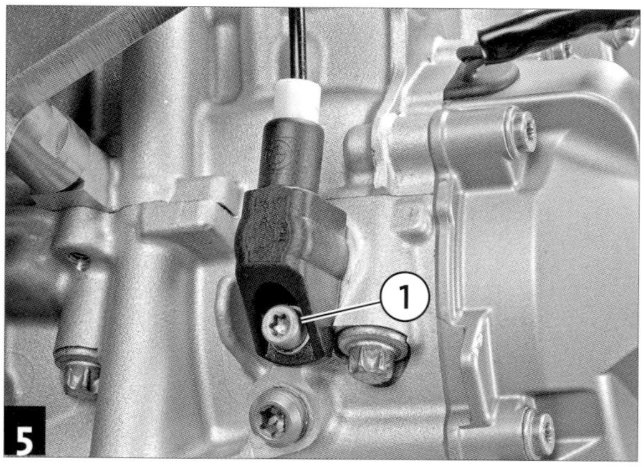

Kurbelwellensensor

- Schraube **1** ausdrehen und Sensor abnehmen.

1 **Anzugsmoment** M6 x 16 .... 9 Nm

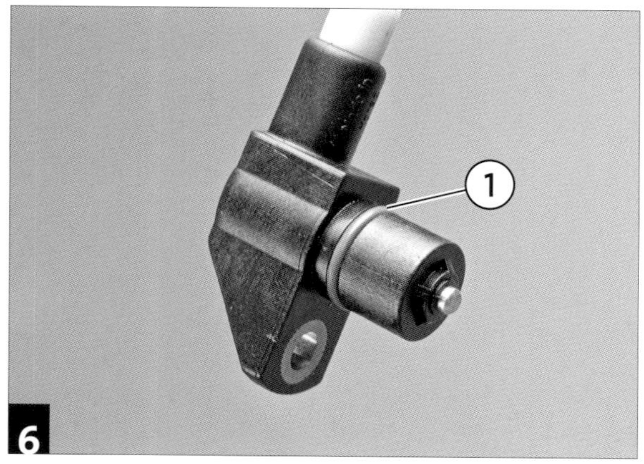

Kurbelwellensensor

- Sensor mit so gut wie neuem O-Ring **1** montieren.

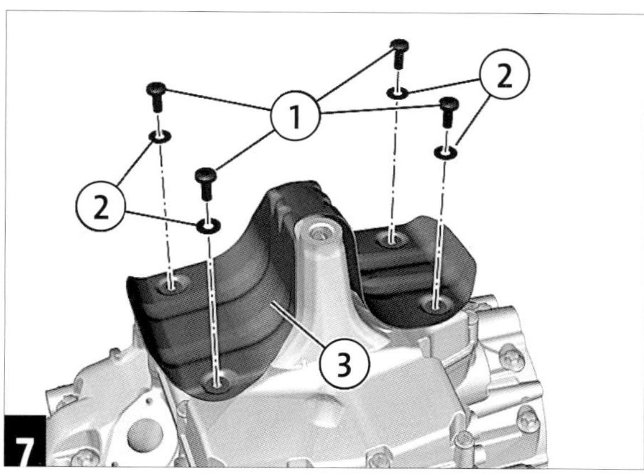

Hitzeschutz der Ölwanne

- Falls Hitzeschutz montiert, Schrauben **1** ausdrehen und Scheiben **2** abnehmen. Hitzeschutz **3** abnehmen. Neue Schrauben einbauen.

1 **Anzugsmoment** M6 x 16 .. 3 Nm/Weiterdrehwinkel 90°

Ölwanne

- Schrauben ausdrehen und Ölwanne abnehmen.
- Neue Schrauben handfest eindrehen und dann im Uhrzeigersinn anziehen, beginnend bei Schraube **1**.

1 **Anzugsmoment** M6 x 16 .. 3 Nm/Weiterdrehwinkel 90°

Ölansaugstutzen

- Schraube **1** ausdrehen und Ansaugstutzen abnehmen.
- Auf Verbleib des O-Rings achten.

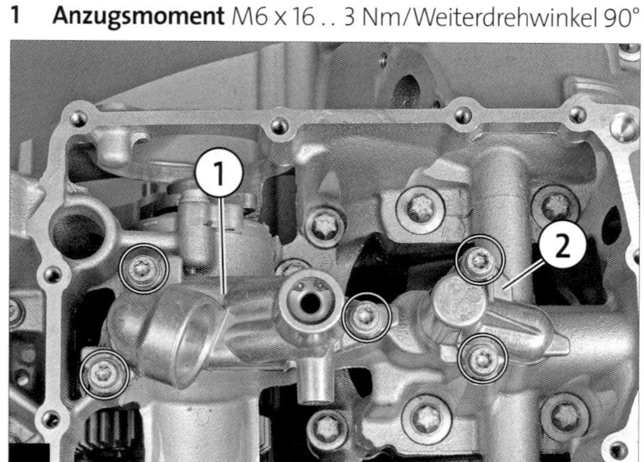

Öldruckregelventil und Ölthermostat

- Drei Schrauben ausdrehen und Öldruckregelventil **1** abnehmen.
- Zwei Schrauben ausdrehen und Ölthermostat **2** abnehmen. Es folgen Feder und Kolben.

13 Motorgehäuse

13.1 Zerlegen
Fortsetzung

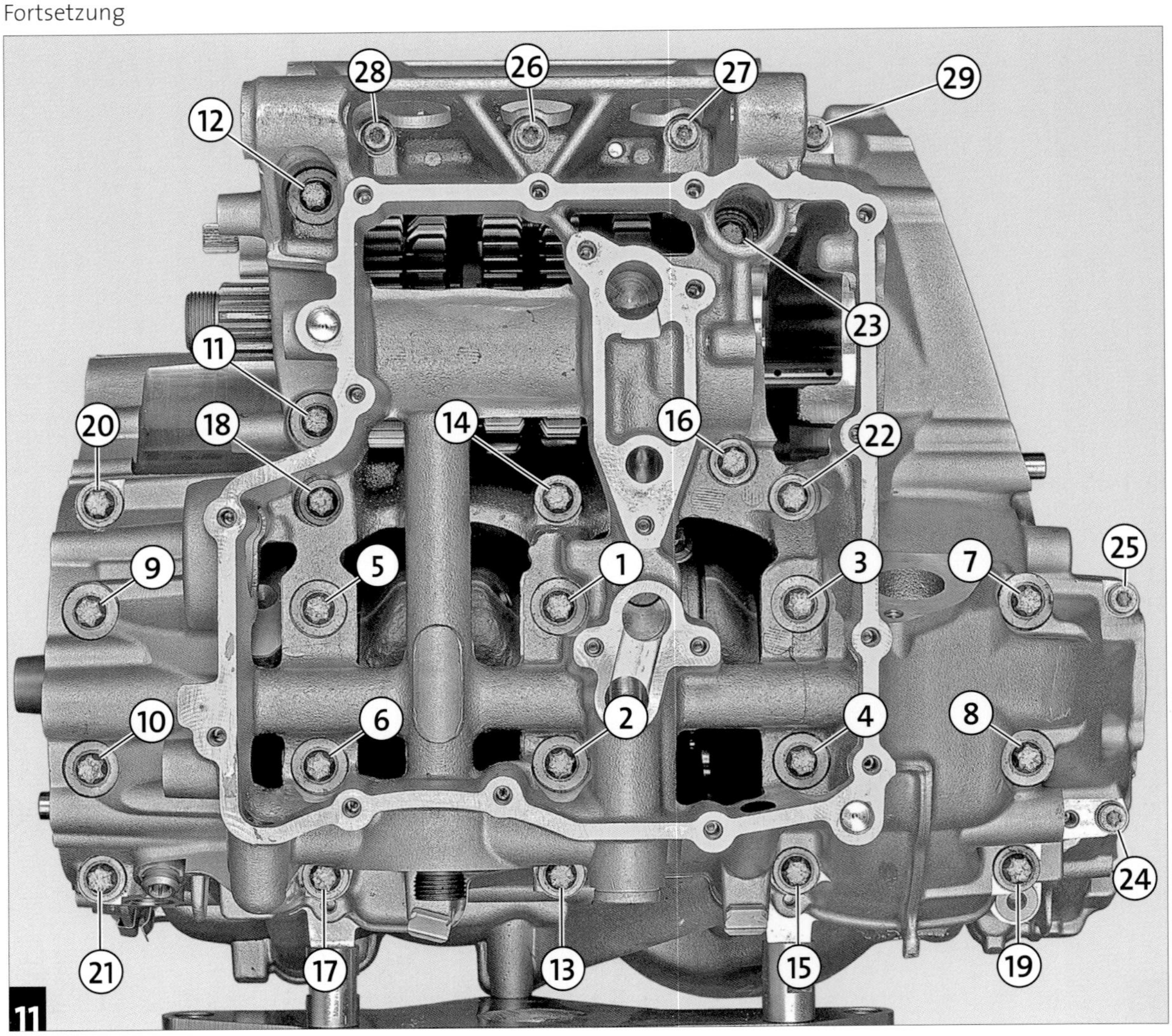

11

Gehäuseschrauben

- Schrauben **entgegen** der angegebenen Reihenfolge zuerst alle lockern (29 bis 1) und dann ganz ausdrehen.

! Neuere Gehäuse haben eine M6-Schraube mehr (rechts neben Schraube 29).

Anzugsmomente

- Schrauben nicht ölen.
- Schrauben **1** Bild 12 (mit neuen Scheiben) lose eindrehen.
- Schrauben **1** bis **12** M9 x 95 in drei Schritten in der angegebenen Reihenfolge anziehen:
  1. .... 20 Nm
  2. Weiterdrehwinkel .... 90°
  3. Weiterdrehwinkel .... 90°
- Schrauben **13** bis **23** M8 x 57 in zwei Schritten in der angegebenen Reihenfolge anziehen:
  1. .... 20 Nm
  2. Weiterdrehwinkel .... 90°
- Schrauben **24** bis **29** M6 in der angegebenen Reihenfolge anziehen: .... 9 Nm
  Bei neuerem Motorgehäuse eine zusätzliche M6-Schraube anziehen.

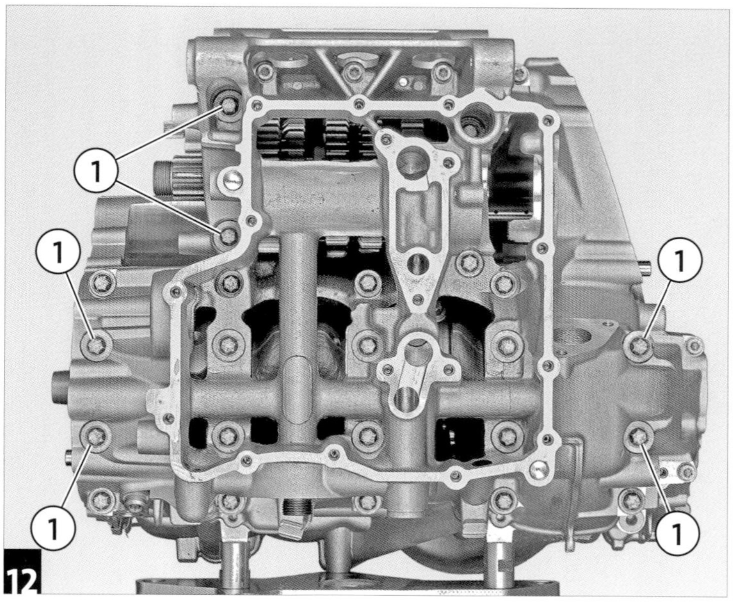

12

Gehäuseschrauben mit Scheibe

- Schrauben **1** mit neuen Scheiben eindrehen.

13

- Dichtringe **1** abnehmen.
- Auf Verbleib der Passstifte **2** achten.

3 Wellendichtring

→

13 Motorgehäuse

13.1 Zerlegen
Fortsetzung

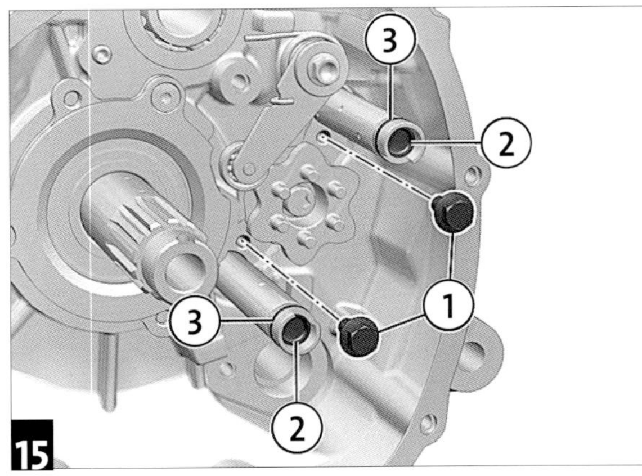

Schaltwelle

- Schraube **1** ausdrehen und Schaltwelle **2** herausziehen.
- Auf Verbleib des Halteblechs **3** achten.

Schaltgabelschienen

- Schrauben **1** ausdrehen und Schaltgabelschienen **2** mit O-Ringen **3** herausziehen.

Getriebe-Abtriebswelle

- Welle komplett mit Schaltgabeln (Pfeile) abnehmen.

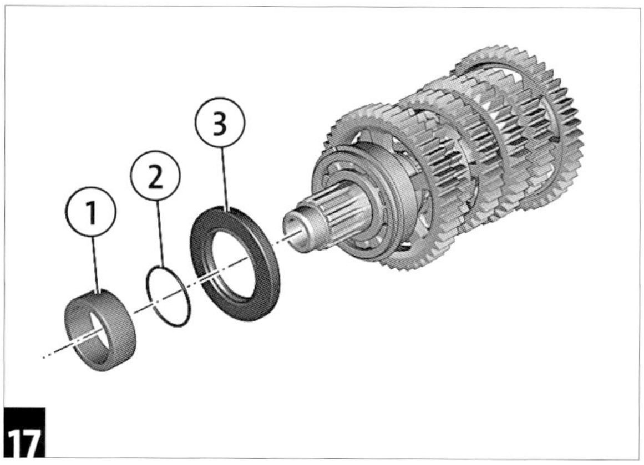

Abtriebswelle

- Hülse **1**, O-Ring **2** und Wellendichtring **3** abnehmen.

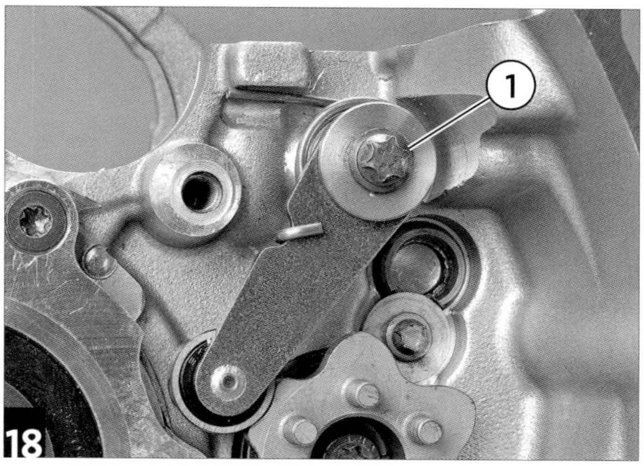

Arretierhebel

- Schraube **1** ausdrehen. Arretierhebel mit Feder, Scheibe und Hülse abnehmen.

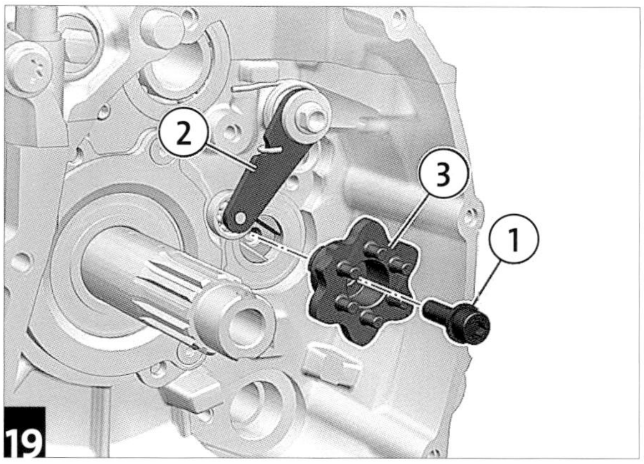

Schaltstern

- Schraube **1** ausdrehen. Arretierhebel **2** anheben und Schaltstern **3** abnehmen.

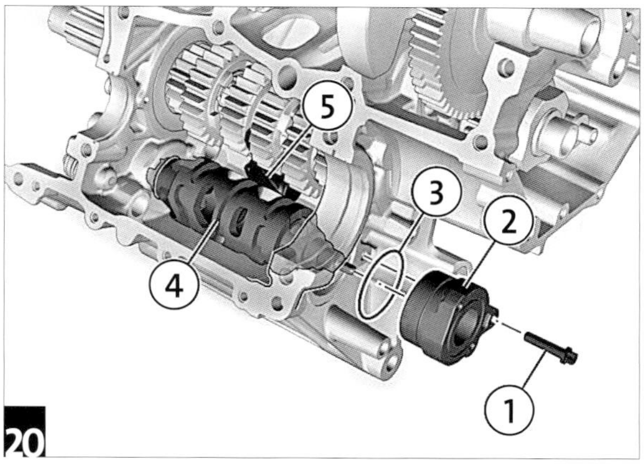

Schaltwalze

- Schraube **1** ausdrehen. Lagerträger **2** mit O-Ring **3** abnehmen.
- Schaltwalze **4** und Schaltgabel **5** ausbauen.

Getriebe-Antriebswelle

- Schrauben **1** ausdrehen.
- Halteplatte **2** abnehmen.
- Passende Schrauben in die Gewinde **3** des Lagerträgers gleichmäßig eindrehen und Träger damit abdrücken.
- Welle **4** entnehmen.

→

13 Motorgehäuse

13.1 Zerlegen

Fortsetzung

Pleuel

! Crackpleuel passen nur in einer Stellung zu ihren Lagerdeckeln. Sie dürfen **nicht verdreht oder vertauscht** werden.

- Einbaulage der Pleuel und Lagerdeckel mit Filzstift markieren (Bild 22).
- Schrauben ausdrehen und Pleuel/Lagerdeckel abnehmen.

! Pleuelschrauben sind Dehnschrauben, die nur einmal verschraubt werden dürfen. Nur Neuteile verwenden! Bei der Beschaffung neuer Schrauben Bild 11 Seite 212 beachten.

- Pleuellagerschalen wie Kurbelwellen-Lagerschalen ausbauen (Bild 23).
- Restliche Lagerdeckel ausbauen und Kurbelwelle abnehmen.
- Einbauposition der Lagerschalen notieren und so ablegen, dass sie ggf. in ursprünglicher Position wieder eingebaut werden können.

22

Kurbelwelle

- Schrauben **1** ausdrehen und Pleuellagerdeckel **2** abnehmen (im Bild 1 von 4). Schrauben entsorgen.
- Deckel **2** so ablegen, dass sie in ursprünglicher Position wieder eingebaut werden können.

Kurbelwellen-Lagerschalen/Pleuellagerschalen

- Ggf. Lagerschalen mit kleinem Schraubendreher **vorsichtig** aushebeln (Pfeil).
- Axiallagerscheiben **1** der Kurbelwelle abnehmen.
- Lagerschalen so ablegen, dass sie in ursprünglicher Einbaulage wieder eingebaut werden können.
- Es werden Lagerschalen mit Nut **2** und ohne Nut **3** verbaut.

23

24

Ölspritzdüsen

- Schrauben **1** ausdrehen und Ölspritzdüsen **2** abnehmen.

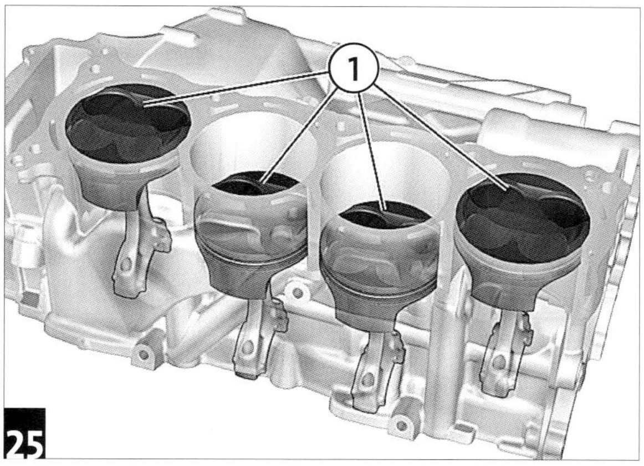

Kolben und Pleuel

- Einbauposition und -richtung der Kolben notieren.
- Kolben **1** mit Pleuel nach oben aus Zylinder schieben.

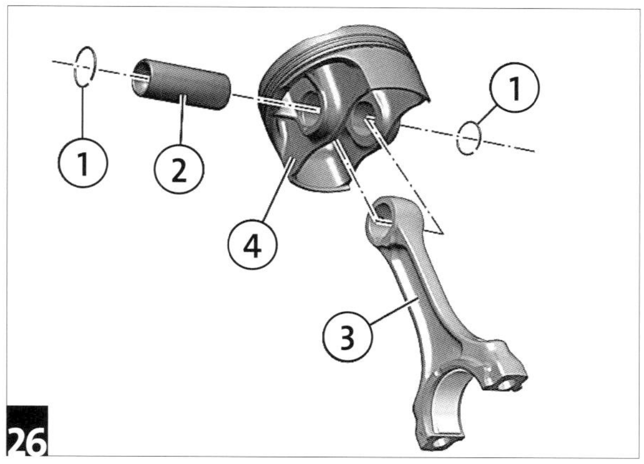

Kolben und Pleuel

- Sicherungsringe **1** mit kleiner Zange ausbauen (Neuteile verbauen). Kolbenbolzen **2** ggf. mit geeignetem Werkzeug aus Kolben **4** ausdrücken und Kolben **4** vom Pleuel **3** abnehmen.

Falls Kolbenbolzen nur schwer aus seiner Bohrung weichen will, Nut des Sicherungsrings auf Aufwerfungen kontrollieren und ggf. mit Dreikantschaber glätten.

Kolbenringe

- Kolbenringe mit Daumen etwas aufweiten und über Kolben schieben.

! Ringe nicht zu weit aufbiegen, da sie leicht brechen.

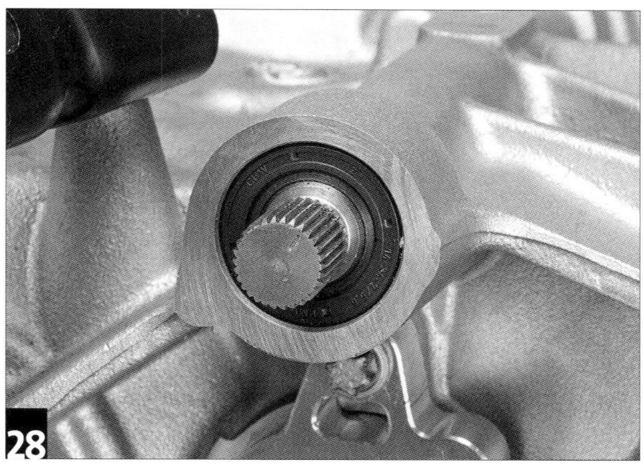

Wellendichtring der Schaltwelle

- Wellendichtring wie auf Seite 70 beschrieben ausbauen. Bei ausgebauter Schaltwelle kann er auch mit passendem Schraubendreher ausgehebelt werden. Mit passender Nuss bündig einschlagen.

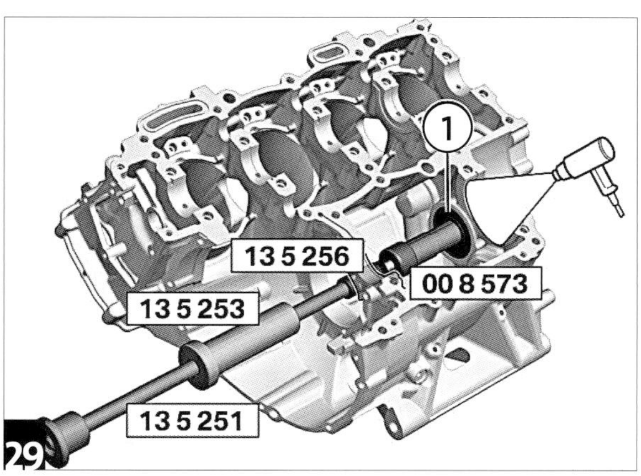

Lager der Antriebswelle

- Gehäuse mit Fön erwärmen und Lager **1** mit Innenauszieher (handelsüblich; BMW-Nr. im Bild) ausbauen.
  Löse-/Fügetemperatur .... 100 °C

Lager der Schaltwelle

- Gehäuse mit Fön erwärmen und beide Lager mit Innenauszieher (wie Bild 29) ausbauen.
  Löse-/Fügetemperatur .... 80 °C

Lager der Schaltwalze

- Gehäuse mit Fön erwärmen und beide Lager mit Innenauszieher (wie Bild 29) ausbauen.
  Löse-/Fügetemperatur .... 80 °C

13 Motorgehäuse

13.2 Prüfen und Vermessen

- Der Hauptvorgang des Messens hat natürlich schon vor der Demontage stattgefunden: beim noch (einigermaßen) funktionstüchtigen Motor. Wenn da bei einer Kompressionsdruck- oder Druckverlust-Prüfung Werte auftauchen, die einen „lahmenden Fahreindruck" bestätigen, ist allerdings die Erneuerung der Einheit Motorgehäuse/Kolben angesagt. Klar, in der Praxis wird dies nur bei exorbitanten Laufleistungen vorkommen und in dem Fall wird zuvor auch der Zylinderkopf einer eingehenden Untersuchung unterzogen.

Kolben und Ringe

! Kolbenbolzen darf leicht geölt weder im Pleuelauge noch in der Kolbenbohrung Spiel aufweisen und muss frei beweglich sein.

- Kolbenhemd (-Lauffläche) darf keine Ausbrüche, Riefen, Kratzer oder Anzeichen von »Durchblasen« aufweisen.

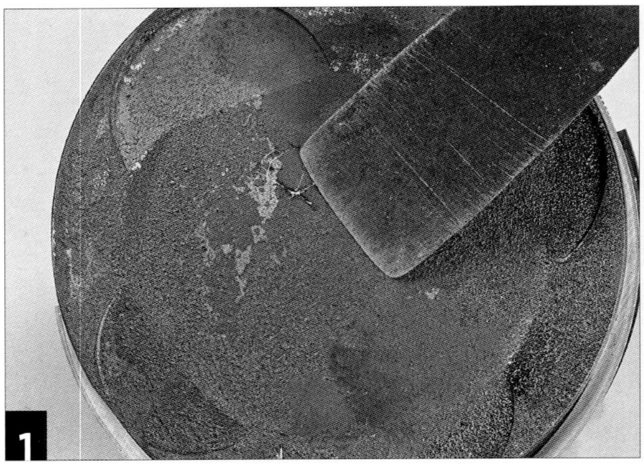

Kolbenboden entkohlen

- Festgebackene Ölkohle mit stumpfem Schaber o. ä. entkohlen.
- Keine Riefen hinterlassen!

Kolbendurchmesser

- Kolbendurchmesser im rechten Winkel zur Bolzenachse und 6 bis 10 mm über der Unterkante am Kolbenhemd messen. Maß notieren.
- **Zylinder** mit Messuhr vermessen. Messpunkte sind 20 und 100 mm unter Oberkante (Dichtfläche). Messung in Fahrtrichtung und im rechten Winkel dazu durchführen. Unrundheit darf maximal 0,01 mm betragen.
- Errechnetes Spiel zwischen Kolben und Zylinder darf maximal 0,04 mm betragen. (Einbauspiel beträgt 0,011 bis 0,035 mm!)
- Zylinder müssen einwandfreie Oberfläche aufweisen. Bei Ausbrüchen in der Oberflächenschicht muss Motorgehäuse ersetzt werden.

Pleuelauge

- Pleuelauge darf keine Anzeichen von mangelnder Schmierung oder Ausbrüche aufweisen.

Ausweichung des Kolbenbolzens

- Bolzen geölt in Pleuelauge einschieben und Bolzen gegenläufig gegen Pleuelauge verkippen.
- Es darf keine Ausweichung spürbar sein, oder gar ein Knacken.

Messung des Öldrucks
- Öldruck bei betriebswarmem Motor und Motoröl messen.

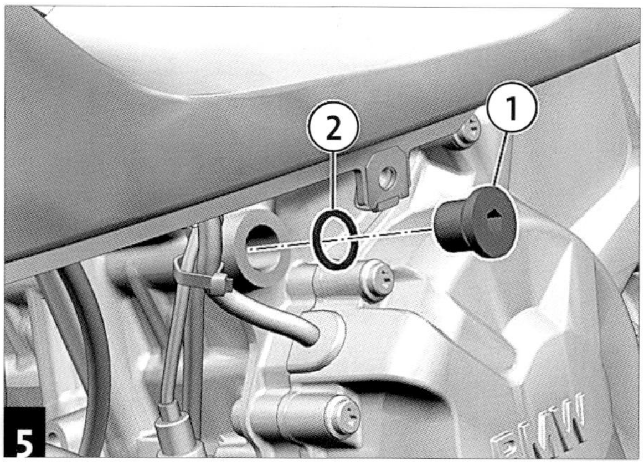

Verschlussstopfen des Ölkreislaufs
- Ggf. Motorspoiler links ausbauen.
- Stopfen **1** ausdrehen und O-Ring **2** abnehmen.

1 **Anzugsmoment** M14 x 1,5 .... 25 Nm

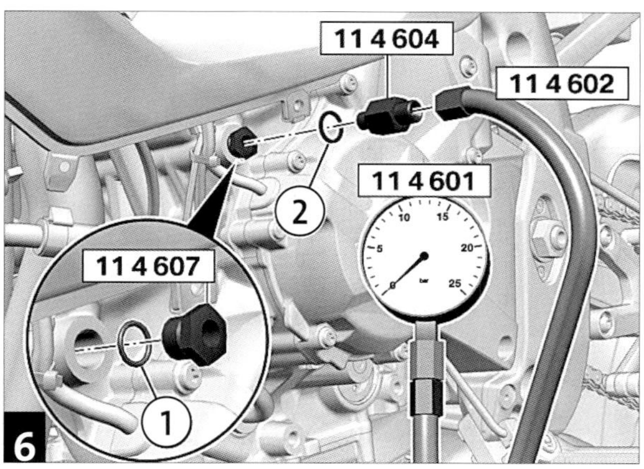

Öldruck messen
- Adapter mit O-Ring **1** und Adapter mit Dichtring **2** einbauen (BMW-Nr. im Bild).
- Manometer anschließen.

Sollwerte bei Motordrehzahl

Standgas .... 1,5 bar
3000/min .... 2 bar
6000/min .... 4 bar
10 000/min .... 4,5 bar

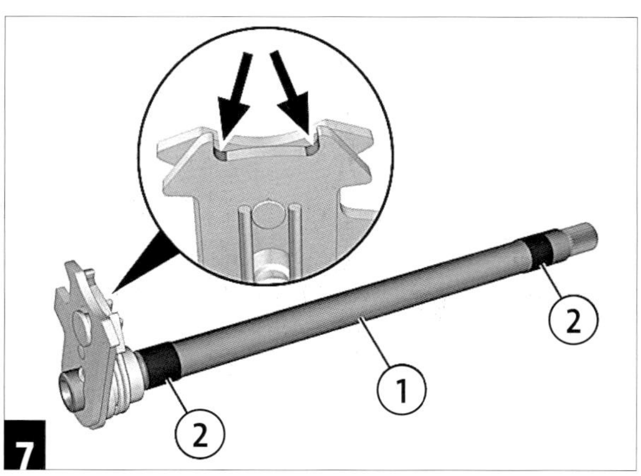

Schaltwelle
- Schaltwelle **1** im gezeigten Bereich der Klauen (Pfeile) und Lagerstellen **2** auf Verschleiß untersuchen. Ggf. auswechseln.

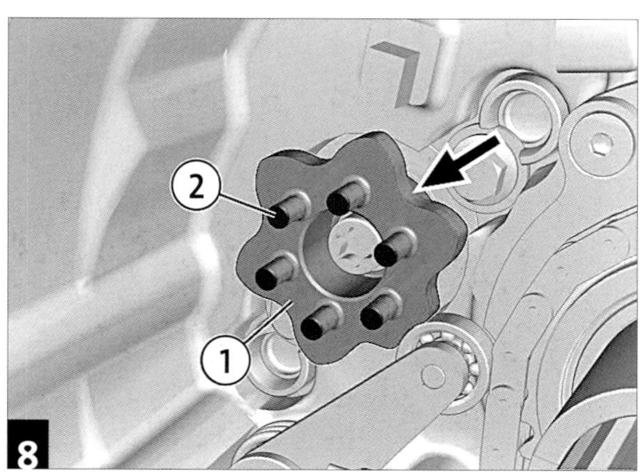

Schaltstern
- Schaltstern **1** im gezeigten Bereich der Nocken (Pfeile) und die Mitnehmerstifte **2** auf Verschleiß untersuchen. Ggf. auswechseln.

13 Motorgehäuse

13.3
Montage

- Pleuel reinigen: Gewinde und Bruchfläche müssen "klinisch" sauber und einwandfrei fettfrei sein! Bremsenreiniger, passenden Pfeifenreiniger und "Q-Tipps" verwenden.
- 👁 Gewinde penibel auf Reste von Schraubensicherung kontrollieren. Ggf. Reinigung wiederholen.
- Lagerschalen in ursprünglicher Position einbauen. Neue Lagerschalen gemäß Tabelle in "Technische Daten" bestimmen.
- Beim Einbau neuer Lagerschalen oder Kolben, Einfahrdrehzahl setzen lassen (beim BMW Motorradpartner).

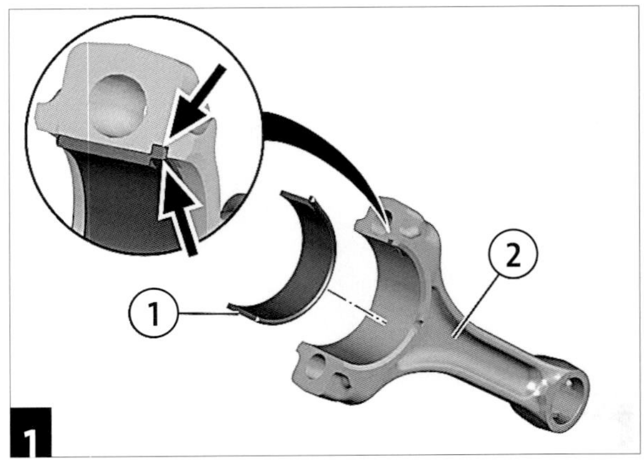

Lagerschalen
- Lagerschalen **1** bündig in Pleuel **2** und Lagerdeckel einsetzen. Dabei auf die Position der Sichelnut (Pfeile) in Pleuel und Pleuellagerdeckel achten.

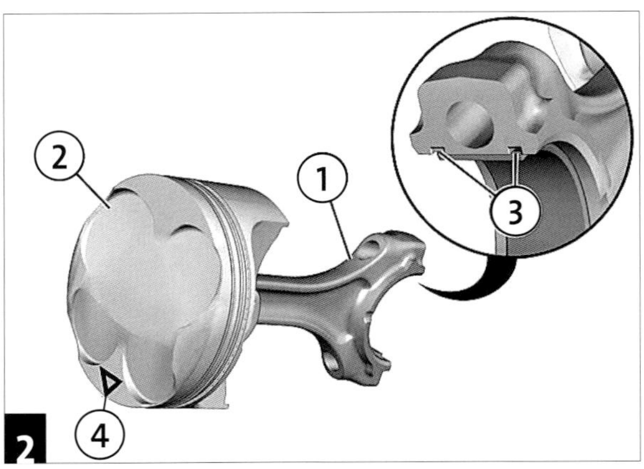

Kolben an Pleuel
- Pleuel **1** so am Kolben **2** anbringen, dass Sichelnuten **3** in entgegengesetzte Richtung des Richtungspfeils **4** weisen (Pfeil **4** weist in Fahrtrichtung).

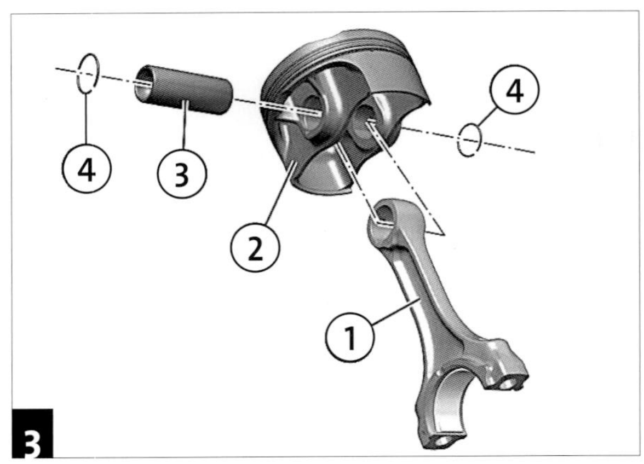

Kolben und Pleuel
- Pleuel **1** in Kolben **2** einsetzen. Kolbenbolzen **3** **vollständig geölt** einschieben und Sicherungsringe **4** (Neuteile verbauen) mit kleiner Zange einsetzen. Korrekten Sitz kontrollieren!

Kolbenringe
- Kolbenringstöße so verteilen, dass sie nicht auf der Kippachse des Kolbens liegen, d.h. nicht auf der Kolbenbolzenachse
- Beide Stöße des Ölabstreifrings um 30° versetzt anbringen (Lupe Bild 4).
- Kolbenringstöße der Kompressionsringe **1** und **2** um 120° vesetzt zum oberen Stoß des Ölabstreifrings **3** positionieren.

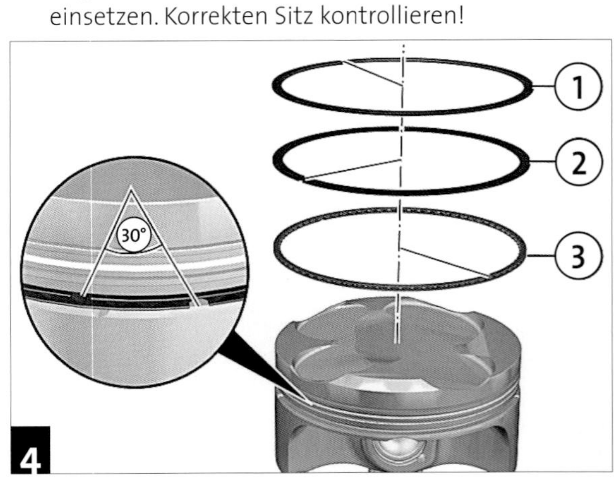

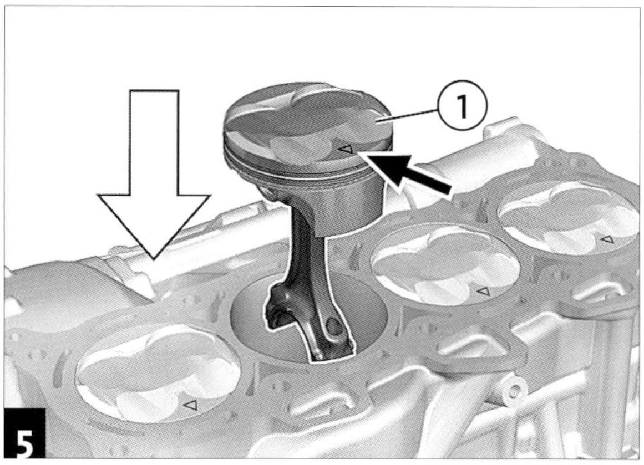

Kolben und Zylinder

- Zylinderlauffläche, Kolbenhemd und Kolbenringe vollständig dünn ölen und Kolben **1** mit Pleuel so in Zylinder einführen, dass Richtungspfeil auf Kolbenboden (Pfeil) in Fahrtrichtung weist.

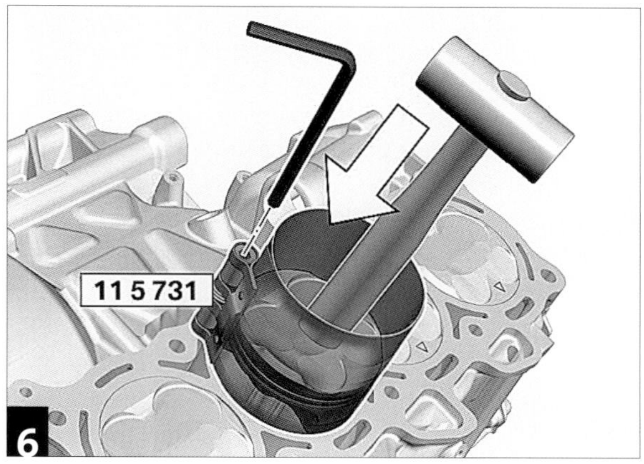

Kolben und Zylinder

- Kolbenring-Spannband (BMW-Nr. im Bild) so am Kolben anlegen, dass alle Kolbenringe gefasst sind. Spannband anziehen und Kolben in Zylinder einschieben. Ggf. mit Hammerstiel nachschieben.

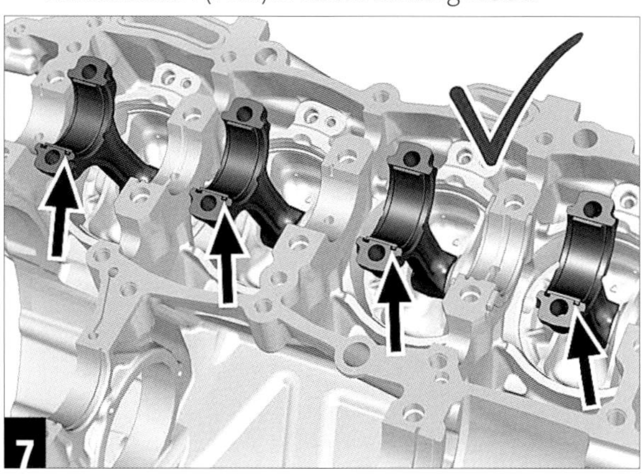

Kolben und Zylinder

👁 Gehäusehälfte drehen und kontrollieren, dass die Sichelnuten (Pfeile) am Pleuel **nach hinten** zum Getriebe weisen.

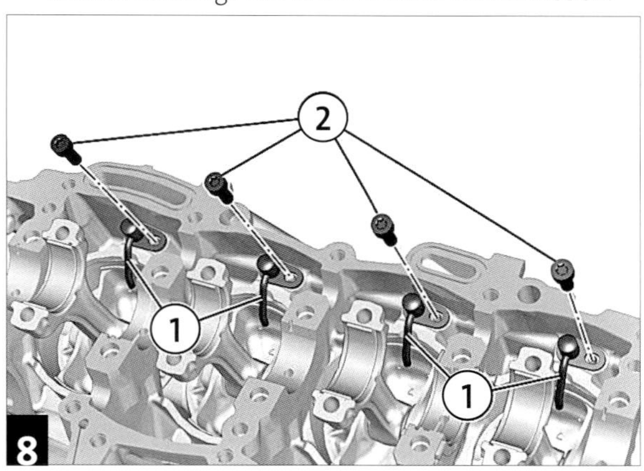

Ölspritzdüsen

- Ölspritzdüsen **1** einsetzen und Schrauben **2** eindrehen.

2 **Anzugsmoment** M6 x 16 .... 9 Nm

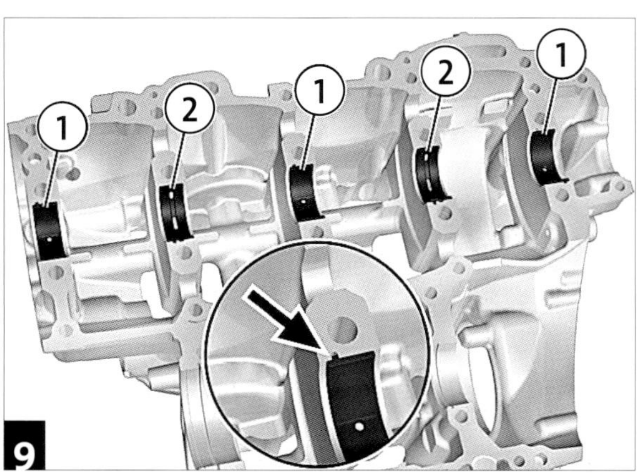

Kurbelwellen-Lagerschalen – untere Gehäusehälfte

- Lagerschalen ohne Nut **1** und Lagerschalen mit Nut **2** vorsichtig einsetzen. Dabei darauf achten, dass Nasen der Lagerschalen in Sichelnuten eingreifen (Pfeil).

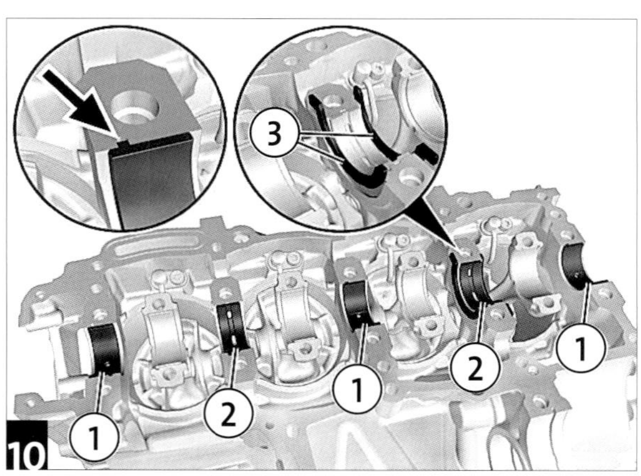

Kurbelwellen-Lagerschalen – obere Gehäusehälfte

- Lagerschalen ohne Nut **1** und Lagerschalen mit Nut **2** vorsichtig einsetzen. Dabei darauf achten, dass Nasen der Lagerschalen in Sichelnuten eingreifen (Pfeil).

- Auswahl und Bestimmung der Lagerschalen siehe Technische Daten ab Seite 256.
- Bild 10: Axiallagerscheiben **3** einsetzen.

13 Motorgehäuse

13.3 Montage

Fortsetzung

Kurbelwelle

- Alle Lagerschalen (Pleuel und Kurbelwelle) und Lagerstellen der Kurbelwelle vollständig ölen.
- Kurbelwelle vorsichtig in obere Gehäusehälfte absenken. Dabei ggf. die Pleuel auf Hubzapfen ausrichten.
- Pleuellagerdeckel entsprechend der beim Ausbau gemachten Markierung montieren. Crackpleuel passen nur in einer Stellung!

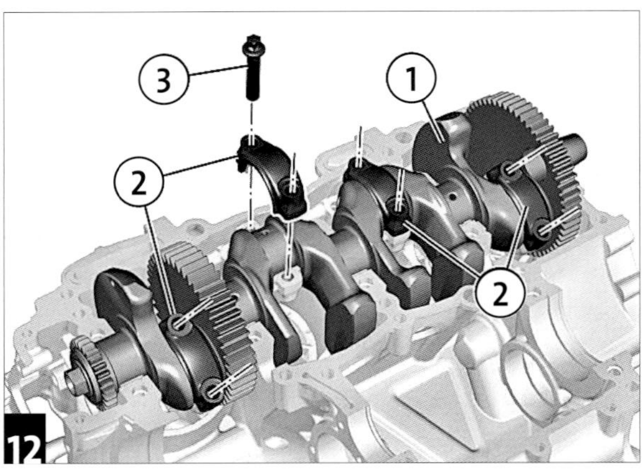

Kurbelwelle und Pleuellager

- Kurbelwelle **1** mit geölten Lagerstellen einsetzen.
- Lagerschalen **2** aufsetzen und mit neuen Schrauben **3** montieren.

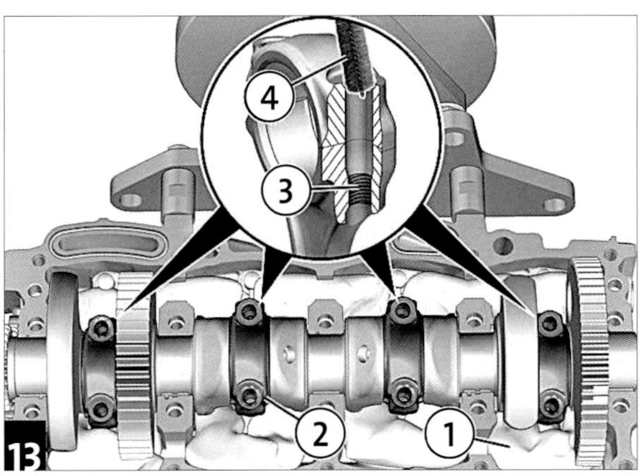

- Kurbelraum und Zylinderbohrung mit sauberen Papiertüchern **1** verschließen, um Verunreinigung durch Bremsenreiniger und Schraubensicherung zu vermeiden.

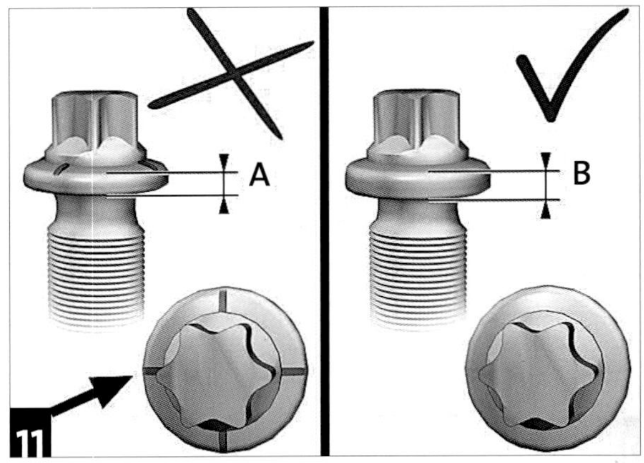

Pleuellagerschrauben

! Pleuellagerschrauben mit **niedrigem Bund A** und Rippen (Pfeil) auf dem Schraubenkopf dürfen **nicht** mehr verwendet werden.

! Neue Schrauben mit **hohem Bund B** und glattem Schraubenkopf verwenden.

A **Bundhöhe** alte Schraube .... 2,5 – 2,25 mm

B **Bundhöhe** neue Schraube .... 3 – 2,75 mm

Pleuelmontage - Anzugsmomente (vorstrecken)

! Die BMW-Werkstatt verwendet einen elektronischen Drehmoment-/Drehwinkelschlüssel.

! Neue Schrauben **3** verwenden.

- Gewinde und Auflageflächen der Schrauben ölen.
- Schrauben **3** abwechselnd in drei Schritten anziehen (vorstrecken).

1 **Anzugsmoment** M8,5 x 1

1. .... 5 Nm
2. .... 25 Nm
3. Weiterdrehwinkel .... 90°

- Neue vorgestreckte Schrauben ausdrehen und reinigen (Korrosionsschutz entfernen):
- Schrauben mindestens **5 Minuten** in Bremsenreiniger einlegen.
- Schrauben mit neuer Bürste (z. B. Zahnbürste) säubern.
- Überreste mit Bremsenreiniger und Tuch entfernen.
- Schrauben mit Druckluft trockenblasen.

👁 Die Oberfläche der Schrauben muss an jeder Stelle matt sein → der Korrosionsschutz ist entfernt. Falls Oberfläche nicht vollständig matt ist, Reinigung wiederholen, bis Oberfläche deutlich und vollständig matt ist.

👁 Darauf achten, dass Pleuel **2** und Kolben nicht nach unten gedrückt werden.

- Gewinde **3** der Pleuel mit "Pfeifenreiniger" **4** (BMW-Nr. 11 0 892) reinigen und entfetten.

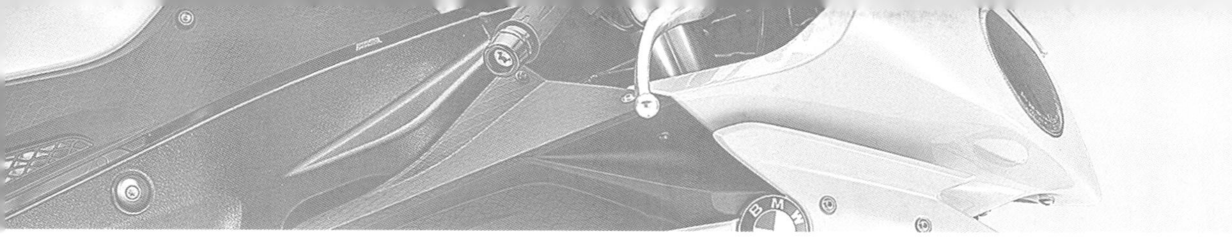

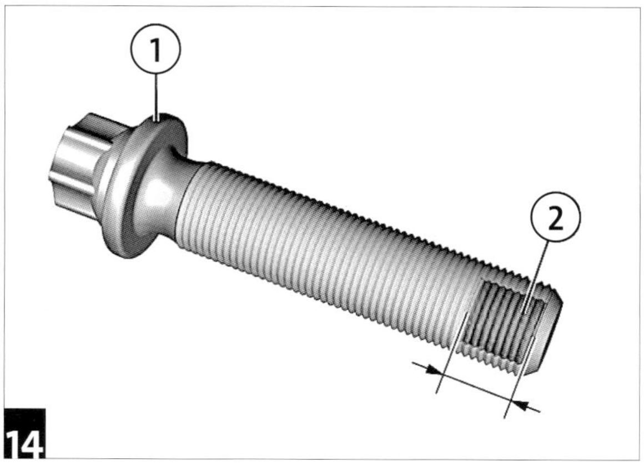

Pleuelschrauben – Schraubensicherung

- Schraubensicherung erst kurz vor Einbau im gezeigten Bereich **2** mittig auf Gewinde der Pleuelschrauben **1** über eine Länge von **9 Gewindegängen** auftragen.

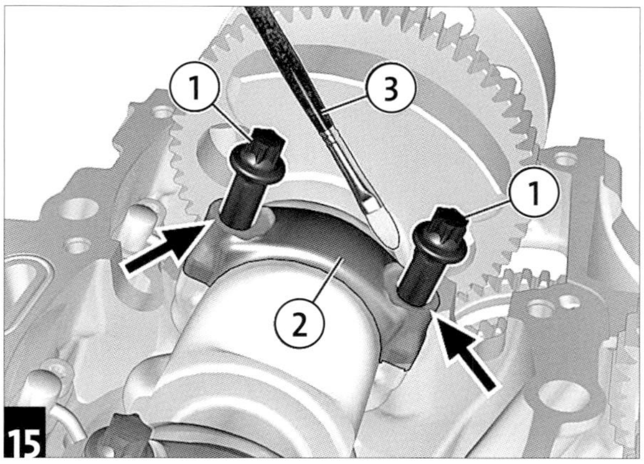

Pleuelmontage

- Lagerdeckel **2** aufsetzen. Auflagefläche (Pfeil) der Pleuelschrauben **1** mit kleinem, sauberen Pinsel **3** dünn mit sauberem Motoröl bestreichen.

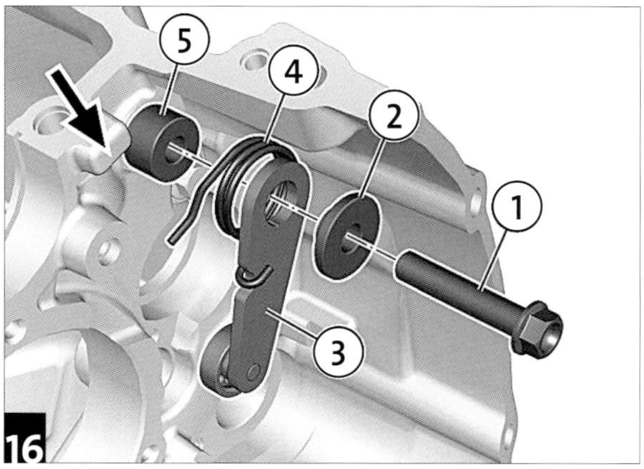

Pleuelschrauben-Montage

! Schraubensicherung beginnt nach 10 Minuten auszuhärten!
Schraubensicherung. . . . . Loctite 270, hochfest

- Schrauben erst kurz vor Einbau mit Schraubensicherung bestreichen.

👁 Korrekten Sitz aller Lagerdeckel kontrollieren. Dabei darauf achten, dass diese nicht verrutscht sind.

Pleuelmontage-Anzugsmomente

! Die BMW-Werkstatt verwendet einen elektronischen Drehmoment-/Drehwinkelschlüssel.

- Schrauben **1 je Pleuel** schrittweise abwechselnd in drei Schritten anziehen.

1 **Anzugsmoment** M8,5 x 1
1. . . . . 5 Nm
2. . . . . 25 Nm
3. Weiterdrehwinkel . . . . 95°

- Ggf. austretende Schraubensicherung abwischen.
- Papiertücher aus Kurbelraum/Zylinder entfernen.

Arretierhebel

- Hülse **5**, Feder **4** und Hebel **3** mit Scheibe **2** und Schraube **1** so aufsetzen, dass das Ende der Feder an Gehäusenase (Pfeil) anliegt.

1 **Anzugsmoment** M6 x 30 . . . . 9 Nm

13 Motorgehäuse

13.3 Montage

Fortsetzung

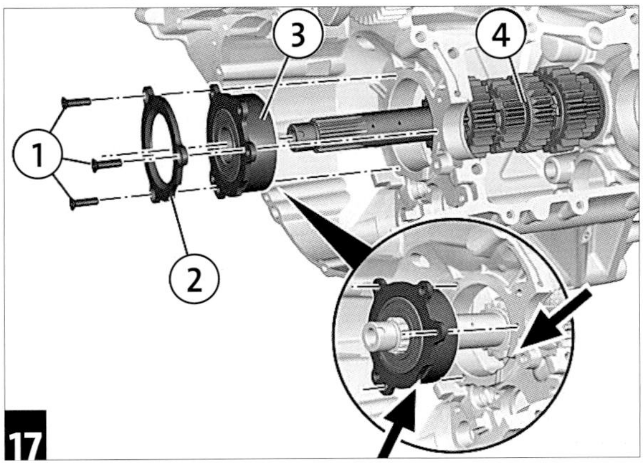

17

Getriebe-Eingangswelle

- Welle **4** in Gehäuse einsetzen. Lagerträger **3** auf Welle schieben. Dabei müssen Aussparungen fluchten (Pfeile). Halteplatte **2** mit Schrauben **1** befestigen.

1 Anzugsmoment M5 x 18 .... 5 Nm

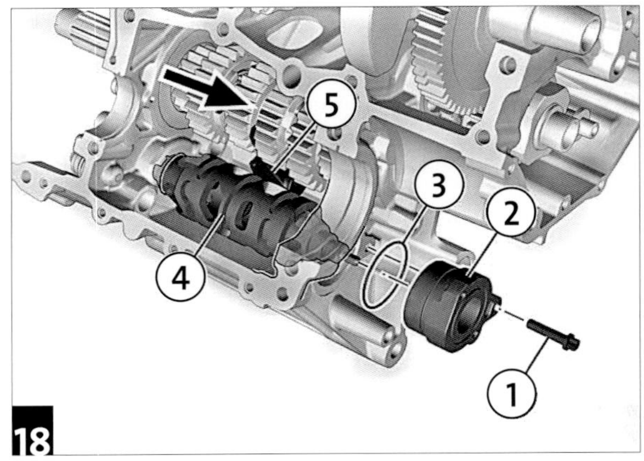

18

Schaltwalze

- Schaltgabel **5** in Nut des Verschieberads (Pfeil) einsetzen. Schaltwalze **4** einsetzen. Lagerträger **2** mit einwandfreiem O-Ring **3** einbauen. Schraube **1** eindrehen.

1 Anzugsmoment M6 x 25 .... 9 Nm

Schaltstern

- Gewindebohrungen reinigen.
- Arretierhebel **2** nach oben drücken und Schaltstern **3** in Neutralstellung zum Arretierhebel **2** einbauen. Siehe auch Bild 25.
- Darauf achten, dass die Punkte von Schaltstern **3** und Schaltwalze fluchten (Pfeile).
- Neue Schraube **1** (mikroverkapselt) eindrehen oder alte saubere Schraube mit Loctite 243 (mittelfest) versehen eindrehen.

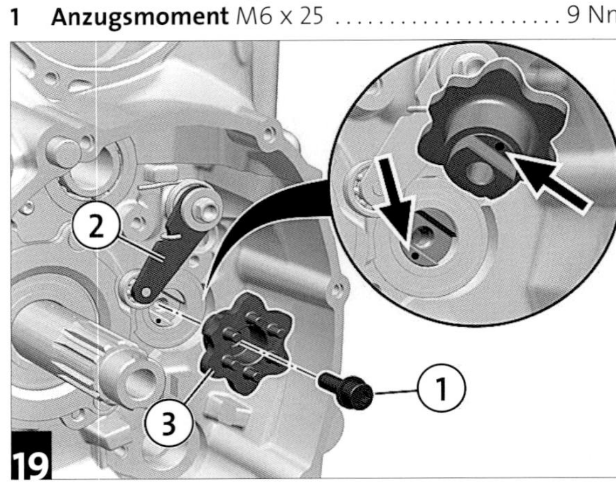

19

1 Anzugsmoment M6 x 25 .... 8 Nm

Schaltgabeln und Schaltschienen

- Gewindebohrungen reinigen.
- Schaltgabeln **1** und **2** in passende Nuten der Schaltwalze (Pfeile) mit Führungen einsetzen.
- Schaltschiene **4** mit so gut wie neuem O-Ring **3** (leicht geölt) einbauen.
- **Neue** Schraube **5** eindrehen.

5 Anzugsmoment M5 x 12..................... 5 Nm

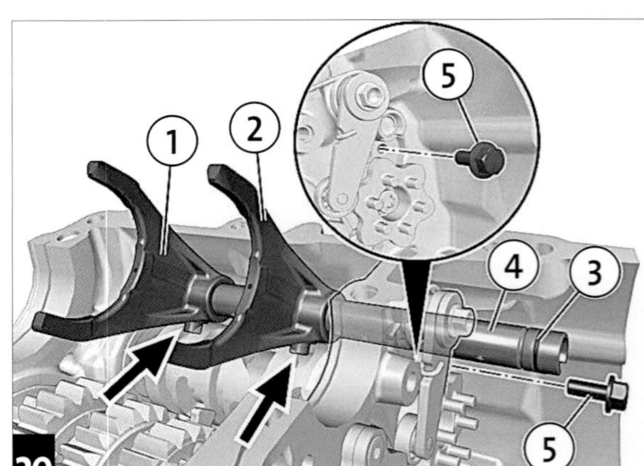

20

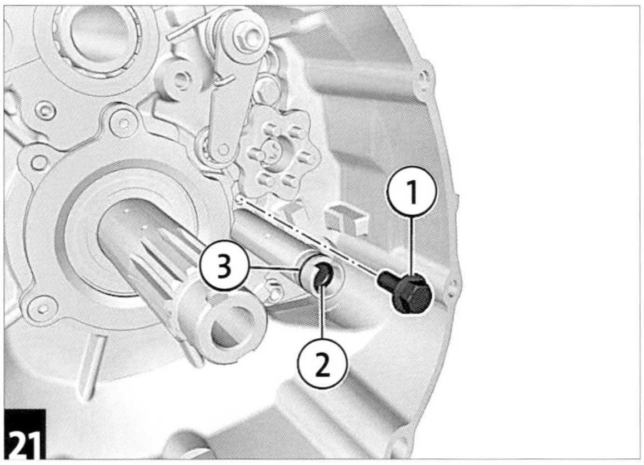

Schaltgabelschiene

- Schaltgabelschiene **2** mit einwandfreiem O-Ring **3** einbauen. **Neue** Schraube **1** eindrehen.

1 **Anzugsmoment** M5 x 12 .... 5 Nm

Getriebe-Abtriebswelle

- Schaltgabeln **1** hochklappen, Welle in Schaltgabeln einsetzen und einbauen.

👁 Darauf achten, dass Sicherungsringe in Gehäusenuten sitzen (Kreise).

Getriebe-Abtriebswelle

- O-Ring **1** (leicht geölt) und Buchse **2** an Welle anbringen.

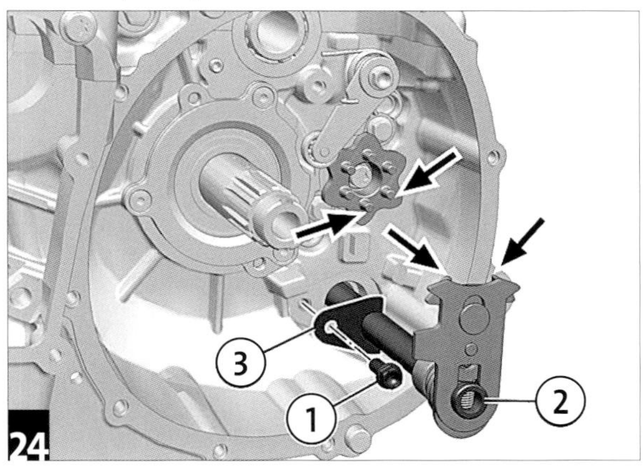

Schaltwelle

- Schaltwelle **2** mit Sicherungsblech **3** einbauen. Dabei darauf achten, dass Klinken in Mitnehmerstifte eingreifen (Pfeile). Schraube **1** eindrehen.

1 **Anzugsmoment** M6 x 16 .... 9 Nm

Schaltmechanismus

- Bild 25 zeigt die Neutralstellung des Getriebes (Pfeil).

13 Motorgehäuse

13.3
Montage
Fortsetzung

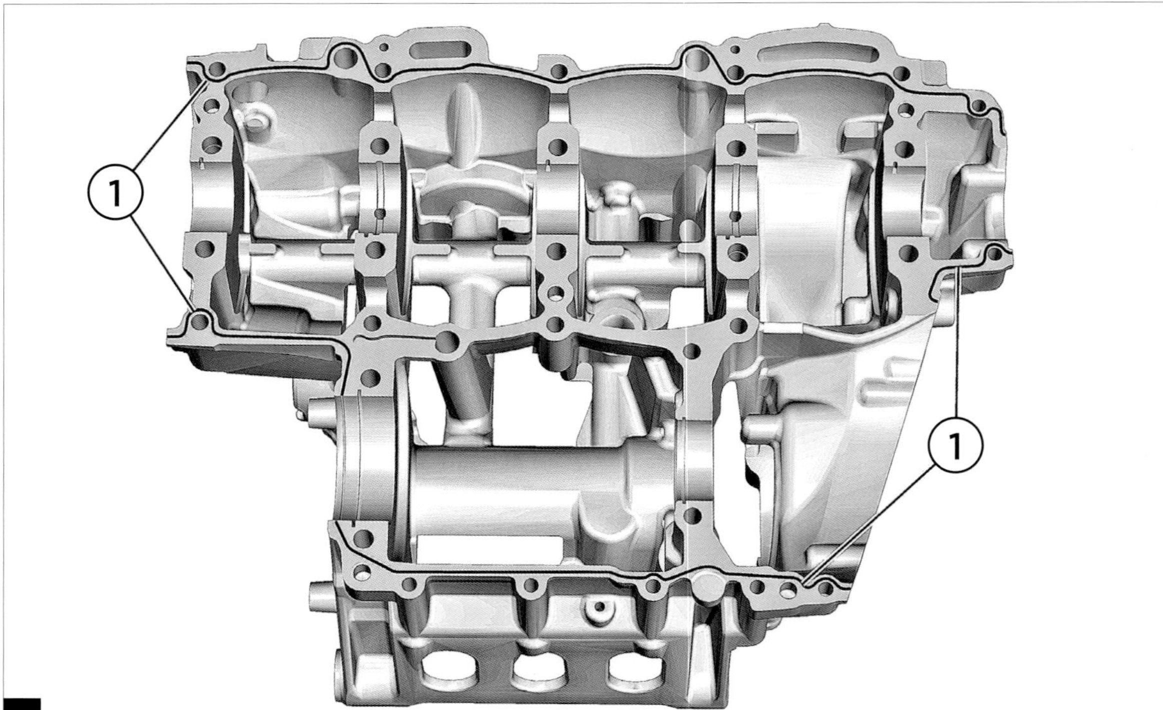

26

Gehäusehälften

- Neue Dichtungen und Passstifte anbringen (Bild 13 Seite 203).
- Dichtflächen beidseitig säubern und entfetten (Bremsenreiniger).
- Dichtmittel (Silikondichtmasse Dow Corning) wie gezeigt gleichmäßig auftragen.
- Durchmesser der Raupe **1** soll 1,2 – 1,5 mm betragen.
- 👁 Beim Aufsetzen der unteren Gehäusehälfte darauf achten, dass Dichtringe Bild 13 Seite 203 nicht gequetscht werden und der Wellendichtring der Abtriebswelle nicht verkantet.
- Gehäuseschrauben eindrehen (Seite 202).

27

Ölpumpe

- Ölpumpe mit einwandfreiem Dichtring einbauen.

28

Ölpumpe

- Pumpe ohne Verkanten einsetzen.
- Drei Schrauben eindrehen.
  Anzugsmoment M6 x 25 .... 9 Nm

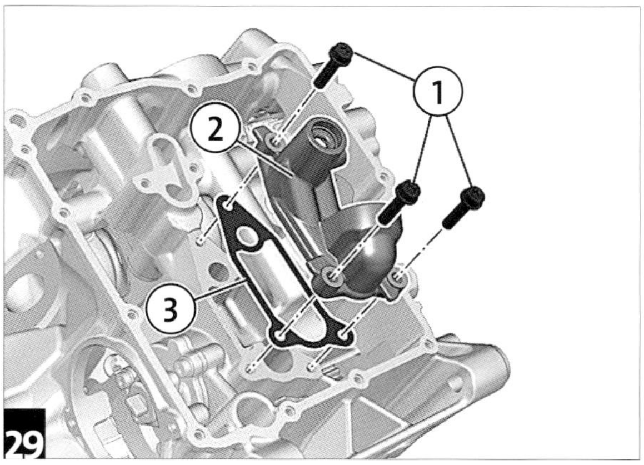

29

Öldruckregelventil

- Dichtflächen und Gewinde reinigen.
- Ventil **2** mit neuer Dichtung **3** und neuen Schrauben **1** (mikroverkapselt oder Loctite 243) anbringen.

1 **Anzugsmoment** M6 x 25 .... 9 Nm

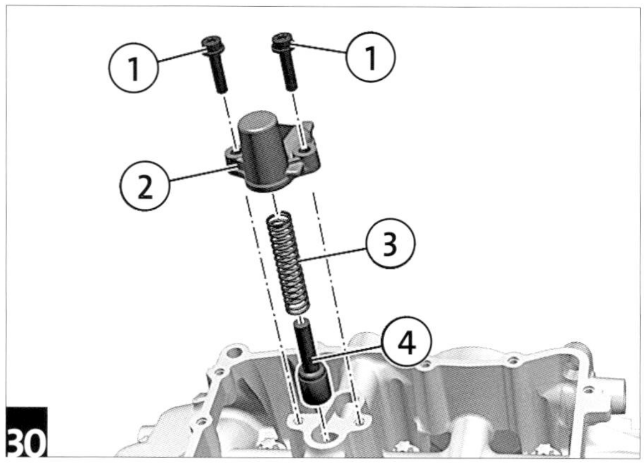

30

Ölthermostat

- Gewinde reinigen. Thermostatkolben **4** und Feder **3** anbringen. Deckel **2** aufsetzen und Schrauben **1** handfest eindrehen.
- Schrauben **1** (mikroverkapselt oder Loctite 243) festdrehen.

1 **Anzugsmoment** M6 x 25 .... 9 Nm

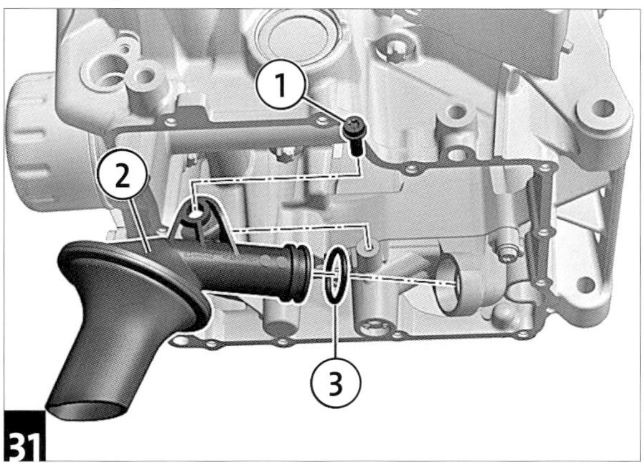

31

Ölansaugstutzen

- Ölansaugstutzen **2** mit so gut wie neuem O-Ring **3** anbringen.
- Schraube **1** (mikroverkapselt oder Loctite 243) festdrehen.

1 **Anzugsmoment** M6 x 25 .... 9 Nm

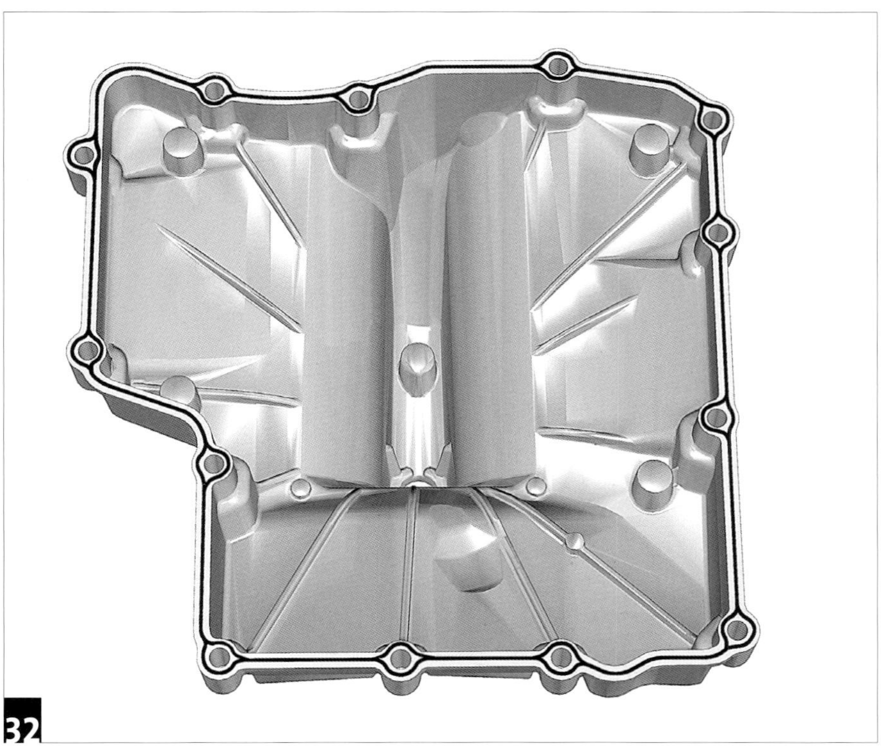

32

Ölwanne

- Dichtflächen beidseitig säubern und entfetten (Bremsenreiniger).
- Dichtmittel (Silikondichtmasse Dow Corning) wie gezeigt gleichmäßig auftragen.
- Durchmesser der Raupe soll 1,2 – 1,5 mm betragen.
- Schrauben eindrehen wie auf Seite 201 Bild 8 beschrieben.

14 Getriebe

14.1 Aus- und Einbau

- Getriebewellen wie im Vorkapitel beschrieben, bei getrenntem Motorgehäuse aus- und einbauen.
- Die äußeren Getriebe-Komponenten (Schaltstern und Schaltwelle) sind nach Ausbau der Kupplung zugänglich.

Zerlegen
- Welle mit Schutzbacken in Schraubstock einspannen.
- Bauteile in Ausbaureihenfolge auf saubere Unterlage ablegen.

Montage
! Neue Sicherungsringe verwenden!
- Sicherungsringe mit der scharfen Kante gegen die Druckrichtung einbauen (Bild 3).
- Sicherungsringe auf vollständigen und korrekten Sitz in ihrer Nut kontrollieren.

Seegerringe aus- und einbauen
- Wellen mit passender Zange zerlegen.
- Beim Einbau auf Verdrehschutz achten, das heißt, die Nasen der Sicherungsringe müssen in der Keilnut sitzen.

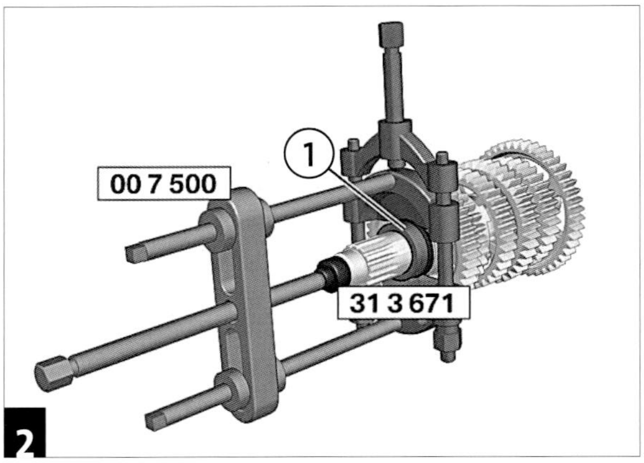

Lagerlaufring der Abtriebswelle
- Lagerlaufring **1** mit passender Abzieher-Kombination (BMW-Nr. im Bild oder handelsüblich) von der Welle abziehen. Beim Aufdrücken mit passendem Rundrohr Lagerlaufring erwärmen.

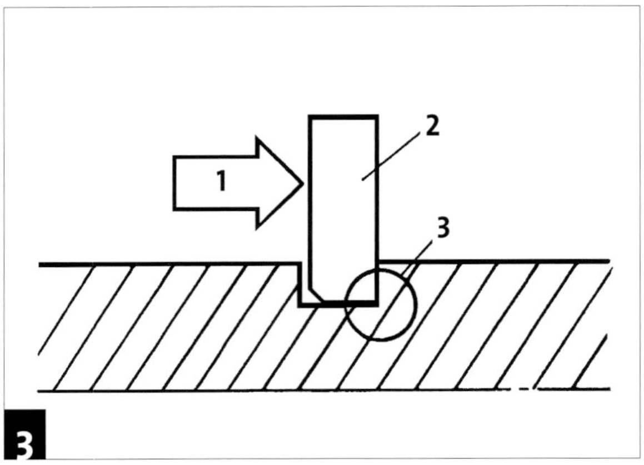

Seegerring-Einbau
1 Druckrichtung
2 Seegerring
3 Scharfe Kante

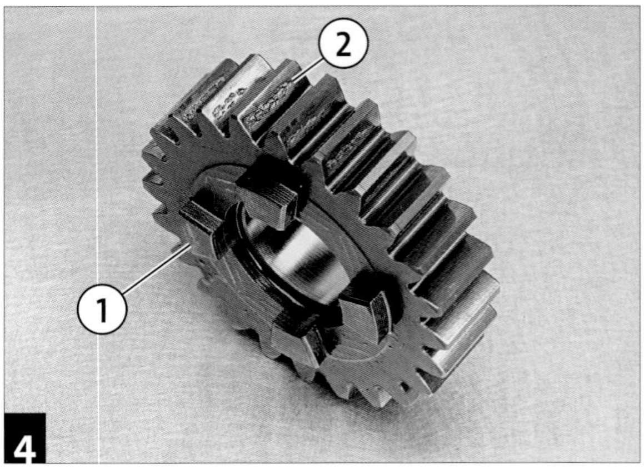

Zahnräder prüfen
👁 Schaltgabelnut, Mitnehmer **1** und Zähne **2**: bei Verschleiß und Beschädigung (Pitting) **Zahnräder paarweise ersetzen**.
2 Pitting (Ausbrüche der Härteschicht)

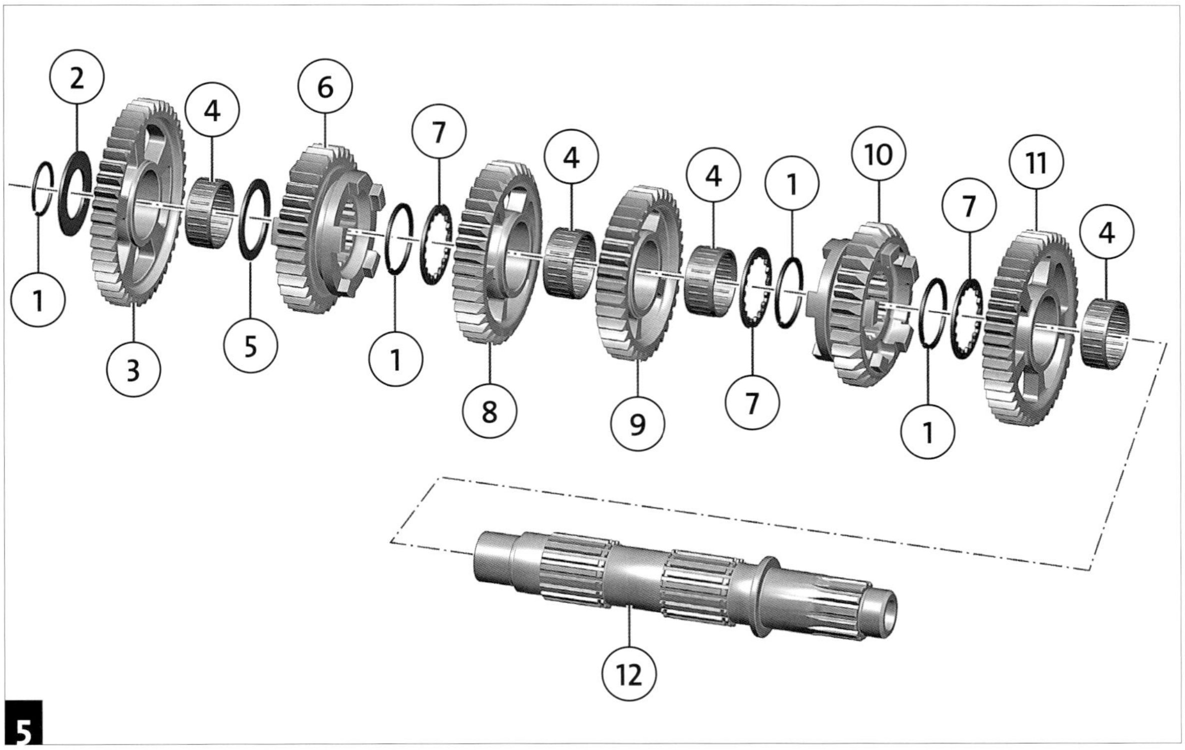

5

Abtriebswelle

1 Sicherungsring
2 Anlaufscheibe breit
3 Losrad 1. Gang
4 Nadellager
5 Anlaufscheibe schmal
6 Schieberad 5. Gang
7 Anlaufscheibe verzahnt
8 Losrad 3. Gang
9 Losrad 4. Gang
10 Schieberad 6. Gang
11 Losrad 2. Gang
12 Abtriebswelle

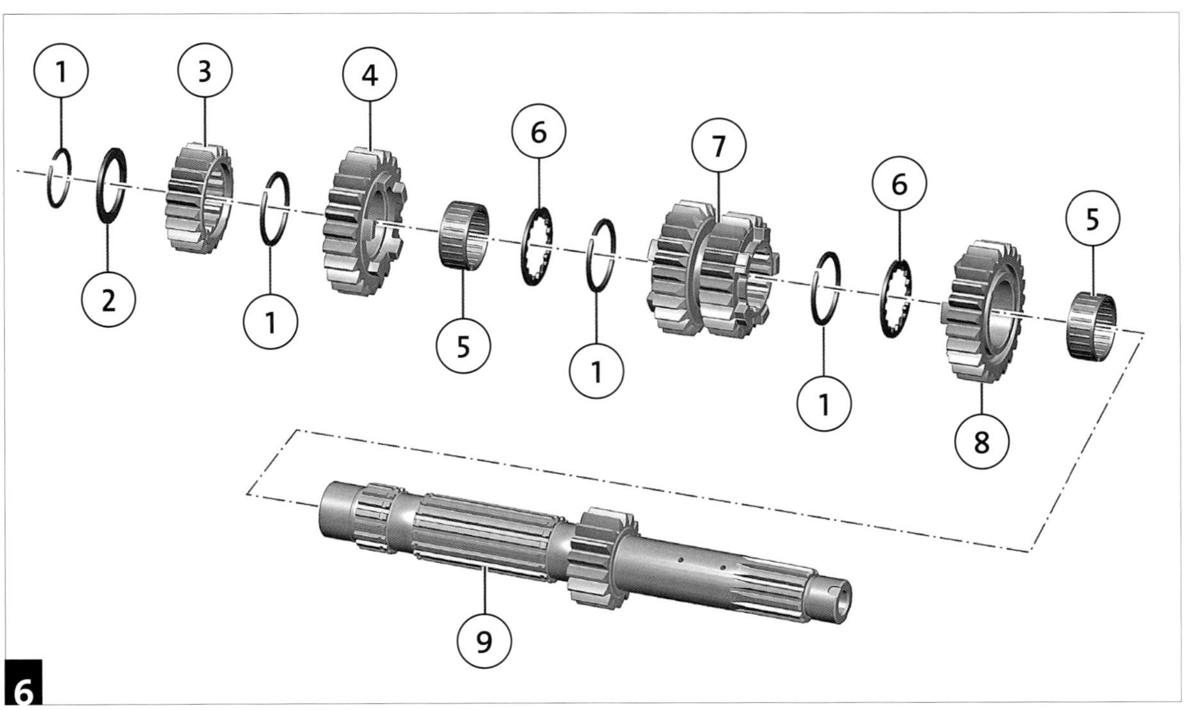

6

Antriebswelle

1 Sicherungsring
2 Anlaufscheibe breit
3 Festrad 2. Gang
4 Losrad 6. Gang
5 Nadellager
6 Anlaufscheibe verzahnt
7 Schieberad 3./4. Gang
8 Losrad 5. Gang
9 Antriebswelle

15 Bremsen

15.1 Bremssattel

- Raddrehzahlsensor (ABS-Sensor) vorn siehe Kapitel 16.1 Seite 228.

! Arbeiten an Maschinen, die mit ABS ausgerüstet sind, sind grundsätzlich der BMW-Werkstatt vorbehalten, die für das korrekte Entlüften des Hydrauliksystems ausgerüstet ist! Andernfalls kann bei ungeduldigem Vorgehen Restluft in den Regelkreisen des ABS-Systems verbleiben.

! Das Befüllen (Seite 227) und Entlüften (Seite 123) »von Hand« dauert mit ABS länger als bei einem normalen Bremssystem.

! Wer das Entlüften der Bremsanlage nicht aus dem »FF« versteht und durchführen kann, sollte den Bremssattel-Wechsel der BMW-Werkstatt anvertrauen.

- Dichtringe der Kolben im Sattel werden nur bei den RR-Typen bis 2014 repariert (Bilder 6 bis 8), ansonsten Bremssättel komplett wechseln. Das ist nach technischen Gesichtspunkten sinnvoll, da mit dem Verschleiß an den Dichtlippen auch Verschleiß an den Zylindern einhergeht.
- Zum Erneuern der Dichtringe und Kolben Bremsbeläge ausbauen (Seiten 121 und 122).

! Arbeitsschritte gelten gleichermaßen für Vorder- und Hinterradbremse.

! Bremsschlauchverbindung mit neuen Dichtscheiben anbringen und anziehen.

- Maschine so sichern, dass sie nicht unversehens nach vorne kippt:
- Ständer mit Vorderrad verzurren.
- Bremsflüssigkeit aus Vorratsbehälter absaugen (z. B. mit Einwegspritze aus der Apotheke).
- Bremsschlauch schon am montierten Sattel entfernen und Bremsflüssigkeit geduldig in Auffanggefäß austropfen lassen.

! Jedes Tröpfchen, das da immer noch raustropft, kann schon großen Lackschaden anrichten!

! Verkleckerte Bremsflüssigkeit von lackierten Flächen sofort abwischen!

- Bremsbeläge/Kolben mit geeigneten Werkzeug (Hartholz oder handelsüblicher Kolbenrücksetzer) ganz in die Sättel eindrücken.

- Schlauch am montierten Bremssattel (Bilder 1 bis 3) abnehmen und restliche Bremsflüssigkeit in Auffanggefäß austropfen lassen.
- Bei der Montage **neue Dichtringe** verwenden.

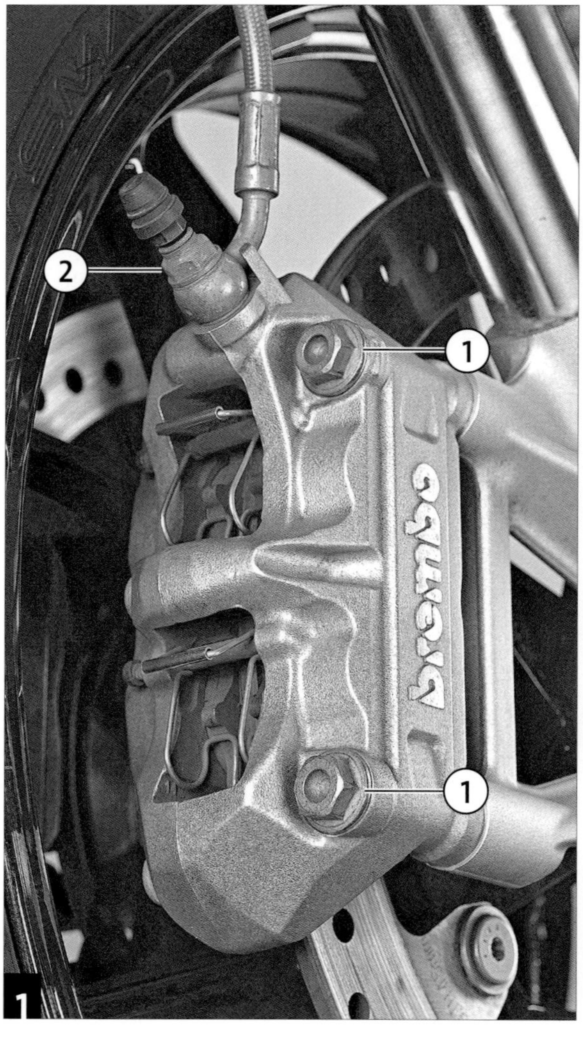

Bremssattel vorn RR/R
1 **Anzugsmoment** M10 x 65 .... 38 Nm
2 **Anzugsmoment** M10 x 1; M12 x 1 .... 24 Nm

Bremssattel vorn XR
1 **Anzugsmoment** M10 x 65 .... 38 Nm
2 **Anzugsmoment** M10 x 1 .... 24 Nm

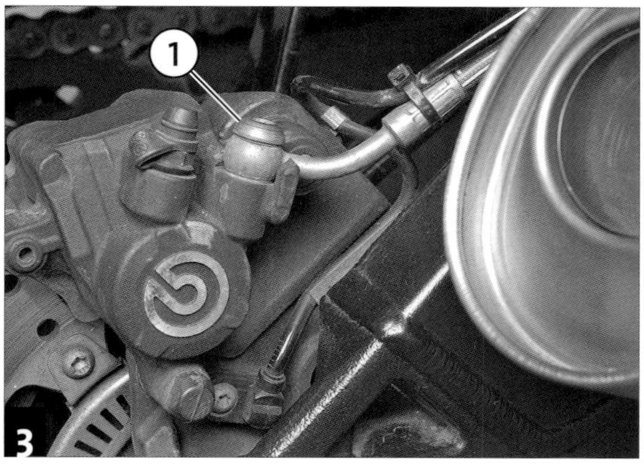

Bremssattel hinten

1 Anzugsmoment M10 x 1; M12 x 1 .... 24 Nm

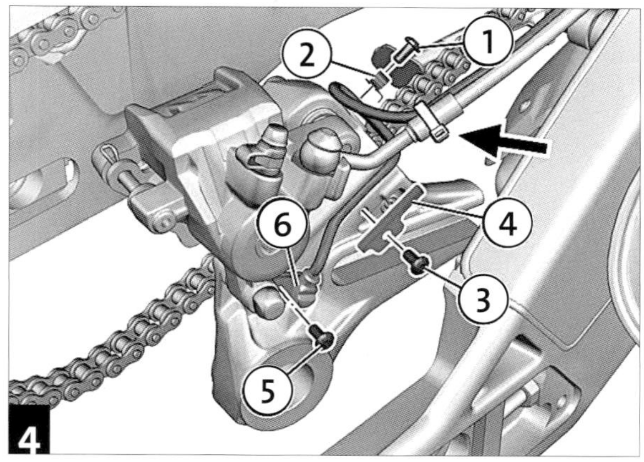

Bremssattel hinten/Raddrehzahlsensor hinten

- Rad ausbauen (Seite 246).
- Kabelbinder (Pfeil) trennen und Kabel freilegen.
- Schrauben **1** und **3** ausdrehen. Haltebleche **2** und **4** abnehmen.

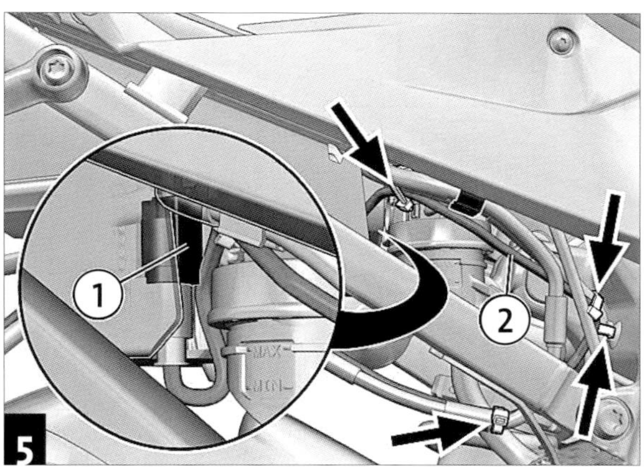

Stecker Raddrehzahlsensor hinten

- Kabelbinder (Pfeil) trennen.
- Stecker **1** ausbauen und trennen. Kabel **2** freilegen.

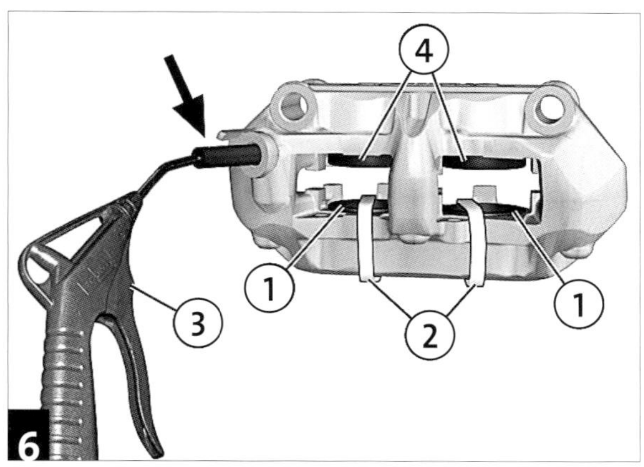

Dichtringe und Kolben erneuern

- Kolben **1** einer Seite mit Kabelbinder **2** festlegen.
- Kolben **4** mit Druckluftpistole **3** und passendem Gummistück (Pfeil) aus Sattel herausdrücken.
- Dichtungen aus Sattel "herauspopeln".

- Zuerst die Dichtringe und Kolben einer Seite ersetzen, dann an der gegenüberliegenden Seite.
- Der Dichtungssatz enthält 4 kleine Dichtringe, 4 große Dichtringe, 4 Kolben und Montageflüssigkeit .

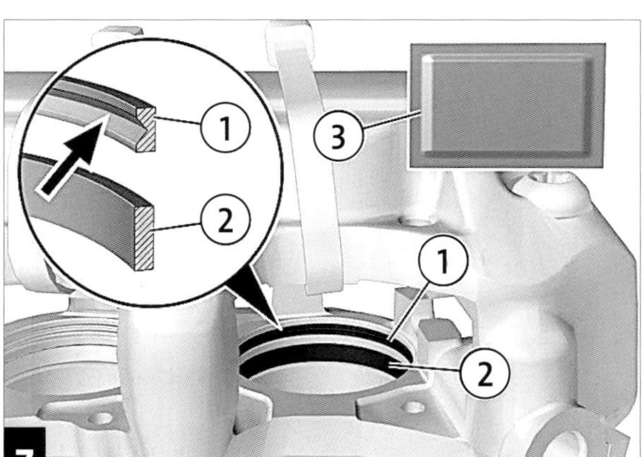

- Sattel reinigen (Bremsenreiniger) und Dichtringe mit Montageflüssigkeit **3** benetzen. Großen Dichtring **2** einbauen und kleinen Dichtring **1** mit Nut (Pfeil) einbauen.

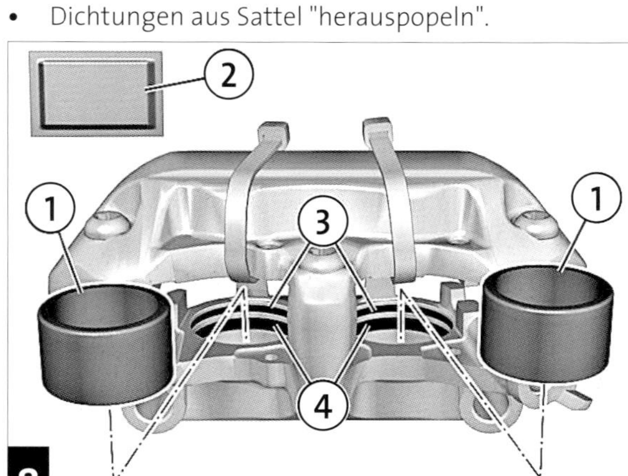

- Kolben **1** mit Montageflüssigkeit **2** benetzen und in Bremssattel einsetzen. Dabei auf Dichtringe **3** und **4** achten.

15 Bremsen

15.2 Bremshebel

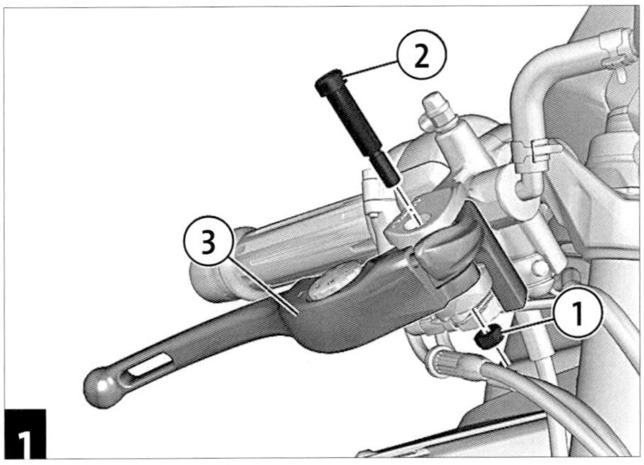

RR/R: Bremshebel

- Mutter **1** und Schraube **2** ausdrehen.
- Hebel **3** abnehmen.
- Beim Einbau neue Mutter **1** verwenden.

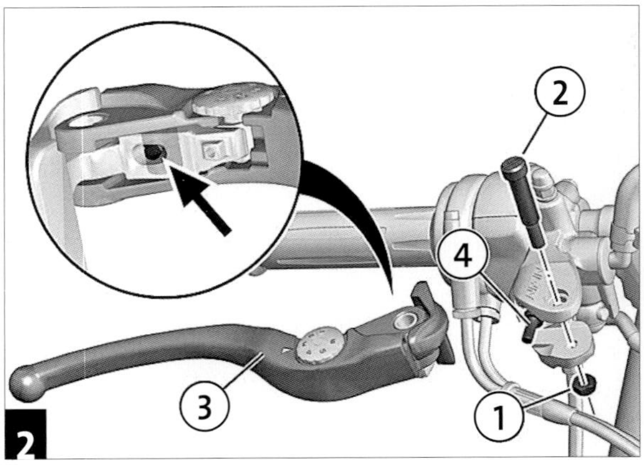

- Schraube **2** und Umlenkung (Pfeil) mit Teflonspray schmieren. Hebel **3** so montieren, dass Druckbolzen **4** in Umlenkung (Pfeil) eingreift.

1 **Anzugsmoment** (neue Mutter) .... 6 Nm
2 **Anzugsmoment** Schraube M6 ....1 Nm

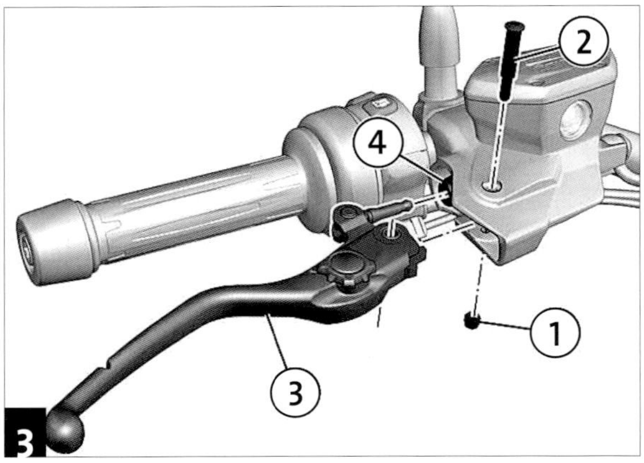

XR: Bremshebel

- Mutter **1** und Schraube **2** ausdrehen. Hebeleinheit **3** abnehmen. Dabei auf Gummimuffe **4** achten.
- Beim Anziehen der Mutter **1** Schraube **2** gegenhalten.

1 **Anzugsmoment** (neue Mutter) .... 7 Nm

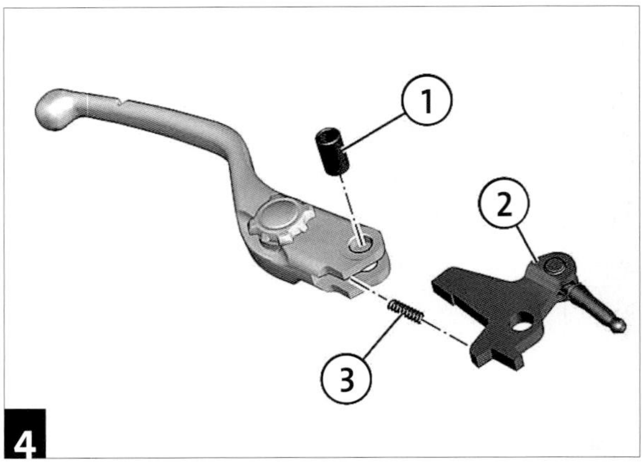

- Neue Hülse **1** beim Einbauen mit Teflonspray schmieren.
- Hebeleinheit mit Feder **3** in Hebelaufnahme mit Druckstange **2** einsetzen.

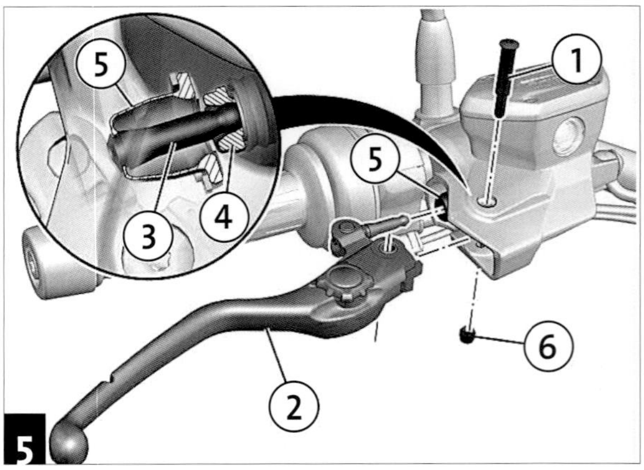

- Hebeleinheit **2** einsetzen. Dabei muss Druckstange **3** in Kolbensitz **4** einrasten.
- Auf korrekten Sitz der Gummimuffe **5** achten.
- Schraube **1** und Mutter **6** einbauen (wie Bild 3).

15.3
Bremspedal

R: Fußrastenplatte rechts

- Schrauben **1** und **2** ausdrehen und Rastenplatte abnehmen.

1 **Anzugsmoment** M8 x 25 - 10.9 . . . . 28 Nm
2 **Anzugsmoment** M8 x 30 . . . . 19 Nm

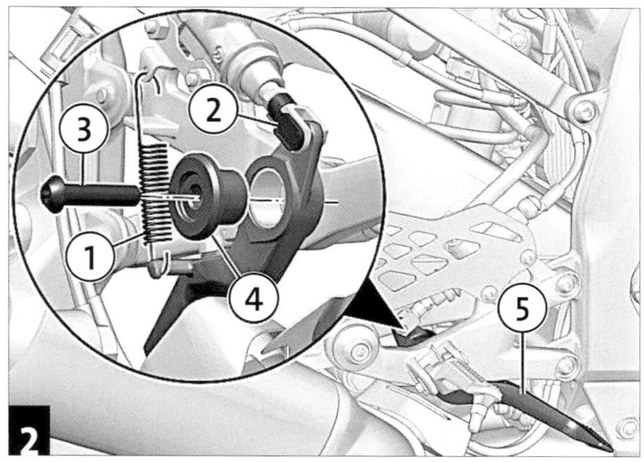

Bremshebel

- Feder **1** aushängen. Spannbügel **2** ausfedern und Schraube **3** ausdrehen. Bundbuchse **4** und Pedal **5** abnehmen.

3 **Anzugsmoment** M8 x 35 (mikroverkapselt) . . 19 Nm

- Bild 2 zeigt Bremspedal mit Spannbügel **2**; siehe auch Lupe Bild 1 unten. Befestigung mit Bolzen und Splint siehe Bild 1 nächste Seite.
- Pedal mit gefetteter (Hochleistungs-schmierfett) Bundbuchse **4** montieren.
- Schnüffelspiel einstellen, siehe Kapitel 15.6.

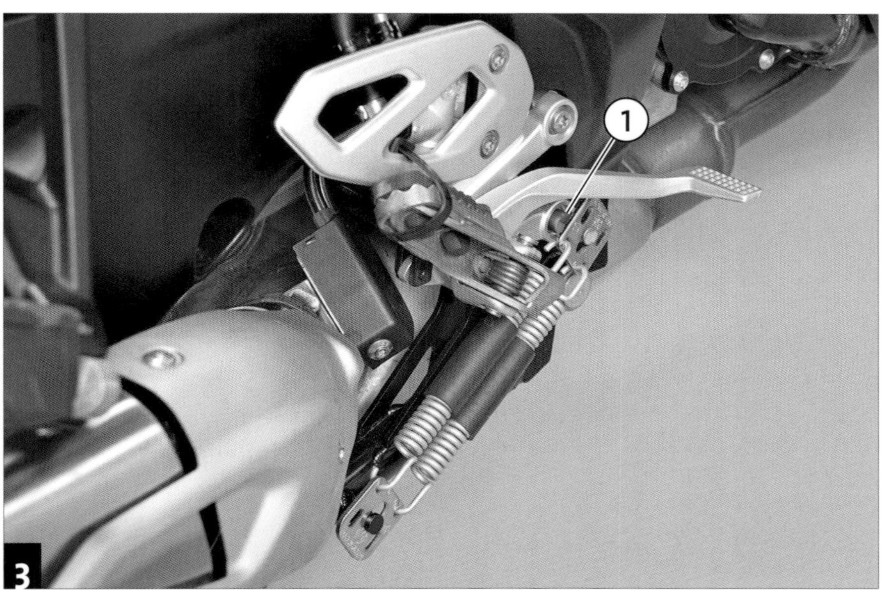

XR: Fußrastenplatte rechts

! Vorsicht! Akkute Verletzungsgefahr bei unsachgemäßem Aushängen der Ständerfedern.
! Augen- und Handschutz anlegen.

- Statt mit einem Federhaken und Muskelschmalz wird dies in der BMW-Werkstatt mit aufwändigem, aber sicherem Federspanner erledigt.
- Ständerfedern aushängen, um Schraubbolzen **1** am Sechskant auszudrehen.
- Übrige Arbeitsschritte entsprechend RR und R durchführen.

RR: Fußpumpe

- Schrauben **1** ausdrehen (ggf. Mutter gegenhalten) und Pumpe mit Fersenschutz **2** abnehmen.
- Neue Schrauben montieren (mikroverkapselt).

1 **Anzugsmoment** M6 x 35. . . . . 8 Nm

- Pumpe bei "trockenem" Bremssystem ausbauen.
- Vorratsbehälter ausbauen siehe Seite 235.
- Spannbügel ausfedern und abziehen (Lupe Bild 1).
- Hydraulikanschluss (Hohlschraube **3**) an montierter Pumpe lösen. Hydraulikanschluss mit **neuen** Dicht-scheiben montieren.
- Feder aushängen und Druckstange vom Pedal lösen siehe oben (mit ABS), bzw. Bild 1 nächste Seite (ohne ABS).

3 **Anzugsmoment** M10 x 1; M12 x 1 . . . . 24 Nm

15.4
Fußpumpe

- Die **Handpumpe** wird im Kapitel 15.9 aus- und eingebaut (Seite 226).

15 Bremsen

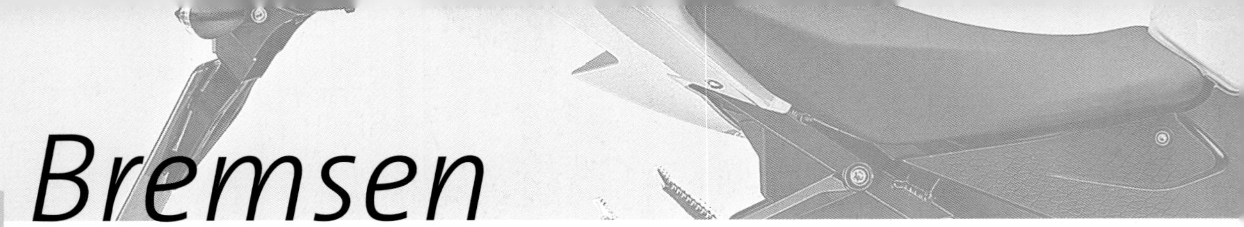

15.5 Fußraste

- Zwar ist eine Fußraste an und für sich keine Komponente der Bremse, aber die räumliche Nähe und der Umstand, dass bei einer Erneuerung des Bremspedals auch die Fußraste gern Ersatz braucht...

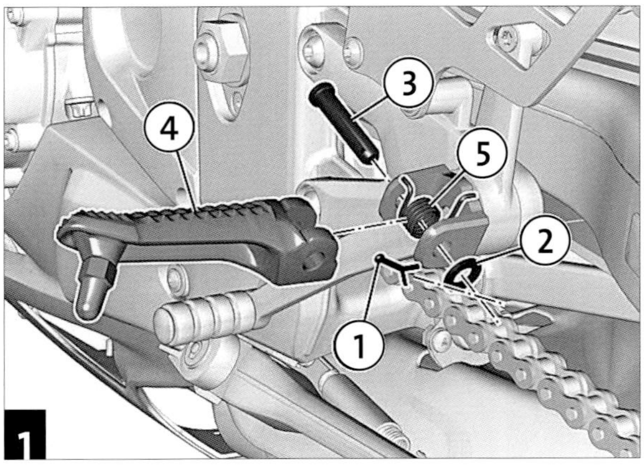

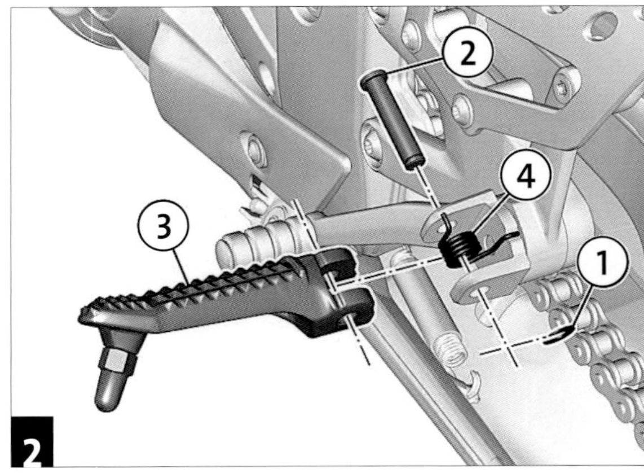

Fußraste mit Splintbefestigung

- Splint **1** ziehen, Scheibe **2** und Bolzen **3** abnehmen. Dabei Raste **4** gegen Feder **5** drücken und dann langsam lösen. Bolzen **3** vor Einbau fetten.

Fußraste mit Sicherungsscheibe

- Sicherungsscheibe **1** aubauen, Bolzen **2** abnehmen. Dabei Raste **3** gegen Feder **4** drücken und dann langsam lösen. Bolzen **2** vor Einbau fetten.

15.6 Schnüffelspiel

Die Einstellung des Leerwegs des Bremspedals (Schnüffelspiel) nach jeder Arbeit an Pedal oder Pumpe durchführen.

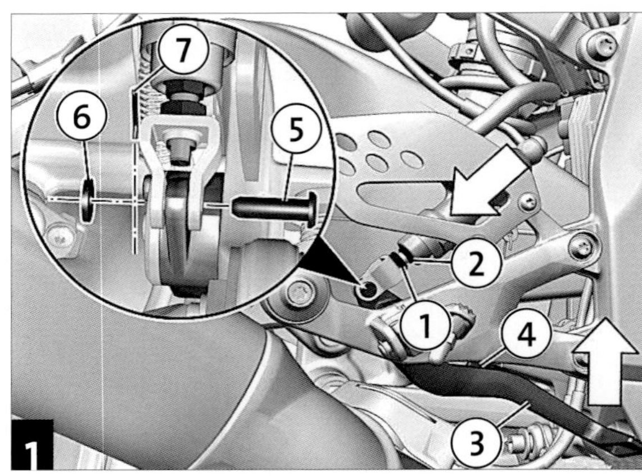

Schnüffelspiel einstellen ohne ABS (Bild 1)

- Gegenmutter **1** lockern.
- Kolbenstange **2** bis zum Anschlag herausziehen.
- Pedal **3** bis zum Anschlag **4** nach oben drücken.
- Kolbenstange **2** am Sechskant (Pfeil) so einstellen, dass Bolzen **5** ohne Widerstand eingesetzt werden kann.
- Gegenmutter **1** festziehen, dabei Kolbenstange **2** gegenhalten.
- Bolzen **5** und Scheibe **6** mit neuem Splint **7** montieren.

1 Anzugsmoment M8 .... 19 Nm

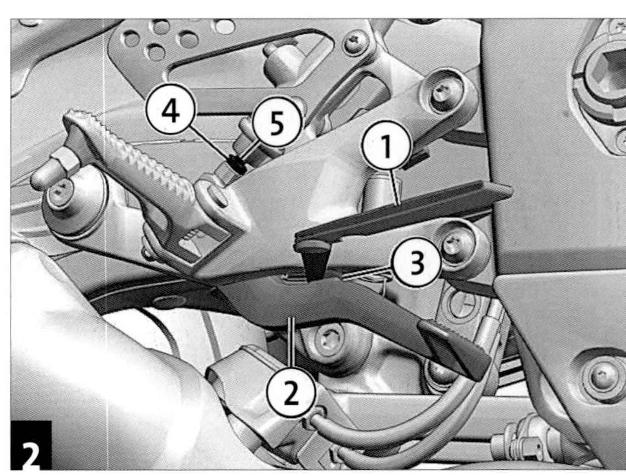

Schnüffelspiel einstellen mit ABS (Bild 2)

- Fühlerlehrenblatt **1** (2 mm dick) quer zur Fahrtrichtung zwischen Bremspedal **3** und Rahmen **2** einsetzen.
- Gegenmutter **4** der Kolbenstange **5** lockern.
- Kolbenstange **5** verdrehen, bis **kein Spiel an der Kolbenstange 5** spürbar ist.
- Gegenmutter **4** der Kolbenstange **5** anziehen, dabei Kolbenstange **5** gegenhalten.

5 Anzugsmoment M6 .... 6 Nm

15.7
Bremslichtschalter

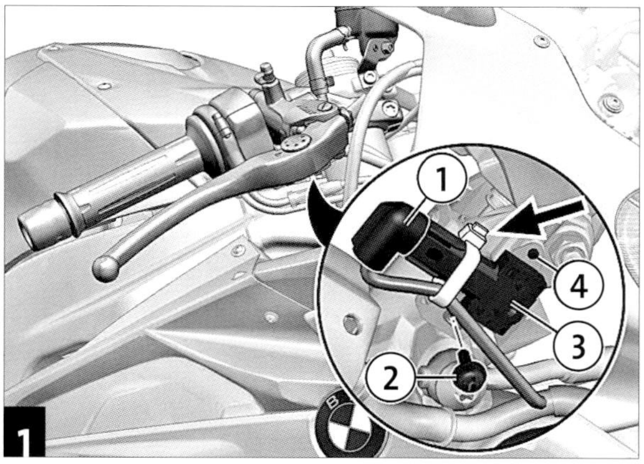

Bremslichtschalter Handbremse
- Kabelbinder (Pfeil) und Stecker **1** trennen.
- Schraube **2** ausdrehen und Schalter **3** abnehmen. Beim Einbau Schalter auf Stift **4** ausrichten.

2 **Anzugsmoment** M4 ....1 Nm

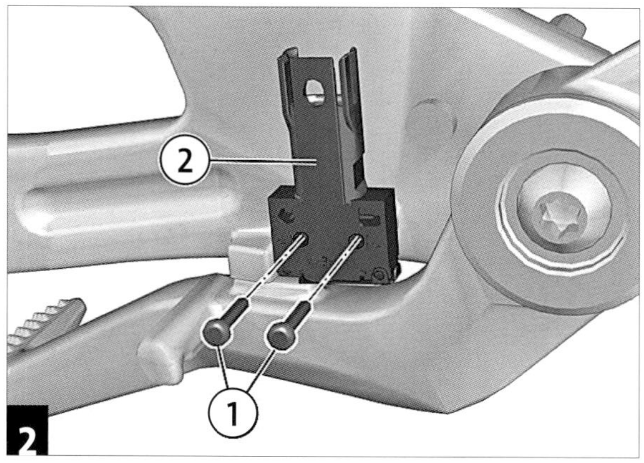

Bremslichtschalter Fußbremse
- Rastenplatte und Fußpumpe lösen (vorige Seite).
- Kerbnägel **1** mit geeigneter Zange o.ä. ausbauen.
- Kerbnägel bis zum Aufsitzen des neuen Mikroschalters **2** eintreiben.

- Bremslichtschalter gibt's **nur bei RR**s **ohne ABS**.
- Das Auslöse-Klicken des Schalters muss nach einem Hebelweg (gemessen an der Spitze des Handhebels) von 5 bis 7 mm hörbar sein und ist nicht einstellbar.

15.8
Bremsscheibe

- Rad ausbauen.
- Schrauben ausdrehen und Bremsscheibe ggf. mit Sensorring abnehmen.
- Auflagefläche der Bremsscheibe und Muttergewinde im Rad reinigen und neue Schrauben (mikroverkapselt) eindrehen.
- Schrauben schrittweise **über Kreuz** anziehen.

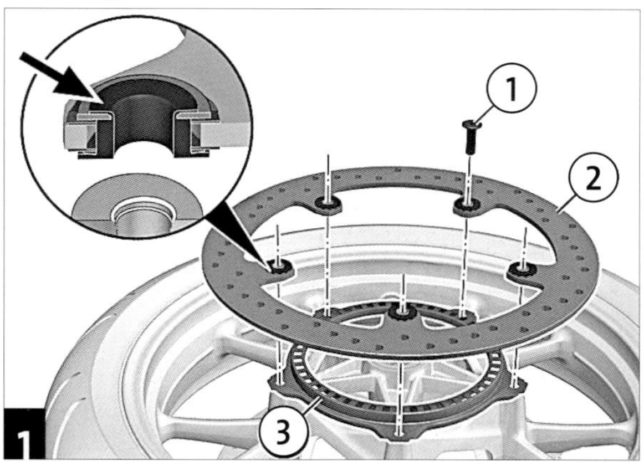

Bremsscheibe und Sensorring vorn
- 👁 Nietbördel (Pfeil) der Scheibe **2** liegt außen.
- Sensorring **3** auflegen.
- **Neue** mikroverkapselte Schrauben **1** verwenden.

1 **Anzugsmoment** M8 x 27 - 10.9 .... 19 Nm

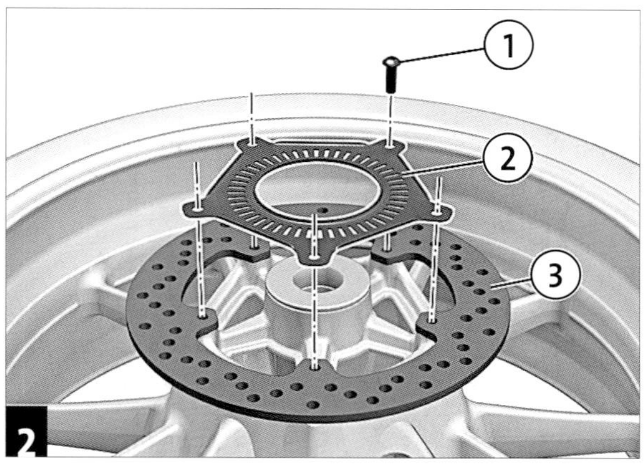

Bremsscheibe und Sensorring hinten
- Scheibe **1** mit Sensorring **2** auflegen und Schrauben **3** **über Kreuz** anziehen. **Neue** Schrauben verwenden.

3 **Anzugsmoment** M6 x 18 (mikroverkapselt).... 8 Nm
XR M8 x 15,5 (mikroverkapselt)...............30 Nm

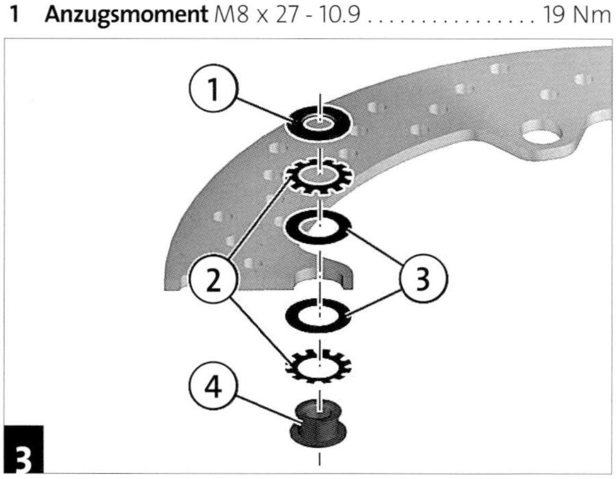

Nietpaket
- 👁 Vor Schlagmessung Aufbau des Nietpakets (nicht zerlegbar) kontrollieren. (**1** Scheibe/**2** Federscheibe/ **3** Anlaufscheibe/**4** Niete)

Bremsscheibenschlag
- Verschmierte Bremsscheiben mit Aceton oder Bremsenreiniger reinigen.
- 👁 Verzug an eingebauter Bremsscheibe mit Messuhr messen:
- Maschine so aufbocken, dass Rad freikommt.
- Bremssattel ausbauen und Messuhr samt Halter an Bremssattelaufnahme montieren.
- Messuhr nahe der Außenkante ansetzen.
- Eine Rad-Umdrehung messen (langsam drehen).
- Summe der +/- Ausschläge ergibt Verschleißmaß.
- (Hinter-) Rad kann auch ausgebaut werden und in Wuchtvorrichtung verrutschsicher montiert werden werden, um so mit improvisiertem und handelsüblichem Messuhrhalter den Schlag zu messen.

Verschleißgrenze
vorn/hinten .... 0,15 mm

15 Bremsen

15.9 Handpumpe

- Hydraulik-Anschluss lösen, wenn die Pumpe noch am Lenker ist.
- Ausgleichsbehälter leeren (absaugen).
- Vorsichtsmaßnahmen wie unten bei "Bremsmodulator" beschrieben beachten.
- Pumpe (und Vorratsbehälter) vom Lenker abnehmen (siehe Seiten 235).

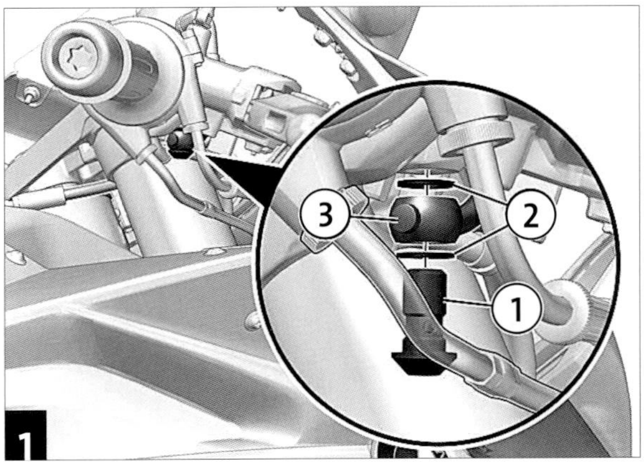

RR/R: Hydraulikanschluss
- Schlauchanschluss **1** lösen. Schlauch **3** mit zwei **neuen** Dichtscheiben **2** montieren.
  Anzugsmoment M10 x 1; M12 x 1 . . . . 24 Nm

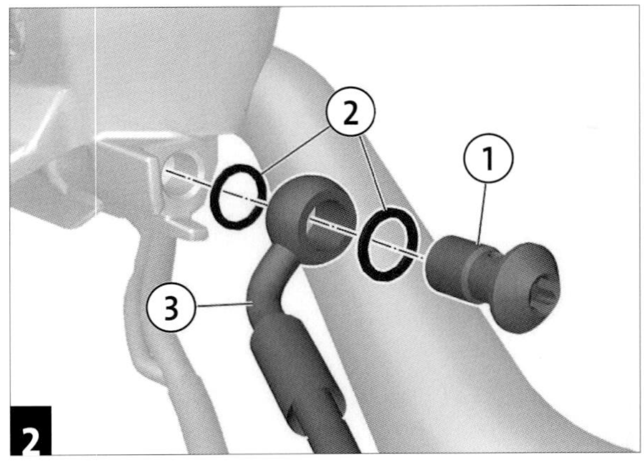

XR: Hydraulikanschluss
- Schlauchanschluss **1** lösen. Schlauch **3** mit zwei **neuen** Dichtscheiben **2** montieren.
  Anzugsmoment M10 x 1 . . . . 24 Nm

15.10 Bremsmodulator

! In den folgenden Abschnitten wird von leerem Hydrauliksystem ausgegangen (Vorratsbehälter mit Spritze leersaugen). Trotzdem müssen Vorsichtsmaßnahmen gegen verkleckerte Restflüssigkeit ergriffen werden (Auffanggefäß und Putzlappen bereithalten).

Vorarbeiten
- Fahrersitze/Sitzbank abnehmen.
- Tankabdeckung und Tank ausbauen.
- Tankhalterbrücke ausbauen (Seite 244).

Hydraulikanschlüsse
- Verspannte oder falsch verlegte Bremsleitungen können scheuern und undicht werden.
- Auf Freigängigkeit gegenüber den anderen Bauteilen achten.

Modulator-Hydraulikanschlüsse
- Auffanggefäß für Leckflüssigkeit bereithalten.
- Anschlüsse lösen. Beim Einbau zwei neue Dichtscheiben je Anschluss verwenden.
  Anzugsmoment
  M10 x 1; M12 x 1. . 24 Nm

1 zur Handpumpe
2 zum Bremssattel vorn
3 zur Fußpumpe
4 zum Bremssattel hinten

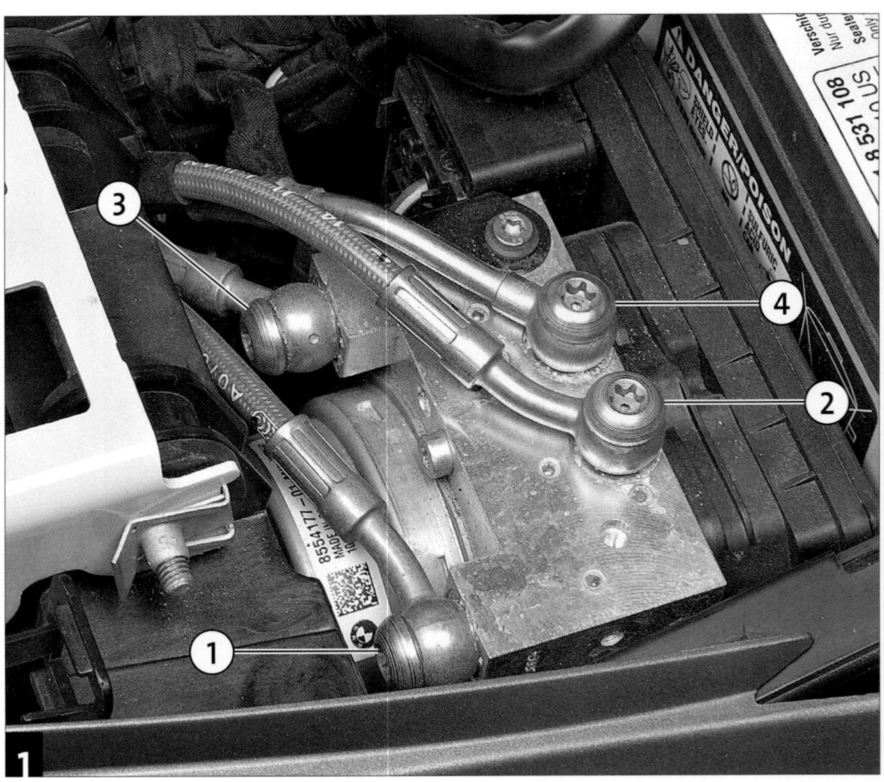

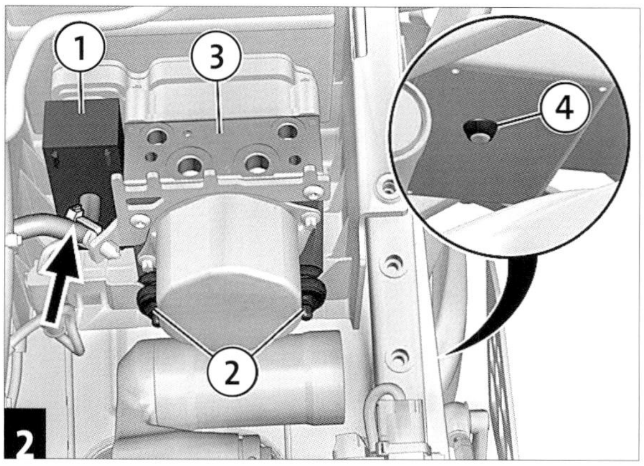

RR Modulator

- Kabelbinder (Pfeil) und Stecker **1** trennen.
- Muttern **2** ausdrehen und Modulator abnehmen. Dabei auf Dämpfungsgummi **4** achten.

2 **Anzugsmoment** M6 (**Neuteile**) .... 8 Nm

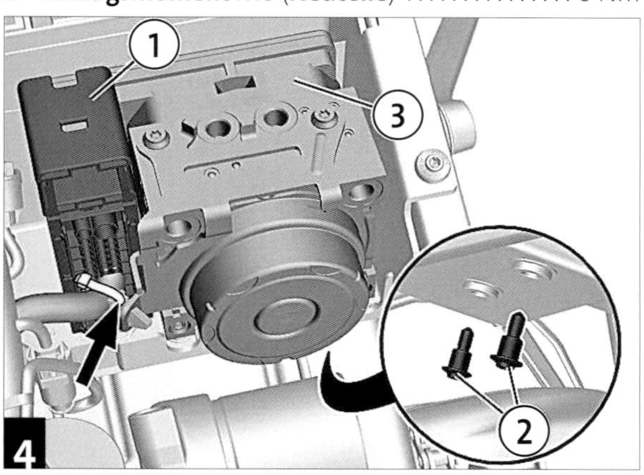

R/XR Modulator

- Kabelbinder (Pfeil) und Stecker **1** trennen.
- Schrauben **2** ausdrehen und Modulator **3** abnehmen.

2 **Anzugsmoment** M6 x 20 .... 8 Nm

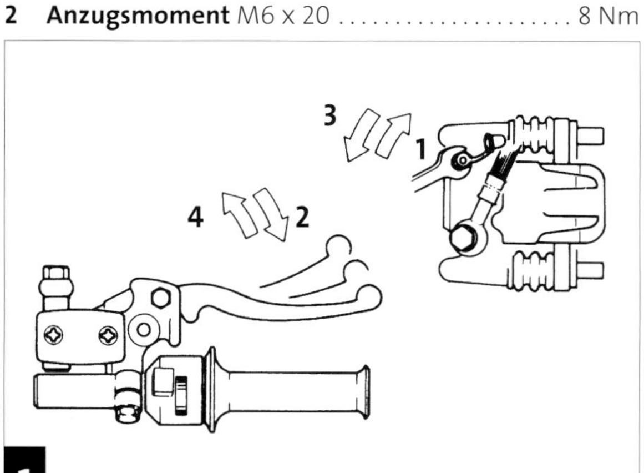

Ablaufschema zum Befüllen des Hydrauliksystems

1 Entlüfterventil öffnen
2 Hebel anziehen
3 Entlüfterventil schließen
4 Hebel schnell rauslassen

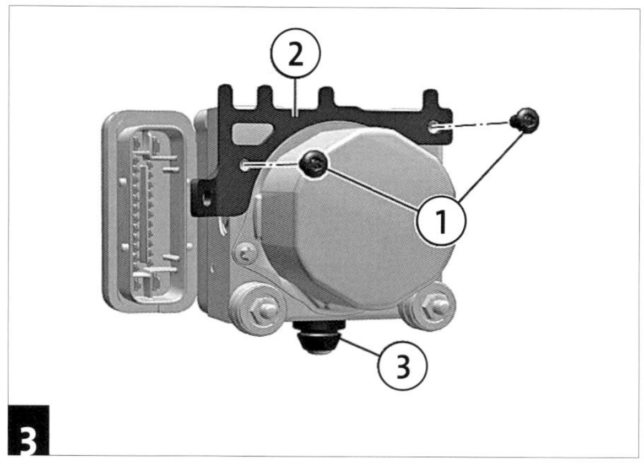

RR Modulator-Verdrehanschlag

- Schrauben **1** ausdrehen. Verdrehanschlag **2** und Dämpfungsgummi **3** abnehmen.
- Beim Einbau Gummi **3** leicht fetten.

5 **Anzugsmoment** M5 x 10 - 10.9 .... 5 Nm

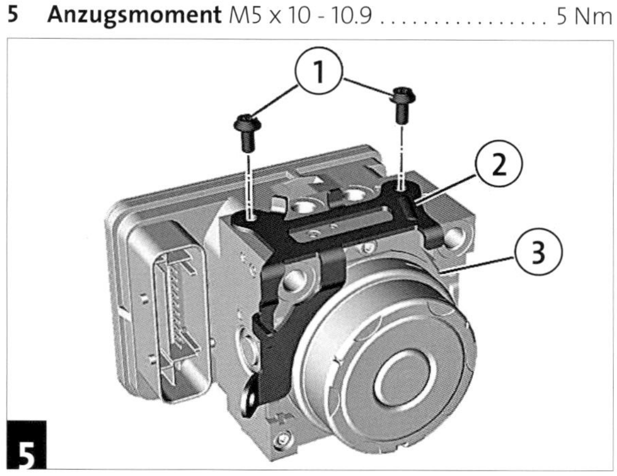

R/XR Modulator-Verdrehanschlag

- Schrauben **1** ausdrehen. Verdrehanschlag **2** vom Modulator **3** abnehmen.

1 **Anzugsmoment** M5 x 10 .... 5 Nm

15.11 Bremsanlage befüllen

- Hydrauliksystem nach dargestelltem Ablauf-Schema befüllen.
  Dabei Schlauch vom Entlüftungsventil in Behälter mit Bremsflüssigkeit enden (damit keine Luft »rückwärts« wieder angesaugt wird).
  Wie erwähnt, muss mit ABS wesentlich länger gepumpt werden.
- Anlage entlüften (ab Seite 123).

! Vor Teilnahme am Straßenverkehr unbedingt Funktionsprobe der Bremse durchführen.

! Erst wenn Druckpunkt und Bremswirkung deutlich spürbar sind, ist Bremse betriebsbereit.

16 Frontpartie-Rad

16.1 Aus- und Einbau

! Maschine sicher aufbocken.
- XR mit Hauptständer: Fahrzeug aufbocken und am Heck gegen Boden abspannen, damit Vorderrad frei ist.
- Beide Bremssättel abnehmen (Bild 1).

! Der Raddrehzahlsensor (ABS-Sensor; Bilder 1 und 2) kann (!) verbleiben, es besteht aber akute Beschädigungsgefahr bei unsachgemäßem Vorgehen!
! Handbremse bei ausgebautem Rad nicht mehr betätigen! Die Kolben im Bremssattel fahren sonst heraus!

Einbau
- Dichtlippen der Wellendichtringe und Radachse reinigen. Beide dünn mit MoS_2-Fett balsamieren (Optimoly TA).
- Rad vorsichtig (ABS-Sensor!) in Gabel einführen.
- Distanzhülse einsetzen und Achse durchschieben.
- Achse anziehen (Bild 3).
- Motorrad vom Ständer nehmen und bei blockiertem Vorderrad Gabel mehrmals »zusammenstauchen« (nicht mit Bremse blockieren, sondern gegen festen Widerstand/Mauer), damit sich Achse setzt.
- Achsklemmschrauben rechts anziehen.

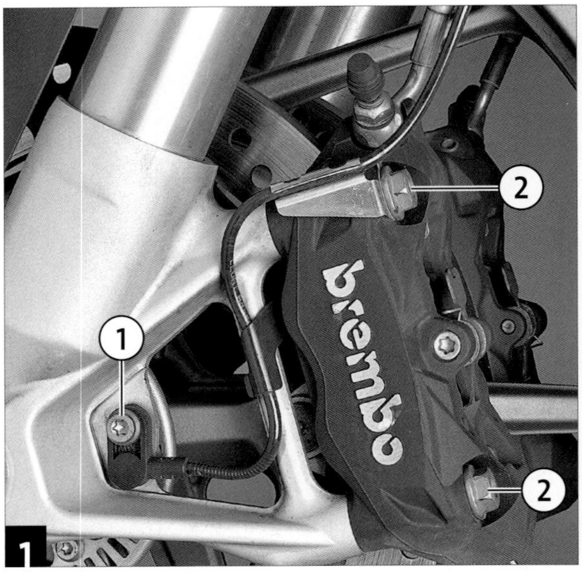

Raddrehzahlsensor und Bremssattel links/rechts (XR)
- Sensor **1** und Bremssattel **2** links/rechts abnehmen.

1 **Anzugsmoment** M10 x 65 .... 38 Nm
2 **Anzugsmoment** M6 x 16 .... 8 Nm

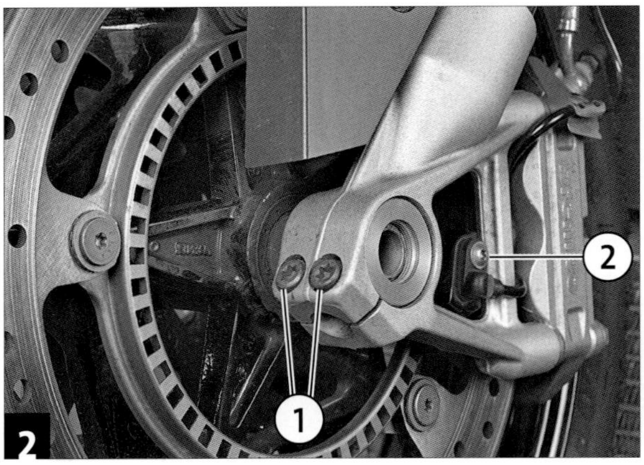

Vorderrad-Befestigung links (RR/R)

! Klemmschrauben **1 nicht** lösen. Andernfalls kann die Stellung der Gewindehülse verändert werden und dadurch der ABS-Sensor Schaden nehmen und/oder die Signalgebung beeinträchtigt werden.
- Raddrehzahlsensor **2** nach eigenem Ermessen ausbauen (Beschädigungsgefahr).

2 **Anzugsmoment** M6 x 16 .... 8 Nm

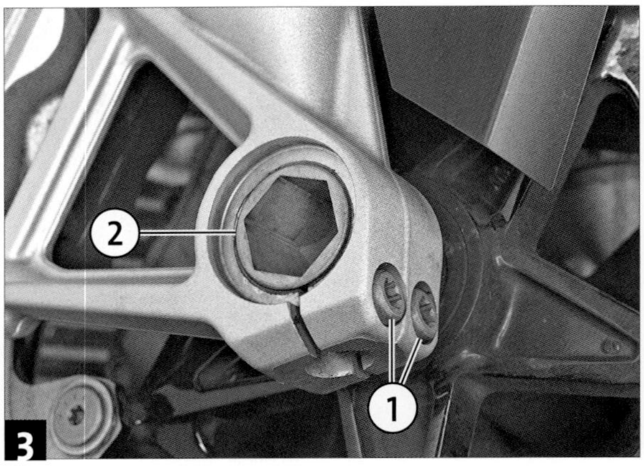

Vorderrad-Befestigung rechts
- Klemmschrauben **1** lockern. Achse **2** ausdrehen und herausziehen. Dabei ist ein Rohrschlüssel mit 22 mm Außendurchmesser hilfreich.
- Rad nach vorn herausrollen.

👁 ABS-Sensor nicht beschädigen!

Vorderrad einbauen – Anzugsreihenfolge

1 Achse **2 Anzugsmoment** M24 x 1,5 .... 50 Nm
2 Klemmschraube **1 Anzugsmoment** M8 x 35 .. 19 Nm
- Klemmschrauben **1** jeweils dreimal im Wechsel anziehen/abknacken.

! Bremsdruck durch Pumpen am Hebel aufbauen, bevor Fahrzeug in Bewegung gesetzt wird.
! Bremse ist erst betriebsbereit, wenn Druckpunkt klar spürbar ist.

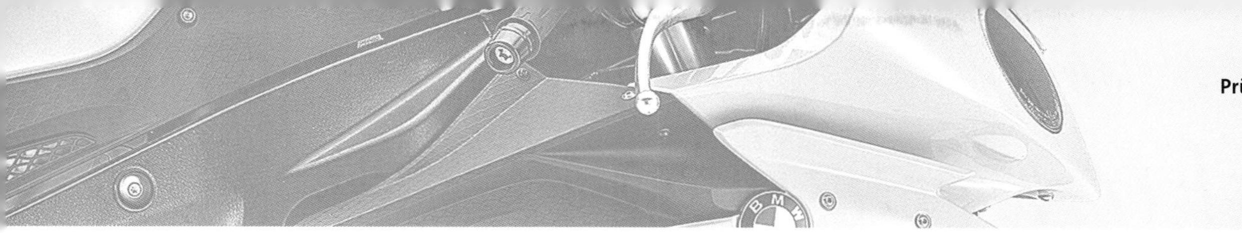

Lagertest – Fingerprobe

- Innenlaufringe mit Finger auf spielfreien und geräuschlosen Lauf und festen Sitz prüfen.
- Außenlaufring muss fest in der Nabe sitzen.

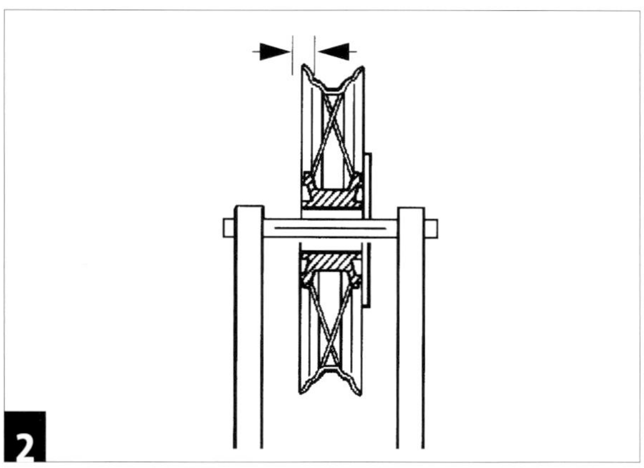

Seitenschlag

- **Verschleißgrenze** .... 1,5 mm

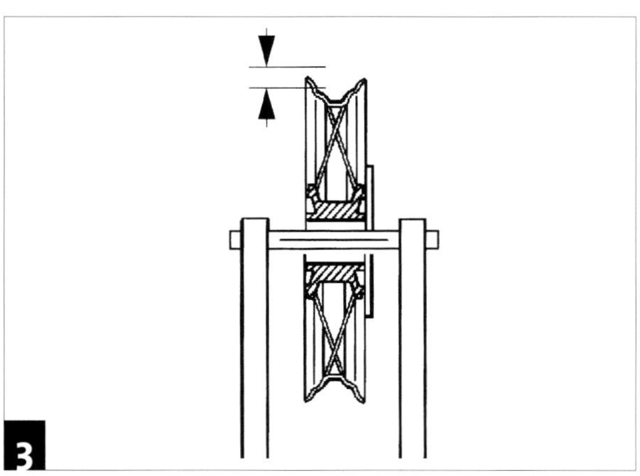

Höhenschlag

- **Verschleißgrenze** .... 1,5 mm

16.2 Prüfen und Vermessen

- **Wellendichtring(e)** erneuern, wenn sie erkennbar sabbern.
  Bei ausgebautem Rad Dichtlippen auf Geschmeidigkeit prüfen.
  Ausgehärtete Dichtringe ersetzen.
- **Felgenschlag-Prüfung** siehe auch Seite 135 Kapitel Wartung.
- Auf Zentrierständer Schlag der Radfelge feststellen (einen solchen Stützbock kann man leicht improvisieren oder selbst herstellen).
  Ein stabiler Schraubstock reicht oft schon aus, um die verschraubte Radachse einzuspannen.
  Seiten- und Höhenschlag mit Messuhr prüfen.

! Unrunde Felgen/Räder erneuern.

! **Radunwucht** nach jedem Reifenwechsel prüfen.

! An der Felge (vorn und hinten) nicht mehr als 80 Gramm Wuchtgewichte anbringen (beidsetig verteilt).

- **Maximal zulässige Unwucht**
  vorn .... 5 g
  hinten .... 45 g
- **Radachsen** in Prismenblöcke legen und Achsschlag mit Messuhr messen.

! Bei Verzug Achse erneuern.
Niemals versuchen, Achse gerade zu richten!

16 Frontpartie-Rad

16.3
Wellendichtringe und Radlager

- Hinterrad-Radlager entsprechend der Radlager am Vorderrad aus- und einbauen. Ausnahme: siehe Bild 3.
- **Wellendichtringe** mit passendem Schraubendreher o. ä. aushebeln (Seite 70).
- Dichtringe (offene Seite nach innen) trocken mit passender Stecknuss ohne Verkanten einschlagen, bis sie bündig mit der Nabe abschließen.
- Dichtlippen mit wasserabweisendem Fett schmieren.
- **Radlager** nur bei Beschädigung oder Verschleiß ausbauen (Prüfung siehe Bild 1 vorige Seite). Einmal ausgebaut, wandern Radlager auf den Schrott!
- Radnabe auf einer Heizplatte oder mit Industriefön auf 100 °C erwärmen (erleichtert Aus- und Einbau).
- Meist verbreitet ist die folgende Methode: Distanzhülse zwischen den Innenringen der Lager mit langem Dorn zur Seite drücken und Lager am Innenring schrittweise über Kreuz austreiben, um das Aufweiten der Lagersitze zu vermeiden (Bild 1).
- Distanzhülse entnehmen und gegenüberliegendes Lager schrittweise über Kreuz austreiben.

! Dabei wird allerdings der Stützring zerdrückt, da die Distanzhülse unserer Lieblingsmotorräder nicht von einem, sondern von zwei Stützringen, die links und rechts angebracht sind, gehalten wird. Also nicht wie im Beispielbild 1, wo nur ein Stützring verbaut ist.

- Die schonendste Methode des Lagerausbaus ist ab Bild 2 beschrieben.

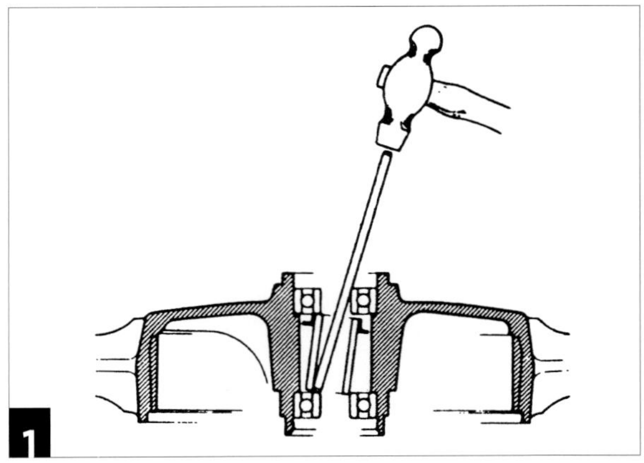

Ausbau der Radlager
- Traditionelle Methode: Schrittweise über Kreuz austreiben, sonst weiten bei ungestümem Vorgehen die Lagersitze auf!

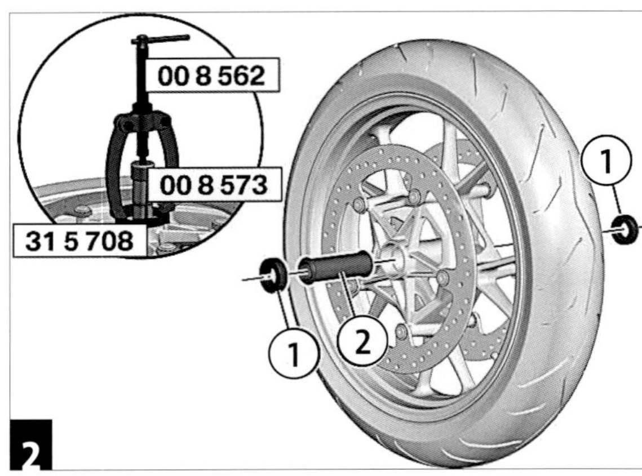

Ausbau Radlager links/rechts
- Radlager **1** mit Stützring, Gegenstütze und Innenauszieher ausbauen (BMW-Nr. im Bild, sind aber auch handelsüblich).
- Distanzhülse **2** entnehmen.

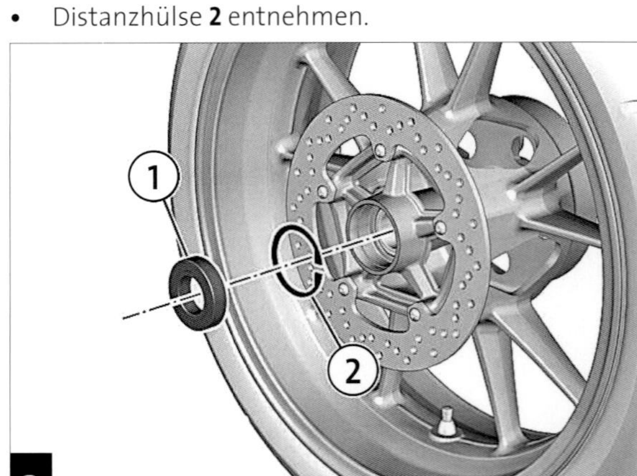

Ausbau Hinterrad-Radlager
- Beim Hinterrd ist rechts hinter dem Wellendichtring **1** ein Sicherungsring **2** verbaut. Sicherungsring mit passender Seegerringzange ausbauen.

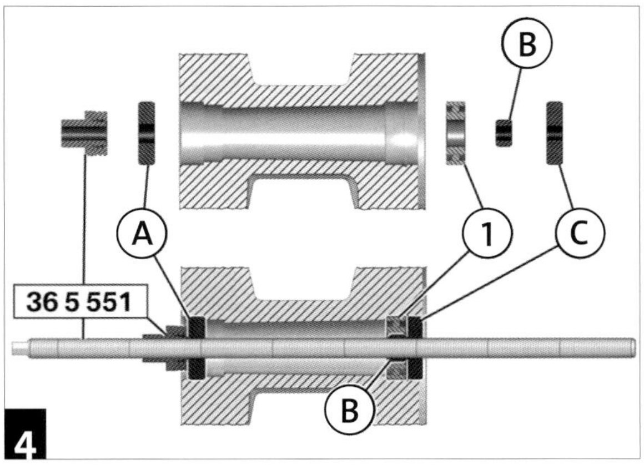

Einbau der Radlager/links

1 Linkes Lager
A Scheibe Ø 47 mm
B Scheibe mit Gewinde Ø 25 mm
C Scheibe mit Gewinde Ø 47 mm

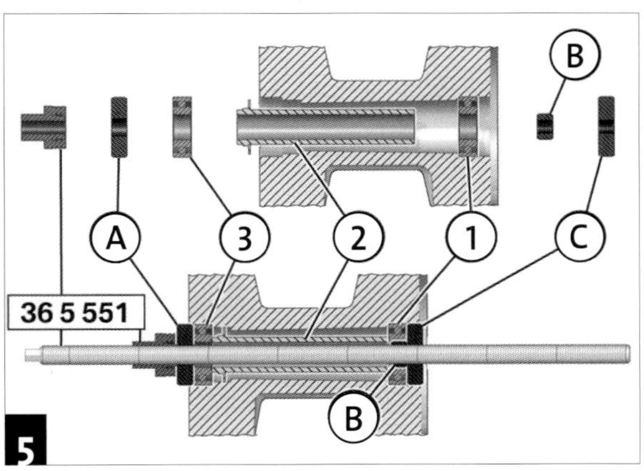

Einbau der Radlager/rechts

1 Linkes Lager
2 Distanzhülse
3 Rechtes Lager
- **A**, **B** und **C** siehe Bild 4.

Einbau

TIPP

- Neue Radlager über Nacht ins Tiefkühlfach legen.
- Mit warmer Radnabe (100 °C) schlupft das Lager dann fast von selbst in seinen Sitz.
  Die gegensätzliche Materialveränderung schont die Lagersitze!

- Die Radlager entweder folgendermaßen einbauen oder mit entsprechendem Spezialwerkzeug, das mit Gewindestange und passenden Unterlagscheiben relativ leicht selbst angefertigt werden kann, einbauen (Bild 4).
- Lagersitze reinigen.
- Radnabe auf einer Heizplatte oder mit Industriefön auf 100 °C erwärmen.

! Lager nur am Außenring eintreiben, nicht auf Innenring oder gar Kugeln schlagen!

- Radlager mit passender Stecknuss ohne Verkanten bis zum Aufsitzen einschlagen.
- Distanzhülse einsetzen und gegenüberliegendes Lager soweit eintreiben, bis Distanzhülse praktisch spielfrei zwischen den Lagern sitzt.

! Distanzhülse darf kein Spiel haben (Fingerprobe).

- Die BMW-Werkstatt treibt einen höheren Aufwand, und zwar aus gutem Grund: Mit der langen Spindel mit Einziehmutter (BMW-Nr. 36 5 551), der Scheibe **A** und den Scheiben **B** , **C** ist das Einziehen der Lager ohne Verkanten bei höchster Lager- und Lagersitz-Schonung gewährleistet.

! Diese Werkzeuge können günstig mit Gewindestangen und passenden Unterlagscheiben improvisiert werden.

- Lagersitze reinigen.
- Radnabe auf einer Heizplatte oder mit Industriefön auf 100°C erwärmen.
- **Zuerst linkes Lager** in Lagersitz einsetzen und mit langer Spindel sowie Einziehmutter, Scheibe **A**, **B** und **C** bis zum Aufsitzen einziehen (Bild 4).
- Distanzhülse **2** Bild 5 einsetzen.

👁 Darauf achten, dass Distanzhülse plan und ohne zu Verkanten auf Lager sitzt.

! Beim Einziehen des rechten Lagers genau darauf achten, dass sich das linke Lager nicht von seinem Sitz löst und verkantet. Sonst können Radachse, Felge oder Bremssattel beschädigt werden. Beim ABS-System kann es zu fehlerhafter Signalgebung des Sensors führen.

- Rechtes Lager in Lagersitz einsetzen.
- Scheibe **A** und Einziehmutter einbauen.
- Lager bis zum Anschlag und Anliegen an der Distanzhülse einziehen.
- Radnabe abkühlen lassen und Wellendichtringe einbauen.

17 Frontpartie-Lenker

17.1 RR: Aus- und Einbau

Vorarbeiten

! Verbogene Lenkerhälften nicht versuchen, wieder gerade zu richten, sondern umgehend ersetzen! Gefahr des Dauerbruchs!

! Maschine sicher aufbocken, damit Lenker nicht hin- und herschwenkt.

! Falls Pumpe gewechselt werden muss, Flüssigkeit aus Vorratsbehälter absaugen und Schlauchanschluss an der Pumpe ausbauen, bevor Pumpe vom Lenker abgenommen wird.

- Ggf. Gasseilzüge abnehmen (Seite 150), bzw. Stecker des Gasgriffs trennen (Seite 151).

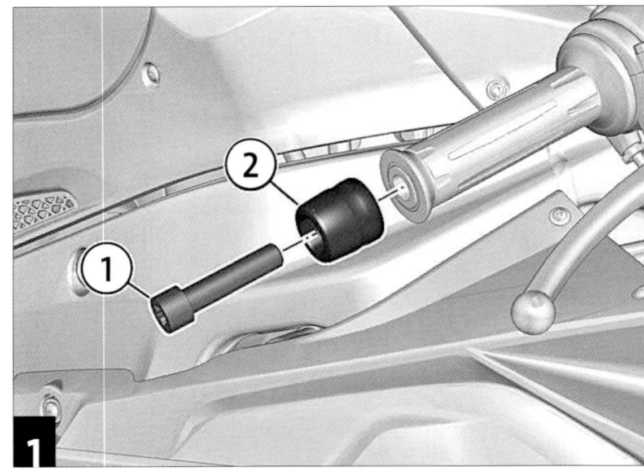

RR/R/XR: Lenkergewicht links/rechts

- Schraube **1** ausdrehen und Lenkergewicht **2** abnehmen.

1 **Anzugsmoment RR/R** M12 x 50 . . . . 66 Nm
Anzugsmoment XR M10 x 50 . . . . 38 Nm

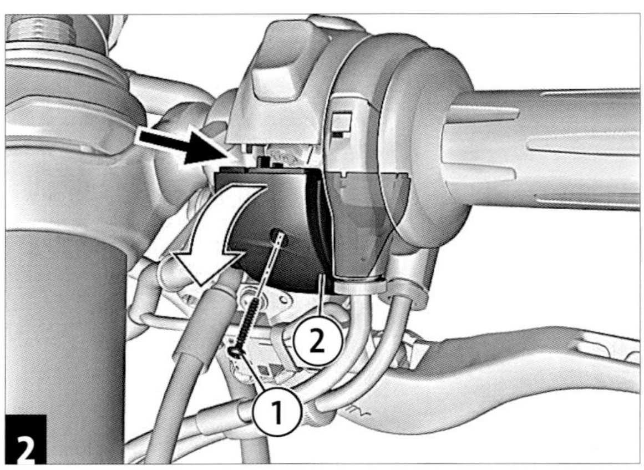

Kombischalter rechts

- Schraube **1** ausdrehen und Abdeckung **2** nach unten abziehen, bis Schalter geöffnet ist (Pfeil).

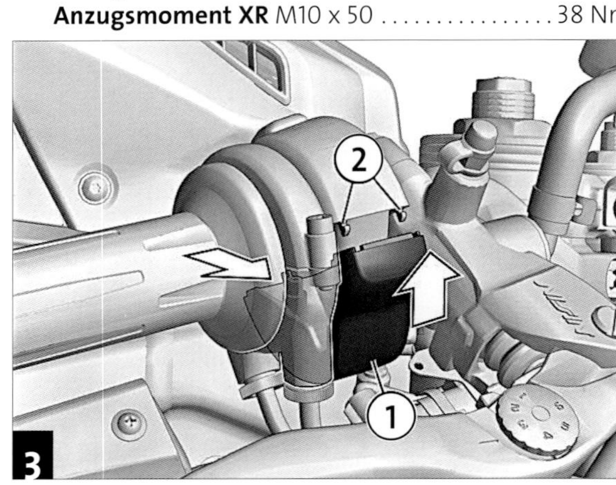

Kombischalter rechts

- Abdeckung **1** nach vorn oben drücken und abnehmen. Dabei auf Haltelaschen **2** achten.

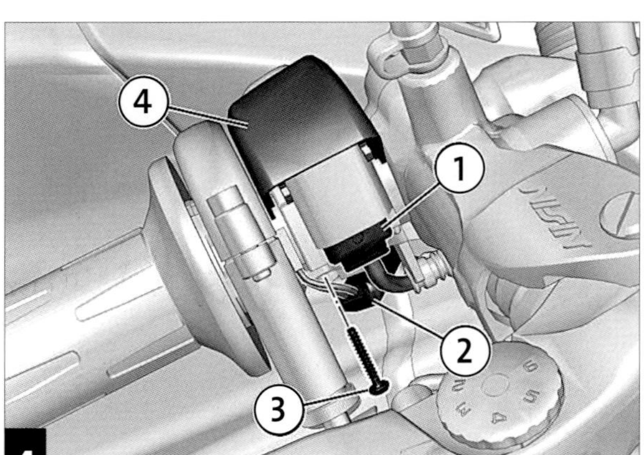

Kombischalter rechts

- Stecker **1** (Kombischalter) trennen.
- Stecker **2** (Griffheizung, so vorhanden; ansonsten Blindkappe trennen). Schraube **3** ausdrehen und Kombischalter **4** abnehmen.

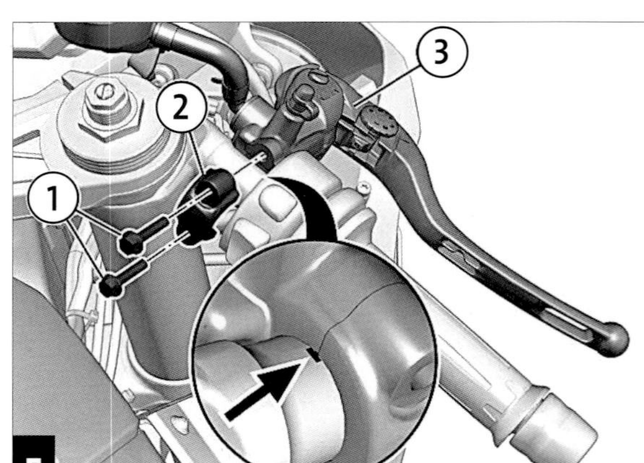

Handbremspumpe

- Schrauben **1** ausdrehen. Klemmschelle **2** und Armatur **3** abnehmen. Beim Einbau Klemmspalt auf Markierung ausrichten (Lupe).

1 **Anzugsmoment** M6 x 22 . . . . 8 Nm

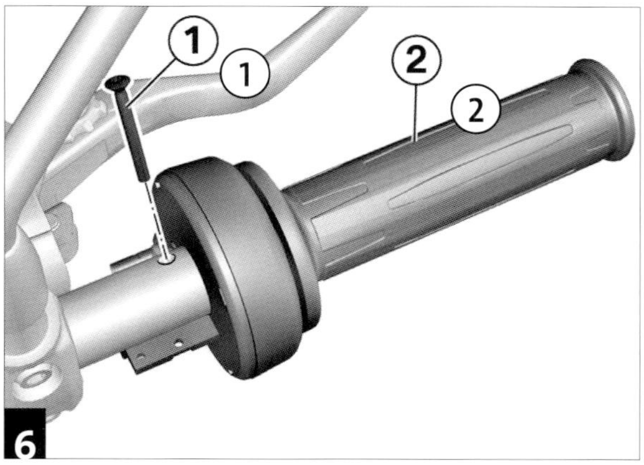

Gasgriff

- Schraube **1** lösen und Griff **2** abnehmen.
- In umgekehrter Reihenfolge montieren.

1 **Anzugsmoment** M3,5 x 30 .... 2 Nm

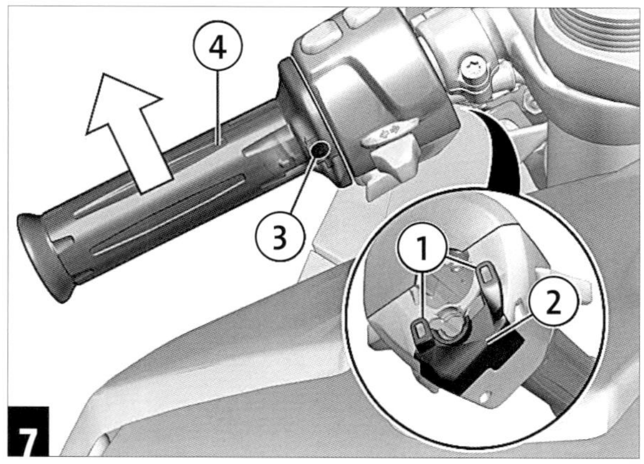

Griffeinheit links

- Laschen **1** lösen und Abdeckung **2** abnehmen.
- Griffgummi wegdrücken und Schraube **3** ausdrehen. Griffeinheit **4** nach vorn drehen.

3 **Anzugsmoment** Schr. f. Kunststoff 2,5 x 15 .....0,5 Nm

Griffeinheit links

! Keinesfalls versuchen, die Schrauben auszudrehen, um das Gehäuse zu öffnen. Dabei werden feine Leiterbahnen und Isolierlack beschädigt.

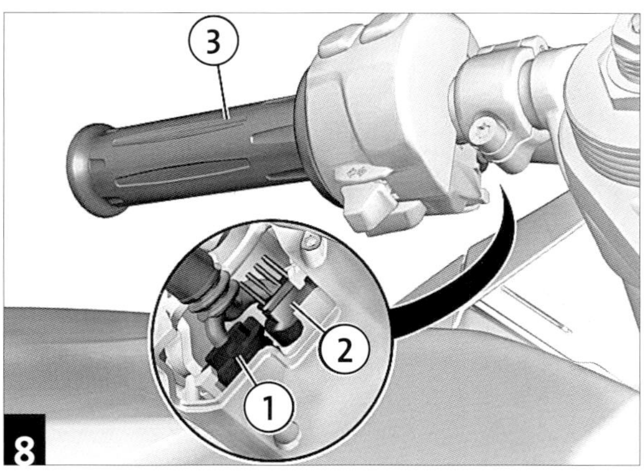

Griffeinheit links

- Kleinen Stecker **1** und großen Stecker **2** trennen.
- Griffeinheit **3** abnehmen.

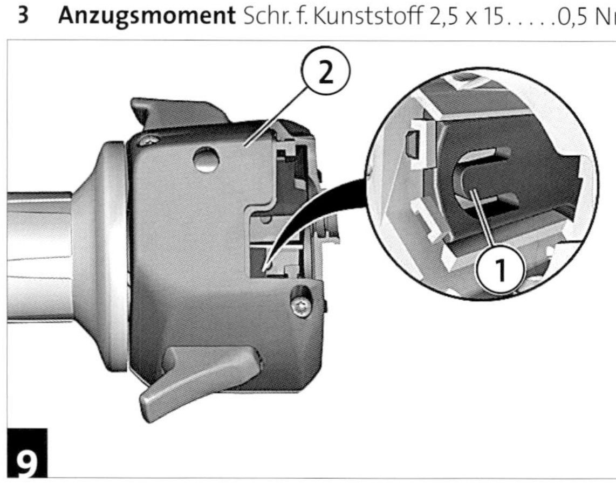

Griffeinheit links

- Nase **1** etwas hochziehen und Griff **2** abziehen. Beim Einbau muss Griff mit Nase hörbar einrasten.

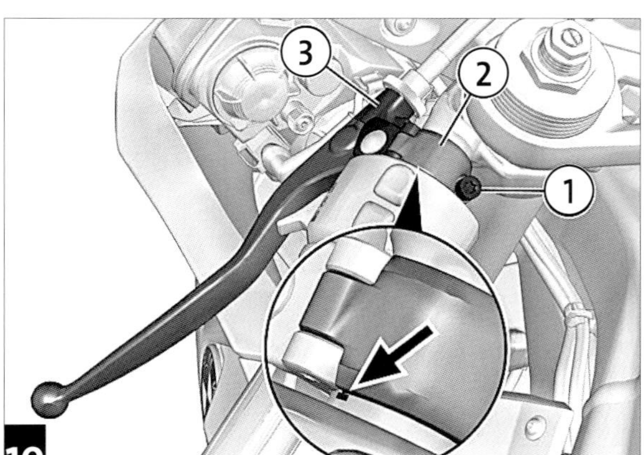

Kupplungsarmatur

- Schraube **1** ausdrehen und Klemmschelle **2** aufklappen. Kupplungsarmatur **3** abnehmen. Beim Einbau auf Markierung ausrichten (Lupe).

1 **Anzugsmoment** M6 x 15 .... 8 Nm

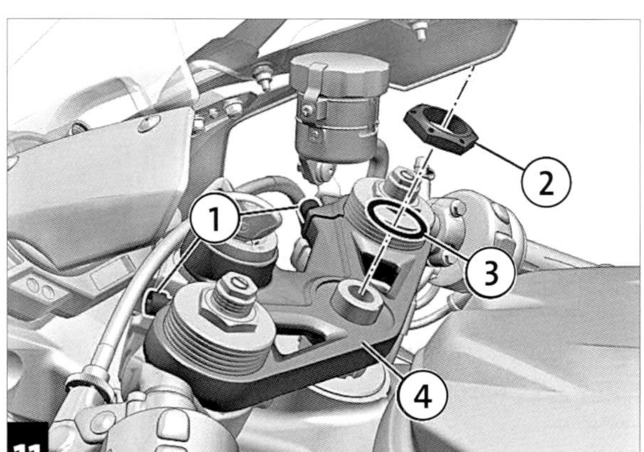

Obere Gabelbrücke

- Schrauben **1** lösen. Mutter **2** mit Zwölfkantnuss ausdrehen. Dabei Mutter nicht beschädigen/verkratzen, ggf. abkleben. Scheibe **3** abnehmen.
- Gabelbrücke **4** abnehmen.

- Gabelbrücke in umgekehrter Reihenfolge montieren.
- Innengewinde der Mutter **2** leicht schmieren.

Anzugsmomente

1 M8 x 24 .....19 Nm

2 M28 x 1.... 100 Nm

→

17 Frontpartie-Lenker

17.1 RR: Aus- und Einbau

Fortsetzung

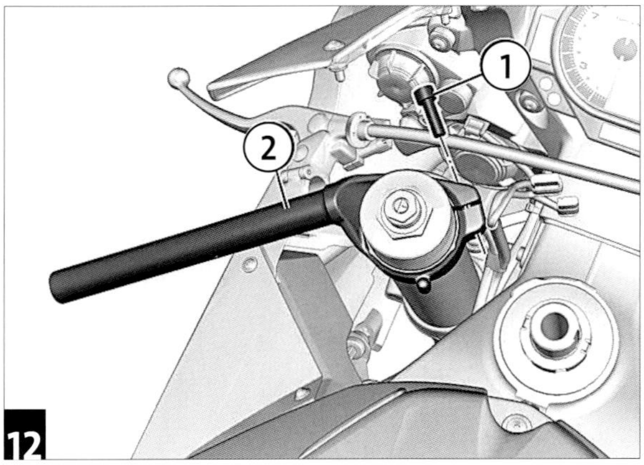

12

13

Lenkerhälfte

- Schraube **1** ausdrehen und Lenkerhälfte **2** abnehmen. Beim Einbau Schraube **1** erst festziehen, wenn die Gabelbrücke montiert ist (Bild 13).

1 **Anzugsmoment** M8 x 25 .... 19 Nm

Obere Gabelbrücke

- Nach Einbau der Gabelbrücke Lenkerhälte bis zum Anschlag nach oben schieben. Dabei darauf achten, dass Lenkerarretierung in Gabelbrücke eingreift
- Schraube **1** Bild 12 anziehen.

17.2 R/XR: Aus- und Einbau

! **Vorarbeiten** siehe vorige Seiten 232 und 233.

- Lenkergewichte abnehmen siehe Bild 1 Seite 232.
- **Komibschalter rechts** aus-/einbauen siehe Bilder 2 bis 4 Seite 232.
- **Komibschalter links** aus-/einbauen siehe Bilder 6 bis 9 Seite 233.
- **Kupplungsarmatur** aus-/einbauen siehe Bild 10 Seite 233.
- **R**: Handbremspumpe aus-/einbauen siehe Bild 5 Seite 232 und Bild 3 nächste Seite.

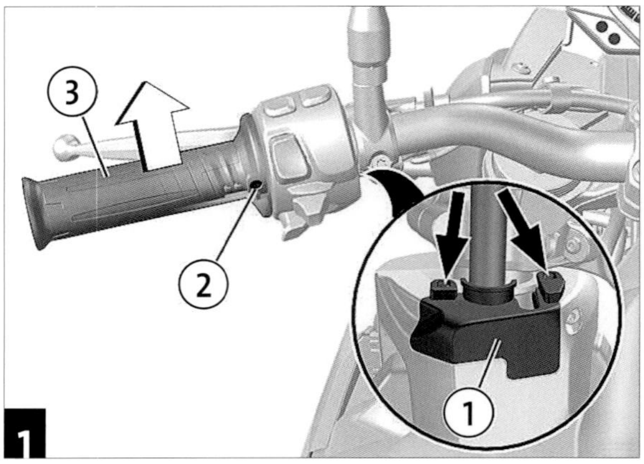

1

Griffeinheit links

- Bügel (Pfeile) lösen und Abdeckung **1** abnehmen.
- Griffgummi wegdrücken und Schraube **2** ausdrehen. Griffeinheit **3** nach vorn drehen.

3 **Anzugsmoment** Schr. f. Kunststoff 2,5 x 15 .....0,5 Nm

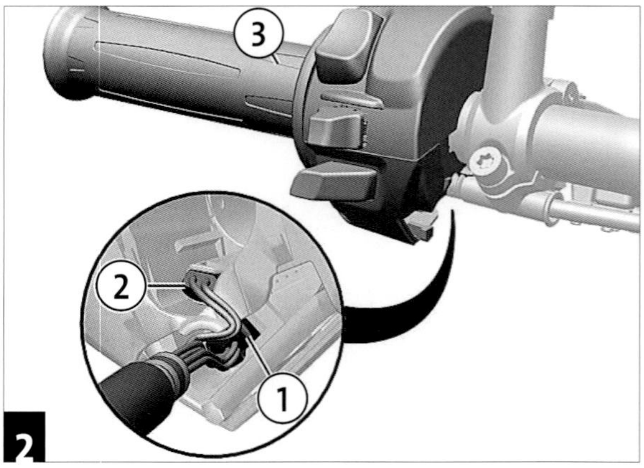

2

Griffeinheit links

- Kleinen Stecker **1** und großen Stecker **2** trennen.
- Griffeinheit **3** abnehmen.

R: Ausgleichsbehälter

- Schraube **1** ausdrehen. Mutter auf Rückseite (mit Abdeckkappe) gegenhalten. Behälter so festlegen, dass keine Luft ins Bremssystem gelangen kann.

1 **Anzugsmoment** M5 x 18 .... 5 Nm

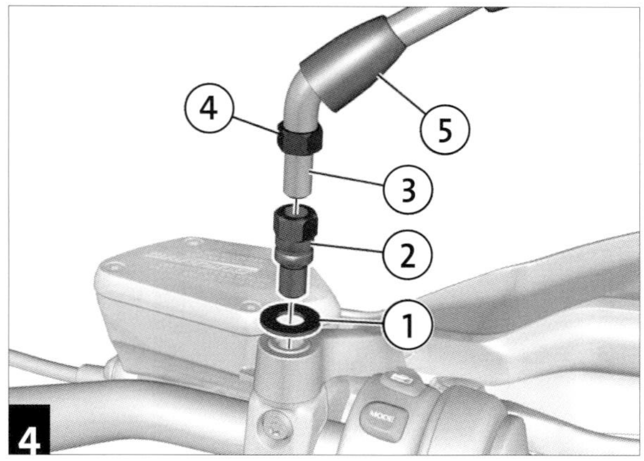

Spiegel/Handschutz

- Abdeckung **5** abziehen, Gegenmutter **4** lockern und Spiegel **3** ausdrehen.
- Adapter **2** ausdrehen und Scheibe **1** abnehmen

2 **Anzugsmoment** M10 x 14 - 4.8 Linksgewinde. 25 Nm

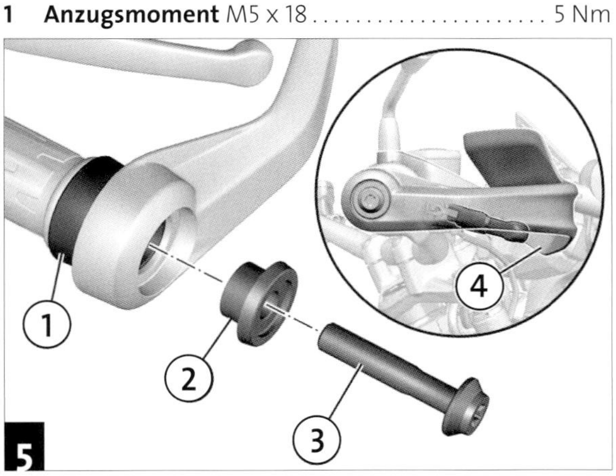

XR: Handschutz

- Schraube **3** ausdrehen. Buchse **2** und Handschutz **4** abnehmen. Ggf. Lenkergewicht **1** lösen.
- Bei Montage Stellung von Handschutz **4** beachten.

3 **Anzugsmoment** M10 x 50 .... 38 Nm

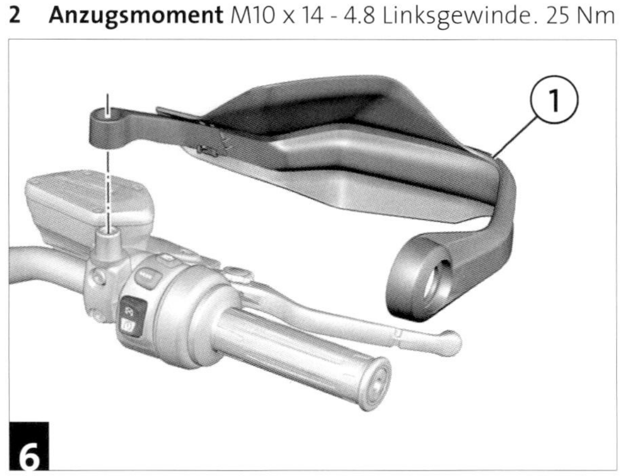

XR: Handschutz

- Handschutz **1** abnehmen.
- Beim Anziehen von Schraube **3** Bild 5 Handschutz ausgerichtet gegenhalten (Bild 5).

17 Frontpartie-Lenker

17.2
R/XR: Aus- und Einbau

Fortsetzung

- **XR Bild 7**: Handbremspumpe abnehmen und waagrecht festlegen, damit keine Luft ins Bremssystem gelangen kann.

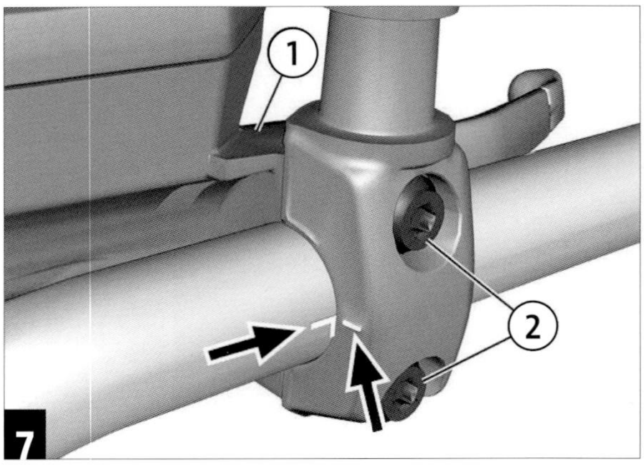

XR: Handbremspumpe aus-/einbauen

- Beim Einbau Handpumpe **1** ansetzen, Schrauben **2** handfest anziehen und auf Markierungen ausrichten. Zuerst obere Schraube **2** auf Block ziehen.
  Anzugsmoment M6 x 30 . . . . 8 Nm

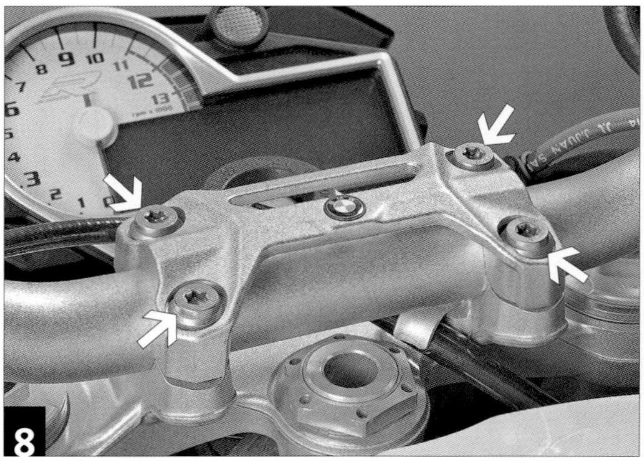

Lenkerklemmbock R

- Vier Schrauben ausdrehen. Lenker abnehmen.
- **Zuerst vordere** Schrauben anziehen, **dann hintere.**
- → Klemmspalt weist nach hinten.
  Anzugsmoment M8 x 30 . . . . 19 Nm

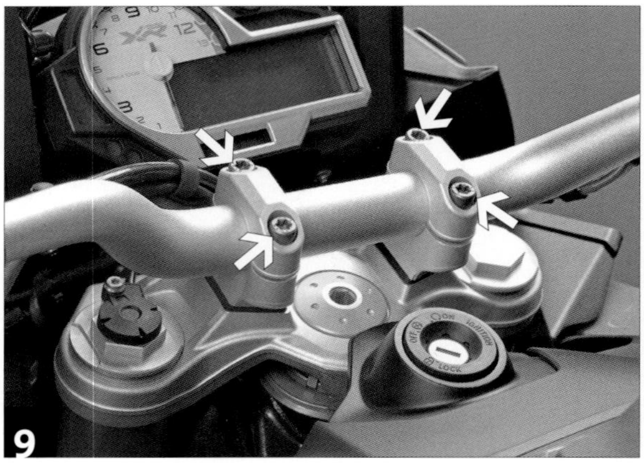

Lenkerklemmbock XR

- Vier Schrauben ausdrehen. Lenker abnehmen.
- **Zuerst vordere** Schrauben anziehen, **dann hintere**.
  Anzugsmoment M8 x 30 . . . . 19 Nm

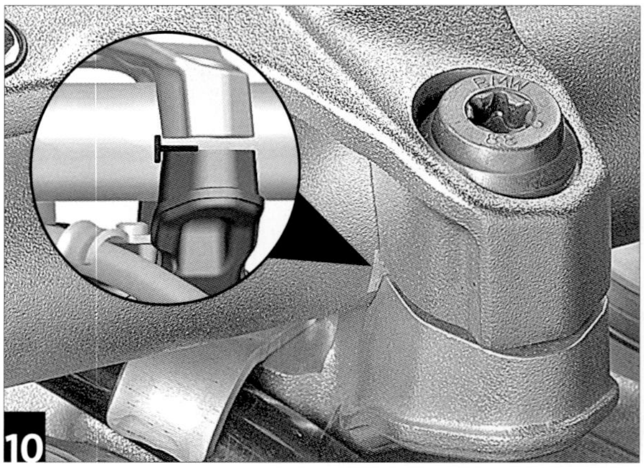

Lenkermarkierung

- T-Markierung auf Klemmspalt ausrichten.

17.3
R/XR: Schwingungsdämpfer

Die S 1000 XR und die S 1000 R ab Modelljahr 2017 sind mit einem "Gummi-gelagerten" Lenker ausgestattet, der feine Schwingungen von den lenkenden Händen abhält.

- Lenker komplett (mit Hebel und Armaturen) abnehmen wie im Vorkapitel beschrieben.

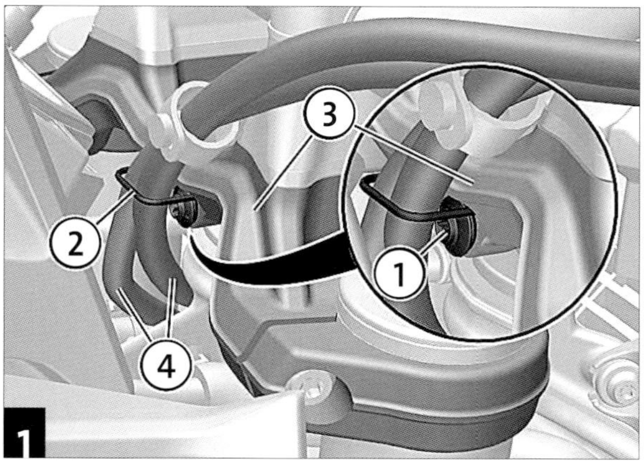

XR Lenkerkabel

- Schraube **1** mit Halter von oberer Gabelbrücke **3** lösen.
- Leitungen **4** beiseite drücken und Schraube aus Halter nehmen.

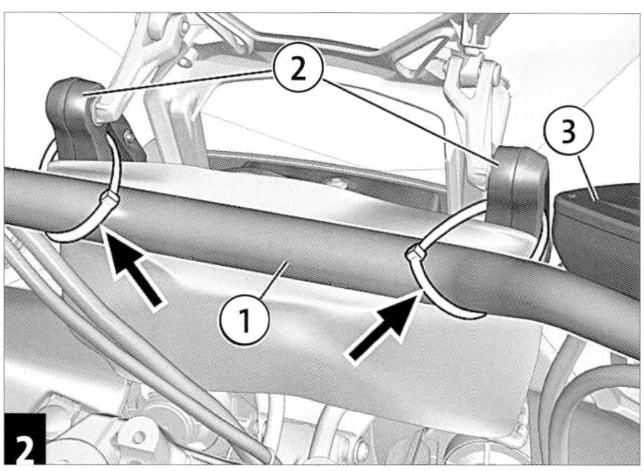

- Vor dem Lösen des Lenkers **1** Arbeitsbereich mit dicker Stoffmatte großzügig gegen Kratzer schützen.
- Bei der XR bietet sich der Instrumententräger **2** an, um Lenker mit Kabelbindern (Pfeile) zu fixieren.
- **Ausgleichbehälters 3 muss waagrecht stehen.**

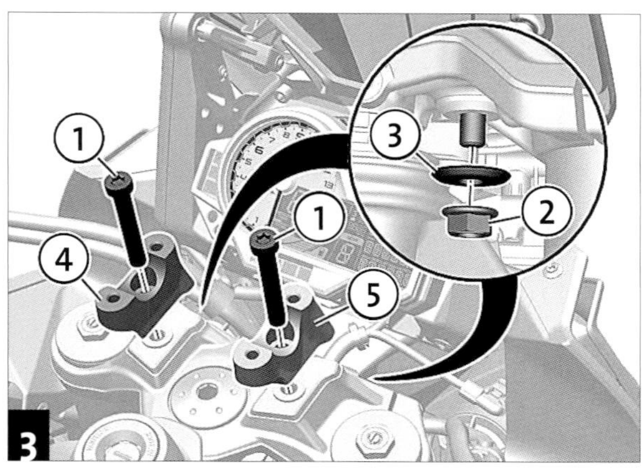

- Schrauben **1** und Muttern **2** mit Scheiben **3** ausdrehen (Muttern gegenhalten).
- Klemmböcke **4** und **5** abnehmen.

1 **Anzugsmoment** M10 x60 (neue Mutter) ..... 25 Nm

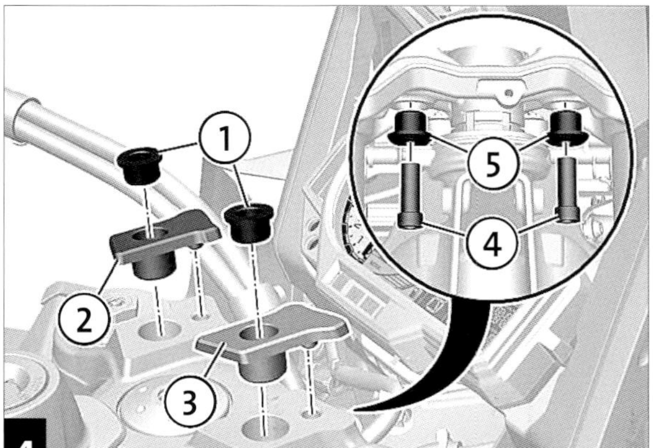

- Bundbuchsen **1** und Entkoppelungen links **2** und rechts **3** abnehmen.
- Lange Bundbuchsen **4** und Entkoppelungen unten **5** abnehmen.
- In umgekehrter Reihenfolge montieren. Dabei darauf achten, die Arretierungszapfen der Entkoppelungen **2** und **3** in die entsprechenden Bohrungen der Gabelbrücke eingreifen.
- Lenkerklemmböcke parallel zueinander einsetzen und mit **neuen** Muttern und Scheiben montieren.

👁 Beim Anziehen darauf achten, dass sich Klemmböcke nicht verdrehen und zueinander parallel ausgerichtet bleiben.

18 Gabel & Lenkkopf

18.1 Gabelholme Aus- und Einbau

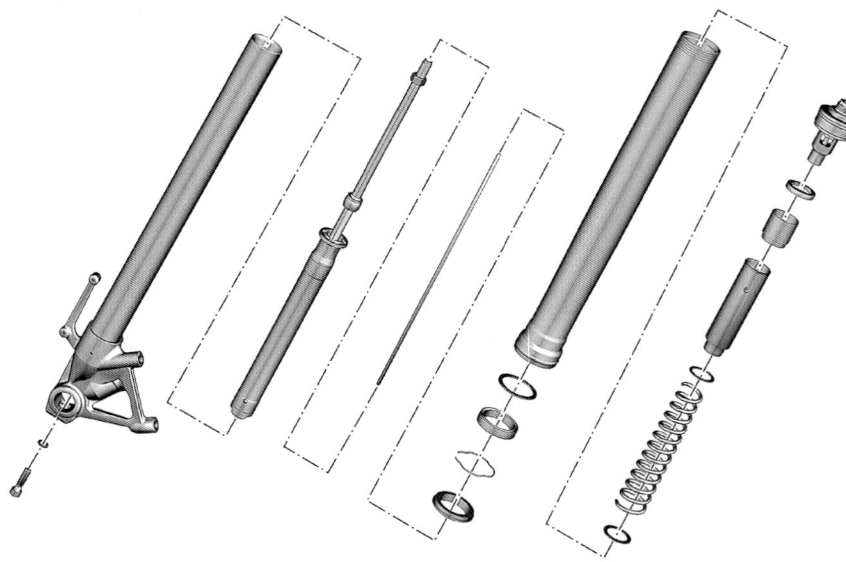

Das Gabelöl soll alle 30 000 Kilometer gewechselt werden. Aufgrund des hohen Aufwands an Spezialwerkzeug muss diese Arbeit und das Zerlegen der BMW-Werkstatt vorbehalten bleiben.

Vorarbeiten

- Motorheber/Scherenheber unter Motor stellen/einbauen, damit Vorderrad und Gabel entlastet sind.
- Ggf. Spoiler links und rechts ausbauen.
- Ggf. Raddrehzahlsensor ausbauen.
- Bremssättel und Vorderrad ausbauen.
- **R**: Frontverkleidung/Scheinwerferträger lösen (ab Seite 83).
- Gabelholm nach Lösen der Klemmschrauben unter Drehen nach unten herausnehmen und umgekehrt montieren.

Vorderrad-Abdeckung

- Zwei Schrauben je Seite ausdrehen und Abdeckung nach vorn abnehmen. Beim Einbau **neue** Schrauben (mikroverkapselt) oder Loctite 243 verwenden.
Anzugsmoment M5 x 14 .... 2 Nm

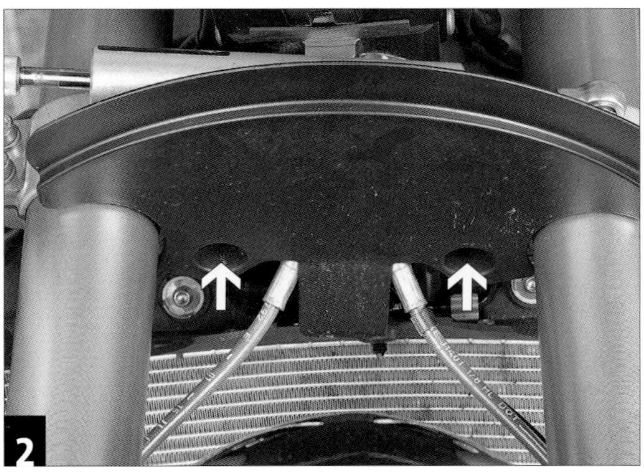

Luftführung an Gabelbrücke

- Zwei Schrauben ausdrehen und Luftführung nach unten abnehmen.

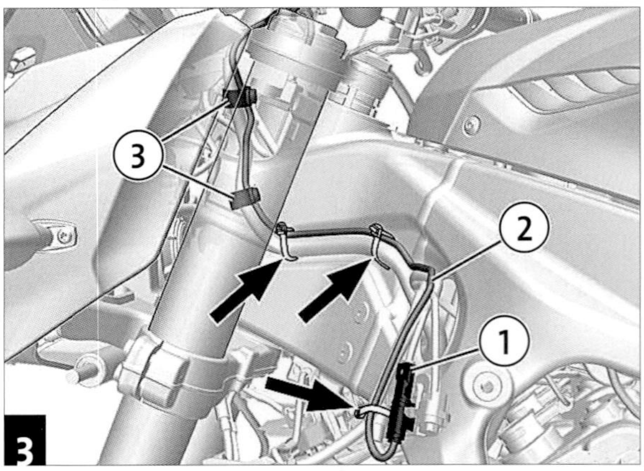

Gabel mit DDC (Sonderausstattung)

- Am linken Gabelholm Kabelbinder (Pfeile) trennen und Stecker **1** trennen.
- Kabel **2** aus Halter **3** lösen und Kabel freilegen.

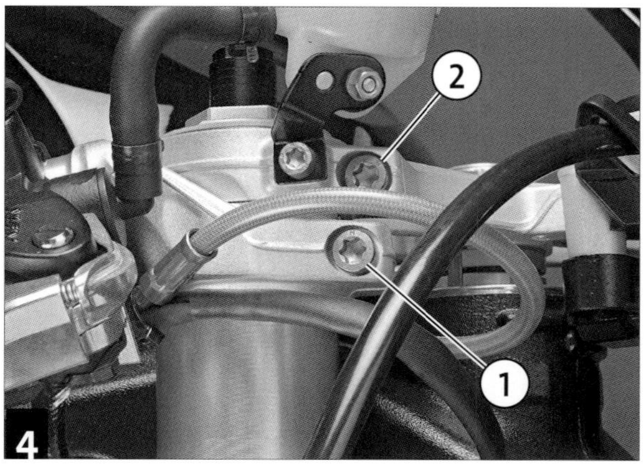

Obere Gabelbrücke

- Lenkerhälfte gegen Herunterfallen sichen und Klemmschraube **1** lösen. Klemmschraube **2** lösen.

1 **Anzugsmoment** M8 x 25. . . . . 19 Nm
2 **Anzugsmoment** M8 x 25. . . . . 19 Nm

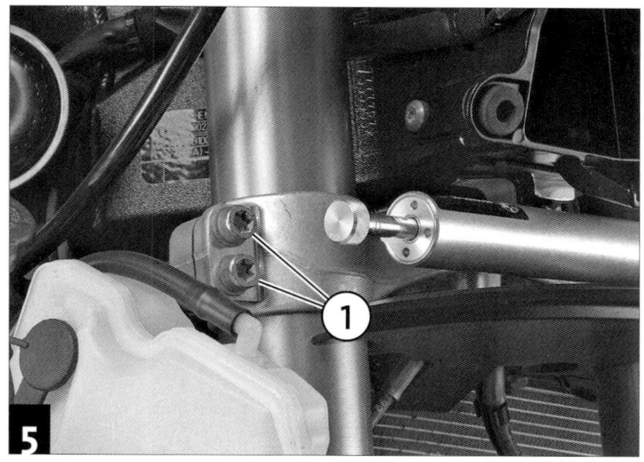

Untere Gabelbrücke

- Klemmschrauben **1** lösen (Anzug siehe Bild 9). Gabelbein unter Drehen nach unten ausbauen.

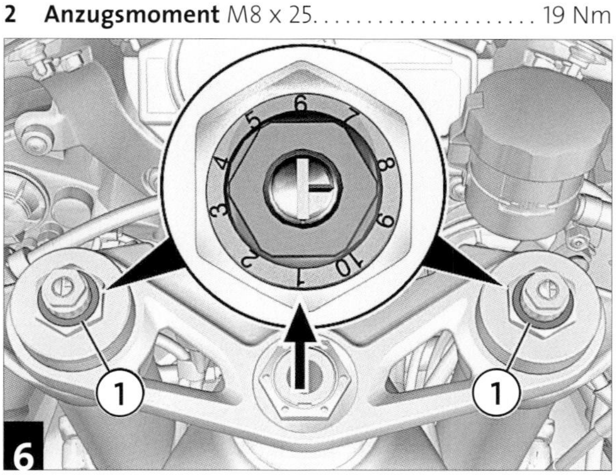

Gabelholm einbauen

- Einsteller **1** so positionieren, dass Skalenpositionen 1 (Pfeil) **zum Fahrer** weisen.

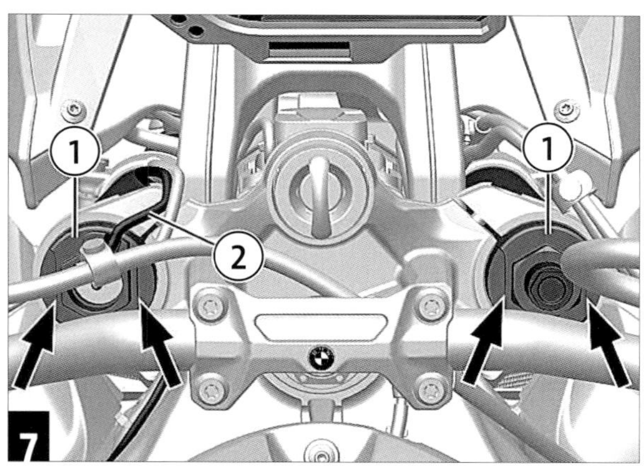

Gabel mit DDC (Sonderausstattung)

- Beim Einbau darauf achten, dass Aussparungen (Pfeile) der Deckel **1** parallel zur Fahrtrichtung stehen.
- Kabel **2** muss nach vorn **in Fahrtrichtung** weisen.

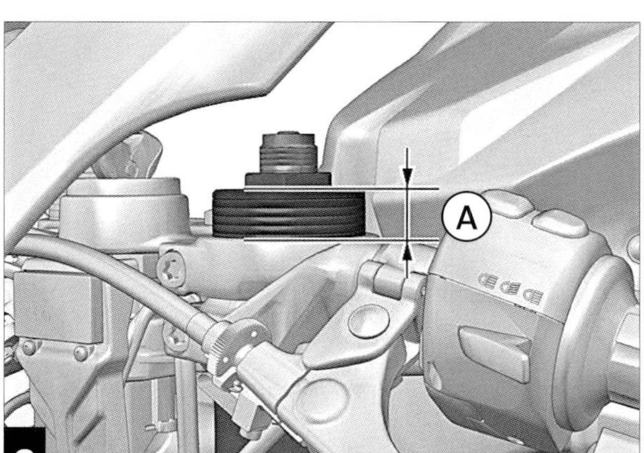

Gabelüberstand

- Standard-**Gabelüberstand A** einstellen.
  RR Typ 0507 (bis 2012) über Deckel . . . . 17 mm
  RR Typ 0524 (ab 2012) und R über Deckel . . . . . 12 mm
  XR. . . . . an Innenseite bündig mit Gabelbrücke

Klemmschrauben untere Gabelbrücke

- Klemmschrauben der unteren Gabelbrücke abwechselnd dreimal anziehen/abknacken.
  Anzugsmoment M8 x 35. 12 Nm

18 Gabel & Lenkkopf

18.2 Lenkungsdämpfer Aus- und Einbau

- **RR**: Luftführung an unterer Gabelbrücke abnehmen (Bild 2 vorige Seite).

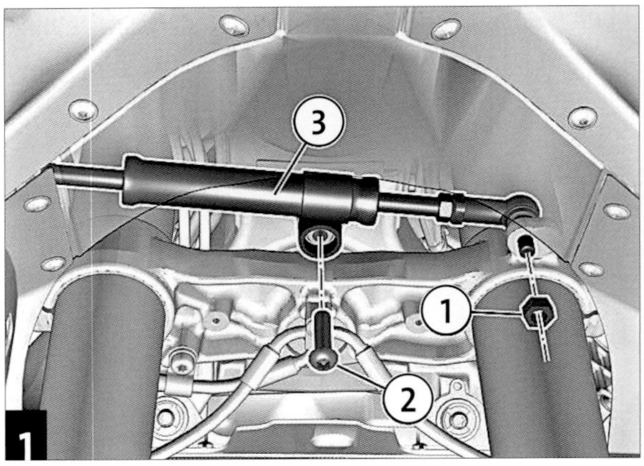

RR: Lenkungsdämpfer

- Mutter **1** und Schraube **2** (mikroverkapselt) ausdrehen und Lenkungsdämpfer **3** abnehmen.

1 **Anzugsmoment** M8 (Neuteil)................ 19 Nm
2 **Anzugsmoment** M8 x 30 (Neuteil)........... 19 Nm

R/XR: Lenkungsdämpfer

- Schraube **1** (mikroverkapselt) und Mutter **2** ausdrehen.
- Lenkungsdämpfer mit Abstandshalter **3** und Scheibe abnehmen.
- Beim Einbau **neue** Schraube **1** (mikroverkapselt) verwenden oder Loctite 243 beigeben (Gewinde reinigen).

Anzugsmomente
1 M8 x 65........19 Nm
2 M8 (Neuteil)... 24 Nm

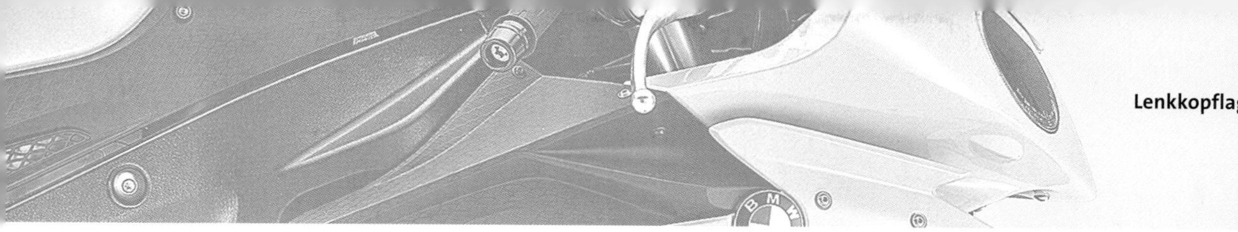

18.3
Lenkkopflager Aus- und Einbau

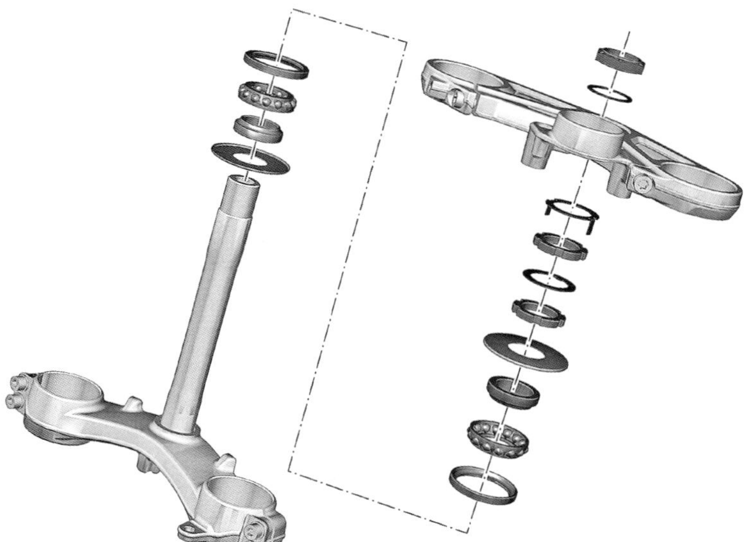

Vorarbeiten

- Gabelholme ausbauen (Seite 238).
- Obere Gabelbrücke, Einstellmuttern und Scheiben ausbauen (Seite 134).
- Bei der **Montage** säurefreies Wälzlagerfett zur Schmierung der Lagerschalen und Kugelkäfige verwenden.

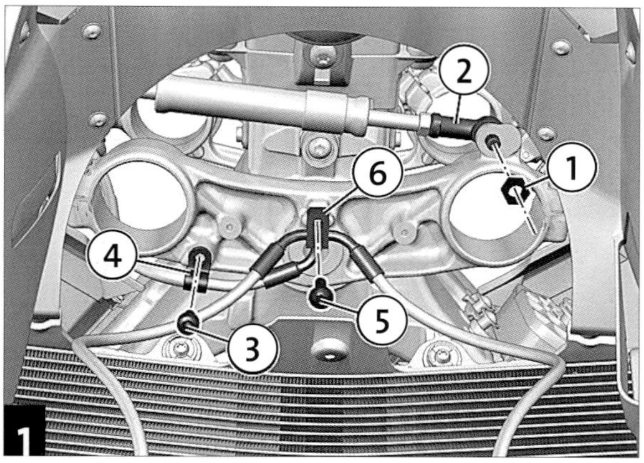

Untere Gabelbrücke

- Mutter **1** ausdrehen und Lenkungsdämpfer **2** abnehmen. Schrauben **3** und **5** ausdrehen. Halter **4** und Bremsleitungsverteiler **6** abnehmen.

5 **Anzugsmoment** M6 x 25 .... 8 Nm

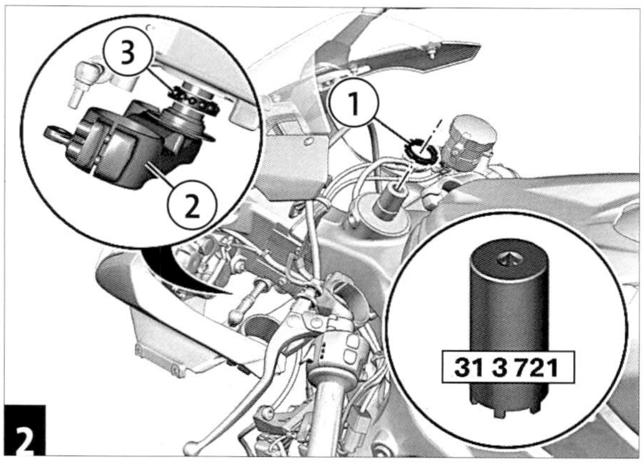

Lenkschaftrohr und Gabelbrücke

- Nutmutter **1** mit Zapfenschlüssel (BMW-Nr. im Bild) ausdrehen.
- Gabelbrücke **2** mit Kugelkäfig **3** nach ausbauen.

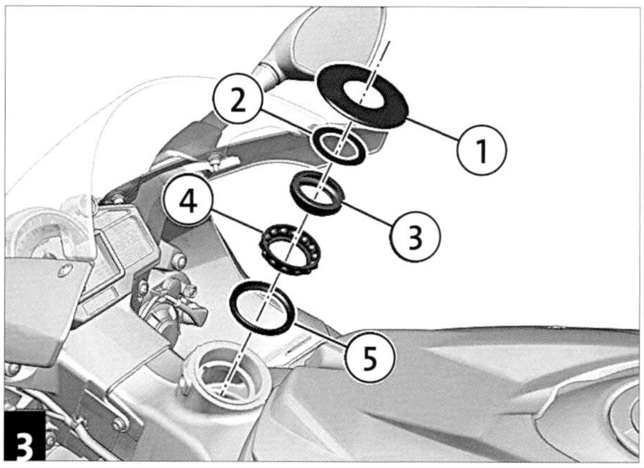

Lenkschaftrohr und Gabelbrücke

- Abdeckscheibe **1**, Druckscheibe **2** (verbaut ab Juni 2010), Lagerschale **3** und Kugelkäfig **4** abnehmen. Ausbau von Lagerschale **5** siehe folgende Bilder.
- Teile reinigen/entfetten und frisch fetten.

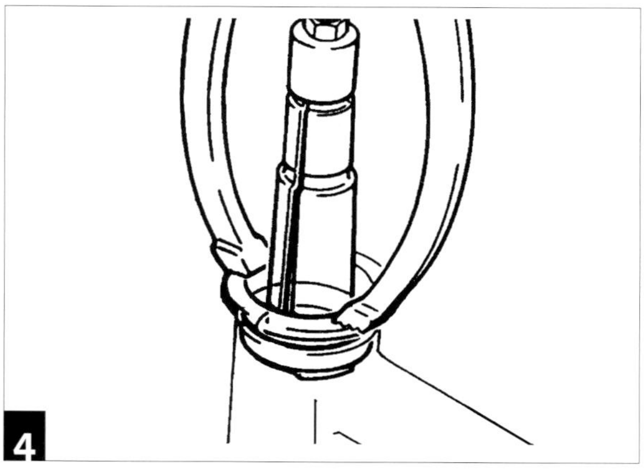

Lager-Ausbau oben und unten

- Lagerschalen ausbauen mit passendem Innenauszieher (handelsüblich) und Stützring, oder...

→

18 Gabel & Lenkkopf

18.3
Lenkkopflager Aus- und Einbau
Fortsetzung

5

Ausbau
- ... mit entsprechend langem Dorn (Pfeil) schrittweise über Kreuz austreiben. Dabei Lagerring nicht verkanten! Lagersitz weitet sonst auf! (Im Bild Kegelrollen-Lagerschale der F 650.)

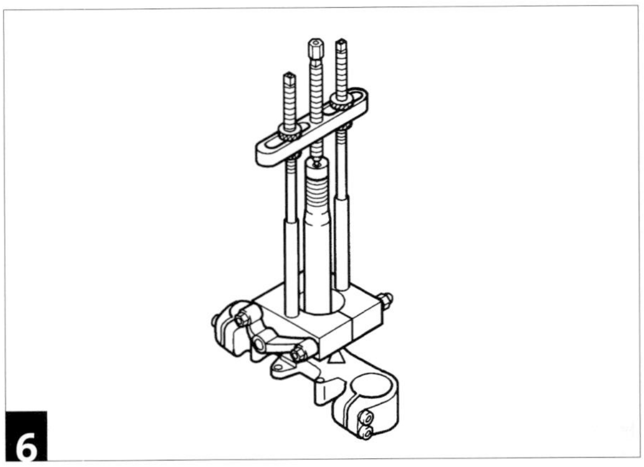
6

Ausbau unteres Lenklager
- Lagerschale mit passendem Abzieher, Trennbacken und Druckstück ausbauen. Dies sind handelsübliche »Spezialwerkzeuge«. Die darunterliegende Abdeckscheibe muss ersetzt werden.

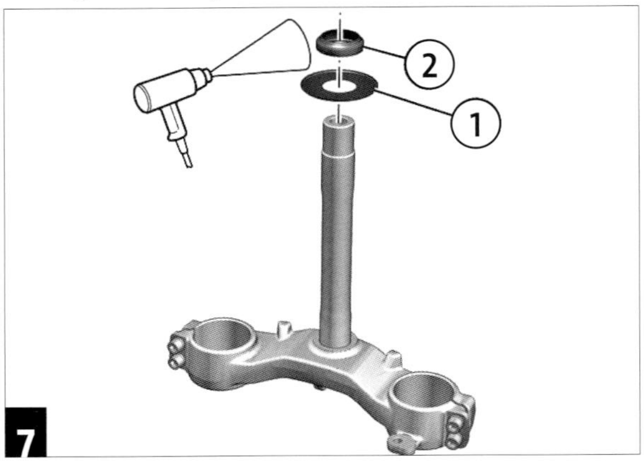

7

Einbau unteres Lenklager
- Abdeckscheibe **1** (Neuteil) auflegen.
- Lagerschale **2** auf 80 °C erwärmen – schont den Lagersitz!

TIPP
Lagerschalen über Nacht ins Tiefkühlfach legen – schont die Lagersitze!

- In umgekehrter Ausbaureihenfolge montieren.
- Lager einstellen wie auf Seite 134 beschrieben.

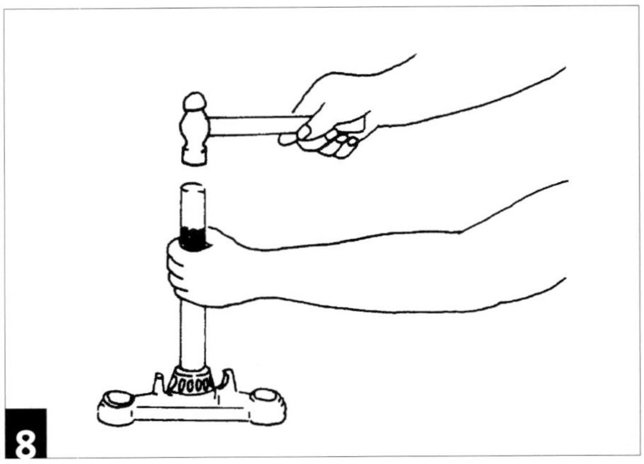
8

Einbau unteres Lenklager
- Innenlaufring des Lagers auf Lenkschaftrohr mit passendem Rohrstück **bis zum Aufsitzen** auftreiben.
- Kugelkäfig und Laufflächen vollständig fetten.

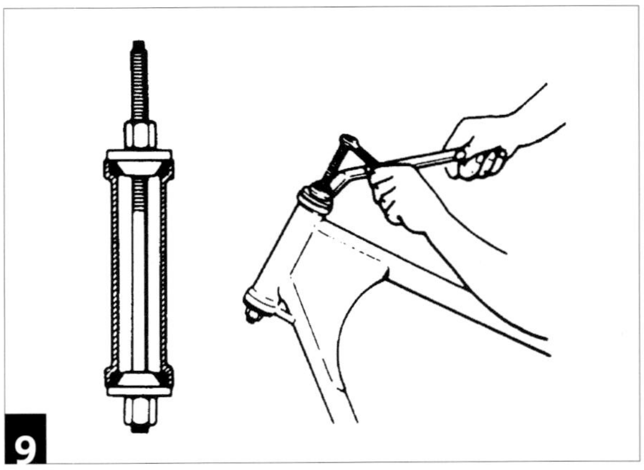
9

Einbau Lagerschalen oben und unten
- Lagerschalen mit passenden Adaptern (Unterlagscheiben) und Gewindestange einziehen.

18.4
Prüfen und Vermessen

- Nach Unfall Gabel und Gabelbrücken auf Risse, Verzug oder Beschädigung untersuchen.

! Defekte und/oder angerissene Teile nicht richten, sondern durch Neuteile ersetzen.

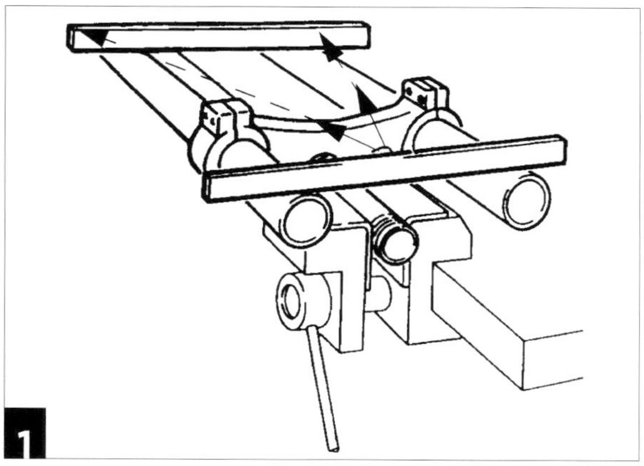

Untere Gabelbrücke
- Test nur mit einwandfreien Gabelbeinen durchführen!
- Klemmschrauben anziehen.
- Genau geschliffene Messlineale (z. B. BMW-Nr. 31 4 620) anlegen und durch Visieren auf Verzug prüfen.

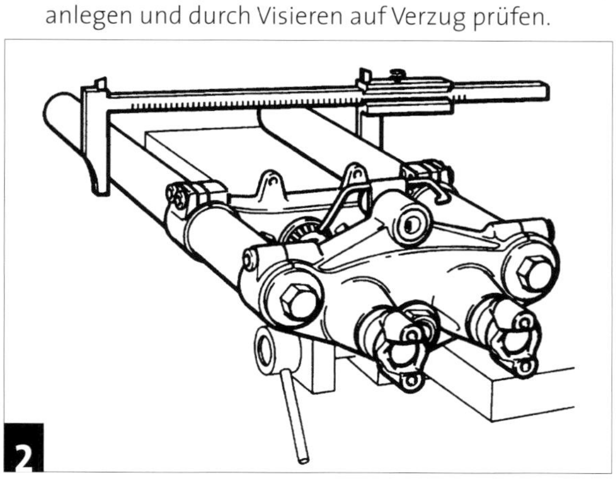

Gabelholme
- Klemmschrauben anziehen.
- Parallelität der Standrohre mit passendem Messschieber prüfen.

Prüfen und Vermessen
- Verzugfreien Einbau mit geschliffener Metallplatte prüfen.
- Platte darf nicht kippeln und muss satt anliegen. Im Bild F 650 GS.

19 Heckrahmen

19.1 Aus- und Einbau

Vorarbeiten

- Sitze/Sitzbank ausbauen.
- Batterie ausbauen.
- Ggf. Diebstahlwarnanlage mit Halter ausbauen.
- Kennzeichenträger und Heckverkleidung komplett ausbauen.
- Tankverkleidung ausbauen.
- **RR/R**: Relaishalter ausbauen (ab Seite 155).
- Ggf. Drehratensensor des Race-ABS und DTC ausbauen (Bild 5 Seite 253).
- Kabelbinder vom Stecker des Schaltassistenten trennen.

Sozius-Fußrastenhalter

- Zwei Schrauben beidseitig ausdrehen und Sozius-Fußrastenhalter vom Rahmen abnehmen.

1 **Anzugsmoment** M8 x 25 - 10.9 . . . . 28 Nm

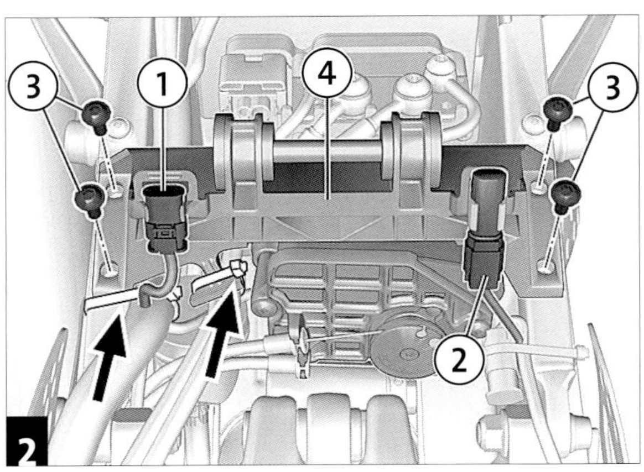

Tank-Haltebrücke

- Kabelbinder (Pfeile) trennen.
- Stecker **1** und Sensor **2** abnehmen.
- Schrauben **3** ausdrehen und Haltebrücke **4** abnehmen.

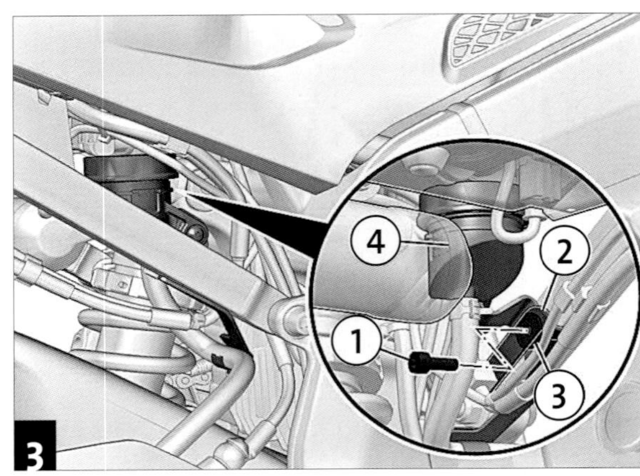

Bremsflüssigkeitsbehälter bis 2012

- Schraube **1** ausdrehen und Halter **2** mit Scheibe **3** abnehmen. Behälter **4** mit Draht oder Schnur so festlegen, dass er in senkrechter Stellung bleibt.

1 **Anzugsmoment** M6 x 16. . . . . 8 Nm

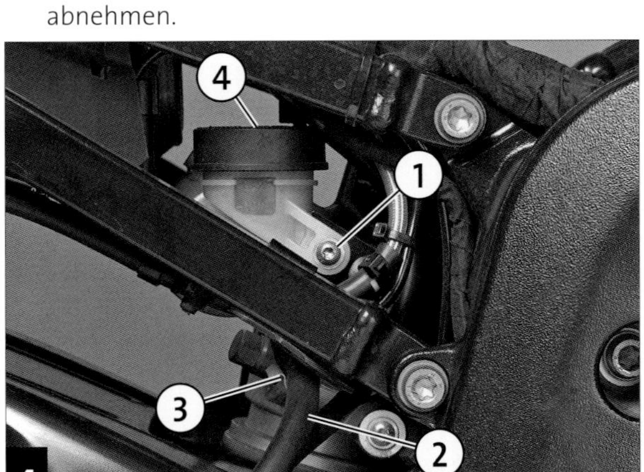

Bremsflüssigkeitsbehälter bis 2012

- Schraube **1** ausdrehen und Schlauch **2** aus Halter **3** lösen. Behälter **4** mit Draht oder Schnur so festlegen, dass er in senkrechter Stellung bleibt.

1 **Anzugsmoment** M5 x 16 (Loctite 243 beigeben) . . 5 Nm

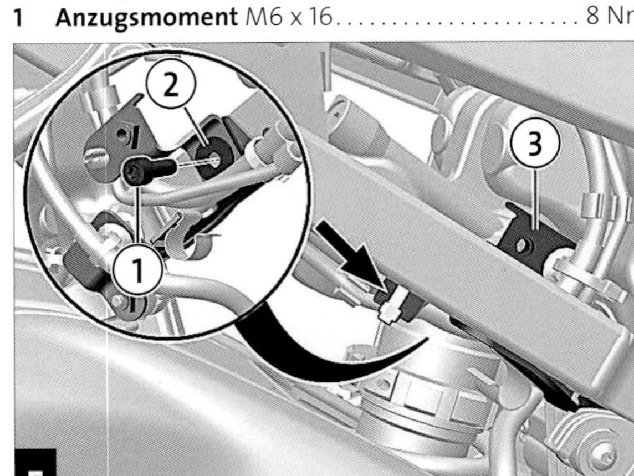

Bremsflüssigkeitsbehälter ab 2012

- Schraube **1** ausdrehen,mit Scheibe **2** und Halter **3** abnehmen. Kabelbinder (Pfeil) trennen.

1 **Anzugsmoment** M6 x 16. . . . . 8 Nm

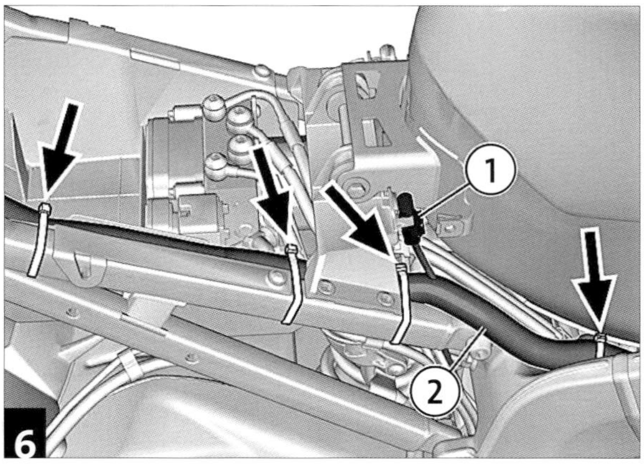

Kabelbaum/Heckrahmen

- Kabelbinder (Pfeile) trennen.
- Stecker **1** lösen und Kabelbaum **2** freilegen.

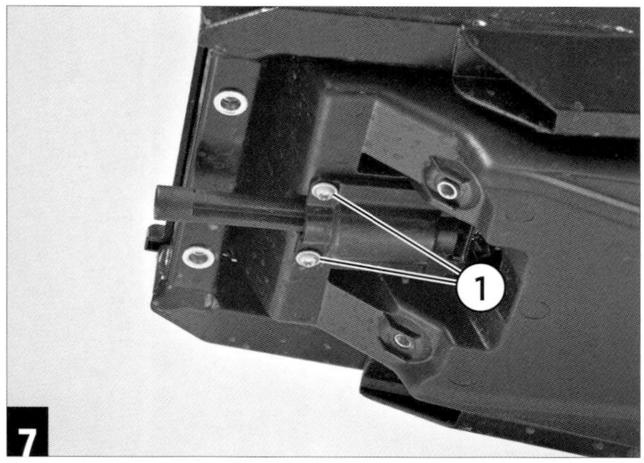

XR: Sitzbankverriegelung

- Schrauben **1** ausdrehen und Sitzbankverriegelung abnehmen.

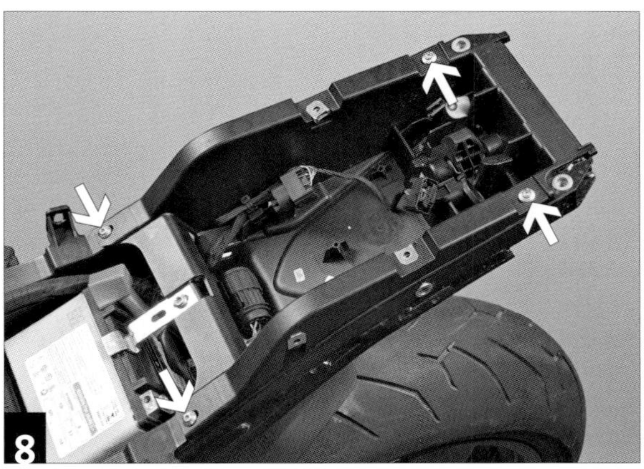

XR: Heckschale

- Kabelbinder trennen und Schrauben (Pfeile) ausdrehen.

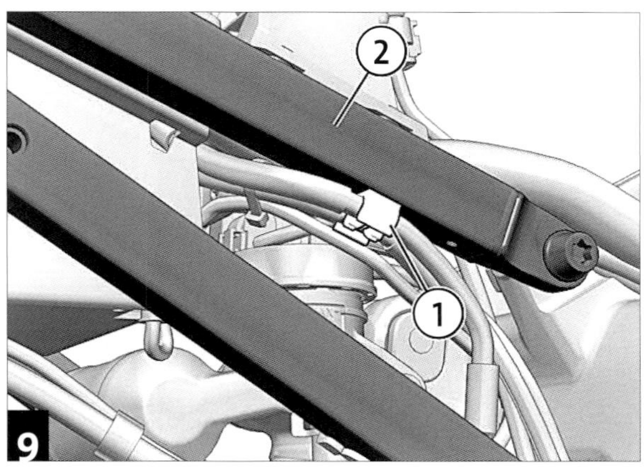

ABS-Bremsleitungen

- Ggf. Halter der ABS-Bremsleitungen **1** vom Heckrahmen **2** abnehmen.

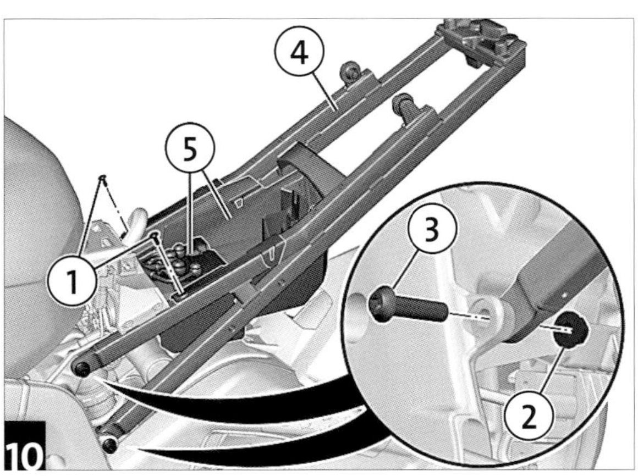

Heckrahmen ausbauen

- Schrauben **1** ausdrehen. Schrauben **2** und Muttern **3** links und rechts ausdrehen. Heckrahmen **4** abnehmen und dabei Schale **5** mit Druckmodulator lösen.

Heckrahmen einbauen

- Ggf. Soziussitzgummis vom alten Heckrahmen auf den neuen ummontieren.
- Heckrahmen vorsichtig ansetzen. Dabei Schale mit Druckmodulator einsetzen.
- Schrauben **3** und Muttern **2** eindrehen.
- Übrige Arbeitsschritte in umgekehrter Reihenfolge durchführen.

3 **Anzugsmoment** M10 x 1,25 x 40. . . . . .60 Nm

20 Rad, Federbein & Schwinge

20.1 Laufrad Aus- und Einbau

- Felgenschlag prüfen siehe Seite 135 bzw. Seite 229.
- Radlager ersetzen siehe Seite 230.
- Fahrzeug sicher aufbocken.
- ! Bremspedal bei ausgebautem Rad nicht mehr betätigen! Die Kolben im Bremssattel fahren sonst heraus!

1

Radausbau

- Bremssattel und Bremsscheibe umfassen.
- Sattel und Scheibe gegeneinander drücken, damit Kolben Platz macht für leichtere Montage. Der vergrößerte Spalt zwischen den Bremsbelägen erleichtert das Einfädeln der Bremsscheibe beim Einbau.
- ! Bremse nicht mehr betätigen.

2

- Gegenmutter **1** der Einstellschraube **2** lockern.
- Einstellschraube **2** eindrehen, um den Kettendurchhang zu vergrößern (Rad/Radachse möglichst weit nach vorn schieben).

- Achsmutter (Pfeil) ausdrehen und darunterliegende Scheibe abnehmen.
- Hinterrad anheben und Achse mit Führungsstück nach rechts herausziehen.
- Auf Verbleib der Buchse links achten.
- Kette vom Kettenrad abheben und seitlich auf Schwingenholm ablegen.
- Bremssattel zur Seite hängen.
- Hinterrad nach hinten herausrollen.

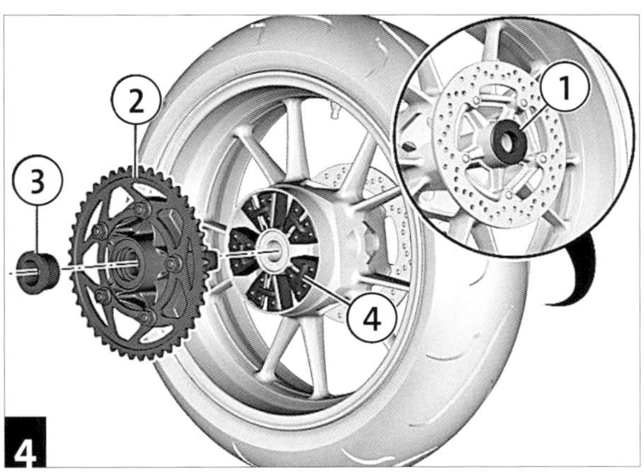

Kettenradträger
- Buchse **1** abnehmen. Kettenradträger **2** und Buchse **3** abnehmen.
- Ruckdämpferelemente **4** abnehmen und ersetzen, falls verschlissen.

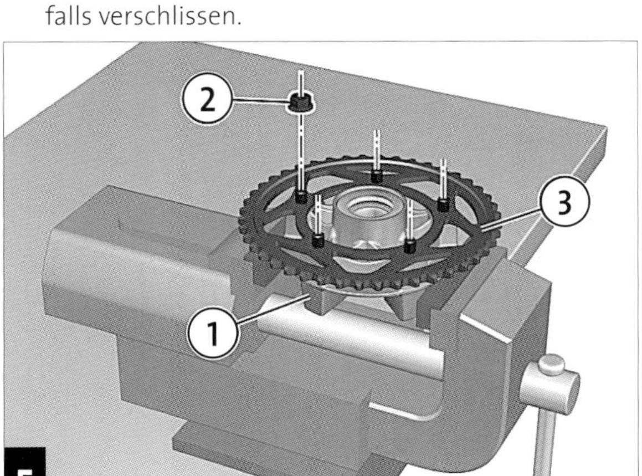

Kettenrad
- Kettenradträger mit Schutzbacken **1** einspannen.
- Muttern **2** ausdrehen und Kettenrad **3** abnehmen.
- **Neue** Muttern über Kreuz anziehen.

2 **Anzugsmoment** M12 x 1,5 - 10.9 .... 110 Nm

20 Rad, Federbein & Schwinge

20.1 Laufrad Aus- und Einbau

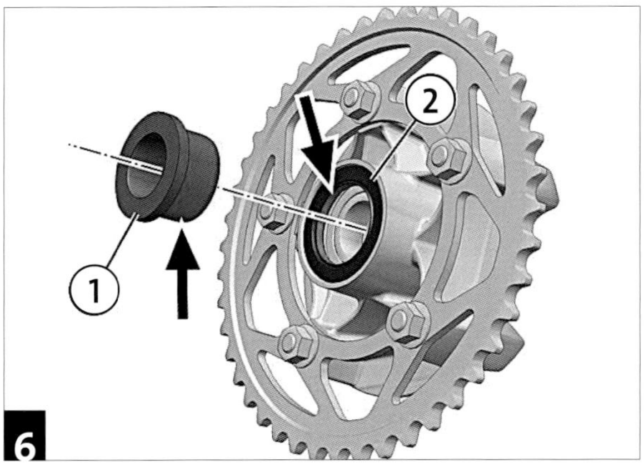

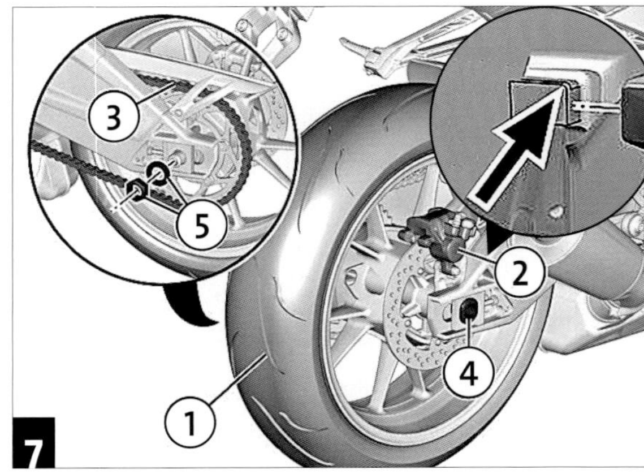

Kettenradträger

- Altes Fett von Buchse **1** und Wellendichtring **2** entfernen. Beide frisch fetten (Pfeile) und einsetzen.
- Kettenradträger in Hinterradnabe einsetzen.

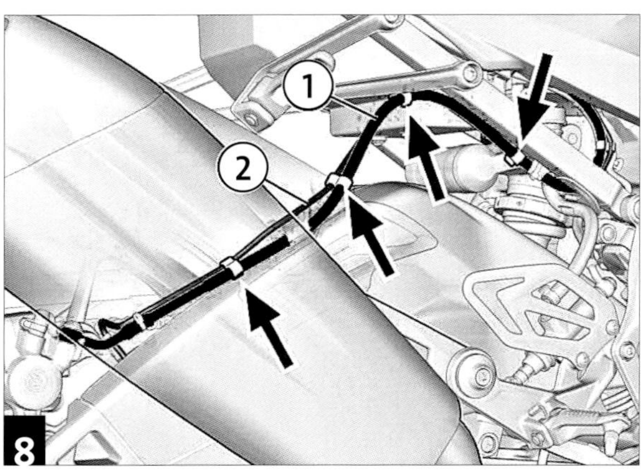

ABS-Sensor-Kabel

👁 Darauf achten, dass Bremsleitung **1** und Raddrehzahlsensor-Leitung **2** in Halter (Pfeile) verlegt sind, ggf. befestigen.

Laufrad einbauen

- Rad **1** mit Kettenradträger (mit Buchse Bild 6) und Bremssattel **2** einrollen. Kette **3** auflegen.

👁 Darauf achten, dass Bremssattelträger in Nase eingreift (Pfeil).

- Rad anheben und Achse **4** einschieben.
- Achsmutter **5** mit Scheibe locker eindrehen.
- Kettendurchhang einstellen (Seite 126) und Achsmutter **5** anziehen.
- **Beidseitig** Einstellschrauben (Bild 2) gleichmäßig schrittweise ausdrehen, bis Durchhang korrekt ist.

Achsmutter, M24 x 16 .... 100 Nm
Gegenmutter Einsteller M8 .... 19 Nm

Kettendurchhang unbelastet auf Seitenständer prüfen

- In der Mitte zwischen Rad- und Ritzelachse messen.
  Sollwert RR............................ 40 – 50 mm
  Sollwert R/XR mit Tieferlegung......... 35 – 45 mm
  Sollwert XR .... 45 – 50 mm

! Bremsdruck durch Pumpen am Pedal aufbauen, bevor Fahrzeug in Bewegung gesetzt wird.
! Bremse ist erst betriebsbereit, wenn Druckpunkt klar spürbar ist.

20.2 Federbein Aus- und Einbau

- Fahrzeug mit Motorheber aufbocken, sodass Hinterrad entlastet ist.
- Tankverkleidung ausbauen (RR Seite 78; R Seite 82; XR ab Seite 90).
- Tank ausbauen (Seite 142).
- Motorspoiler beidsetig ausbauen (RR Seite 76; R Seite 85; XR Seite 91).
- Hauptkabelbaum am rechten Oberzug des Heckrahmens lösen.
- Bremsflüssigkeitsbehälter lösen (siehe voriges Kapitel).
- Tank-Haltebrücke lösen (siehe Bild 2 Seite 244).
- **DDC**: Bei Fahrzeugen mit **D**ynamic **D**amping **C**ontrol (Sonderaustattung) Kabel des Federbeins freilegen.
- **DDC**: Geberstange-Haltewinkel des Höhenstandsensors an der Schwinge lösen (siehe folgendes Kapitel).

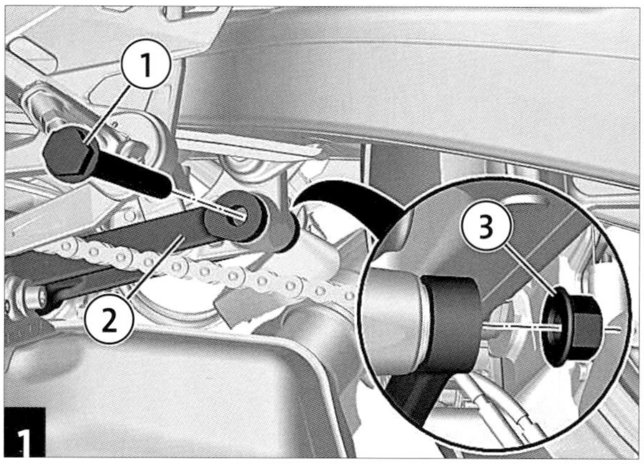

R: Anlenkhebel lösen/befestigen

- Schraube **1** ausdrehen und Hebel **2** nach unten klappen.

! Schraube **1** mit **neuer** Mutter **3** M12 x 1,5 - 10 erst anziehen, wenn Hinterrad/Schwinge belastet ist.

1 **Anzugsmoment** M12 x 1,5 x 125 - 10.9........100 Nm

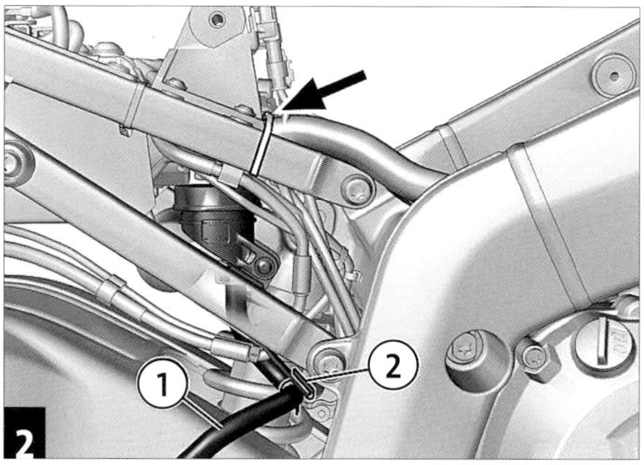

Heckrahmen anheben

- Kabelbinder (Pfeil) trennen und Schlauch **1** aus Führung **2** lösen.

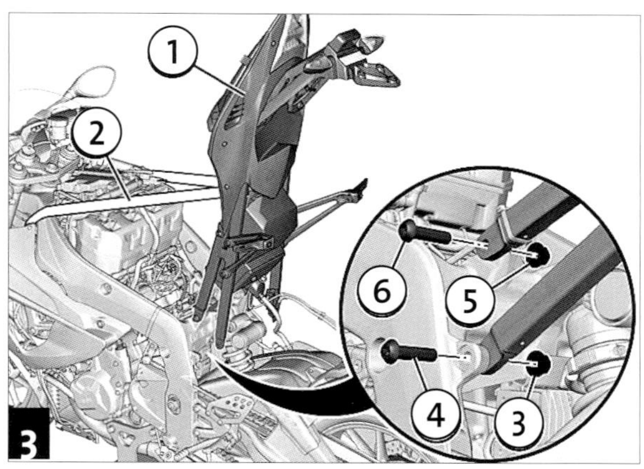

Heckrahmen anheben

- Heckrahmen **1** mit Spanngurt **2** sichern.
- Muttern **3** und Schrauben **4** beidseitig ausdrehen.
- Muttern **5** und Schrauben **6** beidseitig **lockern**.
- Heckrahmen **1** anheben und mit Spanngurt **2** sichern.
  Anzugsmoment 4/6
  M10 x 1,25 x 40 ....60 Nm

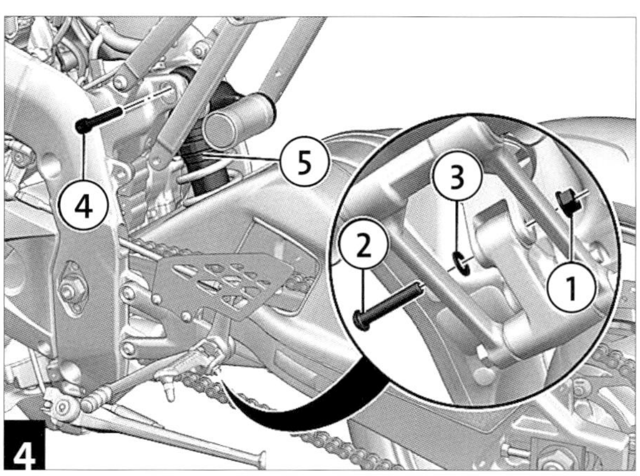

Federbein aus-/einbauen

- Mutter **1** mit Schraube **2** und Scheibe **3** ausdrehen.
- Schraube **4** ausdrehen und Federbein **5** aus Schwinge ausfädeln.
- In umgekehrter Reihenfolge einbauen.
- Schraube **4** leicht fetten (Optimoly TA).

4 **Anzugsmoment** M10 x 65 ....56 Nm
2 **Anzugsmoment** M10 x 55 - 10.9..............56 Nm

20 Rad, Federbein & Schwinge

20.3 Schwinge Aus- und Einbau

- Tankverkleidung ausbauen (RR Seite 78; R Seite 82; XR ab Seite 90).
- Tank ausbauen (Seite 142).
- Motorspoiler beidsetig ausbauen (RR Seite 76; R Seite 85; XR Seite 91).
- Fahrzeug mit Motorheber aufbocken, sodass Hinterrad entlastet ist.
- Rollenkette trennen und ausfädeln.
- Hinterrad ausbauen.

RR/R: Radabdeckung
- Drei Schrauben ausdrehen und Bremsschlauch aus Halter (Pfeil) lösen. Beim Einbau neue Schrauben (mikroverkapselt) verwenden.
  Anzugsmoment M5 x 25 .... 2 Nm

XR: Radabdeckung
- Zwei Schrauben je Seite ausdrehen und Bremsschlauch aus Halter (Pfeil) lösen. Beim Einbau neue Schrauben (mikroverkapselt) verwenden.
  Anzugsmoment M5 x 25 .... 2 Nm

- **Bild 3**: Schraube **1** ist eine spezielle Schraube mit Passkopf. Bei Montage Schraubenkopf leicht schmieren.

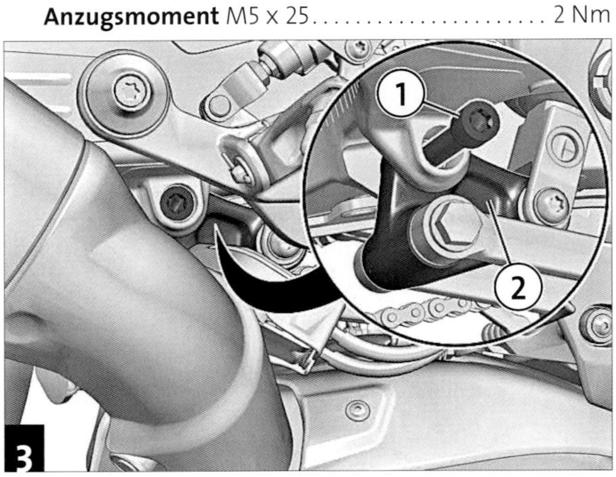

Umlenkhebel lösen/befestigen
- Schraube **1** ausdrehen und Umlenkhebel **2** lösen.
- Federbein oben und unten lösen (siehe Vorkapitel).
- Neue Schraube verbauen oder Loctite 243 beigeben.

1 **Anzugsmoment** M12 x 1,5 x 60 - 10.9 .... 100 Nm

Einbau
- Schwingenachse zum Einbau leicht fetten (Optimoly TA).
- Bauteile in folgender Reihenfolhe montieren:
- Schwinge **5** in Rahmen positionieren, Achse einschieben und anziehen.
- Nutmutter **3** mit Zapfenschlüssel anziehen.
- **Neue** Mutter **1** mit Scheibe **2** eindrehen. Dabei an Achse **4** gegenhalten.
  Anzugsmomente

4 M27 x 1,25 .... 10 Nm
3 M27 x 1,25 .... 65 Nm
1 M18 x 1,5 .... 100 Nm

DDC (Sonderausstattung)
- Zwei Schrauben ausdrehen und Geberstange-Haltewinkel des Höhenstandsensors an der Schwinge lösen.
  Anzugsmoment M5 x 12 .... 4 Nm

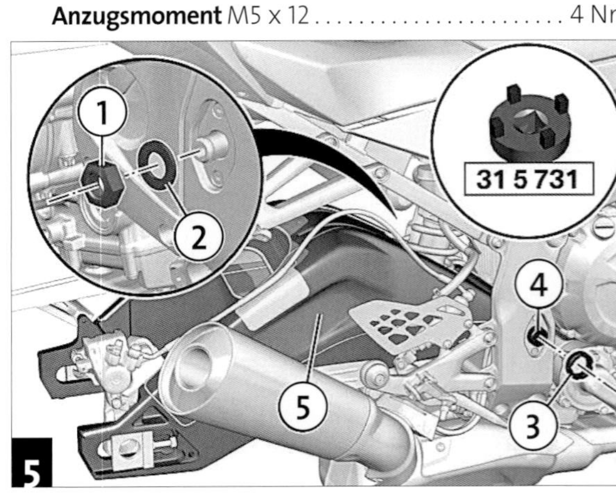

Schwingenachse bis 2012 (RR Typ 0507)
- Mutter **1** mit Scheibe **2** ausbauen. Nutmutter **3** mit Schlüssel (BMW-Nr. im Bild) ausdrehen und Achse **4** ausbauen. Schwinge **5** nach hinten ausfädeln.

Schwingenachse ab 2012

- Nutmutter **3** Bild 5 entfällt.
- Bild 6a: Mutter .... 100 Nm
- Bild 6b: Schwingachse (zuerst anziehen)..... 10 Nm
  Im Bild 6a: R/XR; im Bild 6b: RR.

Kettenschutz

- Schrauben ausdrehen und Kettenschutz abnehmen.
- Beim Einbau neue Schrauben verwenden (mikroverkapselt) oder Loctite 243 beigeben.
  Anzugsmoment M5 x 14....................... 2 Nm

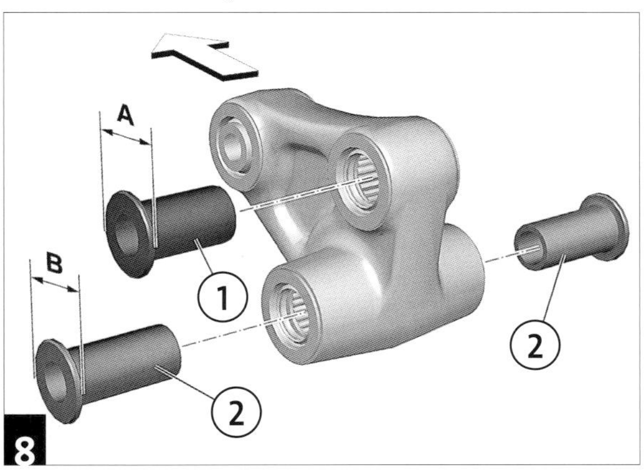

Umlenkhebel

- Buchsen leicht gefettet montieren.
- Anlagebuchse **1** von links einschieben. Buchsen **2** in untere Lagerung einschieben.
  A ø 27 mm; **B** ø 25 mm

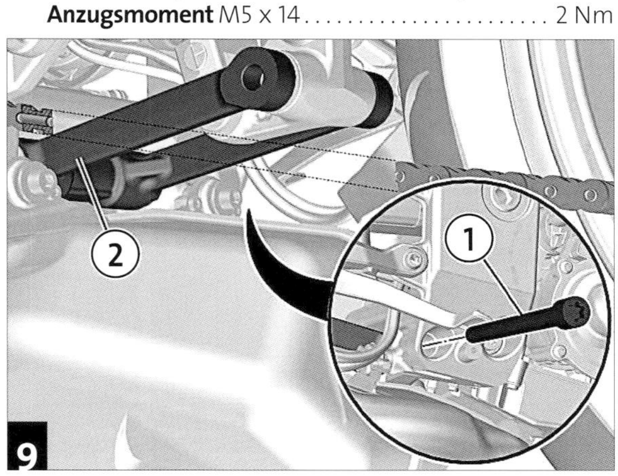

Anlenkstrebe

- Strebe am Umlenkhebel lösen (Bild 1 vorige Seite).
- Schraube **1** ausdrehen und Anlenkstrebe **2** abnehmen. Schraubenkopf beim Einbau schmieren.
  Anzugsmoment M12 x 1,5 x 140 - 10.9 .... 100 Nm

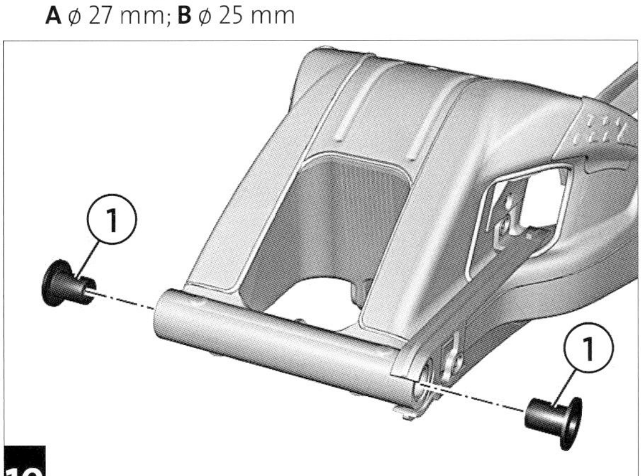

Lagerbuchsen

- Buchsen **1** leicht gefettet montieren (Optimoly TA).

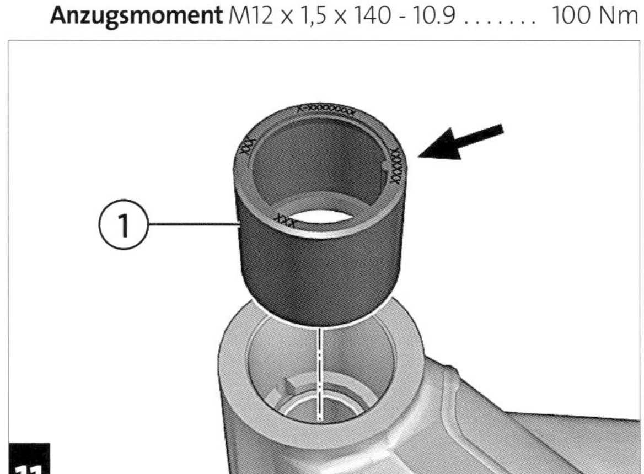

Nadellager der Schwinge

- Lager **1** mit passendem Innenauszieher ausbauen.
- Lager mit der Beschriftung (Pfeil) nach außen weisend mit Spindel/Gewindestange bis zum Anschlag einziehen.

21 Elektrik

21.1
Aus- und Einbau/Einbaulage

RR/R Sicherungen
1 10 A Instrumentenkombination
2 4 A Trennrelais, Diagnosestecker, DWA
3 nicht belegt
4 7,5 A Abblendlicht
5 7,5 A Fernlicht
6 7,5 A Sonderzubehörstecker, Kennzeichenleuchte
7 4 A Zündschloss, elektronische Wegfahrsperre (EWS)
8 4 A Drehratensensor, Kombischalter links, Infrarotempfänger (Sonderzubehör)
Hauptsicherung (Bild 2) 40 A

XR Sicherungen (Bild 3)
3 Hauptsicherung 30 A: BCO, Regler und Trennrelais.
- Um Zugang zu den beiden anderen Sicherungen zu erhalten, Verriegelung des Sicherungshalters **4** seitlich eindrücken und Halter abziehen.
  7,5 A: Laptrigger, Kombischalter links, Sensorbox
  15 A: Trennrelais, Diagnosestecker, Kombiinstrument, DWA und Zündschalter

RR/R Sicherungen
- Einbaulage unter Beifahrersitz.

RR/R Hauptsicherung 40 A
- Einbaulage unter Beifahrersitz.
- Verriegelung lösen und Klappe öffnen.

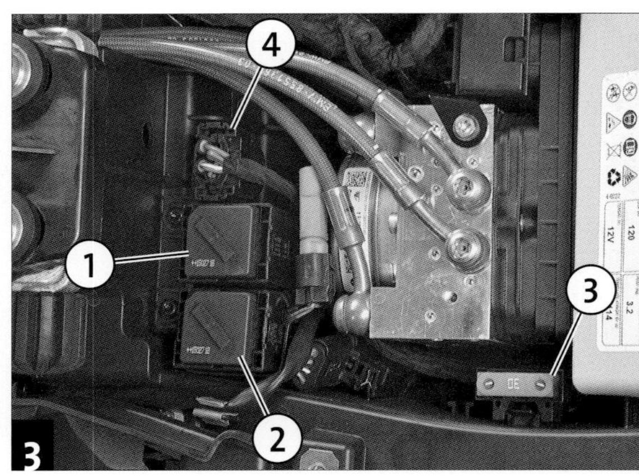

XR Relais und Sicherungen
1 Starterrelais
2 Trennrelais
3 Hauptsicherung 30 A
4 Sicherungshalter mit Sicherungen 15 A und 7,5 A

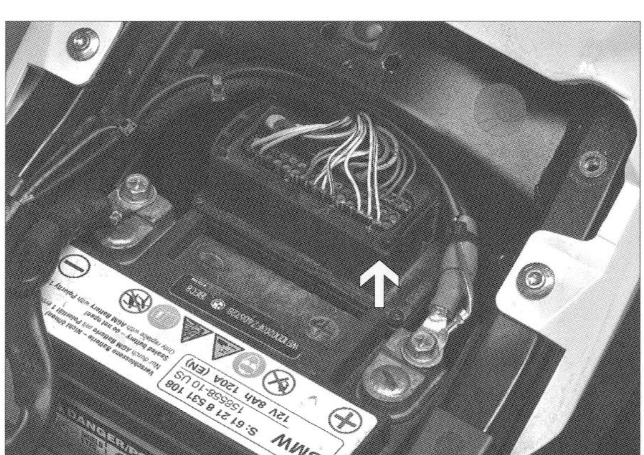

DDC Steuergerät (Dynamic Damping Control)

XR Steuergerät Motronic
- Einbaulage links am Rahmenoberzug.
- ! Der Probetausch des Steuergeräts ist nicht möglich (Fehlfunktionen) und darf **keinesfalls** durchgeführt werden.

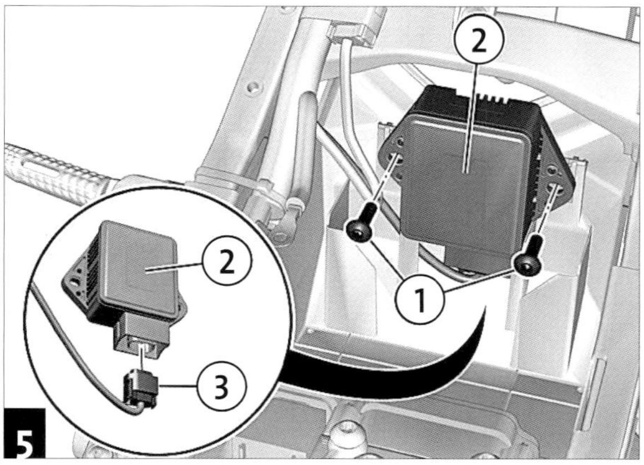

Race-ABS und DTC: Drehratensensor bis 2014
- Fahrersitz abnehmen. Schrauben **1** ausdrehen und Drehratensensor **2** abnehmen. Stecker **3** trennen.

1 **Anzugsmoment** M6 x 20 .... 6 Nm

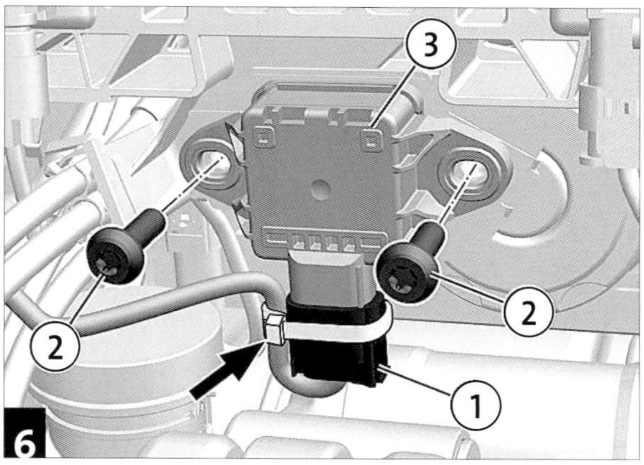

Drehratensensor ab 2014
- Fahrersitz und Tank ausbauen. Kabel-binder (Pfeil) trennen. Stecker **1** abziehen und Schrauben **2** ausdrehen. Drehratensensor **3** abnehmen.

2 **Anzugsmoment** M6 x 20 .... 6 Nm

- Tankverkleidung siehe Seite 78; Tank Seite 142.

Schaltassistent-Stecker
- Links am Heckrahmen.

Stecker links innen am Rahmen

1 Drosselklappensensor
2 Ganganzeige (Getriebepotentiometer)
3 Generator

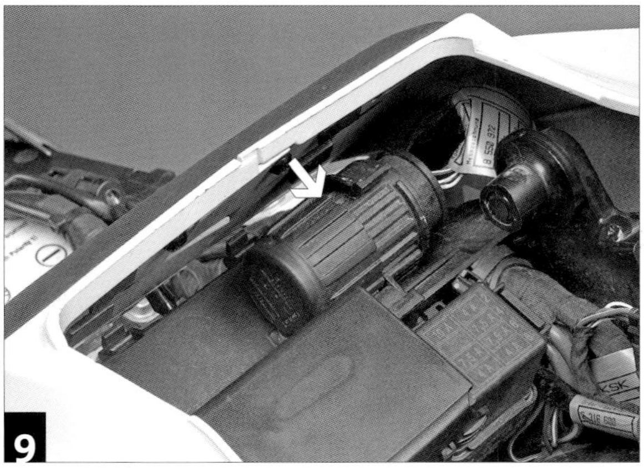

R/RR Diagnosestecker
- Einbaulage unter Beifahrersitz.
- Diagnosestecker RR ab 2017 siehe Bild 11 Seite 80.

XR Diagnosestecker
- Einbaulage unter Sitzbank.

21 Elektrik

21.1 Aus- und Einbau/Einbaulage

Fortsetzung

Spannungsregler

- **RR und R bis Feb. 2014**: Beim Wechsel des Reglers darauf achten, dass Stecker und Kabelbaum entsprechend nachgerüstet sind. Ggf. in der BMW-Werkstatt nachrüsten lassen (Bild 11).

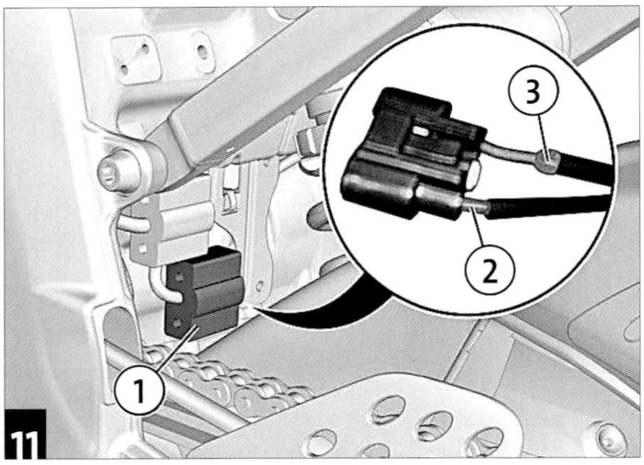

Spannungsregler

- Stecker **1** abziehen und kontrollieren, ob Kabel **2** angebracht und verlegt ist.
- Kabel **3** muss stillgelegt sein.

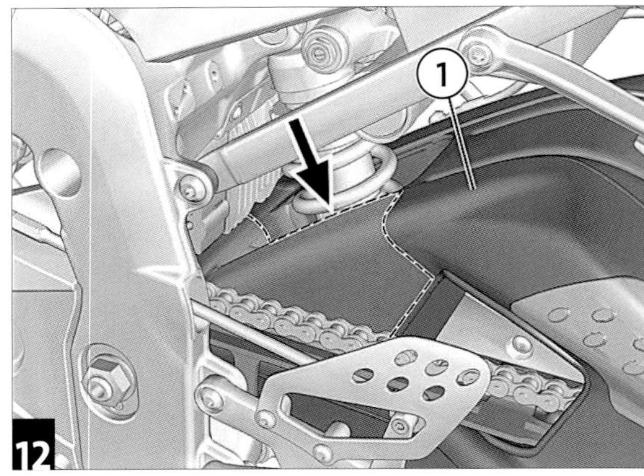

Spannungsregler

- Um Lackschäden an der Schwinge **1** zu vermeiden geeignete Abdeckung (Pfeil) anbringen.

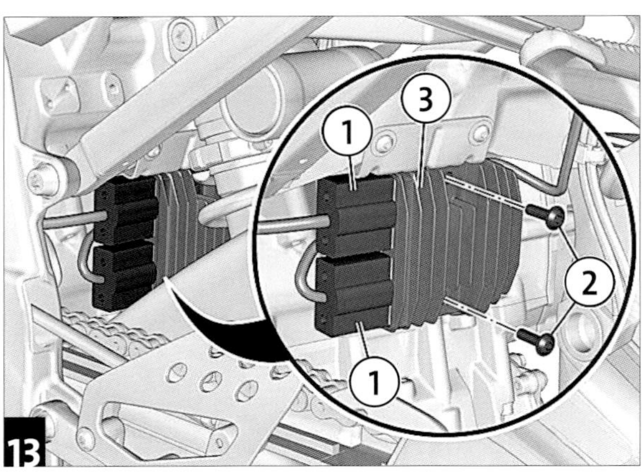

Spannungsregler

- Stecker **1** trennen, Schrauben **2** ausdrehen und Regler **3** abnehmen.

2 **Anzugsmoment** M6 x 10 .... 8 Nm

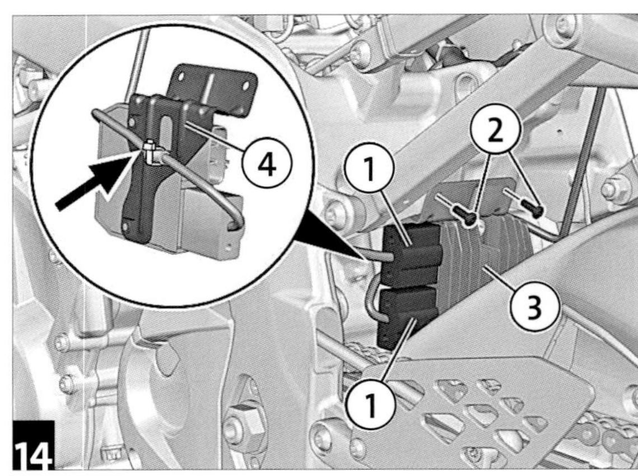

Spannungsregler mit Halter

- Stecker **1** trennen, Schrauben **2** ausdrehen und Regler **3** mit Halter **4** abnehmen.
- Kabelbinder (Pfeil) trennen.

2 **Anzugsmoment** M6 x 10 .... 8 Nm

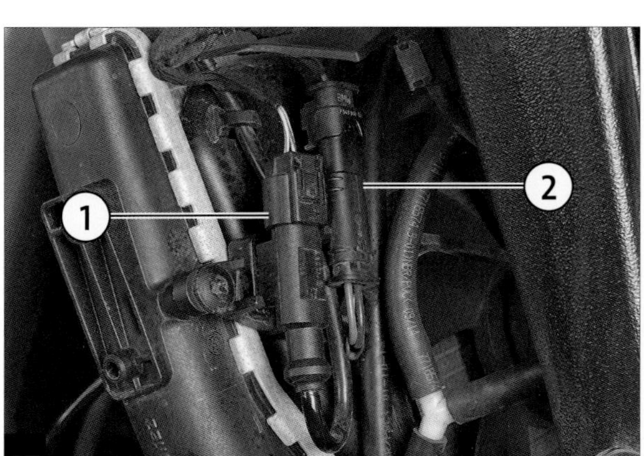

RR/R: Stecker links am Kühler

1 Lüftermotor
2 ABS-Sensor

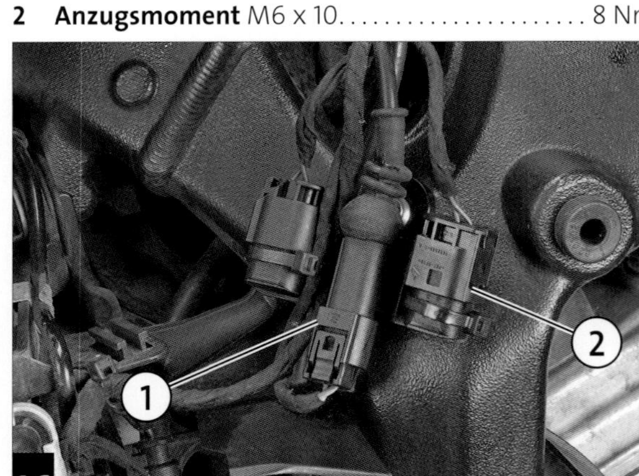

RR/R: Stecker links am Rahmen

1 Stecker Gabelholm (DDC)
2 Stecker Navi

Einwintern 22

22 Einwintern

Richtiges Einwintern oder »Einmotten« für längere Zeiträume (etwa ab einem Monat) macht sich auf jeden Fall bezahlt. Und zwar nicht nur durch den Werterhalt der Maschine, sondern es erhöht auch die Lebensqualität im wichtigen Frühling ungemein, wenn die Kiste nach dem Winterschlaf ihre Arbeit wieder aufnimmt, als wäre nichts gewesen.

Als **Aufbewahrungsort** empfiehlt sich eine trockene und gut belüftete Garage oder Ähnliches. Und im Fall einer Garage bitte darauf achten, dass nicht etwa salzhaltige Feuchtigkeit durch Fahrzeuge eingeschleppt wird, die auch bei Streusalz-Einsatz bewegt werden und die Garage mitbenutzen.
Eine spezielle Abdeckplane aus dem Zubehörhandel hilft natürlich auch – und zwar der Kasse des Verkäufers. Im geschilderten Idealfall genügt ein altes Bettlaken als Staubschutz.
Anders sieht es bei einem weniger günstigen Abstellplatz aus, etwa ein überdachter Stellplatz im Freien. Hier ist eine hochwertige Abdeckplane natürlich angebracht. Hochwertig heißt in dem Fall, dass die Plane aus einer sogenannten Klimamembran aufgebaut ist, welche von außen nach innen wasser- und luftdicht abschließt und umgekehrt entsprechend durchlässig ist.
Bei Verwendung einer preisgünstigeren Kunststoffplane (oft auch innen mit Baumwolle beschichtet) unbedingt unten so weit geöffnet lassen, dass die Luftzirkulation nicht behindert wird und sich so keine Feuchtigkeitsnester bilden können.

So oder so, bevor die Maschine eingestellt wird, steht penibles Putzen und Abschmieren auf dem Programm. **Frisches Motoröl** (Seite 99) rundet die letzte Huldigung ab, wo auch nach »schwitzenden« Motordeckeln, angescheuerten Kabeln und »gammeligen« Steckern Ausschau gehalten wird.

! Motor **keinesfalls** gelegentlich starten und kurz laufen lassen! Der Motor wird dabei nicht ausreichend erwärmt, und die entstehenden Verbrennungsrückstände greifen Lager und Laufflächen an!

Batterie

- Falls im Aufbewahrungsort die Temperatur unter Null Grad Celsius fallen kann, Batterie ausbauen und frostfrei lagern. Dabei beachten, dass die "Systemzeit" wieder eingestellt werden muss.
- Mit Ladegerät Batterie monatlich nachladen (Seite 102).
- 👁 Im Motorradzubehör-Handel sind auch praktische Ladungserhaltungsgeräte erhältlich, die das Nachladen erübrigen.

Kraftstoffanlage und Tank

Die Einspritzanlage bietet keine Ansatzpunkte, hier die Vergaser-übliche Vorsorge zu treiben. Dies als Indiz für die Anspruchslosigkeit der zeitgemäßen Gemischaufbereitung.
Ebenso ist ein Aluminium- oder Kunststoff-Tank gegenüber den sonst üblichen Anfechtungen eines Stahlblechtanks immun. Stahlblechtanks über längere Standzeit bis zum Rand füllen!

Räder und Reifen

- Reifen 0,5 – 1,0 kg/cm² über Normaldruck aufpumpen.
- Wenn möglich, Fahrzeug so an Rahmen, Schwinge oder Motor (Gehäuse nicht eindrücken!) aufbocken, dass beide Räder frei in der Luft hängen und so die **Gefahr von Standschäden** zusätzlich minimiert wird.

Inbetriebnahme

Wenn alles wie in den Vorkapiteln beschrieben ausgeführt wurde, heißt es – in der Regel – wenn die Sonne wieder richtig 'rauskommt: kontrollieren und starten!

- Bremssystem: unter Druck setzen und nach etwa 20 Sekunden System auf Leckage sichtprüfen (insbesonders an den Verbindungselementen).
- 👁 Druckpunkt immer noch deutlich fühlbar?
- Reifenluftdruck
- Hebel und Pedale
- Beleuchtungseinrichtungen
- Motorölstand

23 Technische Daten

BMW S 1000 RR/R/XR
Typ K46/K47/K49
Stand November 2019

Wartung und Konstruktionsgruppen allgemein

Fahrzeuglänge	2056 mm
Höchstgeschwindigkeit	>200 km/h
Sitzhöhe ohne Fahrer bei Leergewicht	826 mm
Fahrzeughöhe	
über Windschild, bei DIN-Leergewicht	1138 mm
Fahrzeugbreite mit Spiegel	826 mm
Leergewicht	
DIN Leergewicht, fahrfertig 90 % vollgetankt, ohne SA	203 kg
XR	228 kg
Fahrerschrittbogenlänge	
ohne Fahrer	1810 mm
zulässiges Gesamtgewicht	405 kg
XR	434 kg
maximale Zuladung	202 kg
XR	206 kg

Motor

Motorbauart: quer zur Fahrtrichtung angeordneter, um 32° nach vorn geneigter Vierzylinder-, Viertakt-Reihenmotor mit vier Ventilen pro Zylinder, über zwei obenliegende Nockenwellen und Schlepphebel betätigt; Flüssigkeitskühlung, elektronische Kraftstoffeinspritzung, integriertes Sechsganggetriebe, Nasssumpfschmierung.

Motornummernsitz: Kurbelgehäuseunterteil rechts, hinter der Kühlmittelpumpe

Verdichtungsverhältnis	13:1
Leerlaufdrehzahl	
Motor betriebswarm	1250/min
Nennleistung	
RR bei Drehzahl 13 000/min;	142 kW
RR ab 2015 bei Drehzahl 13 500/min;	146 kW
R/XR bei Drehzahl 11 000/min	118 kW
R/XR ab 2017 bei Drehzahl 11 000/min	121 kW
Drehmoment	
RR bei Drehzahl 9750/min	112 Nm
R/XR bei Drehzahl 9250/min	112 Nm
Zylinderbohrung	80 mm
Kolbenhub	49,7 mm
Hubraum	999 cm^3
Kompressionsdruck	
gut	> 13 bar
normal	11...13 bar
schlecht	< 10 bar
Höchstdrehzahl	max. 14 200/min; XR max. 12 000/min
Einfahrdrehzahl	
Kilometerstand 0...300 km	< 7000/min
Kilometerstand 300...1000 km	< 9000/min
Kilometerstand 0...1000 km	keine Volllast
Druckverlust	
über Ventile oder Zylinder	
Motor betriebswarm	max 25 %
ab 2017	max. 30 %
Motoröl-Füllmenge	
mit Filterwechsel	3,5 l

Betriebsstoffe

Motoröl-Sollstand: zwischen MIN- und MAX-Markierung

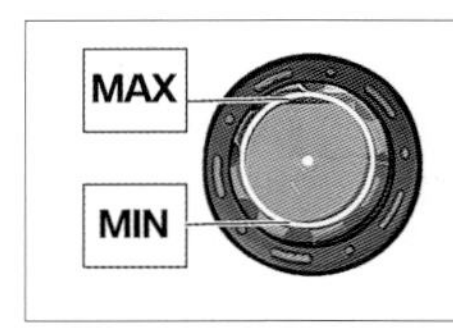

Motoröl-Nachfüllmenge	
Differenz zwischen MIN und MAX	max. 0,8 l
ab 2017	max. 0,8 l

Motorblock

Zylinderbohrungsdurchmesser	
Neuzustand, von der Oberkante 20 mm	$80^{+0{,}005}_{-0{,}005}$ mm
Neuzustand, von der Oberkante 100 mm	$80^{+0{,}005}_{-0{,}005}$ mm
Verschleißgrenze	max 80,01 mm
zulässige Unrundheit der Zylinderbohrung	
von der Oberkante 20 mm	max. 0,01 mm
von der Oberkante 100 mm	max. 0,01 mm

Zylinderkopf mit Deckel

Übersicht der Zylinderkopfdichtungen	
Zylinderkopfdichtung 1-Loch-Markierung	1,025 mm
Zylinderkopfdichtung 2-Loch-Markierung	1,125 mm
Zylinderkopfdichtung ohne Loch-Markierung, 4-Lagen	0,87 mm
Zuordnung Zylinderkopfdichtung (Markierung: 2 Loch)	
bei Kolbenüberstand > 1,68 mm	1,125 mm
Zuordnung Zylinderkopfdichtung (Markierung: 1 Loch)	
bei Kolbenüberstand < 1,68 mm	1,025 mm

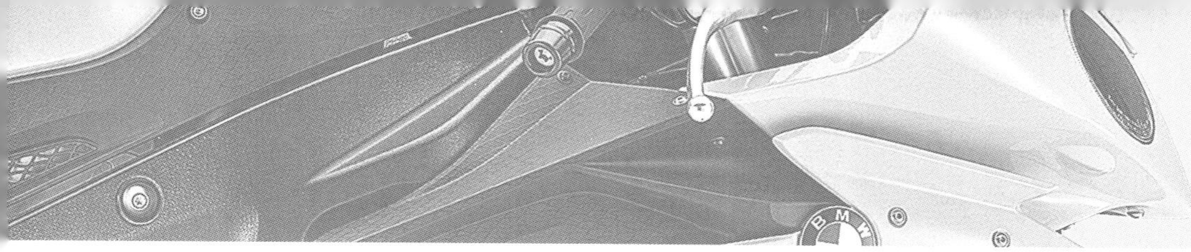

23

Kurbelwelle mit Lager

Farbkennzeichnung der Kurbelwellen-Lagerschalen Kurbelgehäuse und Kurbelwelle Einheitlich

Kurbelgehäuse violett/ Kurbelwelle gelb	Lagerschalen grün
Kurbelgehäuse gelb/ Kurbelwelle violett	Lagerschalen grün
Kurbelgehäuse gelb/ Kurbelwelle grün	Lagerschalen blau
Kurbelgehäuse grün/ Kurbelwelle gelb	Lagerschalen blau
Kurbelgehäuse grün/ Kurbelwelle violett	Lagerschalen schwarz
Kurbelgehäuse violett/ Kurbelwelle grün	Lagerschalen schwarz

Markierung zur Klassifizierung der Kurbelwellenlage zur Bestimmung der oberen Lagerschalen Farbpunkte oberhalb der Kurbelgehäuse-Dichtfläche (in Fahrtrichtung hinten) — gelb/grün/violett

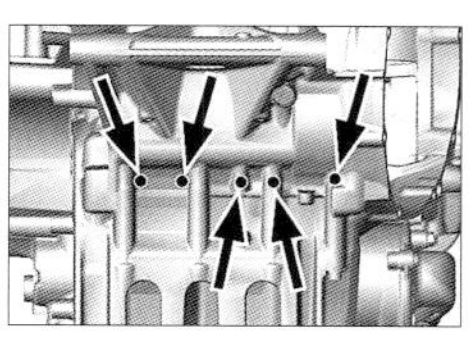

Markierung zur Klassifizierung der Kurbelwellenlager zur Bestimmung der unteren Lagerschalen Farbpunkte auf der Kurbelwelle — gelb/grün/violett

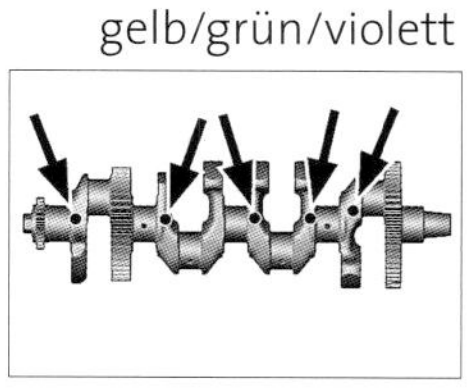

Pleuel mit Lager

Markierung der Pleuelgewichtsklassen Farbpunkte seitlich an Pleuelstange — weiß/blau/gelb

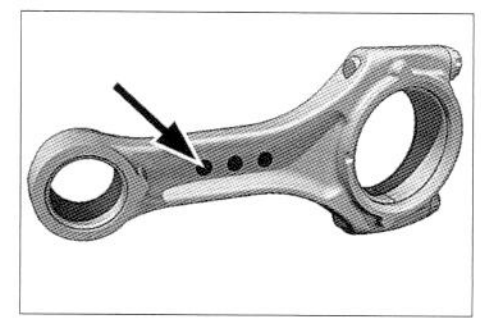

zulässige Gewichtsdifferenz des Pleuels	4 g
Beschriftung am Pleuelfuß	0 ... 4

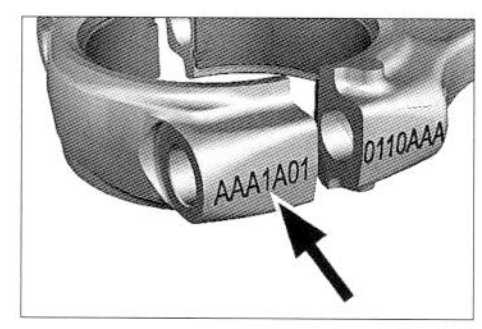

Einteilung der Pleuelgewichtsgruppen

Pleuelgewichtsklasse 9 / 1 x weiß	307,0...310,9 g
Pleuelgewichtsklasse 0 / 2 x weiß	311,0...314,9 g
Pleuelgewichtsklasse 1 / 2 x blau	315,0...318,9 g
Pleuelgewichtsklasse 2 / 3 x weiß	319,0...322,9 g
Pleuelgewichtsklasse 3 / 3 x gelb	323,0...326,9 g
Pleuelgewichtsklasse 4 / 1 x blau	327,0...330,9 g

Übersicht der Pleuelmarkierungen

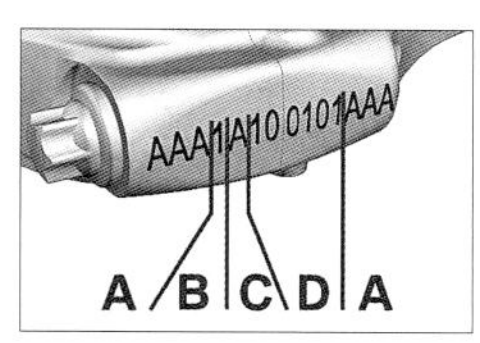

A	Zuordnung Pleueldeckel-Pleuelstange
B	Gewichtsklasse
C	Bohrungsdurchmesser
D	Produktionsdatum

23 Technische Daten

Markierung zur Klassifizierung der Pleuellager

Farbpunkte auf der Kurbelwelle — rot/blau

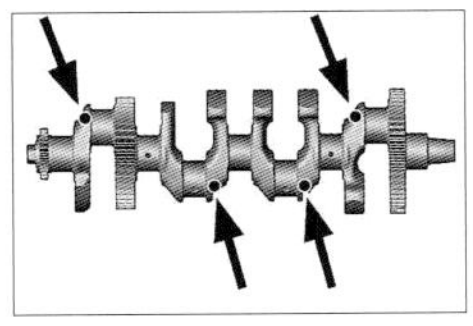

Pleuellager-Bohrungsdurchmesser

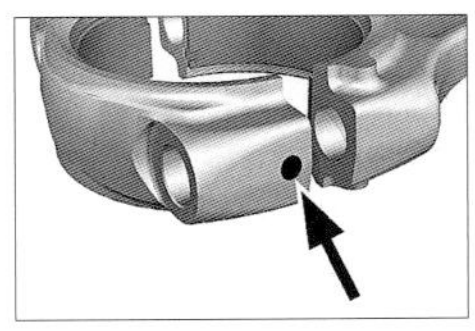

Kennzeichnung/Farbmarkierung am Pleuelfuß — A/rot oder B/blau

Pleuellager-Bohrungsdurchmesser

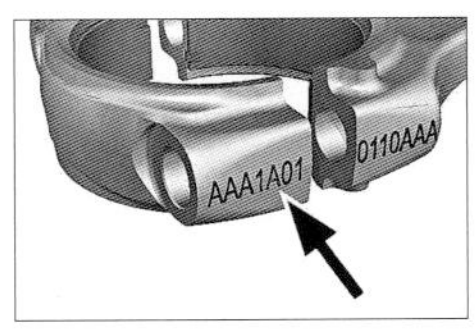

Kennzeichnung/Farbmarkierung am Pleuelfuß — A/rot oder B/blau

Pleuellager-Farbkennzeichnung

Pleuelbohrung/Hubzapfen	Lagerschale
rot/rot	rot
blau/blau	blau
blau/rot	violett
rot/blau	violett

Kolben mit Ringe und Bolzen

Kolbeneinbaurichtung	Pfeil auf Kolbenboden zur Auslassseite
Kolbenbauart	Schmiedekolben mit drei Kolbenringen
Kolbeneinbauspiel	
Neuzustand	0,011...0,035 mm
Verschleißgrenze	max. 0,04 mm
Kolbenringform	
1. Nut	B-Ring
2. Nut	M-Ring
3. Nut	Ölabstreifring 3-teilig

Ventile mit Federn

Ventilspiel bei kaltem Motor max. 35 °C	
Einlass	0,14...0,20 mm
Auslass	0,20...0,26 mm

Ölversorgung

Schmiersystembauart	Nasssumpfschmierung
Motoröldruck	
Motoröl betriebswarm	
bei Standgas	1,5 bar
bei Motordrehzahl 3000/min	2 bar
bei Motordrehzahl 6000/min	4,0 bar
bei Motordrehzahl 10000/min	4,5 bar

Ölpumpe mit Sieb und Antrieb

Ölpumpenbauart — Rotorpumpe

Motorelektrik

Zündgeschirr, Zündkerzen

Zündkerzen-Hersteller und -Bezeichnung	NGK LMAR9D-J
Elektrodenabstand der Zündkerze	0,8 mm

Kraftstoffaufbereitung und Regelung

empfohlene Kraftstoffqualität	Super bleifrei 95 ROZ/RON 89 AKI
ab 2017 alternative Kraftstoffqualität	Super bleifrei 95 ROZ/RON 89 AKI
ab 2017 empfohlene Kraftstoffqualität	Super bleifrei 98 ROZ/RON 93 AKI

Kraftstoffversorgung

nutzbare Kraftstofffüllmenge	ca. 17,5 l
XR	20 l
Kraftstoffreservemenge	ca. 4 l

Betiebsdruck Kraftstoffpumpe

Relativer Druck	
bei 6000/min	ca. 3,5 bar
bei 11000/min	ca. 5 bar

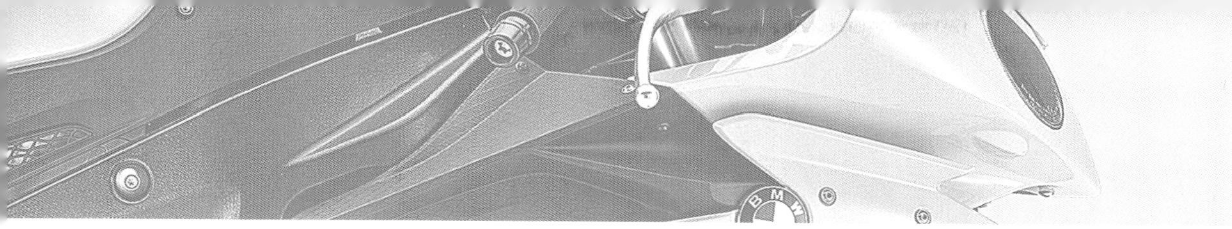

23

Kühlung

Kühlsystemprüfdruck
Prüfdruck muss unverändert bleiben:
min. 5 Minuten — 2 bar
Einschalttemperatur für Kühlmitteltemperatur-Warnleuchte — 118 °C
Kühlmittel Sollstand — bei kaltem Motor zwischen MIN- und MAX-Markierung am Ausgleichsbehälter

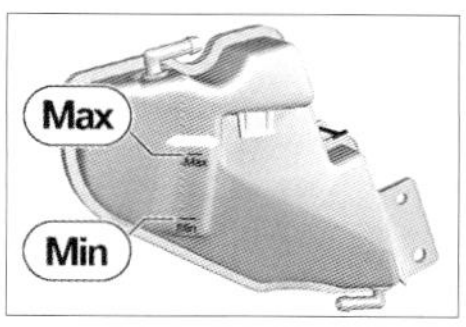

Kühlmittel Gesamtfüllmenge — 2,9 l
Allgemeiner Betriebsstoff (Gefrier- und Korrosionsschutzmittel)

Kühlmittel Frostsicherheit — min -30 °C

Kühlmittelleitungen

Wasserthermostat-Öffnungstemperatur — 85 °C

Lüfter

Einschalttemperatur für Kühlerlüfter — 101 °C

Kupplung

Kupplungsbauart — Mehrscheiben-Ölbadkupplung, Anti-Hopping
Anzahl der Kupplungslamellen — 9 Stahllamellen, 10 Reiblamellen

Kupplung mit Mitnehmerscheibe

Stärke einer Belaglamelle
Verschleißgrenze — min. 2,65 mm
Belagmindeststärke
pro Belagseite — min. 0,35 mm
Hub der Druckplatte
bei Verdrehung des Kupplungskorbes — 0,05...0,70 mm

Schaltgetriebe

Getriebebauart — klauengeschaltetes 6-Gang-Getriebe, im Motorgehäuse integriert

Zahnräder

Getriebeübersetzungen

Primärübersetzung	1,652 (76:46 Zähne)
1. Gang	2,647 (45:17 Zähne)
2. Gang	2,091 (46:22 Zähne)
3. Gang	1,727 (38:22 Zähne)
4. Gang	1,500 (36:24 Zähne)
ab 2017	1,500 (33:22 Zähne)
5. Gang	1,360 (34:25 Zähne)
6. Gang	1,261 (29:23 Zähne)

Äußere Schaltbetätigungsteile

Schaltstangenlänge
Abstand zwischen
beiden Gelenkkopf-Achsen — 305,5 mm
XR Auslieferungszustand — 269 –270 mm
max. — 279 mm

Vorderachse, Vorderradführung

Bauart der Vorderradführung — Upside-Down-Teleskopgabel
Federweg vorn am Rad — 120 mm
Gabelöl-Füllmenge pro Holm
bei Neubefüllung — 602 ml
Teleskop-Gabelöl — SAE 7,5
Gabelöl Füllhöhe im Gabelholm (Luftkammer)
Gabelholm links ganz zusammen geschoben, Druckfeder und Distanzstück ausgebaut — 80 mm
Gabelholm rechts ganz zusammen geschoben, Druckfeder und Distanzstück ausgebaut — 90 mm

Teleskop-Gabel

Gabelstandrohr-Außendurchmesser — 46 mm
Zugstufen-Grundeinstellung vorn
komfortable Einstellung mit Fahrer 85 kg — Position 2
normale Einstellung mit Fahrer 85 kg — Position 5
sportliche Einstellung mit Fahrer 85 kg — Position 8
von der Beladung abhängige Einstellung der Federvorspannung
Einfederung des Vorderrads
mit Fahrer 85 kg — 10...15 mm
Druckstufen-Grundeinstellung vorn
komfortable Einstellung mit Fahrer 85 kg — Position 3
normale Einstellung mit Fahrer 85 kg — Position 5
sportliche Einstellung mit Fahrer 85 kg — Position 8
Wetseinstellung Druck/Zug — Position 4

Gabelrohrüberstand in Gabelbrücke oben
mit Deckel — 17 mm

23 Technische Daten

Lenkung

Bowdenzüge

Abstand Einstellschraube zur Handarmatur (Einstellen des Kupplungszuges)	5...7 mm
Einstellung des Gaszugspiel am äußeren Griffgummi-Durchmesser, bei kaltem Motor max. 35 °C	3 mm
Kupplungshebelspiel an der Handarmatur, bei kaltem Motor	0,5...1,0 mm
Voreinstellung Kupplungszug Abstand A Ausrückhebel-Gegenhalter	79,6 mm

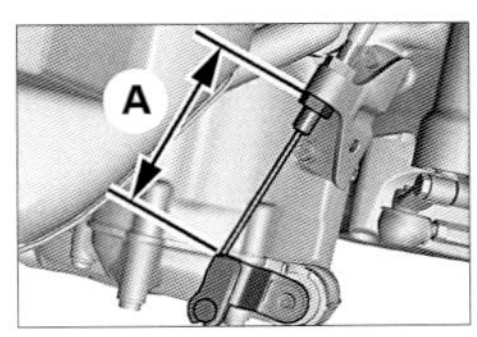

Lenkungsdämpfer RR

von ganz geschlossen	
Straßenbetrieb	5 Klicks geöffnet
Rennstrecke	2 Klicks geöffnet
ab 2017	
von ganz geschlossen	
Straßenbetrieb	8 Klicks geöffnet
Rennstrecke	5 Klicks geöffnet

Hinterachse, Hinterradantrieb, -führung

Bauart des Hinterradantriebs	Kettenantrieb
Bauart der Hinterradführung	Zweiarm-Aluminiumschwinge
Federweg hinten am Rad	130 mm
ab 2017	120 mm
XR	140 mm

Federbein, Anbauteile

Bauart des Hinterradantriebs	Kettenantrieb
Bauart der Hinterradführung	Zweiarm-Aluminiumschwinge

Federbein, Anbauteile

Alle Angaben bezogen auf 85 kg Fahrergewicht.

Zugstufen-Grundeinstellung hinten	
komfortable Einstellung	Position 2
normale Einstellung	Position 5
sportliche Einstellung	Position 8
Druckstufen-Grundeinstellung hinten Low-Speed	
komfortable Einstellung	Position 1
normale Einstellung	Position 4
sportliche Einstellung	Position 9
Druckstufen-Grundeinstellung hinten High-Speed	
komfortable Einstellung	Position 2
normale Einstellung	Position 6
sportliche Einstellung	Position 10
von der Beladung abhängige Einstellung der Federvorspannung	
Einfederung des Hinterrades	20...25 mm

Zugmittel-, Ketten-, Riemenritzel

Sekundärübersetzung	2,588
XR	2,647
Hinterradantriebs-Zähnezahl	
Kettenritzel / Kettenrad	17/44
XR	17/45
XR ab 2017	17/44
Antriebskettenbauart und -bezeichnung	O-Ring Kette 525
Antriebskettengliederzahl	
mit Kettenschloss	118
ab 2014	120
XR	128
zulässige Kettenlänge über 10 Nieten gemessen, Kette auf Zug	max. 144,30 mm

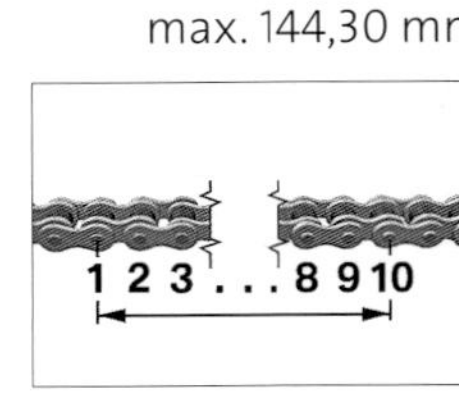

Kettengliedbreite nach Verpressen Über Außenseiten der Außenlaschen gemessen	$20{,}20^{+0{,}1}_{-0{,}05}$ mm
Kettendurchhang Fahrzeug unbelastet auf Seitenstütze	30...40 mm

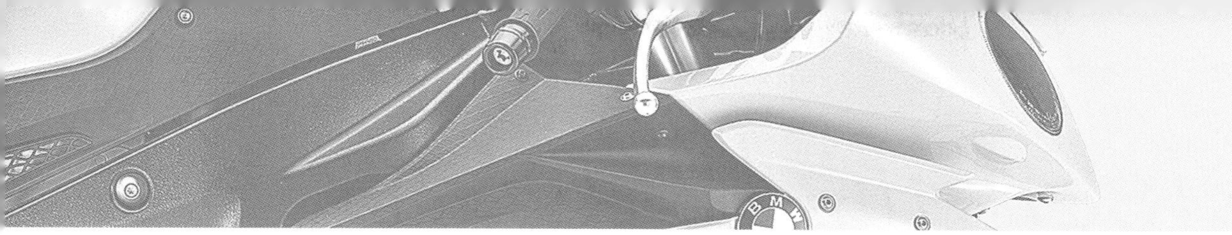

Bremsen

Bremsflüssigkeitsstand vorn
Bremsflüssigkeitsbehälter waagerecht

Der Bremsflüssigkeitsstand darf die MIN-Markierung nicht unterschreiten.

Hydraulik-Flüssigkeit — Bremsflüssigkeit, DOT4

Bremsflüssigkeitsstand hinten
Bremsflüssigkeitsbehälter waagerecht

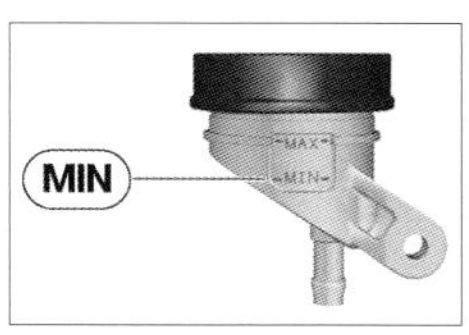

Der Bremsflüssigkeitsstand darf die MIN-Markierung nicht unterschreiten.

Hydraulik-Flüssigkeit — Bremsflüssigkeit, DOT4

Vorderradbremse

Bremsbelagsmaterial vorn — Sintermetall
Bauart der Vorderradbremse — hydraulisch radial betätigte Doppelscheibenbremse mit 4-Kolben-Radial-Festsättel und schwimmend gelagerten Bremsscheiben
Bremsscheibenstärke vorn
Neuzustand — 5,0 mm
Verschleißgrenze — min. 4,5 mm
Stärke der Bremsbelag-Trägerplatte — min. 4,5 mm

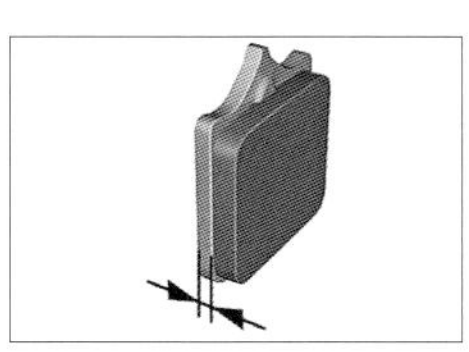

Bremsbelagsverschleißgrenze vorn
nur Reibbelag ohne Trägerplatte — min. 0,8 mm
Bremsscheibendurchmesser vorn — 320 mm
Bremsscheibenseitenschlag vorn
am Außendurchmesser — max. 0,15 mm

Hinterradbremse

Bauart der Hinterradbremse — hydraulisch betätigte Scheibenbremse mit 1-Kolben-Schwimmsattel und fester Bremsscheibe
Bremsscheibendurchmesser hinten — 220 mm
Bremsbelagsmaterial hinten — organisch
Bremsbelagsverschleißgrenze hinten
nur Reibbelag ohne Trägerplatte — min. 1,0 mm
Bremsscheibenstärke hinten
Neuzustand — 5,0 mm
Verschleißgrenze — min. 4,5 mm
Bremsscheibenseitenschlag hinten — max. 0,15 mm

Fußbetätigung

Fußbremshebel mit Verbindungsgestänge
Leerweg Fußbremshebel
Fußbremshebel liegt am Anschlag an, Druckstange ganz eingeschoben — Bolzen muss Spiel haben

23 Technische Daten

Räder und Bereifung

Motorrad-Räder

zulässige Vorderrad-Unwucht	max. 5 g
zulässige Hinterrad-Unwucht	max. 5 g
Wuchtgewicht für Vorderrad Gewichte sind je zur Hälfte rechts und links an der Felge anzubringen	max. 80 g
Wuchtgewicht für Hinterrad Gewichte sind je zur Hälfte rechts und links an der Felge anzubringen	max. 80 g

Räder mit Lagerung

Vorderradbauart	Aluminium-Guss, MT H2
Vorderrad-Felgengröße	3,50" x 17"
Hinterradbauart	Aluminium-Guss, MT H2
Höhenschlag Vorderrad	max. 1,5 mm
Seitenschlag Vorderrad	max. 1,5 mm
Hinterrad-Felgengröße	6,0" x 17"
Höhenschlag Hinterrad	max. 1,5 mm
Seitenschlag Hinterrad	max. 1,5 mm

Bereifung

Reifenbezeichnung vorn	120/70 ZR 17
Reifenfülldruck vorn bei kaltem Reifen	2,5 bar
Reifenbezeichnung hinten	190/55 ZR 17
Reifenfülldruck hinten bei kaltem Reifen	2,9 bar
Reifenprofiltiefe vorn und hinten Verschleißgrenze, nur für Deutschland	min. 1,6 mm
Radventilprüfdruck	4 bar

Empfohlene Reifenpaarungen

Eine Übersicht der aktuellen Reifenfreigaben erhalten Sie bei Ihrem BMW Motorrad Partner oder im Internet unter "www.bmw-motorrad.com"

Rahmen und Anbauteile

Motorradrahmen

Typenschildsitz	Lenkkopf rechts
Rahmenbauart	Leichtmetallguss-Schweißkonstruktion mit angeschraubtem Leichtmetall-Heckrahmen
Fahrgestellnummernsitz	Lenkkopf rechts

Allgemeine Fahrzeugelektrik (XR siehe ab Seite 250)

Nennstrom der Sicherung 1 Instrumentenkombination	7,5 A
Nennstrom der Sicherung 2 Trennrelais, Diagnosestecker	4 A
Nennstrom der Sicherung 3 Lüfter	7,5 A
Nennstrom der Sicherung 4 Abblendlicht, Entlastungsrelais	7,5 A
Nennstrom der Sicherung 5 Fernlicht	7,5 A
Nennstrom der Sicherung 6 Hupe	7,5 A
Nennstrom der Sicherung 7 Zündschloss	4 A
Nennstrom der Sicherung 8 Sensor-Gruppe	4 A
Hauptsicherung	40 A

Batterie mit Halter

Batteriebauart	AGM-Batterie (Absorbent Glass Mat)
Batterienennspannung	12 V
Batterienennkapazität	12 Ah

Schalter und Relais

Mikroschalter-Schaltpunkt Bremshebel Betätigungsweg des Handhebels	5...7 mm

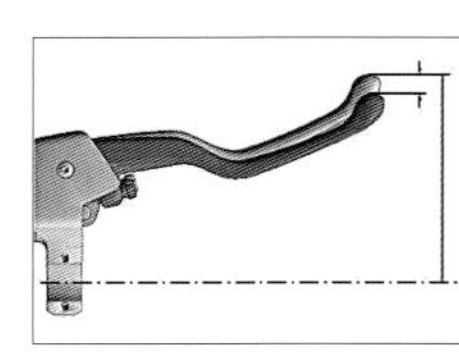

Mikroschalter-Schaltpunkt Kupplungshebel Abstand Hebelkugel-Lenkergewicht (in Kerbe gemessen)	15...40 mm

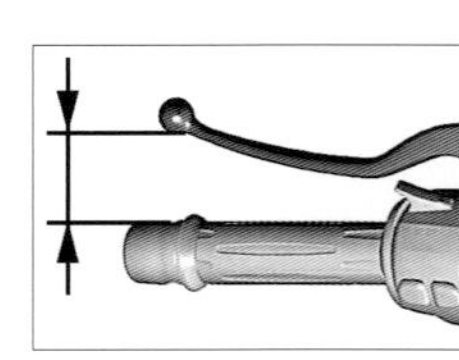

Leuchten

Vordere Leuchten, Begrenzungs- und Seitenleuchten

Leuchtmittel für Standlicht	W5W/12 V/5 W

Scheinwerfer

Leuchtmittel für Fernlicht	H7/12 V/ W
Leuchtmittel für Abblendlicht	H7/12 V/55 W
Abstand zwischen Scheinwerfer und Projektionsfläche für Scheinwerfereinstellung	10 m
Abstand Hell-/Dunkelgrenze zur Höhe der Scheinwerfermitte Fahrzeug belastet mit 85 kg	15 cm

Blinkleuchten vorn

Leuchtmittel für Blinkleuchten vorn	RY10W/12 V/10 W

Heckleuchten-Kombination

Leuchtmittel für Heck-/Bremsleuchte	LED/12 V
Maximale Anzahl der defekten LED in der Heckleuchte	1

Blinkleuchten hinten

Leuchtmittel für Blinkleuchten hinten	RY10W/12 V/10 W

Kennzeichenleuchte

Leuchtmittel für Kennzeichenbeleuchtung	W5W/12 V/5 W

Audio, Navigation, Informationssysteme

Diebstahlwarnanlage

Batteriebauart	CR123A Lithium
Nennspannung	3 V

Sonderzubehör Motorrad

Rahmen, Fußrasten, Anbauteile

Schaltstangeneinstellmaß (mit Schaltassistent) freie Gewindelänge vorn	max. 15 mm

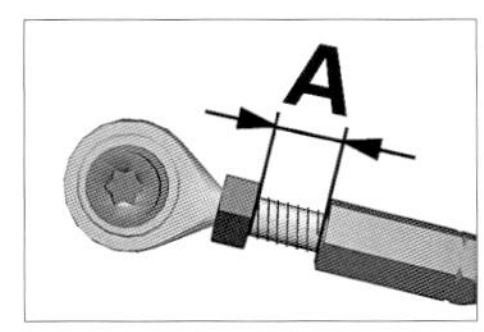

Gepäcksystem

Tempolimit für Fahrten mit Hecktasche	max. 220 km/h
Zuladung der Hecktasche	max. 5 kg

Tankrucksack

Tempolimit für Fahrten mit Tanktasche	max. 220 km/h
Zuladung der Tanktasche	max. 2 kg

23 Technische Daten

23.1 Anzugsmomente

Motor

Motorblock

Verschlussschraube in Kurbelgehäuse (Absteckbohrung) M10 x 1 .... 15 Nm
Verschlussschraube (Öldruck) in Kurbelgehäuse M12 x 1,5 .... 20 Nm
Verschlussschraube in Kurbelgehäuse M14 x 1,5 .... 25 Nm

Zusammenbau Kurbelgehäuse

Anziehreihenfolge siehe Reparaturanleitung
Hauptlager
M9 x 95, nicht geölt
Fügemoment .... 20 Nm
Voranzug .... 90°
Endanzug .... 90°
M6, nicht geölt .... 9 Nm
M8 x 57, nicht geölt
Fügemoment .... 20 Nm
Endanzug .... 90°

Zylinderkopf mit Deckel

Zylinderkopf an Rahmen
Zylinderkopf links an Rahmen, M10 x 50
Voranzug .... 10 Nm
Endanzug .... 56 Nm
Zylinderkopf rechts an Rahmen, M10 x 50, mit Kegelelementen .... 56 Nm
Zylinderkopf an Kurbelgehäuse (Steuerkettenschacht) M6 x 35 .... 9 Nm
Verschlussschraube (Schlepphebelachse) an Zylinderkopf M10 x 1 .... 6 Nm
Zylinderkopf an Kurbelgehäuse M8 x 102,5
Schrauben trocken verbauen
Anziehreihenfolge von innen nach außen
Fügemoment .... 20 Nm
Voranzug .... 90°
Endanzug .... 90°
Nockenwellenlagerbrücke an Zylinderkopf M7 x 38
Anziehreihenfolge siehe Reparaturanleitung
Voranzug .... 5 Nm
Endanzug .... 15 Nm
Zylinderkopfhaube an Zylinderkopf
M6 .... 10 Nm
SLS -Galerie an Zylinderkopfhaube
M6 x 12, Schraube erneuern
Schraubensicherung (mechanisch) .... 5 Nm

Ölwanne

Ölwanne an Kurbelgehäuse
M6 x 35, Schraube erneuern
Voranzug .... 3 Nm
Endanzug .... 90°
Hitzeschutzblech an Ölwanne
M6 x 16, Schraube erneuern
Voranzug .... 3 Nm
Endanzug .... 90°
Ölablassschraube an Ölwanne
M16 x 1,5 .... 28 Nm

Gehäusedeckel

Deckel Steuertrieb an Kurbelgehäuse
M6 x 25, Schraube erneuern
Fügemoment .... 3 Nm
Endanzug .... 90°
Ritzelabdeckung mit Kettenausfallschutz an Kurbelgehäuse M6 x 25, Schraube erneuern
Schraubensicherung (mikroverkapselt) .... 8 Nm
Verschlussschraube an Steuertriebdeckel
M32 x 2 .... 10 Nm
Kupplungsdeckel an Kurbelgehäuse
M6 x 35, Schraube erneuern
Voranzug .... 3 Nm
Endanzug .... 90°
Motordeckel links an Kurbelgehäuse
M6 x 35, Schraube erneuern
Voranzug .... 3 Nm
Endanzug .... 90°
M6 x 45, Schraube erneuern
Voranzug .... 3 Nm
Endanzug .... 90°

Pleuel mit Lager

Pleuelschraube M8,5 x 1, Schraube erneuern
Gewinde ölen
Fügemoment .... 5 Nm
Voranzug .... 25 Nm
Endanzug .... 90°
Schraube lockern und nochmals festziehen
Pleuelschraube vorstrecken M8,5 x 1
Schrauben je Pleuel abwechselnd nach Anziehreihenfolge (je Pleuel) festziehen
Fügemoment .... 5 Nm
Voranzug .... 25 Nm
Endanzug .... 90°
Pleuelschraube (verklebt) einbauen
M8,5 x 1, Gewinde reinigen
Schraubensicherungsmittel (Loctite 270, hochfest)
Schrauben je Pleuel abwechselnd nach Anziehreihenfolge festziehen
Anziehreihenfolge (je Pleuel)
Fügemoment .... 5 Nm
Voranzug, ... 25 Nm
Endanzug .... 95°

Nockenwelle

Kettenrad an Nockenwelle
M7 x 12 - 10.9 .... 19 Nm
Gleitschiene oben an Nockenwellen-Lagerbrücke
M6 x 12 .... 10 Nm
Steuerkettenspanner an Zylinderkopf
M24 x 1,5 .... 15 Nm
Einstellschraube in Steuerkettenspannvorrichtung
Spezialwerkzeug bei Steuerzeiteneinstellung .... 1,2 Nm

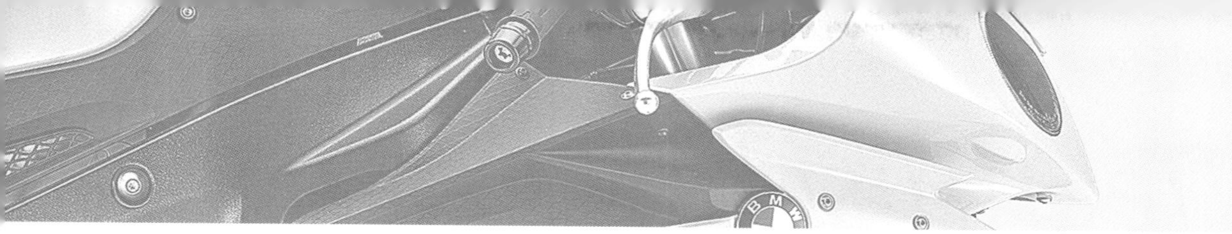

Ölpumpe mit Sieb und Antrieb
Ölpumpe an Kurbelgehäuse M6 x 25 .... 9 Nm
Kettenführung Ölpumpe an Kurbelgehäuse
M6 x 25 .... 9 Nm
M6 x 20 .... 9 Nm
Ölsaugrohr an Kurbelgehäuse M6 x 20 .... 9 Nm
Ölpumpenkettenrad an Ölpumpe
M5 x 10, Schraube erneuern(mikroverkapselt)..... 6 Nm
Deckel Ölthermostat/Regelventilgehäuse an
Kurbelgehäuse M6 x 25 .... 9 Nm

Ölfilter und Leitungen
Ölfilter an Motor
Dichtung mit Motoröl benetzen .... 11 Nm
Ölfilterstutzen an Kurbelgehäuse M20 x 1,5...... 35 Nm
Ölspritzdüsen an Kurbelgehäuse M6 x 16......... 9 Nm

Kühlmittelpumpe mit Antrieb
Pumpendeckel an Kühlmittelpumpe M6 x 20..... 9 Nm
Kühlmittelpumpe an Kurbelgehäuse
M6 x 53 .... 9 Nm
M6 x 20 .... 9 Nm
Entlüfterschraube an Kühlmittelpumpe M6 x 10.. 6 Nm

Thermostat und motorfeste Kühlmittelleitungen
Deckel an Thermostat/Thermostat an Zylinderkopf
M6 x 20 .... 9 Nm

Ansaugkrümmer
Ansaugstutzen an Zylinderkopf
M6 x 16, Schraube erneuern (mikroverkapselt) .... 8 Nm

Motorelektrik

Zündgeschirr, Zündkerzen
Zündkerze an Zylinderkopf M10 x 1 .... 12 Nm

Generator mit Antrieb und Befestigung
Stator an Gehäusedeckel M6 x 25 .... 9 Nm
Rotor an Kurbelwelle M12 x 1,5 x 40 - 10.9 .... 120 Nm
Halter Generatorkabel an Motordeckel M5 x 16 ..4,5 Nm

Regler
Halter für Spannungsregler an Rahmen M6 x 12 .. 8 Nm
Spannungsregler an Halter M6 x 20 .... 8 Nm

Starter mit Befestigung
Starter an Kurbelgehäuse M6 x 25 - 10.9 .... 8 Nm
Kabelbaum (Pluskontakt) an Starter M5 x 7....... 3 Nm

Kühlmitteltemperatur
Temperatursensor an Thermostatgehäuse
M12 x 1,5 .... 16 Nm

Geber für Steuergerät
Klopfsensor an Zylinderkopf M8 x 30 .... 20 Nm
Kurbelwellensensor an Kurbelgehäuse M6 x 16 ... 9 Nm
Nockenwellensensor an Zylinderkopf M6 x 12..... 8 Nm

Kraftstoffaufbereitung und Regelung

Drosselklappe und Betätigung
Einspritzleiste an Drosselklappenleiste
M5 x 16, Schraube erneuern (mikroverkapselt) .... 4 Nm
Einspritzleiste an Ansauggeräuschdämpfer
Schraube für Kunststoff, 5 x 10.................... 2 Nm

Steuergerät elektronisch
Halter BMS-K an Hauptrahmen M5 x 25 .... 5 Nm

Elektromechanische Schaltgeräte
Drosselklappen-/Gasgriffsensor an
Drosselklappenstutzen M5 x 14
Schraubensicherung (Loctite 243, mittelfest) ..... 4 Nm

Ansauggeräuschdämpfer
Ansauggeräuschdämpfer an Rahmen M6 x 25.... 8 Nm
Ansauggeräuschdämpfer an Drosselklappenanlage
M6 x 14 .... 8 Nm
SLS-Schaltventil an Ansauggeräuschdämpfer
Schraube für Kunststoff, 4 x 15.................... 3 Nm
Stellmotor an Ansauggeräuschdämpfer
Schraube für Kunststoff, 6 x 22 .... 3 Nm

Kraftstoffversorgung

Kraftstoffbehälter mit Einfüllrohr
Kraftstoffbehälter vorn an Rahmen M6 x 40...... 5 Nm
Tankdeckel an Kraftstoffbehälter M5 x 20........2,5 Nm
Kraftstoffbehälter an Haltebrücke hinten
M6 x 115... 5 Nm
Haltebrücke an Heckrahmen M6 x 20 .... 5 Nm

Förderung, Aufbereitung und Inhaltsmessung, Steuergerät, Kraftstoffpumpe
Kraftstoffpumpe an Kraftstoffbehälter M5 x 20... 5 Nm
Pumpenelektronik an Kraftstoffpumpeneinheit
Schraube für Kunststoff, 4 x 14.................... 2 Nm

Kühlung

Motorkühler mit Befestigung
Kühlerhalter an Kurbelgehäuse M6 x 14 .... 8 Nm

Ausgleichsbehälter
Ausgleichsbehälter an Kühler
Schraube für Kunststoff, 5,5 x 18 .... 4 Nm

Ölkühler
Ölkühler an Kühlmittelkühler
M5 x 16, Schraube erneuern (mikroverkapselt) .... 5 Nm

Ölkühlerleitungen
Ölleitungen an Kurbelgehäuse M6 x 18........... 8 Nm

Lüfter
Kühlerzarge an Kühler
Schraube für Kunststoff, 5,5 x 18 .... 4 Nm

23 Technische Daten

Abgasanlage

Abgasanlagenteile mit Befestigung

Bowdenzug an Interferenzrohrklappe
Gegenmutter, M6 x 0,75 .... 5 Nm
Bowdenzug an Abgasklappe
Gegenmutter, M6 x 0,75 .... 5 Nm
Bowdenzuggegenhalter an Abgaskrümmer
M5 x 8 .... 5 Nm
Stellmotor Interferenzklappe an Rahmen
M5 x 25, Schraube erneuern (mikroverkapselt) .... 5 Nm
Stellmotor Abgasklappe an Haltebrücke
M5 x 45, Muttern erneuern Schraubensicherung (mechanisch) .... 3 Nm
Bowdenzuggegenhalter (Interferenzklappe) an Grundplatte M5 x 45, Muttern erneuern Schraubensicherung (mechanisch) .... 3 Nm
Krümmer an Zylinderkopf M7 .... 14 Nm
Halter Vorschalldämpfer an Rahmen M8 x 35 .... 20 Nm
Lambdasonde an Krümmer M12 x 1,25, Gewinde dünn schmieren, Einbauhilfe (Optimoly TA) .... 25 Nm
Endschalldämpfer an Vorschalldämpfer mit Krümmer
M8 x 45 .... 25 Nm
Schwingungsentkoppelung an Krümmeranlage
M5 x 12 .... 6 Nm
Endschalldämpfer an Fußraste M8 x 30 .... 19 Nm
Halter an Vorschalldämpfer M5 x 12 .... 6 Nm
Hitzeschutzblech an Vorschalldämpfer
M5 x 10, Schraube und Steckmutter erneuern ..... 8 Nm

Kupplung

Kupplung mit Mitnehmerscheibe

Kupplung an Getriebeantriebswelle
M20 x 1,5, Mutter erneuern
Mutter mit Wellennut verstemmen, Schraubensicherung (mechanisch) .... 150 Nm
Gegenmutter an Kupplungsdruckpilz M6 beölt ... 8 Nm
Druckplatte an Mitnehmer M6 x 16 - 10.9
Schrauben beölt, über Kreuz einbauen, Endanzug im Uhrzeigersinn .... 10 Nm

Kupplungsausrücker mit Hebel

Gegenhalter Kupplungszug an Kurbelgehäuse
M6 x 20, Schraube erneuern (mikroverkapselt) .... 9 Nm

Schaltgetriebe

Ritzel an Getriebeabtriebswelle M24 x 1,5
mit Profilscheibe sichern .... 125 Nm

Lager im Gehäuse, Dichtringe

Lagerhalteplatte mit Lagerträger an Kurbelgehäuse
M5 x 18 .... 5 Nm

Elektrische Anbauteile

Getriebepotenziometer an Schaltwalzenträger
M5 x 14 - 10.9 .... 5 Nm

Innere Schaltungsteile

Arretierhebel an Kurbelgehäuse M6 x 30 .... 9 Nm
Arretierscheibe Schaltschiene an Kurbelgehäuse
M5 x 12, Schraube erneuern (mikroverkapselt) .... 5 Nm
Schaltstern an Schaltwalze M6 x 20,
Schraube erneuern (mikroverkapselt) .... 8 Nm
Lagerträger Schaltwalze an Kurbelgehäuse
M6 x 25 .... 9 Nm
Schaltwelle (Halteblech) an Kurbelgehäuse
M6 x 16 .... 9 Nm

Äußere Schaltbetätigungsteile

Getriebeschalthebel an Schaltwelle M6 x 25 ...... 8 Nm

Fußraste mit Schalthebel an Fußrastenplatte
M10 x 35, Schraube erneuern (mikroverkapselt) .. 38 Nm
Kugelgelenk an Schaltstange
Gegenmutter, M6 .... 8 Nm
Schaltstange an Getriebe-/Fußschalthebel
M6 x 20, Schraube erneuern (mikroverkapselt) .... 8 Nm

Vorderachse, Vorderradführung

Vorderradgabel

Lenkungsdämpfer an Rahmen
M8 x 30, Schraube erneuern (mikroverkapselt) ... 19 Nm
Lenkungsdämpfer an Gabelbrücke
M8, Mutter erneuern .... 19 Nm

Teleskopgabel

Gabelbrücke unten an Standrohr M8 x 35 .... 19 Nm
Gabelbrücke oben an Standrohr M8 x 25 .... 19 Nm
Mutter an Dämpfereinheit .... 20 Nm
Einstellvorschrift Lenkkopflager
untere Nutmutter, M30 x 1
Voranzug .... 40 Nm
Gabel 3 x links/rechts schwenken
Rückdrehwinkel (Gabel an Lenkanschlag links) ...... 60°
Endanzug (Gabel an Lenkanschlag rechts) .... 15 Nm
obere Nutmutter
M30 x 1, Sichern mit Nutblech .... 50 Nm
Lenkkopflager Nachstellen (bei Wartung)
untere Nutmutter, M30 x 1
Endanzug (Gabel an Lenkanschlag rechts) .... 15 Nm
obere Nutmutter, M30 x 1, mit Nutblech .... 50 Nm
Deckel an Standrohr .... 20 Nm
Gabelbrücke oben an Steuerrohr M28 x 1
Innengewinde leicht schmieren, (Optimoly TA) .. 100 Nm
Dämpfereinheit an Gleitrohr M10 x 1,25 Schraubensicherungsmittel (Loctite 243) .... 30 Nm
Klemmschrauben in Achsaufnahme M8 x 35 .... 19 Nm
Steckachse in Gewindebuchse M24 x 1,5 .... 50 Nm

Lenkung

Motorradlenker

Lenkergewicht an Lenkerhälfte M12 x 50 .... 66 Nm
Lenkerhälfte an Gabelholm M8 x 25 .... 19 Nm
Handbremsarmatur an Lenker M6 x 22 .... 8 Nm
Halter Ausgleichsbehälter an Gabelbrücke
M6 x 12 (Loctite 243) .... 8 Nm
Ausgleichsbehälter an Halter M5 x 18 .... 5 Nm
Kupplungsarmatur an Lenker M6 x 15 .... 8 Nm

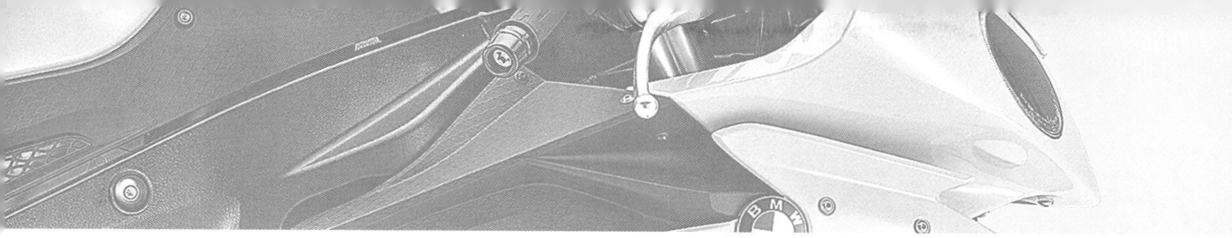

Handhebel

Handhebel an Handbremsarmatur
Schraube, M6 .... 1 Nm
Mutter, M6, erneuern .... 6 Nm
Gasgriff an Lenker M3,5 x 32...................... 2 Nm
Handhebel an Kupplungsarmatur
M6, Mutter erneuern............................ 10 Nm
Schaltarm (Schalterbetätigung) an Kupplungshebel
M2 x 12, Schraube erneuern (mikroverkapselt) .. 0,3 Nm

Bowdenzüge

Kupplungszughalter an Gabelbrücke oben
M5 x 16 .... 5 Nm

Hinterachse, Hinterradantrieb, -führung

Hinterradschwinge mit Lagerung, Strebe

Hinterradschwinge an Rahmen
Schwingenachse, M27 x 1,25
Fügemoment .... 10 Nm
Gegenmutter, M27 x 1,25
Endanzug....................................... 65 Nm
M18 x 1,5, Mutter erneuern
Endanzug..................................... 100 Nm
Gegenmutter der Antriebskettenspannschraube
M8.. 19 Nm

Federbein, Anbauteile

Federbein an Umlenkhebel M10 x 55 - 10.9....... 56 Nm
Federbein an Hauptrahmen M10 x 65 .... 56 Nm
Klemmschraube an oberen Federteller M5 x 25 ... 3 Nm
Umlenkhebel an Schwinge
Passkopf M12 x 1,5 x 60 - 10.9, Schraube erneuern
(mikroverkapselt) Schraubenkopf schmieren,
Einbauhilfe (Optimoly TA) .... 100 Nm
Anlenkstrebe an Umlenkhebel
Schraube, M12 x 1,5 x 125 - 10.9
M12 x 1,5 - 10, Mutter erneuern .... 100 Nm
Anlenkstrebe an Hauptrahmen
Passkopf M12 x 1,5 x 140 - 10,9 Schraubenkopf
schmieren, Einbauhilfe (Optimoly TA)........... 100 Nm

Zugmittel-, Ketten-, Riemenrad

Kettenrad an Kettenradträger
M12 x 1,5 - 10, Mutter erneuern
über Kreuz festziehen .... 110 Nm

Anbauteile Zugmittelantrieb

Kettengleitschiene an Hinterradschwinge
M5 x 12.. 5 Nm
Kettenschutz an Schwinge
M5 x 14, Schraube erneuern (mikroverkapselt) .... 2 Nm

Bremsen

Vorderradbremse

Radialbremssattel an Achsaufnahme M10 x 65 .. 38 Nm
Entlüfterschraube vorn in Hohlschraube M6 x 1... 6 Nm
Bremsscheibe an Vorderrad
Flachkopfschraube, M8 x 27 - 10.9, Schraube erneuern
(mikroverkapselt) über Kreuz festziehen .... 19 Nm
Entlüfterschraube an Handbremsarmatur M7 .... 5 Nm

Hinterradbremse

Bremsscheibe an Hinterrad M6 x 18, Schraube erneuern
(mikroverkapselt) über Kreuz festziehen .... 8 Nm
XR M8 x 15,5 Schraube erneuern (mikroverkapselt)
über Kreuz festziehen .... 30 Nm
Entlüfterschraube Bremssattel hinten M10 ...... 14 Nm
Ausgleichsbehälter an Halteblech M5 x 12,
Schraube erneuern (mikroverkapselt)............. 5 Nm
Halteblech für Ausgleichsbehälter an Heckrahmen
M6 x 16 .... 8 Nm

Hauptbremszylinder

Druckstange Fußbremszylinder
Gegenmutter, M8, an Druckstange gegenhalten. 19 Nm
Fußbremszylinder mit Fersenabweiser rechts an
Fußrastenplatte M6 x 35, Schraube erneuern
(mikroverkapselt) .... 8 Nm

Bremsleitungen

Bremsschlauch mit Hohlschraube an Komponenten
M10 x 1; M12 x 1 .... 24 Nm
Halter Bremsleitung/Bremsschlauch M6 x 12..... 8 Nm
Bremsschlauchverteiler an Gabelbrücke M6 x 25.. 9 Nm

Mechanisch-hydraulische Komponenten

ABS-Druckmodulator an Heckträger M6.......... 8 Nm
Verdrehanschlag an Druckmodulator
M5 x 10 - 10.9.................................... 5 Nm

Fußbetätigung

Fußbremshebel mit Verbindungsgestänge

Fußbremshebel an Fahrerfußrastenhalter
M8 x 35, Schraube erneuern (mikroverkapselt)... 19 Nm

Räder und Bereifung

Elektronische Komponenten

Halter Raddrehzahlsensor an Gabel M5 x 10 - 10.9,
Schraube erneuern (mikroverkapselt)............. 5 Nm
Raddrehzahlsensor/Kabelhalter an
Bremssattelaufnahme hinten M5 x 10 - 10.9, Schraube
erneuern (mikroverkapselt)....................... 5 Nm
Raddrehzahlsensor vorn an Halter M5 x 14........ 5 Nm

Räder mit Lagerung

Hinterradsteckachse in Schwinge M24 x 1,5
Schraubensicherung (mechanisch)............. 100 Nm

23 Technische Daten

Rahmen und Anbauteile

Motorradrahmen

Heckrahmen an Hauptrahmen M10 x 1,25 x 40 .. 60 Nm
Haltebolzen Kühler an Rahmen M6 ... 8 Nm
Buchse Schwingendrehpunkt an Rahmen
Gegenmutter, M36 x 0,75 (Loctite 2701, hochfest). 50 Nm
Buchse Schwingendrehpunkt an Rahmen
M5 x 16 ... 5 Nm
Motor an Rahmen
1. Schritt
Alle Buchsen und Schrauben locker eindrehen
Motor vorn links an Rahmen, M10 x 50
2. Schritt
Voranzug ... 10 Nm
Endanzug ... 56 Nm
Gewindebuchse (Motor hinten an Rahmen),
M24 x 1,25, Gewindebuchse mit zugehöriger Schraube einbauen
3. Schritt
Fügemoment ... 20 Nm
Motor hinten oben an Rahmen, M10 x 247,
an Schraube gegenhalten, um ein Verdrehen der Gewindebuchse zu vermeiden
4. Schritt
Mutter ... 56 Nm
Motor hinten unten an Rahmen, M10 x 247, an Schraube gegenhalten, um ein Verdrehen der Gewindebuchse zu vermeiden
5. Schritt
Mutter ... 56 Nm
Motor vorn rechts an Rahmen, M10 x 50, mit Kegelelementen
6. Schritt ... 56 Nm

Seitenstützen

Seitenstütze an Lagerbock M10 x 1
Schraubensicherungsmittel (Loctite 2701) ... 35 Nm
Lagerbock Seitenstütze an Rahmen M8 x 28, Schraube erneuern (mikroverkapselt) ... 30 Nm

Vorderradabdeckung

Vorderradabdeckung an Gleitrohr M5 x 14,
Schraube erneuern (mikroverkapselt) ... 2 Nm

Hinterradabdeckung, Kennzeichenträger

Heckträger an Heckrahmen M5 x 16 ... 5 Nm
Kennzeichenträger an Heckrahmen M5 x 30 ... 5 Nm
Hinterradabdeckung an Schwinge M5 x 25,
Schraube erneuern (mikroverkapselt) ... 2 Nm

Motorradverkleidung, Windschild

Frontträger an Hauptrahmen M6 x 16,
Schraube erneuern ... 5 Nm
Verkleidungen M5 ... 2 Nm
Plakettenträger an Rahmen M5 x 25 ... 5 Nm
Windschild an Verkleidungsoberteil M5 x 16 ... 1 Nm
Abdeckung Kraftstoffbehälter an Rahmen
M5 x 35 ... 5 Nm
Motorspoiler an Rahmen/Halter M5 x 25 ... 5 Nm
Halter Motorspoiler an Motor
links, M8 x 12 ... 19 Nm
rechts, M6 x 12 ... 5 Nm

Motorbefestigungen, Fußrasten

Fahrerfußrastenhalter an Hauptrahmen
M8 x 25 - 10.9 ... 28 Nm
Soziusfußrastenhalter an Heckrahmen
M8 x 30 - 10.9 ... 28 Nm
Fußrastenpin an Fußraste
M6, Schraube erneuern (mikroverkapselt) ... 8 Nm
Fersenabweiser links an Fußrastenplatte
M6 x 16, Schraube erneuern (mikroverkapselt) ... 8 Nm

Karosserieausstattung

Spiegel, Blenden, Ascher, Ablegefächer

Spiegel an Frontträger M6, Muttern erneuern ... 8 Nm

Sonstige Verschlüsse

Zündlenkschloss an Gabelbrücke Fächerschraube,
M8 x 26, Schraube erneuern (mikroverkapselt) ... 20 Nm
Abdeckkappe an Zündlenkschloss M3 x 20 ... 0,6 Nm

Sitzbank

Fahrersitz an Heckrahmen M5 ... 2,5 Nm

Allgemeine Fahrzeugelektrik

Kabelbaum

Kabelbaum an Zylinderkopfhaube M5 x 7 ... 5 Nm
Kabelbaum an Kurbelgehäuse M6 x 12 ... 8 Nm

Steckverbindung, Klemme

Halter für Steckverbindung an Luftleitführung
Schraube für Kunststoff, 4 x 14 ... 4 Nm

Batterie mit Halter

Kabelbaum an Batterie M6 x 10 ... 5 Nm

Schalter und Relais

Kombischalter an Lenkergriff
Schraube für Kunststoff, 2,5 x 15 ... 0,5 Nm
Lenkergriff an Lenker M3,5 x 32 ... 1,5 Nm
Bremslichtschalter mit Halteblech an
Handarmatur M4 ... 1 Nm
Abdeckung an Kombischalter
Schraube für Kunststoff, 2,5 x 15 ... 0,5 Nm
Gaszugdeckel an Gasgriff M4 x 16 ... 2,5 Nm
Mikroschalter an Handarmatur M2 x 10 ... 0,3 Nm

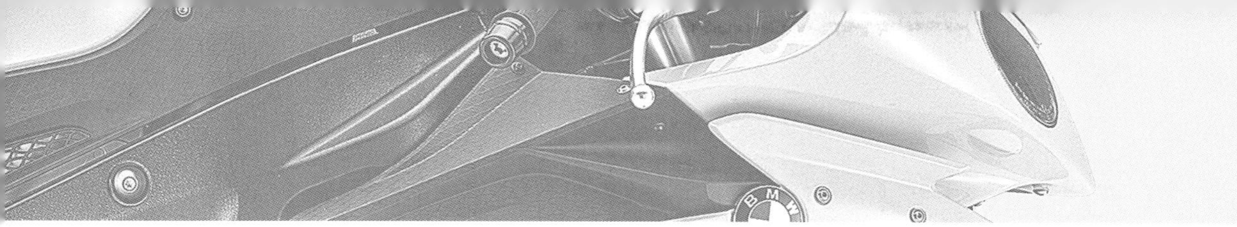

Signalhorn
Hupe an Frontträger M8 x 18 .... 19 Nm

Steuergeräte, Module
Drehratensensor an Heckträgerteil M6 x 20 ...... 6 Nm

Leuchten

Scheinwerfer
Scheinwerfer an Frontträger M5 x 30............2,5 Nm
Scheinwerfer an Verkleidungsoberteil M5 x 14 .. 2,4 Nm

Blinkleuchten vorn
Blinker an Verkleidungsteil/Kennzeichenträger M6 x 20.. 3 Nm
Streuscheibe an Blinkergehäuse Schraube für Kunststoff, 2 x 18.................. 0,4 Nm

Kennzeichenleuchte
Kennzeichenleuchte an Kennzeichenträger M5 ... 2 Nm

Diebstahlwarnanlage
DWA-Steuergerät an Halter Schraube für Kunststoff, 4 x 10.....................1 Nm

Sonderzubehör Motorrad

Wartung und Technik
Haltegriff an Hebeelement Senkschraube, M8 x 30..........................20 Nm
Adapter an Hinterradschwinge M8 x 30 ....20 Nm

Lenkerumfang
Schalterfahne an Kupplungshebel M2.......... 0,6 Nm
Fernverstellung an Klemmschelle M6 x 40....... 12 Nm

Rahmen, Fußrasten, Anbauteile
Schaltstange an Getriebeschalthebel M6 x 40 (Loctite 243)............................ 8 Nm
Schaltstange an Fußschalthebel M6 x 20, bei Wiederverwendung Schraubensicherung verwenden (Loctite 243).......................... 8 Nm

Verkleidung
Abdeckung für Befestigung Kennzeichenträger M5 x 30.. 5 Nm
Abdeckung für Befestigung Blinker/Spiegel M6 x 25.. 3 Nm

Sitzbank
Befestigungsbrücke an Höckerabdeckung M5 x 14 .... 2 Nm

Tankrucksack
Anbindungsreling an Tankabdeckung
M5 x 20..2,5 Nm
M5 x 40..2,5 Nm

Audio-, Navigations-, Info-System
Halter an Anbindungsreling M5 x 20 ....2,5 Nm

Standard-Schraubverbindungen

Falls keine Drehmomente in den Arbeitsschritten/Anzugdrehmomenttabellen angegeben sind, gelten die hier aufgeführten Werte für Standard-Schraubverbindungen.
Weiterhin gilt die DIN EN ISO 4014 (Sechskantschrauben mit Schaft).

Anzugdrehmomente nach BMW GS 90003-2 von 2005-07 Verschraubungsklasse III +/-15%

Gewinde	F	Nm
M3 x 0,5	8.8 10.9	1 1,4
M4 x 0,7	8.8 10.9	2,3 3,3
M5 x 0,8	8.8 10.9 12.9	4,6 6,8 7,6
M6 x 1	8.8 10.9 12.9	8 11,8 13
M7 x 1	8.8 10.9 12.9	13 19 21
M8 x 1,25	8.8 10.9 12.9	19 28 31,5
M8 x 1	8.8 10.9 12.9	20,5 30 33
M10 x 1,5	8.8 10.9 12.9	38 56 62
M10 x 1	8.8 10.9 12.9	41 60 67
M12 x 1,75	8.8 12.9	66 108
M12 x 1,5	8.8 10.9 12.9	68 100 110

24 Sachwortregister

24

25 Motorschnitt

Kompakheit
Primärtrieb am innenliegenden "Kurbel-Zahnrad" des vierten Zylinders und gemeinsamer Kettentrieb der Öl- und Kühmittelpumpe

Kompaktheit 2
Kleiner Ventilwinel, schmales Getriebe und kurze Steurkette dank Zwischenzahnrad

Kabelverlegung 26

RR-Kabelbaum links und rechts

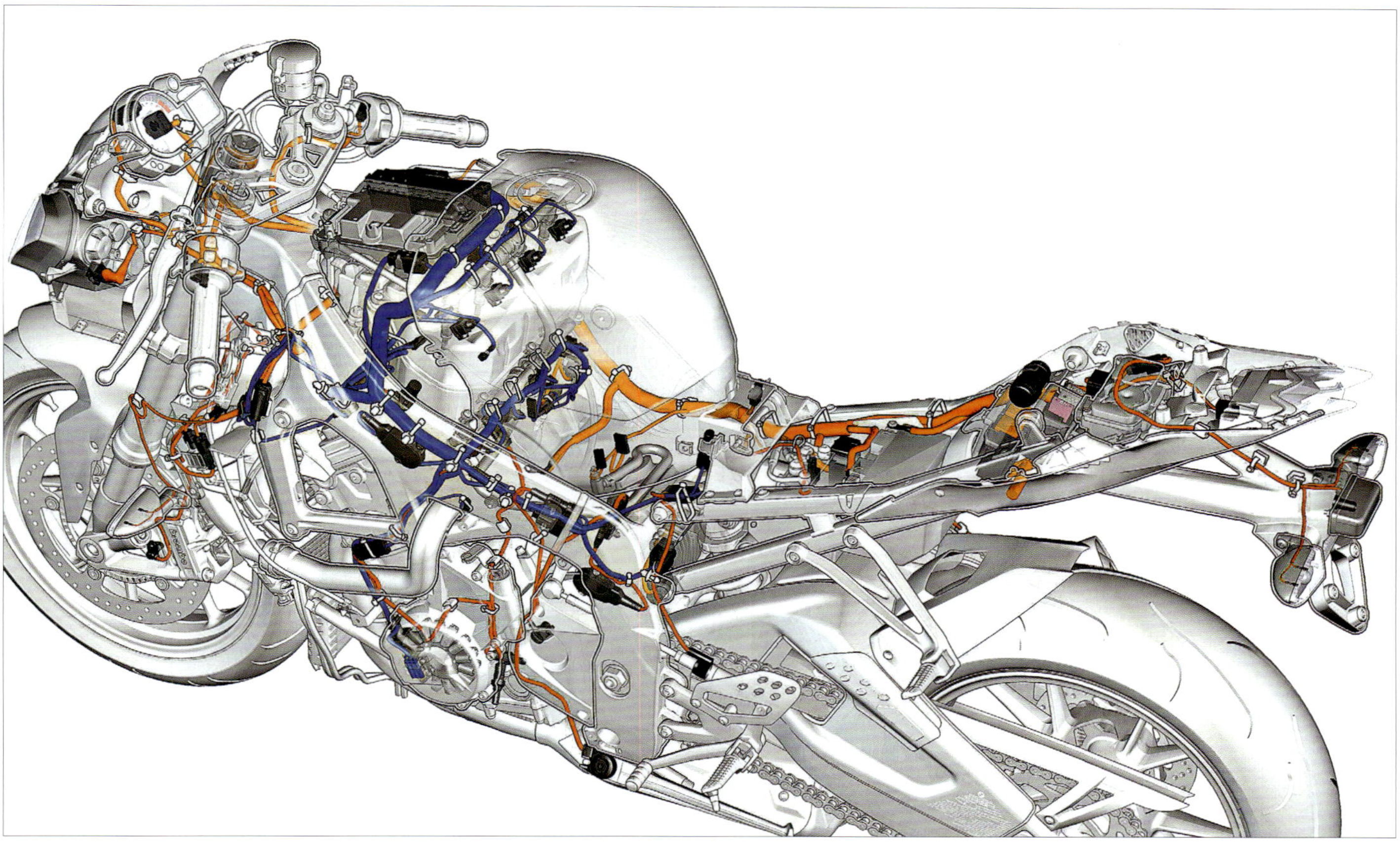

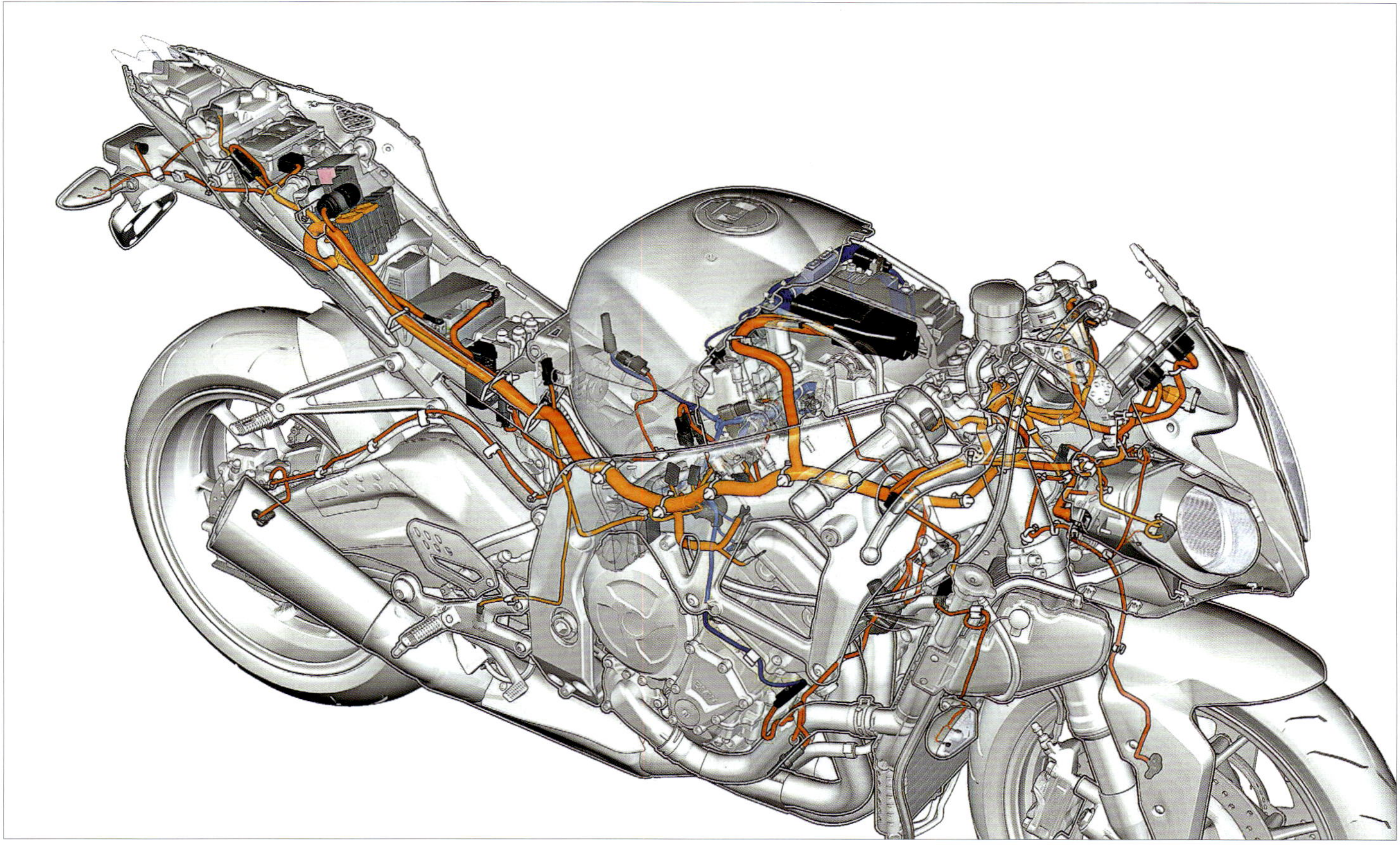

26 Kabelverlegung

R-Kabelbaum links und rechts

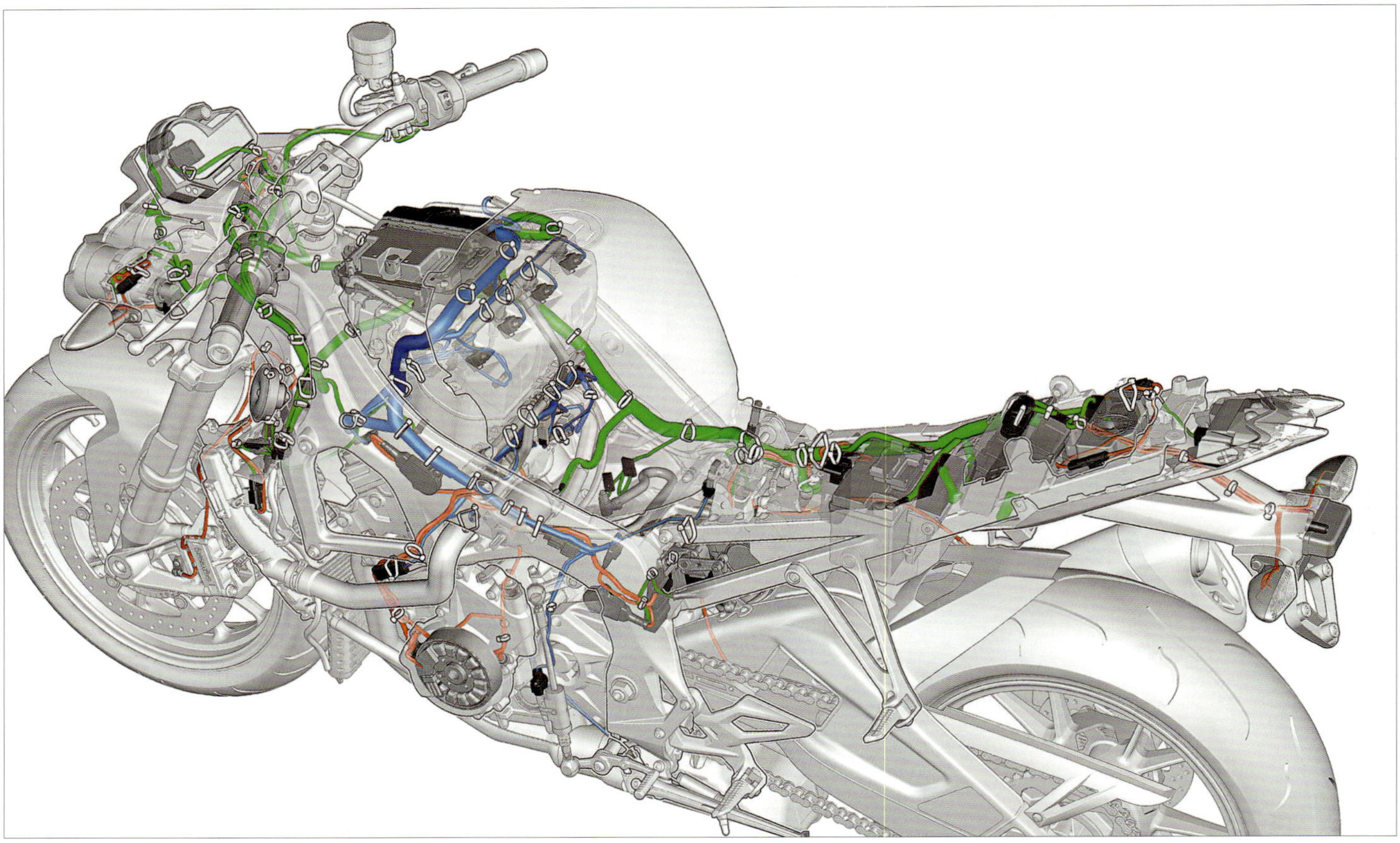

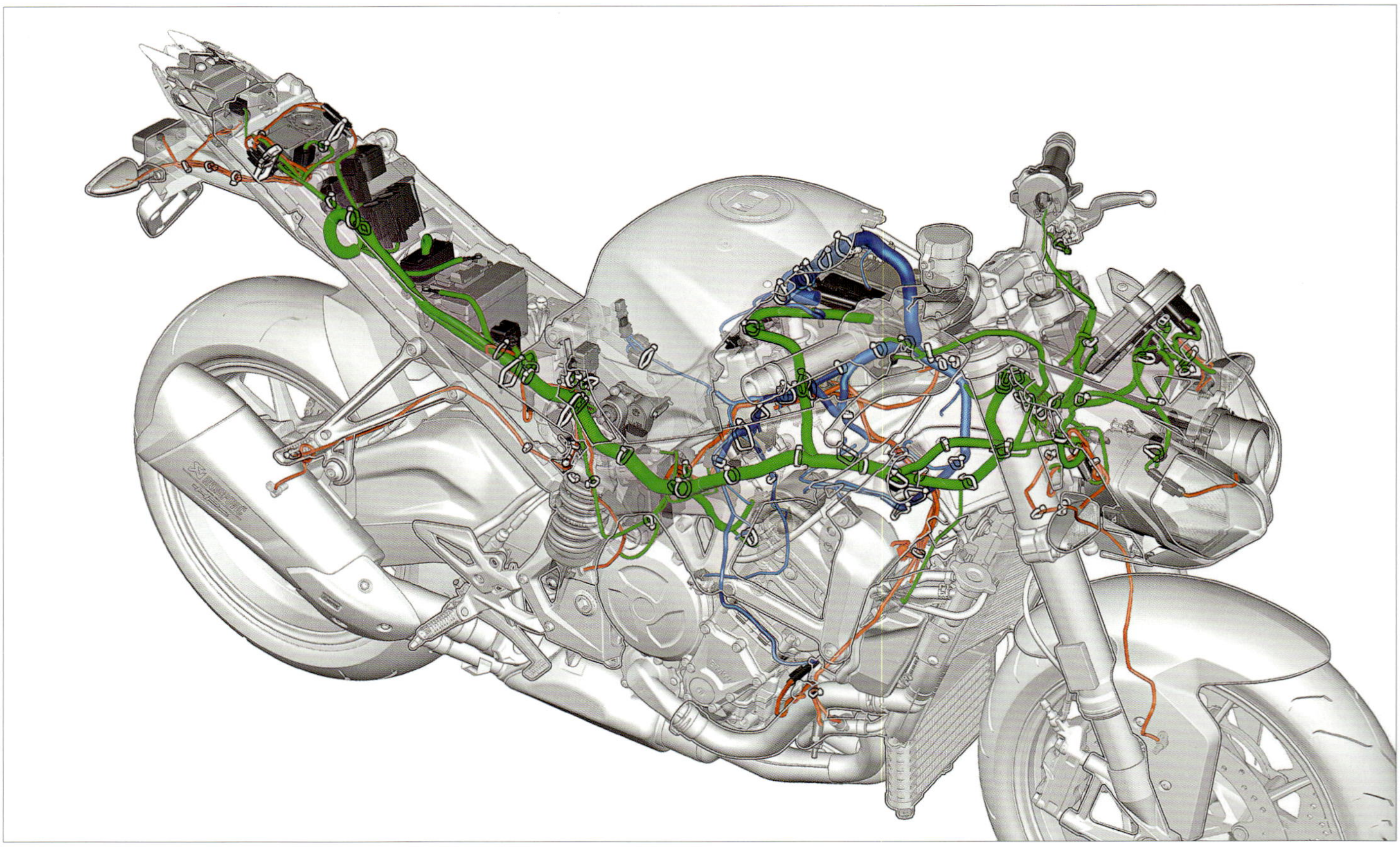

XR-Kabelbaum links und rechts

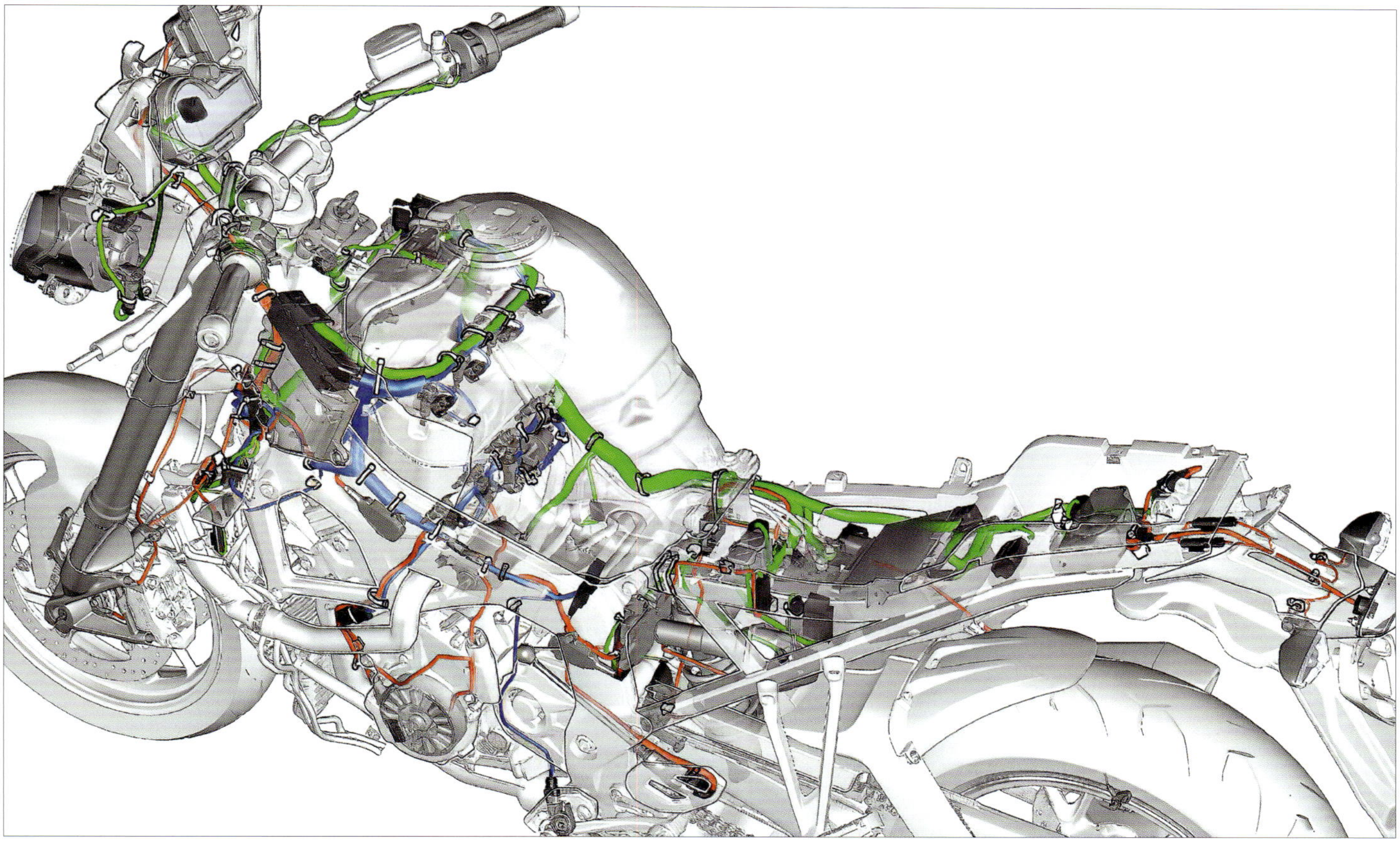

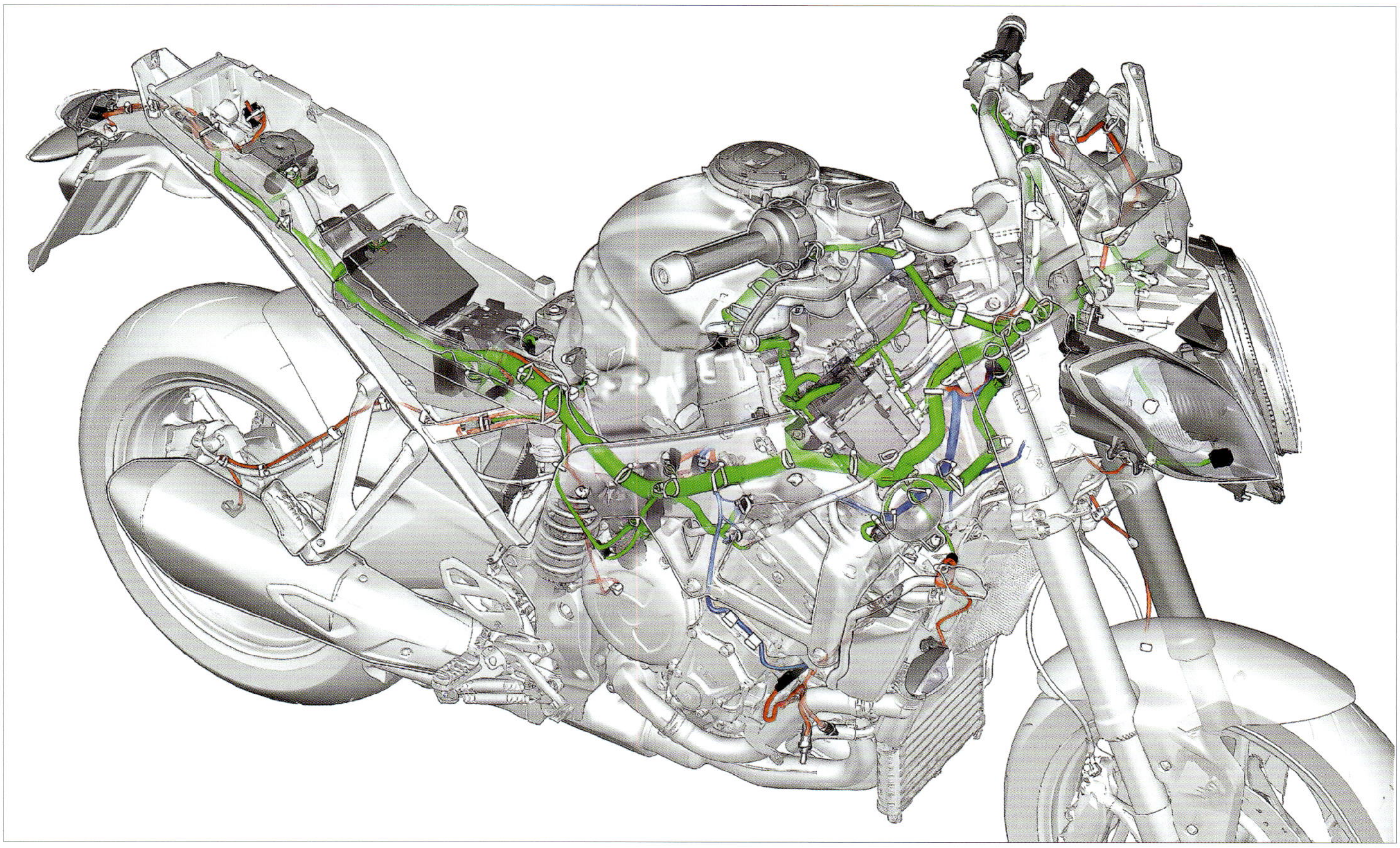

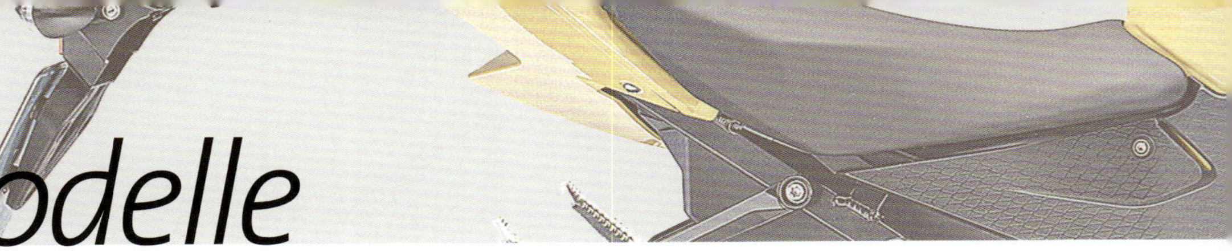

27 *Modelle*

BMW S 1000 RR Vorstellung November 2009
Preis: 14 400 Euro (ohne Sonderausstattungen, zuzüglich Liefernebenkosten)
Leistung 142 kW (193 PS) bei Drehzahl 13 000/min; Radstand 1432 mm
Leergewicht, vollgetankt 204 kg (206,5 kg mit Race ABS)

Acidgreen metallic

Mineralsilver metallic

Light grey metallic

Gegen Aufpreis im BMW-Motorsport-Look: Alpinweiß uni, Magmarot uni und Lupinblau metallic

Sonnengelb uni

Thundergrey metallic

27 Modelle

BMW S 1000 RR ab 2012
Preis: 16 500 Euro plus Nebenkosten

BMW-Motorsport-Look Weiß/Blau/Rot gegen 480 Euro Aufpreis

Bluefire uni

Granitgrau metallic matt

Saphirschwarz metallic

Racing red uni / Alpinweiß uni

Racingred uni / Alpinweiß 3 uni / Saphirschwarz metallic matt

27 Modelle

BMW S 1000 RR 2015

Preis: 17 400 Euro (zuzüglich Liefernebenkosten)
Radstand 1438 mm; Leistung 146 kW/199 PS bei Drehzahl 13500/min
DIN Leergewicht, fahrfertig vollgetankt 204 kg

Racingred uni / Lightwhite uni

Lightwhite uni/ Lupinblau metallic/ racingred

Blackstorm metallic

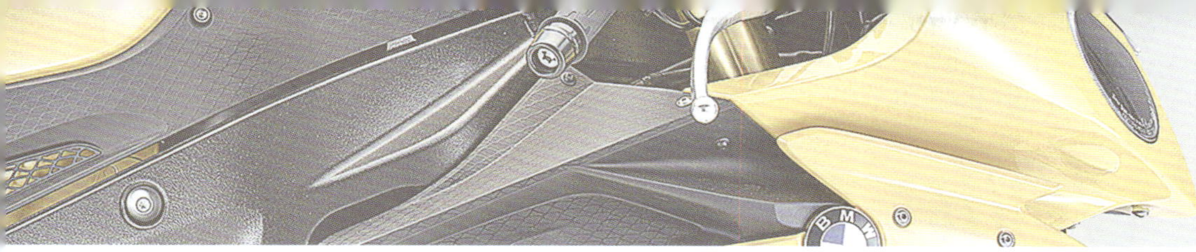

Blackstorm metallic/ racingred

BMW S 1000 RR ab 2017

Preis: 17 400 Euro (zuzüglich Liefernebenkosten)
Radstand 1438 mm;
Leistung 146 kW/199 PS
bei 13 500/min
DIN Leergewicht,
fahrfertig vollgetankt 208 kg

Design Option Räder mit roter Felgenlinierung jetzt serienmäßig Bestandteil der Farbkonzepte Racingred uni/Lightwhite uni und BMW Motorsport

Neue Farbvariante 2017 Granitgrau metallic/ Blackstorm metallic

Weiter im Angebot: BMW Motorsport (Lupinblau metallic/ Lightwhite uni/ Racingred uni)

27 Modelle

BMW S 1000 R Vorstellung November 2013
Preis: 13 350 Euro (zuzüglich Liefernebenkosten)
Radstand 1439 mm; Leistung 118 kW/ 160 PS bei 11000/min
DIN Leergewicht, fahrfertig vollgetankt 207 kg

Racing red

Frozen Dark Blue Metallic

Lightwhite uni

Blackstorm metallic

BMW S 1000 R ab 2017

Die neue Leistungsklasse: 165 PS (121 kW) sind die Ansage an die 1 Liter-Kollegen...
Radstand 1439 mm;
Leistung 121 kW/ 165 PS bei 11000/min
DIN Leergewicht,
fahrfertig vollgetankt 207 kg

Weiter im Angebot:
BMW Motorsport
(Lupinblau metallic/
Lightwhite uni/
Racingred uni)

Catalanograu uni

Racingred uni/
Blackstorm metallic

27 Modelle

Blackstorm metallic

San Marino blau metallic

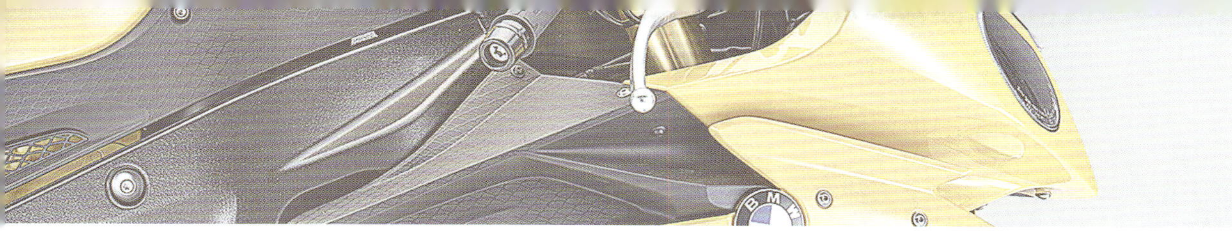

BMW S 1000 XR Vorstellung November 2014

Preis: 15 300 Euro (zuzüglich Liefernebenkosten)
Radstand 1 548 mm; Leistung 118 kW/ 160 PS bei 11000/min
DIN Leergewicht, fahrfertig vollgetankt 228 kg

Racingred uni

Ab 2016:
Lightwhite uni/
Granitgrau metallic/
Racingred uni

Lightwhite uni

Koffersatz

Halter li./re. .... 90 Euro
Querrohr............ 30 Euro
Koffer li. oder re......281 Euro
Schließzylinder.......35 Euro
Geäckbrücke und
Topcasehalter.......191 Euro
Topcase............ 228 Euro
Schließzylinder.......35 Euro
Tankrucksack....... 199 Euro

27 Modelle

BMW S 1000 XR ab 2017

Radstand 1548 mm; Leistung 121 kW/ 165 PS bei 11000/min
DIN Leergewicht, fahrfertig vollgetankt 228 kg

Neue Farbvariante Oceanblau metallic matt

Weiter im Angebot: Racingred uni und Lightwhite uni/Granit-grau metallic matt/ Racingred uni

Erhöhung der Zuladung um 10 kg

Lightwhite uni/Racing-blue metallic/Racingred uni

Triple Black-Farbe Blackstorm-metallic mit Schriftzug und schwarzem Lenker

27 Modelle

BMW-Sonderzubehör S 1000 R
Hecktasche ... 255 Euro

RR Ausstattungspakete

Race-Paket ... 510 Euro
- Dynamische Traktionskontrolle (DTC)
- Fahrmodi Pro mit Codierstecker ... 310 Euro
- Temporegelung ... 330 Euro

Dynamic-Paket ... 1190 Euro
- Dynamic Damping Control (DDC) ... 680 Euro
- Schaltassistent Pro ... 410 Euro
- Temporegelung ... 330 Euro
- Heizgriffe ... 210 Euro

RR Sonderausstattungen

HP-Schmiederäder ... 1225 Euro
Akropovic-Sportschalldämpfer ... 800 Euro

BMW-Sonderzubehör S 1000 R
Tankrucksack ... 203 Euro

R Ausstattungspakete

Sport-Paket ... 805 Euro
- Dynamische Traktionskontrolle (DTC)
- Fahrmodi Pro mit Codierstecker ... 310 Euro
- Schaltassistent ... 390 Euro
- Temporegelung ... 330 Euro

Dynamic-Paket ... 950 Euro
- Dynamic Damping Control (DDC) ... 680 Euro
- Heizgriffe ... 210 Euro

R Sonderausstattungen

Akropovic-Sportschalldämpfer ... 800 Euro

XR Ausstattungspakete

Touring-Paket ... 1265 Euro
- Dynamic ESA (Electronic Suspension Adjustment) ... 720 Euro
- Heizgriffe ... 210 Euro
- Vorbereitung für Navi Inkl. Multi-Controller 195 Euro
- Hauptständer ... 110 Euro

Dynamic-Paket ... 1010 Euro
- Dynamische Traktionskontrolle (DTC)
- ABS Pro und Dynamisches Bremslicht
- Fahrmodi Pro mit Codierstecker ... 395 Euro
- Schaltassistent Pro ... 410 Euro
- Temporegelung ... 330 Euro